WILHELM KÄMMERER

Einführung
in mathematische Methoden
der Kybernetik

Wilhelm Kämmerer

Einführung in mathematische Methoden der Kybernetik

2., berichtigte Auflage

Mit 206 Abbildungen und 17 Tabellen

AKADEMIE-VERLAG · BERLIN

1974

Erschienen im Akademie-Verlag, 108 Berlin, Leipziger Straße 3—4

Lizenznummer: 202 · 100/425/74
Einband und Schutzumschlag: Rolf Kunze
Gesamtherstellung: VEB Druckerei „Thomas Müntzer“, 582 Bad Langensalza
Bestellnummer: 761 4202 (5846) · LSV 1095
Printed in GDR
EVP 38,—

Vorwort

Dieses Buch wendet sich an den breiten Kreis aller derer, die aus beruflichen Grunden oder aus eigenem Interesse gehalten sind, sich ernsthaft mit kybernetischen Fragen zu beschäftigen. Vielfach werden sie dabei feststellen, daß die auftretende Problematik qualitativer Natur ist und mittels der im Rahmen einer Allgemeinbildung erworbenen mathematischen Kenntnisse, die wesentlich quantitativ ausgerichtet sind, nicht behandelt werden kann Hierfur geeignete Methoden entstammen nun aber recht verschiedenartigen Zweigen der Mathematik Die Zielsetzung, sie in einem Band zusammenzutragen und damit leichter zuganglich zu machen, konnte bei der Breite der Kybernetik nur in einer Auswahl erfullt werden. So wurden Stoffgebiete, obwohl sie grundlegend fur die Kybernetik sind, nicht aufgenommen, wenn sie in der Literatur schon ausreichend und zuganglich behandelt vorlagen, wie z B die Regelungstheorie und die Theorie der linearen Optimierung

Das Buch ist vorwiegend als eine Einfuhrung gedacht, die keine speziellen Vorkenntnisse voraussetzt, wohl aber auf dem im Schwierigkeitsgrad ansteigenden Weg vom Leser konzentrierte Mitarbeit verlangt. Es bietet die wesentlichen Grundbegriffe und Methoden und ermoglicht an geeigneten Stellen daruber hinaus Einblick in die z. Z. anstehende Problematik. Dabei liegt das Ziel nicht so sehr darin, Fertigkeiten zu ubermitteln, als vielmehr Verstandnis zu wecken. Auch in Zukunft wird die spezielle mathematische Arbeit dem Mathematiker als Aufgabe zukommen Die Modellbildung dagegen als verbindende Brücke verlangt kollektive Arbeit und setzt voraus, daß auch der beteiligte Nichtmathematiker ein klares Urteilsvermogen uber die sich anbietenden mathematischen Moglichkeiten besitzt

Die Breite des angesprochenen Leserkreises macht eine gewisse Kompromißbereitschaft beim Leser notwendig: Der Anfanger sollte beim ersten Studium den einzelnen Kapiteln soweit folgen, wie es seinen Interessen entspricht Zu einem spateren Zeitpunkt wird er, wenn bei ihm der Wunsch dazu vorliegt, zu großerer Abstraktion und Allgemeinheit vordringen und, wie der fachlich mit der Materie Vertrautere, seine Aufmerksamkeit mehr dem Ende der einzelnen Kapitel zuwenden.

Meinem fruheren Oberassistenten, Herrn Dr. Michael Gössel, der einige Kapitel des Buches durchsah, danke ich fur eine Reihe wertvoller Anregungen. Mein besonderer Dank gilt Frau Inge-Dorothea d'Ambly, die mit Verstandnis und bewahrter Sorgfalt das Manuskript gestaltete.

Jena, im September 1971

WILHELM KÄMMERER

Inhaltsverzeichnis

1. Einleitung

Die Kybernetik ist eine in unseren Tagen entstandene Wissenschaft; sie hat sich gegenuber zahlreichen Widerstanden durchsetzen konnen. Wenn eine neue Lehre auftritt und den Anspruch erhebt, als Wissenschaft anerkannt zu werden, wird ihren Vertretern die Frage nach den Abgrenzungen gegenuber bestehenden wissenschaftlichen Bereichen gestellt. Im allgemeinen wird dabei eine Abgrenzung im Hinblick auf die Objekte erwartet, auf die die neue Lehre ihre Aufmerksamkeit zu richten beabsichtigt, wobei auch den Besonderheiten der Methoden, mit denen sie ihre Erkenntnisse zu gewinnen anstrebt, gebuhrende Bedeutung beizumessen ist; so entspricht es der herkommlichen Weise.

Nun stoßt der Versuch, in diesem Sinn eine Definition fur das anzugeben, was das Wesen der Kybernetik ist, bekanntlich auf eigentumliche Schwierigkeiten, da neben den Nachrichtentechnikern u. a. die Regelungstechniker, die Biologen, die Neurologen und die Psychologen auftreten, um die von Kybernetikern evtl. anzugebenden Objekte als zu ihrem Bereich gehorig in Anspruch zu nehmen Aus dieser Situation wurde der Kybernetik von mancher Seite her zwar nicht der wissenschaftliche Charakter abgesprochen — dazu waren die mit ihren Methoden zu gewinnenden Einsichten schon zu bedeutend —, sie wurde aber in die Rolle einer „Brucke zwischen den Wissenschaften" verwiesen.

Diese Schwierigkeit, zu einer Definition auf Grund des Forschungsgegenstandes zu gelangen, tritt aber nicht bei der Kybernetik allein auf; auch wohlbekannte Wissenschaften, wie z. B. die Physik, lassen bei der angenommenen Breite und Tiefe nicht mehr eine Definition zur Abgrenzung gegenuber anderen Naturwissenschaften auf der Basis einer Frage nach den von ihnen zur Untersuchung herangezogenen Objekten zu. Unabgeschlossenheit ist eben eine natürliche Folge des Wachstumsprozesses und ist allen Wissenschaften eigen, die eine Fortentwicklung aufweisen. Das Eigentumliche ist nun, daß es beim Vorliegen einer speziellen Problematik im allgemeinen ohne Schwierigkeiten gelingt zu entscheiden, welchem wissenschaftlichen Bereich der betreffende Fall zuzuordnen ist.

Daß dies trotz Fehlens abgrenzender Definitionen moglich ist, liegt daran, daß jede Wissenschaft ihre Erkenntnisse auf Grund der Begriffe gewinnt, die in dem eigens durch sie entwickelten Begriffssystem enthalten sind. Die Bedeutung des spezifischen Begriffssystems kommt auch in der Tatsache zum Ausdruck, daß eine Wissenschaft sich nur insofern weiterzuentwickeln vermag, als sie ihr Begriffssystem fortentwickeln kann. Zur Charakterisierung einer solchen Wissenschaft gibt die Angabe ihres Begriffssystems mehr Aussage als die ihres Sachgebietes [39].

Die wesentlichen Begriffe der Kybernetik gehen zurück auf die Aufnahme und Übertragung von Nachrichten, wobei als zentraler Begriff die Information steht, weiter auf die Verarbeitung von Nachrichten, wie sie z. B. in Rechenautomaten vonstatten geht, wobei der Begriff des Algorithmus wesentlich ist, und schließlich auf Steuer- und Regelungssysteme, deren Wirken auf einer Verarbeitung von Informationen basiert und die als wichtigsten Begriff den der Rückführung aufweisen. Entscheidend ist, daß dabei die auftretenden Probleme losgelöst von den speziellen Realisierungen der Systeme, in deren Zusammenhang sie auftreten, behandelt werden. Aus den realen Systemen unserer Umwelt werden durch Abstraktion und gedankliche Verarbeitung abstrakte Strukturen gewonnen, wir wollen von kybernetischen Systemen sprechen und führen repräsentativ für sie die abstrakten Automaten an. Es liegt auf der Hand, daß sich für die Beschreibung kybernetischer Systeme und zu ihrer Behandlung Sprachen und Kalküle mathematischen Charakters anbieten ebenso daß die wesentliche Bedeutung der kybernetischen Systeme für die Praxis darin liegt, daß sie Funktionsmodelle für die in unserer Umwelt existierenden Systeme darzustellen vermögen.

Der im Rahmen der Kybernetik zu kybernetischen Systemen führende schöpferische Prozeß kann analog etwa zur Entwicklung der Geometrie gesehen werden, bei der aus realen Objekten der Vermessungspraxis die abstrakten Strukturen wie Punkt, Gerade, Dreieck, Ebene usw. erwuchsen und damit die für die Geometrie charakteristischen Begriffe gewonnen wurden.

Diese Analogie läßt sich aber noch weiter verfolgen: Die Geometrie ist keineswegs bei den durch Abstraktion gewonnenen Begriffen stehen geblieben, sie hat zu Erweiterungen gegriffen, denen zunächst keine Realität in der Umwelt entsprach, indem sie beispielsweise die nichteuklidische Geometrie oder mehrdimensionale Räume mit und ohne Metrik schuf. Ein ähnlicher Prozeß der Erweiterung zeichnet sich auch bei der Kybernetik ab, so beispielsweise, wenn der Begriff des partiellen Automaten geschaffen wird, d. h. eines Automaten, dessen Verhalten nicht für alle Eingangswerte bzw Zustände definiert ist. Einem solchen Automaten kommt in unserer Umwelt keine Existenz zu, da jedes reale System auf jeden Eingang irgendwie reagiert, und sei es auch nur durch die „Reaktion", daß nichts geschieht. Und doch kommt diesem kybernetischen System „partieller Automat" praktische Bedeutung zu, da sich aus ihm durch theoretische Betrachtungen wesentliche Hinweise gewinnen lassen, wie ein Konstrukteur vorzugehen hat, um einen Automaten aufwandmäßig optimal zu gestalten, wenn dessen Verhalten bei bestimmten Eingangswerten nicht vorgeschrieben ist.

So treten als Objekte der Kybernetik neben den realen Gebilden unserer Umwelt, die schon Untersuchungsgegenstand anderer Wissenschaften sind — insbesondere der Physik und der Technik, der Chemie, Biologie, Neurologie, Psychologie, der Pädagogik und der Ökonomie —, abstrakte Objekte spezifisch für die Kybernetik auf, die ihre Existenz nur im menschlichen Bewußtsein haben und durch Abstraktion und Erweiterung gewonnen werden, eben die kybernetischen Systeme. Damit zeichnet sich eine Dreiteilung der Aufgaben ab, mit denen sich die Kybernetik zu beschäftigen hat:

1. Untersuchung der Prozesse der Aufnahme, der Übertragung und der Verarbeitung von Informationen in realen Systemen technischer, organischer oder organisatorischer Struktur, losgelöst von ihrer speziellen Realisierung.

2. Untersuchung der unter 1. gewonnenen Strukturen und ihre Erweiterung ohne Frage nach einer Realität mit dem Ziel, allgemeine Einsichten in die Verhaltensweise kybernetischer Systeme zu gewinnen.

3. Anwendung der unter 2. gewonnenen allgemein wissenschaftlichen Erkenntnisse über Strukturen und Verhaltensweisen, sei es mit Ziel, auf diese Weise im Sinn von Modellvorstellungen und Hypothesen zum besseren Verständnis existierender Organismen oder organisatorischer Systeme zu gelangen, sei es, um technische Systeme oder organisatorische Formen mit gewünschten Eigenschaften konstruieren zu können.

Der zweite Problemkreis umfaßt die Theorie kybernetischer Systeme und hat ausgesprochen mathematischen Charakter. Die entsprechenden Untersuchungen verlaufen in teilweise sehr speziellen Disziplinen der Mathematik und setzen daher tiefgründige Kenntnisse dieser Bereiche voraus. Sie werden somit im allgemeinen den Mathematikern vorbehalten sein.

Im Rahmen der beiden anderen Problemkreise sind Verbindungen zwischen den abstrakten und den realen Systemen herzustellen. Daher spielen in die Arbeitsmethoden weitgehend Übersetzungsprozesse ein, die Wege zwischen den Begriffen des betreffenden wissenschaftlichen Fachbereichs und dem kybernetischen Begriffssystem bahnen und so überhaupt eine Kooperation der beteiligten Wissenschaftler ermöglichen. Voraussetzung einer optimalen Zusammenarbeit ist, daß der Fachwissenschaftler, etwa der Biologe oder der Neurologe, soweit die mathematische Sprache versteht, daß er abschätzen kann, wie weit mathematische Methoden, deren Durchführung er im allgemeinen dem Mathematiker überlassen wird, bei seinen fachspezifischen Problemen von Nutzen sein können. Er muß über die Voraussetzungen und über die Tragweite bestimmter mathematischer Methoden wenigstens global soweit unterrichtet sein, daß er bei einer Kooperation die in seinem Fachbereich für den Außenstehenden oft verdeckt liegenden Möglichkeiten zur Realisierung gewisser Voraussetzungen oder zur Bildung gewisser Ansätze erkennen und aufweisen kann.

Aber auch der Mathematiker muß, wenn er wertvoller Partner in einer solchen Zusammenarbeit sein will, über sein Fachgebiet hinauswachsen und sich die Begriffe des anderen Fachgebietes soweit aneignen, daß Gespräche möglich werden, aus denen heraus er zu erkennen vermag, ob — und gegebenenfalls welche — mathematischen Methoden sich einsetzen lassen, welche Angaben er benötigt, damit die Aufgabe vollständig bestimmt ist, insbesondere aber auch in welcher Richtung Ergebnisse seiner Arbeit erwartet werden.

Zur Zeit gibt es noch nicht genug Literatur, die es dem Wissenschaftler des einen Gebietes erleichtert, den Zugang zu den notwendigen Informationen über das andere zu finden. Es ist Anliegen des vorliegenden Buches, diese Lücke teilweise auszufüllen. Dabei ist sich der Autor darüber im klaren, daß ihm als Mathematiker dieses Ziel nur bedingt erreichbar ist. So wird dieses Buch wohl mehr ein Helfer für die sein können, die Zugang zu dem bei kybernetischer Denk- und Arbeitsweise notwendigen Verständnis für mathematische Methoden suchen.

Die Kybernetik stellt auf weite Sicht sehr reale technische Fortschritte in Aussicht, die in das Leben jedes Menschen verändernd eingreifen werden. Darüber hinaus wird sie wesentlich daran beteiligt sein, uns Aufschluß über die Funktionen unseres Nervensystems und Gehirns zu geben, dieser äußerst komplexen Struktur, die unsere höchsten Lebensfunktionen, insbesondere unser Denken ermöglicht. Sie gibt damit Auseinandersetzungen ein neues Gesicht, die sich seit Menschengedenken um die Frage nach Existenz und Wesen dessen bewegen, was unter die Begriffe „Geist", „Bewußtsein" und „Seele" fällt. So bietet die Kybernetik auch dem Philosophen eine neue Basis, von der das Grundproblem von „Körper und Seele" behandelt werden kann und behandelt werden muß.

Es ist verständlich, daß diese Wissenschaft das Interesse breiter Kreise verdient. Andererseits schließt ihre Kompliziertheit eine Behandlung mit populärwissenschaftlichen Simplifikationen von vornherein aus. Insofern verlangt das vorliegende Buch vom Leser die Bereitschaft zu einer geistigen Anstrengung, das Gelesene zu überdenken und sich anzueignen.

Darüber hinaus muß der Leser zu einer inneren Einstellung bereit sein, die frei von Vorurteilen und Voreingenommenheit ist. Auch wenn hier die Kybernetik aus der Sicht der Naturwissenschaften und der Mathematik dargelegt wird, werden sich doch gelegentlich Fragen aufdrängen, die an überkommene Vorstellungen rütteln.

Die Geschichte der Naturwissenschaften ist eine Geschichte der Desillusionierung [71]. Der Urmensch verstand seine Umwelt „menschlich", er schuf sich eine Götterwelt nach seinem Vorbild und seinen Wertmaßstäben. Seine Vorstellungen von dem Geschehen in einer Umwelt, die ihn einschließt, sind menschlich ergreifend; sie sind heute noch anregende Motive für den Künstler. Sie sind aber ohne Voraussagemöglichkeit für das künftige Geschehen. Wenn man das einzige in unserer heutigen Welt tragfähige Motiv unseres Handelns und damit auch einer modernen Ethik akzeptiert, nämlich die Tendenz des Überlebens der Art Mensch, so wird man sich rationeller Modelle der Außenwelt, Modelle mit Voraussagemöglichkeiten bedienen müssen.

Die Auffassung von der Sonderstellung der Erde als Mittelpunkt der Welt mußte der Kopernikanischen Lehre weichen, die Sonderstellung des Organischen fiel mit der 1828 von F. WOHLER gefundenen Harnstoffsynthese. Von den Froschschenkel-Versuchen GALVANIS nahm die physikalische Interpretierbarkeit der Empfindungswelt des Menschen ihren Ausgang, als man die Fortpflanzung von Reizen als elektrochemischen Vorgang zu erklaren vermochte und ihre Geschwindigkeit zu messen verstand. Dieser Prozeß der Ernuchterung geht weiter, er macht auch nicht vor den geistigen Funktionen halt. Aufnahme, Übertragung, Verarbeitung und Speicherung von Informationen sind Gegenstand wissenschaftlicher Untersuchungen geworden. Menschliche Denk- und Lernprozesse finden stufenweise Analogien bei maschinellen Prozessen.

Den erkennbaren Wandel in den Auffassungen sollte man nicht allzu sehr dem Einfluß der Rechentechnik zuschreiben [84]. Gerade die Mediziner haben die Erfahrung machen konnen, daß die Annahme, die Vorgange im lebenden Organismus unterlagen Naturgesetzen, dadurch immer wieder bestatigt wurde, daß die Anwendung sorgfaltigster wissenschaftlicher Untersuchungsmethoden ihr Wissen vermehrte. Ein Organ nach dem anderen und eine Körperfunktion nach der anderen wurde dem Bereich des physikalisch Unbekannten und Unerklarbaren entrissen. Auch die Arbeit des Gehirns beginnt in dieser Weise von den Neurologen schrittweise erhellt zu werden.

Gewiß, Gehirn und elektronische digitale Rechenmaschine, als die beiden extremen Realisierungen kybernetischer Systeme sind in ihrem Bau in keiner Weise vergleichbar. Sie zeigen zwar viele gleichlaufende Funktionen. Kann dies aber ausreichend sein, um erwarten zu durfen, daß eine gewinnbringende Befruchtung beider Gebiete, der Neurologie und der Computertechnik, moglich ist?

Man sollte die Bauunterschiede der beiden realen Systeme ebenso wenig uberschatzen wie ihre funktionalen Gemeinsamkeiten. Beide sind Realisierungen vergleichbarer kybernetischer Systeme. Die Kybernetik ist der Pfeiler, von dem aus Brucken zu den verschiedenen Fachwissenschaften fuhren; sie bahnt so Verbindungen an zwischen Wissenschaften, die aus einer heute nicht mehr vertretbaren Tradition heraus vielfach noch in ihrem Wesen als kontrar angesehen werden.

Mit der Entwicklung der modernen Technik drangen mathematische Begriffe in die damit „exakten" Charakter annehmenden Naturwissenschaften, wurden mathematische Methoden — insbesondere der Analysis — hier unentbehrliche Hilfsmittel; in analoger Weise vollzieht sich mit der Entwicklung der Kybernetik ein Eindringen mathematischer Denk- und Arbeitsweisen — insbesondere digitaler Natur — in zahlreiche weitere Wissenschaften und eröffnet diesen neue Wege.

Zwingt uns die standig wachsende Flut neuer Erkenntnisse zu immer weiter zu treibenden Spezialisierungen, so bietet sich demgegenuber in den Denkmethoden der Kybernetik eine Aussicht, von unserer Umwelt wieder ein Bild unter universellen Gesichtspunkten zu gewinnen.

Algebraische Grundlagen, Systeme

I

2. Mengen und Teilmengen, Mengenalgebra

Bei der Behandlung eines Problems werden Objekte in mehr oder weniger großer Anzahl und von unterschiedlicher Natur in den Kreis der Betrachtungen einzubeziehen sein. Dabei werden sich aus der Aufgabensituation heraus gewisse Prinzipien anbieten, die es nahe legen, einzelne, voneinander verschiedene Objekte in bestimmter Weise zu vereinigen, etwa nach einem gemeinsamen Merkmal hinsichtlich der Beschaffenheit, der Zugehorigkeit, der Funktion usw.

Eine Zusammenfassung von verschiedenen Objekten nach gewissen Gemeinsamkeiten wird in der Mathematik als *Menge* bezeichnet, die in einer Menge vereinigten Objekte als *Elemente* der Menge.

So bilden beispielsweise die im Alphabet der deutschen Schrift enthaltenen Buchstaben eine Menge; jeder Buchstabe des Alphabets ist Element dieser Menge. Das Alphabet ist eine geordnete Darbietung der Menge von Buchstaben. Man vergegenwartige sich demgegenuber die Bedeutung von „eine Menge" in der Umgangssprache im Sinn von „viele" etwa an dem Satz: „Diese Druckseite enthalt eine Menge von Buchstaben."

Mengen können auf unterschiedliche Art definiert sein. So kann in bestimmten Fallen eine geschlossene Definition erfolgen. Im obigen Beispiel war dies moglich, da ein entsprechender Sammelbegriff „Alphabet" schon existiert. In anderen Fallen kann eine Eigenschaft, die allen Elementen der zu definierenden Menge und nur diesen zukommt, zur Festlegung der Menge verwendet werden. Beispiele hierfur sind die Menge der geraden Zahlen, die Menge der auf einer gegebenen Strecke liegenden Punkte, die Menge der Menschen, die zu einem bestimmten Zeitpunkt in einer bestimmten Stadt wohnen, die Menge der Enzyme, die an einem bestimmten bakteriellen Stoffwechselprozeß (Metabolismus) beteiligt sind usw. Auch die Angabe eines Konstruktionsverfahrens kann zur geschlossenen Definition einer Menge dienen. Als Beispiel sei die Menge der FIBONACCIschen Zahlen[1]) genannt; hier lassen sich die Elemente der Menge als Glieder einer Zahlenfolge gewinnen. Ausgehend von der Ziffer 1 fur das erste und ebenso für das zweite Glied, werde ein Glied der Folge jeweils durch Addition der beiden vorhergehenden Glieder gebildet:

$$1, 1, 2, 3, 5, 8, 13, \ldots .$$

[1]) LEONARDO FIBONACCI, italienischer Mathematiker, 1175—1250.

In anderen Fällen wird zur Definition einer Menge die listenmäßige Aufzählung aller Elemente der Menge verwendet werden. So wird beispielsweise bei einer Lotterie die Menge der Gewinnummern primär zwar durch die Festlegung des Ausspielungsprozesses definiert, sekundär für den praktischen Umgang mit dieser Menge, etwa bei der Gewinnauszahlung, aber die vollständige Aufzählung ihrer Gewinnummern in einer Gewinnliste herangezogen.

Schließlich wird eine Menge auch dadurch definiert werden können, daß man angibt, wie ihre Elemente aus den Elementen schon bekannter Mengen zu gewinnen sind. Die dabei eine Rolle spielenden Operationen werden Gegenstand weiterer Betrachtungen im Rahmen der Mengenalgebra sein.

Zur mathematischen Darstellung einer Menge gibt man z. B. die Liste ihrer Elemente an, wobei man die Liste in — meist geschweiften — Klammern einschließt und die Elemente innerhalb der Liste durch Kommas trennt. So stellt

$$\mathfrak{A} = \{a, b, c\}$$

die aus den Elementen a, b und c bestehende und mit $\mathfrak{A}$ bezeichnete Menge dar.

Um auszudrücken, daß ein bestimmtes Objekt Element einer bestimmten Menge ist, findet das Symbol

$\in$ (gelesen: „ist Element von")

Verwendung. So gilt z. B. für die obige Menge

$$b \in \mathfrak{A}.$$

$d \notin \mathfrak{A}$ ist die mathematische Formulierung, daß das Objekt d nicht Element der Menge $\mathfrak{A}$ ist.

Die Verwendung des „Bindungsstriches" | ermöglicht die Darstellung einer Menge durch Angaben der besonderen Eigenschaften ihrer Elemente. So stellt

$$\mathfrak{X} = \{x | 5 \leqq x \leqq 10\}$$

die Menge aller reellen Zahlen zwischen 5 und 10 einschließlich der Grenzen dar, wobei zum Ausdruck kommt, daß als Symbol für ein Element dieser mit $\mathfrak{X}$ bezeichneten Menge der Buchstabe x benutzt werden soll. Die Menge der FIBONACCIschen Zahlen kann damit durch

$$\mathfrak{F} = \{z_i | i \in \mathfrak{N};\ z_1 = z_2 = 1;\ z_i = z_{i-1} + z_{i-2}\}$$

dargestellt werden, wobei $\mathfrak{N}$ die Menge der natürlichen Zahlen ist.

Je nach der Anzahl der Elemente spricht man von einer endlichen oder einer unendlichen Menge. Während eine endliche Menge stets diskret ist, können unendliche Mengen diskreter oder kontinuierlicher Natur sein.

Die Menge der Primzahlen unter 100 ist eine endliche diskrete Menge. Beispiele für unendliche Mengen diskreter Natur bieten die Menge der natürlichen Zahlen, die Menge der echten gemeinen Brüche, die Menge der Gitterpunkte einer ebenen Gitterstruktur usw. Unendliche Mengen kontinuierlicher Natur finden wir beispielsweise in der Menge der Zahlen zwischen Null und Eins, in der Menge der auf einer Strecke liegenden Punkte, in der Menge der im Innern eines Quadrates liegenden Punkte usw.

Bei endlichen Mengen liegt es nahe, zu ihrer Klassifizierung die Anzahl der in einer Menge enthaltenen Elemente heranzuziehen. Im Rahmen eines solchen Verfahrens sind zwei endliche Mengen als äquivalent anzusehen und damit derselben Klasse zuzuteilen, wenn der auf jede der beiden Klassen angewendete Zählprozeß zum gleichen Resultat führt. Bei unendlichen Mengen verliert dieser Prozeß des Zählens aber jede Bedeutung. Hier setzt eine für die Mathematik charakteristische Verfahrensweise ein. An Stelle des ursprünglichen und nur im engeren Bereich anwendbaren Verfahrens wird ein anderes im breiteren Bereich tragfähiges Verfahren gesetzt, das im engeren Bereich zum gleichen Ergebnis wie das ursprüngliche Verfahren führt.

In der vorliegenden Situation läßt sich die angestrebte Erweiterung eines Äquivalenzbegriffs zur Klassifizierung auch unendlicher Mengen unter Verwendung des Begriffs *Mächtigkeit* einer Menge erreichen. Das seitherige Verfahren bestand darin, die Anzahlgleichheit durch den Vergleich der Ergebnisse zweier Zählprozesse zu erfassen. An seine Stelle setzen wir nun ein Verfahren, daß die „Gleichmächtigkeit" zweier Mengen erfassen läßt.

Zwei Mengen heißen *gleichmächtig*, wenn eine gegenseitig eindeutige Zuordnung zwischen den Elementen beider Mengen möglich ist.

Es ist leicht ersichtlich, daß bei endlichen Mengen beide Verfahren das gleiche leisten. Gleichheit bzw. Ungleichheit der beiden Zählprozesse und Möglichkeit bzw. Unmöglichkeit einer gegenseitig eindeutigen (= eineindeutigen) Paarbildung sind hier gleichwertige Aussagen. Anzahl der Elemente und Mächtigkeit sind hier synonym.

Das auf Gleichmächtigkeit basierende Verfahren läßt aber auch für unendliche Mengen Aussagen und damit Klassifizierungen zu. Wir ziehen zunächst die Menge der natürlichen Zahlen als die sich unmittelbar anbietende unendliche Menge zum Vergleich heran und sagen, eine unendliche Menge sei *abzählbar*, wenn sie gleichmächtig mit der Menge der natürlichen Zahlen ist. Es ist klar, daß der Menge der natürlichen Zahlen diese Eigenschaft, abzählbar zu sein, zukommt. Man überzeugt sich leicht, daß diese Eigenschaft auch der Menge der geraden Zahlen, der Menge der Primzahlen, der Menge der Gitterpunkte in der Ebene und damit zugleich auch der Menge der ganzen Zahlenpaare usw. zuzusprechen ist. Die Paarbildung kann in diesen Fällen wie folgt geschehen:

Menge der natürlichen Zahlen	1 2 3 4 5 . . . n . . .
Menge der geraden Zahlen	2 4 6 8 10. . . $2n$ . . .

Menge der natürlichen Zahlen	1 2 3 4 5 6 . . .
Menge der Primzahlen	1 2 3 5 7 11 . . .

Menge der natür-lichen Zahlen	1	2	3	4	5	6	... 10 ...
Menge der ganzen Zahlenpaare (Abb. 2.1)	(0,0)	(1,0)	(1,1)	(0,1)	(−1,1)	(−1,0)	... (2, −10) ...

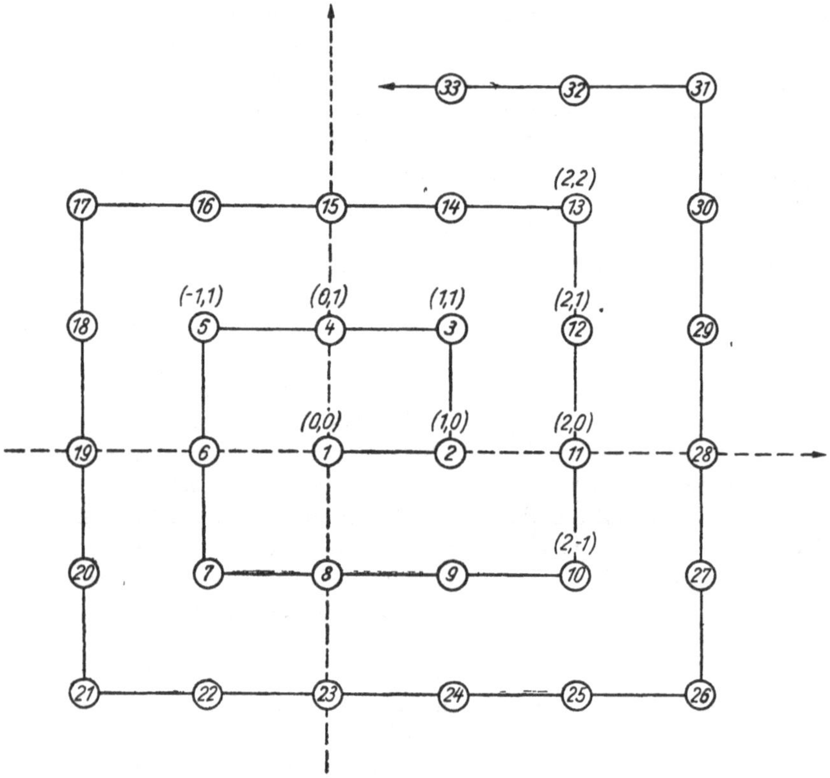

Abb. 2.1. Gitterstruktur in der Ebene
Abzählbarkeit der Gitterpunkte

Daß auch die Menge der echten Brüche abzählbar ist, läßt sich durch eine „Auffädelung“ der Gitterpunkte erkennen, die als Ausschnitt aus der Gitterstruktur in der Ebene in Abb. 2.2 dargestellt sind. Die Zahlenpaare des gewählten Ausschnitts haben die Eigenschaft, daß jeweils die erste Zahl kleiner als die zweite Zahl ist. Faßt man die erste Zahl jedes Paares als Zähler, die zweite Zahl als Nenner auf, so gewinnt man auf diese Weise alle echten Brüche. Die „Auffädelung“ kann dann etwa so erfolgen, daß die Summe aus Zähler und Nenner eines Bruches als erstes Ordnungsprinzip, die Größe des Zählers als zweites verwendet wird.

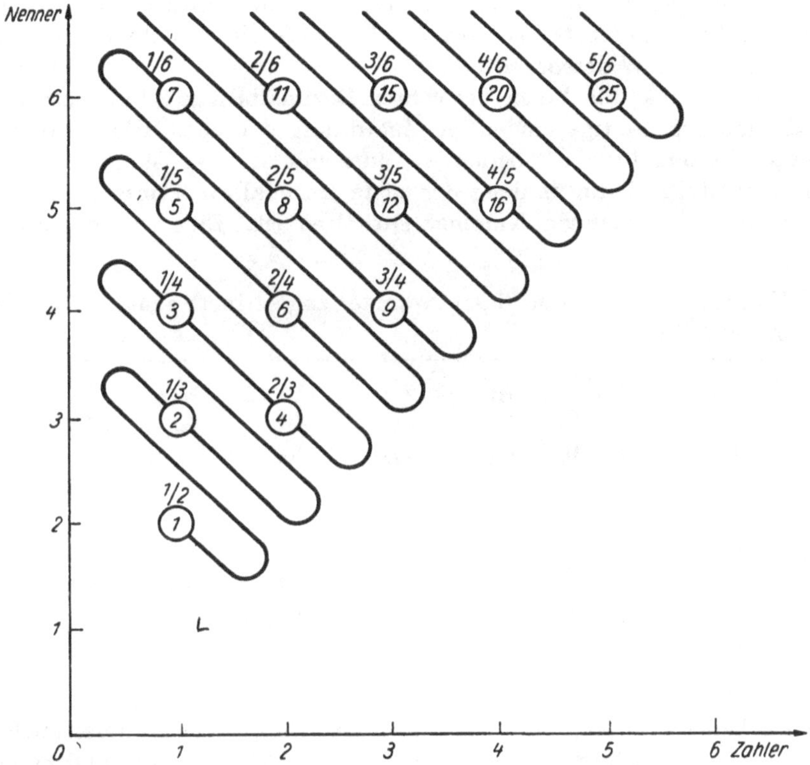

Abb. 2.2. Abzahlbarkeit der echten Bruche

Menge der nat. Zahlen	1	2	3	4	5	6	7	8	9	10	11	12	...
Menge der echten Brüche	$\frac{1}{2}$	$\frac{1}{3}$	$\frac{1}{4}$	$\frac{2}{3}$	$\frac{1}{5}$	$\frac{2}{4}$	$\frac{1}{6}$	$\frac{2}{5}$	$\frac{3}{4}$	$\frac{1}{7}$	$\frac{2}{6}$	$\frac{3}{5}$	...
Summe aus Zähler und Nenner	3	4	5		6		7			8			

Die Einfuhrung des Begriffs einer abzahlbar unendlichen Menge ist nur dann sinnvoll, wenn wir auch unendliche Mengen aufweisen konnen, denen diese Eigenschaft nicht zukommt. Als Beispiel einer *nichtabzahlbaren Menge* führen wir die Menge der reellen Zahlen zwischen 0 und 1 an. Zur Darstellung dieser Zahlen werden unendliche Dezimalbruche herangezogen. Dabei seien endliche Dezimalbruche, um eine einheitliche Darstellung zu erhalten, durch unendliche ersetzt, so beispielsweise 0,3 durch 0,2999 . . .

Der Beweis, daß die Menge der echten Dezimalbruche nichtabzahlbar ist, wird indirekt gefuhrt: Es wird gezeigt, daß die Annahme, diese Menge sei abzählbar, auf Widerspruch fuhrt.

Die Annahme, die Menge der echten Dezimalbruche sei abzahlbar, bedeutet, daß eine gegenseitige eindeutige Zuordnung der naturlichen Zahlen und der echten Dezimalbruche moglich ist, oder mit anderen Worten, daß man eine Liste aufstellen kann, in der jeder echte Dezimalbruch unter einer bestimmten nur ihm zukommenden Nummer enthalten ist. Eine solche Liste liege nun vor:

Nummer in der Liste	der dieser Nummer zugeordnete echte Dezimalbruch						
1	0,	z_{11}	z_{12}	z_{13}	z_{14}	z_{15}	...
2	0,	z_{21}	z_{22}	z_{23}	z_{24}	z_{25}	...
3	0,	z_{31}	z_{32}	z_{33}	z_{34}	z_{35}	...
.	.	.	.	.	.	.	...
.	.	.	.	.	.	.	...
.	.	.	.	.	.	.	...
n	0,	z_{n1}	z_{n2}	z_{n3}	z_{n4}	z_{n5}	...
.	.	.	.	.	.	.	...
.	.	.	.	.	.	.	...
.	.	.	.	.	.	.	...

Darin bedeutet z_{ik} mit $i, k \in \mathfrak{N}$ die Ziffer, die in dem Dezimalbruch der i-ten Zeile an k-ter Stelle nach dem Komma steht. Wahrend die Indizes jede natürliche Zahl annehmen können, gilt

$$z_{ik} \in \{0, 1, 2, 3, 4, 5, 6, 7, 8, 9\} .$$

Beispielsweise bedeutet $z_{123,259}$ das im Dezimalbruch der 123-ten Zeile an der 259-ten Stelle hinter dem Komma stehende Symbol, also eine der zehn Ziffern $0, 1, 2, \ldots, 9$.

Wir konstruieren nun einen echten Dezimalbruch wie folgt: An die erste Stelle nach dem Komma setzen wir eine Ziffer, die verschieden ist von der Ziffer, die im ersten Dezimalbruch der Liste an der ersten Stelle nach dem Komma steht. Damit ist gesichert, daß der zu konstruierende Dezimalbruch sich von dem in der Liste als erster aufgefuhrten Dezimalbruch unterscheidet. Wahlt man nun fur die zweite Stelle eine Ziffer, die sich von der Ziffer unterscheidet, die an der zweiten Stelle des zweiten Dezimalbruchs der Liste steht, so ist der zu konstruierende Dezimalbruch auch verschieden von dem Dezimalbruch der zweiten Zeile. Entsprechend verfahren wir bei den weiteren Stellen. In mathematischer Schreibweise setzen wir den zu konstruierenden Dezimalbruch in der Form

$$0, z'_{11}\, z'_{22}\, z'_{33} \ldots z'_{nn} \ldots$$

an.

Darin bedeuten $z_{11}, z_{22}, z_{33}, \ldots, z_{nn}, \ldots$ die in der Liste als „Diagonalglieder" auftretenden Ziffern; durch den Akzent wird zum Ausdruck gebracht, daß die Ziffer zu der in der Liste an der entsprechenden Stelle stehenden Ziffer unterschiedlich gewählt werden soll.

Für den so konstruierten Dezimalbruch ist gesichert, daß er sich von jedem in der Liste stehenden Dezimalbruch unterscheidet. Ist nämlich n die Nummer irgendeiner Zeile der Liste, so enthält der dort angeordnete Dezimalbruch an der n-ten Stelle — dies ist die „Diagonalstelle" — die Ziffer, die wir durch das Symbol z_{nn} bezeichnet haben. Der konstruierte Dezimalbruch enthält aber an der n-ten Stelle z'_{nn}, d. h. eine von z_{nn} abweichende Ziffer. Zwei Dezimalbrüche, die an einer bestimmten Stelle nach dem Komma unterschiedliche Ziffern tragen, sind aber verschieden. Diese Überlegung gilt für jede Zeilennummer. Der konstruierte echte Dezimalbruch kann somit nicht in der Liste enthalten sein. Damit liegt ein Widerspruch zur Annahme vor: Die Annahme, daß die Menge der echten Dezimalbrüche abzählbar sei, kann somit nicht richtig sein.

Die Menge der zwischen 0 und 1 liegenden Zahlen hat daher eine andere Mächtigkeit als die Menge der natürlichen Zahlen. Aus der bekannten Darstellung der reellen Zahlen auf einer Zahlengeraden und speziell der Zahlen zwischen 0 und 1 auf einer Strecke von der Länge Eins ist zu entnehmen, daß die Menge der auf der Einheitsstrecke liegenden Punkte — sie bilden ein Kontinuum — und die Menge der echten Dezimalbrüche die gleiche Mächtigkeit besitzen; man spricht von der *Mächtigkeit des Kontinuums* (Abb. 2.3).

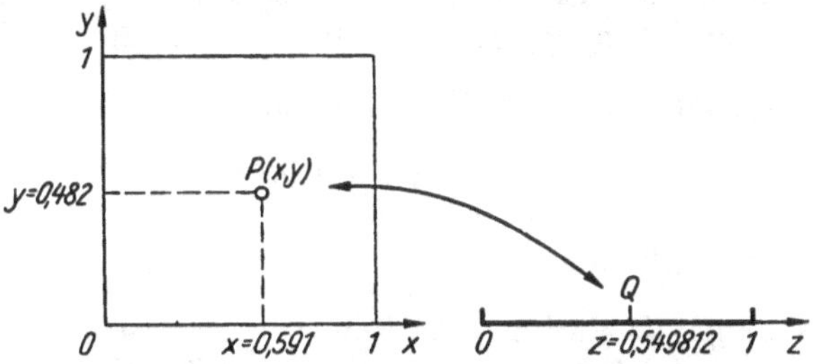

Abb 2.3. Die Punktmenge im Inneren des Einheitsquadrates und die Punktmenge auf der Einheitsstrecke haben gleiche Mächtigkeit.
P: $x = 0{,}591\ldots$ $\quad$ Q: $z = 0{,}549812\ldots$
$y = 0{,}482\ldots$

Auch die Menge der im Innern eines Quadrates liegenden Punkte hat die gleiche Mächtigkeit. Man erkennt dies, wenn man davon ausgeht, daß jeder Punkt im Innern eines Einheitsquadrates durch das Paar seiner beiden Koordinaten, also durch ein aus zwei echten Dezimalbrüchen bestehendes Paar festgelegt werden kann.

Die beiden Dezimalbrüche mögen die Form

$$0,\, x_1\, x_2\, x_3 \ldots$$
$$0,\, y_1\, y_2\, y_3 \ldots$$

besitzen. Dann kann aber eine gegenseitige eindeutige Zuordnung zwischen der Menge der Punkte im Innern des Einheitsquadrates und der Menge der echten Dezimalbrüche erreicht werden, so beispielsweise durch die Form

$$0, x_1 y_1 x_2 y_2 x_3 y_3 \ldots ;$$

Damit liegt eine aufsteigende Folge von Mächtigkeiten vor: Die Mächtigkeiten endlicher Mengen 0, 1, 2, 3, ..., die Mächtigkeit der Menge der natürlichen Zahlen (Abzählbarkeit), die Mächtigkeit des Kontinuums.

Erwähnt sei hier nur, daß man in dieser Folge fortschreitend zu jeder Mächtigkeit eine Menge mit größerer Mächtigkeit konstruieren kann.

Ein weiterer Begriff ist der der *Teilmenge.*

> Die Menge $\mathfrak{A}$ heißt Teilmenge der Menge $\mathfrak{B}$, wenn jedes Element von $\mathfrak{A}$ auch Element von $\mathfrak{B}$ ist.

So ist beispielsweise die Menge der durch 6 ohne Rest teilbaren Zahlen Teilmenge der geraden Zahlen. Demgegenüber ist die Menge der Primzahlen nicht Teilmenge der ungeraden Zahlen; gibt es doch ein Element der ersten Menge, das nicht der zweiten Menge angehört, nämlich die Zahl 2.

Aus der Definition der Teilmenge folgt, daß jede Menge zu sich selbst Teilmenge ist. Man hat daher in Verschärfung noch den weiteren Begriff der „echten Teilmenge“ geschaffen.

> $\mathfrak{A}$ ist echte Teilmenge von $\mathfrak{B}$, wenn $\mathfrak{A}$ Teilmenge von $\mathfrak{B}$ ist und wenigstens ein Element von $\mathfrak{B}$ existiert, das nicht zu $\mathfrak{A}$ gehört.

Dem entsprechend unterscheidet auch die Symbolik zwischen

$\mathfrak{A} \subset \mathfrak{B}$ für die Beziehung „echte Teilmenge sein“

und

$\mathfrak{A} \subseteq \mathfrak{B}$ für „Teilmenge sein“.

Man spricht auch von einer Inklusion. Die Relation „Teilmenge sein“ ist nicht symmetrisch, d. h., wenn die Mengen $\mathfrak{A}$ und $\mathfrak{B}$ in der Relation $\mathfrak{A} \subseteq \mathfrak{B}$ stehen, so stehen sie im allgemeinen nicht in der Relation $\mathfrak{B} \subseteq \mathfrak{A}$. Die Relation „Teilmenge sein“ kann daher gelegentlich dazu verwendet werden, die Gleichheit zweier Mengen zu zeigen.

> Ist $\mathfrak{A} \subseteq \mathfrak{B}$ und zugleich $\mathfrak{B} \subseteq \mathfrak{A}$, so gilt
> $\mathfrak{A} = \mathfrak{B}$.

Die Relation „Teilmenge sein“ ist transitiv:

> Aus $\mathfrak{A} \subseteq \mathfrak{B}$ und $\mathfrak{B} \subseteq \mathfrak{C}$ folgt $\mathfrak{A} \subseteq \mathfrak{C}$.

Bei mathematischen Aussagen ist es oft wesentlich, daß eine Behauptung für alle Objekte eines Bereichs ausgesprochen wird, in anderen Fällen, daß die Existenz von mindestens einem Objekt aus einem gewissen Bereich mit einer bestimmten Eigenschaft gefordert wird. Um beides formalisieren zu können, hat man die Zeichen

$\forall x$ (gelesen: „für jedes x")

und

$\exists x$ (gelesen: „es gibt ein x, für das . . .")

eingeführt. Man spricht von dem A-Quantor bzw. dem E-Quantor. Unter Verwendung des A-Quantors läßt sich die obige Definition der Teilmenge wie folgt formalisieren:

$$\mathfrak{A} \subseteq \mathfrak{B} \underset{\mathrm{Df}}{=} \forall a\,(a \in \mathfrak{A} \rightarrow a \in \mathfrak{B})\,.$$

„$\mathfrak{A}$ ist Teilmenge von $\mathfrak{B}$ nach Definition genau dann, wenn für jedes a gilt: Ist a Element von $\mathfrak{A}$, so folgt, a ist Element von $\mathfrak{B}$." Entsprechend gestattet der $\exists$-Quantor die folgende Niederschrift für die Definition der echten Teilmenge.

$$\mathfrak{A} \subset \mathfrak{B} \underset{\mathrm{Df}}{=} \mathfrak{A} \subseteq \mathfrak{B} \quad \text{und} \quad \exists b\,(b \in \mathfrak{B} \text{ und } b \notin \mathfrak{A})\,.$$

„$\mathfrak{A}$ ist echte Teilmenge von $\mathfrak{B}$ nach Definition genau dann, wenn $\mathfrak{A}$ Teilmenge von $\mathfrak{B}$ ist und es ein b gibt, für das gilt: b ist Element von $\mathfrak{B}$ und ist nicht Element von $\mathfrak{A}$."

Wir führen nun den Begriff der *Komplementmenge* ein.

> Ist $\mathfrak{A}$ Teilmenge von $\mathfrak{B}$, so bilden alle Elemente von $\mathfrak{B}$, die nicht zu $\mathfrak{A}$ gehören, die Komplementmenge von $\mathfrak{A}$ relativ zu $\mathfrak{B}$.

Wir schreiben für die Komplementmenge von $\mathfrak{A}$ relativ zu $\mathfrak{B}$ $\overline{\mathfrak{A}}_{\mathfrak{B}}$, oft auch nur $\overline{\mathfrak{A}}$, wenn sich aus dem Zusammenhang ergibt, bezüglich welcher Menge die Komplementbildung zu verstehen ist. Es gilt der Satz:

> *Die Komplementmenge einer Komplementmenge ist die ursprüngliche Menge.*

Abb. 2.4 veranschaulicht diesen Sachverhalt an Punktmengen. Wir betrachten den Sachverhalt noch etwas weiter, indem wir noch eine dritte Menge hinzunehmen. Zu diesem Zweck betrachten wir ein Beispiel, nämlich die Menge der Vögel, in der die Menge der Gänse und die Menge der Hausgänse als Teilmengen enthalten sind; die Komplementbildung nehmen wir dabei relativ zur Menge der Vögel vor (Abb. 2.5). Dann gilt der Satz:

> *Beim Übergang zu den Komplementmengen kehren sich die Relationen „Teilmenge sein" bzw. „echte Teilmenge sein" um.*

Aus $\mathfrak{A} \subset \mathfrak{B}$ folgt $\overline{\mathfrak{B}} \subset \overline{\mathfrak{A}}$, aus $\mathfrak{A} \subseteq \mathfrak{B}$ folgt $\overline{\mathfrak{B}} \subseteq \overline{\mathfrak{A}}$.

Ein Beispiel, das zeigt, wie auf der Basis von Teilmengen-Beziehungen unter Verwendung des Komplementes logische Schlüsse zustande kommen können,

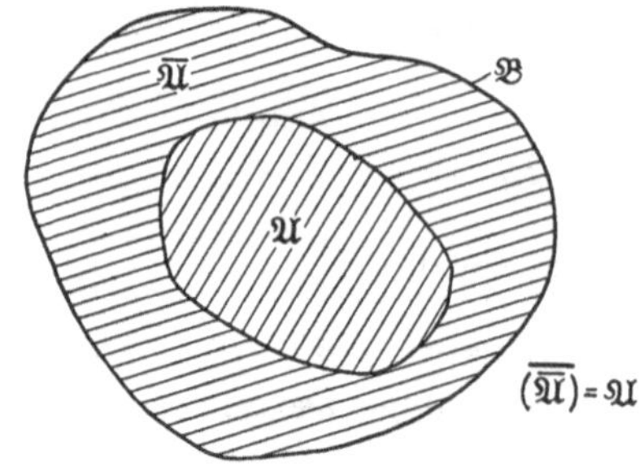

Abb. 2.4. Komplementmenge

$\mathfrak{A}$ = Menge der Hausganse,
$\mathfrak{B}$ = Menge der Ganse,
$\overline{\mathfrak{A}}$ = Menge der Ganse, die keine Hausganse sind, d. i. Menge der Wildganse,
$(\overline{\overline{\mathfrak{A}}})$ = Menge der Ganse, die nicht $\overline{\mathfrak{A}}$ angehoren, d. h., die keine Wildganse sind, d. i. Menge der Hausganse,
$(\overline{\overline{\mathfrak{A}}}) = \mathfrak{A}$

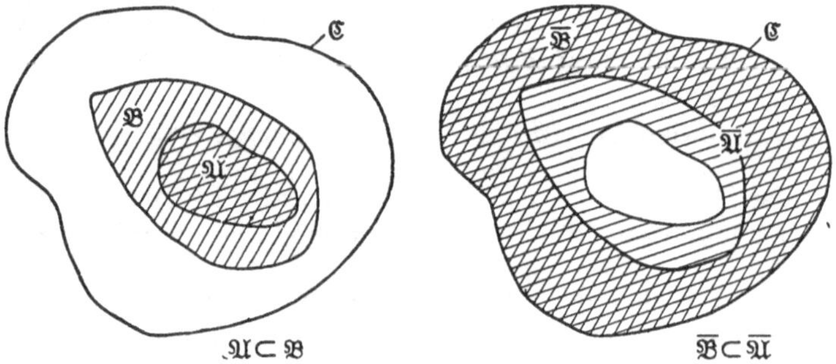

Abb. 2.5. Komplement und Inklusion

$\mathfrak{A}$ = Menge der Hausganse,
$\mathfrak{B}$ = Menge der Ganse,
$\mathfrak{C}$ = Menge der Vogel

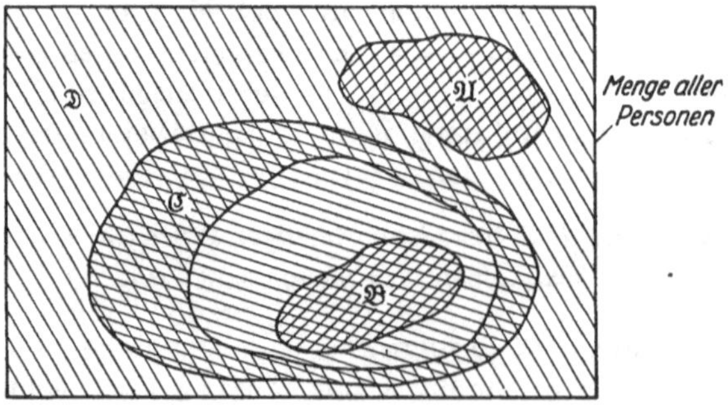

Abb. 2.6. Zum Beispiel von Lewis Carroll (Erläuterungen im Text)

gibt LEWIS CARROLL[1]) in einer scherzhaften Fassung. Er fuhrt vier Mengen von Personen ein: (Abb. 2.6)

$\mathfrak{A}$ sei die Menge der Personen, die ein Krokodil zu bändigen verstehen,

$\mathfrak{B}$ sei die Menge aller Babys,

$\mathfrak{C}$ sei die Menge der Personen, denen man keine besondere Anerkennung zukommen laßt

und $\mathfrak{D}$ sei die Menge der Personen, die logisch zu handeln verstehen.

Hinsichtlich der in diesen Mengen enthaltenen Personen bestehen folgende Aussagen:

1. „Babys sind unlogisch". Da diese Aussage für alle Babys gilt, laßt sich aus ihr eine Aussage fur die Menge $\mathfrak{B}$ gewinnen. Anderseits bedeutet, eine unlogische Person zu sein, der Komplementmenge der Menge der logisch handelnden Personen anzugehoren: Jedes Element von $\mathfrak{B}$ ist Element von $\overline{\mathfrak{D}}$.

(1) $\mathfrak{B} \subset \overline{\mathfrak{D}}$.

2. „Niemandem wird Anerkennung versagt, der ein Krokodil zu bandigen versteht" ist eine Aussage fur jede Person der Menge $\mathfrak{A}$, die diese in Beziehung zur Menge $\mathfrak{C}$ stellt.

(2) $\mathfrak{A} \subset \overline{\mathfrak{C}}$.

3. „Unlogische Personen erhalten keine Anerkennung" setzt das Komplement der Menge $\mathfrak{D}$ in Beziehung zur Menge $\mathfrak{C}$.

(3) $\overline{\mathfrak{D}} \subset \mathfrak{C}$.

Durch Komplementbildung lassen sich drei weitere Teilmengen-Beziehungen gewinnen:

(4) $\mathfrak{D} \subset \overline{\mathfrak{B}}$.

(5) $\mathfrak{C} \subset \overline{\mathfrak{A}}$.

(6) $\overline{\mathfrak{C}} \subset \mathfrak{D}$.

Die Transitivitat der Teilmengen-Relation (Inklusion) fuhrt dann zu den folgenden Beziehungen:

(1) (3) (5)

$\mathfrak{B} \subset \overline{\mathfrak{D}} \subset \mathfrak{C} \subset \overline{\mathfrak{A}}$, d. h. $\mathfrak{B} \subset \overline{\mathfrak{A}}$.

„Ein Baby kann kein Krokodil bandigen".

(2) (6) (4)

$\mathfrak{A} \subset \overline{\mathfrak{C}} \subset \mathfrak{D} \subset \overline{\mathfrak{B}}$, d. h. $\mathfrak{A} \subset \overline{\mathfrak{B}}$.

„Ein Krokodilbändiger ist kein Baby".

(3) (5)

$\overline{\mathfrak{D}} \subset \mathfrak{C} \subset \overline{\mathfrak{A}}$, d. h. $\overline{\mathfrak{D}} \subset \overline{\mathfrak{A}}$.

[1]) LEWIS CARROLL (Ch. L. Dodgson), englischer Mathematiker, 1832–1898.

„Eine unlogisch handelnde Person ist kein Krokodilbandiger".

$$\overset{(6)}{\overline{\mathfrak{C}} \subset} \overset{(4)}{\overline{\mathfrak{D}} \subset} \overline{\mathfrak{B}}\,, \quad \text{d. h.} \quad \overline{\mathfrak{C}} \subset \overline{\mathfrak{B}}\,.$$

„Eine hochangesehene Person ist kein Baby".

Man uberzeuge sich, daß die Punktmengen der Abb 2 6 den vorliegenden Relationen entsprechen.

In der Komplementbildung haben wir eine erste Operation der *Mengenalgebra* eingefuhrt, durch die auf Grund gegebener Mengen eine weitere Menge bestimmt werden kann. Wir betrachten nun weitere Operationen, die es ermöglichen, aus gegebenen Mengen neue Mengen zu definieren.

Unter der *Vereinigungsmenge* der Mengen $\mathfrak{A}$ und $\mathfrak{B}$ versteht man die Menge aller Elemente, die wenigstens einer der beiden Mengen $\mathfrak{A}$ und $\mathfrak{B}$ angehoren (Symbol $\cup$).

Vereinigungsmenge von $\mathfrak{A}$ und $\mathfrak{B}$ (Abb. 2.7)

$$\mathfrak{A} \cup \mathfrak{B} \underset{\text{Df}}{=} \{x | x \in \mathfrak{A} \text{ oder } x \in \mathfrak{B}\}\,.$$

Unter der *Schnittmenge* (auch Durchschnitt) der Mengen $\mathfrak{A}$ und $\mathfrak{B}$ versteht man die Menge aller Elemente, die beiden Mengen $\mathfrak{A}$ und $\mathfrak{B}$ zugleich angehoren (Symbol $\cap$).

Schnittmenge von $\mathfrak{A}$ und $\mathfrak{B}$ (Abb. 2.8)

$$\mathfrak{A} \cap \mathfrak{B} \underset{\text{Df}}{=} \{x | x \in \mathfrak{A} \text{ und } x \in \mathfrak{B}\}\,.$$

Unter der *Differenz* der Mengen $\mathfrak{A}$ und $\mathfrak{B}$ versteht man die Menge aller der Elemente von $\mathfrak{A}$, die nicht Elemente von $\mathfrak{B}$ sind.

Differenz von $\mathfrak{A}$ und $\mathfrak{B}$ (Abb. 2.9)

$$\mathfrak{A} - \mathfrak{B} \underset{\text{Df}}{=} \{x | x \in \mathfrak{A} \text{ und } x \notin \mathfrak{B}\}\,.$$

Die Operationen Vereinigung und Durchschnitt genügen den Gesetzen

der Kommutativitat,
der Assoziativitat
und der Distributivitat.

Wir kommen darauf im Rahmen der Booleschen Algebra zuruck.

Zwei Mengen, deren Durchschnitt leer ist, heißen *disjunkt* oder zueinander fremd.

Ist eine Menge $\mathfrak{A}$ als Vereinigung von (endlich oder unendlich vielen) disjunkten, d. h. paarweise fremden, Teilmengen $\mathfrak{B}_1, \mathfrak{B}_2, \ldots$ darstellbar, so spricht man von einer *Zerlegung* der Menge $\mathfrak{A}$. Fur das Vorhandensein einer Zerlegung mussen also zwei Bedingungen erfullt sein:

1. $\mathfrak{B}_1 \cup \mathfrak{B}_2 \cup \ldots = \mathfrak{A}$ (Vollstandigkeit).
2. $\mathfrak{B}_i \cap \mathfrak{B}_j = \emptyset$ [1]) für alle i und j mit $i \neq j$ (paarweise disjunkt).

Diese Bedingungen sichern, daß jedes Element von $\mathfrak{A}$ einer und nur einer Teilmenge $\mathfrak{B}_i$ angehort. Der Begriff der Zerlegung spielt bei Systembetrachtungen eine wichtige Rolle.

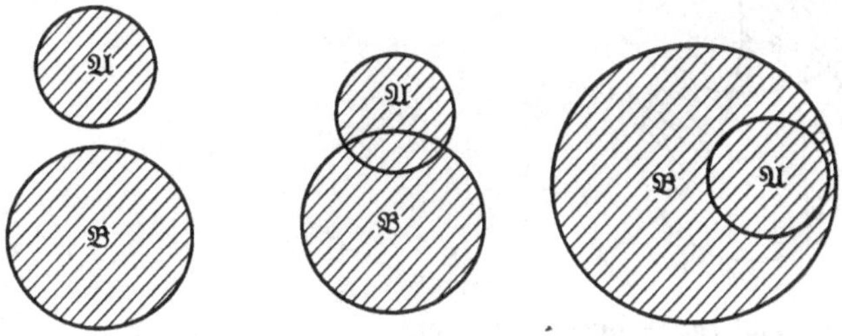

Abb. 2.7. Vereinigungsmenge $\mathfrak{A} \cup \mathfrak{B}$ schraffiert (drei typische Falle)

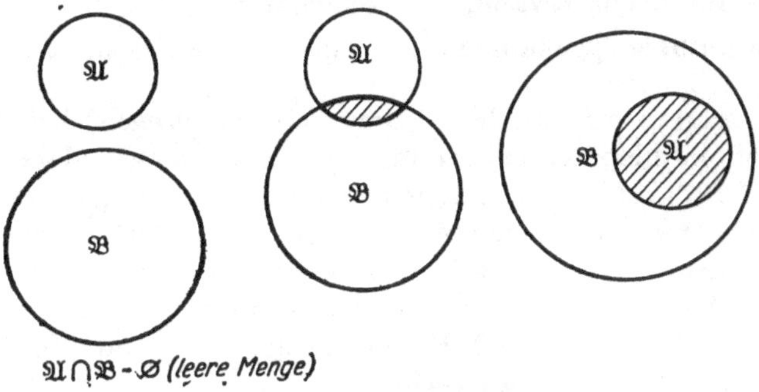

Abb. 2.8. Schnittmenge $\mathfrak{A} \cap \mathfrak{B}$ schraffiert (drei typische Falle)

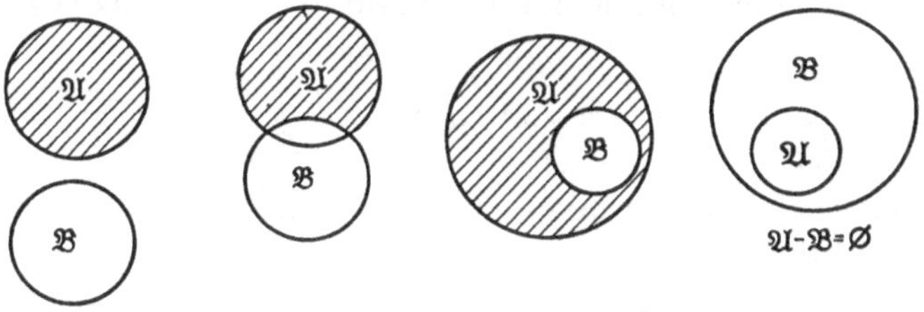

Abb. 2.9. Differenzmenge $\mathfrak{A} - \mathfrak{B}$ schraffiert (vier typische Falle)

[1]) $\emptyset$ ist das Zeichen fur „leere Menge“, d. h. fur eine Menge, die kein Element enthalt.

Die Operationen der Mengenalgebra ermoglichen die Erfassung auch komplexer Gebietsstrukturen (Abb. 2.10).

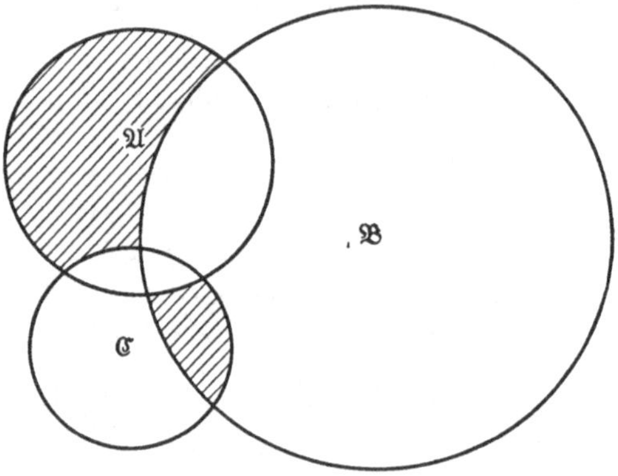

Abb. 2.10. Darstellung von Gebietsstrukturen
schraffierter Bereich: $(\mathfrak{A} \cap \overline{\mathfrak{B}} \cap \overline{\mathfrak{C}}) \cup (\overline{\mathfrak{A}} \cap \mathfrak{B} \cap \mathfrak{C})$

3. Produktmenge, Relation und Abbildung — Das formale System und seine konstruktive Beschreibung

Bei der Untersuchung irgendwelcher Umwelterscheinungen, bei der Bildung der Theorie oder eines Modells spielen im allgemeinen verschiedene Objektmengen eine Rolle. Die dabei in Erscheinung tretenden Beziehungen lassen Elemente aus verschiedenen Mengen ın gegenseitige Verbindungen treten, sei es zu Paaren oder zu Trıpeln oder allgemeın zu n-Tupeln, wie man eine geordnete Zusammenstellung von n Objekten bezeichnet. Hıerbei erweist es sich als vorteilhaft, über den mathematischen Begriff Produktmenge — in der Technik spricht man oft von Verbundmenge — zu verfugen.

Unter der *Produktmenge* zweier Mengen $\mathfrak{A}$ und $\mathfrak{B}$ versteht man die Menge aller geordneten Paare aus je einem Element der Menge $\mathfrak{A}$ und der Menge $\mathfrak{B}$. Man schreibt fur die Produktmenge aus $\mathfrak{A}$ und $\mathfrak{B}$

$$\mathfrak{A} \times \mathfrak{B} .$$

$$\mathfrak{A} \times \mathfrak{B} \underset{\mathrm{Df}}{=} \{(a, b) | a \in \mathfrak{A} \text{ und } b \in \mathfrak{B}\} .$$

In entsprechender Weise definiert man die Produktmenge aus n Mengen $\mathfrak{A}_1, \mathfrak{A}_2, \ldots, \mathfrak{A}_n$ durch

$$\mathfrak{A}_1 \times \mathfrak{A}_2 \times \cdots \times \mathfrak{A}_n \underset{\mathrm{Df}}{=} \{(a_1, a_2, \ldots, a_n) | a_1 \in \mathfrak{A}_1 \text{ und } a_2 \in \mathfrak{A}_2 \text{ und } \ldots \text{ und } a_n \in \mathfrak{A}_n\} .$$

Dabei kann bei der Bıldung einer Produktmenge eine Menge auch mehrmals auftreten, so z. B. bei der Bildung der Menge, die aus allen geordneten Paaren natürlicher Zahlen besteht,

$$\mathfrak{N}\times\mathfrak{N} = \mathfrak{N}^2 = \{(x, y) | x \in \mathfrak{N} \text{ und } y \in \mathfrak{N}\}$$

mit beispielsweise $(7,3) \in \mathfrak{N}\times\mathfrak{N}$.

Betrachten wir als einfaches Beispiel einer an einem Umweltereignis durchgeführten Untersuchung Messungen an einer Diode; im Rahmen abstrahierender Überlegungen mögen sich für das Experiment zwei Eigenschaften A_1 und A_2 anbieten, nämlich Spannung und Stromstärke. Die experimentellen Gegebenheiten legen für A_1 und für A_2 je eine Menge von Werten fest, die angenommen werden können; notwendigerweise sind beide Mengen infolge der beschränkten Meßgenauigkeit diskreter Natur. Jede Messung führt in ihrem Ergebnis zu der Erfassung eines geordneten Paares von Werten, nämlich je eines Spannungs- und eines Stromstärkewertes. So können beispielsweise die Wertemengen

$$V_1 = \{-10, -2, 1, 2, 5\},$$
$$V_2 = \{-1, -0{,}2, 10, 20, 50\}$$

zur Verfügung stehen und als Ergebnisse der einzelnen Messungen die Paare

$$s_1 = (-10, -1), \quad s_2 = (-2, -0{,}2), \quad s_3 = (1, 10),$$
$$s_4 = (2, 20), \quad s_5 = (5, 50)$$

auftreten. Das Ergebnis des Experiments ist dann die Menge dieser Paare

$$S = \{s_1, s_2, s_3, s_4, s_5\}.$$

Wir sprechen auch vom System S.

In dieser Menge von Paaren treten nicht alle möglichen Paare auf, S ist eine Teilmenge der Produktmenge aus V_1 und V_2.

$$S \subset V_1 \times V_2.$$

An dieser Stelle bietet sich ein weiterer mathematischer Begriff an, nämlich der der *Relation*.

> Man spricht von einer n-stelligen Relation R zwischen den Mengen $\mathfrak{A}_1, \mathfrak{A}_2, \ldots, \mathfrak{A}_n$, wenn R eine Teilmenge der Produktmenge aus $\mathfrak{A}_1, \mathfrak{A}_2, \ldots, \mathfrak{A}_n$ ist.
>
> $$R \subset \mathfrak{A}_1 \times \mathfrak{A}_2 \times \cdots \times \mathfrak{A}_n.$$

Beispiele. 1. Es sei $\mathfrak{N}$ die Menge der natürlichen Zahlen Dann stellt

$$R = \{(x, y) | x \in \mathfrak{N} \text{ und } y \in \mathfrak{N} \text{ und } x < y\}$$

eine zweistellige Relation (Binärrelation) in $\mathfrak{N}$ dar. Ihr genügen beispielsweise die Paare

(2, 3), (3, 7), (5, 6) usw., nicht aber

(2, 2), (7, 3), (6, 5) usw.

2. Eine dreistellige Relation in der Menge der naturlichen Zahlen stellt

$$R = \{(x, y, z) | x \in \mathfrak{N} \text{ und } y \in \mathfrak{N} \text{ und } z \in \mathfrak{N} \text{ und } x < y = z\}$$

dar. Tripel, die ihr genügen, sind beispielsweise

$$(2, 3, 3)\,, \quad (5, 11, 11) \quad \text{usw.}$$

Ist $R \subset X \times Y$ eine Relation zwischen X und Y und ist $(x, y) \in R$, so pflegt man auch zu schreiben

$$x\,R\,y\,, \quad \text{gelesen: „}x \text{ steht in } R\text{-Relation zu } y\text{“.}$$

3. Greifen wir auf das obige Beispiel der Untersuchung an einer Diode zuruck: Das als Ergebnis des Experiments gewonnene System S,

$$S = \{s_1, s_2, s_3, s_4, s_5\}\,,$$

stellt eine Relation zwischen Spannung und Stromstarke dar (Abb. 3.1).

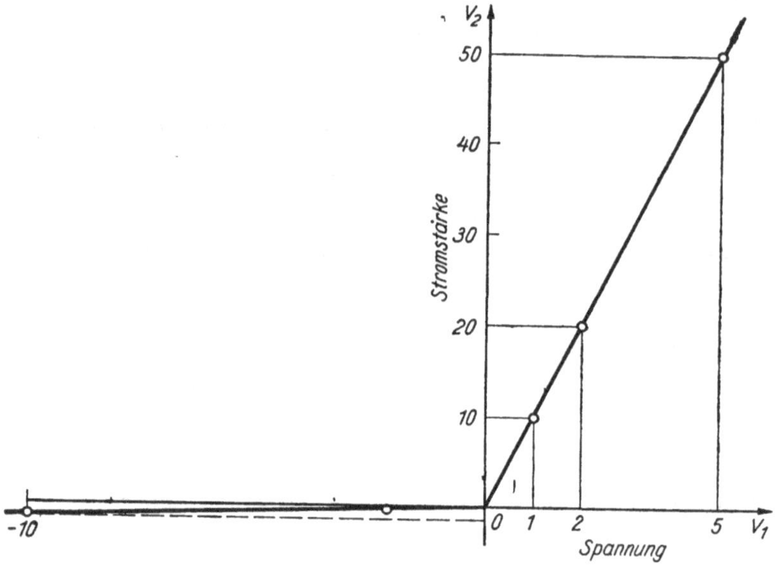

Abb. 3.1. Messungen an einer Diode

Eine zweistellige Relation in X heißt *Äquivalenzrelation*, wenn sie den folgenden drei Forderungen genugt:

1. $(\forall\, x)_X\,(x\,R\,x)$, [1]
2. $(\forall\, x)_X\,(\forall\, y)_Y\,(x\,R\,y \rightarrow y\,R\,x)$,
3. $(\forall\, x)_X\,(\forall\, y)_Y\,(\forall\, z)_Z\,(x\,R\,y \text{ und } y\,R\,z \rightarrow x\,R\,z)$.

Die erste Forderung verlangt, daß jedes Element von X zu sich selbst in dieser Relation steht. In diesem Fall ist die Relation *reflexiv*. Die zweite Bedingung

[1]) Steht als Abkurzung fur die ausfuhrlichere Notierung

$$\forall\, x \in X \rightarrow x\,R\,x\,.$$

fordert, daß die Relation *symmetrisch* ist. Ist die dritte Bedingung erfüllt, so ist die Relation *transitiv*. Beispielsweise ist die in der Menge der Dreiecke in der Ebene definierte Relation „ist kongruent zu" eine Äquivalenzrelation; denn sie erfullt die drei obigen Forderungen

Die in einer Menge von aufgestellten Wachposten definierte Relation „steht in Rufweite von" hat zwar die Eigenschaft der Reflexivitat und (bei bestimmten physikalischen Eigenschaften) der Symmetrie, aber nicht die der Transitivitat (Abb. 3.2).

Die in $Q = \{a, b, c, d\}$ durch

$$R = \{(a, a), (b, b), (c, c), (d, d), (a, b), (b, a), (a, c), (c, a), (b, c), (c, b)\}$$

definierte Binarrelation ist eine Äquivalenzrelation. Daß Reflexivität und Symmetrie vorliegen, ist sofort zu erkennen. Die transitive Eigenschaft ergibt sich aus der Tatsache, daß mit (a, b) und (b, c) auch (a, c) mit (a, c) und (c, b) auch (a, b) und schließlich mit (b, c) und (c, a) auch (b, a) Elemente der Teilmenge $R \subset Q \times Q$ sind.

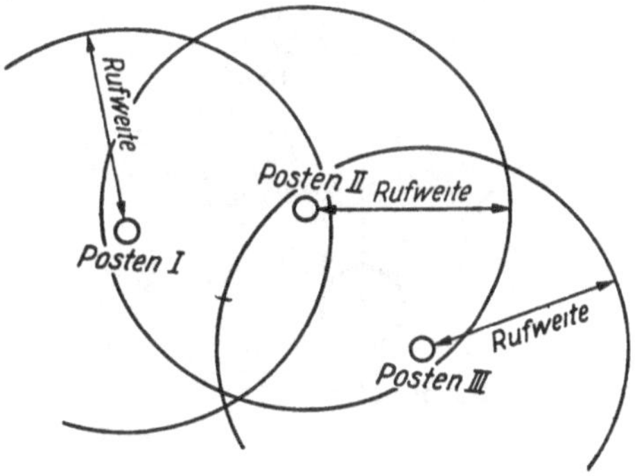

Abb. 3.2. Die Relation. . . . steht in Rufweite von . . . als Beispiel einer nichttransitiven Relation

Es sei R eine Äquivalenzrelation in X. Dann gibt R Veranlassung zu einer Zerlegung von X in zueinander fremde Teilmengen — man spricht von *Äquivalenzklassen* —, so daß jedes Element von X in einer und nur einer Klasse zu liegen kommt.

So wird im obigen Beispiel $Q = \{a, b, c, d\}$ in die Äquivalenzklassen $[a, b, c]$ und $[d]$ zerlegt.

Ist eine Relation symmetrisch und transitiv, so ist sie auch reflexiv Denn aus der Relation aRb folgt wegen der Symmetrie bRa und infolge der geforderten Transitivitat dann auch aRa. Mit anderen Worten: Es gibt keine nichtreflexive, symmetrische und transitive Relation, wenn alle Elemente der Menge in Relation stehen.

Sind R_1 und R_2 zwei Binarrelationen in X, so definieren wir die aus R_1 und R_2 *zusammengesetzte Relation* $(R_1 R_2)$ durch

$$x\,(R_1 R_2)\,y \underset{\mathrm{Df}}{=} (\exists\, z)_X\,(x\,R_1\,z \text{ und } z\,R_2\,y)\,.$$

Beispiel: R_1 sei die Relation „ist Bruder von“,

R_2 die Relation „ist Elternteil von“.

Dann bedeutet $(R_1\, R_2)$ die Relation „ist Onkel von“ (Abb. 3.3).

Man kann die *Systemtheorie* dadurch zu charakterisieren versuchen, daß man zu ihr gehorige und schon weitgehend entwickelte spezielle Zweige aufzahlt, wie Theorie der Steuerung und Regelung, Automatentheorie, Informationstheorie, Algorithmentheorie, Spieltheorie usw. Ein anderer allgemeiner Zugang zur Systemtheorie geht uber ihre Definition als Theorie formaler, d. h. hier mathematischer Modelle von realen oder gedanklichen Systemen.

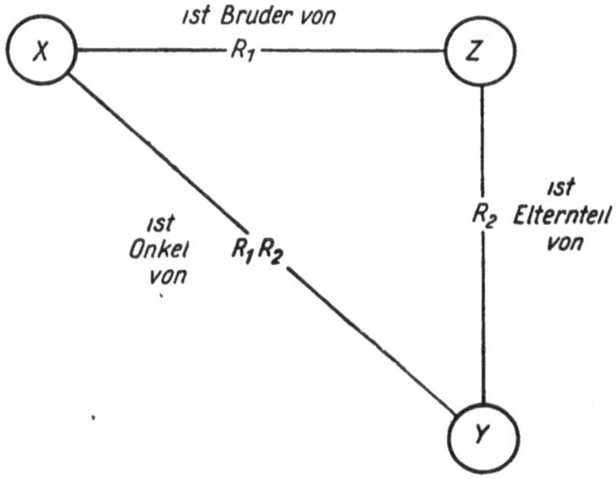

Abb. 3.3. Beispiel einer zusammengesetzten Relation

Dabei zeigt das Studium von Umwelterscheinungen zwei Aspekte, einen nichtformalen Aspekt, bei dem Begriffe wie Bedeutung, Interpretation, Objektivitat, Bewertung usw. eine Rolle spielen, und einen formalen Aspekt, bei dem es um die Erfassung von Formen (Strukturen) geht, in denen die Beziehungen zwischen den Eigenschaften in Erscheinung treten. Die weiteren Betrachtungen beziehen sich nur auf den formalen Aspekt. Sie gehen von zwei Axiomen aus:

1. Eine Theorie über ein Umweltereignis (Phänomen) basiert stets auf einem Bild; dieses Bild werde *Modell* genannt

2. Alle formalen Aspekte eines Modells konnen mathematisch durch Relationen dargeboten werden, ohne daß dabei zusatzliche Einschrankungen eingefuhrt werden mussen. Die Gesamtheit der dabei auftretenden Relationen werde *System* genannt.

Im Rahmen der Naturwissenschaften besteht eine Theorie aus einer Menge von Aussagen über das Phanomen, das unter Beobachtung steht. Dabei treten in den Aussagen Namen und Funktoren auf. Die Namen beinhalten dabei bestimmte Objekte oder Eigenschaften (Attribute), die dem jeweiligen Objekt zukommen, oder Formen (Werte), unter denen eine bestimmte Eigenschaft auftritt. Die Funktoren stellen Beziehungen zwischen Großen dar, die durch Namen gekennzeichnet sind. Wir betrachten die sich im Rahmen der Systemtheorie abspielenden Vorgange eingehender:

a) *Bildung eines formalen Systems*

α) Es werden fur das Phanomen, auf das sich die betreffende Untersuchung bezieht, die Attribute $A_1, \ldots, A_n$ ausgewahlt, die beobachtet werden sollen.

β) Fur jedes dieser Attribute A_i wird eine Menge V_i von Werten als Bereich festgelegt.

γ) Die als Ergebnis eines Experiments auftretende Kombination wird als n-Tupel notiert.

δ) Durch Zusammenfassung aller n-Tupel wird das formale System S als Relation gewonnen.

$$S \subset V_1 \times V_2 \times \cdots \times V_n .$$

Beispiel 1. Wachstumszyklus der Hydra (Sußwasserpolyp-Nesseltier) [50]

α) Attribute, die beobachtet werden sollen:

A_1 — Nahrung,
A_2 — Sauerstoffzufuhr,
A_3 — Temperatur,
A_4 — Tageslänge,
A_5 — Zustand des Organismus.

β) Festlegung der Wertemengen fur $A_1, \ldots, A_5$.

A_1:	$V_1 = \{v_{11}, v_{12}\}$	v_{11} = Nahrung ausreichend	
		v_{12} = Nahrung unzureichend	
A_2:	$V_2 = \{v_{21}, v_{22}\}$	v_{21} = O_2-Zufuhr ausreichend	
		v_{22} = O_2-Zufuhr unzureichend	
A_3:	$V_3 = \{v_{31}, v_{32}, v_{33}\}$	v_{31} = Unter-	Temperatur
		v_{32} = Normal-	
		v_{33} = Über-	
A_4:	$V_4 = \{v_{41}, v_{42}, v_{43}\}$	v_{41} = kurze	Tageslänge
		v_{42} = mittlere	
		v_{43} = lange	
A_5:	$V_5 = \{v_{51}, v_{52}, v_{53}, v_{54}\}$	v_{51} = Individuum tot	
		v_{52} = Reproduktion ungeschlechtl.	
		v_{53} = weibliches Individuum	
		v_{54} = männliches Individuum.	

γ) Jedes Experiment liefert ein Quintupel

$$s_r = \{v_{1\,i_r}, v_{2\,j_r}, v_{3\,k_r}, v_{4\,l_r}, v_{5\,m_r}\}\,, \quad r = 1, 2, \ldots, N \quad \text{mit}$$
$$i_r, j_r \in \{1, 2\}\,,$$
$$k_r, l_r \in \{1, 2, 3\}\,,$$
$$m_r \in \{1, 2, 3, 4\}\,.$$

δ) $S = \{s_1, \ldots, s_N\}$,
$S \subset V_1 \times V_2 \times \cdots \times V_5$.

Beispiel 2. Modell fur die Steuerung der Atmung [50]

α) Großen: CO_2-Konzentration

A_1 — in den Lungenbläschen,
A_2 — bei der Einatmung,
A_3 — bei der Ausatmung,
A_4 — im venosen Blutstrom,
A_5 — im arteriellen Blutstrom.

β) Alle Großen sind Zeitfunktionen uber das Experimentierintervall

$$T = \{t | t_1 \leqq t \leqq t_2\},$$

$$V_i = \{v_i | v_i = x_i(t);\, t \in T\} \quad \text{fur} \quad i = 1, 2, \ldots, 5\,.$$

γ) $$s = (x_1(t), x_2(t), x_3(t), x_4(t), x_5(t))\,.$$

δ) $$S \subset V \times V \times V \times V \times V\,.$$

b) *Gewinnung einer konstruktiven Beschreibung des formalen Systems*

Damit das nun in Form von Relationen vorliegende System anwendbar ist, strebt man im allgemeinen eine konstruktive Beschreibung in dem Sinn an, daß die Werte einzelner Attribute aus den Werten der ubrigen Attribute gewonnen werden können; man spricht von einer Input-Output-Spezifikation. Insbesondere bei numerischen Relationen geschieht eine solche konstruktive Beschreibung vielfach mittels Gleichungen bzw. Differentialgleichungen.

Das oben behandelte System „Diode" (Abb. 3.1) legt eine Beschreibung in Gleichungsform nahe:

$$v_2 = \begin{cases} 10\, v_1 & \text{fur } v_1 \geqq 0\,, \\ 0.1\, v_1 & \text{für } v_1 \leqq 0\,. \end{cases}$$

Eine konstruktive Input-Output-Beschreibung fur das Modell „Steuerung der Atmung" kann durch eine Differentialgleichung der Form

$$\frac{dx_1}{dt} = k_1\,(k_2\, x_2 + x_4 - x_3 - x_5)$$

mit den Konstanten k_1 und k_2 erfolgen.

Bei nichtnumerischen Problemen greift man zum Kalkul der mehrwertigen Logik, zu Algorithmen und zur Simulation auf Rechenmaschinen.

Nicht immer wird eine Beschreibung eines Systems in Input-Output-Form angemessen sein. Eine großere Einsicht in die sich im Rahmen des Systems abspielenden Prozesse kann u. U. dadurch gewonnen werden, daß man das System als ein „zielsuchendes" System beschreibt (teleologische Beschreibung). Tragend treten dabei Begriffe wie Anpassung, Steuerung und Ruckfuhrung auf.

So kann beispielsweise das System zum Phanomen der Reflexion und Brechung von Strahlen sehr effektiv durch das Extremalprinzip der „kurzesten Zeit" beschrieben werden. Gerade komplexe biologische Prozesse durften sich wohl nur teleologisch beschreiben lassen, wobei sich die Prozesse vielfach auf mehreren Ebenen verteilt mit mehreren Zielsetzungen abspielen. Im allgemeinen sind für ein und dasselbe System Beschreibungen in verschiedenen Formen moglich.

Man unterscheidet daher das aus einer Modellvorstellung gewonnene System und die gewahlte Beschreibung des Systems.

Um bei einem nichtnumerischen System zu einer anschaulichen Beschreibung zu gelangen, kann man zu einer graphischen Darstellung greifen. Endliche, abzahlbar unendliche Mengen und Mengen von der Mächtigkeit des Kontinuums lassen sich eineindeutig durch Punktmengen reprasentieren. Eine zwischen zwei solchen Mengen bestehende Relation laßt sich dann dadurch darstellen, daß man die Punkte eines Elementepaares, das der Relation genügt, jeweils durch einen Pfeil (= gerichtete Kante) verbindet. Die Gesamtheit der so zustande kommenden Pfeile läßt sich im Sinn einer *Abbildung* interpretieren. Alle Punkte, von denen Pfeile ausgehen, bilden die Originalmenge, alle Punkte, in die Pfeile einmünden, die Bildmenge. Von besonderem Interesse sind eindeutige Abbildungen: jedem Punkt der Originalmenge ist eindeutig ein Punkt der Bildmenge zugeordnet.

Wir betrachten das folgende Beispiel.

Ausgehend von den Mengen

$$\mathfrak{A} = \{a, b, c, d, e, f, g, h, i, k, l\},$$

$$\mathcal{A} = \{\alpha, \beta, \gamma, \delta\}$$

sei das System S durch die Relation

$$S = \big((a, \alpha), (b, \alpha), (c, \beta), (d, \alpha), (e, \beta), (f, \gamma), (g, \gamma), (h, \beta), (i, \gamma), (k, \gamma), (l, \gamma)\big)$$

gegeben. Abb. 3.4 gibt eine Beschreibung des Systems durch Abbildung. Da hier nicht jedes Element der Bildmenge $\mathcal{A}$ als Bildpunkt eines Punktes der Originalmenge $\mathfrak{A}$ auftritt, spricht man von einer Abbildung der Menge $\mathfrak{A}$ *in* die Menge $\mathcal{A}$.

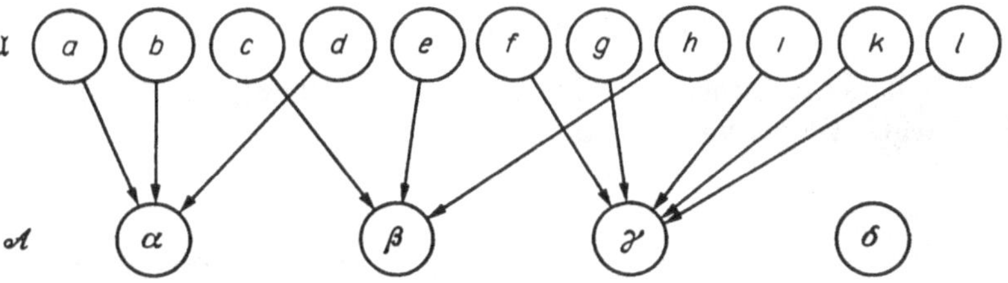

Abb. 3.4. Darstellung eines Systems durch Abbildung
Abbildung von $\mathfrak{A}$ in $\mathcal{A}$

Die Abb. 3.5 zeigt (eindeutige) Abbildung einer Menge $\mathfrak{B}$ *auf* eine Menge $\mathfrak{C}$; hier ist jedes Element der Bildmenge Bild mindestens eines Originalpunktes.

Eineindeutig (= umkehrbar eindeutig) heißt eine Abbildung, wenn jedem Originalpunkt eindeutig ein Bildpunkt und jedem Bildpunkt eindeutig ein Originalpunkt zugeordnet ist (Abb. 3.6).

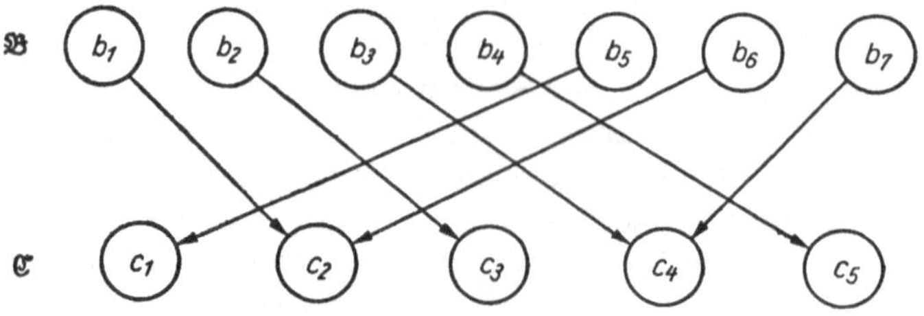

Abb. 3.5. Abbildung von 𝔅 auf ℭ

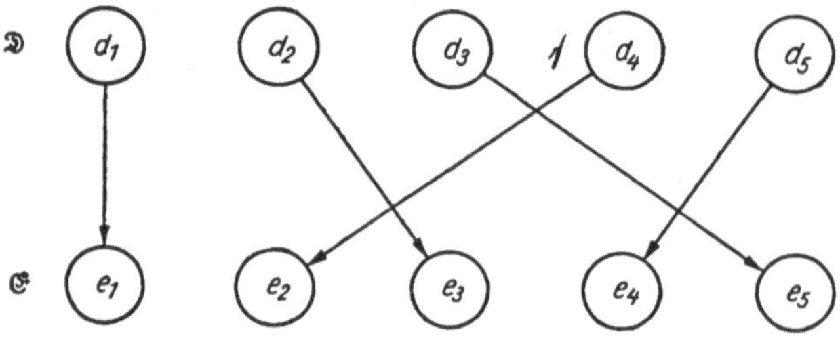

Abb. 3.6. Beispiel einer eineindeutigen Abbildung

So wie bei einer Produktmenge die beiden Mengen identisch sein können, so kann auch eine Abbildung in bzw. auf sich selbst erfolgen. Ist 𝔄 wieder die obige Menge

$$\mathfrak{A} = \{a, b, c, d, e, f, g, h, i, k, l\} ,$$

so ist durch die folgende Untermenge R von $\mathfrak{A} \times \mathfrak{A}$

$$R = \{(a, b), (b, c), (c, d), (d, e), (e, f), (f, b), (g, c), (h, i), (i, k), (k, i), (l, k)\}$$

eine bestimmte zweistellige Relation R und damit ein bestimmtes System S festgelegt. Dieses kann auch durch Abbildung beschrieben werden (Abb. 3.7).

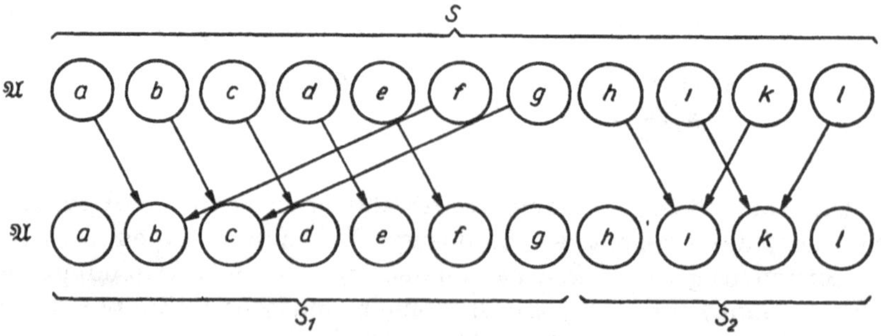

Abb. 3.7. Beispiel eines Systems $S \subset \mathfrak{A} \times \mathfrak{A}$ mit Teilsystemen S_1 und S_2

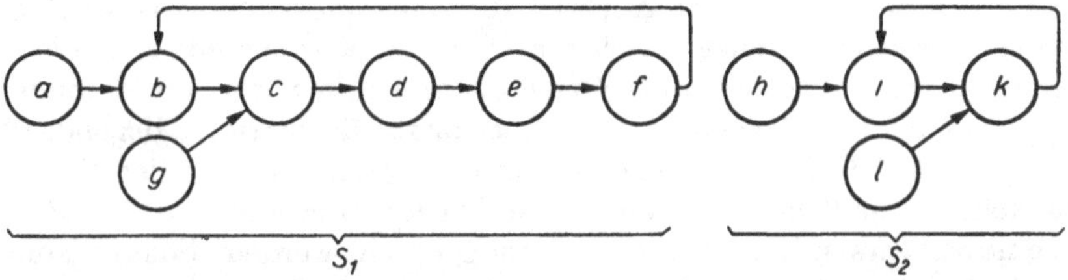

Abb. 3.8. Abgeschlossenes dynamisches System

Wie man aus dieser Beschreibung des Systems $S \subset \mathfrak{A} \times \mathfrak{A}$ leicht entnimmt, kann man es als einen aus zwei Teilsystemen bestehenden Komplex ansehen. Das eine Teilsystem S_1 spielt sich gemaß einer Relation R_1 in $\mathfrak{A}^* \times \mathfrak{A}^*$ ab mit

$$\mathfrak{A}^* = \{a, b, c, d, e, f, g\} ,$$

das zweite Teilsystem S_2 gemaß einer Relation R_2 in $\mathfrak{A}^{**} \times \mathfrak{A}^{**}$ mit

$$\mathfrak{A}^{**} = \{h, i, k, l\} .$$

Hat die Relation R die Bedeutung einer Nachfolger-Beziehung, so wird man zur Beschreibung des entsprechenden Konsekutivprozesses des abgeschlossenen dynamischen Systems S eine graphische Darstellung nach Abb. 3.8 heranziehen.

Auch hier ist zu erkennen, daß eine aus zwei Teilsystemen bestehende Struktur vorliegt.

Abschließend geben wir mit Abb. 3.9 eine schematische Darstellung der Systemtheorie im Rahmen einer Fachwissenschaft.

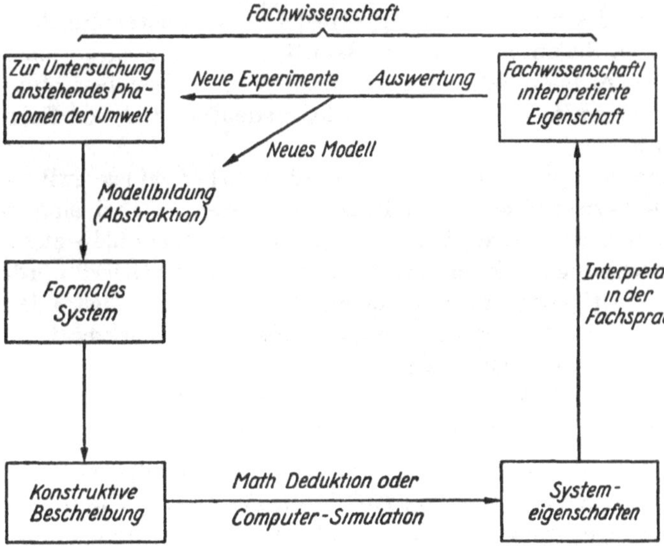

Abb. 3.9. Allgemeines Schema der Systemtheorie im Rahmen einer Fachwissenschaft

Bei der Schaffung einer Theorie uber ein Umweltereignis steht zu Anfang ein Wechselspiel zwischen experimenteller Tatigkeit und abstrahierender Modellbildung. Daraus resultiert ein formales System in Form von gewonnenen Relationen. Um dieses formale System und damit die zugrunde liegende Modellvorstellung hinsichtlich ausreichender Übereinstimmung mit der Umwelt prüfen zu konnen, muß das formale System durch eine konstruktive Beschreibung in eine zur Anwendung geeignete Form gebracht werden. Sodann können durch Methoden der mathematischen Deduktion oder durch Simulation auf einem Rechenautomaten die Eigenschaften erfaßt werden, die dem formalen System eigen sind. Erst die Interpretation dieser Eigenschaften in der spezifischen Sprache der betreffenden Fachwissenschaft ermoglicht eine Auswertung, die durch gezielte Experimente an dem interessierenden Phänomen Bestatigung oder Ablehnung fur das gewählte Modell zu gewinnen sucht. Daraus kann die Notwendigkeit resultieren, das ursprüngliche Modell zu korrigieren und mit einem weiteren Durchlauf den iterativen Prozeß der Problemlösung fortzusetzen.

4. Autonomes System. Isomorphie, Homomorphie, Modell

Im vorigen Abschnitt haben wir eine eindeutige Abbildung einer Menge in sich als Beschreibung eines abgeschlossenen dynamischen determinierten Systems interpretiert. Die Elemente der Menge wurden dabei als die möglichen Zustande des Systems gedeutet. Das System ist im allgemeinen nicht in einem statischen Gleichgewicht, es zeigt dynamisches Verhalten: Im zeitlichen Ablauf treten Veranderungen hinsichtlich seines Zustands auf. Diese Zustandsanderungen werden hier als diskret angesetzt; sie treten ohne äußeren Einfluß auf und folgen einander in Zeitintervallen, die dem System eigen sind. Man spricht von einem abgeschlossenen oder autonomen System. Daruber hinaus wird das System als determiniert bezeichnet; dies bedeutet, daß der Folgeprozeß eindeutig abläuft.

Wir wollen nun automone Systeme hinsichtlich eines evtl. vollstandigen oder auch teilweisen Gleichverhaltens betrachten. Dabei sind wir nicht an irgendwelchen Bedeutungen interessiert, die den Zustanden zukommen, noch an den Bezeichnungen, durch die die Zustande identifiziert werden; auch die Längen der Zeitintervalle, mit denen die einzelnen Zustande aufeinander folgen, sehen wir als unwesentlich an. Unsere Aufmerksamkeit richtet sich allein auf die Folge der Zustande.

Wir betrachten zunächst zwei abgeschlossene Systeme, die in diesem Sinn vollständiges Gleichverhalten zeigen, und definieren:

> Zwei abgeschlossene Systeme sind zueinander isomorph, wenn eine umkehrbar eindeutige Abbildung (Transformation) beider Zustandsmengen möglich ist, so daß mit der Zuordnung zweier Zustände auch deren Folgezustände einander zugeordnet sind (Abb. 4.1).

Um zu sichern, daß durch eine eineindeutige Abbildung der beiden Zustandsmengen mit der Zuordnung zweier Zustände auch paarweise die Folgezustände für alle Stufen einander zugeordnet werden, ist notwendig und hinreichend, daß dabei die definierende Relation des einen Systems in die definierende Relation des anderen Systems ubergefuhrt wird.

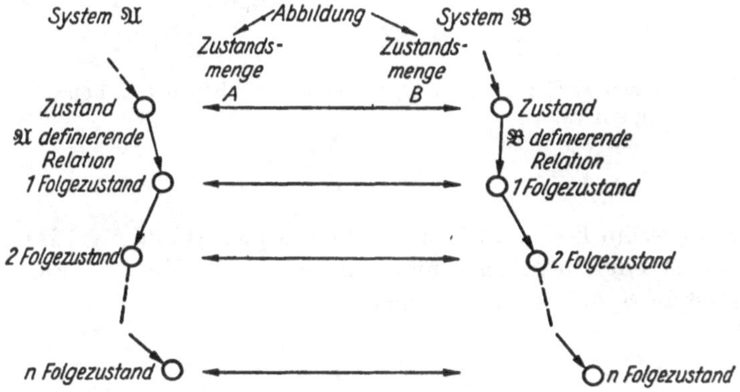

Abb. 4.1. Isomorphe Abbildung

Abb. 4.2 gibt ein Beispiel fur zwei zueinander isomorphe Systeme; Abb. 4.3 bietet ein Gegenbeispiel; eine isomorphe Abbildung kann es hier nicht geben, da das erste System einen Zustand enthält, der zu sich selbst Folgezustand und somit stationarer Zustand ist, das zweite System dagegen keinen solchen Zustand besitzt.

Wir lassen jetzt die Forderung, daß die Transformation umkehrbar sei, fallen und definieren:

Laßt sich die Zustandsmenge eines abgeschlossenen Systems eindeutig auf die Zustandsmenge eines anderen abgeschlossenen Systems

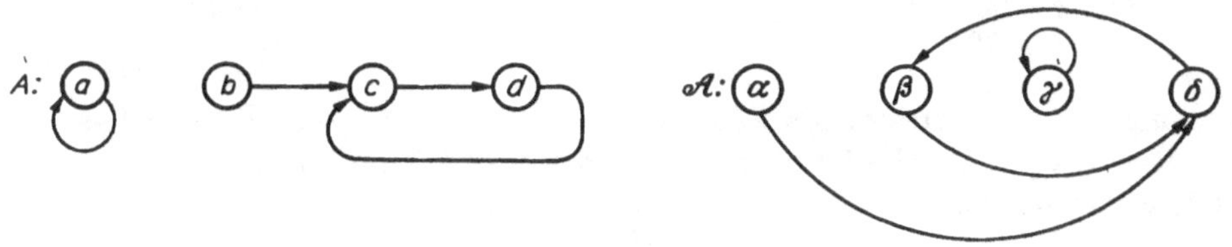

Abb. 4.2. Beispiel einer isomorphen Abbildung

$A: \dfrac{a\ b\ c\ d}{a\ c\ d\ c}$ $\qquad A': \dfrac{\alpha\ \beta\ \gamma\ \delta}{\delta\ \delta\ \gamma\ \beta}$

umkehrbar eindeutige Transformation

$a \leftrightarrow \gamma$
$b \leftrightarrow \alpha$
$c \leftrightarrow \delta$
$d \leftrightarrow \beta$

abbilden, so daß mit der Zuordnung zweier Zustande auch deren Folgezustande zugeordnet sind, so spricht man von einer *homomorphen* Abbildung.

Abb. 4.3. Beispiel zweier autonomer Systeme, zwischen denen keine isomorphe Abbildung existiert

$$A: \frac{a\ b\ c\ d}{a\ c\ d\ c} \qquad A': \frac{\alpha\ \beta\ \gamma\ \delta}{\delta\ \delta\ \alpha\ \beta}$$

Abb. 4.4 gibt ein Beispiel fur eine homomorphe Abbildung. Die vermittelnde Abbildung ist eindeutig, aber nicht umkehrbar eindeutig. Sie transformiert die das System S_1 definierende Relation

$$\frac{a\ b\ c\ d\ e}{e\ b\ a\ b\ e} \text{ in } \frac{K\ M\ L\ K\ M}{M\ M\ K\ M\ M}, \text{ d. h. in } \frac{K\ M\ L}{M\ M\ K}.$$

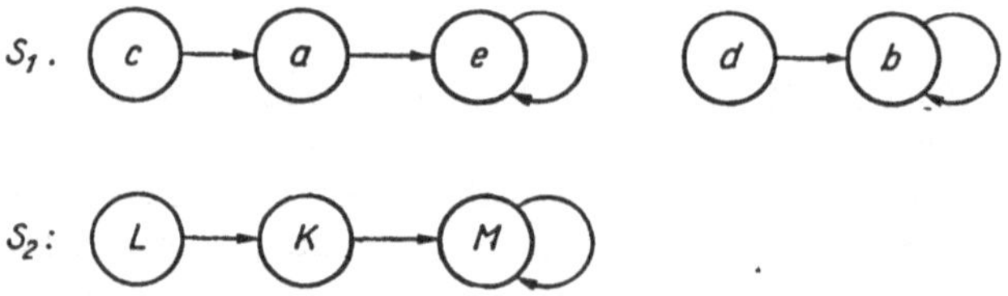

Abb. 4.4. Beispiel einer homomorphen Abbildung

$$S_1: \frac{a\ b\ c\ d\ e}{e\ b\ a\ b\ e} \qquad S_2: \frac{K\ M\ L}{M\ M\ K}$$

$a \to K$
$b \to M$
$c \to L$
$d \to K$
$e \to M$

Vereinigt man anderseits die Zustände von S_1 miteinander, die gleichen Zustände von S_2 zugeordnet werden, so entsteht eine Vereinfachung von S_1, die zu S_2 isomorph ist.

$$S_1': \begin{array}{l} (a, d) = a' \\ (b, e) = b' \\ \quad\ \ c = c' \end{array} \qquad \frac{a'\ b'\ c'}{b'\ b'\ a'}$$

isomorphe Abbildung

S_1'	S_2
a'	K
b'	M
c'	L

Man beachte aber, daß nicht jede Vereinfachung im Sinne einer Vereinigung von Zuständen wieder zu einem abgeschlossenen determinierten System fuhrt.

Vereinigen wir beispielsweise im obigen System S_1

$$(a, b, c) = P$$

und

$$(d, e) = Q\,,$$

so entsteht aus der Nachfolgerelation von S_1 die Relation

$$\frac{P\ P\ Q\ Q}{Q\ P\ P\ Q}$$

Ein Beobachter, der das System S_1 unter verschiedenen Anfangsbedingungen beobachtet, aber nur P und Q unterscheiden kann, wurde im Lauf seiner Experimente zu den folgenden Beobachtungsreihen kommen:

$$P \to P \to P \to P \to P \to P \to \ldots$$
$$P \to P \to Q \to Q \to Q \to Q \to \ldots$$
$$P \to Q \to Q \to Q \to Q \to Q \to \ldots$$
$$Q \to Q \to Q \to Q \to Q \to Q \to \ldots$$
$$Q \to P \to P \to P \to P \to P \to \ldots$$

Wenn er nach wie vor an seiner Hypothese festhielte, daß ein determiniertes System vorliege, so mußte er aus seinen Ergebnissen schließen, daß es drei unterschiedliche Zustande P_1, P_2, P_3 und zwei unterschiedliche Zustande Q_1, Q_2 geben musse, die er allerdings bis dahin nur aus der Reihe ihrer Folgezustande unterscheiden konnte

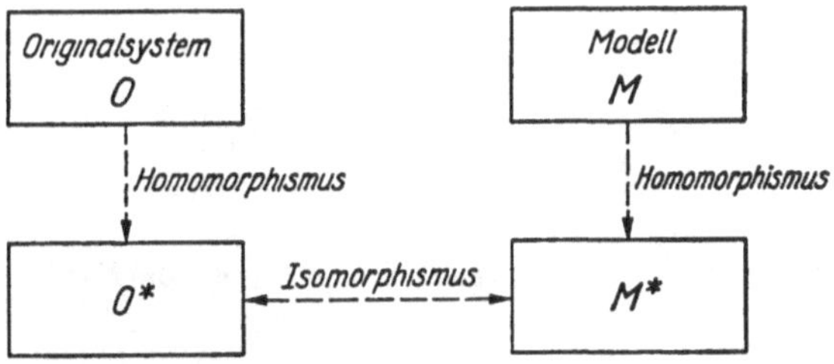

Abb. 4.5. Modell

Eng mit dem Begriff des Homomorphismus hangt der Begriff des Modells zusammen. Wir definieren:

> M heiße *Modell* des Originalsystems O, wenn es zu M ein homomorphes System M^* und zu O ein homomorphes System O^* gibt, so daß M^* und O^* zueinander isomorph sind (Abb. 4.5).

Man beachte, daß es im allgemeinen nur ein Teilverhalten des Originalsystems ist, das durch Untersuchungen am Modell erfaßt werden kann, und daß nicht jedes Verhalten, das am Modell festgestellt wird, auch im Originalsystem vorhanden sein muß. Wir betrachten ein Beispiel (Abb. 4.6).

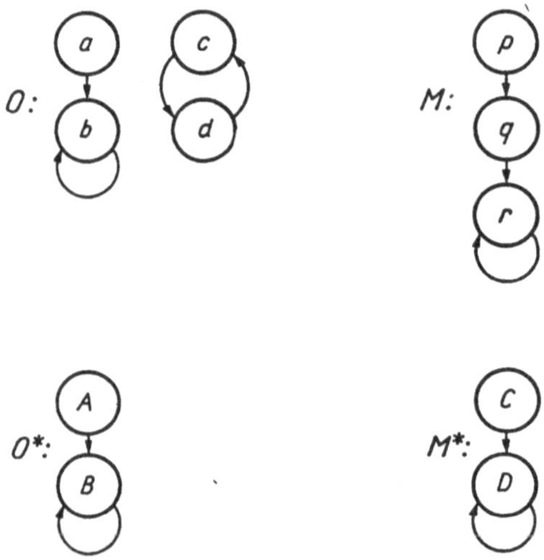

Abb. 4.6. Originalsystem und Modell

$O: \frac{a\ b\ c\ d}{b\ b\ d\ c}$ $\qquad M: \frac{p\ q\ r}{q\ r\ r}$

homomorphe Abbildung

$a \to A$
$b \to B$
$c \to B$
$d \to B$

homomorphe Abbildung

$p \to C$
$q \to D$
$r \to D$

$O^*: \frac{A\ B}{B\ B}$ $\qquad M^*: \frac{C\ D}{D\ D}$

isomorphe Abbildung

$A \leftrightarrow C$
$B \leftrightarrow D$

Man kann die Vereinfachungen unter Beibehaltung eines Systemcharakters noch weiter treiben:

$A \to R$ $\qquad C \to S$

$B \to R$ $\qquad D \to S$

$O^{**}: \frac{R}{R}$ $\qquad M^{**}: \frac{S}{S}$

O^{**} ist isomorph zu M^{**}.

Damit erreicht die Modellbildung ihren niedrigsten Grad: Originalsystem und Modell haben nur noch in einem Verhalten Übereinstimmung, nämlich in der Existenz.

Die Eigenschaften eines Modells sind teils unmittelbare Folgen der am Originalsystem erfaßten experimentellen Daten, auf Grund derer das Modell geschaffen wurde, oder sind willkurlicher Natur. Ein Modell, das nur Eigenschaften der ersten Art besitzt, heißt minimales Modell. Ein minimales Modell ist isomorph zu einem homomorphen Abbild des Originalsystems. Alle Versuchsergebnisse an einem minimalen Modell haben Realitat am Originalsystem, wenn man dieses einer bestimmten Abstraktion unterwirft.

5. Systeme mit Eingang. Input-Systeme

Ein System werde als eine Relation

$$S \subset V_1 \times V_2 \times \cdots \times V_n$$

eingeführt.

Wir wollen nun annehmen, daß die an dieser Relation beteiligten Größen zwei zusammengesetzte Objekte beinhalten, die bei dem zur Untersuchung anstehenden Phänomen als Eingang und Ausgang fungieren. Wir betrachten somit ein sogenanntes Input-Output-System:

$$S \subset X \times Y .$$

Es ist durch das Experiment nichts darüber bekannt, wie der betrachtete Zusammenhang zustande kommt. Abb. 5.1 charakterisiert diese Situation als *black box*.

Abb. 5.1. Input-Output-System als black box

Liegt dabei der Fall vor, daß auf eine bestimmte Eingangskonfiguration X eine bestimmte Ausgangskonfiguration Y auftritt, und zwar unabhängig von dem, was zuvor als „Vorgeschichte" eingegeben wurde, so spricht man von einem *kombinatorischen System*. Eine solche eindeutige Zuordnung bildet ein Steuersystem. Mit dem Fall diskreter Ein- und Ausgangsgrößen (z. B. Schalter- und Gluhlampenfeld) werden wir uns im Rahmen kombinatorischer Schaltkreise noch ausführlich zu beschaftigen haben. Dabei steht als wesentliche Frage, wie die Schalterverbindungen im Innern der black box durchzuführen sind, um das gewünschte Schalter-Lichter-Muster zu realisieren.

Wir wenden uns nun Systemen zu, bei denen die Ausgangsgröße nicht von dem momentanen Wert der Eingangsgroße allein bestimmt wird, bei denen vielmehr die Vorgeschichte einspielt.

Bei kontinuierlichen Systemen beschränken wir uns auf die sogenannten *linearen Systeme*: Die Werte der als Zeitfunktion zu betrachtenden Eingangsgröße summieren sich in ihrer Einwirkung auf, wobei den zeitlich weiter zurückliegenden Werten ein ihrer geringeren Aktualität entsprechend geringeres Gewicht beigemessen wird. Dieser zeitabhängige Gewichtsfaktor beschreibt das System als black box. Er enthält nur die durch das Experiment erfaßbaren Beziehungen zwischen Eingang und Ausgang.

Bilden die Eingangs- und Ausgangsgrößen Vektoren, so haben die entsprechenden Zeitfunktionen vektoriellen Charakter, als Gewicht tritt eine Matrix auf:

$$\mathfrak{y}(t) = \int_0^t \mathfrak{W}(t-\tau) \cdot \mathfrak{x}(\tau)\, d\tau .$$

Eine „Realisierung" eines durch eine solche Input-Output-Beziehung charakterisierten Systems muß der Abhängigkeit des Systemgeschehens von der Vorgeschichte durch eine geeignete Struktur innerhalb des „schwarzen Kastens" Rechnung tragen, wobei sie einen weiteren als „Zustand" zu interpretierenden Vektor einführt. Mathematisch bedeutet eine solche Realisierung, der Input-Output-Beziehung eine gleichwertige Beschreibung in Form eines Systems linearer Differentialgleichungen mit konstanten Koeffizienten gegenüberzustellen, wobei als Variable Eingangs-, Ausgangs- und Zustandsgröße auftreten. Um dabei eine Realisierung im Sinne eines minimalen Systems zu erreichen, ist für den Zustandsraum eine möglichst niedrige Dimensionszahl anzustreben. Die Behandlung dieses allgemeinen Problems übersteigt den für dieses Werk gesetzten Rahmen. Der interessierte Leser wird auf die Originalliteratur verwiesen [26, 33, 34].

Wir behandeln nur den einfachsten Fall, daß ein eindimensionaler Zustandsraum ausreicht.

Ist z die Zustandsvariable, dann ist durch

$$\begin{cases} \dfrac{dz}{dt} = -a \cdot z + b \cdot x , \\ y = c \cdot z \end{cases}$$

die Realisierung eines linearen Systems gegeben. Der Lösungsansatz

$$z = e^{-at} \cdot \varphi(t)$$

liefert für φ die Differentialgleichung

$$e^{-at} \cdot \frac{d\varphi}{dt} = b \cdot x ,$$

d. h.

$$\varphi(t) = \int_0^t e^{+a\tau} \cdot b \cdot x(\tau)\, d\tau$$

und somit

$$z = \int_0^t e^{-a(t-\tau)} \cdot b \cdot x(\tau)\, d\tau .$$

Setzt man

$$W(t-\tau) = e^{-a(t-\tau)} \cdot c \cdot b ,$$

so ergibt sich als Input-Output-Beschreibung

$$y(t) = \int_0^t W(t-\tau) \cdot x(\tau)\, d\tau .$$

Umgekehrt gilt, daß jedes System, das als black box durch ein

$$W(t-\tau) = C\, e^{-a(t-\tau)}$$

beschrieben wird, eine Realisierung in einem eindimensionalen Zustandsraum besitzt.

Wir gehen nun zu diskreten Systemen über, bei denen sich auf die gleiche Eingangsgroße je nach der Vorgeschichte eine unterschiedliche Ausgangsgröße einstellt. Wenn man berechtigt ist, an der Hypothese eines determinierten Systems feszuhalten, so wird man dieser scheinbaren Verletzung des Kausalitätsgesetzes dadurch begegnen, daß man dem System einen jeweils von der Vorgeschichte abhangigen „Zustand" beimißt, der zusammen mit der Eingangsgroße den Ausgang bestimmt. Dabei kann in einfachen Fallen die „Vorgeschichte" in den speziellen Prämissen der Versuchsausfuhrung liegen, so z. B. bei physiologischen Phanomenen in der Wahl der individuellen Versuchstiere. Eine allgemeinere Vorstellung wird sogar die Veranderlichkeit des Zustandes im Ablauf des Experimentes in Betracht ziehen. Wird somit der Ausgang eines Experimentes nicht mehr als eindeutige Funktion des Eingangs allein betrachtet, sondern als eine eindeutige Funktion zweier Argumente, namlich des Eingangs und des Zustandes, so wird daruber hinaus auch der Zustand als veränderlich angesehen und als Funktion ebenfalls des Eingangs und des vorhergehenden Zustandes angesetzt. So treten zur Beschreibung eines solchen *sequentiellen Systems* (abstrakten Automaten) zwei zweistellige Funktionen auf, die Ergebnis- und die Überfuhrungsfunktion. Das System ist durch drei diskrete endliche Mengen, namlich durch

$\mathfrak{X} = \{x\}$, die *Menge der Eingangswerte,*

$\mathfrak{Y} = \{y\}$, die *Menge der Ausgangswerte,*

$\mathfrak{Z} = \{z\}$, die *Menge der Zustande,*

und durch zwei Abbildungen, namlich durch die Überfuhrungsfunktion

$$f\colon \mathfrak{X} \times \mathfrak{Z} \to \mathfrak{Z}$$

und durch die Ergebnisfunktion

$$g\colon \mathfrak{X} \times \mathfrak{Z} \to \mathfrak{Y} .$$

sowie durch die Angabe eines *initialen Zustandes*

$$z_0 \in \mathfrak{Z}$$

bestimmt.

$$S = (\mathfrak{X}, \mathfrak{Y}, \mathfrak{Z}, f, g, z_0) .$$

Den sequentiellen Ablauf fugen wir in dieses mathematische Modell durch die folgende Interpretation der beiden Abbildungen ein:

$$\begin{cases} z_{t+1} := f(x_t, z_t) , \\ y_{t+1} := g(x, z) . \end{cases}$$

Dieser Interpretation liegt die Vorstellung eines Zeitablaufs in diskreten Schritten $0, 1, 2, \ldots, t, t+1, \ldots$ zugrunde. Der zu einem bestimmten Zeitpunkt t anstehende Eingangswert x_t bestimmt zusammen mit dem vorhandenen Zustand z_t einerseits den Zustand z_{t+1} zu dem folgenden Zeitpunkt, anderseits (praktisch) zeitlos den Ausgang y_t. Die Abb. 5.2 zeigt an einem Schema diese Zusammenhange. Ein Beispiel diene zur Erläuterung.

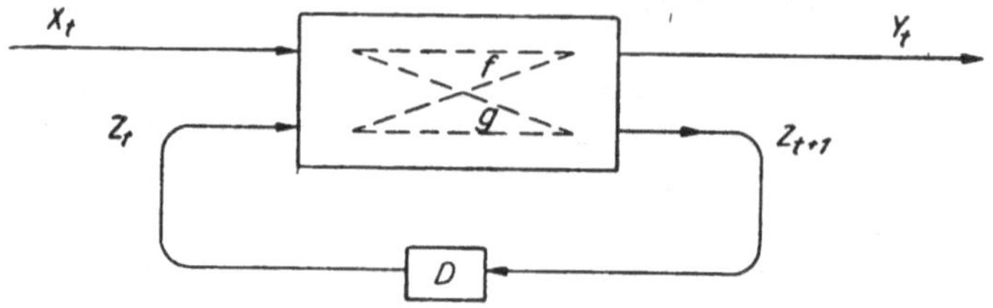

Abb. 5.2. Schema eines Automatenmodells von Huffman
$x \in \mathfrak{X},\ y \in \mathfrak{Y},\ z \in \mathfrak{Z}$,
$z_{t+1} := f(x_t, z_t)$,
$y_t := g(x_t, z_t)$,
D-Verzogerung um einen Takt

Es sei

$\mathfrak{X} = \{\alpha, \beta\}$ die Menge der Eingangswerte,
$\mathfrak{Y} = \{0, 1\}$ die Menge der Ausgangswerte
und $\mathfrak{Z} = \{a, b, c, d\}$ die Menge der Zustande.

Die Überführungsfunktion sei durch

	a	b	c	d
α	a	c	d	a
β	b	d	c	c

und die Ergebnisfunktion durch

	a	b	c	d
α	0	1	1	0
β	1	0	1	0

gegeben. Abb. 5.3 zeigt den entsprechenden Zustandsgraphen.

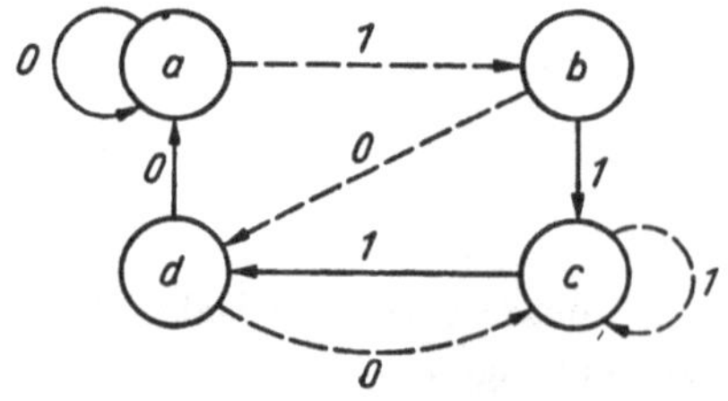

Abb. 5.3. Zustandsgraph (Erlauterung im Text)
$\longrightarrow \alpha$; $- - \rightarrow \beta$

Die Produktmenge $\mathfrak{X} \times \mathfrak{Z}$ enthält die Paare

$$(a, \alpha), (a, \beta), (b, \alpha), (b, \beta), (c, \alpha), (c, \beta), (d, \alpha), (d, \beta) .$$

Die der Überführungs- und der Ergebnisfunktion entsprechenden Abbildungen sind in Abb. 5.4 dargestellt.

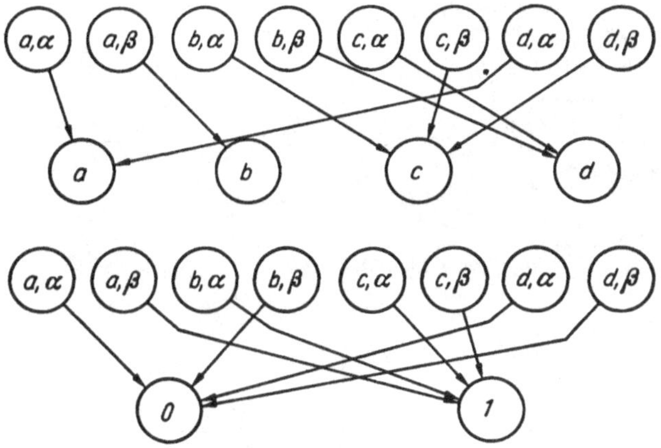

Abb. 5.4. a) Überführungsfunktion b) Ergebnisfunktion zum System in Abb. 5.3

Es sei a der initiale Zustand des Systems. Ein an diesem System vorgenommenes Experiment läßt sich dann durch die entsprechende Folge von Eingangswerten beschreiben. So definiert beispielsweise die Folge

$\alpha\,\beta\,\beta\,\beta\,\alpha\,\alpha\,\beta$ ein bestimmtes Experiment,

das auf Grund der Überführungs- und Ergebnisfunktion zu dem folgenden Ablauf führt:

Eingangsfolge	α	β	β	β	α	α	β	
Zustandsfolge	a	a	b	d	c	d	a	b
Ausgangsfolge	0	1	0	0	1	0	1	

Von Interesse ist nun, wie weit sich durch Experimente, die nur die Eingangs- und Ausgangswerte eines Systems betreffen, Aussagen über das vorgelegte System hinsichtlich seiner Zustände gewinnen lassen [53]. Es gibt zahlreiche Situationen aus der Praxis, bei denen diese Problematik vorliegt, so z. B. auf militärischem Sektor bei der Untersuchung von Beutegeräten, wobei u. U. die Möglichkeit eines kritischen Zustands „Vernichtung des Geräts“ besondere Aufmerksamkeit erfordert, oder im Rahmen der medizinischen Diagnostik.

Prinzipiell kann man zwei Arten von Experimenten unterscheiden, das Einzelexperiment, wenn nur ein Exemplar des zu untersuchenden Systems zur Verfügung steht, und das Mehrfachexperiment, wenn mehrere Kopien des zu untersuchenden Systems mit gleichen Anfangszuständen vorhanden sind (Abb. 5.5).

Wir wollen an einem speziellen Beispiel annehmen, dem Experimentator sei zwar die Struktur des Systems bekannt, nicht aber der Anfangszustand, mit dem das System fur das Experiment bereit steht. Die Frage ist, ob sich ein einfaches Experiment durchführen laßt, das daruber Auskunft zu geben vermag.

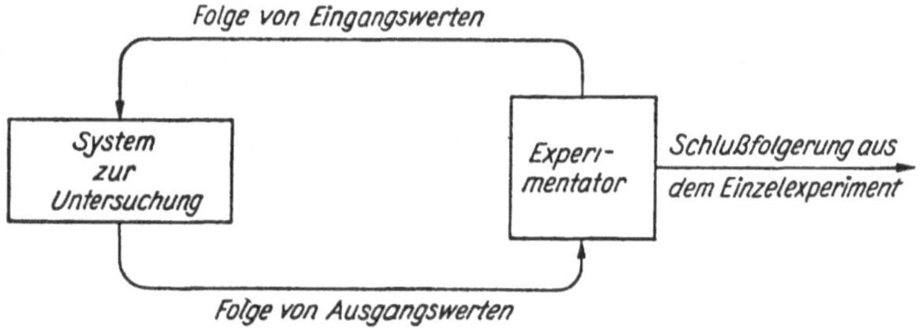

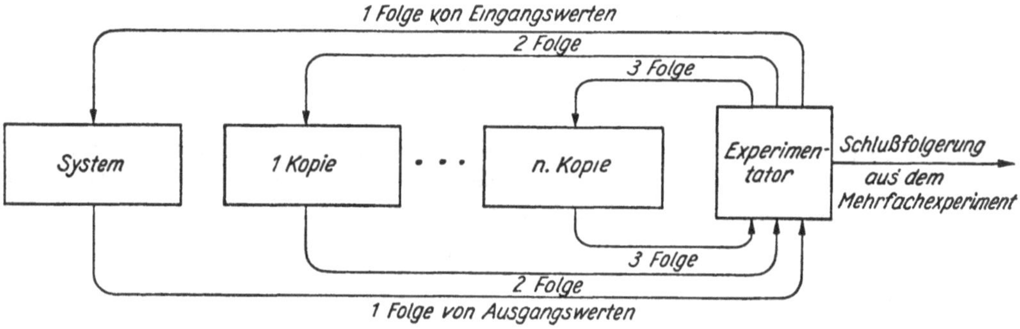

Abb. 5.5. Schema a) des einzelnen und b) des mehrfachen Experiments

Das System sei durch Überfuhrungs- und Ergebnisfunktion gegeben.

	a	b	c	d
α	d	a	d	b
β	c	c	d	b

	a	b	c	d
α	0	0	0	1
β	0	0	0	1

Abb. 5.6 stellt den Zustandsgraphen dar.

Es lassen sich Experimente angeben, durch die es moglich ist zu entscheiden, ob sich das System zu Beginn des Experiments im Zustand d oder in einem anderen Zustand befand. Ein solches Experiment ist α oder auch β. Durch das Experiment $\alpha\,\alpha$ oder auch $\alpha\,\beta$ ist es daruber hinaus moglich zu unterscheiden, ob a oder b vorlag. Man betrachte die Ergebnisse dieses Experiments bei den vier moglichen Situationen

Situation	I			II			III			IV		
Experiment	α	α		α	α		α	α		α	α	
	a	*d*	*b*	*b*	*a*	*d*	*c*	*d*	*b*	*d*	*b*	*a*
	0	1		0	0		0	1		1	0	

Das Experiment kann bei der Situation IV schon nach dem ersten Schritt abgebrochen werden, da das Ergebnis „Anfangszustand *d*" damit schon geboten ist.

Nach zwei Schritten kann auch entschieden werden, ob die Situation I oder II vorlag; ebenso ergibt sich eine Klarung, wenn nur Situation II oder III zur Frage steht. Dagegen vermag dieses Experiment keine Auskunft zu geben, wenn zwischen *a* und *c* zu entscheiden ist. In beiden Fallen wird das System in den gleichen Zustand *b* uberführt, so daß auch eine Verlängerung des Experiments keine Auskunft über den urspunglichen Zustand zu geben vermag.

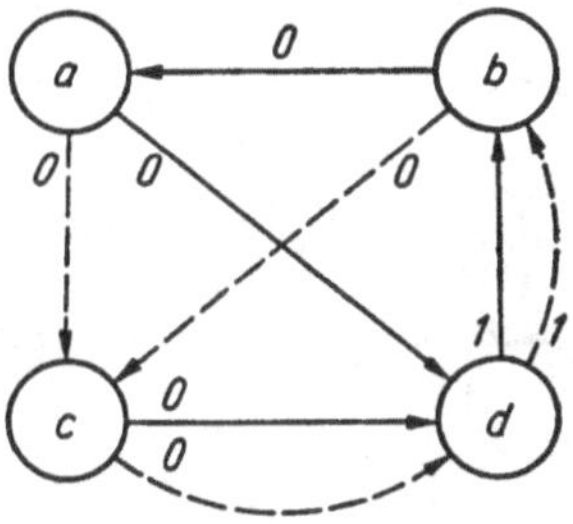

Abb. 5.6. Zustandsgraph zum Beispiel im Text

Geht man anderseits mit dem Experiment $\beta\,\alpha$ oder $\beta\,\beta$ an die Untersuchung, so laßt sich zwar ebenfalls der Anfangszustand *d* erfassen bzw. eine Entscheidung erreichen, wenn die Frage zwischen *a* oder *c* steht, die Anfangszustände *a* und *b* dagegen bleiben ununterscheidbar. Fur das vorliegende System gibt es kein Einzelexperiment, durch das in jedem Fall der Anfangszustand erfaßt werden kann.

Man kann hier eine gewisse Analogie zur Heisenbergschen Unbestimmtheitsrelation sehen. Dort kann nur eine von zwei Fragen experimentell geklärt werden: Welche Position hatte das Elektron zu Versuchsbeginn bzw. welche Geschwindigkeit. Durch den experimentellen Eingriff wird die Information hinsichtlich der anderen Fragen jeweils gestort. Diese Analogie hat aber ihre Grenzen: Aus der Heisenbergschen Unbestimmtheitsrelation folgert die Unmoglichkeit, aus dem Experiment den weiteren Ablauf des Elektrons vorauszusagen. In dem hier betrachteten sequentiellen System dagegen bleibt der Endzustand durchaus vorhersagbar.

Wir wollen an einem anderen Beispiel zeigen, daß es Systeme gibt, die durch ein Einzelexperiment nicht unterscheidbar sind, obwohl das eine System einen Zustand besitzt, der von jedem Zustand des anderen Systems unterscheidbar ist.

System A

	a	b	c	d
α	b	a	a	b
β	c	c	b	b

	a	b	c	d
α	0	1	0	0
β	0	1	0	0

System F

	f	g	h
α	g	f	f
β	h	h	g

	f	g	h
α	0	1	0
β	0	1	0

Abb. 5.7 gibt die beiden Zustandsgraphen an

Wir wollen annehmen, das System F sei dem Experimentator voll vertraut. Er weiß, wie es auf jedes Experiment antwortet, insbesondere kann er auf jedes Experiment der Lange 2 hin aussagen, in welchem Anfangszustand sich das System befand.

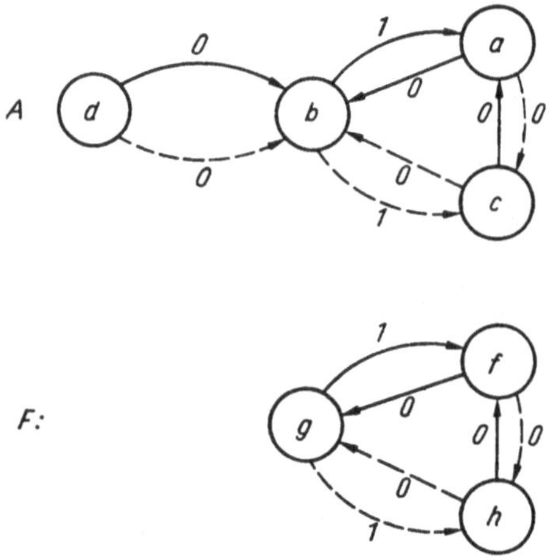

Abb. 5.7. Zustandsgraphen der Systeme A und F (Erlauterung im Text)

Der Experimentator erhalte sodann die Moglichkeit, am System A Versuche von der Länge 2 anzustellen. Dabei moge durch einen „befugten Beobachter" das System nach jedem Versuch in irgendeinen Anfangszustand versetzt werden. Der Experimentator wird auf Grund der dabei erhaltenen Versuchsprotokolle nur aussagen können, daß er aus den Experimenten von der Lange 2 kein unterschiedliches Verhalten beider Systeme feststellen könne; er wird sogar geneigt sein, aus jedem Versuch am System A diesem einen Anfangszustand in Analogie zum System F zuzuordnen. Weiter wird er fordern, Experimente von längerer Dauer durchfuhren zu durfen. Für den Außenstehenden ist klar, daß auch diese längeren Experimente keinen Unterschied im Verhalten der beiden Systeme werden erkennen lassen: Der Zustand d des Systems A kann hochstens als

Anfangszustand vorliegen; der erste Schritt des Experimentes kann ihn aber nicht von a bzw. c getrennt erkennen. Somit muß der Experimentator beide Maschinen als ununterscheidbar bezeichnen. Er wird erstaunt sein, von einem informierten Beobachter zu erfahren, daß das System A tatsächlich vier Zustände besitze und er sich durch ein Experiment davon überzeugen könne, daß dieser vierte Zustand des Systems A von jedem Zustand des Systems S unterscheidbar sei.

Experiment zur Unterscheidung

von d und a	$\beta \ldots$		$\beta \ldots$	
	d	b	a	c
	0	1	0	0
von d und b	$\beta \ldots$		$\beta \ldots$	
	d	b	b	c
	0	1	1	0
von d und c	$\alpha \ldots$		$\alpha \ldots$	
	d	b	c	a
	0	1	0	0

Gerade in der Praxis tritt vielfach die Forderung auf, Experimente anzugeben, durch die sich eine Aussage über ein eventuelles Gleichverhalten zweier Systeme gewinnen läßt, so z. B. auf dem Prüfstand oder bei der Überprüfung eines Modells. Von Interesse ist dabei die Frage, welche Länge ein Experiment haben muß, um eine angestrebte Entscheidung zu geben.

In diesem Zusammenhang ist eine allgemeine theoretische Aussage von Bedeutung, daß es kein endliches Experiment gibt, das ein System aus der Menge aller Systeme zu identifizieren gestattet; dies ist erst möglich, wenn man beschränkende Angaben über die maximale Zahl der Eingänge, Ausgänge und Zustände des zu identifizierenden Systems besitzt.

Zu jedem System S, das n Zustände besitzt, läßt sich nämlich stets ein System T angeben, das sich durch kein Experiment von der Länge k von S unterscheiden läßt, während jedes Experiment von der Länge $k + 1$ Unterschiede erkennen läßt.

Zur Konstruktion eines Systems T mit diesen Eigenschaften gehen wir von dem Zustandsgraphen des Systems S aus. Wir ordnen $k + 1$ Exemplare dieses Zustandsgraphen in $k + 1$ parallelen Ebenen so an, daß jeweils gleiche Zustände übereinander zu stehen kommen. Sodann lösen wir in jeder der k ersten Ebenen jede gerichtete Kante von ihrem Zielzustand und drehen sie so aus ihrer Ebene heraus, daß die Pfeilspitze in den entsprechenden Zustand der nächst höheren Ebene einläuft. Dabei bleiben die an den Kanten notierten Ausgangssignale unverändert. In der abschließenden $(k + 1)$-Ebene dagegen ersetzen wir jedes Ausgangssignal durch ein jeweils anderes Ausgangssignal.

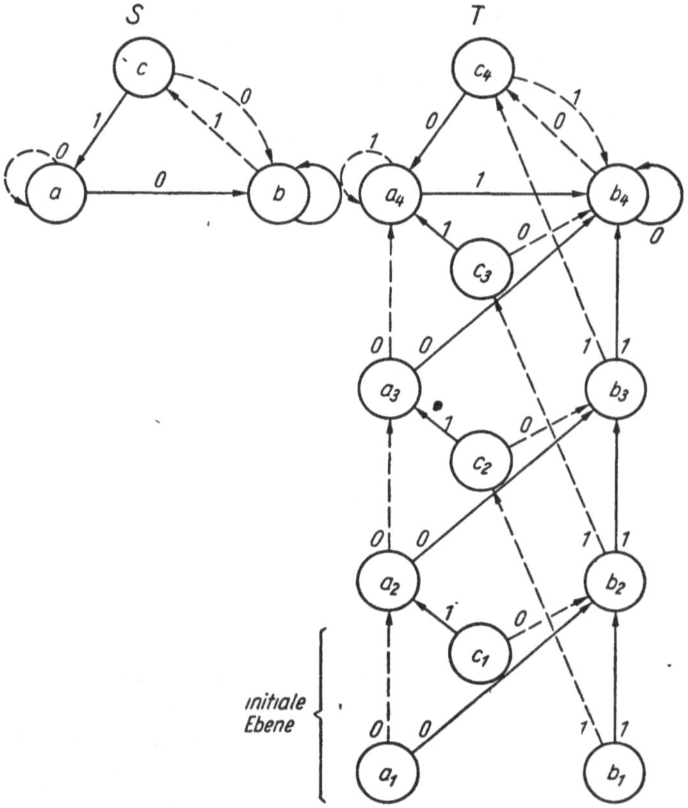

Abb. 5.8 Beispiel fur dieKonstruktion eines Systems T, das sich durch kein Experiment der Lange $k = 3$, wohl aber durch jedes Experiment der Lange $k + 1 = 4$ von dem gegebenen System S unterscheiden laßt

Die Abb. 5.8 zeigt diese Konstruktion an einem Beispiel. Jedes Experiment an T beginnt mit einem Zustand der untersten Ebene. Mit jedem der ersten k Schritte wird ein Zustand der jeweils nachst hoheren Ebene erreicht. Dabei werden die gleichen Ausgabesignale geliefert, die sich beim gleichen Experiment an S ergeben. Der $(k + 1)$-Schritt dagegen verlauft in der obersten Ebene von T und führt in jedem Fall zu einem Ausgangssignal, das sich von dem in S erreichten unterscheidet.

6. Mealy- und Moore-Automat, Zustandsminimierung

Bei dem durch $(\mathfrak{X}, \mathfrak{Y}, \mathfrak{Z}, f, g, z_0)$ definierten Automaten ist die Ergebnisfunktion im allgemeinen eine Funktion zweier Argumente, eines Eingabewertes und eines Zustands.

Man spricht in diesem Fall auch von einem MEALY-Automaten. Hängt die Ergebnisfunktion allein vom Zustand ab, so liegt ein MOORE-Automat vor. Nach dieser Definition ist ein MOORE-Automat ein Spezialfall eines MEALY-Automaten (Abb. 6 1). (Im Sonderfall, daß die Markierungsfunktion zur Identität ausartet, daß also der Zustand selbst als Ausgabewert angesehen wird, spricht man von einem MEDWEDJEW-Automaten.)

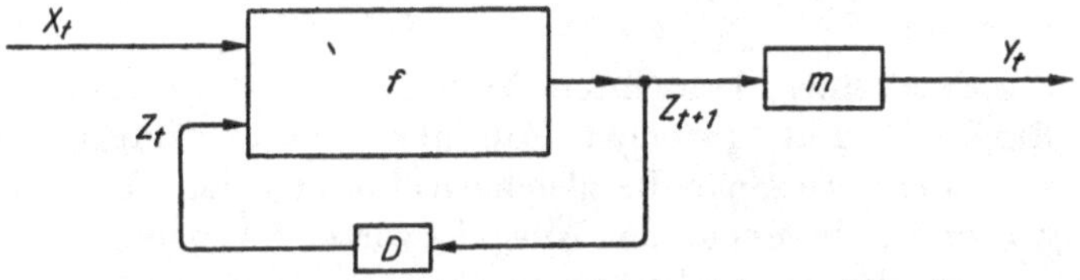

Abb. 6.1. Das HUFFMANsche Schema fur einen MOORE-Automaten (m = Markierungsfunktion)

Es ist interessant, daß sich zu jedem MEALY-Automaten ein MOORE-Automat angeben laßt, der das gleiche Verhalten zeigt.

Um den Begriff „gleiches Verhalten" exakt fassen zu können, müssen wir unsere Vorstellungen uber Automaten noch etwas erweitern; insbesondere benötigen wir den Begriff der Äquivalenz zweier Automaten.

Gehen wir von einem initialen Automaten aus, so wird bei Eingabe einer Folge von Eingabesymbolen

$$x_1\, x_2 \cdots x_n$$

eine Folge von Zustanden

$$z_0\, z_1 \cdots z_n\, z_{n+1}$$

und eine Folge von Ausgabesymbolen

$$y_0\, y_1 \cdots y_n$$

erzeugt. Eine Folge von Symbolen aus einer festgelegten Menge (= Alphabet- wollen wir als Wort bezeichnen. Damit können wir sagen, daß bei einem initialen Automaten auf ein n-stelliges Eingabewort ein bestimmtes ebenfalls n-stelliges Ausgabewort resultiert. Wir wollen auch hier die Vorstellung einer Abbildung heranziehen: Ein bestimmter (initialer Zustand) legt eine bestimmte Abbildung der Menge der Eingabeworter in die Menge der Ausgabewörter fest. Allgemein bezeichnet man eine solche von einem Automaten erzeugte Abbildung als *Automatenabbildung*. Für sie sind zwei Eigenschaften charakteristisch:

1. Die Wortlange (Anzahl der Symbole) bleibt bei dieser Abbildung erhalten:

$$l(w) = l(w')$$

(w = Eingabewort, w' = zugehöriges Ausgabewort, l = Funktionszeichen im Sinn „Lange von").

2. Ist w_1 Anfangswort eines Eingabewortes $w_1 w_2$, so besitzt das zugehörige Ausgabewort ein Anfangswort w_1', das nur von w_1 abhängt:

$$w_1 w_2 \to w_1'(w_1)\, w_2'(w_1, w_2)\,.$$

Wir nehmen hier ohne Beweis zur Kenntnis, daß für jede Wortabbildung, die diese beiden Eigenschaften aufweist, ein Automat existiert, durch den diese Abbildung realisiert wird.

Wir definieren nun:

Zustände eines Automaten bzw. zweier Automaten mit gleichem Eingabe- und gleichem Ausgabealphabet heißen (verhaltens-) *äquivalent*, wenn sie die gleiche Abbildung der Menge der Eingabeworter in die Menge der Ausgabeworter erzeugen.

Zwei *Automaten* heißen (verhaltens-)*äquivalent*, wenn zu jedem Zustand des ersten Automaten ein ihm äquivalenter Zustand des zweiten Automaten existiert und umgekehrt zu jedem Zustand des zweiten Automaten ein ihm äquivalenter Zustand des ersten Automaten existiert.

Es ist leicht ersichtlich, daß zwei äquivalente Automaten die gleiche „Familie" von Abbildungen der Menge der Eingabeworter in die Menge der Ausgabewörter erzeugen (eine Familie von Abbildungen entsteht, da jeder Zustand als initialer Zustand angesetzt werden kann). Die obige Behauptung läßt jetzt die folgende Formulierung zu:

Zu jedem Mealy-Automaten gibt es einen äquivalenten Moore-Automaten. Zum Beweis konstruieren wir, ausgehend von einem Mealy-Automaten A mit n Zuständen $z_1, z_2, \ldots, z_n$ und m Eingabesymbolen $x_1, x_2, \ldots, x_m$, auf die folgende Weise einen Automaten B mit $(m+1)\cdot n$ Zuständen. Zu jedem Zustand z_i ($i = 1, 2, \ldots, n$) des Automaten A werden $(m+1)$ verschiedene Zustände des Automaten B definiert: Dabei entspricht z_{i0} der Situation, daß z_i als initialer Zustand auftritt, z_{ik} ($k = 1, 2, \ldots, m$) dagegen der Situation, daß A im Zustand z_i ist und x_k eingegeben wird. Am Zustandsgraphen von B bedeutet dies, daß neben jedem aus A übernommenen Zustand, der jetzt als möglicher initialer Zustand aufgefaßt wird, jeweils ein weiterer Zustand für jeden im Zustandsdiagramm von A auslaufenden Pfeil (gerichtete Kante) geschaffen wird (Abb. 6.2a und b). Dabei werden Zustände in B als äquivalent angesehen, wenn die ihnen entsprechenden einlaufenden Pfeile in A zum gleichen Zustand führen. Jedem auf diese Weise neu entstandenen Zustand sind als Nachfolger bei den verschiedenen Eingaben die gleichen Zustände zuzuordnen, die dem äquivalenten initialen Zustand zugeordnet sind (Abb. 6.2c).

Jede gerichtete Kante beim Mealy-Automaten A bestimmt eindeutig das diesem Übergang zugehörige Ausgabesignal. Infolge der gegenseitig eindeutigen Zuordnung von gerichteten Kanten in A und den neu geschaffenen (also nichtinitialen) Zuständen in B, läßt sich das Ausgabesignal in A, das einem bestimmten Übergang entspricht, auch dem jeweiligen neu geschaffenen Zustand in B zuordnen Dıes besagt aber, daß B MOORE-Automat ist. Daß diese Automaten àquivalent sind, ergıbt sich aus der Tatsache, daß zu jedem Zustand z_i des Automaten A ein aquivalenter Zustand in B existiert und daß auch das Umgekehrte gılt. Welcher spezielle Zustand dabei in B erreicht wird, hangt jeweıls davon ab, ob z_i in A als inıtıaler Zustand auftritt oder durch welches Eingabesymbol z_i in A erreicht wird.

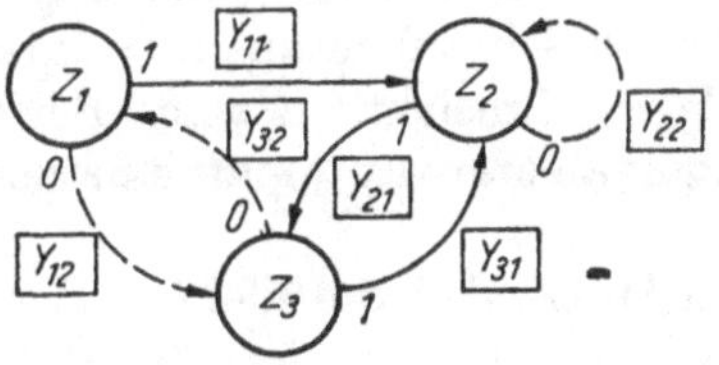

a)

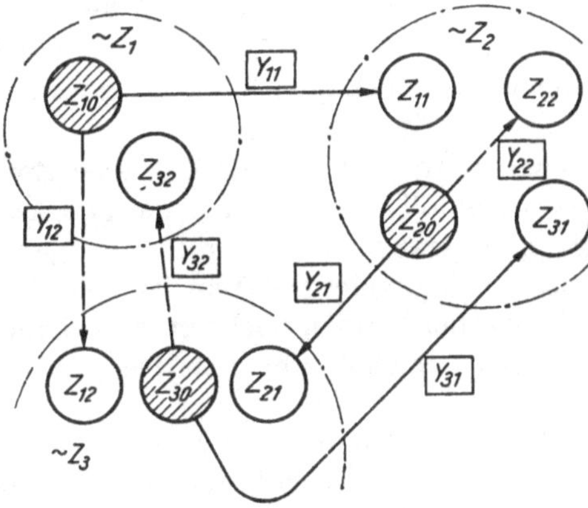

b)

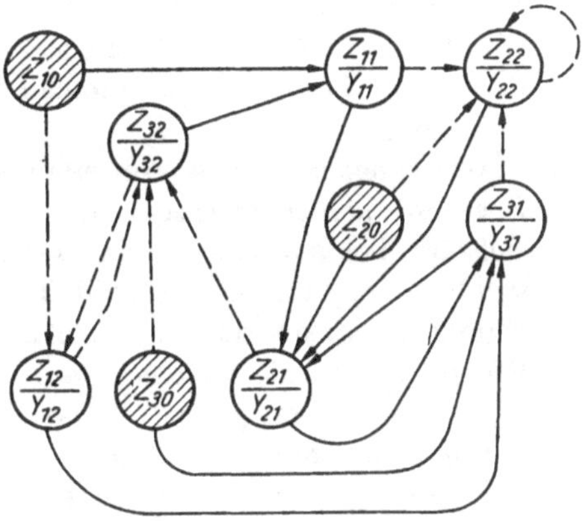

c)

Abb. 6.2. a) Beıspıel eınes MEALY-Automaten mıt $m = 2$ Eıngabesymbolen 0,1 mıt $n = 3$ Zustanden z_1, z_2, z_3 und mıt den Ausgabesymbolen $y_{11}, y_{12}, y_{21}, y_{22}, y_{31}, y_{32}$

b) Zwıschenstufe beı der Konstruktion eınes zum MEALY-Automaten unter a) aquıvalenten MOORE-Automaten. Konstruktion der $(m + 1) \cdot n = 9$ Zustande des MOORE-Automaten

c) Der zum MEALY-Automaten unter a) aquivalente MOORE-Automat

aquıvalente Zustande

MEALY-Automat	MOORE-Automat
z_1	z_{10}, z_{32}
z_2	$z_{20}, z_{11}, z_{22}, z_{31}$
z_3	z_{30}, z_{12}, z_{21}

Wir gehen von der Vorstellung aus, es liege ein abstrakter Automat mit bestimmtem Verhalten vor. Mit dem Beiwort abstrakt soll dabei zum Ausdruck gebracht werden, daß es nicht um die Art und Weise einer speziellen Realisierung, sondern nur um die Struktur geht. Eine nahe liegende Frage ist nun, ob nicht das gleiche Verhalten, d. h. die gleiche Abbildung der Menge der Eingabeworter in die Menge der Ausgabeworter, schon mit einem geringeren Aufwand erreicht werden kann; mit anderen Worten, ob es einen zum vorgelegten Automaten (verhaltens-)aquivalenten Automaten mit einer kleineren Anzahl von Zustanden gibt. Wir beschranken uns hier darauf, ein mogliches Minimierungsverfahren darzulegen; hinsichtlich eines Beweises, daß in jedem Fall genau ein minimaler aquivalenter Automat existiert, verweisen wir auf die Literatur [19, 23, 37].

Wir lassen uns von dem Gedanken leiten, daß die kleinere Anzahl von Zustanden in minimalen Automaten dadurch zustande kommt, daß gewisse Zustande, die im ursprunglichen Automaten getrennt sind, im minimalen Automaten vereinigt auftreten. Eine Vereinigung von Zustanden muß aber die Forderung nach Äquivalenz berucksichtigen. Nach Definition sind zwei Zustande genau dann verhaltens-aquivalent, wenn fur alle Eingabeworter gilt, daß beide Zustande auf gleiche Eingabeworter auch gleiche Ausgabeworter erzeugen.

Wir gehen zunachst von einer schwächeren Äquivalenzforderung aus: Zwei Zustände heißen ausgabe-aquivalent, wenn fur alle Eingabesymbole gilt, daß sich fur beide Zustande auf gleiche Eingabesymbole auch gleiche Ausgabesymbole ergeben. Auf Grund dieser Ausgabe-Aquivalenzrelation ist eine Zerlegung der Zustandsmenge in Ausgabe-Äquivalenzklassen leicht zu realisieren: Wir ordnen in die gleiche Klasse jeweils solche Zustande ein, die bei gleichen Eingabesymbolen gleiche Ausgabesymbole liefern.

Wir zielen nun darauf hin, die Ausgabe-Äquivalenzrelation so einzuengen, daß zwei Zustande einer Klasse nicht nur gleiche Ausgabesymbole liefern, sondern uberhaupt gleiche Ausgabeworter bei gleichen Eingabewortern, anders ausgedruckt fordern wir somit nicht nur gleiches Verhalten im nachsten Schritt (bei gleichen Eingabesymbolen), sondern fur alle moglichen Schrittfolgen (bei gleichen Eingabewortern). Diese Eigenschaft ist aber genau dann gesichert, wenn wir fordern, daß jeweils zwei Zustande, die ausgabe-aquivalent sind, bei gleichen Eingabesymbolen durch diesen Schritt in zwei Folgezustande überfuhrt werden, fur die wiederum gilt, daß sie ausgabe-aquivalent bei dem nun folgenden Schritt sind.

Die angestrebte Einengung der Ausgabe-Äquivalenz in eine Verhaltens-Äquivalenz bedeutet hinsichtlich der Äquivalenzklassen eine Klassenverfeinerung. Damit bietet sich das folgende Verfahren an:

Wir gehen von der Zerlegung der Zustandsmenge in Ausgabe-Äquivalenzklassen aus und betrachten die Folgezustande nach ihrer Klassenzugehorigkeit. Zeigt sich, daß fur die einzelnen Zustande einer Klasse Folgezustande mit unterschiedlicher Klassenzugehorigkeit auftreten, daß sich also — mit anderen

Worten — die Zerlegung nicht klassenecht beim Übergang zu den Folgezuständen erweist, so ist die Zerlegung entsprechend zu verfeinern und der Prozeß von neuem durchzuführen. Es ist leicht einzusehen, daß für einen endlichen Automaten, d. h. fur einen Automaten mit endlich vielen Zuständen, dieses Verfahren in endlich vielen Schritten zum Abschluß kommt. Die dann erreichte Zerlegung liefert die gesuchten Verhaltens-Äquivalenzklassen.

1. Beispiel. Es ist der durch die folgenden Überführungs- und Ergebnisfunktion gegebene Automat zu minimieren.

	z_1	z_2	z_3	z_4	z_5	z_6	z_7	z_8
x_1	z_4	z_3	z_6	z_7	z_8	z_2	z_6	z_1
x_2	z_2	z_5	z_6	z_4	z_5	z_4	z_1	z_6

	z_1	z_2	z_3	z_4	z_5	z_6	z_7	z_8
x_1	y_0	y_1	y_0	y_1	y_1	y_0	y_0	y_0
x_2	y_1	y_0	y_1	y_0	y_0	y_1	y_1	y_1

Auf Grund der vorliegenden Ergebnisfunktion ergeben sich als Ausgabe-Äquivalenzklassen

$$(z_1, z_3, z_6, z_7, z_8) \quad \text{und} \quad (z_2, z_4, z_5)\,.$$

Der Übergang zu den Folgezuständen und deren Klassenzugehorigkeiten zeigen, daß diese Zerlegung nicht klassenecht hinsichtlich der Überfuhrung ist. Die erste Verfeinerung erweist sich dagegen als klassenecht.

	Klasse	Zustand	Nachfolger- zustande	Nachfolger- klassen	
Ausgabe-Äquivalenzklassen	1	z_1	z_4, z_2	2, 2!	nicht klassenecht
		z_3	z_6, z_6	1, 1	
		z_6	z_2, z_4	2, 2!	
		z_7	z_6, z_1	1, 1	
		z_8	z_1, z_6	1, 1	
	2	z_2	z_3, z_5	1, 2	
		z_4	z_7, z_4	1, 2	
		z_5	z_8, z_5	1, 2	
1. Verfeinerung	1	z_3	z_6, z_6	3, 3	klassenecht
		z_7	z_6, z_1	3, 3	
		z_8	z_1, z_6	3, 3	
	2	z_2	z_3, z_5	1, 2	klassenecht
		z_4	z_7, z_4	1, 2	
		z_5	z_8, z_5	1, 2	
	3	z_1	z_4, z_2	2, 2	klassenecht
		z_6	z_2, z_4	2, 2	

Damıt ergeben sich als Verhaltens-Äquivalenzklassen

$$\underbrace{(z_3, z_7, z_8)}_{z_3^*}\,, \qquad \underbrace{(z_2, z_4, z_5)}_{z_2^*}\,, \qquad \underbrace{(z_1, z_6)}_{z_1^*}$$

Die Vereinigung verhaltens-aquivalenter Zustande zu z_1^*, z_2^* und z_3^* liefert fur den äquivalenten mınimalen Automaten die nachfolgenden Überfuhrungs- und Ergebnisfunktionen.

	z_1^*	z_2^*	z_3^*
x_1	z_2^*	z_3^*	z_1^*
x_2	z_2^*	z_2^*	z_1^*

	z_1^*	z_2^*	z_3^*
x_1	y_0	y_1	y_0
x_2	y_1	y_0	y_1

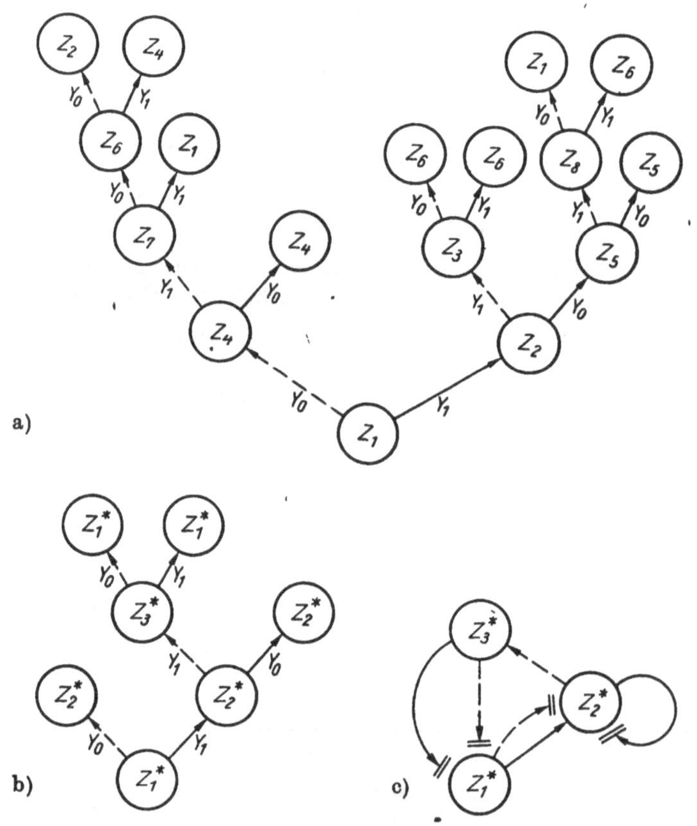

Abb. 6.3. a) Baumdarstellung eınes Automaten

b) Baumdarstellung des zum Automaten unter a) aquıvalenten mınımalen Automaten

c) Zustandsgraph des unter b) dargestellten Automaten.

Das Symbol || gıbt dıe Schnıttstellen an, dıe zur Konstruktıon des Baums ın b) vorgenommen werden

Die Abb. 6.3 zeigt den ursprünglichen Automaten und den äquivalenten minimalen Automaten in Baumdarstellung. Eine Baumdarstellung entsteht aus dem Zustandsgraphen eines initialen Automaten, indem jeder Zyklus an einer Einmündungsstelle einer gerichteten Kante aufgeschnitten wird und an den Pfeil der dabei frei werdenden Kante der von ihr abgelöste Zustand dupliziert als abschließender Knoten angefügt wird.

2. Beispiel. Der durch die folgenden Überführungs- und Markierungsfunktion gegebene MOORE-Automat ist zu minimieren.

		a_0	a_1	a_2	a_3	a_4	a_5	a_6	a_7	a_8	a_9	a_{10}
f:	α	a_1	a_0	a_2	a_3	a_5	a_4	a_0	a_2	a_4	a_5	a_8
	β	a_6	a_6	a_7	a_7	a_3	a_3	a_1	a_2	a_{10}	a_{10}	a_7

	a_0	a_1	a_2	a_3	a_4	a_5	a_7	a_6	a_8	a_9	a_{10}
m:	1	1	1	0	1	1	0	0	0	0	0

(Anstelle der Markierungsfunktion m kann auch die Menge F der mit 1 markierten Zustände treten.

$$F = \{a_0, a_1, a_2, a_4, a_5\} .)$$

Ausgehend von der Zerlegung in Ausgabe-Äquivalenzklassen sind zwei Verfeinerungen notwendig, um Klassenechtheit zu erreichen. Die einzelnen Schritte sind aus der folgenden vereinfachten Niederschrift zu entnehmen.

1	a_0	$a_1\ a_6$	1, 2	1, 3	1, 3
	a_1	$a_0\ a_6$	1, 2	1, 3	1, 3
	a_2	$a_2\ a_7$	1, 2	1, 3	1, 3
	a_4	$a_5\ a_3$	1, 2	1, 2!	
	a_5	$a_4\ a_3$	1, 2	1, 2!	
2	a_3	$a_3\ a_7$	2, 2	2, 3	2, 3
	a_6	$a_0\ a_1$	1, 1!		
	a_7	$a_2\ a_2$	1, 1!		
	a_8	$a_4\ a_{10}$	1, 2!		
	a_9	$a_5\ a_{10}$	1, 2!		
	a_{10}	$a_8\ a_7$	2, 2	4, 3!	
3	a_6	$a_0\ a_1$		1, 1	1, 1
	a_7	$a_2\ a_2$		1, 1	1, 1
4	a_8	$a_4\ a_{10}$		1, 2	1, 6
	a_9	$a_5\ a_{10}$		1, 2	1, 6
5	a_4	$a_5\ a_3$			5, 2
	a_5	$a_4\ a_3$			5, 2
6	a_{10}	$a_8\ a_7$			4, 3

(Anmerkung: Die mit ! gekennzeichneten Zeilen sind zu streichen.) Es ergibt sich die folgende klassenechte Zerlegung

$$\begin{matrix} (a_0, a_1, a_2)\,, & (a_3)\,, & (a_4, a_5)\,, & (a_6, a_7)\,, & (a_8, a_9)\,, & (a_{10}) \\ a_0^* & a_3^* & a_4^* & a_6^* & a_8^* & a_{10}^* \end{matrix}$$

und damit als Überfuhrungsfunktion des minimalen Automaten

	a_0^*	a_3^*	a_4^*	a_6^*	a_8^*	a_{10}^*
α	a_0^*	a_3^*	a_4^*	a_0^*	a_4^*	a_8^*
β	a_6^*	a_6^*	a_3^*	a_0^*	a_{10}^*	a_6^*

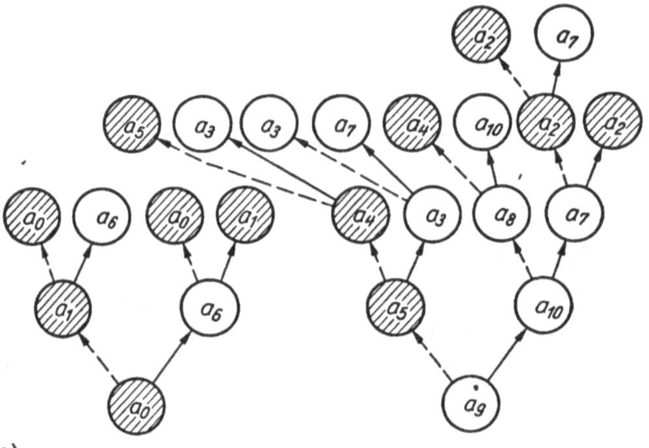

a)

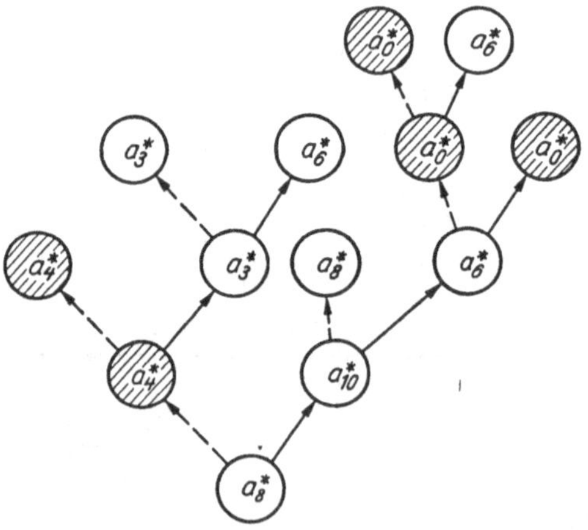

b)

Abb. 6.4. a) Baumdarstellung eines gegebenen MOORE-Automaten (Erlauterung im Text)
b) Baumdarstellung des aquivalenten minimalen Automaten

$F^* = \{a_0^*, a_4^*\}$ ist die Menge der mit 1 markierten Zustande. Abb. 6.4 gibt für beide Automaten Baumdarstellungen. Um an einem Beispiel zu erlautern, daß beide Automaten gleiches Verhalten zeigen, werde das durch die Eingabefolge

$$\alpha\,\alpha\,\beta\,\beta\,\beta\,\alpha\,\beta\,\alpha\,\beta$$

bestimmte Experiment am ursprunglichen und am minimalen Automaten durchgefuhrt; dabei werde als Anfangszustand in einem ersten Experiment a_0 bzw. a_0^* und in einem zweiten Experiment a_9 bzw. a_8^* gewahlt.

	α	α	β	β	β	α	β	α	β		
1 Experiment	a_0	a_1	a_0	a_6	a_1	a_6	a_0	a_6	a_0	a_6	ursprünglicher
	1	1	1	0	1	0	1	0	1	0	Automat
	a_0^*	a_0^*	a_0^*	a_6^*	a_0^*	a_6^*	a_0^*	a_6^*	a_0^*	a_6^*	minimaler
	1	1	1	0	1	0	1	0	1	0	Automat

	α	α	β	β	β	α	β	α	β		
2. Experiment	a_9	a_5	a_4	a_3	a_7	a_2	a_2	a_7	a_2	a_7	ursprünglicher
	0	1	1	0	0	1	1	0	1	0	Automat
	a_8^*	a_4^*	a_4^*	a_3^*	a_6^*	a_0^*	a_0^*	a_6^*	a_0^*	a_6^*	minimaler
	0	1	1	0	0	1	1	0	1	0	Automat

Bei den vorausgegangenen Überlegungen haben wir zwei verschiedene Äquivalenzrelationen verwendet, Ausgabeaquivalenz und Verhaltensäquivalenz, wobei die letztere eine Einschrankung der ersten ist Vom mathematischen Gesichtspunkt aus liegt hier eine allgemeinere Situation der abstrakten Algebra vor:

Definition: Eine *abstrakte Algebra* $\mathfrak{A}$ ist eine Struktur, die aus einer nichtleeren Menge A und einer oder mehrerer Abbildungen f_i $(i = 0, \ldots, k-1)$ von A in A besteht.

$$\mathfrak{A} = (A, f_0, \ldots, f_{k-1}) .$$

Von einem vorgelegten abstrakten Automaten konnen wir zu einer abstrakten Algebra $\mathfrak{A}$ ubergehen, indem wir die Zustandsmenge als Menge A ansehen und die Überfuhrungsfunktion in ein Tupel von Funktionen aufspalten, so daß jedem Eingabewert eine besondere Funktion entspricht, die eine Abbildung der Zustandsmenge in sich darstellt.

Die über die Ergebnisfunktion zu gewinnende Ausgabe-Äquivalenzrelation des Automaten stellt in der zugeordneten abstrakten Algebra ebenfalls eine Äquivalenzrelation dar.

Nun wurde aus der Menge der Paare ausgabe-aquivalenter Zustande die Menge der Paare verhaltens-äquivalenter Zustande dadurch gewonnen, daß nur solche Paare ausgabe-aquivalenter Zustande ubernommen wurden, fur die bei jedem Eingabewert auch die Nachfolger ausgabe-aquivalent sind. In der Ausdrucksweise der abstrakten Algebra wird eine auf diese Art erhaltene Relation als Kongruenzrelation bezeichnet.

Definition: R heißt Kongruenzrelation in der abstrakten Algebra $\mathfrak{A}$, wenn R eine Äquivalenzrelation in A ist und Substitutionseigenschaft bezuglich aller f_i ($i = 0, \ldots, k-1$) fur jedes a und $b \in A$ besitzt:

$$a\, R\, b \rightarrow f_i(a)\, R\, f_i(b) \qquad \text{fur } i = 0, \ldots, k-1\,.$$

Da man bei den Symbolfolgen das nachfolgende Symbol jeweils rechts anhängt, spricht man auch von einer Rechts-Kongruenzrelation [6 3].

Boolesche Funktionen, diskrete Netze

II

7. Boolesche Funktionen

Im Rahmen der durchgefuhrten Betrachtungen traten funktionelle Zusammenhange zwischen den Elementen diskreter Mengen in Form von Zuordnungen auf. Als wesentliches Mittel zur Beschreibung haben wir die Abbildung von Mengen verwendet (Abb 7.1).

Wir wollen uns jetzt einem fur solche Darstellungen geeigneten algebraischen Kalkul zuwenden.

Um eine Zuordnung zwischen den Elementen zweier diskreter Mengen beschreiben zu konnen, ist eine Vereinbarung zur Kennzeichnung der einzelnen Elemente einer Menge notwendig. Bis dahin haben wir zu diesem Zweck den Elementen unterschiedliche Symbole fest zugeordnet, wobei jedes Symbol als

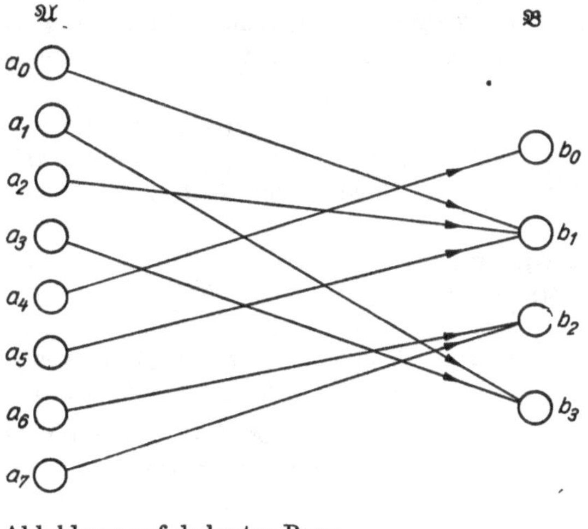

Abb. 7.1. Abbildung auf diskreter Basis

$\mathfrak{A} = \{a_0, a_1, a_2, a_2, a_4, a_5, a_6, a_7\}$

$\mathfrak{B} = \{b_0, b_1, b_2, b_3\}$

$\mathfrak{A} \rightarrow \mathfrak{B}$

a_0	a_1	a_2	a_3	a_4	a_5	a_6	a_7
b_1	b_3	b_1	b_3	b_0	b_1	b_2	b_2

Ganzheit in Erscheinung trat. Eine Wiederauffindung eines bestimmten Elements erfordert dann eine Durchmusterung der betreffenden Menge. Eine solche Durchmusterung besteht aus einer mehr oder weniger ausgedehnten Folge von Entscheidungen, ob das dem aufgenommenen Element zugehorige Symbol mit dem Symbol des gesuchten Elements im ganzen ubereinstimmt oder nicht ubereinstimmt. Im ersten Fall ist das aufgenommene Element das gesuchte und der Suchprozeß beendet, im zweiten Fall ist ein weiteres noch nicht erfaßtes Element aufzunehmen und der Entscheidung zu unterwerfen. Der einzelne Test liefert hier nur eine Entscheidung bezuglich eines einzelnen Elementes, diese allerdings vollstandig. Ein Suchprozeß auf der Basis einer vollständigen Durchmusterung ist aufwendig. Enthalt die Menge n Elemente, so ist im Mittel mit $n/2$ Entscheidungen bis zur Identifizierung zu rechnen.

Effektiver verlauft im allgemeinen der Suchprozeß, wenn er auf mehrere Ebenen verteilt durchgefuhrt werden kann. Davon machen wir im täglichen Leben bei der Kennzeichnung eines Empfangers durch seine Adresse Gebrauch, wenn wir Ort, Ortsteil, Straße, Hausnummer und Stockwerk angeben. Hier kommt die Identifizierung durch eine Folge von Durchmusterungen entsprechend kleinerer Mengen zustande. Die Symbole zur Kennzeichnung der einzelnen Elemente müssen dabei vektoriellen Charakter annehmen, wobei jeder Entscheidungsebene eine bestimmte Komponente zukommt. Hier liefert der einzelne Test eine Entscheidung bezüglich ganzer Klassen von Elementen.

Nun ist die einfachste Entscheidungsform die Entscheidung zwischen zwei Moglichkeiten; man spricht von einer Binarentscheidung. Jedes Element einer endlichen Menge läßt sich bei geeigneter Anordnung durch eine endliche Folge von Binärentscheidungen auffinden und somit durch ein Binartupel kennzeichnen (Abb 7.2).

Es sei n die Menge der Tupel. Die endliche Menge entspricht jetzt der Menge aller n-Tupel uber $\{0, 1\}$, wobei u. U. Elemente der Menge mehrfach erfaßt werden, wenn schon eine geringere Anzahl von Entscheidungen zur Identifizierung fuhrt.

Nun kann man die Menge aller n-Tupel uber $\{0, 1\}$ auch als Produktmenge von n Exemplaren der Menge $\{0, 1\}$ auffassen:

$$\{0, 1\} \times \{0, 1\} \times \cdots \times \{0, 1\} = \mathop{\times}_{1}^{n} \{0, 1\} = \{0, 1\}^n .$$

Unsere ursprungliche Aufgabe der Abbildung einer endlichen Menge in eine andere endliche Menge laßt sich jetzt als Abbildung einer Produktmenge $\{0, 1\}^m$ auffassen (Tab. 7.1).

Nun laßt sich jede Abbildung der Produktmenge $\{0, 1\}^n$ in die Produktmenge $\{0, 1\}^m$ erreichen durch eine Folge von m geeigneten Abbildungen der Produktmenge $\{0, 1\}^n$ in $\{0, 1\}$. Eine Abbildung der Produktmenge $\{0, 1\}^n$ in $\{0, 1\}$ kann aufgefaßt werden als eine n-stellige Funktion $f(x_1, x_2, \ldots, x_n)$, deren Argumente $x_1, x_2, \ldots, x_n$ Werte aus dem Bereich $\{0, 1\}$ annehmen konnen und fur die als Funktionswerte ebenfalls nur 0 oder 1 auftreten konnen.

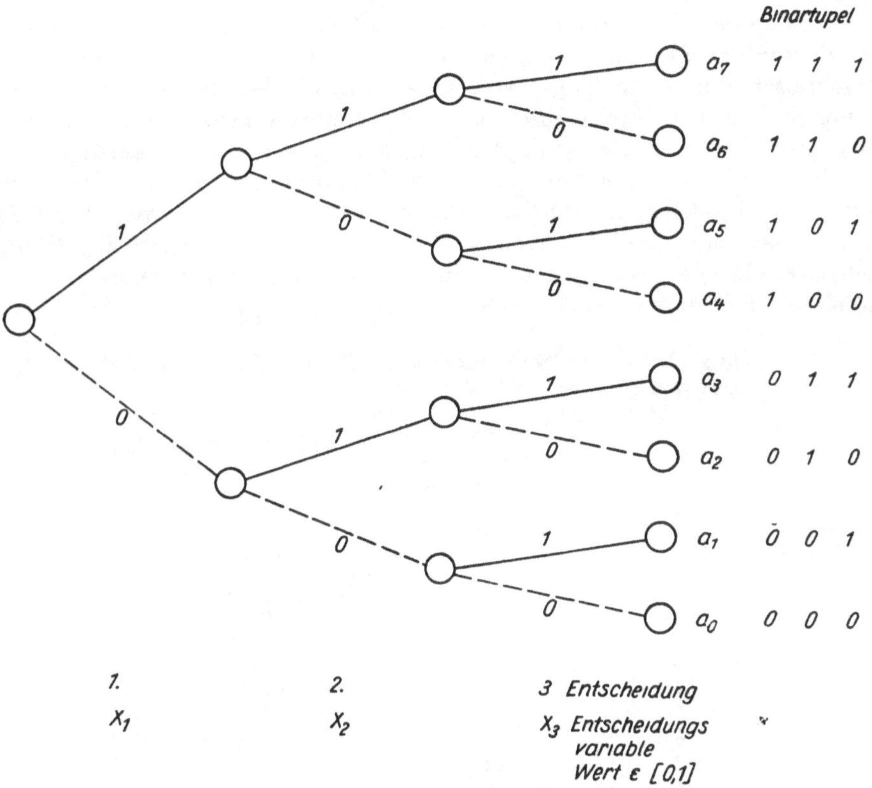

Abb. 7.2. Kennzeichnung der Elemente einer endlichen Menge durch Binartupel

Tab. 7.1. Beschreibung der Abbildung zweier endlicher Mengen 𝔄 und 𝔅 (Beispiel aus Abb. 7.1) durch Abbildung zwischen zwei Produktmengen über {0,1}

	$\{0,1\}^3$			$\{0,1\}^2$		
𝔄	x_1	x_2	x_3	y_1	y_2	𝔅
a_0	0	0	0	0	1	b_1
a_1	0	0	1	1	1	b_3
a_2	0	1	0	0	1	b_1
a_3	0	1	1	1	1	b_3
a_4	1	0	0	0	0	b_0
a_5	1	0	1	0	1	b_1
a_6	1	1	0	1	0	b_2
a_7	1	1	1	1	0	b_2

Eine solche Funktion bezeichnet man als eine n-stellige zweiwertige BOOLE*sche Funktion*. Die Abbildung zweier endlicher Mengen, entsprechend einer Abbildung der Produktmenge $\{0, 1\}^n$ in die Produktmenge $\{0, 1\}^m$, laßt sich algebraisch durch ein Tupel von m n-stelligen BOOLEschen Funktionen beschreiben. Bei n Argumenten gibt es 2^n unterschiedliche Belegungen des Argumententupels. Fur jede Belegung kann die Funktion einen der beiden moglichen Werte 0 oder 1 annehmen. Somit gibt es $2^{(2^n)}$ verschiedene n-stellige BOOLEsche Funktionen. Die Tab. 7.2 zeigt das starke Anwachsen dieser Anzahl mit zunehmender Zahl der Argumente. Dabei werden als *nullstellig* die BOOLEschen Funktionen bezeichnet, deren Werte von keiner Variablen abhängen, somit die Konstante 0 und die Konstante 1.

Tab. 7.2. **Anzahl der möglichen BOOLEschen Funktionen in Abhängigkeit von der Anzahl der Variablen n**

Anzahl der Variablen n	Anzahl der unterschiedlichen Belegungen des Argumententupels 2^n	Anzahl der moglichen n-stelligen BOOLEschen Funktionen $2^{(2^n)}$
0	1	2
1	2	4
2	4	16
3	8	256
4	16	65536
5	32	4294967296 $\approx 4 \cdot 10^9$
6	64	$\approx 2 \cdot 10^{19}$
7	128	$\approx 3 \cdot 10^{38}$
8	256	$\approx 1 \cdot 10^{77}$
9	512	$\approx 1 \cdot 10^{154}$
10	1024	$\approx 1 \cdot 10^{308}$

Tab. 7.3. **Die einstelligen BOOLEschen Funktionen**

$x =$ 1	0	
0	0	Konstante 0
0	1	$z = \bar{x}$ Negation
1	0	$z = x$ Regeneration
1	1	Konstante 1

Einstellige BOOLEsche Funktionen gibt es, wie die Tab. 7.3 zeigt, vier. Nur eine davon, die Negation, bietet etwas Neues. Die Symbolik ist nicht einheitlich.

Negation: $\neg x$, $\lrcorner\, x$, $\sim x$, x', $\bar{x}$.

Dabei führt die Negation einer negierten Große wieder zur ursprunglichen Größe:

$$\neg(\neg x) = \overline{(\bar{x})} = x .$$

Die Tab. 7.4 bietet eine Zusammenstellung der 16 zweistelligen Booleschen Funktionen.

Schließt man die schon behandelten Konstanten (z_0 und z_{15}) sowie die einstelligen Funktionen (z_3, z_5, z_{10} und z_{12}) aus, so verbleiben zehn wesentliche zweistellige Funktionen. Beachtet man noch, daß durch Vertauschen der Variablen z_2 in z_4 und z_{11} in z_{13} übergeht, so ergeben sich acht verschiedene Typen von zweistelligen Funktionen.

Interpretiert man die Argumentvariablen als Aussagen, wobei die Variable die Belegung 1 erhält, wenn die betreffende Aussage wahr ist, die Belegung 0, wenn die Aussage falsch ist, so wird durch eine zweistellige Boolesche Funktion eine bestimmte Verknüpfung der beiden Aussagen dargeboten. Die ent-

Tab. 7.4. **Die 16 zweistelligen Booleschen Funktionen**

y: x:	1 1 0 0 1 0 1 0	verbale Form	Symbol	Bezeichnung	Darstellung durch Negation, Konjunktion und Disjunktion
z_0	0 0 0 0	niemals	C_0	Konstante 0 Null	0
z_1	0 0 0 1	weder-noch	$\downarrow$	Peircescher Pfeil NOR	$\bar{x} \cdot \bar{y}$
z_2	0 0 1 0				$x \cdot \bar{y}$
z_3	0 0 1 1				$\bar{y}$
z_4	0 1 0 0				$\bar{x} \cdot y$
z_5	0 1 0 1				$\bar{x}$
z_6	0 1 1 0	entweder-oder (aut-aut)	$\not\equiv$	Antivalenz	$\bar{x} \cdot y + x \cdot \bar{y}$
z_7	0 1 1 1	nicht sowohl-als auch	$\mid$	Shefferscher Strich NAND	$\bar{x} + \bar{y}$
z_8	1 0 0 0	und sowohl-als auch (et-et)	&, $\wedge$, $\cap$, $\cdot$	Konjunktion	$x \cdot y$
z_9	1 0 0 1	gleich	$\equiv$	Äquivalenz	$x \cdot y + \bar{x} \cdot \bar{y}$
z_{10}	1 0 1 0				x
z_{11}	1 0 1 1				$x + \bar{y}$
z_{12}	1 1 0 0				y
z_{13}	1 1 0 1	wenn-so	$\rightarrow$	Implikation	$\bar{x} + y$
z_{14}	1 1 1 0	oder (vel-vel)	$\vee$, $\cup$, $+$	Disjunktion	$x + y$
z_{15}	1 1 1 1	immer	C_1	Konstante 1 Eins	1

sprechende verbale Fassung ist, soweit sie gebrauchlich ist, in der dritten Spalte der Tabelle angegeben. Sie stellt den Wahrheitsgehalt der durch Verknupfung entstandenen Aussage in Beziehung zu dem Wahrheitsgehalt der beiden Einzelaussagen.

So hat z. B. die der Funktion z_1 entsprechende Aussagenverknupfung einen Wahrheitsgehalt, der sich aus der verbalen Fassung „weder-noch" ergibt: $x \downarrow y$ ist wahr, wenn weder x noch y wahr sind. Wird x etwa durch die Aussage „Die Sonne scheint" und y durch „Es ist warm" interpretiert, so liegt mit der Verknüpfung $x \downarrow y$ die Aussage vor:

„Weder scheint die Sonne, noch ist es warm".

Die durch z_9 dargestellte Funktion wird als Äquivalenz bezeichnet. Hier liegt eine Aussagenverknupfung vor, die den Wahrheitsgehalt wahr genau dann besitzt, wenn der Wahrheitsgehalt der einen Aussage gleich dem Wahrheitsgehalt der anderen Aussage ist, d. h , wenn die Einzelaussagen beide wahr und beide falsch sind.

Für die durch z_{13} dargestellte Implikation ist als verbale Fassung „wenn-so" angegeben. Der Wahrheitsgehalt der Verknupfung wird dem „immer wahr" gegenüber eingeschränkt: Wenn die erste Einzelaussage wahr ist, so muß auch die zweite Einzelaussage wahr sein, damit die Verknupfung wahr ist. Oder anders gesagt, die Implikation ist genau dann falsch, wenn die erste Einzelaussage wahr, die zweite falsch ist.

Den Zusammenhang mit den Begriffen der in Abschnitt 2 behandelten Mengenalgebra erhalten wir, wenn wir die Variablen als Elemente von Punktmengen interpretieren. Vorgegeben sind zwei Punktmengen X und Y. In den folgenden Zeichnungen werden wir diese, obgleich sie nicht notwendigerweise zusammenhangende Bereiche bilden mussen, der Einfachheit wegen in dieser Weise darstellen.

Es sei P ein beliebiger Punkt. Seine Lage bezüglich einer vorgegebenen Punktmenge X kennzeichnen wir durch die Variable x in der folgenden Weise:

$$x = \begin{cases} 1 & \text{für } P \in X, \\ 0 & \text{fur } P \notin X. \end{cases}$$

Entsprechend verfahren wir bezuglich einer zweiten vorgegebenen Punktmenge Y:

$$y = \begin{cases} 1 & \text{für } P \in Y, \\ 0 & \text{für } P \notin Y. \end{cases}$$

Dann bedeutet die Gleichung

$$x = 1$$

– wir verwenden dafür auch die einfache Niederschrift

$$x$$

im Sinn von „x ist wahr" — die Gesamtheit aller Punkte P, fur die x wahr ist, d. h. die Punktmenge X selbst.

Entsprechend hat die Niederschrift

$$\bar{x}$$

im Sinn von $\bar{x} = 1$, also $x = 0$, die Bedeutung der Komplementmenge $\bar{X}$. In analoger Weise bezeichnet die Niederschrift

$$x \wedge y \qquad \text{(oder auch } x \cdot y\text{)}$$

die Menge aller Punkte, fur die $x \wedge y = 1$ gilt, d. h., für die sowohl $x = 1$ als auch $y = 1$ ist. Dies ist aber die als Durchschnitt von X und Y eingeführte Menge.

Die Niederschrift

$$x \vee x \qquad \text{(oder auch } x + y\text{)}$$

hat entsprechend die Bedeutung der Vereinigungsmenge von X und Y. Die Abb. 7.3 gibt für die Negation und einige zweistellige Verknüpfungen die

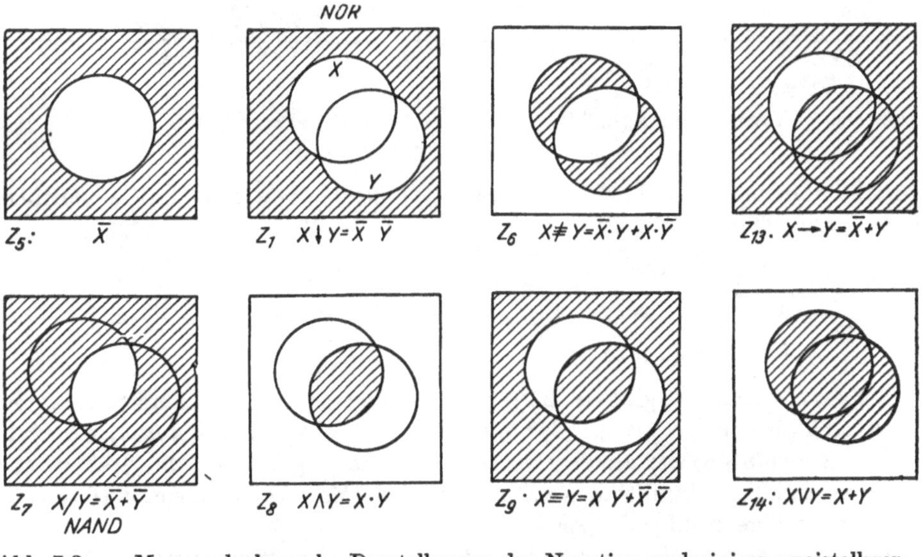

Abb. 7.3. Mengenalgebraische Darstellungen der Negation und einiger zweistelliger Verknüpfungen

mengenalgebraischen Darstellungen. In Abb. 7.4 sind die gleichen Beziehungen in einer anderen Aufteilung des Grundbereichs dargestellt. Auf drei und vier Variable erweitert spielt diese Darstellungsform als Karnaugh- oder Venn-Diagramm (je nach Anordnung der Variablen) im folgenden eine besondere Rolle. Von den acht verschiedenen Typen zweistelliger Boolescher Funktionen ($z_1, z_2, z_6, z_7, z_8, z_9, z_{13}, z_{14}$) gehen ($z_1, z_2, z_6, z_7$) durch Negationsbildung in (z_8, z_9, z_{13}, z_{14}) über. Betrachtet man weiter Boolesche Funktionen als wesensgleich, wenn sie sich durch Negation einer oder zweier (allgemein mehrerer)

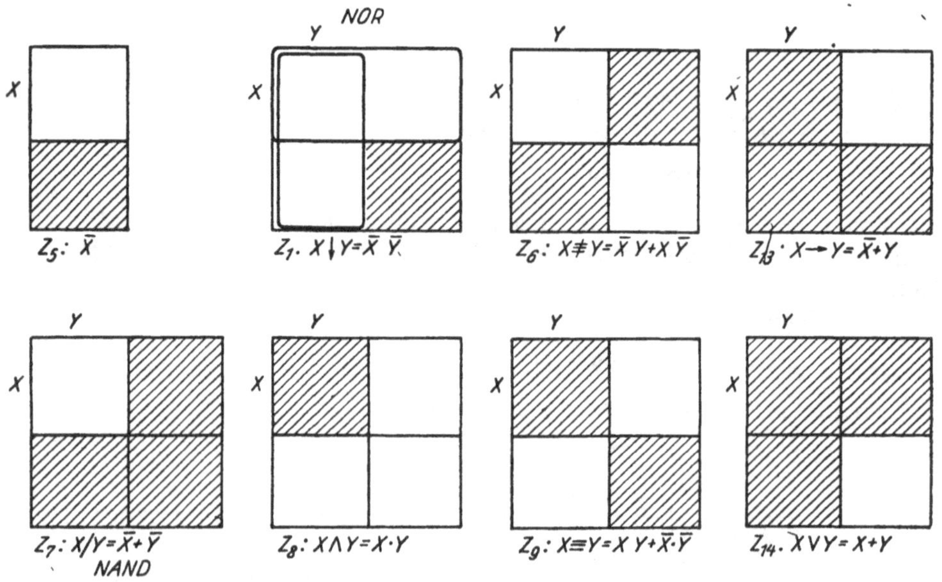

Abb. 7.4. Variante zur Abb. 7.3

Variablen ineinander überführen lassen, so verbleiben nur drei wesentliche Typen zweistelliger Funktionen:

$$a \vee b\,,$$

$$a \wedge b\,,$$

$$(a \wedge b) \vee (\bar{a} \wedge \bar{b})\,.$$

Bei drei Variablen gibt es 256 verschiedene Boolesche Funktionen. Sie lassen sich aber in entsprechender Weise auf 22 Typen zuruckfuhren, wobei die beiden Konstanten, die einzige wesentliche einstellige, sowie die drei wesentlichen zweistelligen Funktionen mitgezahlt sind. Es verbleiben somit 16 wesentliche dreistellige Funktionstypen.

Auch fur vier und sogar fur funf Variable hat man die verschiedenen Booleschen Funktionen (ihre Anzahl betragt 65536 bzw. 4294967296) auf ihre wesentlichen Typen reduziert in Tabellen erfaßt. Damit ist aber praktisch die Grenze für ein solches Vorgehen erreicht. Gerade im technischen Bereich treten aber vielfach Forderungen auf, Boolesche Funktionen von zehn und mehr Variablen zu realisieren. Eine entscheidende Frage ist dabei, ob man mit geeigneten Bauelementen, die nur wenige Eingange (Variable) besitzen, prinzipiell jede Boolesche Funktion von beliebig vielen Variablen nach einem „Baukastenprinzip" realisieren kann. Um zu diesen Erkenntnissen vorzudringen, benotigen wir die Grundbegriffe der Booleschen Algebra, die wir im folgenden Abschnitt in Kürze darbieten.

8. Boolesche Algebra

Auf einer Menge M von Objekten seien zwei zweistellige Operatoren definiert, für die wir, ohne eine Verwechslung mit der Addition und der Subtraktion der gewohnlichen Algebra befürchten zu mussen, die Symbole $+$ und $\cdot$ verwenden wollen. Dabei sei die Menge M hinsichtlich der beiden Operatoren abgeschlossen, d. h., sind a und b Elemente von M, so sind auch

$$a + b \quad \text{und} \quad a \cdot b$$

Elemente von M.

Eine solche Struktur bezeichnet man als eine zweiwertige Boolesche *Algebra*, wenn die folgenden Forderungen erfullt sind.

1. Es gilt das *kommutative* Gesetz

$1'.\quad a + b = b + a\,, \qquad 1''.\quad a \cdot b = b \cdot a\,.$

2. Es gilt das *assoziative* Gesetz

$2'.\quad (a + b) + c = a + (b + c)\,, \qquad 2''.\quad (a \cdot b) \cdot c = a \cdot (b \cdot c)\,.$

3. Es gilt das *distributive* Gesetz [1]

$3'.\quad a + (b \cdot c) = (a + b) \cdot (a + c)\,, \qquad 3''.\quad a \cdot (b + c) = (a \cdot b) + (a \cdot c)\,.$

4. Es existiert für jeden Operator ein *neutrales* Element (Nullelement 0 bzw. Einselement 1)

$4'.\quad a + 0 = a\,, \qquad 4''.\quad a \cdot 1 = a\,.$

5. Es existiert zu jedem Element a ein *komplementäres* Element $\bar{a}$

$5'.\quad a + \bar{a} = 1\,, \qquad 5''.\quad a \cdot \bar{a} = 0\,.$

Wir zeigen, daß dann die Komplementbildung eindeutig ist. Waren namlich zu einem Element a zwei komplementare Elemente $\bar{a}$ und $\bar{a}^*$ vorhanden, so ließe sich auf Grund der obigen Axiome die folgende Schlußkette durchfuhren:

$$\begin{aligned}
\bar{a}^* &= \bar{a}^* \cdot 1 && \text{gemaß 4'' Umkehrung}\\
&= \bar{a}^* \cdot (a + \bar{a}) && \text{gemäß 5' Umkehrung für } \bar{a}\\
&= (\bar{a}^* \cdot a) + (\bar{a}^* \cdot \bar{a}) && \text{gemaß 3''}\\
&= (a \cdot \bar{a}^*) + (\bar{a} \cdot \bar{a}^*) && \text{gemäß 1''}\\
&= \quad 0 \quad + (\bar{a} \cdot \bar{a}^*) && \text{gemäß 5'' für } \bar{a}^*\\
&= (a \cdot \bar{a}) \;\; + (\bar{a} \cdot \bar{a}^*) && \text{gemäß 5'' Umkehrung für } \bar{a}\\
&= (\bar{a} \cdot a) \;\; + (\bar{a} \cdot \bar{a}^*) && \text{gemäß 1''}\\
&= \bar{a} \cdot (a + \bar{a}^*) && \text{gemäß 3'' Umkehrung}\\
&= \bar{a} \cdot 1 && \text{gemaß 5' für } \bar{a}^*\\
&= \bar{a} && \text{gemäß 4''.}
\end{aligned}$$

Mit $\bar{a}^* = \bar{a}$ ist aber die Eindeutigkeit der Komplementbildung bewiesen.

[1] Man beachte, daß fur die gewohnliche Algebra das distributive Gesetz nur in der Form 3'' besteht.

Wir führen noch die folgenden Schlußketten durch·

$$a + a = (a + a) \cdot 1 = (a + a) \cdot (a + \bar{a}) = a + (a \cdot \bar{a}) = a + 0 = a\,,$$
$$a \cdot a = (a \cdot a) + 0 = (a \cdot a) + (a \cdot \bar{a}) = a \cdot (a + \bar{a}) = a \cdot 1 = a$$

und gewinnen damit die Theoreme

$$a + a = a\,, \qquad a \cdot a = a\,.$$

Dann ergeben sich aus den Axiomen und diesen beiden Theoremen die folgenden Theoreme fur BOOLEsche Konstanten (*Rechenregeln* der BOOLEschen Algebra):

Th. 1.	$0 + 0 = 0$		$0 \cdot 0 = 0$
Th. 2.	$0 + 1 = 1$		$0 \cdot 1 = 0$
Th. 3.	$1 + 0 = 1$		$1 \cdot 0 = 0$
Th. 4.	$1 + 1 = 1$		$1 \cdot 1 = 1$
Th. 5.		$\bar{0} = 1$	
Th. 6.		$\bar{1} = 0\,.$	

Wir definieren nun BOOLE*sche Ausdrucke*.

1. Die BOOLEschen Konstanten 0 und 1 sind BOOLEsche Ausdrucke
2. Jede BOOLEsche Variable ist ein BOOLEscher Ausdruck.
3. Sind a und b BOOLEsche Ausdrücke, dann sind auch $\bar{a}$, $(a + b)$ und $(a \cdot b)$ BOOLEsche Ausdrucke.
4. Ein BOOLEscher Ausdruck liegt nur dann vor, wenn er sich aus 1., 2. oder 3. gewinnen läßt.

(Von der Redundanz entbehrlicher Klammern machen wir uns in der ublichen Weise frei, ohne dies hier formalisieren zu wollen.)

Zur Umwandlung BOOLEscher Ausdrücke konnen die folgenden Theoreme verwendet werden, die sich leicht aus den Axiomen herleiten lassen.

Theoreme mit einer Variablen

Th. 7.	$x + 0 = x$	$x \cdot 0 = 0$	
Th. 8.	$x + 1 = 1$	$x \cdot 1 = x$	
Th. 9.	$x + x = x$	$x \cdot x = x$	
Th 10.	$x + \bar{x} = 1$	$x \cdot \bar{x} = 0$	
Th 11.	$\overline{(\bar{x})} = x\,.$		

Theoreme mit zwei Vaviablen

Th. 12.	$x + y = y + x$	$x \cdot y = y \cdot x$	kommtatives Gesetz
Th. 13.	$x + x \cdot y = x$	$x \cdot (x + y) = x$	Verschmelzungs-theorem
Th. 14.	$(x + \bar{y}) \cdot y = x \cdot y$	$x \cdot \bar{y} + y = x + y\,.$	

Theoreme mit drei Variablen

Th. 15.	$(x + y) + z = x + (y + z)$	$(x \cdot y) \cdot z = x \cdot (y \cdot z)$ assoziatives Gesetz
Th. 16	$x \cdot (y + z) = x \cdot y + x \cdot z$	$x + y \cdot z = (x + y) \cdot (x + z)$ distributes Gesetz

Th. 17. $(x + y) \cdot (y + z) \cdot (z + \bar{x}) = (x + y) \cdot (z + \bar{x})$

$$x \cdot y + y \cdot z + z \cdot \bar{x} = x \cdot y + z \cdot \bar{x}$$

Th. 18. $(x + y) \cdot (x + z) = x \cdot z + x \cdot y\,.$

Allgemeinere Theoreme

Th. 19. $\overline{x + y + z + \cdots} = \bar{x} \cdot \bar{y} \cdot \bar{z} \cdot \,\cdots \qquad \overline{x \cdot y \cdot z \cdot \cdots} = \bar{x} + \bar{y} + \bar{z} + \cdots$

In Verallgemeinerung laßt sich zeigen, daß die Komplementbildung eines auf den Operatoren Negation, Disjunktion und Konjunktion aufgebauten Booleschen Ausdrucks sich durch den als *Theorem von* de Morgan bezeichneten Formalismus

Th. 20. $\overline{B}(x, y, z, \ldots; \bar{x}, \bar{y}, \bar{z}, \ldots; +, \cdot) = B(\bar{x}, \bar{y}, \bar{z}, \ldots; x, y, z, \ldots; \cdot, +)$

darstellen laßt.

Beispiel: $\overline{x + (y \cdot \bar{z})} = \bar{x} \cdot (\bar{y} + z)\,.$

Das de Morgansche Theorem laßt sogar die Einbeziehung der gelegentlich für technische Belange zweckmaßigen Operatoren Äquivalenz ($\rightarrow$) und Antivalenz ($\not\equiv$) zu. Wir stellen hier die wesentlichen Theoreme zusammen:

Th. 21.	$x \equiv x = 1$	$x \rightarrow x \not\equiv 0$
Th. 22.	$x \equiv 1 = x$	$x \rightarrow 1 \not\equiv x$
Th. 23.	$x \equiv 0 = \bar{x}$	$x \rightarrow 0 \not\equiv x$
Th. 24.	$\bar{x} \equiv x = 0$	$x \rightarrow x \not\equiv 1$
Th. 25.	$x \equiv y = \bar{x} \equiv \bar{y}$	$x \rightarrow y \not\equiv \bar{x} \rightarrow \bar{y}$
Th. 26.	$\overline{x \equiv y} = x \not\equiv y = \bar{x} \not\equiv \bar{y}$	$\overline{x \rightarrow y} \not\equiv x \rightarrow y \not\equiv \bar{x} \equiv \bar{y}$

Th. 27. $\overline{B}(x, y, z, \ldots; \bar{x}, \bar{y}, \bar{z}, \ldots; +, \cdot, \equiv, \not\equiv) = B(\bar{x}, \bar{y}, \bar{z}, \ldots; x, y, z, \ldots; \cdot, +, \not\equiv, \equiv)\,.$

Besondere Bedeutung kommt dem sogenannten *Entwicklungssatz* zu, der allgemein fur Boolesche Funktionen gilt.

Th. 28. $f(x, y, z, \ldots) = x \cdot f(1, y, z, \ldots) + \bar{x} \cdot f(0, y, z, \ldots)$

$$f(x, y, z, \ldots) = \big(x + f(0, y, z, \ldots)\big)\,\big(\bar{x} + f(1, y, z, \ldots)\big)$$

Darin bedeutet $f(1, y, z, \ldots)$ die $(n - 1)$-stellige Boolesche Funktion, die aus der n-stelligen Booleschen Funktion $f(x, y, z, \ldots)$ dadurch hervorgeht, daß die Variable x konstant 1 gesetzt wird. Entsprechende Bedeutung kommt $f(0, y, z, \ldots)$ zu.

Von der Richtigkeit beider Formeln uberzeugt man sich leicht durch Fallentscheidung bezuglich x. Fur $x = 1$ geht die linke Seite der ersten Formel uber in $f(1, y, z)$; die rechte Seite wird zu $1 \cdot f(1, y, z, \ldots) + 0 \cdot f(0, y, z, \ldots)$ und damit ebenfalls gleich $f(1, y, z, \ldots)$. Entsprechend erhalt man fur $x = 0$ auf der rechten Seite $0 \cdot f(1, y, z, \ldots) + 1 \cdot f(0, y, z, \ldots) = f(0, y, z)$.

Die Bedeutung des Entwicklungssatzes liegt darin, daß eine n-stellige Boolesche Funktion mittels der Operatoren $-$, $\cdot$, $+$ auf $(n - 1)$-stellige Boolesche Funktionen zurückgefuhrt werden kann. Durch weitere Anwendungen des Entwicklungssatzes auf jede dieser $(n - 1)$-stelligen Booleschen Funktionen läßt sich eine Darstellung durch $(n-2)$-stellige Boolesche Funktionen gewinnen, wobei wiederum die Operatoren —, ·, + ausreichen. Dies Verfahren laßt sich solange wiederholen, bis zuletzt eine Darstellung durch 0-stellige Boolesche Funktionen, d. h. durch die Booleschen Konstanten 0 und 1, erreicht ist. Dabei treten diese Konstanten als Koeffizienten von sogenannten Vollkonjunktionen auf, das sind Konjunktionen, die jede Variable entweder direkt oder negiert enthalten. Die Funktion ist dabei als Disjunktion *der* Vollkonjunktionen darstellbar, fur die als Koeffizient die Konstante 1 auftritt.

Da das geschilderte Verfahren der wiederholten (vollstandigen) Anwendung des Entwicklungssatzes determiniert ist, fuhrt es zu einer eindeutigen Darstellung der betreffenden Booleschen Funktion. Man spricht von der *kanonischen disjunktiven Normalform.*

Das erreichte Ergebnis gewinnt an Anschaulichkeit, wenn wir die aus der Physik bekannte Vorstellung der Superposition heranziehen, wobei wir den Besonderheiten der fur die disjunktive Verknupfung geltenden Rechenregeln

$$0 + 0 = 0$$
$$0 + 1 = 1$$
$$1 + 0 = 1$$
$$1 + 1 = 1 \qquad (!)$$

dadurch entsprechen, daß wir den Wert 1 als ,,Sattigung" auffassen. Dann wird in der disjunktiven Normalform eine Boolesche Funktion durch Superposition gewisser jeweils durch eine Vollkonjunktion gegebener ,,Entwicklungsfunktionen" dargestellt. Eine durch eine Vollkonjunktion gegebene Funktion hat aber die besondere Eigenschaft, daß sie nur fur die eine dem speziellen Auftreten der einzelnen Variablen in direkter oder negierter Form entsprechende Argumentenbelegung den Wert 1 annimmt, sonst überall den Wert 0 besitzt. Eine Boolesche Funktion, die nur für eine einzige Zeile des gesamten Argumentenfeldes den Wert 1 annimmt, wird als *Minterm* bezeichnet. Damit gewinnt die disjunktive Normalform die Bedeutung einer Darstellung der betreffenden Booleschen Funktion durch die Superposition ihrer Minterme.

Beispiel. Gegeben ist eine dreistellige Boolesche Funktion durch ihre Wertetafel. Es ist ihre disjunktive Normalform anzugeben.

z	y	x	f	m_1	m_3	m_4
0	0	0	0	0	0	0
0	0	1	1	1	0	0
0	1	0	0	0	0	0
0	1	1	1	0	1	0
1	0	0	1	0	0	1
1	0	1	0	0	0	0
1	1	0	0	0	0	0
1	1	1	0	0	0	0

Sie läßt sich durch Superposition dreier Minterme m_1, m_3, m_4 darstellen.

Aus $f = m_1 + m_3 + m_4$

mit $m_1 = x \cdot \bar{y} \cdot \bar{z}$

$m_3 = x \cdot y \cdot \bar{z}$

$m_4 = \bar{x} \cdot \bar{y} \cdot z$

ergibt sich als disjunktive Normalform

$$f(x, y, z) = x \cdot \bar{y} \cdot \bar{z} + x \cdot y \cdot \bar{z} + \bar{x} \cdot \bar{y} \cdot z .$$

In entsprechender Weise fuhrt die duale Fassung des Entwicklungssatzes zu einer zweiten Standard-Darstellung einer Booleschen Funktion, namlich zur *kanonischen konjunktiven Normalform.* Die dabei konjunktiv verknüpften Volldisjunktionen haben die Bedeutung von *Maxtermen*, d. h., sie nehmen an allen Stellen des Belegungsfeldes bıs auf eine einzige Stelle den Wert 1 an. Wir wollen hierauf nicht näher eingehen.

Als wesentliches Ergebnis halten wir fest: Jede Boolesche Funktion laßt sich mit Hilfe der dreı Operatoren Negation, Disjunktion und Konjunktion darstellen. Fur den technischen Aspekt bedeutet dies, daß ein Baukastenprinzip auf der Basis von drei Typen von Bauelementen möglich ist (Abb. 8.1).

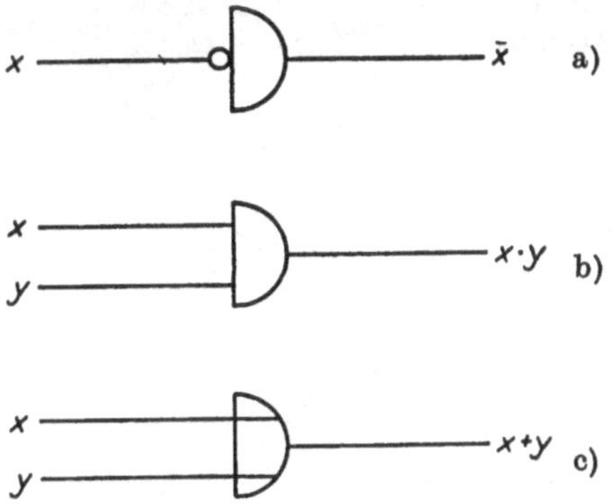

Abb. 8.1. Funktıonal vollstandiges System von Operatoren
a) Negatıon b) Konjunktıon c) Dısjunktıon

Aus den Bezıehungen

$$\overline{x + y} = \bar{x} \cdot \bar{y}$$

bzw. $\overline{x \cdot y} = \bar{x} + \bar{y}$

des de Morganschen Theorems folgt

$$\overline{\bar{x} + \bar{y}} = x \cdot y$$

bzw. $\overline{\bar{x} \cdot \bar{y}} = x + y .$

Somit laßt sich die Konjunktion mit Hilfe der Disjunktion und der Negation und die Disjunktion mit Hilfe der Konjunktion und der Negation darstellen

(Abb. 8.2). Dies bedeutet, daß Konjunktion und Negation einserseits und Disjunktion und Negation andererseits je ein vollstandiges System von Operatoren in dem Sinn bilden, daß sich aus ihnen jede beliebige Boolesche Funktion aufbauen läßt. Es gibt sogar zwei zweistellige Funktionen, von denen jede fur sich ausreicht, um eine beliebige Boolesche Funktion darzustellen.

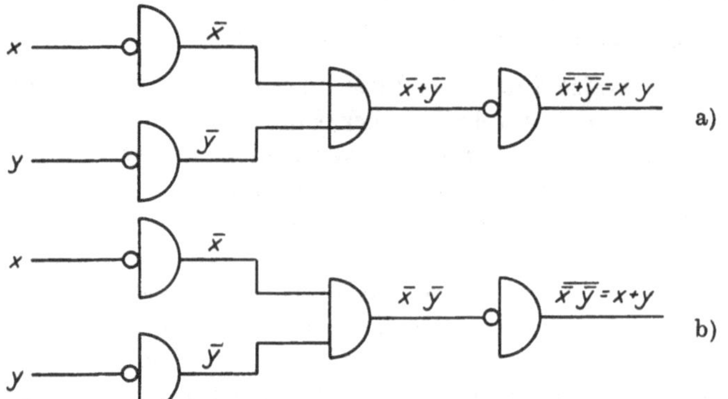

Abb. 8.2. Darstellung von a) Konjunktion / b) Disjunktion durch Disjunktion / Konjunktion und Negation

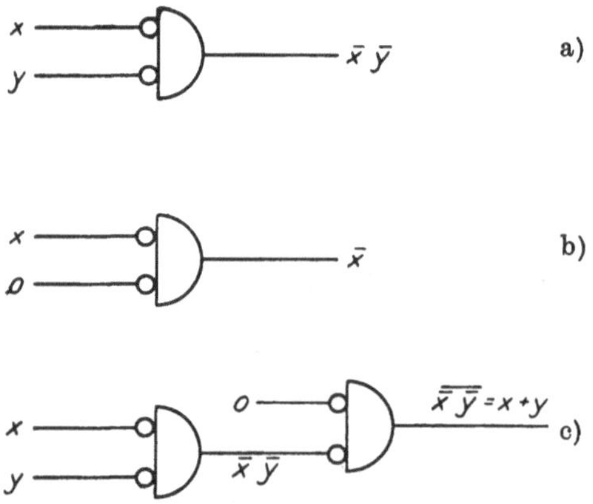

Abb. 8.3. a) Operator NOR (Peircescher Pfeil)
b) Darstellung der Negation durch ein NOR-Element
c) Darstellung der Disjunktion durch zwei NOR-Elemente

Die eine Funktion ist der Peircesche *Pfeil* (NOR-Operator) $\bar{x} \cdot \bar{y}$. Laßt man namlich als ein Eingangssignal x, als zweites die Konstante 0 einlaufen, so liefert der Ausgang $\bar{x}$. Mit Hilfe der so gewonnenen Negation laßt sich aber auch die Disjunktion darstellen (Abb. 8.3).

Die zweite Funktion ist der SHEFFERsche *Strich* (NAND-Operator) $\bar{x} + \bar{y}$. Es sei dem Leser uberlassen, den entsprechenden Nachweis fur die Darstellbarkeit von Negation und Konjunktion mittels NAND-Elementen zu führen.

Versteht man unter einer Aussage eine Zeichenreihe über einem Alphabet, von der es sinnvoll ist zu sagen, sie sei wahr oder sie sei falsch, so bilden die durch die folgenden Tabellen definierten Operatoren $^-$, $\vee$ und $\wedge$

x	$\bar{x}$
F	W
W	F

Negation $\bar{x}$

x	y	$x \vee y$
F	F	F
F	W	W
W	F	W
W	W	W

Disjunktion $x \vee y$

x	y	$x \wedge y$
F	F	F
F	W	F
W	F	F
W	W	W

Konjunktion $x \wedge y$

mit der Menge der Aussagen und den beiden speziellen Aussagen

Identitat $a \vee \bar{a}$, der immer wahren Aussage,

und Kontradiktion $a \wedge \bar{a}$, der immer falschen Aussage, als neutrale Elemente, eine zweiwertige BOOLEsche Algebra, den *Aussagenkalkül*. Die Symbole W = wahr und F = falsch werden auch hier vielfach ersetzt durch die Symbole 1 = wahr und 0 = falsch.

Zwei Aussagen werden als äquivalent angesehen, wenn sich fur jede Belegung der Grundaussagen beiderseits der gleiche Wahrheitswert ergibt, oder anders ausgedruckt, wenn sie beiden den gleichen Werteverlauf zeigen. Die entsprechende Äquivalenzrelation $\sim$ ist dabei sogar eine Kongruenzrelation (s. Ende von Abschnitt 6). Sie besitzt die folgenden Eigenschaften:

1. $a \sim a$ (reflexiv),
2. wenn $a \sim b$, dann $b \sim a$ (symmetrisch),
3. wenn $a \sim b$ und $b \sim c$, dann $a \sim c$ (transitiv),

} Äquivalenzrelation

4. wenn $a \sim b$, dann $\bar{a} \sim \bar{b}$,
5. wenn $a \sim b$ und $c \sim d$, dann $a \vee b \sim c \vee d$,
6. wenn $a \sim b$ und $c \sim d$, dann $a \wedge b \sim c \wedge d$.

} Kongruenz bzgl. Negation, Disjunktion und Konjunktion

9. Minimierung BOOLEscher Funktionen

Mit Hilfe der Theoreme der BOOLEschen Algebra lassen sich BOOLEsche Ausdrücke vielfaltig umwandeln, wobei ihr Werteverlauf und somit die durch sie definierten BOOLEschen Funktionen erhalten bleiben. Von besonderem Interesse werden dabei solche Umwandlungen sein, bei denen der Aufwand zur Darstellung einer vorgegebenen BOOLEschen Funktion durch einen BOOLEschen Ausdruck minimiert wird; dabei spielt letzthin die Erwartung ein, daß ein einfacherer BOOLEscher Ausdruck auch zu einer einfacheren technischen Realisierung fuhre. Diese Problematik ist sehr kompliziert, da solche Optimierungsfragen entsprechende Bewertungen voraussetzen, was als „einfach" zu gelten habe, und hat bisher nur in Spezialfallen eine Losung gefunden. Wir beschranken uns hier auf *zweistufige Darstellungen*, das sind Darstellungen durch eine Disjunktion von Konjunktionen aus den unnegiert oder (und) negiert auftretenden Eingangsvariablen. Solche Booleschen Ausdrucke heißen *disjunktive Normalformen*. Wahrend bei einer kanonischen disjunktiven Normalform jede Konjunktion alle Eingangsvariablen umfaßt — man spricht von Vollkonjunktionen —, konnen bei der disjunktiven Normalform in den Konjunktionen einzelne Variable fehlen und an Stelle von Konjunktionen sogar einzelne Variable auftreten.

Beispiel. $x\bar{y} + z$ ist eine disjunktive Normalform der durch die folgende Felddarstellung festgelgeten Funktion $f(x, y, z)$.

x	y	z	$f(x, y, z)$
0	0	0	0
0	0	1	1
0	1	0	0
0	1	1	1
1	0	0	1
1	0	1	1
1	1	0	0
1	1	1	1

Die kanonische disjunktive Normalform dieser Funktion ist

$$\bar{x}\,\bar{y}\,z + \bar{x}\,y\,z + x\,\bar{y}\,\bar{z} + x\,\bar{y}\,z + x\,y\,z\,.$$

Wir behandeln nun das folgende spezielle Minimierungsproblem: Im Rahmen einer zweistelligen Darstellung, die klammerfrei ist und bei der das Auftreten von Negationen auf die Eingangsvariablen beschrankt ist, soll zu einem vorgegebenen Booleschen Ausdruck ein aquivalenter Boolescher Ausdruck angegeben werden, bei dem die Anzahl der von Variablen besetzten Stellen minimal ist. Eine solche disjunktive Normalform heißt *Minimumsumme*.

In der Zusammenstellung der Theoreme zur Booleschen Algebra bietet sich unter den klammerfreien Darstellungen fur die vorliegenden Belange das sogenannte Verschmelzungstheorem

$$x\,y + x\,\bar{y} = x$$

an, da es auf der rechten Seite eine Variable weniger enthalt als auf der linken Seite. Eine naheliegende Erweiterung ergibt sich, wenn an die Stelle von x eine beliebige Konjunktion negierter und (oder) unnegierter Variabler gesetzt wird. Durchmustern wir daraufhin das obige Beispiel, wobei wir beachten, daß ein Glied einer Disjunktion mehrfach hingeschrieben und somit gegebenenfalls bei mehreren Verschmelzungsprozessen verwendet werden kann, so bieten sich die folgenden Verschmelzungen an:

$$\bar{x}\,\bar{y}\,z + x\,\bar{y}\,z = \bar{y}\,z \qquad \text{bzgl. } x, \bar{x}\,,$$
$$\bar{x}\,y\,z + x\,y\,z = y\,z \qquad \text{bzgl. } x, \bar{x}\,,$$
$$x\,\bar{y}\,\bar{z} + x\,\bar{y}\,z = x\,\bar{y} \qquad \text{bzgl. } z, \bar{z}$$

und sodann noch

$$\bar{y}\,z + y\,z = z \qquad \text{bzgl. } y, \bar{y}\,.$$

Damit erhält man für die obige kanonische disjunktive Normalform die folgenden Umwandlungen zur Minimumsumme:

$$\bar{x}\,\bar{y}\,z + \bar{x}\,y\,z + x\,\bar{y}\,\bar{z} + x\,\bar{y}\,z + x\,y\,z =$$
$$(\bar{x}\,\bar{y}\,z + x\,\bar{y}\,z) + (\bar{x}\,y\,z + x\,y\,z) + (x\,\bar{y}\,\bar{z} + x\,\bar{y}\,z) =$$
$$(\bar{y}\,z + y\,z) + x\,\bar{y} = z + x\,\bar{y}\,.$$

Eine Boolesche Funktion $f(x_1, \ldots, x_n)$ sei durch eine disjunktive Normalform

$$f(x_1, \ldots, x_n) = p_1(x_1, \ldots, x_n) + p_2(x_1, \ldots, x_n) + \cdots + p_m(x_1, \ldots, x_n)$$

gegeben. Dabei sind $p_1, p_2, \ldots, p_m$ Konjunktionen von negierten oder unnegierten Variablen oder auch einzelne Variable.

Nimmt bei einer bestimmten Belegung von $(x_1, \ldots, x_n)$ ein Term $p_k(x_1 \ldots, x_n)$ den Wert 1 an, so hat auch die Funktion f für diese Belegung den Wert 1. Man sagt, der Term $p_k(x_1, \ldots, x_n)$ impliziere die Funktion $f(x_1, \ldots, x_n)$. Somit kann jeder Term einer disjunktiven Normalform als *Implikant* der durch sie dargestellten Funktion angesehen werden.

Wenn zu einem Term p_i in einer disjunktiven Normalform ein anderer Term p_j als Partner existiert, so daß das Verschmelzungstheorem bzgl. $x_k, \bar{x}_k$ anwendbar ist, dann gibt es einen Term p^*, der weder x_k noch $\bar{x}_k$ enthält, und es gelten die Darstellungen

$$\left.\begin{aligned} p_i &= x_k \cdot p^* \\ p_j &= \bar{x}_k \cdot p^* \end{aligned}\right\} \text{ oder } \quad \begin{aligned} p_i &= \bar{x}_k \cdot p^* \\ p_j &= x_k \cdot p^* \end{aligned}$$
$$\text{mit } p^* = p_i + p_j\,.$$

Nimmt bei einer bestimmten Belegung $(x_1, \ldots, x_n)$ der Term p^* den Wert 1 an, so nimmt, je nachdem $x_k = 1$ oder $\bar{x}_k = 1$ gilt, p_i oder p_j den Wert 1 an. Somit impliziert p^* in jedem Fall die Funktion f.

Der durch Abspaltung einer Variablen bzw. ihrer Negation aus p_i und p_j hervorgehende Term p^* ist selbst wieder Implikant der Funktion f.

Von besonderer Bedeutung sind nun Implikanten, aus denen man nicht mehr durch Zerlegung Implikanten mit verringerter Stellenzahl gewinnen kann. Implikanten, die in diesem Sinn prim sind, heißen *Primimplikanten*.

Nun gilt für jeden Implikanten, daß er entweder selbst Primimplikant ist oder daß er durch einen evtl. über mehrere Stufen laufenden Verschmelzungsprozeß zu einem oder auch zu mehreren Primimplikanten führt. Im Rahmen der disjunktiven Darstellung der Funktion wird er aber durch jeden Primimplikanten vertreten, der unter seiner Beteiligung entsteht. Die Disjunktion aller Primimplikanten wird daher die betreffende Funktion jedenfalls darstellen. Da aber u. U. ein ursprunglicher Term Veranlassung zur Bildung mehrerer Primimplikanten gegeben haben kann, wird die so erhaltene Form Redundanz enthalten konnen; in diesem Fall reicht schon ein Teil der Primimplikanten zur Darstellung der Funktion aus.

Das vorliegende Minimierungsproblem wird somit seine Lösung in zwei Stufen finden: Auf der ersten Stufe ist, ausgehend von den Vollkonjunktionen der kanonischen Normalform, eine vollstandige Liste der Primimplikanten aufzustellen; auf der zweiten Stufe ist daraus eine optimale Auswahl zur disjunktiven Darstellung der Funktion, d. h. zur Überdeckung aller ursprünglichen Vollkonjunktionen zu treffen.

Wir erlautern zunächst ein anschauliches Verfahren zur Gewinnung der Primimplikanten, das sich der Karnaugh-Tafel bedient. Allerdings ist es durch die Natur der gewahlten Darstellung auf Funktionen von nur wenigen Variablen beschrankt. Wir betrachten hier den Fall von vier Variablen. (Bei fünf und sechs Variablen lassen sich entsprechende raumliche Modelle heranziehen.)

Jeder der 16 Zellen eines 4×4-Feldes ist eine Vollkonjunktion der vier Variablen oder ihrer Negationen so zugeordnet, daß zwei Vollkonjunktionen, die zu benachbarten Zellen gehören, sich in genau einer Variablen unterscheiden. Dabei sind die gegenuber liegenden Feldrander paarweise zu identifizieren und Zellen als benachbart anzusehen, wenn sie eine gemeinsame Kante haben.

Verschmelzung zweier Vollkonjunktionen laßt sich dann als Vereinigung der entsprechenden benachbarten Zellen zu einem Zweierblock auffassen. In Fortsetzung des Verschmelzungsprozesses auf hoherer Stufe lassen sich entsprechend aus benachbarten Zweierblöcken Viererblocke und aus benachbarten Viererblocken Achterblocke gewinnen.

Markiert man die Zellen des 4×4-Feldes, deren Vollkonjunktionen in der kanonischen disjunktiven Normalform auftreten, so lauft die vollstandige Bestimmung der Primimplikanten darauf hinaus, aus den markierten Zellen durch zulässige Verschmelzungen alle die Zweier-, Vierer- und Achterblocke zu bilden, die selbst nicht mehr zu großeren Blocken vereinigt werden konnen. Die Abb. 9.1 erlautert das Verfahren an einer vierstelligen Booleschen Funktion, die durch ihre kanonische disjunktive Normalform gegeben ist.

W. V. Quine hat eine algebraische Methode geschaffen, die die Menge der Primimplikanten ebenfalls aus der kanonischen disjunktiven Normalform finden läßt. Das Verfahren besteht in einer Durchmusterung der Liste der Vollkonjunktionen der Funktion, wobei jede auftretende Vollkonjunktion mit jeder anderen auftretenden Vollkonjunktion auf die Moglichkeit einer Verschmelzung verglichen wird. Ist eine solche möglich, so werden beide Vollkonjunktionen markiert. Die durch Verschmelzung entstandenen Terme werden in einer weiteren Liste aufgenommen.

Nach Abschluß der Durchmusterung der ersten Liste, wird die dabei gewonnene weitere Liste dem gleichen Verfahren unterworfen, wobei u. U. eine

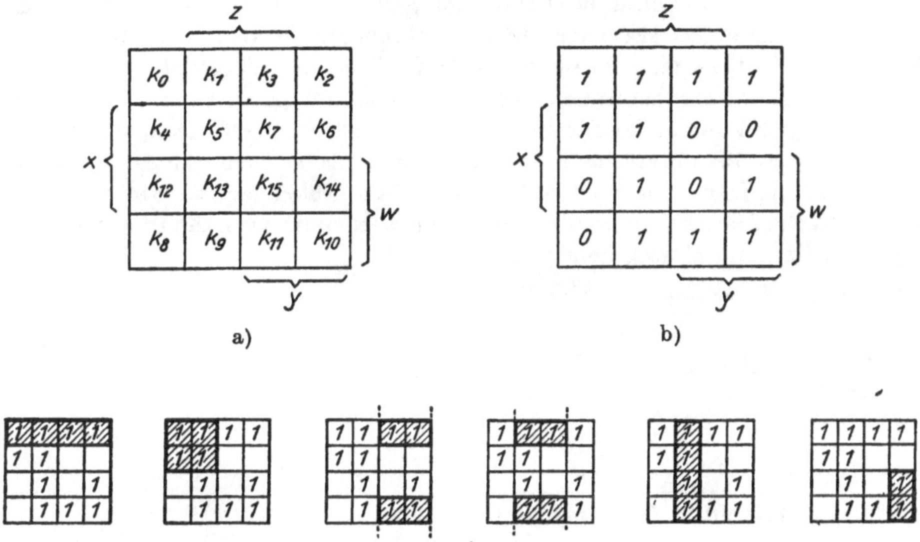

Abb. 9.1. Aufstellung der Primimplikanten für die Funktion

$$f(w, x, y, z) = \bar{w}\,\bar{x}\,\bar{y}\,\bar{z} + \bar{w}\,\bar{x}\,\bar{y}\,z + \bar{w}\,\bar{x}\,y\,\bar{z} + \bar{w}\,\bar{x}\,y\,z + \bar{w}\,x\,\bar{y}\,\bar{z} + \bar{w}\,x\,\bar{y}\,z$$
$$+ w\,\bar{x}\,\bar{y}\,z + w\,\bar{x}\,y\,\bar{z} + w\,\bar{x}\,y\,z + w\,x\,\bar{y}\,z + w\,x\,y\,\bar{z}$$
$$= k_0 + k_1 + k_2 + k_3 + k_4 + k_5 + k_9 + k_{10} + k_{11} + k_{13} + k_{14}$$

a) Zuordnung der Vollkonjunktion zu den Zellen der KARNAUGH-Tafel[1])
b) Die KARNAUGH-Tafel der gegebenen Funktion
c) Die den Primimplikanten entsprechenden Blöcke

zulässige maximale Blöcke	vereinigte Zellen	Liste der Primimplikanten
Achterblöcke		
Viererblöcke	k_0, k_1, k_3, k_2 k_0, k_1, k_4, k_5 k_3, k_2, k_{11}, k_{10} k_1, k_3, k_9, k_{11} k_1, k_5, k_{13}, k_9	$\bar{w}\ \bar{x}$ $\bar{w}\ \bar{y}$ $\bar{x}\ y$ $\bar{x}\ z$ $\bar{y}\ z$
Zweierblöcke	k_{10}, k_{14}	$w\ y\ \bar{z}$
Einzelzellen		

[1]) Aus der einer Zelle zugehörigen Vollkonjunktion ergibt sich der Index von k, indem man die entsprechende Belegung des Tupels (w, x, y, z) von links nach rechts als Dualzahl liest. So entspricht z. B. der Vollkonjunktion $w\,x\,\bar{y}\,z$ die Belegung $(1, 1, 0, 1)$. Der Dualzahl 1101 entspricht im Dezimalen $1 \cdot 8 + 1 \cdot 4 + 0 \cdot 2 + 1 \cdot 1 = 13$. Die der Vollkonjunktion $w\,x\,\bar{y}\,z$ entsprechende Zelle ist mit k_{13} bezeichnet.

Liste der nachsthoheren Stufe entsteht. Das Verfahren wird so lange iteriert, bis keine weitere Liste mehr zustande kommt. Die in allen Listen unmarkiert gebliebenen Terme liefern die vollständige Menge der Primimplikanten.

Wir wollen die algebraische Bestimmung der Primimplikanten wieder am Beispiel der Abb. 9.1 erlautern, uns dabei aber eine von E. I. McCLUSKEY stammende Verbesserung zunutze machen. Die zum Vergleich kommenden Mengen der zu durchmusternden Terme lassen sich namlich einschränken. Zur Verschmelzung können jeweils doch nur solche Terme gelangen, die sich in genau einer Stelle unterscheiden. Fuhrt man als Gewicht eines Terms die Anzahl der in ihm unnegiert auftretenden Variablen ein, so bedeutet dies, daß nur solche Terme miteinander verglichen werden mussen, die zu aufeinander folgenden Gewichtsklassen gehoren.

Beispiel. Funktion aus Abb. 9 1

1. Liste

Gewicht 0	$k_0 = \bar{w}\,\bar{x}\,\bar{y}\,\bar{z}*$
Gewicht 1	$k_1 = \bar{w}\,\bar{x}\,\bar{y}\,z*$
	$k_2 = \bar{w}\,\bar{x}\,y\,\bar{z}*$
	$k_4 = \bar{w}\,x\,\bar{y}\,\bar{z}*$
Gewicht 2	$k_3 = \bar{w}\,\bar{x}\,y\,z*$
	$k_5 = \bar{w}\,x\,\bar{y}\,z*$
	$k_9 = w\,\bar{x}\,\bar{y}\,z*$
	$k_{10} = w\,\bar{x}\,y\,\bar{z}*$
Gewicht 3	$k_{11} = w\,x\,y\,z*$
	$k_{13} = w\,x\,\bar{y}\,z*$
	$k_{14} = w\,x\,y\,\bar{z}*$

2. Liste

Gewicht 0	$k_0 + k_1 = \bar{w}\,\bar{x}\,\bar{y}*$
	$k_0 + k_2 = \bar{w}\,\bar{x}\,\bar{z}*$
	$k_0 + k_4 = \bar{w}\,\bar{y}\,\bar{z}*$
Gewicht 1	$k_1 + k_3 = \bar{w}\,\bar{x}\,z*$
	$k_1 + k_5 = \bar{w}\,\bar{y}\,z*$
	$k_1 + k_9 = \bar{x}\,\bar{y}\,z*$
	$k_2 + k_3 = \bar{w}\,\bar{x}\,y*$
	$k_2 + k_{10} = \bar{x}\,y\,\bar{z}*$
	$k_4 + k_5 = \bar{w}\,x\,\bar{y}*$
Gewicht 2	$k_3 + k_{11} = \bar{x}\,y\,z*$
	$k_5 + k_{13} = x\,\bar{y}\,z*$
	$k_9 + k_{11} = w\,\bar{x}\,z*$
	$k_9 + k_{13} = w\,\bar{y}\,z*$
	$k_{10} + k_{11} = w\,\bar{x}\,y*$
	$k_{10} + k_{14} = w\,y\,\bar{z}$

3. Liste

Gewicht 0	$k_0 + k_1 + k_2 + k_3 = \bar{w}\,\bar{x}$
	$k_0 + k_1 + k_4 + k_5 = \bar{w}\,\bar{y}$
Gewicht 1	$k_1 + k_3 + k_9 + k_{11} = \bar{x}\,z$
	$k_1 + k_5 + k_9 + k_{13} = \bar{y}\,z$
	$k_2 + k_3 + k_{10} + k_{11} = \bar{x}\,y$

Als Primimplikanten ergeben sich demnach:

$$w\,y\,\bar{z}\,,\quad \bar{w}\,\bar{x}\,,\quad \bar{w}\,\bar{y}\,,\quad \bar{x}\,z\,,\quad \bar{y}\,z\,,\quad \bar{x}\,y$$

in Übereinstimmung mit den Ergebnissen der KARNAUGH-Tafel-Methode.

Noch bequemer wird das Verfahren bei dezimaler Notierung. Es beruht darauf, daß zwei Vollkonjunktionen sich genau dann verschmelzen lassen, wenn die entsprechenden k-Indizes als Differenz eine Potenz von 2 haben. Bei höherer Verschmelzungsstufe müssen alle Elemente der Indizestupel die gleiche Potenz von 2 als Differenz aufweisen.

Wir geben für das obige Beispiel das dezimale Verfahren, wobei die in Klammer stehenden Zahlen (es sind Potenzen von 2) die Differenzen der einzelnen Verschmelzungsstufen bedeuten.

1. Liste	2. Liste	3. Liste
0*	0, 1 (1)*	0, 1, 2, 3 (1, 2)
1*	0, 2 (2)*	0, 1, 4, 5 (1, 4)
2*	0, 4 (4)*	1, 3, 9, 11 (2, 8)
3*	1, 3 (2)*	1, 5, 9, 13 (4, 8)
5*	1, 5 (4)*	2, 3, 10, 11 (1, 8)
9*	1, 9 (8)*	
10*	2, 3 (1)*	
11*	2, 10 (8)*	
13*	4, 5 (1)*	
14*	3, 11 (8)*	
	5, 13 (8)*	
	9, 11 (2)*	
	9, 13 (4)*	
	10, 11 (1)*	
	10, 14 (4)	

Wir wenden uns jetzt der zweiten Stufe zu, bei der durch geeignete Auswahl aus der Menge aller Primimplikanten eine Überdeckung aller Vollkonjunktionen in einem optimalen Sinn erreicht werden soll. Wenn eine Vollkonjunktion nur durch einen einzigen Primimplikanten abgedeckt werden kann, muß dieser bei der Darstellung der Funktion unbedingt mitgenommen werden. Man spricht von einem wesentlichen Primimplikanten. Wenn mehrere wesentliche Primimplikanten zusammen einen anderen Primimplikanten hinsichtlich der Abdeckung ersetzen, so ist dieser unwesentlich und entfallt bei der Darstellung der Funktion. Die restlichen Primimplikanten sind wahlbar.

Wir erlautern ein mogliches Verfahren — es ist das von McCLUSKEY stammente Matrixverfahren — am obigen Beispiel. Die folgende Tab. (9.1) zeigt die Überdeckungsmatrix, wobei als obere Eingange die k-Indizes der abzudeckenden Vollkonjunktionen fungieren, als seitliche Eingange die Indizes, die die zur Verfugung stehenden Primimplikanten liefern.

Tab. 9.1. **Überdeckungsmatrix zum Beispiel aus Abb. 9.1 (Erläuterungen im Text)**

	[0]	[1]	2	3	(4)	[5]	[9]	[10]	11	(13)	(14)
(A) = (10, 14)								[⊗]			(⊗)
B = (0, 1, 2, 3)	⊗	⊗	⊗	⊗							
(C) = (0, 1, 4, 5)	[⊗]	[⊗]			(⊗)	[⊗]					
D = (1, 3, 9, 11)		⊗		⊗			⊗		⊗		
(E) = (1, 5, 9, 13)		[⊗]				[⊗]	[⊗]			(⊗)	
F = (2, 3, 10, 11)			⊗	⊗				⊗	⊗		

Aus den Spalten, in denen nur je eine Markierung ⊗ steht, ergeben sich als wesentliche Primimplikanten A, C und E. Damit sind weitere Vollkonjunktionen abgedeckt, die in der Tabelle durch □ gekennzeichnet sind. Noch nicht berucksichtigt sind die Vollkonjunktionen k_2, k_3 und k_{11} Diese lassen sich durch den Primimplikanten F gemeinsam erfassen. Damit erhalten wir die folgende Darstellung fur die Funktion aus Abb. 9.1:

$$f(w, x, y, z) = A + C + E + F$$
$$= w\,y\,\bar{z} + \bar{w}\,\bar{y} + \bar{y}\,z + \bar{x}\,y\,,$$

ein Ergebnis, das sich auch direkt an der KARNAUGH-Tafel gewinnen laßt.

Über ein algebraisches Verfahren zur Auswahl der Primimplikanten informiere sich der Leser an der speziellen Literatur (z. B. [32])

10. Schaltnetze

Die BOOLEsche Algebra bietet eine Moglichkeit zur formalen Beschreibung von Schaltkreisen. Wir beschranken uns auf binare Schaltkreise und betrachten zunächst *kombinatorische* Schaltkreise, das sind Kreise, bei denen der Ausgangswert allein von der Kombination der zu dem betreffenden Zeitpunkt anliegenden Eingangswerten abhangt.

Wir konnen zwei Typen von kombinatorischen Schaltkreisen unterscheiden. Bei dem einen Typ — wir wollen ihn als *topologischen* Typ bezeichnen — werden die Ausgangswerte in Form einer Bereitstellung bzw Sperrung gewisser Verbindungswege realisiert. Hier sind im allgemeinen Relaiskontaktschaltungen einzuordnen. Der andere Typ ist dadurch charakterisiert, daß in Abhangigkeit von den Eingangswerten am Ausgang neue Signale erzeugt werden; in einem erweiterten Sinn werden die Ausgangssignale durch Regeneration der Eingangssignale, gegebenenfalls ihrer Kombination, gewonnen. Dieser Typ werde als *regenerierender* Typ bezeichnet.

Der Äquivalenzbegriff fur Schaltkreise ist dem jeweiligen Typ entsprechend zu fassen. Beim topologischen Typ werden zwei Schaltkreise als aquivalent anzusehen sein, wenn sie in Abhangigkeit von den Eingangssignalen gleiches Verhalten hinsichtlich des Vorhandenseins oder Fehlens einer leitenden Verbindung zwischen zwei bestimmten Polen zeigen, beim regenerierenden Typ, wenn sie gleiche Signalmuster am Ausgang bieten.

Die formale Beschreibung von Schaltkreisen mit Hilfe der BOOLEschen Algebra basiert auf einer umkehrbar eindeutigen Zuordnung zwischen Äquivalenzklassen BOOLEscher Ausdrucke und Äquivalenzklassen von Schaltkreisen. Nur unter recht engen Einschrankungen laßt sich eine Zuordnung direkt zwischen einem bestimmten BOOLEschen Ausdruck und einem bestimmten Schaltkreis erreichen.

Wir wenden unsere Aufmerksamkeit zunachst Relaiskontaktschaltungen zu. Eingangsseitig (= spulenseitig) ordnen wir einem Relais als Variablensymbol einen großen lateinischen Buchstaben zu, ausgangsseitig (= kontaktseitig) den entsprechenden kleinen Buchstaben. Dabei hat der Wert 1 fur eine Eingangsvariable die Bedeutung, daß die Spule des betreffenden Relais von einem Strom, der zur Anziehung des die Kontaktfeder tragenden Ankers ausreicht, in bestimmter Richtung durchflossen wird, der Wert 0, daß diese Situation nicht vorliegt. Fur die Ausgangsvariable besagt der Wert 1, daß der betreffende Kontakt geschlossen ist, der Wert 0, daß er geoffnet ist. Dabei besteht ein kausaler Zusammenhang zwischen der Situation spulenseitig und der Situation kontaktseitig Wir beschranken uns hier auf den statischen Fall, so daß uns nicht die dynamischen Vorgange — Aufbau des vermittelnden Magnetfeldes und Umschlagen der Kontaktfedern — interessieren. Nun kann die Kontaktfeder so angeordnet sein, daß bei stromloser Spule, also bei unerregtem Relais, der Kontakt offen ist, bei stromdurchflossener Spule, also bei erregtem Relais, geschlossen ist; in diesem Fall spricht man von einem *Arbeitskontakt.*

Als *Ruhekontakt* bezeichnet man eine Anordnung, die das umgekehrte Verhalten zeigt Ein Relais kann mehrere Kontakte und diese in verschiedener Anordnung tragen Insbesondere konnen ein Arbeits- und ein Ruhekontakt, die einen Pol gemeinsam haben, als *Wechselkontakt* realisiert sein (Abb. 10 1) Einem Arbeitskontakt ordnet man als Variablensymbol direkt den entsprechenden kleinen Buchstaben zu, einem Ruhekontakt die negierte Variable.

Die Abb. 10 2 zeigt als Beispiel ein von vier Relais gesteuertes Kontaktnetz, das zwei freie Pole besitzt, man spricht von einem Kontakt-Zweipol.

Nun konnen zwei Kontakte in Serie oder parallel verbunden werden und in einer solchen Verschaltung als Zweipol betrachtet werden (Abb 10.3).

Bei der *Serienschaltung* besteht zwischen den Polen A und B genau dann leitende Verbindung, wenn beide Kontakte geschlossen sind Der Situation, daß sowohl der Kontakt x als auch der Kontakt y geschlossen ist, entspricht die Konjunktion der beiden Variablen Daher ist dem durch Serienschaltung der Kontakte x und y entstehenden Zweipol AB der BOOLEsche Ausdruck $x \cdot y$

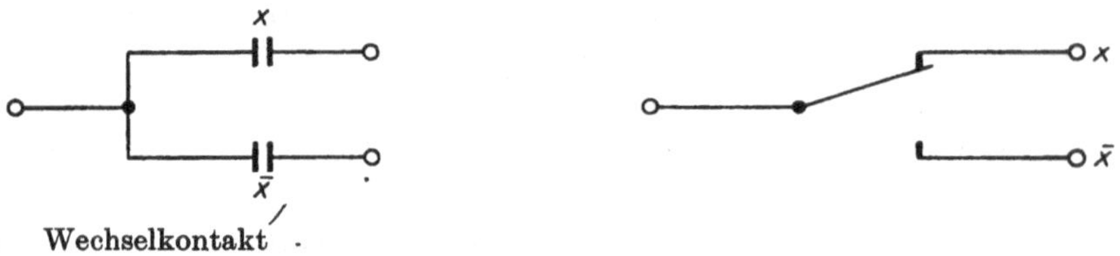

Abb. 10.1. Wechselkontakt

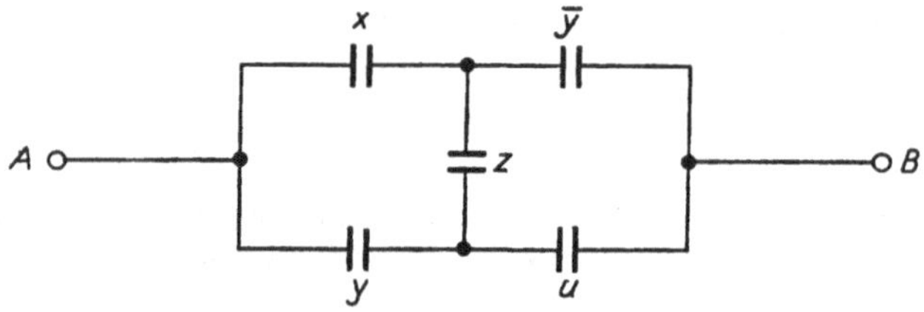

Abb. 10.2. Beispiel eines von vier Relais gesteuerten Kontakt-Zweipols

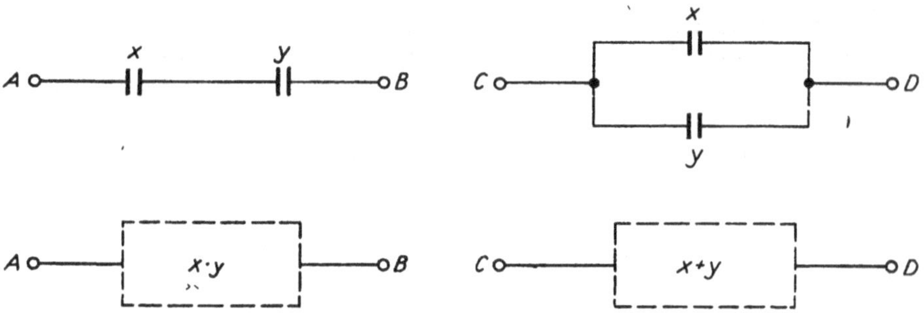

a) b)

Abb. 10.3. a) Serienschaltung b) Parallelschaltung } zweier Kontakte

zuzuordnen. Der durch *Parallelschaltung* der Kontakte entstehende Zweipol CD hat leitende Verbindung, wenn wenigstens einer der beiden Kontakte geschlossen ist. Ihm ist daher der durch Disjunktion gebildete BOOLEsche Ausdruck $x + y$ zuzuordnen.

Nun lassen sich allgemein zwei Zweipole wieder durch Serien- oder Parallelschaltung zu einem weiteren Zweipol verbinden. Aus den vorausgegangenen Betrachtungen ergibt sich, daß dem neuen Zweipol bei Serienschaltung der durch Konjunktion aus den BOOLEschen Ausdrucken der ursprunglichen Zweipole gebildete BOOLEsche Ausdruck zuzuordnen ist, bei Parallelschaltung entsprechend der durch Disjunktion gebildete Ausdruck (Abb. 10.4).

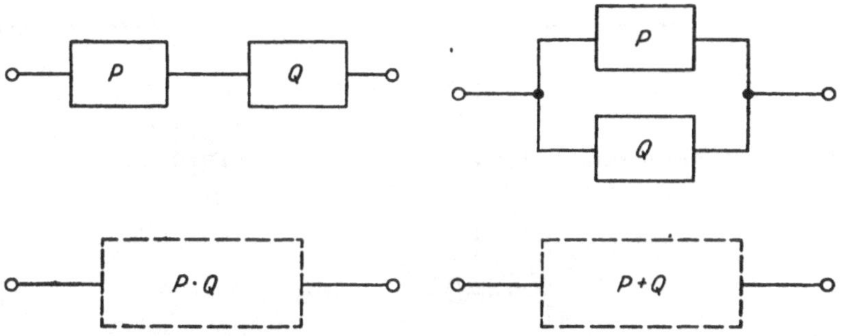

Abb. 10.4. Serien- und Parallelschaltung zweier Zweipole

Ein Schaltnetz, das nur durch Serien- und (oder) Parallelschaltungen aufgebaut ist, wird als *Serien-Parallelschaltung* bezeichnet. Einer Serien-Parallelschaltung laßt sich dementsprechend ein aus Konjunktion und Disjunktion gebildeter BOOLEscher Ausdruck zuordnen. Umgekehrt kann man zu jedem vorgegebenen BOOLEschen Ausdruck eine zugehorige Serien-Parallelschaltung konstruieren, so daß die BOOLEsche Funktion, die durch den BOOLEschen Ausdruck definiert ist, das Verhalten des konstruierten Zweipols hinsichtlich einer leitenden Verbindung seiner Pole beschreibt.

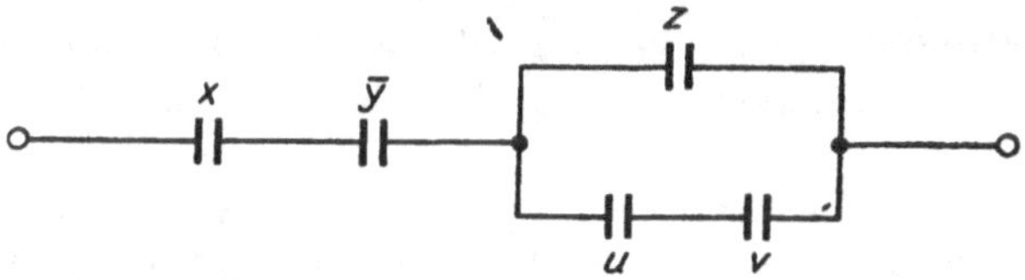

Abb. 10.5. Serien-Parallel-Kontaktschaltung zum BOOLEschen Ausdruck $x\,\bar{y}\,(z + u\,v)$

So entspricht beispielsweise dem BOOLEschen Ausdruck

$$x \cdot \bar{y} \cdot (z + u \cdot v)$$

der in Abb. 10.5 dargestellte Zweipol.

Durch Anwendung der Theoreme der BOOLEschen Algebra kann ein BOOLEscher Ausdruck in einen anderen, zu ihm aquivalenten Ausdruck umgeformt werden. Durch beide Ausdrucke wird dieselbe BOOLEsche Funktion dargestellt. Somit sind die Schaltungen, die diesen Ausdrucken zugehoren, ebenfalls äquivalent. Aus

$$x\,\bar{y}\,(z + u\,v) = x\,\bar{y}\,z + x\,\bar{y}\,u\,v$$

folgt zum Beispiel, daß die in Abb. 10.5 und 10.6 dargestellten Schaltungen äquivalent sind

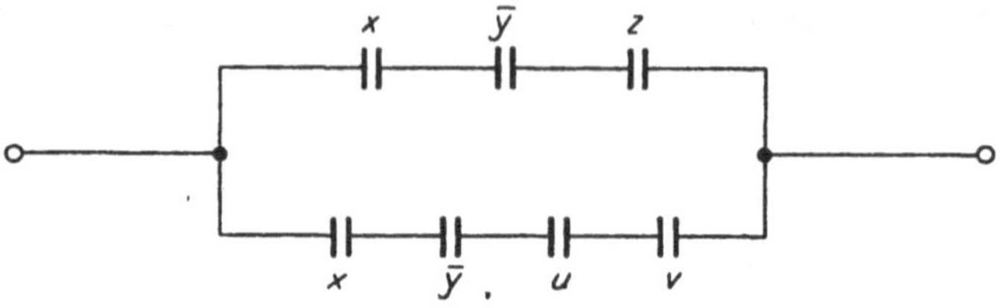

Abb. 10.6. Serien-Parallel-Kontaktschaltung zum BOOLEschen Ausdruck $x\,\bar{y}\,z + x\,\bar{y}\,u\,v$

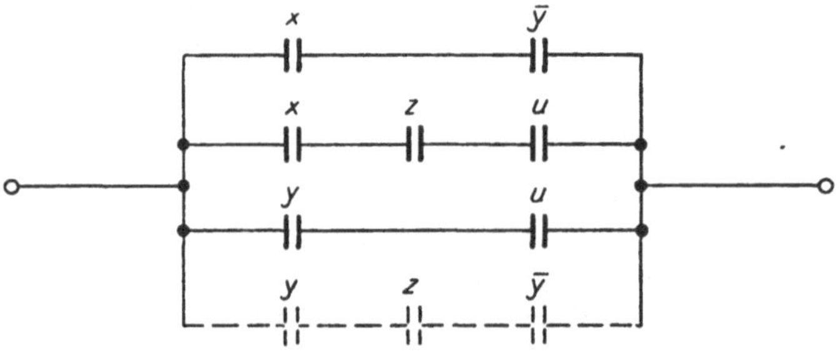

Abb. 10.7. Eine zum Zweipol aus Abb. 10.2. äquivalente Schaltung: Parallelschaltung aller möglichen Verbindungswege.
Beschreibender BOOLEscher Ausdruck $x\,\bar{y} + x\,z\,u + y\,u$
(Der Weg über $y\,z\,\bar{y}$ ist immer gesperrt.)

Nun gibt es Kontaktzweipole, wie z. B. der in Abb. 10.2 dargestellte Zweipol, die sich nicht durch Serien- und Parallelschaltung aufbauen lassen. Um hier die das Verhalten beschreibende BOOLEsche Funktion zu gewinnen, durchmustere man die Schaltung nach allen möglichen Wegen, die von dem einen Pol zum anderen Pol über Kontakte führen. Jedem derartigen Weg entspricht die Konjunktion der Variablensymbole, deren Kontakte dabei durchlaufen werden. Durch Parallelschaltung aller dieser Wege entsteht ein äquivalenter Zweipol, zu dem ein das Verhalten beschreibender BOOLEscher Ausdruck durch Disjunktion aller den Einzelwegen zugehöriger Konjunktionen gewonnen wird.

Abb. 10.7 zeigt eine zu dem Zweipol der Abb. 10.2 äquivalente Schaltung, die alle möglichen Verbindungswege aus Abb. 10.2 in Parallelschaltung enthält.

Schaltnetze vom regenerierenden Typ wollen wir hier nur streifend behandeln. In Abb. 10.8 zeigen wir Beispiele für die technische Realisierung von regenerierenden Schaltgliedern durch Relais, Transistor und Triode. Die Abb. 10.9 bis 10.11 bieten einige regenerierende Verknüpfungselemente auf Relais-, Transistor- und Dioden-Basis. Der interessierte Leser sei auf die einschlägige Literatur [4, 8, 10, 23, 60, 67, 74] verwiesen.

Mit jedem regenerierenden Schaltglied ist eine Wirkungsrichtung von der Eingangsseite zum Ausgang verbunden. Die Ausgänge eines Schaltgliedes können beliebig (technisch allerdings nur in beschränktem Maß) verzweigt und

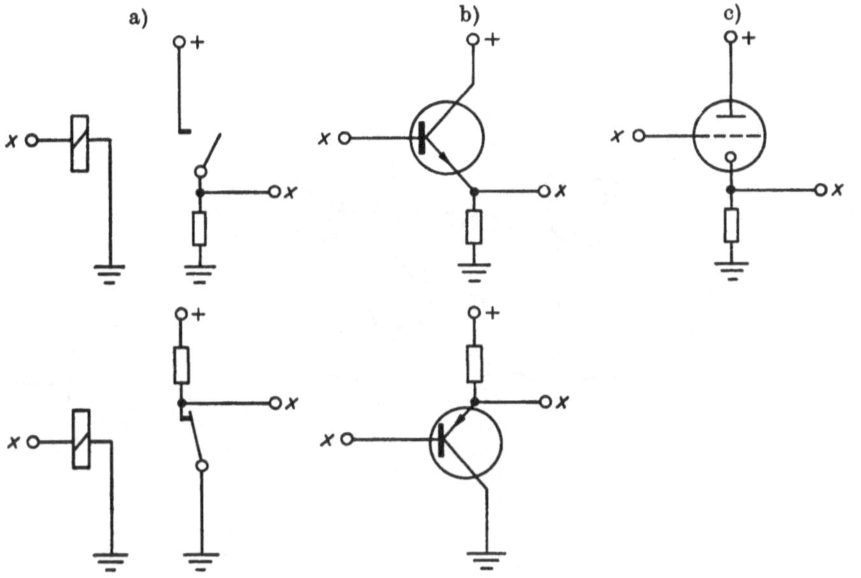

Abb. 10.8. Relais, Transistor und Triode als regenerierende Schaltglieder

a, b, c mit hochgelegtem Ausgang,
d, e mit tiefgelegtem Ausgang,

a) Relais mit Arbeitskontakt, b) *n-p-n*-Transistor, c) Triode, d) Relais mit Ruhekontakt, d) *p-n-p*-Transistor

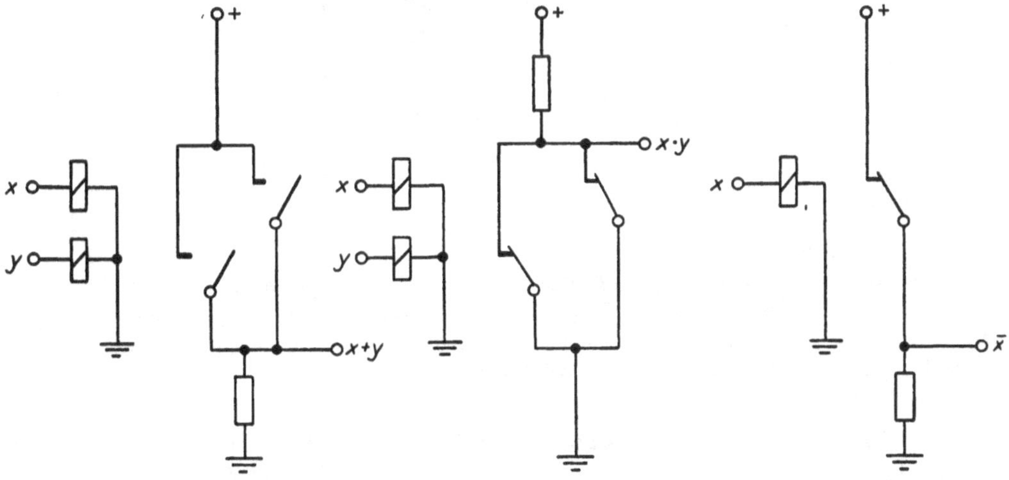

Abb. 10.9. Einige regenerierende Verknupfungselemente auf Relaisbasis

a) Disjunktion; Arbeitskontakte mit tiefgelegtem Ausgang
b) Konjunktion; Ruhekontakte mit hochgelegtem Ausgang
c) Negation; Ruhekontakt mit tiefgelegtem Ausgang

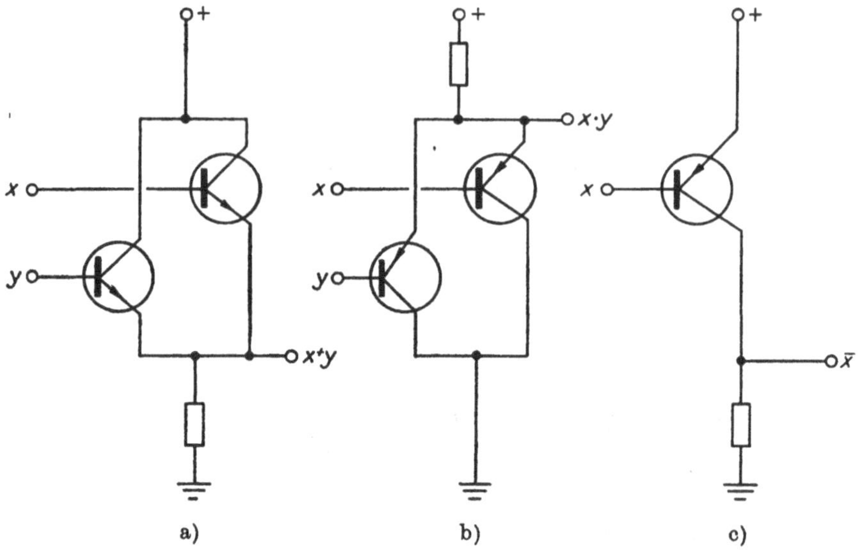

Abb. 10.10. Einige regenerierende Verknupfungselemente auf Transistorbasis
a) Disjunktion; *n-p-n*-Transistor mit tiefgelegtem Ausgang
b) Konjunktion; *p-n-p*-Transistor mit hochgelegtem Ausgang
c) Negation; *p-n-p*-Transistor mit tiefgelegtem Ausgang

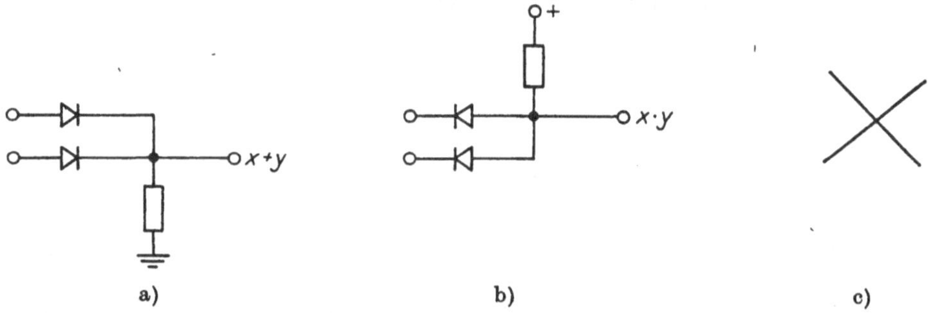

Abb. 10.11. Einige regenerierende Verknüpfungselemente auf Diodenbasis
a) Disjunktion; Dioden in Durchgangsrichtung mit tiefgelegtem Ausgang
b) Konjunktion; Dioden in Sperrichtung mit hochgelegtem Ausgang
c) Negation; existiert nicht auf Diodenbasis

mit Eingängen anderer Schaltglieder verbunden werden. Dabei schließen wir solche Verbindungen, durch die Schleifen in der Wirkungsrichtung entstehen — man spricht von Rückfuhrungen —, aus. Als Eingänge des Schaltnetzes fungieren solche Eingänge von Schaltgliedern, zu denen keine Ausgange anderer Schaltglieder fuhren. Ausgänge des Schaltnetzes sind entweder freie Ausgänge oder freie Ausgangsverzweigungen einzelner Schaltglieder.

Für ein Schaltnetz vom regenerierenden Typ mit nur einem Ausgang tritt als Schaltfunktion die BOOLEsche Funktion auf, die den Wert 1 genau für die Belegungen der Eingangsvariablen annimmt, für die das Signal am Ausgang den Wert 1 aufweist.

Die Abb. 10.12 zeigt als Beispiel das Schema zur Darstellung eines BOOLEschen Ausdrucks mittels regenerierender Schaltglieder für Negation, Konjunktion und Disjunktion.

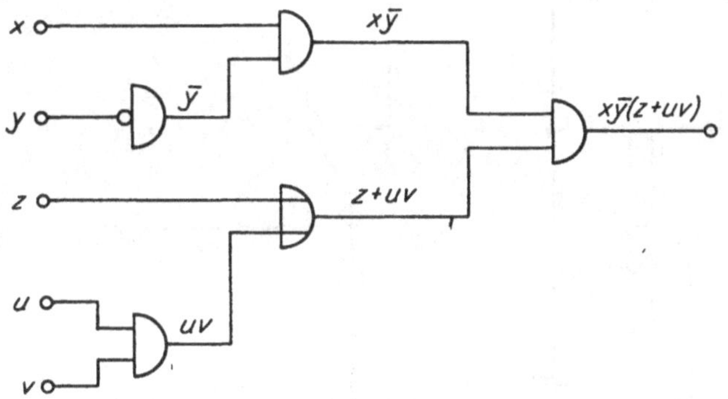

Abb. 10.12. Schema zur Darstellung von $x\,\bar{y}\,(z + u\,v)$ mittels regenerierender Schaltglieder

An dieser Stelle sei darauf hingewiesen, daß die in Organismen als Bauelemente der Nervennetze vorhandenen Neuronen ebenfalls den Schalt- und Verknüpfungselementen vom regenerierenden Typ zuzuordnen sind. Wir werden entsprechenden Modellvorstellungen an späterer Stelle unsere Aufmerksamkeit zuwenden. Hier sei nur das allgemeine Arbeitsprinzip dieser Bauelemente angedeutet, das auf einer Summierung der einlaufenden Signale und einem Vergleich dieser Summe mit einem dem Element eigenen Schwellenwert beruht (Abb. 10.13).

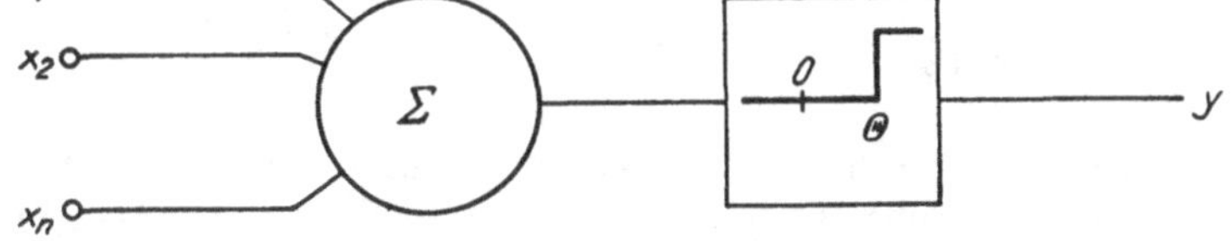

Abb. 10.13. Prinzip eines Schwellenwertelements

$$y = \begin{cases} 1, & \text{wenn} \quad x_1 + x_2 + \cdots + x_n > \Theta\,, \\ 0, & \text{sonst} \end{cases}$$

Um den Einfluß der Höhe des Schwellenwerts auf die zustande kommende logische Verknüpfung der Eingangssignale deutlich werden zu lassen, sei auf eine einfache technische Realisierung eines Schwellenwertelementes hingewiesen.

Bei einem drei Spulen enthaltenden Relais (Abb. 10.14) sind zwei gleichgerichtet fur die zu verknupfenden Eingangssignale vorgesehen, durch die dritte Spule wird in entgegengesetzter Richtung ein Strom zur Erzeugung der Schwelle geschickt. Konnen die Eingangssignale x_1 und x_2 die Werte 0 oder 1 annehmen und entspricht der Schwellenstrom den Wert -1, so wird der Arbeitskontakt

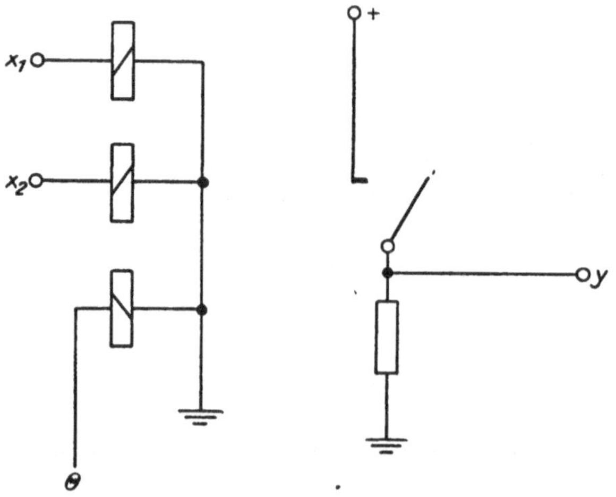

Abb. 10.14. Dreispulen-Relais als Schwellenwertelement

$x_1, x_2 \in \{0, 1\}$ $\quad y = \begin{cases} 1, & \text{wenn } x_1 + x_2 > \Theta, \\ 0, & \text{sonst} \end{cases}$

Fur $\Theta = 1$ $\quad y = x_1 \wedge x_2$,

für $\Theta = 0$ $\quad y = x_1 \vee x_2$ [1])

nur dann geschlossen, wenn beide Eingangssignale den Wert 1 haben. Somit realisiert das Element bei diesem Schwellenwert die Konjunktion. Setzt man den Schwellenstrom auf 0, so genugt zur Schließung des Kontaktes, daß ein Eingangssignal den Wert 1 hat. Das Element realisiert die Disjunktion.

11. Schaltwerke

Wir betrachten jetzt sequentielle Kreise — man spricht auch von Schaltwerken —, das sind Schaltungen mit determiniertem Verhalten, bei denen die Ausgangssignale nicht mehr durch die zum gleichen Zeitpunkt anliegenden Eingangssignale allein bestimmt werden, sondern auch noch von der Vorgeschichte abhangen, d. h von Eingangssignalen, die zu fruheren Zeitpunkten einliefen Somit muß ein Schaltwerk die Fahigkeit besitzen, auf Ereignisse, die zu einem fruheren Zeitpunkt von der Umwelt dargeboten wurden, zu

[1]) Die logischen Symbole $\wedge$ und $\vee$ wurden hier gewahlt, um keine Verwechselung mit dem Summenzeichen in $x_1 + x_2$ zuzulassen.

einem spateren Zeitpunkt zuruckgreifen zu konnen· Es muß die Fahigkeit zur Speicherung besitzen. Kombinatorische Schaltkreise lassen sich mit Hilfe von Schaltgliedern (Verknupfungselementen) allein realisieren, sequentielle Kreise benötigen zusatzlich Bauelemente mit speichernden Eigenschaften, sogenannte Speicherlemente.

Wir beschranken uns hier auf synchrone Schaltwerke; bei diesen wird allen Speicherelementen von einem zentralen Taktgeber der gleiche diskrete Zeitablauf aufgedruckt. Als Signale konnen Potentiale oder Impulse fungieren, da alle Vorgange ja nur zu den diskreten Zeitpunkten betrachtet werden. Zur Realisierung werden die unterschiedlichsten Speicherelemente zugelassen. Neben den verschiedenen Flip-Flop-Typen als Rohren- oder Transistorschaltungen, die zweier Zustande fahig sind, sind hier auch solche Speicherelemente einbegriffen, die ein Ausgangssignal erst auf Grund eines Lesesignals ausgeben, wie ferromagnetische Bauelemente; aber auch Verzogerungselemente, die ein Eingangssignal nach einer bestimmten Laufzeit wieder abgeben, konnen als speichernde Elemente Verwendung finden.

Wir wollen fur die weiteren Betrachtungen den Begriff des Speicherelementes als Bestandteil eines Schaltwerks (beschränkt auf die hier gesetzten Ziele) durch die folgenden charakteristischen Eigenschaften umreißen.

1. Das einzelne Speicherlement wird, wie das gesamte Schaltwerk, nur zu diskreten Momenten einer Zeitfolge betrachtet:

$$\ldots, t-1, t, t+1, \ldots.$$

2. Jedes Speicherelement hat mindestens eine Eingangs- und eine Ausgangslinie. Es ist Quelle fur die auf seinen Ausgangslinien laufenden Signale. Diese Signale haben binaren Charakter; wir bezeichnen sie mit 0 und 1. Gehen von einem Speicherelement mehrere Ausgangslinien aus, so trägt jedes Paar von Ausgangslinien zu jedem Zeitpunkt entweder untereinander gleiche oder zueinander komplementare Signale. *Eine* Ausgangslinie werde ausgezeichnet.

3. Die Speicherelemente bilden zusammen mit Schaltnetzen das Schaltwerk. Die Ausgangslinien der einzelnen Speicherelemente konnen zu Eingangen von Schaltnetzen fuhren, und die Ausgange der Schaltnetze konnen wieder mit Eingangen anderer oder auch desselben Speicherelementes verbunden sein. Rückfuhrungen sind hier somit zugelassen. Freie Eingange von Speicherelementen oder von Schaltnetzen fungieren als Eingange des Schaltwerks; als Ausgange des Schaltwerks konnen beliebige Ausgange von Speicherelementen oder von Schaltnetzen auftreten

Diese Vorstellung laßt sich noch weiter vereinfachen. Da jede Verbindung bei entsprechender Erweiterung des Schaltnetzes uber dieses gefuhrt werden kann, konnen alle Ein- und Ausgange des Schaltwerks sowie jedes Speicherelementes als mit dem Schaltnetz verbunden angesehen werden. Damit erhalt man eine Erweiterung des HUFFMANschen Automatenmodells (Abb. 5 2): An die Stelle der dort als Verzogerungslinien angesetzten Speicherelemente treten die jeweils der Realisierung entsprechenden Typen von Speicherelementen mit der evtl Vielzahl ihrer Ein- und Ausgange von Speicherelementen (Abb. 11 1.)

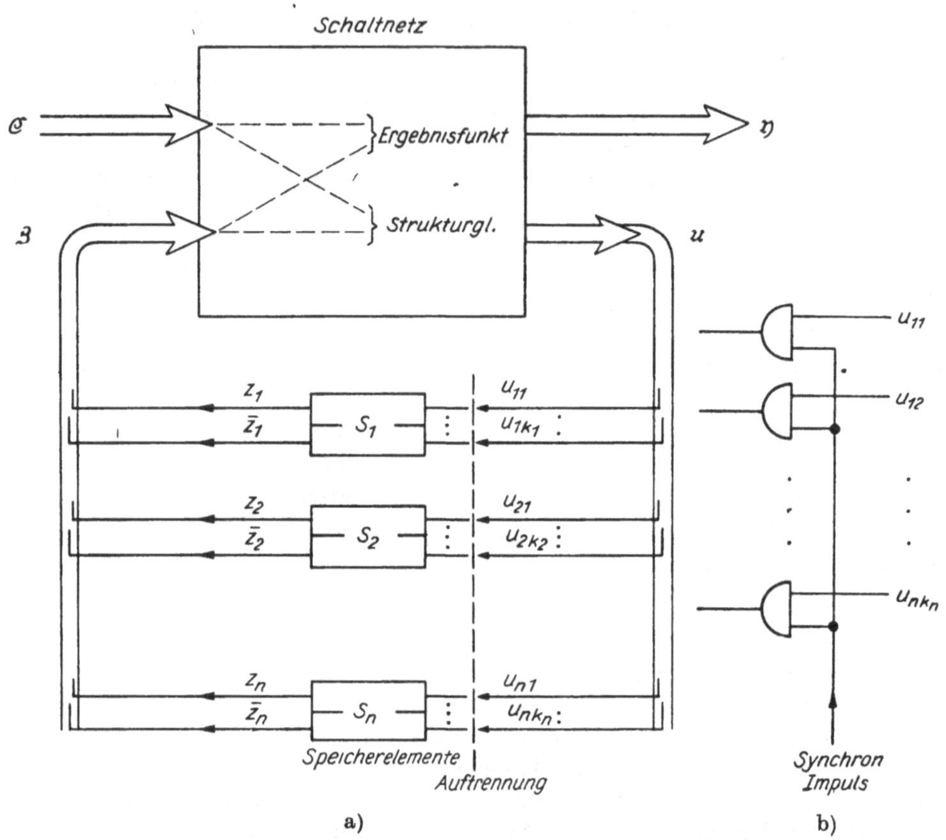

Abb. 11.1. a) Modell eines Schaltwerks
b) mogliche Realisierung der Auftrennung durch konjunktive Verknupfung mit den Impulsen des zentralen Taktgebers

4. Zu jedem Zeitpunkt der diskreten Zeitfolge wird jedem Speicherelement ein bestimmter Zustand von zwei moglichen — wir bezeichnen sie mit 0 und 1 — zugeordnet. Ein Speicherelement befindet sich im Zustand 0 (bzw. 1), wenn zu diesem Zeitpunkt die ausgezeichnete Ausgangslinie das Signal 0 (bzw. 1) tragt.

5. Dabei wird der Zustand eines Speicherelementes zu einem bestimmten Zeitpunkt in einer fur den betreffenden Speichertyp charakteristischen Weise aus seinem Zustand zum vorhergehenden Zeitpunkt und den dabei anliegenden Eingangssignalen eindeutig bestimmt, soweit uberhaupt die spezielle Konfiguration fur diesen Typ zulässig ist.

6. Das Speicherelement ist vollständig steuerbar, d. h., es gibt zu jedem der vier möglichen Paare aufeinander folgender Zustände wenigstens eine geeignete Konfiguration von Eingangssignalen. Ein bestimmter Speichertyp läßt sich formal durch eine BOOLEsche Gleichung beschreiben — man spricht von der *charakteristischen Gleichung* —, die aus Zustand und Eingangssignalen den folgenden Zustand bestimmt, wobei evtl. zusätzliche *Bedingungsgleichungen* gewisse Einschränkungen auferlegen. Durch diese Art einer formalen Beschreibung kann bei der Analyse eines Netzwerks aus der zu einem bestimmten Zeitpunkt vorhandenen Situation heraus, d. h. aus dem jeweiligen Zustand jedes Speicherelementes und den an seinen Eingangslinien anstehenden Signalen, der Folgezustand ermittelt werden.

Bei der Synthese eines Netzwerks dagegen ist, wie wir noch näher darlegen werden, eine andere formale Beschreibung der Funktionsweise der vorgesehenen Speicherlemente zweckmäßig, die es ermöglicht zu erfassen, durch welche Eingangssignale ein gewünschter Folgezustand aus einem vorhandenen Zustand erreicht werden kann. Hier hat die formale Beschreibung Aussagen über eine mögliche Steuerung zum Erreichen einer bestimmten Reaktion zu machen — wir wollen von *Steuerungsgleichungen* sprechen —, während durch die charakteristische Gleichung zusammen mit evtl. Nebenbedingungen die Reaktion auf eine bestimmte Steuerung erfaßbar wird.

Die Steuerungsgleichungen eines Speichertyps ergeben sich als Auflösungen der charakteristischen Gleichung nach der bzw. den Eingangsvariablen, wobei die durch die evtl. Bedingungsgleichungen geforderten Einschränkungen zu berücksichtigen sind [1]). Als unabhängige Variable treten bei den Steuerungsgleichungen die Zustände zweier aufeinander folgender Zeitpunkte auf. Durch die Einführung von Steuerungsgleichungen der speziellen Speichertypen wird die Synthese und die dabei auftretenden Optimierungsprobleme zu einem geradeaus verlaufenden Prozeß.

Wir wollen die beiden formalen Beschreibungsarten eines Speicherelementes an drei speziellen Speichertypen erläutern, ohne dabei auf Fragen der technischen Realisierungen einzugehen.

Abb. 11.2 zeigt ein binäres Speicherelement, das eine Eingangslinie und zwei Ausgangslinien besitzt. Ein einlaufendes 1-Signal führt zu einem Zustandswechsel, während ein einlaufendes 0-Signal den bestehenden Zustand nicht verändert. Eine technische Realisierung mit diesen Eigenschaften wird als *Trigger*, auch als *T-Flip-Flop*, bezeichnet. Aus der Funktionstabelle a) ist sofort die charakteristische Gleichung zu entnehmen. Eine einschränkende Bedingung existiert nicht. Die Auflösung nach der Eingangsvariablen T in Abhängigkeit von dem derzeitigen Zustand Q_t und dem Folgezustand Q_{t+1} ist am einfachsten über die Funktionstabelle zu gewinnen.

[1]) Durch die Forderung nach vollständiger Steuerbarkeit eines Speicherelementes (Punkt 6) ist die Auflösbarkeit gesichert. Eventuellen Mehrdeutigkeiten wird durch Einführung von BOOLEschen Konstanten Rechnung getragen.

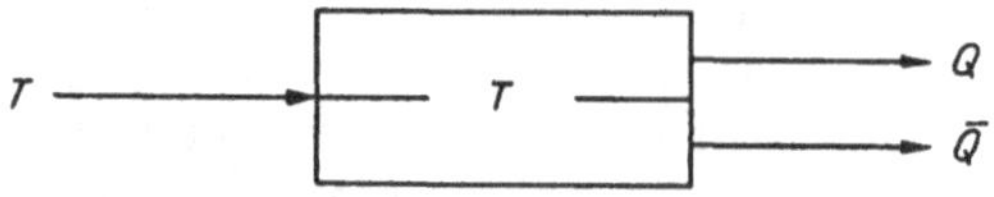

Abb. 11.2. Trigger

a)

T_n	Q_n	Q_{n+1}
0	0	0
0	1	1
1	0	1
1	1	0

charakteristische Gleichung

$Q_{n+1} = Q_n \overline{T}_n + \overline{Q}_n T_n$

b)

Q_n	Q_{n+1}	T_n
0	0	0
0	1	1
1	0	1
1	1	0

Steuerungsgleichung

$T_n = Q_n \overline{Q}_{n+1} + \overline{Q}_n Q_{n+1}$

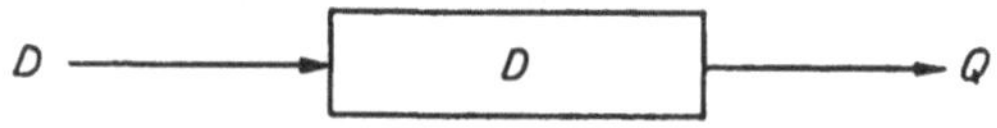

Abb. 11.3. Verzogerungselement

a)

D_n	Q_{n+1}
0	0
1	1

charakteristische Gleichung

$Q_{n+1} = D_n$

b)

Q_{n+1}	D_n
0	0
1	1

Steuerungsgleichung

$D_n = Q_{n+1}$

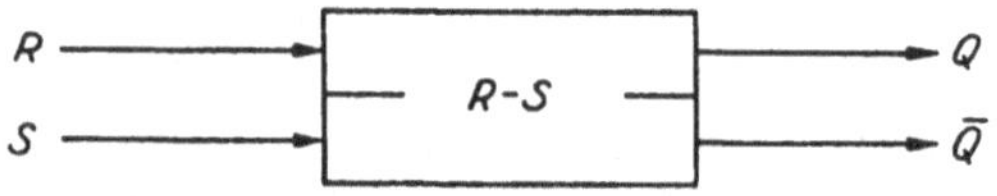

Abb. 11.4. R-S-Flip-Flop

	R_n	S_n	Q_n	Q_{n+1}
	0	0	0	0
	0	0	1	1
	0	1	0	1
	0	1	1	1
	1	0	0	0
	1	0	1	0
unzulassig!	1	1	0	Φ
	1	1	1	Φ

Q_n	Q_{n+1}	R_n
0	0	Φ
0	1	0
1	0	1
1	1	0

Q_n	Q_{n+1}	S_n
0	0	0
0	1	1
1	0	0
1	1	Φ

charakteristische Gleichung.

$Q_{n+1} = \overline{R}_n (Q_n + S_n)$

Bedingungsgleichung

$R \cdot S = 0$

Steuerungsgleichungen:

$R_n = \overline{Q}_{n+1} (Q_n + C_1)$

$S_n = Q_{n+1} (Q_n + C_2)$

C_1 und C_2 BOOLEsche Konstanten

Abb. 11 3 stellt ein Speicherelement in Form eines *Verzögerungselements D* (delay) dar, das hinsichtlich seiner Verzögerung so eingestellt ist, daß ein zum Zeitpunkt t einlaufendes Signal zum Zeitpunkt $t + 1$ an seinem Ausgang erscheint. Hier unterscheiden sich charakteristische Gleichung und Steuerungsgleichung nur in der Wirkungsrichtung. Man beachte, daß ein Verzogerungselement als Laufzeitglied am Ausgang nur den Zustand, nicht aber das Komplement liefert.

Abb. 11.4 zeigt ein sogenanntes *R–S-Flip-Flop* (S = set, R = reset), das durch Eingangssignale auf getrennten Linien „gesetzt" bzw. „zuruckgesetzt" werden kann. Dabei ist das gleichzeitige Auftreten eines R- und eines S-Signals unzulassig. Hier muß bei der formalen Beschreibung daher durch eine Bedingungsgleichung, $R \cdot S = 0$, dieser Forderung Rechnung getragen werden. Beim Übergang zu den beiden Steuerungsgleichungen treten Unbestimmtheiten auf, die entsprechende Freiheiten hinsichtlich der anzusetzenden Steuerung bieten. Mathematisch laßt sich dieser Situation durch Hinzunahme willkurlich wahlbarer BOOLEscher Konstanten genügen.

Der Teil des Schaltwerks, der die Ergebnisfunktion

$$\mathfrak{y} = \mathfrak{g}(\mathfrak{x}, \mathfrak{z})$$

realisiert, spielt sich im Rahmen kombinatorischer Kreise ab und bringt somit keine neue Problematik mit sich

Wir wenden uns nun dem anderen Teil des Schaltwerks zu, der aus der Eingangskonfiguration

$$\mathfrak{x} = (x_1, x_2, \ldots, x_m)$$

und der Zustandskonfiguration

$$\mathfrak{z} = (z_1, z_2, \ldots, z_n)$$

zum Zeitpunkt t die Zustandskonfiguration zum folgenden Zeitpunkt $t + 1$ bildet und damit die Überfuhrungsfunktion

$$\mathfrak{z}_{t+1} = \mathfrak{f}(\mathfrak{x}_t, \mathfrak{z}_t)$$

realisiert[1]).

Wir befassen uns zunachst mit der *Analyse* eines vorgelegten Schaltwerks (Abb. 11.1). Durch das Auftrennen der $\mathfrak{u}$-Linien vor den Speicherelementen ergeben sich kombinatorische Kreise mit den Eingangen $\mathfrak{x}$ und $\mathfrak{z}$ und den Ausgängen $\mathfrak{u}$. Fur jedes u_{ij} aus dem $\mathfrak{u}$-Tupel erhalten wir eine BOOLEsche Funktion, in der als Argument $\mathfrak{x}$ und $\mathfrak{z}$ auftreten:

$$u_{ij} = k_{ij}(\mathfrak{x}, \mathfrak{z}) \, .$$

Wir vermeiden die detaillierte Niederschrift der Indizes, indem wir wieder zu Funktionstupeln ubergehen:

$$\mathfrak{u} = \mathfrak{k}(\mathfrak{x}, \mathfrak{z}) \, .$$

[1]) Da $\mathfrak{z}$ ein n-Tupel ist, steht das Symbol $\mathfrak{f}$ fur die n Funktionen $f_1, \ldots, f_n$.

$$(z_i)_{t+1} = f_i(x_1, \ldots, x_m;\ z_1, \ldots, z_n)_t \quad \text{mit } i = 1, 2, \ldots, n \, .$$

Wir wollen diese Beziehungen kurz als *Strukturgleichungen* des Schaltnetzes bezeichnen.

Weiter sei

$$\mathfrak{z}_{t+1} = \mathfrak{p}(\mathfrak{z}, \mathfrak{u})_t$$

die vektorielle Zusammenfassung der charakteristischen Gleichungen der Speicherelemente. Setzt man in ihnen an Stelle der $\mathfrak{u}$ die Werte aus den Strukturgleichungen ein, so erhalt man

$$\begin{aligned}\mathfrak{z}_{t+1} &= \mathfrak{p}(\mathfrak{z}, \mathfrak{k}(\mathfrak{x}, \mathfrak{z}))_t \\ &= \mathfrak{f}(\mathfrak{x}, \mathfrak{z})_t\end{aligned}$$

die Überführungsfunktionen des Schaltwerks.

Die Bedingungsgleichungen haben wir bis dahin nicht beachtet. Sie können im Rahmen einer Analyse dazu dienen, festzustellen, ob das vorgelegte Schaltwerk zulässig aufgebaut ist.

Bei der *Synthese* eines Schaltwerks gehen wir von den Überfuhrungsfunktionen

$$\mathfrak{z}_{t+1} = \mathfrak{f}(\mathfrak{x}, \mathfrak{z})_t$$

aus. Die Speicherelemente beschreiben wir formal durch die Steuerungsgleichungen

$$\mathfrak{u}_t = \mathfrak{q}(\mathfrak{z}_t, \mathfrak{z}_{t+1}) \,.$$

Ersetzt man darin $\mathfrak{z}_{t+1}$ durch die Überfuhrungsfunktionen, so erhält man mit

$$\mathfrak{q}(\mathfrak{z}_t, \mathfrak{f}(\mathfrak{x}, \mathfrak{z})_t) = \mathfrak{k}(\mathfrak{x}, \mathfrak{z})_t$$

die gesuchten Strukturgleichungen

$$\mathfrak{u} = \mathfrak{k}(\mathfrak{x}, \mathfrak{z}) \,.$$

Wir fassen zusammen: Dadurch daß wir fur die Speicherelemente zur formalen Beschreibung die beiden Formen, namlich die charakteristischen Gleichungen mit evtl. Bedingungsgleichungen einerseits und die Steuerungsgleichungen anderseits, bereit halten, lassen sich fur die Analyse wie für die Synthese Geradeaus-Verfahren angeben. Bei der Analyse setzt man in die charakteristischen Gleichungen die Strukturgleichungen ein und erhält die Überfuhrungsfunktionen, bei der Synthese setzt man in die Steuerungsgleichungen die Überfuhrungsfunktionen ein und erhalt die Strukturgleichungen. Wir erläutern beide Verfahren an einem Beispiel.

Wir analysieren zunächst das in der Abb. 11.5 dargestellte Schaltwerk.

Als Ergebnisfunktion erhalten wir

$$y = \bar{z}_1 (x\, z_2 + \bar{x}\, \bar{z}_2) \,.$$

Für die Strukturgleichungen finden wir aus dem Überführungsteil des Schaltnetzes

$$\begin{aligned}R &= \bar{x} \cdot z_2 \,, \\ S &= (x + z_1) \cdot \bar{z}_2 \,, \\ D &= z_1 \cdot z_2 \,.\end{aligned}$$

Das durch ein R–S-Flip-Flop realisierte Speicherelement S_2 wird durch die charakteristische Gleichung

$$z_2' = \overline{R}\,(z_2 + S)\ ^{1)}$$

mit der Bedingungsgleichung

$$R \cdot S = 0$$

beschrieben.

Für das durch ein Verzögerungsglied D realisierte Speicherelement S_1 lautet die charakteristische Gleichung

$$z_1' = D\,.$$

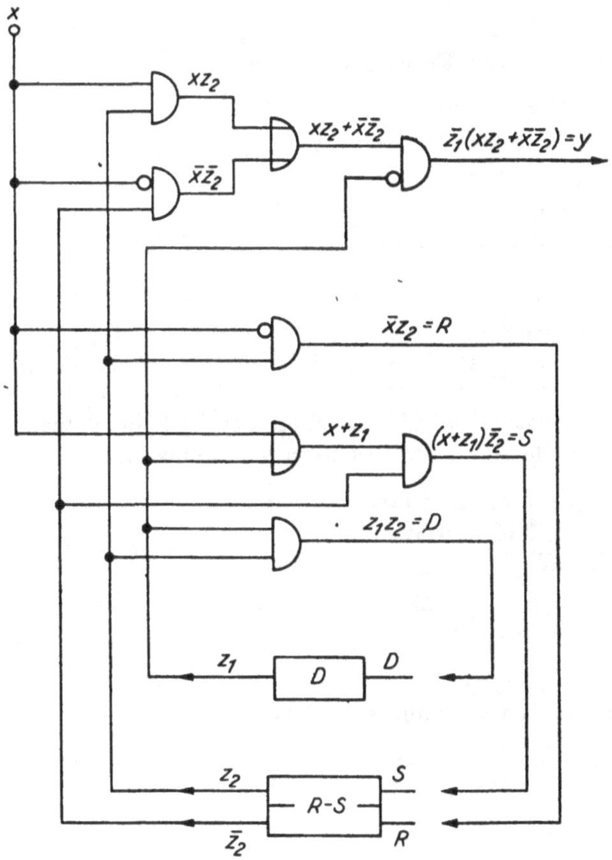

Abb. 11.5. Beispiel eines Schaltwerkes mit einem Eingang, einem Ausgang und zwei Speicherelementen (Verzögerungsglied und R-S-Flip-Flop)

[1]) Um das Schreiben der Zeit-Indizes $n + 1$ und n zu vermeiden, wird hier ein Akzent verwendet, der andeutet, daß die betreffende Größe zum Nachfolge-Zeitpunkt zu nehmen ist.

Wir stellen zunachst fest, daß die fur S_2 geforderte Bedingungsgleichung erfullt ist:

$$R \cdot S = \bar{x}\, z_2\, (x + z_1)\, \bar{z}_2 = 0\,.$$

Setzen wir sodann in die charakteristischen Gleichungen die Ausdrucke aus den Strukturgleichungen ein, so erhalten wir

$$z_1' = z_1 \cdot z_2\,,$$
$$z_2' = (x + \bar{z}_2)\,\big(z_2 + (x + z_1)\,\bar{z}_2\big)$$
$$= x\, z_2 + x\, \bar{z}_2 + z_1\, \bar{z}_2 = x + z_1\, \bar{z}_2\,.$$

Die so erhaltenen Überfuhrungsfunktionen

$$z_1' = z_1\, z_2\,,$$
$$z_2' = x + z_1\, \bar{z}_2$$

ergeben zusammen mit der Ergebnisfunktion

$$y = \bar{z}_1\, (x\, z_2 + \bar{x}\, \bar{z}_2)$$

die folgenden tabellarischen Darstellungen:

		$x = 0$		$x = 1$	
z_1	z_2	z_1'	z_2'	z_1'	z_2'
0	0	0	0	0	1
0	1	0	0	0	1
1	0	0	1	0	1
1	1	1	0	1	1

		$x = 0$	$x = 1$
z_1	z_2	y	y
0	0	1	0
0	1	0	1
1	0	0	0
1	1	0	0

Für die einzelnen Zustandskonfigurationen der Speicherelemente fuhren wir nach folgender Tabelle Zustande des Gesamtsystems ein.

z_1	z_2	Zustand des Gesamtsystems
0	0	A
0	1	B
1	0	C
1	1	D

Damit ergeben sich die folgenden Zustandstabellen.

	$x = 0$	$x = 1$
A	A	B
B	A	B
C	B	B
D	C	D

	$x = 0$	$x = 1$
A	1	0
B	0	1
C	0	0
D	0	0

Das Schaltwerk der Abb. 11.5 laßt sich somit durch den Zustandsgraph der Abb. 11.6 beschreiben. An dem so erhaltenen Zustandsgraphen wollen wir nun auch das *Syntheseverfahren* erläutern.

Zunächst sind die Gesamtzustande des Systems durch Zustandskonfigurationen von Speicherelementen zu realisieren. Da im Zustandsgraphen vier verschiedene (wesentliche) Zustande auftreten, benotigt eine Realisierung mindestens zwei Speicherelemente. Da ein synchronisiertes System angesetzt wird,

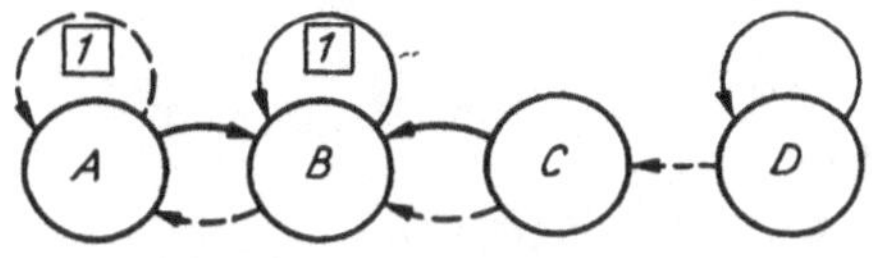

Abb. 11.6. Zustandsgraph zum Schaltwerk aus der Abb. 11.5

ist diese Anzahl auch ausreichend[1]). Auch die spezielle Zuordnung der Zustandskonfigurationen der Speicherelemente zu den Gesamtzuständen ist hier frei wählbar. Wir entscheiden uns hier für die Zuordnung

	z_1	z_2
A	0	0
B	0	1
C	1	0
D	1	1

Damit gelangen wir von den aus dem Zustandsgraphen zu entnehmenden Zustandstabellen über die tabellarischen Darstellungen in z_1 und z_2 wieder zu den gleichen Überführungsfunktionen, die beim Analysenbeispiel vorlagen:

$$z_1' = z_1 z_2 ,$$
$$z_2' = x + z_1 \bar{z}_2 .$$

Beim Syntheseverfahren beschreiben wir die gewählten Speicherelemente — S_1 als Verzogerungsglied und S_2 als R–S-Flip-Flop — durch die entsprechenden Steuerungsgleichungen.

Die Steuerungsgleichung für das Verzogerungsglied (Abb. 11.3) ist durch

$$D = z_1'$$

gegeben; für das R–S-Flip-Flop (Abb 11.4) bestehen, den beiden Eingangslinien entsprechend, zwei Steuerungsgleichungen

$$R = \bar{z}_2' (z_2 + c_1) ,$$
$$S = z_2' (\bar{z}_2 + c_2) .$$

Ersetzen wir in diesen Steuerungsgleichungen die für den Nachfolge-Zeitpunkt geltenden Größen durch die entsprechenden Ausdrücke der Überführungs-

[1]) Bei asynronchen Systemen liegt hier eine besondere Problematik vor, die durch das mogliche Auftreten von kritischen Situationen, wie Hasarderscheinungen, bedingt ist.

funktionen, so erhalten wir als Strukturgleichungen

$$
\begin{aligned}
D &= z_1 z_2 \,, \\
R &= \bar{x} \cdot (\bar{z}_1 + z_2) \cdot (z_2 + c_1) \\
&= \bar{x}\,\bar{z}_1 z_2 + \bar{x}\, z_2 + \bar{x}\,\bar{z}_1 c_1 + \bar{x}\, z_2 c_1 \\
&= \bar{x}\, z_2 + \bar{x}\,\bar{z}_1 c_1 \,, \\
S &= (x + z_1 \bar{z}_2) \cdot (\bar{z}_2 + c_2) \\
&= x \bar{z}_2 + z_1 \bar{z}_2 + x c_2 + z_1 \bar{z}_2 c_2 \\
&= x \bar{z}_2 + z_1 \bar{z}_2 + x c_2 \,.
\end{aligned}
$$

Die darin auftretenden BOOLEschen Konstanten verwenden wir, um zu moglichst einfachen Ausdrucken fur R und S zu gelangen. Wir betrachten die entsprechenden KARNAUGH-Tafeln fur drei Variable.

R (z_1 über den Spalten 1–2, z_2 unter den Spalten 2–3):

x	0	0	0	0
	0	1	1	c_1

S (z_1 über den Spalten 1–2, z_2 unter den Spalten 2–3):

x	1	c_2	c_2	1
	1	0	0	0

Man erkennt, daß $c_1 = 0$ und $c_2 = 1$ zu minimalen BOOLEschen Ausdrucken führen:

$$
\begin{aligned}
R &= \bar{x}\, z_2 \,, \\
S &= x + z_1 \bar{z}_2 \,.
\end{aligned}
$$

Wir erhalten damit gegenüber dem ursprünglichen Schaltwerk (mit $c_1 = 0$ und $c_2 = 0$) eine etwas abweichende Struktur, ohne daß in diesem speziellen Fall damit eine Einsparung verbunden ware (Abb. 11.7).

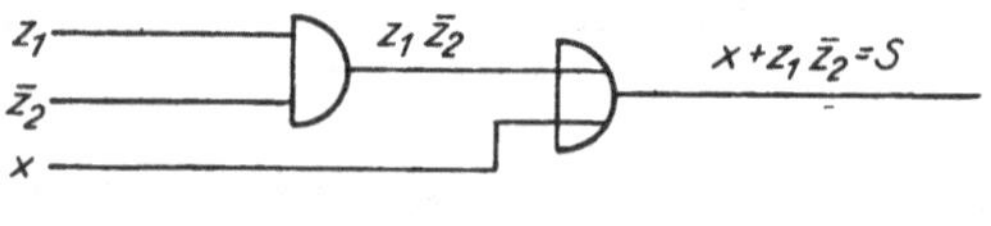

Abb. 11.7. Variierte Struktur fur das Steuerungssignal S zum Schaltwerk aus Abb. 11.5 auf Grund der Synthese

12. Der digitale Automat als black box

In dem Abschnitt uber Schaltwerke haben wir unsere Aufmerksamkeit der inneren Struktur eines Automaten zugewandt. In diesem Abschnitt dagegen wollen wir nur solche Großen zur Beschreibung zulassen, die sich dem Beobachter von außen als Input und Output darbieten, d. h., wir betrachten den Automaten als black box. Wir erinnern daran, daß wir im Rahmen des abstrakten Automaten den Begriff Zustand einfuhrten, um unter der Voraussetzung, daß ein determiniertes System vorliegt, der Tatsache Rechnung zu tragen, daß auf gleiche Eingangssignale unterschiedliche Ausgangssignale resultieren konnen, wenn Unterschiede in der Vorgeschichte vorliegen. Dabei kamen wir zu einer Beschreibung des Automaten durch zwei Funktionen, durch die Überfuhrungs- und durch die Ergebnisfunktion. Als Argumente treten bei beiden Funktionen der derzeitige Zustand und das anstehende Eingangssignal auf; der Funktionswert liefert im ersten Fall den Zustand zum nachsten Zeitpunkt des diskreten Zeitablaufs, im zweiten Fall das resultierende Ausgangs signal.

Nun konnen wir aber bei einem initialen endlichen Automaten, d. h. einem Automaten, dessen Verhalten sich mit Hilfe einer endlichen Anzahl von Zustanden erfassen laßt und der aus einem bestimmten Anfangszustand heraus startet, auch direkt die Vorgeschichte als Zustand deklarieren. Allerdings nehmen wir dabei eine sehr große Redundanz in Kauf, da damit jede mögliche Vorgeschichte, d. h. jede mogliche Folge von Eingangssignalen, als ein besonderer Zustand aufgefaßt wird, ohne daß auf Äquivalenz Rucksicht genommen wird, und somit die Anzahl der Zustande unendlich wird.

Als Argumente der Überfuhrungs- und der Ergebnisfunktion treten jetzt die Vorgeschichte und das gerade anstehende Eingangssignal auf, d. h die gesamte bis dahin eingelaufene Folge von Eingangssignalen. Die Überführungsfunktion nimmt dabei eine triviale Form an: Sie laßt den neuen Zustand einfach durch Anhangen des letzten Eingangssignals an den seitherigen Zustand entstehen. Die Ergebnisfunktion hat dann die Bedeutung einer Abbildung der Menge aller Eingangsfolgen oder — mit anderen Worten — der Halbgruppe uber dem Eingangsalphabet $\{0, 1\}$ in die Menge der Ausgangssignale $\{0, 1\}$.

Wir wollen uns jetzt die Vorstellung zu eigen machen, daß jede Eingangsfolge ein Experiment an dem Automaten darstellt und daß das dabei resultierende letzte Ausgangssignal als Ergebnis dieses Experiments aufgefaßt wird. Eine Gesamtheit von Experimenten, die unter dem Gesichtspunkt ihrer Ergebnisse zusammengefaßt werden, wollen wir als ein „Ereignis" bezeichnen. Ein Ereignis ist somit eine Teilmenge der Halbgruppe uber dem Eingangsalphabet. So ist unter dem Ereignis 1 die Menge aller der Experimente zu verstehen, die zu dem Ergebnis 1 fuhren. Mit diesen Vereinbarungen ist die folgende Formulierung moglich:

> Ein initialer binarer Automat wird durch Angabe des Ereignisses 1 beschrieben.

Wir wollen an dieser Stelle eine graphische Darstellung eines Binarautomaten geben, bei dem die Eingangsfolgen als Zustände deklariert sind. Man spricht von dem freien Automaten Den Anfangszustand, dem eine Situation entspricht, zu der noch kein Eingangssignal erfolgte, charakterisieren wir dementsprechend durch das „leere Eingangssymbol" Λ. Der Zustandsgraph ent-

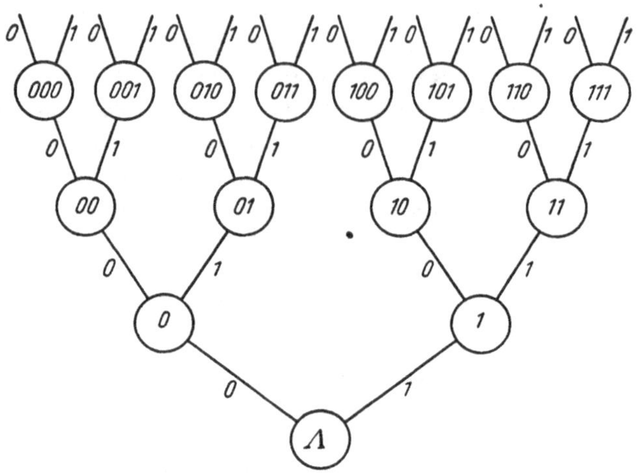

Abb. 12.1. Zustandsbaum des freien Automaten über {0, 1} als Eingangsalphabet

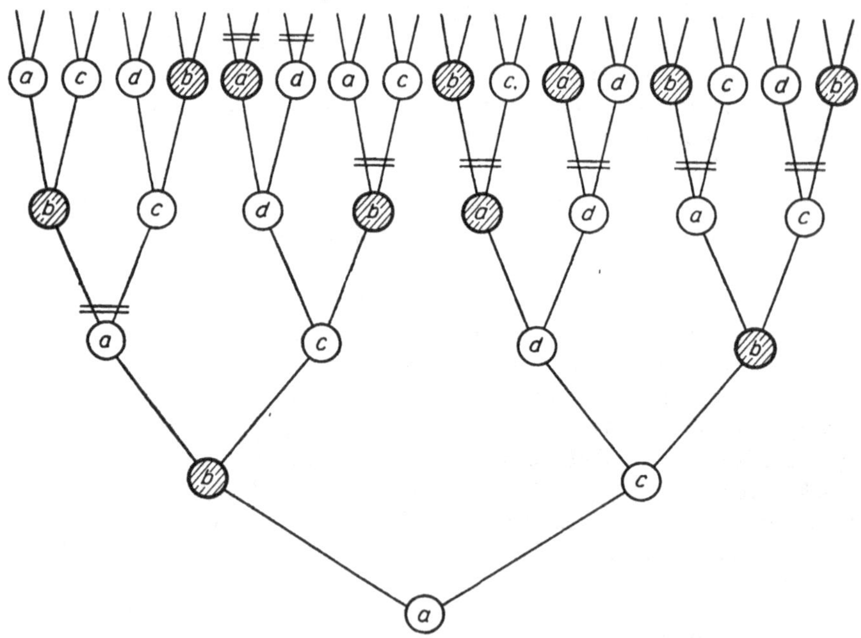

Abb. 12.2. Markierung des Ereignisses 1 am unendlichen Baum für einen durch die folgenden Überführungs- und Ergebnismatrizen gegebenen initialen Automaten

	a	*b*	*c*	*d*
0	*b*	*a*	*d*	*a*
1	*c*	*c*	*b*	*d*

	a	*b*	*c*	*d*
0	1	0	0	1
1	0	0	1	0

wickelt sich aus dieser Wurzel als ein gemäß dem Eingangsalphabet {0, 1} verzweigter unendlicher Baum (Abb. 12.1).

In der Abb. 12.2 wird als Beispiel ein endlicher Automat durch das Ereignis 1 charakterisiert, indem am Zustandsbaum des freien Automaten alle die Experimente markiert sind, die zu dem Ergebnis 1 fuhren.

Nun kann man zu einem abgekurzten Baum als Darstellung eines endlichen Automaten dadurch gelangen, daß man bei dem nach irgendeiner Taktik aus der Wurzel erfolgenden Aufbau des Baums immer dort abbricht, wo ein schon zuvor eingetragener Zustand wieder auftritt. Abb. 12.3 zeigt eine Möglichkeit fur das Beispiel aus Abb. 12 2.

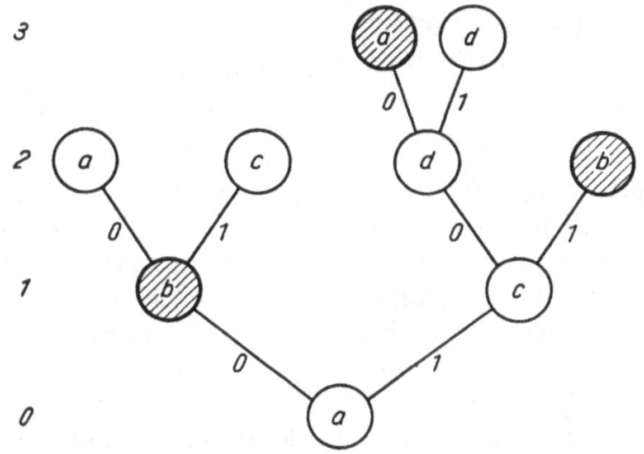

Abb. 12.3. Abgekurzter Baum fur den Automaten aus Abb. 12.2
Angewendete Taktik: Aufbau in aufeinander folgenden Niveaus von links nach rechts

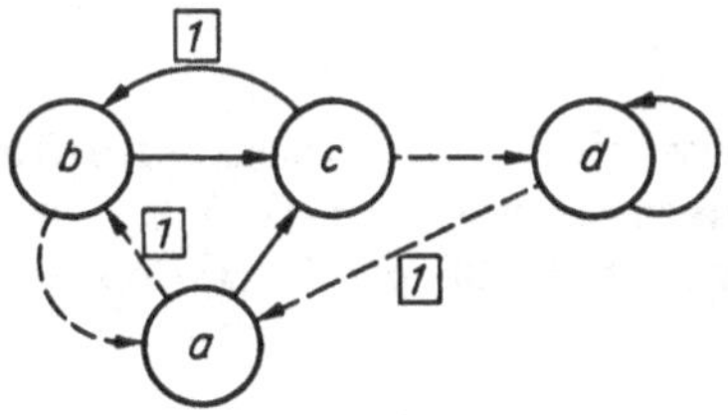

Abb. 12.4. Der zum abgekurzten Baum aus Abb 12 3 gehorende Zustandsgraph

Von dieser Darstellung kann man ohne weiteres wieder den Zustandsgraphen des Automaten erhalten, indem man die das gleiche Zustandssymbol tragenden Knoten identifiziert. Allerdings muß man die das Ereignis 1 darstellenden Markierungen nicht den Zustanden, sondern den zu ihnen fuhrenden Kanten zuordnen (Abb. 12.4).

Der umgekehrte Weg vom Zustandsgraph zu einem abgekurzten Baum durch Auflosen der Schleifen bei entsprechender Duplikation des betreffenden Zustandes durfte ohne weitere Erlauterung klar sein.

Wir kehren nun zu dem Anliegen dieses Abschnittes zuruck, einen Automaten als black box zu beschreiben. Prinzipiell kann dies durch Angabe der Menge von Eingabewörtern geschehen, die zu den markierten Zuständen des vollstandigen Baums fuhren. Wir geben hier nach Wortlänge geordnet die ersten Elemente dieser im allgemeinen unendlichen Menge an, die das Ereignis 1 fur das gewahlte Beispiel charakterisiert:

Lange 1:	0,
Lange 2:	11,
Lange 3:	000, 011, 100,
Länge 4:	0011, 0100, 1000, 1010, 1100, 1111.
....	....

Um zu einer geschlossenen Darstellung zu gelangen, fuhren wir einen besonderen *Ereigniskalkül* ein. Wir streben an, ein komplexes Ereignis aus Elementarereignissen aufzubauen. Dabei werde unter einem Elementarereignis das leere Wort Λ oder ein aus einem einzigen Symbol bestehendes Wort verstanden — im hier betrachteten Fall eines binären Eingabealphabets also 0 oder 1. Wir fuhren nun zwei zweistellige Operationen ein, die aus zwei Ereignissen ein weiteres Ereignis bilden. Sind E_1 und E_2 zwei Ereignisse, so werde unter der *Disjunktion* $(E_1 \vee E_2)$ das Ereignis verstanden, das alle Worter enthält, die entweder zum Ereignis E_1 oder zum Ereignis E_2 gehoren. Das *Ereignisprodukt* $(E_1\, E_2)$ umfasse alle Worter, die durch Anreihen eines Wortes E_2 rechts an ein Wort aus E_1 entstehen. Sodann fuhren wir noch als einstellige Operation die *Iteration* eines Ereignisses ein. Unter $\langle E \rangle$ verstehen wir das Ereignis, das das leere Wort Λ, das Ereignis E und alle die Ereignisse enthalt, die aus E durch ein- oder mehrmalige Produktbildung mit E entstehen:

$$\langle E \rangle = \Lambda \vee E \vee (E \cdot E) \vee (E \cdot E \cdot E) \vee \cdots .$$

$\langle E \rangle$ umfaßt unendlich viele disjunktiv miteinander verknupfte Glieder.

Ein Ereignis, das sich aus Elementarereignissen mit Hilfe dieser Operationen in endlich vielen Schritten aufbauen laßt, heiße *regulares Ereignis*. Es gelten die folgenden Satze:

1. Ein Ereignis 1, das einen endlichen Binärautomaten beschreibt, ist ein reguläres Ereignis.
2. Zu jedem regularen Ereignis gibt es einen endlichen Automaten, so daß das reguläre Ereignis, als Ereignis 1 aufgefaßt, diesen Automaten beschreibt.

Wir fuhren den Nachweis, indem wir die Algorithmen fur die entsprechenden Konstruktionen angeben. Zunachst behandeln wir das Analyseproblem.

Ein endlicher initialer Automat sei gegeben. Wir konstruieren, ausgehend von dem initialen Zustand, den endlichen Teilbaum des vollstandigen Baums, bei dem jeder Zweig mit der ersten Zustandswiederholung abbricht, und markieren die dabei erreichten Knoten, die zum Ereignis 1 gehören. Zu jedem Zweig, der zu einem markierten Knoten dieses Teilbaums führt, schreiben wir, mit der Wurzel beginnend, die Folge der durchlaufenen Knoten und Kanten auf, und bilden die Disjunktion dieser Wörter. Im Beispiel der Abb. 12 2 erhalten wir

$$\begin{aligned} S_0\colon\ & a\,0\,, \\ & \vee\, a\,0\,b\,1\,c\,0\,d\,0\,, \\ & \vee\, a\,0\,b\,1\,c\,1\,, \\ & \vee\, a\,1\,c\,0\,d\,0\,, \\ & \vee\, a\,1\,c\,1\,. \end{aligned}$$

S_0 umfaßt in seinen Termen alle Einzelereignisse, die zum Ereignis 1 gehören, soweit sie hinsichtlich der durchlaufenen Zustandsfolge wiederholungsfrei sind.

Nun entsteht aus dem Term jedes anderen Einzelereignisses 1 durch Herausnahme der in ihm auftretenden Wiederholungen ein in S_0 enthaltender Term. Somit lassen sich die Terme aller nicht wiederholungsfreier Einzelereignisse 1 dadurch gewinnen, daß man in den Termen aus S_0 die durchlaufenen Zustände durch solche Folgen ersetzt, die den Automaten aus dem jeweiligen Zustand wieder in den gleichen Zustand überführen

In unserem Beispiel erhalten wir aus dem von a ausgehenden Teilbaum, dessen Zweige wiederholungsbegrenzt sind, für a die folgenden Iterationsterme:

$$\begin{aligned} a\cdot\ & 0\,b\,0\,, \\ & \vee\, 0\,b\,1\,c\,0\,d\,0\,, \\ & \vee\, 1\,c\,0\,d\,0\,, \\ & \vee\, 1\,c\,1\,b\,0\,. \end{aligned}$$

In entsprechender Weise stellen wir auch für jeden weiteren durchlaufenen Zustand aus dem Teilbaum, der aus diesem Zustand erwächst und in seinen Zweigen wiederholungsbegrenzt ist, die zugehörigen Iterationsterme her. Dabei liegt in den einzelnen Termen eine Zustandshierarchie vor, so daß ein Zustand, dessen Iteration schon erfaßt ist, nicht im Verlauf der späteren Iteration eines anderen Zustandes erneut iteriert werden muß

So entfallen in dem vorliegenden Beispiel bei den Teilbäumen für b, c und d von vornherein alle über a laufenden Pfade:

$$\begin{aligned} b\colon\ & 1\,c\,1\,, \\ c\colon\ & 1\,b\,1\,, \\ d\colon\ & 1\,. \end{aligned}$$

Durch rückläufiges Einsetzen erhalten wir

$$\begin{aligned} \langle d\rangle &= \langle 1\rangle\,, \\ \langle c\rangle &= \langle 11\rangle \qquad \text{(bzw. entfällt, wenn } b \text{ vorausgeht)}, \\ \langle b\rangle &= \langle 11\rangle \qquad \text{(bzw. entfällt, wenn } c \text{ vorausgeht)}, \\ \langle a\rangle &= \langle 0\langle 11\rangle\, 0 \vee 0\,\langle 11\rangle\, 10\,\langle 1\rangle\, 0 \vee 1\,\langle 11\rangle\, 0\,\langle 1\rangle\, 0 \vee 1\,\langle 11\rangle\, 10\rangle\,. \end{aligned}$$

Damit ergibt sich für das Ereignis 1 des vorliegenden Automaten eine Beschreibung durch den folgenden regularen Term:

$$\langle 0 \langle 11\rangle\, 0 \vee 0 \langle 11\rangle\, 10 \langle 1\rangle\, 0 \vee 1 \langle 11\rangle\, 0 \langle 1\rangle\, 0 \vee 1 \langle 11\rangle\, 10\rangle$$
$$\{0 \vee 0 \langle 11\rangle\, 10 \langle 1\rangle\, 0 \vee 0 \langle 11\rangle\, 11 \vee 1 \langle 11\rangle\, 0 \langle 1\rangle\, 0 \vee 1 \langle 11\rangle\, 1\}\,.$$

Um das Syntheseverfahren zu erlautern, gehen wir von dem erhaltenen regularen Term aus Wir ersetzen die in dem regularen Term auftretenden Symbole 0 von links nach rechts durch fortlaufende gerade Nummern 0, 2, 4, 6, . . ., entsprechend die Symbole 1 durch ungerade Nummern 1, 3, 5, 7, . . ., wobei wir, wenn notig, ein · Zeichen zur gegenseitigen Trennung von Nummern

Tab. 12.1. **Zum Syntheseverfahren (Erläuterungen im Text)**

Anfangssymbole		Smybolpaare				Endsymbole	
0	1	00	01	10	11	0	1
0	13	0·2	0·1	3·2	1 3	16	43
4	21	2·0	2 13	9·6	3·1	22	59
16	45	2 4	2·21	11·8	5·7	28	
18	53	2·16	2·45	13·10	7 5		
24		2·18	2·53	17 10	7 9		
		2·24	4 5	19 12	11 11		
		6 8	4 9	27·14	13·15		
		8 0	6·11	33 20	15·17		
		8·4	8 13	35·22	17 15		
		8 16	8 21	45 26	19·19		
		8 18	8 45	49 26	21 23		
		8 24	8 53	51 28	21 27		
		10·12	10·19		23 25		
		12 0	12·13		25·23		
		12 4	12 21		25·27		
		12 16	12 45		29·31		
		12 18	12 53		31 29		
		12·24	14 13		31 33		
		14·0	14 21		35 35		
		14 4	14·45		37 39		
		14·16	14 53		39 37		
		14 18	18·29		39 41		
		14 24	18 33		41·43		
		20 22	20·35		45 47		
		26·28	24 37		47 49		
			24 41		49 47		
			26 51		51 51		
					53 55		
					53 59		
					55 57		
					57 55		
					57 59		

verwenden:

$$\langle 0 \langle 1 \cdot 3\rangle 2 \vee 4 \langle 5 \cdot 7\rangle 9 \cdot 6 \langle 11\rangle 8 \vee 13 \langle 15 \cdot 17\rangle 10 \langle 19\rangle 12$$
$$\vee\, 21 \langle 23 \cdot 25\rangle 27 \cdot 14\rangle$$
$$\{16 \vee 18 \langle 29 \cdot 31\rangle 33 \cdot 20 \langle 35\rangle 22 \vee 24 \langle 37 \cdot 39\rangle 41 \cdot 43 \vee$$
$$\vee\, 45 \langle 47 \cdot 49\rangle 26 \langle 51\rangle 28 \vee 53 \langle 55 \cdot 57\rangle 59\} \,.$$

Daraus entnehmen wir, welche Nummern als Anfangssymbole auftreten konnen, welche in Paaren aufeinanderfolgen können und welche als Endsymbole fungieren müssen. Dementsprechend notieren wir die Mengen der Anfangsnummern der Nummernpaare und der Endnummern (Tabelle 12.1).

Den Knoten eines Baums uber dem Eingangsalphabet ordnen wir nun Mengen von Nummern wie folgt zu: Dem 0-Nachfolger von Λ ordnen wir die dem Anfangssymbol 0 entsprechenden Nummern zu, dem 1-Nachfolger von Λ die dem Anfangssymbol 1 entsprechenden Nummern. In unserem Beispiel also

$\{0,\ 4,\ 16,\ 18,\ 24\}$ dem 0-Nachfolger von Λ ,

$\{13,\ 21,\ 45,\ 53\}$ dem 1-Nachfolger von Λ .

Sodann verfahren wir bei jedem Knoten, dem schon eine Menge von Nummern zugeordnet wurde, wie folgt:

Zu jeder Nummer der betreffenden Menge suchen wir dem jeweiligen Eingabesymbol entsprechend die Nummern, die mit ihr ein Symbolpaar bilden. Die so erhaltenen Nummern ordnen wir dem entsprechenden Nachfolgerknoten zu. Tritt bei einem Knoten eine schon zuvor im Innern des Baumes aufgetretene Nummernmenge auf, so brechen wir den betreffenden Zweig mit diesem Knoten ab. Kommt in einer Menge eine Nummer vor, die einem Endsymbol entspricht, so ist der betreffende Knoten zu markieren. Ist der Baum durch den regularen Term noch nicht vollstandig bestimmt, so konnen die noch freien Zweige beliebig fortgesetzt werden. Eine Moglichkeit besteht dann, an sie einen weiteren Zustand anzuschließen, der sein eigener Nachfolger bei jedem Eingabesymbol ist. Diesem Zustand kommt dabei die Bedeutung zu, daß mit seinem Erreichen das Ereignis 1 unmoglich geworden ist.

Im vorliegenden Beispiel tritt dieser Fall nicht auf. Abb. 12.5 zeigt den Baum für den obigen regularen Term. Er enthalt 15 verschiedene Zustande:

Zustand[1])	zugeordnete Nummern	Zustand[1])	zugeordnete Nummern
x_1	Λ	x_9	13, 21, 45, 53
x_2	2	x_{10}	1, 5, 9, 29, 33, 37, 41
x_3	12, $\textcircled{28}$	x_{11}	17, 25, 49, 57
x_4	14	x_{12}	10, 26
x_5	8, $\textcircled{22}$	x_{13}	6, 20
x_6	0, 4, $\textcircled{16}$, 18, 24	x_{14}	19, 51
x_7	15, 23, 27, 47, 55, $\textcircled{59}$	x_{15}	11, 35
x_8	3, 7, 31, 39, $\textcircled{43}$		

[1]) Die Numerierung der Zustande ist so gewahlt, daß die spateren Reduktionen moglichst durchsichtig werden.

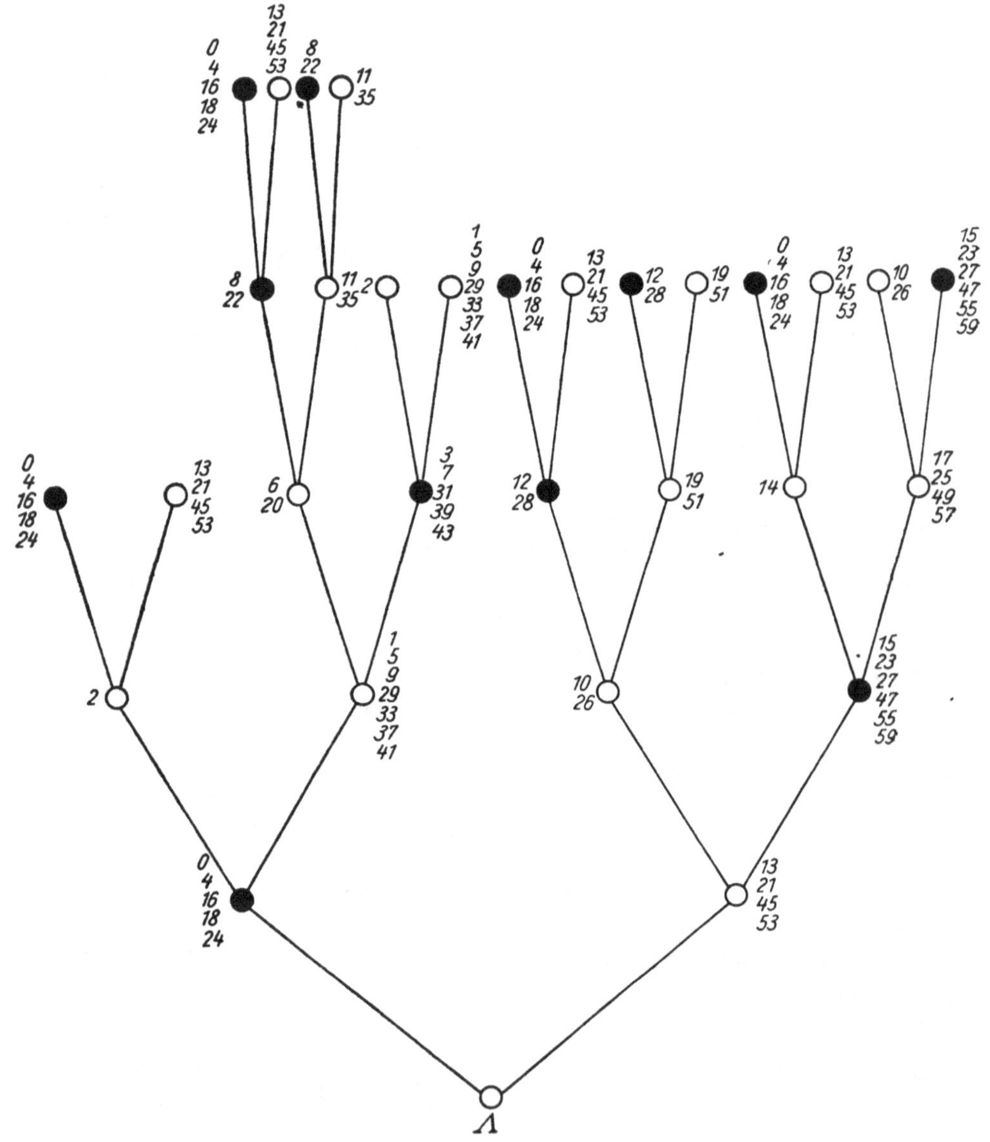

Abb. 12.5. Beispiel zum Syntheseverfahren
Der aus dem regulären Term
⟨0 ⟨11⟩ 0 ∨ 0 ⟨11⟩ 10 ⟨1⟩ 0 ∨ 1 ⟨11⟩ 0 ⟨1⟩ 0 ∨ 1 ⟨11⟩ 10⟩
{0 ∨ 0 ⟨11⟩ 10 ⟨1⟩ 0 ∨ 0 ⟨11⟩ 11 ∨ 1 ⟨11⟩ 0 ⟨1⟩ 0 ∨ 1 ⟨11⟩ 1}
konstruierte abgekürzte Baum (vor der Reduktion).

Der zugehörige Automat ist durch die folgende Matrix gegeben:

	x_1	x_2	x_3	x_4	x_5	x_6	x_7	x_8	x_9	x_{10}	x_{11}	x_{12}	x_{13}	x_{14}	x_{15}
0	$\textcircled{$x_6$}$	$\textcircled{$x_6$}$	$\textcircled{$x_6$}$	$\textcircled{$x_6$}$	$\textcircled{$x_6$}$	x_2	x_4	x_2	x_{12}	x_{13}	x_{12}	$\textcircled{$x_3$}$	$\textcircled{$x_5$}$	$\textcircled{$x_3$}$	$\textcircled{$x_5$}$.
1	x_9	x_9	x_9	x_9	x_9	x_{10}	x_{11}	x_{10}	$\textcircled{$x_7$}$	$\textcircled{$x_8$}$	$\textcircled{$x_7$}$	x_{14}	x_{15}	x_{14}	x_{15}

Im regularen Term sind aber noch Informationen enthalten, von denen wir keinen Gebrauch gemacht haben: Zu dem Zustand, der direkt vor einer Iterationsklammer erreicht wird, muß der zu Ende der Iterationsklammer angenommene Zustand äquivalent sein. So ist z. B. aus dem Term $0 \langle 1 \cdot 3 \rangle 2$ zu entnehmen, daß die durch 0 bzw. 3 erreichten Zustände x_6 bzw. x_8 identifiziert werden können. Insgesamt führen die folgenden Nummernpaare zu äquivalenten Zuständen:

Λ, 2	10, 19
Λ, 8	21, 25
Λ, 12	18, 31
Λ, 14	20, 35
0, 3	24, 39
4, 7	45, 49
6, 11	26, 51
13, 17	53, 57

Man erhält auf diese Weise die folgende Reduktion:

$$
\begin{aligned}
&x_1 = x_2 = x_3 = x_4 = x_5 ,\\
&x_6 = x_8 ,\\
&x_7 ,\\
&x_9 = x_{11} ,\\
&x_{10} ,\\
&x_{12} = x_{14} ,\\
&x_{13} = x_{15} .
\end{aligned}
$$

Der zugehörige Automat wird durch die folgende Überfuhrungs- und Ergebnismatrix beschrieben:

	x_1	x_6	x_7	x_9	x_{10}	x_{12}	x_{13}
0	$\textcircled{$x_6$}$	x_1	x_1	x_{12}	x_{13}	$\textcircled{$x_1$}$	$\textcircled{$x_1$}$
1	x_9	x_{10}	x_9	$\textcircled{$x_7$}$	$\textcircled{$x_6$}$	x_{12}	x_{13}

Dieser Automat ist noch nicht minimal. Durch die im Abschnitt 6 Automatentheorie angegebene Reduktionsmethode laßt sich zeigen, daß noch folgende Identifizierungen moglich sind[1]):

$$x_6 = x_7 , \quad x_9 = x_{10} , \quad x_{12} = x_{13} .$$

[1]) Man kann das Reduktionsverfahren auch sofort auf den Automaten mit den Zuständen x_1 bis x_{15} ansetzen.

Damit ergibt sich als minimaler Automat

	x_1	x_6	x_9	x_{12}
0	(x_6)	x_1	x_{12}	(x_1)
1	x_9	x_9	(x_6)	x_{12}

Der so erhaltene Automat ist isomorph zu dem Automaten, von dem wir beim Analyseverfahren ausgegangen sind:

x_1	a
x_6	b
x_9	c
x_{12}	d

Durch ein Input-Output-Experiment an einem endlichen Automaten ergibt sich eine endliche Teilmenge des Ereignisses 1. Diese Einzelereignisse 1 lassen in jedem Fall eine Beschreibung durch einen regulären Term zu. Ob man dabei von dem Iterationsoperator Gebrauch machen kann, hangt davon ab, wie man das Ereignis 1 uber den durch das endliche Experiment erfaßten Teilbaum hinaus im vollstandigen Baum willkurlich fortsetzt.

13. Digitale Simulationsmodelle

Bei der Projektierung komplexer Systeme ist man vielfach nicht in der Lage, die Wirkungsweise des zu realisierenden Systems in ausreichendem Maß zu uberschauen, so daß oft erst nach der Realisierung Mangel oder andere uberraschende Momente in Erscheinung treten, die sich, wenn man schon bei der Projektierung daruber orientiert gewesen ware, durch geeignete Varianten ohne wesentlichen Aufwand hatten vermeiden lassen. Aber auch bei real existierenden Systemen — seien diese technischer, organischer oder organisatorischer Natur — wird gelegentlich ein ausreichendes Verstandnis der komplexen Ablaufe fehlen; dabei kann diese Situation u. U. noch dadurch erschwert werden, daß geeignete Versuche zur Klarung aus Risikogrunden oder aus Grunden eines zu hohen Aufwands bzw. einer zu langen Dauer am System selbst nicht durchgeführt werden konnen. In beiden Fallen konnte die Bildung eines Modells von großem Wert sein, an dem sich die entsprechenden Untersuchungen durchfuhren ließen, vorausgesetzt, daß sich das Modell hinsichtlich der fur die vorliegenden Fragen wesentlichen Punkte in ausreichenden Details so verhalt wie das modellierte System. Diesem Vorhaben stehen aber im allgemeinen charakteristische Eigenschaften der in der realen Welt existierenden Systeme entgegen. Wesentlich sind in diesem Rahmen die folgenden:

1. Die makroskopischen Prozesse der realen Welt verlaufen im allgemeinen kontinuierlich.
2. Jedes Ereignis der realen Welt tragt streng genommen den Charakter der Einmaligkeit.

3. Es gibt kaum ein Paar von Ereignissen, zwischen denen nicht ein gegenseitiger Einfluß gesehen werden konnte.
4. In komplexen Systemen laufen oft mehrere Prozesse simultan ab. Die Eigenschaften 2 und 3 zwingen zu Abstrichen hinsichtlich der Modelltreue, sie verleihen den erreichbaren Modellen den Charakter mehr oder weniger guter Approximationen

Die Art und Weise, wie die gegenseitigen Einflüsse im Modell realisiert werden, läßt eine Einteilung in zwei Modellierungstypen zu.

Behält man die Kontinuität aller Vorgänge bei und geht daher von der Vorstellung aus, daß jede Zustandsvariable kontinuierlich jede andere beeinflußt, so erhält man zur mathematischen Modellbeschreibung ein System von Differentialgleichungen n-ter Ordnung, zu dem weitere Einschränkungen, z. B. in Form von Gleichgewichtsbedingungen, hinzutreten können. Die entsprechenden Modelle haben analogen Charakter Ihre Analyse und Synthese ist Aufgabe der Steuerungs- und Regelungstheorie. Hinsichtlich der digitalen Simulation kontinuierlicher Systeme dieses Typs sei der Leser auf die Literatur verwiesen, z. B [30].

Der andere Typ von Modellierungen geht von der Vorstellung aus, daß man anstelle eines kontinuierlichen Ablaufs der einzelnen Prozesse mit ihren durch die gegenseitigen Einflüsse bedingten stetig verlaufenden Änderungen der Zustandsvariablen zeitlos verlaufende diskrete Zustandsänderungen zu einzelnen bestimmten Zeitpunkten setzen kann. Die gegenseitigen Einflüsse nehmen dabei im Modell ebenfalls diskreten Charakter an, sie finden zwischen einzelnen Zuständen und nur zu bestimmten Zeitpunkten statt. Die weiteren Betrachtungen dieses Abschnitts sind diskreten Simulationsmodellen gewidmet.

Eine besondere Problematik erwächst nun aus der vierten Eigenschaft Die digitale Simulation bedeutet Darbietung eines dynamischen Systems in einer Form, die für die Durchführung auf einem digitalen Rechenautomaten geeignet ist Anstelle der sich realiter teilweise nebeneinander abspielender Prozesse hat ein streng konsekutiver Ablauf zu treten, wobei aber die gleiche Gesamtwirkung gesichert sein muß

Wir betrachten im folgenden zwei mögliche Wege.

Das eine Verfahren kann als Fortschreiten in Zeitintervallen bezeichnet werden Es entspricht dem bekannten Vorgehen bei der numerischen Behandlung simultaner Differentialgleichungen und kann daher auch auf kontinuierlich ablaufende Systeme angewendet werden. Der stetige Zeitablauf wird durch eine diskrete Folge von ausreichend klein gewählten Zeitschritten ersetzt. Innerhalb eines solchen Intervalls werden die Prozesse als voneinander unabhängig angesehen; dies gibt die Möglichkeit, die einzelnen Prozesse, die realiter parallel zueinander ablaufen, hinsichtlich des Geschehens innerhalb eines Intervalls in beliebiger Reihenfolge nacheinander abzuwickeln. Die gegenseitigen Beeinflussungen der beteiligten Prozesse kommen dadurch zustande, daß zu einem bestimmten Intervall für den einzelnen Prozeßablauf die übrigen Prozesse mit solchen Anfangswerten eintreten, wie sie sich als Resultate des vorhergehenden Zeitschrittes ergeben haben. Diese Situation erweist sich nur bei genugend kleinen Intervallen als realistisch; gegebenenfalls mussen die Schritte weiter verkleinert werden, um die gegenseitigen Beeinflussungen ausreichend nachzuspielen. Bei Modellen, bei denen anstelle kontinuierlicher Zustandsanderungen diskrete, zu bestimmten Zeiten momentan eintretende Zustandsanderungen gesetzt werden, bleiben nun erfahrungsgemaß vielfach Einzelprozesse uber mehr oder weniger lange Folgen von Zeitschritten unverändert. Dies fuhrt aber dazu, daß das Verfahren eines Fortschreitens in Intervallen zur Beschreibung solcher Zustandsanderungen wenig effektiv ist.

Ein davon abweichendes Verfahren lauft darauf hinaus, Methoden zu finden, die es ermoglichen, die Zeiten zu bestimmen, zu denen Ereignisse in der Gestalt diskreter Zustandsanderungen eintreten, und solche erfaßten Ereignisse in der richtigen zeitlichen Ordnung in einer Liste aufzunehmen. Die einzelnen Ereignisse konnen dann in der Reihenfolge nacheinander ausgefuhrt werden, in der sie in der Liste auftreten. Ein weiterer Vorteil liegt darin, daß dabei oft mehrere realiter zu getrennten Zeiten auftretende Ereignisse zu einem einzigen Zeitpunkt vereinigt simuliert werden konnen, wobei die in der Simulation ablaufende Ordnung nicht der tatsachlichen Reihenfolge der Geschehnisse entsprechen muß.

Wir greifen zur Erlauterung das folgende Beispiel auf [36]:

Simuliert werden soll die Übung eines Minensuchbootes in einem Minenfeld. Das Suchboot fahre mit konstantem Kurs uber eine bestimmte Strecke. Die durchnumerierten Minen liegen mit festen Positionen vor. Dann ist es im Programm moglich, alle die Minen zu erfassen, die bei dem vorgesehenen Kurs in den Aktionsbereich des Suchbootes kommen und aufgenommen werden konnen. Diese einzelnen Aufnahmeereignisse liegen in einer durch den Fahrtablauf bestimmten zeitlichen Reihenfolge vor. Im Sinn einer digitalen Simulation kann man diese Einzelereignisse zu einem Gesamtereignis zusammenfassen, das darin besteht, daß eine gewisse Menge von Minen aufgenommen wird, die durch die Menge ihrer Nummern bestimmt ist, wobei diese etwa in der Reihenfolge steigender Nummern aufgezahlt werden. Als Zeitpunkt wäre für dieses Ereignis dabei der Zeitpunkt zu setzen, zu dem das Suchboot das Ende der vorgesehenen Strecke erreicht hat

Man betrachte nun eine Erweiterung des zu simulierenden Prozesses dahingehend, daß die Eventualitat einer Explosion bei der Aufnahme einer Mine und des damit verursachten Untergangs des Suchbootes einbezogen wird. Die Moglichkeit eines solchen Ereignisses werde durch eine den Zufallsprozeß charakterisierende Wahrscheinlichkeit eingefuhrt. Angenommen die Explosion erfolge bei einem Simulationsablauf bei der Aufnahme der Mine Nr. 21 (Abb.13.1, so werden die weiteren Aufnahmen Nr. 14, 4,3 und 2 nicht mehr zustande kommen. Will man bei der Simulation aber allgemein die Zusammenfassung zu Sammelaufnahmen beibehalten, so muß nach jedem fingierten Schritt noch eine Kontrolle angesetzt werden, deren Ausgang dann im Ausnahmefall einer Katastrophe dazu fuhrt, daß anstelle des Gesamtereignisses auf die Einzel-

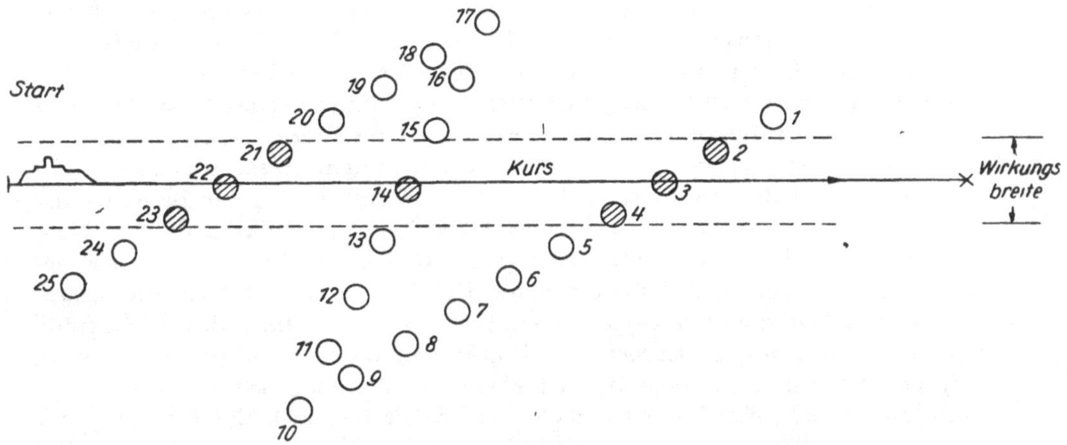

Abb. 13.1. Simulation einer Übung eines Minensuchers
Reihenfolge der aufgenommenen Minen: 23, 22, 21, 14, 4, 3, 2

ereignisse zurückzugreifen ist. Für den normalen, d. h. ohne Verlust des Minensuchers, ablaufenden Teil einer Übung wurde die kürzere Programmlaufzeit beibehalten werden konnen; für den Katastrophenfall mußte zusätzlich ein Sonderprogramm bereitgestellt werden.

Wir wollen uns im weiteren mit diesem Verfahren der Ereigniszeiten näher beschäftigen und legen unseren Betrachtungen ein allgemeines Simulationsmodell nach Tocher [75] zugrunde.

Mit dem Begriff des abstrakten Automaten ist zwar eine umfassende Theorie dargeboten. Nun gilt aber allgemein: Je umfassender eine Theorie ist, um so weniger Einzelheiten vermag sie aus sich allein fur den speziellen Fall zu bieten. Zwei Besonderheiten sind es, die die Vorstellung des abstrakten Automaten zur Beschreibung komplexer Systeme aus unserer Umwelt schwerfällig und wenig aussagekraftig erscheinen lassen. Die eine Vorstellung liegt darin, daß dabei das dynamische Verhalten eines abstrakten Automaten auf der Basis eines einzigen Ablaufgeschehens beschrieben wird. Demgegenüber erfassen wir das Geschehen in unserer Umwelt vermittels unserer Sinne mosaikartig, wir richten unsere Aufmerksamkeit auf gewisse Teilgeschehen, d. h. auf gewisse Zustandsanderungen in Teilsystemen, und extrapolieren daraus das Gesamtgeschehen im Sinn von simultan ablaufenden Teilvorgängen. Die Begriffsbildung des abstrakten Automaten fordert aber, jede Zustandsänderung eines Teilsystems auf das Gesamtsystem zu projizieren und als eine Änderung des Gesamtzustandes aufzufassen. Dies erschwert unsere Vorstellung außerordentlich.

Wir betrachten zur Erlauterung ein Beispiel. In einem mehrstufigen Bearbeitungsprozeß, bei dem in den einzelnen Stufen die Bearbeitungsmaschinen mehrfach angeordnet sind, laufen die zu bearbeitenden Objekte zu zufälligen Zeiten ein. Die Bearbeitungszeiten sind fur jedes Objekt auf jeder Stufe ebenfalls zufallsbedingt. Dem menschlichen Vorstellungsvermögen angepaßt ist eine Betrachtungsweise, die sich an den einzelnen Durchlaufen jeweils eines Objektes durch den gesamten Bearbeitungsprozeß orientiert. Eine Beschreibung als abstrakter Automat geht dagegen von dem jeweiligen Gesamtzustand aus, der in einer Zusammenschau aller zur Zeit im Prozeß stehender Objekte hinsichtlich der erreichten Bearbeitungsstufen besteht. Eine weitere Schwierigkeit, die bei der Anwendung des abstrakten Automaten zur Beschreibung von Systemen aus unserer Umwelt häufig auftritt, liegt darin, daß mit dem Modell eines abstrakten Automaten grundsätzlich die Vorstellung eines getakteten (synchronen) Ablaufs verbunden ist. Die meisten Systeme aus unserer Umwelt haben dagegen asynchronen Charakter. So auch das vorliegende Beispiel. Da jedes zu bearbeitende Objekt den Bearbeitungsprozeß in einem eigenen Rhythmus durchläuft, und obendrein die einzelnen Objekte zu zufälligen Zeiten einlaufen, tritt als besondere Problematik die Erfassung der asynchronen Ereignisse in einer einzigen zeitlichen Folge auf. Im Rahmen der Theorie abstrakter Automaten greift man zur Beschreibung asynchroner Systeme auf die oben erläuterte Intervallenmethode zurück. Den Erfordernissen einer Simulationstechnik dagegen entspricht besser die Methode der Ereigniszeiten.

Um zu einer geschlossenen Vorstellung zu kommen, ist es zweckmäßig, auch in der Umwelt, die mit gewissen Ereignissen — diese treten als Input auf — in das Geschehen des Systems eingreift, eine Folge von Zuständen anzusetzen. Ein entsprechend vielkomponentiger Gesamtzustand beschreibt dabei das Gesamtsystem. Jede Änderung des Gesamtzustands bedeutet dann ein Ereignis. Zwischen den Ereignissen bestehen Verknüpfungen, die an das Auftreten eines Ereignisses u. U. das Auftreten eines oder mehrerer anderer Ereignisse gleichzeitig oder mit determinierter bzw. stochastischer Zeitverschiebung binden. Damit wird das Gesamtsystem als ein autonomes System beschrieben, in dem das zeitliche Geschehen als lineare Folge von Ereignissen durch den in der Umwelt auftretenden Rhythmus angestoßen und auf Grund der vorliegenden deterministischen oder stochastischen Bindungen weitergetragen wird. Dabei bedeutet ein Ereignis das Eintreten eines neuen Gesamtzustandes.

Der entscheidende Schritt, der von diesen Vorstellungen zu dem Modell von TOCHER führt, ist nun die Zerlegung des Gesamtsystems in Teilsysteme, die als Beschreibungseinheiten fungieren, so daß der Gesamtzustand zu einem bestimmten Zeitpunkt durch die zu diesem Zeitpunkt vorhandenen Zustände der einzelnen Beschreibungseinheiten erklärt wird.

Die mit fortschreitender Simulationszeit auftretenden Änderungen des Gesamtzustandes kommen durch Zustandsänderungen einzelner Beschreibungseinheiten zustande. Diese Änderungen sind momentan und treten zu bestimmten Zeitpunkten, den Ereigniszeiten, auf. In den zwischen zwei Ereigniszeiten liegenden Intervallen bleibt das Modell unverändert. Es genügt daher, das Modell zu den Zeitpunkten von Zustandsänderungen zu betrachten. Die Simulationszeit springt dabei über die dazwischen liegenden Intervalle vorwärts.

Zu jedem Zeitpunkt, zu dem eine Änderung in einer bzw. auch in mehreren Beschreibungseinheiten durchgeführt wird, muß die Zeit bestimmt werden, zu der die nächste Änderung in einer Beschreibungseinheit eintreten wird.

Man vergegenwärtige sich, daß im Gesamtsystem die Ereigniskette dadurch zustande kommt, daß gewisse Ereignisse (= Änderungen des Gesamtzustandes) u. U. ein oder auch mehrere Ereignisse zeitlich nach sich ziehen, wobei die entsprechenden zeitlichen Verknüpfungen entweder determiniert oder stochastisch gegeben sind. Dabei liefert auch eine stochastische Verknüpfung bei der Realisierung eines Simulationsablaufes eine bestimmte Zahl, die durch einen Pseudozufallsprozeß über die vorgegebenen Wahrscheinlichkeitsdaten für diesen Fall aus dem Programmablauf heraus konstruiert wird.

Beispiel (Abb 13 2). Ein Endprodukt P_C werde mit einer Montagezeit τ aus je einem Teilprodukt P_A und P_B gefertigt. Die Teilprodukte P_A und P_B werden in getrennten Prozessen mit Fertigungszeiten hergestellt, die sich aus den Wahrscheinlichkeitsverteilungen $\mathfrak{V}_A$ bzw. $\mathfrak{V}_B$ ergeben. Die Rohmaterialien für die beiden Teilprozesse laufen gleichzeitig für je ein Endprodukt als Input in Intervallen an, die sich aus der Wahrscheinlichkeitsverteilung $\mathfrak{V}_I$ bestimmen, erstmalig zur Zeit t_0. Die Fertigungsstätten für die Teilprodukte sowie die Montagestätten besitzen Speichermöglichkeiten für die einlaufenden Rohmaterialien bzw Teilprodukte. Neben dem Inputereignis I (= Materialanlieferung) treten als Ereignisse die Fertigstellungen A, B, C eines Teilprodukts P_A bzw. eines Teilprodukts P_B bzw. eines Endproduktes P_C auf.

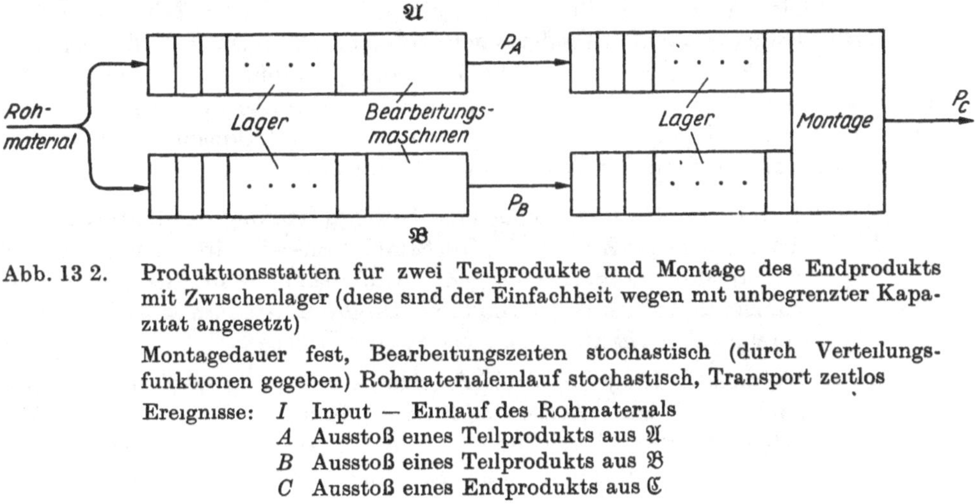

Abb. 13 2. Produktionsstätten für zwei Teilprodukte und Montage des Endprodukts mit Zwischenlager (diese sind der Einfachheit wegen mit unbegrenzter Kapazität angesetzt)

Montagedauer fest, Bearbeitungszeiten stochastisch (durch Verteilungsfunktionen gegeben) Rohmaterialeinlauf stochastisch, Transport zeitlos

Ereignisse: I Input — Einlauf des Rohmaterials
A Ausstoß eines Teilprodukts aus 𝔄
B Ausstoß eines Teilprodukts aus 𝔅
C Ausstoß eines Endprodukts aus ℭ

Zwischen den zu diesen Ereignissen gehörigen Ereigniszeiten läßt sich das gesamte Geschehen ausspannen. Als Beschreibungseinheiten werden die Fertigungsstätten 𝔄 und 𝔅 für die Teilprodukte und die Montagestätte ℭ gewählt. Dabei bestehen die Angaben hinsichtlich 𝔄 und 𝔅 aus je zwei Komponenten, wobei die eine Komponente Angabe uber den Lagerbestand macht, die zweite Komponente uber den Zustand der Bearbeitungsmaschine. Die erste Komponente kann somit als Werte eine naturliche Zahl einschließlich Null annehmen, die zweite die Werte „frei“ bzw. „besetzt“

Zur Charakterisierung der Beschreibungseinheit 𝔈 dienen drei Komponenten, von denen die ersten beiden uber die Vorrate an den beiden Teilprodukten P_A und P_B aussagen, die dritte wiederum den Arbeitszustand „frei“ bzw. „besetzt“ angibt. Ehe wir das Beispiel weiter entwickeln, fuhren wir die begonnenen allgemeinen Betrachtungen fort.

Zu jedem Zeitpunkt lassen sich die Beschreibungseinheiten des Modells in zwei Klassen aufteilen: Die eine Klasse enthalt Beschreibungseinheiten, die an Geschehnissen (Aktivitaten) beteiligt sind, wobei ein zukunftiger Zeitpunkt bekannt ist, zu dem diese Aktivitat beendet wird. Eine solche Beschreibungseinheit heiße zeitabhangig.

Die andere Klasse beinhaltet Beschreibungseinheiten, die sich im Wartezustand befinden; sie heißen zeitunabhangig. Der Wartezustand einer Beschreibungseinheit kann erst durch Aktivitäten anderer Beschreibungseinheiten, d. h. durch die dadurch hervorgerufenen Zustandsanderungen, beendet werden. Es ist zweckmaßig, die zu einem bestimmten Zeitpunkt zeitabhangigen Ereignisse in eine Liste, sie heiße Zeitliste, aufzunehmen. Um das als nächstes bei dem Simulationsablauf auftretende Ereignis zu erfassen, muß die Zeitliste durchmustert und dabei das Ereignis mit der niedrigsten Zeit ausgewahlt werden. Mit Durchfuhrung der dem ausgewählten Ereignis entsprechenden Aktivitat (= Befehlsfolge) springt die Simulationszeit auf den erfaßten Zeitpunkt. Die dabei eingetretenen Zustandsanderungen konnen sich auch auf die Zeitliste auswirken. So konnen Ereignisse, die bis dahin zeitabhangig waren, nun in den Wartezustand ubergehen, während andere Ereignisse den Wartezustand verlieren und zeitabhangig werden. Der gesamte Simulationsprozeß läßt sich in einer dreiteiligen Struktur beschreiben (Abb. 13.3).

1. Phase: In der ersten Phase findet eine Durchmusterung der Zeitliste nach der niedrigsten Zeit statt. Die Simulationszeit wird sprunghaft auf diesen Moment vorgesetzt. Zur Durchfuhrung des so gefundenen nächsten Ereignisses springt die Programmsteuerung auf die entsprechenden Instruktionen der zweiten Phase.

2. Phase: Sie enthalt für jedes Ereignis, das zeitabhangig werden kann, die zugehörigen Instruktionen. Die Programmsteuerung geht nach Abarbeitung der in der ersten Phase ausgewahlten Instruktionen — damit wird das betreffende Ereignis beendet — zur dritten Phase über.

3. Phase: Hier stehen für jedes Ereignis, das zeitabhangig werden kann, die dafür notwendigen Bedingungen. Hinter den zu prufenden Bedingungen sind die Anweisungen angeordnet, die bei erfullten Bedingungen durchzuführen sind; weitere Instruktionen ermoglichen

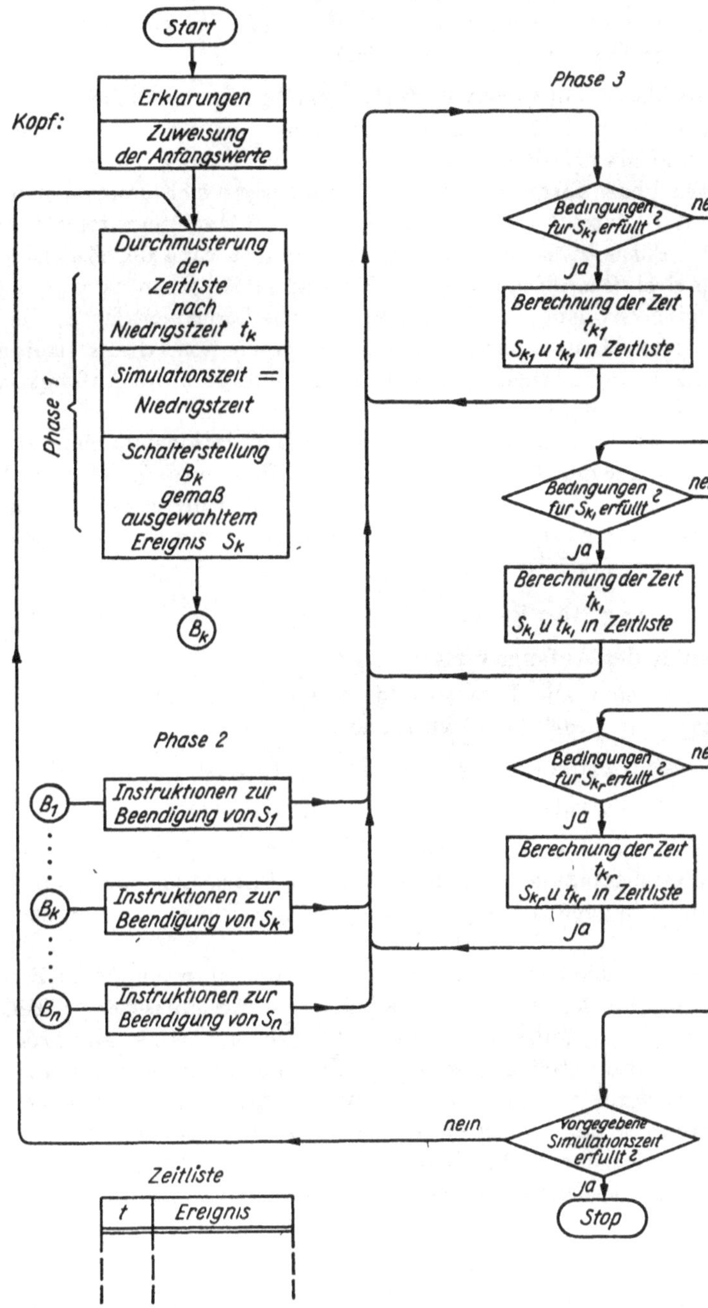

Abb 13 3 Programmstruktur zum Tochermodell

es, die Zeit für das nächste Auftreten des betreffenden Ereignisses zu bestimmen, und dienen dazu, das Ereignis mit dieser Zeitangabe in die Zeitliste einzuordnen.

Da jede dabei eingetretene Zustandsänderung möglicherweise dazu führt, daß eine zuvor nicht erfüllte Bedingung nun erfüllt ist, muß nach jedem getesteten und als erfüllt erkannten Block die Prüfung wieder mit dem Anfang der dritten Phase fortgesetzt werden. Erst wenn sich beim Test herausgestellt hat, daß der letzte Block nicht erfüllt ist, geht die Programmsteuerung wieder zur ersten Phase, d. h. zur erneuten Durchmusterung der Zeitliste, zurück.

Diesen drei Phasen müssen im Programm Angaben vorausgehen, die alle auftretenden Größen nach Typ und Speicherbedarf erklären, die die Namen der benötigten Listen aufführen und Angaben über die auftretenden Wahrscheinlichkeitsverteilungen machen. Schließlich sind die Anfangszustände aller Größen festzulegen.

Um die Programmierung von digitalen Simulationsmodellen zu erleichtern, sind mehrere Formulierungssprachen geschaffen worden. Wir werden eine sich aus didaktischen Gründen anbietende Formulierungssprache näher erläutern, wollen aber zuvor für das begonnene Beispiel ein Simulationsprogramm in verbaler Form skizzieren.

Fortführung des Beispiels.

Festlegung der Anfangswerte:

Zu Beginn sind alle Bearbeitungsstätten in den Zustand „frei", ihre Aufnahmelager auf „leer" (= 0) zu setzen:

$$\mathfrak{A}\,(\text{Zustand}) := \mathfrak{B}\,(\text{Zustand}) := \mathfrak{C}\,(\text{Zustand}) := \text{frei};$$

$$\mathfrak{A}\,(\text{Vorrat}) := \mathfrak{B}\,(\text{Vorrat}) := \mathfrak{C}\,(A\text{-Vorrat}) := \mathfrak{C}\,(B\text{-Vorrat}) := 0\,.$$

In die Zeitliste ist das Inputereignis I mit der Zeit t_0 aufzunehmen. Mit Beginn des Simulationsablaufs wird in der ersten Phase als niedrigste Zeit t_0 erfaßt und damit als nächstes Ereignis I ausgewählt. Die Simulationszeit springt von 0 auf t_0.

Die zweite Phase enthält alle Ereignisse, die zu irgendeinem Zeitpunkt zeitabhängig werden können, somit neben I die Ereignisse A (— Teilprodukt P_A wird fertig), B (— Teilprodukt P_B wird fertig) und C (— Endprodukt P_C wird fertig). Dahinter stehen jeweils die „lösenden" Instruktionen, die das betreffende Ereignis zu Ende führen. Beim Inputereignis steht weiter noch die Instruktion, die das (nächste) Inputereignis nach einem Zeitintervall, das als Prozentwert aus der Wahrscheinlichkeitsverteilung $\mathfrak{V}_I$ im Sinn einer Pseudo-Zufallszahl zu berechnen ist, erneut in die Zeitliste setzt.

2. Phase

I $\mathfrak{A}\,(\text{Vorrat}) := \mathfrak{A}\,(\text{Vorrat}) + 1;$

$\mathfrak{B}\,(\text{Vorrat}) := \mathfrak{B}\,(\text{Vorrat}) + 1;$ setzt I in Zeitliste mit Ereigniszeit := Simulationszeit + Probenwert ($\mathfrak{V}_I$);

es folgt 3. Phase;

A $\mathfrak{A}$ (Zustand) := frei;
$\mathfrak{C}$ (Vorrat) := $\mathfrak{C}$ (*A*-Vorrat) + 1;
es folgt 3. Phase;

B $\mathfrak{B}$(Zustand) := frei;
$\mathfrak{C}$ (Vorrat) := $\mathfrak{C}$ (*B*-Vorrat) + 1;
es folgt 3. Phase

C $\mathfrak{C}$ (Zustand) := frei;
es folgt 3. Phase.

Die 3 Phase erfaßt die Bedingungen, die zur Einfugung von damit zeitabhangig werdenden Ereignissen in die Zeitliste fuhrt.

3. Phase

Wenn $\mathfrak{A}$ (Vorrat) $\neq$ 0 und
$\mathfrak{A}$ (Zustand) = frei, dann
$\mathfrak{A}$ (Vorrat) := $\mathfrak{A}$ (Vorrat) − 1;
$\mathfrak{A}$ (Zustand) := besetzt;
setzt *A* in Zeitliste mit Ereigniszeit := Simulationszeit + Probenwert ($\mathfrak{V}_A$);
es folgt 3. Phase;

sonst $\mathfrak{B}$ (Vorrat) $\neq$ 0 und
$\mathfrak{B}$ (Zustand) = frei, dann
$\mathfrak{B}$ (Vorrat) := $\mathfrak{B}$ (Vorrat) − 1;
$\mathfrak{B}$ (Zustand) := besetzt;
setzt *B* in Zeitliste mit Ereigniszeit := Simulationszeit + Probenwert ($\mathfrak{V}_B$);

sonst
wenn $\mathfrak{C}$ (*A*-Vorrat) $\neq$ 0 und
$\mathfrak{C}$ (*B*-Vorrat) $\neq$ 0 und
$\mathfrak{C}$ (Zustand) = frei, dann
$\mathfrak{C}$ (*A*-Vorrat) := $\mathfrak{C}$ (*A*-Vorrat) − 1;
$\mathfrak{C}$ (*B*-Vorrat) := $\mathfrak{C}$ (*B*-Vorrat) − 1;
$\mathfrak{C}$ (Zustand) := besetzt;
setzt *C* in Zeitliste mit Ereigniszeit := Simulationszeit + τ;
es folgt 3. Phase;

sonst
wenn Simulationszeit > vorgegebene Laufzeit,
dann Stop;

sonst
es folgt 1. Phase;

(Die weiteren Betrachtungen dieses Abschnitts setzen eine gewisse Vertrautheit mit einer höheren Programmiersprache voraus.)

Am Bristol College of Science and Technology wurde 1963/65 von P. R. Hills eine als SIMON I bzw. II bezeichnete Formulierungssprache in ALGOL entwickelt, die sich weitgehend auf das im vorhergehenden dargelegte Tocher-Modell bezieht. Wesentlich ist, daß fur die Speicherung der Zustandsinformation zwei Möglichkeiten zur Verfugung gestellt werden. Einmal konnen Informationen ortlich gebunden an die betreffende Große (— Beschreibungseinheit) bereitgestellt werden, zweitens können Großen mit bestimmten gleichen Eigenschaften namentlich in einer entsprechenden Liste aufgenommen werden. Von besonderer Bedeutung ist dabei die sogenannte Zeitliste (TIMESET), in der die zeitabhangigen Ereignisse mit Angabe des Zeitpunktes, zu dem sie sich abspielen, fur die Durchmusterung in der 1. Phase dargeboten werden

a) *Größen (Entities) und Listen (Sets)*

1 ENTITY (Name, Bezugsnummer)

Der Name, der eine Große reprasentiert, muß der ALGOL-Sprache entsprechend als *integer array* Name $(0\colon n)$ erklärt werden, wobei die Bereichdimensionen $n + 1$ von der Anzahl der für Charakterisierung eines Zustandes der betreffenden Beschreibungseinheit benotigten Komponenten abhangen. Der Index 0 ist dabei fur das Ansprechen der Große selbst reserviert, so z. B. wenn die Große in eine Liste aufgenommen werden soll.

Im obigen Beispiel muß fur die Beschreibungseinheit Bearbeitungsstatte $\mathfrak{A}$ ein Bereich (0 : 2) vorgesehen werden; dabei bedeutet $\mathfrak{A}(0)$ die Große selbst, $\mathfrak{A}(1)$ den vorhandenen Lagerbestand und $\mathfrak{A}(2)$ den Zustand der Bearbeitungsmaschine. So besagt z B. die Wertzuweisung $\mathfrak{A}(1) := 3$, daß der Vorrat auf drei Stuck gesetzt wird. Der leichteren Verstandlichkeit wegen werden die Indexangaben meist verbal gehalten, im vorliegenden Fall also $\mathfrak{A}$ (Vorrat) := 3. $\mathfrak{A}$ (Zustand) := frei bedeutet, daß von diesem Zeitpunkt an die Bearbeitungsmaschine unbesetzt ist.

2. In unserem Beispiel treten zwei strukturell gleichartige Beschreibungseinheiten auf. Aus Grunden einer okonomischen Beschreibung bietet SIMON die Moglichkeit, solche Großen unter einem Sammelnamen anzusprechen; in diesem Fall ist der Sammelname als ein zweidimensionaler Bereich zu erklaren, wobei der erste Index fur die spezielle Identifizierung der Große im Rahmen des Sammelnamens vorgesehen wird. Eine solche Gruppe von Beschreibungseinheiten wird folgendermaßen eingefuhrt:

GROUPENTITY (Name, Anzahl der Glieder, Bezugsnummer).

In unserem Beispiel konnte z. B. auftreten:

GROUPENTITY (Werkstatte, 2, 7), wobei im Maschinenprogramm diese Großen unter der Chiffre 7 gefuhrt werden. Vorausgehen muß die Erklarung

integer array Werkstatte (0 : 2, 0 : 2), durch die Typ und Bereich festgelegt werden. Der erste Bereich bezieht sich dabei auf die spezielle Große; beispielsweise bedeutet 1 die Werkstatte 𝔄, 2 die Werkstatte 𝔅. Der zweite Bereich gilt für die Angaben hinsichtlich Vorrat und Zustand

3 SET (Name)

Der Name einer Liste muß als integer identifier erklart werden, z. B *integer* Zeitliste.

b) *Unterprogramme fur Listen-Verfahren (Listing procedures)*

4. ADDFIRST (Name) TO : (Listenname)

5. ADDLAST (Name) TO : (Listenname)

4. bzw. 5. nehmen die Große, die durch ihren Namen bezeichnet ist, in die namentlich gekennzeichnete Liste auf; bei 4. wird die Große an den Anfang (Kopf), bei 5. an das Ende (Schwanz) der Liste gesetzt

6. BEHEAD (Listenname)

7. BETAIL (Listenname)

fordern das Loschen des ersten (Kopf) bzw. des letzten (Schwanz) Elementes der namentlich bezeichneten Liste.

8. DELETE (Name) FROM (Listenname)

gibt die Moglichkeit, ein namentlich genanntes Element aus einer Liste zu streichen.

9 ROTATE (Listenname, N)

bedeutet eine N-malige zyklische Vertauschung in der Liste in einem solchen Umlaufsinn, daß jeweils das erste Element letztes Element wird.

c) *Erfassung einer Größe durch ihre Stellung in einer Liste (Implicit names)*

10. HEADOF (Listenname)

11. TAILOF (Listenname)

steht fur Name des Kopf- bzw. Schwanzelementes der benannten Liste.

d) *Erfassung numerischer Werte*

12. SIZEOF (Listenname)

erfaßt die Anzahl der in der genannten Liste enthaltenen Elemente.

13. MEMNUM (Name der Gruppengroße)

erfaßt den Indexwert einer Große aus einer durch Sammelnamen benannten Gruppe.

14 REFNUM (Name einer Große)

erfaßt die Bezugsnummer der benannten Große.

e) *Zeitwerte*

15. SETTIME (Name einer Große) TO : (Wert)

ordnet der benannten Große als Ereigniszeit den angegebenen (ganzzahligen) Wert zu. Dabei kann als „Wert" auch ein arithmetischer Ausdruck mit ganzzahligem Resultat stehen.

16. TIMEVALUE (Name einer Größe)

erfaßt die der benannten Größe zugeordnete Ereigniszeit.

f) *Wahrscheinlichkeitsverteilungen*

17. RANDOM (Nummer)

erfaßt die nächste Zahl aus einem Strom von gleichmäßig verteilten Pseudo-Zufallszahlen, wobei durch die „Nummer" einer von zehn möglichen Strömen ausgewählt wird.

18. DISTRIBUTION (Name, Bezugsnummer)

gibt die Daten der Verteilungsfunktion einer Zufallsgröße in Prozenten von 0 bis 100 (erster bzw. letzter Wert) an.

Beispiel Verteilungsfunktion für die Augenzahl beim Werfen zweier Würfel (auf zwei Stellen abgerundet)

Augenzahl	%
1	0
2	3
3	9
4	17
5	28
6	42
7	58
8	72
9	83
10	91
11	97
12	100

19. SAMPLE (Name der Verteilungsfunktion)

veranlaßt die Bildung eines Zufallswertes auf Grund der benannten Verteilungsfunktion.

g) *Zusammenstellung von Daten (Data compiling)*

20. HISTOGRAM (Name, untere Grenze, Zonenbreite)

Für die Zusammenstellung von Daten unter einem bestimmten Namen sind elf Zonen vorgesehen. Eine Zone nimmt Werte auf, die unter der unteren Grenze liegen, neun Zonen von gleicher Breite (Zonenbreite) schließen sich an die untere Grenze nach oben an, eine letzte Zone nimmt alle darüber liegenden Werte auf (Abb. 13.4).

21. ADDTO (Name, Wert)

fügt den speziellen Wert in das benannte Histogramm ein.

22. WRITEDOWN (Name, ⟨Titel⟩)

druckt das benannte Histogramm in Tabellenform unter dem genannten ⟨Titel⟩ aus, ebenso den Mittelwert und die Varianz der Werte aus dem Histogramm.

h) *Durchmusterung der Zeitliste*

23. SCAN (Zeitliste) FOR : (MEMBER) WITH : (niedrigste Ereigniszeit) durchmustert die Zeitliste nach der niedrigsten Ereigniszeit. MEMBER kann sodann anstelle des speziellen Namens zum Zugriff des erfaßten Ereignisses verwendet werden.

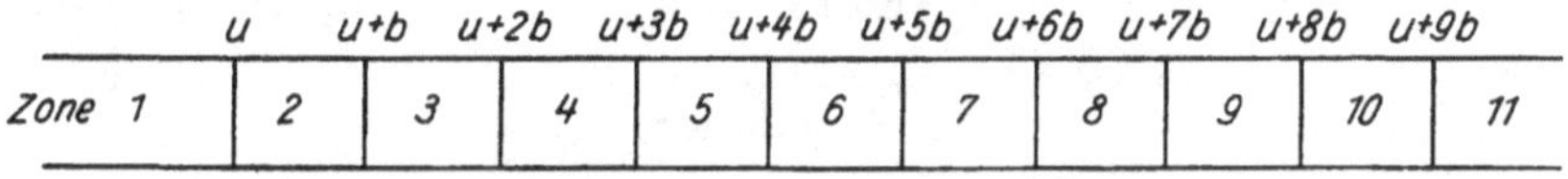

Abb. 13.4. Histogram (Name, u, b)
u = untere Zone
b = Zonenbreite
Zonenstruktur eines Histogramms

Wir geben in SIMON — Formulierung ein Programm fur das oben behandelte Beispiel.

```
        Programm
                      Simulation eines Produktionsprozesses;
begin   integer       uhrzeit, laufzeit, adauer, bdauer, montagedauer,
                      zeitliste, t;
        integer array aproduktion (0 : 2), bproduktion (0 : 2), montage
                      (0 : 3), aausstoß (0 : 1), bausstoß (0 : 1), causstoß
                      (0 : 1), anlieferung (0 : 1);
        switch        s := aphase, bphase, cphase;
        ENTITY (anlieferung, 1); ENTITY (aausstoß, 2),
        ENTITY (bausstoß, 3); ENTITY (causstoß, 4);
        SET (zeitliste);
        zustand := 1; vorrat := 2, avorrat := 2; bvorrat := 3; frei := 0;
        besetzt := 1;
        DISTRIBUTION (anlieferung, 1),
        DISTRIBUTION (adauer, 2);
        DISTRIBUTION (bdauer, 3),
read laufzeit;
aproduktion (zustand) := bproduktion (zustand) := montage (zustand) := frei;
aproduktion (vorrat) := bproduktion (vorrat) := montage (avorrat) := montage
                                                            (bvorrat) := 0;
SETTIME (anlieferung (0)) TO : t;
ADDFIRST (anlieferung (0)) TO : (zeitliste);
aphase: SCAN (zeitliste) FOR : (member) WITH : (niedrigstzeit);
        uhrzeit := niedrigstzeit;
```

```
bphase:    begin switch b := b1, b2, b3, b4;
               go to b (REFNUM (member));
               comment : materialanlieferung;
               b1: begin aproduktion (vorrat) := aproduktion (vorrat) + 1;
                         bproduktion (vorrat) := bproduktion (vorrat) + 1;
                         SETTIME (anlieferung (0)) TO : (uhrzeit + sample
                                                       (anlieferung));
                         go to cphase;
                   end;
               comment: aproduktion stoßt teilprodukt aus;
               b2: begin aproduktion (zustand) := frei;
                         montage (avorrat) := montage (avorrat) + 1;
                         DELETE (member) FROM : (zeitliste);
                         go to cphase;
                   end;
               comment: bproduktion stößt teilprodukt aus;
               b3: begin bproduktion (zustand) := frei;
                         montage (bvorrat) := montage (bvorrat) + 1;
                         DELETE (member) FROM : (zeitliste);
                         go to cphase;
                   end;
               comment: montage stoßt endprodukt aus;
               b4: begin montage (zustand) := frei;
                         DELETE (member) FROM : (zeitliste);
                         go to cphase;
                   end;
cphase:        print uhrzeit;
               comment: aausstoß, wenn möglich;
               if        aproduktion (vorrat) ≠ 0 and
                         aproduktion (zustand) = frei then
               begin aproduktion (vorrat) := aproduktion (vorrat) − 1;
                     aproduktion (zustand) := besetzt;
                 SETTIME (aausstoß (0)) TO : (uhrzeit + sample (adauer));
                 ADDLAST (aausstoß (0)) TO : (zeitliste);
                 go to cphase;
               end;
               comment: bausstoß, wenn moglich;
               if bproduktion (vorrat) ≠ 0 and
                  bproduktion (zustand) = frei then
```

```
        begin bproduktion (vorrat) := bproduktion (vorrat) — 1;
              bproduktion (zustand) := besetzt;
              SETTIME (bausstoß (0)) TO : (uhrzeit + sample (bsdauer));
              ADDLAST (bausstoß (0)) TO : (zeitliste);
              go to cphase;
        end;
        comment: causstoß, wenn möglich;
        if montage (avorrat) ≠ 0 and
           montage (bvorrat) ≠ 0 and
           montage (zustand) = frei then
        begin montage (avorrat) := montage (avorrat) — 1;
              montage (bvorrat) := montage (bvorrat) — 1;
              SETTIME (causstoß (0)) TO : (uhrzeit + montagedauer);
              ADDLAST (causstoß (0)) TO : (zeitliste);
              go to cphase;
        end;
        comment: simulationsbegrenzung;
        if uhrzeit > laufzeit then
        begin print . . . .
              stop;
              go to aphase;
        end,
    end bphase;
end simulation;
```

14. Datenstrukturen

Bei der Behandlung digitaler Simulationsmodelle trat uns die Aufgabe entgegen, Ereignisse mit den zugehörigen Ereigniszeiten so zu speichern, daß jeweils das Ereignis mit der niedrigsten Zeit leicht erfaßt werden kann und außerdem weitere Ereignisse mit ihren Zeiten in die Liste eingeordnet werden können. Es ist ein allgemeines Problem der Datenverarbeitung, Listen, in denen die Objekte nach einem bestimmten Prinzip anzuordnen sind, bei möglichst niedrigem Speicheraufwand zu führen. Dabei soll der organisatorische Aufwand — er spiegelt sich in den benötigten Laufzeiten des Automaten wieder — beim Einordnen neuer Objekte und bei der Entnahme des jeweilig zur Entnahme anstehenden Elements möglichst niedrig liegen. Es hat sich für diese Zwecke ein besonderes Listenverfahren herausgebildet. Um seine Vorteile deutlich werden zu lassen, stellen wir es zusammen mit zwei weiteren möglichen Verfahren vor.

1. Die Objekte werden dem vorhandenen Ordnungsprinzip entsprechend in monotoner Folge abgespeichert, so daß das jeweils als nächstes zu entneh-

mende Element — wir wollen von dem Spitzenelement sprechen — als letztes in der Folge zu stehen kommt. Zum schnellen Auffinden des Spitzenelements ist es zweckmäßig, seine relative Adresse — sie wird durch die um Eins verringerte Länge der Liste gegeben — gesondert bereitzuhalten. Beim ordnungsmäßigen Einfügen eines neuen Objektes müssen alle in der Ordnung niedrigeren Elemente um eine Stelle in der Liste nach hinten verschoben werden. Würde man dagegen, was zunächst näher zu liegen scheint, das Spitzenelement als erstes in der Folge anordnen, so wäre das Bereithalten der Spitzenadresse überflüssig. Beim Einfügen neuer Elemente würde im Mittel ein gleichgroßer Aufwand erforderlich werden; bei der Entnahme dagegen müßten jedesmal alle übrigen Elemente um eine Stelle nach vorn verschoben werden. Bei dem hier gewählten Ordnungsprinzip zieht jedoch die Entnahme keinerlei Änderung in der Anordnung der übrigen Elemente nach sich. Insgesamt ist es daher vorteilhafter. Liegt, wie meist in der Praxis, die Notwendigkeit vor, mehrere Listen zu führen, so wirkt sich nachteilig aus, daß dieses Verfahren für jede Liste einen zusammenhängenden Speicherblock erfordert, der dem maximalen Bedarf der Liste angepaßt sein muß.

2. Mit einem gemeinsam bereitgestellten Speicherbereich kommt ein Verfahren aus, bei dem jedes neue Objekt einer Liste auf dem ersten freien Platz angeordnet wird und dieser mit einer die spezielle Liste charakterisierenden Marke als besetzt gekennzeichnet wird. Nachteilig für dieses Verfahren ist, daß das Aufsuchen des Spitzenelementes einer Liste die Durchmusterung aller mit der betreffenden Listenmarke versehenen Speicherplätze erforderlich macht.

3. Eine diese Nachteile vermeidende Listentechnik bietet das folgende Verfahren, bei dem jeder Speicherplatz, der ein Element einer Liste beinhaltet, zugleich die Adresse des Speicherplatzes enthält, der das nächste Element dieser Liste trägt. Der letzte Platz einer Liste ist statt dessen durch eine Endmarke zu kennzeichnen. Dabei ist für jede Liste — auch für die Vakanzliste — eine Leitzelle vorgesehen, in der die Adresse des ersten Listenplatzes zu stehen kommt.

Zu Anfang bildet der gesamte Speicherbereich außer den Leitzellen der vorgesehenen Listen die Vakanzliste; die erste Adresse ist in der Leitzelle für die Vakanzliste notiert. Die Leitzellen der übrigen Listen tragen zunächst Endmarken.

Wird ein Objekt zur Speicherung in einer Liste angeboten, so wird aus der Leitzelle für die Vakanzliste die Adresse des ersten freien Platzes entnommen und das Objekt auf diesem Platz abgespeichert. Die dort stehende Folgeadresse wird in die Leitzelle für die Vakanzliste übernommen.

Ist das angebotene Objekt das erste der betreffenden Liste, so wird der Speicherplatz durch die Endmarke abgeschlossen. Die Adresse des Speicherplatzes wird in der Leitzelle der betreffenden Liste notiert.

Wird dagegen ein weiteres Objekt für diese Liste angeboten, so ist aus der Leitzelle der betreffenden Liste der Listenanfang zu erfassen und mit ihm beginnend die Liste zu durchmustern, bis die beiden Listenstellen erkannt sind, zwischen denen das neue Objekt dem geforderten Ordnungsprinzip gemaß in die Liste aufgenommen werden soll. Die zweite so erfaßte Adresse wird dem neu belegten Speicherplatz als Folgeadresse zugeordnet; auf dem Platz der

Tab. 14.1. **Listentechnik (Beschreibung im Text)**

		Objektliste leer	Nach Einfugen eines 1. Objekt	2. Objekt	3. Objekt	4. Objekt	Nach Entnahme eines Objektes	weiteren Objektes
Adresse	erste Adresse der Objektliste	*	①	②	2	2	③	①
	erste Adresse der Vakanzliste	1	②	③	④	⑤	②	③
1	Objekt	—	*K*	*K*	*K*	*K*	*K*	*K*
	Folgeadresse	2	⊛	*	*	④	4	4
2	Objekt	—	—	*B*	*B*	*B*	—	—
	Folgeadresse	3	3	①	③	3	⑤	5
3	Objekt	—	—	—	*F*	*F*	*F*	—
	Folgeadresse	4	4	4	①	1	1	②
4	Objekt	—	—	—	—	*L*	*L*	*L*
	Folgeadresse	5	5	5	5	⊛	*	*
5	Objekt	—	—	—	—	—	—	—
	Folgeadresse	*	*	*	*	*	*	*

Tab. 14.2. **Listentechnik (Beschreibung im Text)**

		Liste zu Anfang	nach ... Schritten 1	2	3	4	5
Objekt	Adresse des Listenkopfs	5	②	2	④	4	4
1. A	Ordnungsparameter	15	15	15	15	15	15
	Folgeadresse	*	*	⑤	5	③	3
2. B	Ordnungsparameter	7	7	7	7	7	13
	Folgeadresse	4	4	4	4	4	①
3. C	Ordnungsparameter					19	19
	Folgeadresse					⑤	5
4. D	Ordnungsparameter	12	12	12	12	12	12
	Folgeadresse	1	1	1	1	1	②
5. E	Ordnungsparameter	2	2	20	20	20	20
	Folgeadresse	2	2	⊛	*	*	*

ersten Adresse wird die Adresse des neu belegten Speicherplatzes als Folgeadresse notiert. Die Tab. 14.1 erlautert diesen Vorgang fur eine Liste. Die in der Reihenfolge K, B, F, L angebotenen Objekte sind alphabetisch in die Liste aufzunehmen. Dem Leser sei uberlassen, das Verfahren zu erfassen, das zur Entnahme des jeweiligen Spitzenelements und zur nachfolgenden Bereinigung der Liste erforderlich ist. Aufnahme und Entnahme eines Objektes machen jeweils drei Adressenänderungen nötig. Im Beispiel der Tabelle sind diese umzirkelt.

Im Sonderfall, daß die Menge der beteiligten Objekte von vornherein festliegt und im Ablauf die einzelnen Objekte wechselnd in die Liste aufgenommen bzw. aus ihr entnommen werden, wobei bei jeder Aufnahme ein und desselben Objektes der Ordnungsparameter mit einem neuen Wert auftreten kann, die Entnahme stets das Kopfelement der Liste betrifft, läßt sich das Verfahren so modifizieren, daß bei jeder Aufnahme nur zwei Adressen zu ändern sind und bei jeder Entnahme sogar nur eine Adressenänderung notig wird.

Das folgende Beispiel erlautert das Verfahren (Tab. 14.2). Zu Anfang liege die Liste E, B, D, A vor Im Ablauf treten folgende Änderungen auf:

1. Schritt: Entnahme E mit $t = 2$.
2. Schritt: Einordnen mit $t = 20$.
3. Schritt: Entnahme B mit $t = 7$.
4. Schritt: Einordnen C mit $t = 19$.
5. Schritt: Einordnen B mit $t = 13$.

Abschließend liegt die Liste D, B, A, C, E vor.

Gelegentlich ist es von Vorteil, die einzelnen Listen in sich zu Zyklen zu schließen. Man erreicht dies, indem man die Endmarkierung einer Liste durch die Leitadresse der Liste in der Bedeutung einer Adresse von Adresse ersetzt. Im Abschnitt 19 ,,Systemalgebra" machen wir von Listenstrukturen ausgiebig Gebrauch.

Anschließend werde hier eine Datenstruktur dargelegt, die insbesondere den Anforderungen hierarchischer Systeme genügt.

Das Grundelement dieser Struktur ist die *Zelle* (Abb. 14 1); diese umfaßt drei aufeinander folgende Speicherplatze von Wortlange. Dabei ist der dritte Platz fur eine Adresse vorgesehen, durch die die Verbindung zu einer anderen Zelle hergestellt werden kann Damit ist die Moglichkeit gegeben, aus einer Folge von Zellen einen *Block* (Liste) aufzubauen (Abb. 14.2) Dabei fuhrt die letzte Zelle eines Blocks durch die in ihr stehende Adresse wieder auf die erste Zelle zurück, so daß ein Block zyklisch geschlossen ist. Die beiden ersten Plätze jeder Zelle stehen zur Aufnahme von Daten zur Verfugung und konnen informatorischen und organisatorischen Zwecken dienen.

Nun stehen die einzelnen Informationen tragenden Blocke bei einem hierarchischen System in wechselseitigen Beziehungen einer Über- und Unterordnung. Um die gegenseitigen Übergange zu ermöglichen, werden als strukturelle Elemente sogenannte Knoten einzeln oder auch zu Listen vereinigt gewählt (Abb. 14.3). Dabei besteht jeder Knoten aus zwei Zellen, hat also, da ein Platz fur die Verbindung der beiden Zellen beansprucht wird, eine Kapazi-

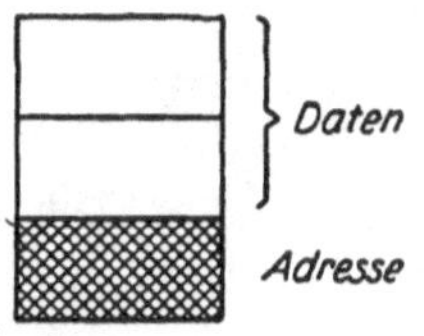

Abb. 14.1. Zelle

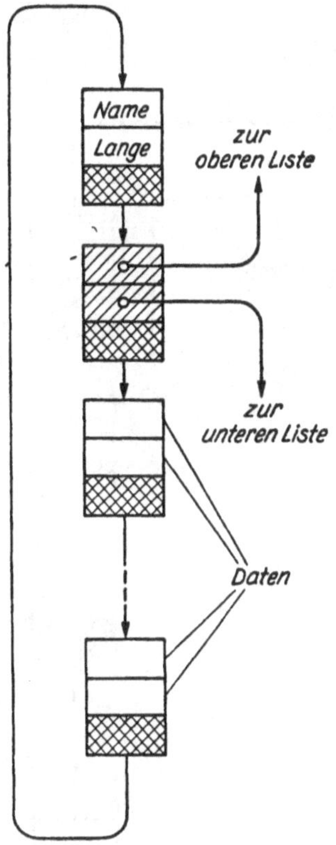

Abb. 14.2. Block

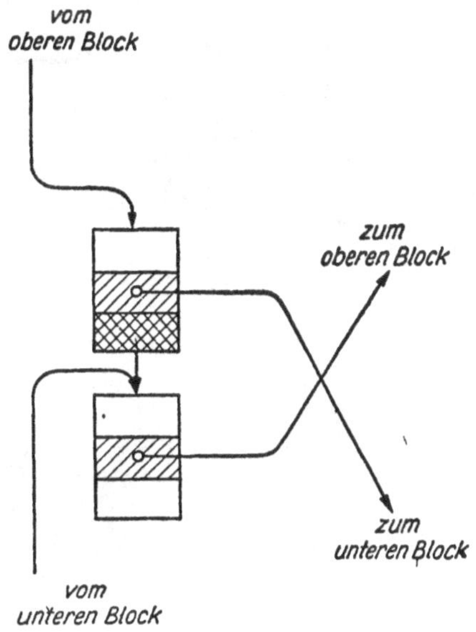

Abb. 14.3. Knoten

tät von fünf Worten. Davon sind zwei Worte zur Aufnahme der Adressen vorgesehen, durch die die Verbindungen zu dem übergeordneten und zu dem untergeordneten Block hergestellt werden, zwischen denen der betreffende Knoten vermittelt (Abb. 14.4).

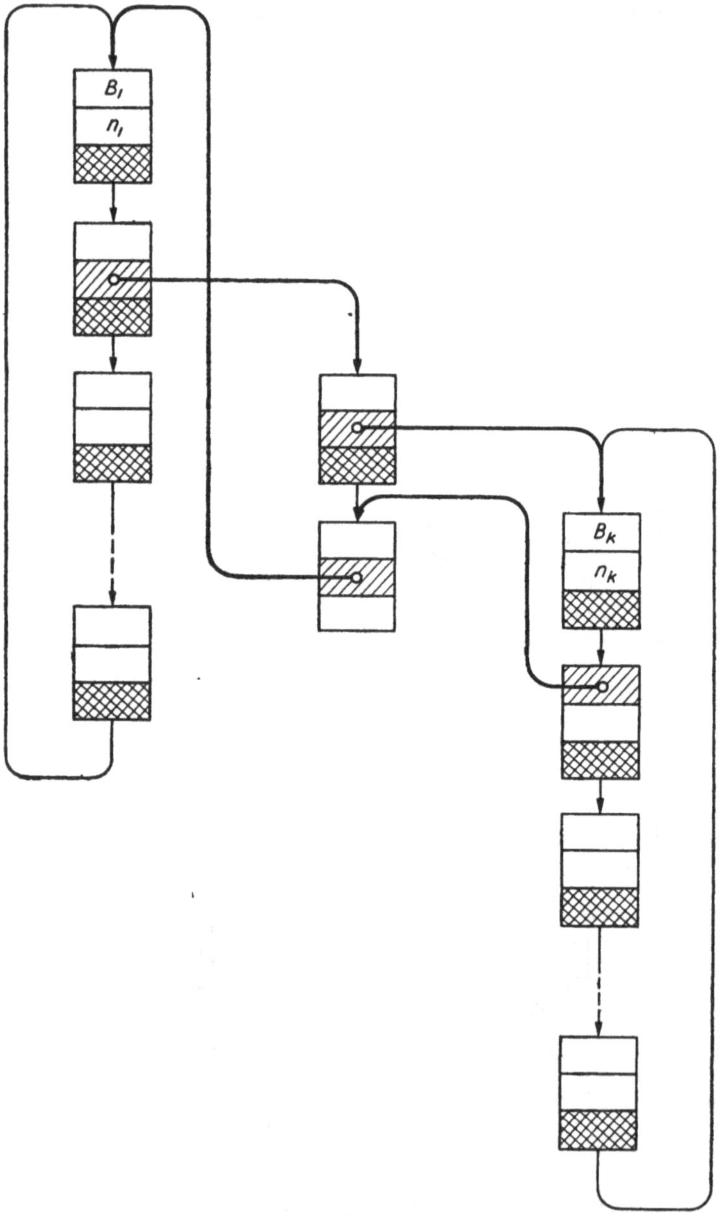

Abb. 14 4 Über- und untergeordnete Blocke und vermittelnder Knoten

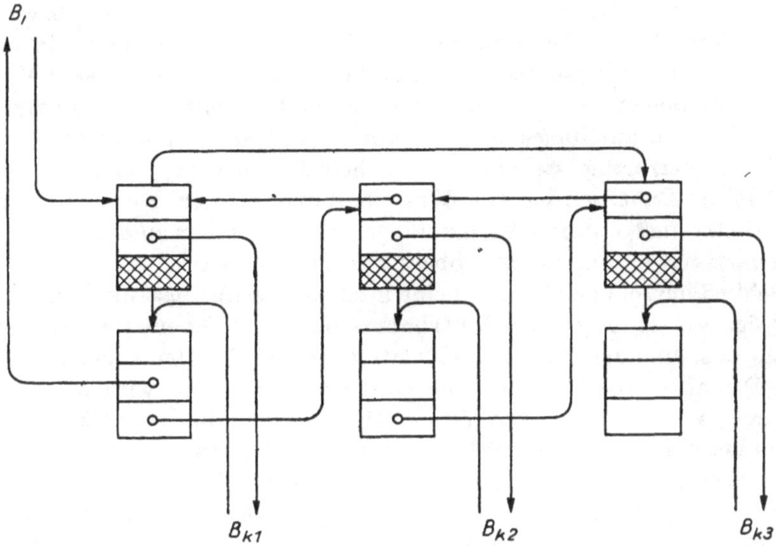

Abb. 14.5. Vermittlung zu mehreren untergeordneten Blocken durch eine untere Liste

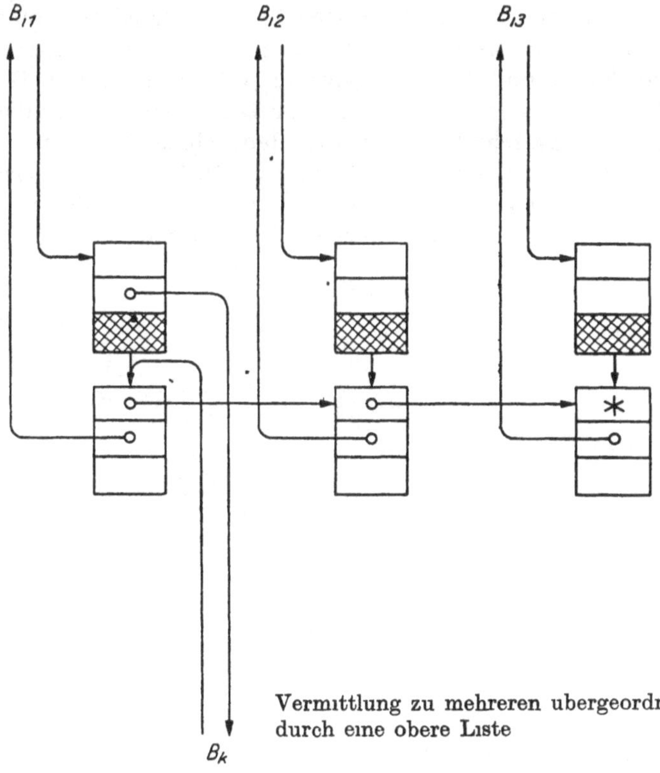

Abb. 14 6. Vermittlung zu mehreren ubergeordneten Blocken durch eine obere Liste

Da zu einem Block u. U. mehrere Blöcke in einem unter- bzw. übergeordneten Verhältnis stehen können, von einem Block aber nur je ein unterer bzw. oberer Knoten angesprochen werden kann, werden die weiteren Vermittlungsknoten an den ersten angehängt und bilden dann mit ihm zusammen die untere bzw. obere Vermittlungsliste. Der Verbindung von Knoten zu Listen dienen die noch zur Verfügung stehenden restlichen drei Worte jedes Knotens (Abb. 14.5 und 14.6). Dabei werden zwei Worte zu Vorwärts- und Rückwärtsverbindungen innerhalb einer unteren Vermittlungsliste vorgesehen und das letzte Wort für Vorwärtsverbindung in einer oberen Vermittlungsliste.

Schließlich sei noch kurz auf eine interessante Listenstruktur hingewiesen, die auf der Vorstellung eines Binärbaums beruht, bei dem für jeden Knoten der einen auslaufenden Kante das Relationszeichen $>$, der anderen $<$ zugeordnet ist. Das als erstes für eine Liste einlaufende Element wird an die Wurzel des Baums gesetzt. Der weitere Listenaufbau werde induktiv erklärt.

Es liege eine Liste gespeichert vor. Tritt nun ein weiteres Element auf, das dem bestehenden Ordnungsprinzip entsprechend in die Liste aufgenommen werden soll, so wird das neue Element von der Wurzel aus von Knoten zu Knoten über die dem jeweils zutreffenden Relationszeichen entsprechenden Kante geschoben, bis es einen noch freien Knoten erreicht, dem es dann angelagert wird.

Erfaßt man für jedes Element der Liste den Kantenzug, der von der Wurzel zu seiner Position im Baum führt, durch Angabe des entsprechenden Wortes über den Symbolen $>$ und $<$ und ergänzt diese Wörter durch evtl. Anhängen eines neutralen Symbols (etwa 0) auf gleiche Länge, so liegt für die Listenelemente eine lexikographische Ordnung über dem Alphabet ($>$, 0, $<$) vor. Bei einer Realisierung einer Liste nach diesem Prinzip können die einzelnen Elemente beliebig abgespeichert werden; dabei ist nur jeweils Platz für eine spätere Aufnahme der beiden Nachfolgeradressen zu reservieren

Wahrscheinlichkeitsautomaten III

15. Wahrscheinlichkeit

Den Betrachtungen in der klassischen Physik liegt die Vorstellung zugrunde, daß alles Geschehen determiniert ist. Die Aufeinanderfolge von Ereignissen läßt sich dabei in Form von Ketten darstellen, in denen keine Verzweigungen, wohl aber Vereinigungen möglich sind (Abb. 15.1).

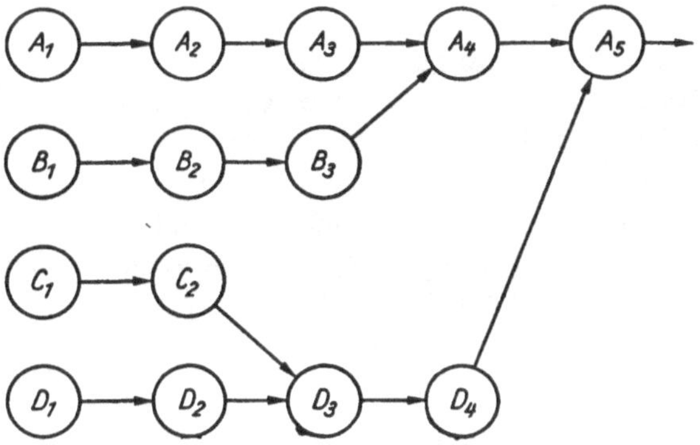

Abb. 15.1. Determinierte Ereignisse

Die Erfahrung zeigt aber, daß diese Annahme mikroskopisch nicht haltbar ist. Die von uns makroskopisch beobachtbaren Vorgänge lassen sich nur aus dem stochastischen Zusammenwirken sehr vieler elementarer Vorgange verstehen. Dabei ist der einzelne elementare Vorgang oft nicht vorherbestimmbar. Aus der a priori möglichen Menge $\{B_1, B_2, B_3, \ldots\}$ von Ereignissen, die auf das Ereignis A folgen konnen, wird zufallig eines ausgewahlt; welches dies ist, läßt sich jedoch nicht vorhersagen (Abb. 15 2).

Zufällig, wie der Einzelvorgang, und damit prinzipiell unvorhersagbar bleibt auch jede endliche Wiederholung. Da aber Experimente stets endlich sind, stellt jedes selbst wieder ein Zufallsereignis dar. Die Erfahrung legt zwar die Annahme nahe, daß auch der Zufall Gesetzmaßigkeiten unterworfen ist. Zugleich zwingt aber aus den eben dargelegten Gründen die Logik, die Unmöglichkeit zu akzeptieren, das Gesetz, dem der Zufall unterworfen ist, experimentell mit Sicherheit bestimmen zu konnen. Es laßt sich nur axiomatisch einfuhren; ubrig bleibt dann allein festzustellen, wie weit Folgerungen, die wir aus ihm ziehen, den Gegebenheiten entsprechen. Praktisch erhalt man Wahrscheinlichkeiten auf Grund geometrischer Überlegungen oder aus Messungen relativer Haufigkeiten In einigen Fällen setzt man gleiche a priori Wahrscheinlichkeiten fur Ereignisse voraus, wenn nichts dagegen spricht

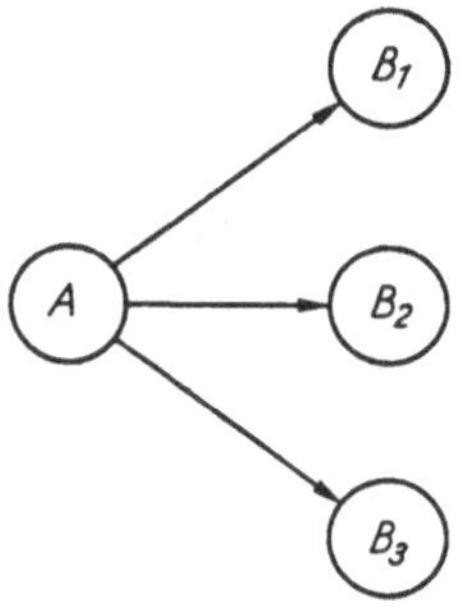

Abb. 15.2. Nichtdeterminierte Ereignisfolge
Auf das Experiment A folgt eines der Ereignisse aus der a priori moglichen Menge $\{B_1, B_2, \ldots, B_n\}$

Fuhrt man das gleiche Experiment A n-mal aus und stellt man fest, daß dabei als Ergebnis das bestimmte Ereignis B_i — es ist eines aus den möglichen Ereignissen — m_i-mal auftritt, so gibt

$$h_n(B_i) = \frac{m_i}{n}$$

die relative Haufigkeit fur das Ereignis B_i bei diesem Versuch. Es muß betont werden, daß sich damit aber kein Weg anbietet, die Wahrscheinlichkeit fur das Auftreten von B_i experimentell mit Sicherheit zu gewinnen Es ist namlich nicht moglich, dabei mit Bestimmtheit eine Fehlergrenze anzugeben, mit der die erhaltene Haufigkeit die Wahrscheinlichkeit approximiert. Das starke Gesetz der großen Zahlen stellt zwar eine Brucke zwischen Haufigkeit und Wahrscheinlichkeit her, indem es eine Aussage uber den Grenzwert macht, dem die Haufigkeit bei einer uber alle Grenzen wachsenden Anzahl von Experimentwiederholungen zustrebt. Diese Aussage hat aber Wahrscheinlichkeitsform:

Mit der Wahrscheinlichkeit Eins ist der Grenzwert der Haufigkeit $h_n(B_i)$ gleich der Wahrscheinlichkeit $p(B_i)$

Eine Aussage „mit der Wahrscheinlichkeit Eins" bedeutet aber, daß sie nur „fast immer" gultig ist. Unter unendlich vielen Grenzwertexperimenten konnen hochstens endlich viele eine Ausnahme sein. Wann eine solche Ausnahme eintritt, ist nicht vorherbestimmbar. Es kann gerade das vorgenommene Haufigkeitsexperiment Ausnahme sein; obendrein laßt sich uber die dann vorhandene Abweichung vom Wahrscheinlichkeitswert keine Angabe mit Bestimmtheit machen. Wir sind diesen prinzipiellen Fragen breiter nachgegangen. Bei der nun folgenden Darstellung der Axiome, Regeln und Begriffe beschranken wir uns dagegen auf das fur die weiteren Betrachtungen Notwendige und verweisen den interessierten Leser auf die Fachliteratur (z. B. [20]).

Es sei $M = \{A_1, A_2, \ldots\}$ eine Menge von elementaren Ereignissen und F ein Ereignisfeld, dessen Elemente — sie heißen zufallige Ereignisse — Teilmengen von M sind und das die folgenden Bedingungen erfullt:

1. M selbst gehort zum Ereignisfeld F.
2. Wenn X und Y dem Ereignisfeld F angehoren, dann gilt dies auch fur

   die Vereinigung $X \cup Y$,

   den Durchschnitt $X \cap Y$ und

   die Komplemente relativ zu M $\overline{X}$ bzw. $\overline{Y}$.

Dann muß aber auch $\overline{M} = \Lambda$, die leere Menge, als ,,unmogliches Ereignis" dem Ereignisfeld angehoren.

1. *Axiom:* Jedem zufalligen Ereignis E aus F ist eine nichtnegative Zahl $p(E)$ als Wahrscheinlichkeit zugeordnet.

2. *Axiom:* Die Wahrscheinlichkeit, daß irgendein Ereignis aus F eintritt, ist Eins:

$$p(M) = 1 .$$

3. *Axiom:* Die Wahrscheinlichkeit fur das Auftreten eines von zwei disjunktiven zufälligen Ereignissen ist die Summe der Wahrscheinlichkeiten dieser beiden Ereignisse.

4. *Axiom:* Die Wahrscheinlichkeit fur das Auftreten eines Elementes aus einer Teilmenge bezuglich dieser Teilmenge ist gleich der Wahrscheinlichkeit fur das Auftreten dieses Elementes bezuglich der die Teilmenge umfassenden Gesamtmenge dividiert durch die Wahrscheinlichkeit fur das Auftreten der Teilmenge bezuglich der Gesamtmenge.

Es sei $F' \subset F$ und $E \in F'$. Dann tritt E bezuglich F' mit der Wahrscheinlichkeit

$$p'(E) = \frac{p(E)}{p(F')}$$

auf, wenn $p(E)$ und $p(F')$ die Wahrscheinlichkeiten fur das Auftreten von E bzw. F' bezuglich F bedeuten

Aus diesen Axiomen leiten wir einige Regeln ab

5. *Theorem:* Die Wahrscheinlichkeit fur das unmogliche Ereignis ist Null.

Aus $M = M \cup \Lambda$ folgt nämlich unter Anwendung des dritten Axioms, da M und Λ unabhangig voneinander sind,

$$p(M) = p(M) + p(\Lambda)\,, \quad \text{d. h.}$$

$$p(\Lambda) = 0\,.$$

6. *Theorem:* $p(\overline{E}) = 1 - p(E)$

Dies folgt in gleicher Weise aus

$$E \cup \overline{E} = M\,.$$

7. *Theorem:* Ist E_1 Teilereignis von E_2

$$E_1 \subset E_2$$

und gehoren beide dem Ereignisfeld F an, so ist

$$p(E_1) \leqq p(E_2)\,.$$

Wegen der Forderung, daß E_1 Teilereignis von E_2 ist, gilt nämlich (Abb. 15.3)

$$E_1 \cup (E_2 \cap \overline{E_1}) = E_2\,.$$

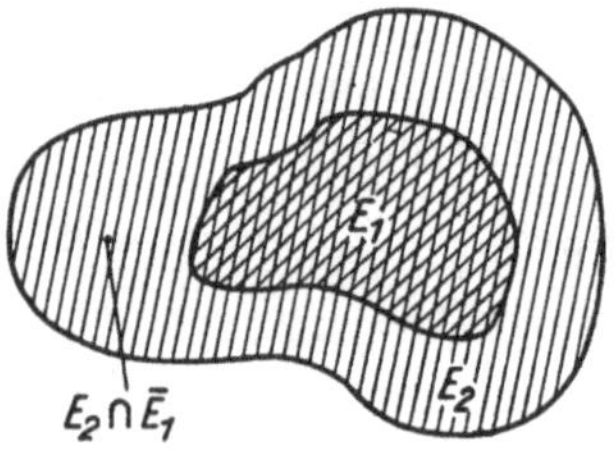

Abb. 15.3. Wenn $E_1 \subset E_2$, dann $E_1 \cup (E_2 \cap \overline{E}_1) = E_2$

Darin sind E_1 und $E_2 \cap \overline{E_1}$ disjunkt. Somit laßt sich wieder das dritte Axiom anwenden und liefert

$$p(E_1) + p\,(E_2 \cap \overline{E_1}) = p(E_2)\,.$$

Da aber $p\,(E_2 \cap \overline{E_1})$ nichtnegativ ist, folgt

$$p(E_1) \leqq p(E_2)\,.$$

Aus $\Lambda \subset A \subset M$ folgt dann speziell

Theorem 8: $0 \leqq p(A) \leqq 1\,.$

Das vierte Axiom liefert in anderer Fassung die Einfuhrung der *bedingten Wahrscheinlichkeit.* Wir führen hierzu die folgende Überlegung durch.

Es seien E_1 und E_2 zwei zufallige Ereignisse aus dem Feld F. Der Durchschnitt

$$E_1 \cap E_2$$

ist dann ebenfalls ein zufälliges Ereignis und ein Element der Teilmenge E_1 Abb. 15.4).

Die Schnittmenge $E_1 \cap E_2$ reprasentiert die Ereignisse E_1, die unter der Bedingung auftreten, daß das Ereignis E_2 schon vorausgegangen ist. Die Wahrscheinlichkeit für das Auftreten von $E_1 \cap E_2$ bezüglich E_2 stellt somit die Wahrscheinlichkeit für das Auftreten von E_1 unter der Bedingung dar, daß E_2 vorausgegangen ist. Man spricht daher von einer bedingten Wahrscheinlichkeit und schreibt

$$p(E_1/E_2) .$$

Damit liefert das vierte Axiom die *Definition*

$$p(E_1/E_2) = \frac{p(E_1 \cap E_2)}{p(E_2)} .$$

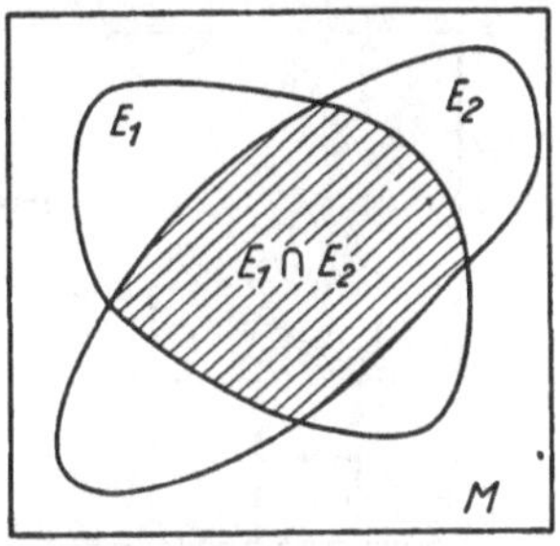

Abb. 15.4. $p(E_1/E_2) = \frac{p(E_1 \cap E_2)}{p(E_2)}$

Im allgemeinen schreibt man für die Verbundwahrscheinlichkeit $p(E_1 \cap E_2)$ einfacher $p(E_1, E_2)$. Mit dieser Schreibweise gelten die Beziehungen

$$p(E_1, E_2) = p(E_1) \cdot p(E_2/E_1)$$
$$= p(E_2) \cdot p(E_1/E_2) .$$

Theorem 9: Die Wahrscheinlichkeit für das Zusammentreffen zweier Ereignisse ist gleich dem Produkt aus der Wahrscheinlichkeit fur das Auftreten des einen Ereignisses und der Wahrscheinlichkeit für das Auftreten des anderen Ereignisses unter der Bedingung, daß das erstere Ereignis schon eingetreten ist.

Die Ausasge, daß zwei Ereignisse E_1 und E_2 unabhängig voneinander sind, ist gleichbedeutend mit der Aussage, daß sich ihre bedingten Wahrscheinlichkeiten nicht von ihren unbedingten Wahrscheinlichkeiten unterscheiden:

$$p(E_1/E_2) = p(E_1) ,$$
$$p(E_2/E_1) = p(E_2) .$$

Damit erhalten wir die folgende Regel:

Theorem 10: Die Wahrscheinlichkeit für das Zusammentreffen zweier voneinander unabhängiger Ereignisse ist gleich dem Produkt der beiden Wahrscheinlichkeiten:

$$p(E_1, E_2) = p(E_1) \cdot p(E_2)$$

Die Wahrscheinlichkeit ist als ein *normiertes additives Maß* auf der Menge aller Möglichkeiten eingeführt.

Hat diese Menge diskreten Charakter, d. h. umfaßt sie endlich viele oder abzählbar unendlich viele Objekte, so ist die „Einheit" dieses Maßes auf die einzelnen Objekte in diskreten Anteilen zu verteilen. Beschrieben werden kann in diesem Fall die Verteilung durch Angabe der einzelnen diskreten Anteile, d. h. durch Angabe der den einzelnen Objekten zukommenden Wahrscheinlichkeiten (Abb. 15.5) Als Symbol verwenden wir dabei den kleinen Buchstaben p, wobei der Index sich auf das jeweilige Objekt bezieht

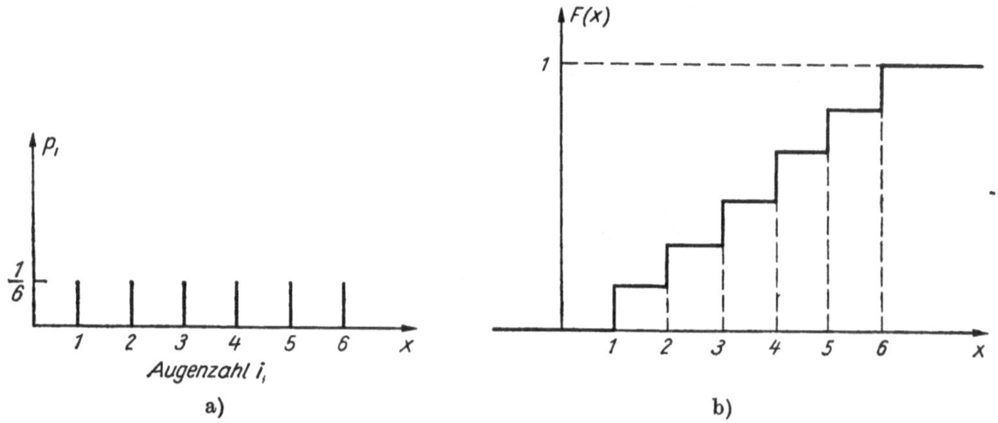

Abb. 15.5. Wurf mit idealem Würfel
a) Wahrscheinlichkeiten, b) Wahrscheinlichkeitsverteilung

Bei kontinuierlichem Charakter der Menge aller Möglichkeiten muß man in natürlicher Weise zu Angaben im Sinn einer physikalischen Belegungsdichte greifen. Man spricht von der *Wahrscheinlichkeitsdichte* (Abb. 15 6). Als Funktionszeichen verwenden wir den großen Buchstaben P Schließlich kann auch ein gemischter Fall auftreten. Abb. 15.7 gibt dafür ein Beispiel.

Eine Möglichkeit zur Beschreibung, die allen drei Fällen gerecht wird, bietet der Begriff der *Verteilungsfunktion*.

> Ist ξ eine Zufallsgröße und x eine reelle Zahl, so gibt die Wahrscheinlichkeitsverteilung $F(x)$ die Wahrscheinlichkeit dafür, daß die Zufallsgröße ξ einen Wert annimmt, der kleiner als x ist:
>
> $$F(x) = p\,(\xi < x)\,.$$

Die Verteilungsfunktion ist somit eine monotone nichtfallende und linksseitig stetige Funktion; sie genügt den Bedingungen $F(-\infty) = 0$ und $F(+\infty) = 1$.

Die Abbildungen 15.5 bis 15.7 enthalten neben den Wahrscheinlichkeiten bzw. Wahrscheinlichkeitsdichten auch die Wahrscheinlichkeitsverteilungen.

Im weiteren führen wir einige Wahrscheinlichkeitsverteilungen an, die häufig zur Anwendung kommen

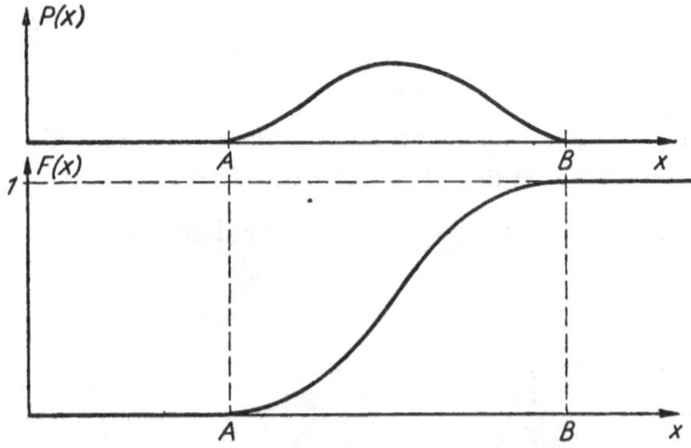

Abb. 15.6. Bremsweg einer rollenden Kugel auf waagerechter Bahn
a) Wahrscheinlichkeitsdichte, b) Wahrscheinlichkeitsverteilung

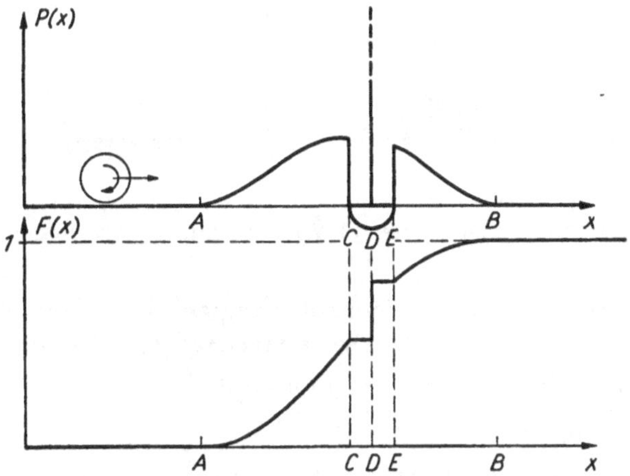

Abb. 15.7. Bremsweg einer rollenden Kugel auf waagerechter Bahn, die ein Loch enthalt
a) Wahrscheinlichkeitsdichte, b) Wahrscheinlichkeitsverteilung

Abb. 15.8 zeigt fur eine *gleichmaßige Verteilung* uber $a \leqq x \leqq b$ Wahrscheinlichkeitsdichte und Verteilungsfunktion.

Ein Alternativversuch, bei dem das Ereignis A mit der Wahrscheinlichkeit p und das Ereignis Nicht-A (Symbol $\bar{A}$) mit der Wahrscheinlichkeit $1 - p$ auftritt, werde n-mal wiederholt. Gefragt ist nach der Wahrscheinlichkeit, mit der das Ereignis A dabei k-mal auftritt Die bei einem aus n Versuchen bestehenden Experiment in Erscheinung tretende Kette von Ergebnissen laßt sich als ein n-stelliges Wort uber dem Alphabet $\{A, \bar{A}\}$ darstellen. Uns interessiert die Anzahl der verschiedenen n-stelligen Worter, die sich aus k Buchstaben A und $(n - k)$ Buchstaben $\bar{A}$ bilden lassen. Ware das n-stellige Wort aus n verschiedenen Symbolen $A_1, A_2, \ldots, A_n$ zu bilden, so wäre die Anzahl der möglichen Wörter durch die Anzahl der Permutationen, also durch $n!$, gegeben. Da aber k Symbole durch den gleichen Buchstaben A und die restlichen $(n - k)$ Symbole ebenfalls durch den gleichen Buchstaben $\bar{A}$ gebildet werden, liefern die entsprechenden Permutationen $k!$- bzw. $(n - k)!$-mal die gleichen Wörter. Somit gibt es $\frac{n!}{k!\,(n-k)!}$ unterschiedliche Wörter, die k-mal

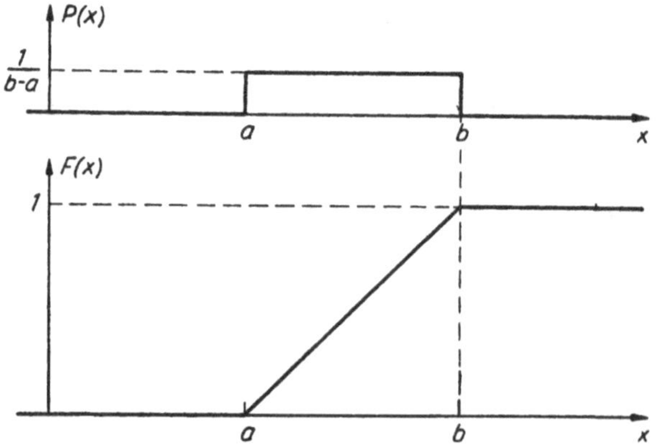

Abb. 15.8. Gleichmäßige Verteilung
a) Wahrscheinlichkeitsdichte, b) Wahrscheinlichkeitsverteilung

das Symbol A und $(n - k)$-mal das Symbol $\bar{A}$ tragen. Die Wahrscheinlichkeit, daß bei einem Experiment von n Versuchen k-mal das Symbol A und $(n - k)$-mal das Symbol $\bar{A}$ auftritt, ist für jede Reihenfolge durch

$$p^k \cdot (1 - p)^{n-k}$$

gegeben. Damit ergibt sich als Wahrscheinlichkeit, daß bei einem solchen Experiment das Symbol A überhaupt k-mal auftritt,

$$p_n(k) = \frac{n!}{k!\,(n-k)!} \cdot p^k \cdot (1 - p)^{n-k}.$$

(BERNOULLIsches Schema). Man spricht auch von dem *Binomialgesetz der Wahrscheinlichkeitsverteilungen*, da sich formal diese Glieder bei der Entwicklung von

$$(p + (1-p))^n = \binom{n}{0} p^n + \binom{n}{1} p^{n-1}(1-p) + \binom{n}{2} p^{n-2}(1-p)^2 + \cdots + \binom{n}{k} p^{n-k}(1-p)^k + \cdots + \binom{n}{n}(1-p)^n$$

mit $\binom{n}{k} = \frac{n!}{k!\,(n-k)!}$ ergeben.

Beispiel. Ein idealer Würfel werde 6mal geworfen. Wie groß ist die Wahrscheinlichkeit, daß dabei eine bestimmte Augenzahl (etwa 1) k-mal auftritt? ($k = 0, 1, 2, \ldots, 6$)

$$p(k) = \binom{6}{k}\left(\frac{1}{6}\right)^k\left(\frac{5}{6}\right)^{6-k} = \binom{6}{k}\frac{5^{6-k}}{6^6}. \qquad \text{(Tab. 15.1) (Abb. 15.9)}.$$

Tab. 15.1. **Beispiel zum BERNOULLIschen Schema**

k	$\binom{6}{k}$	5^{6-k}	$100 \cdot p_6(k)$ %
0	1	14625	33,5
1	6	3125	40,2
2	10	625	20,1
3	15	125	4,3
4	10	25	0,8
5	6	5	0,1
6	1	1	0,002

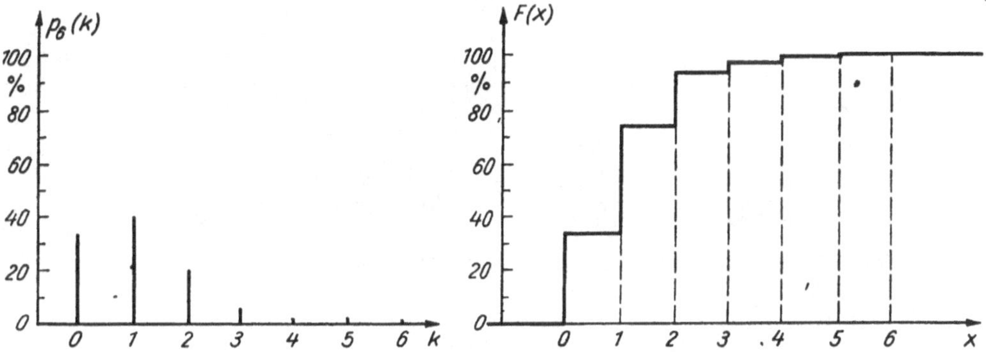

Abb. 15.9. Beispiel einer Binomialverteilung $p_6(k)$ mit $p = 1/6$

Von besonderem Interesse sind die Werte der Binomialverteilung bei sehr großer Wiederholungszahl. Da sich diese aber schwer berechnen lassen, geht man beim Grenzübergang $n \to \infty$ zu geeigneten Näherungen über. Dabei ist dieser Grenzübergang entsprechend den unterschiedlichen Anwendungssituationen in verschiedener Weise durchzuführen.

Führt man den Grenzübergang

$$n \to \infty$$

mit

$$p \to 0$$

so durch, daß die mathematische Erwartung für das Eintreten des Ereignisses A konstant bleibt,

$$n \cdot p = \lambda = \text{const},$$

so gelangt man zu der POISSONschen *Verteilung*. Wir skizzieren hier die Ableitung.

Zur näherungsweisen Berechnung der Fakultät $X!$ bei großem X zieht man die STIRLINGsche Formel

$$X! = \sqrt{2\pi X}\left(\frac{X}{e}\right)^X$$

heran. Ersetzt man damit in der BERNOULLIschen Formel $n!$ und $(n-k)!$, so erhält man nach leichter Umstellung

$$p_n(k) \approx \frac{1}{k!}\sqrt{\frac{n}{n-k}}\,\frac{n^n}{(n-k)^{n-k}}\,e^{-k}\,p^k\,(1-p)^{n-k}.$$

Darin wird p durch $\frac{\lambda}{n}$ ersetzt,

$$p_n(k) \approx \frac{1}{k!}\sqrt{\frac{n}{n-k}}\left(\frac{n-\lambda}{n-k}\right)^{n-k} e^{-k}\,\lambda^k.$$

Der Grenzübergang liefert bei konstantem k

$$\lim_{n\to\infty}\sqrt{\frac{n}{n-k}} = 1.$$

In $\left(\frac{n-\lambda}{n-k}\right)^{n-k}$ führe man $m = \frac{n-k}{k-\lambda}$ ein. Damit wird

$$\left(\frac{n-\lambda}{n-k}\right)^{n-k} = \left(1+\frac{k-\lambda}{n-k}\right)^{n-k} = \left(1+\frac{1}{m}\right)^{m(k-\lambda)}.$$

Da bei konstantem k und λ mit $n\to\infty$ auch $m\to\infty$ geht, erhält man mit $\lim\limits_{m\to\infty}\left(1+\frac{1}{m}\right)^m = e$

$$\lim_{n\to\infty}\left(\frac{n-\lambda}{n-k}\right)^{n-k} = \lim_{m\to\infty}\left[\left(1+\frac{1}{m}\right)^m\right]^{k-\lambda} = e^{k-\lambda}.$$

Somit geht beim Grenzübergang die BERNOULLIsche Formel über in

$$p_\lambda(k) \approx \frac{1}{k!}\,e^{-\lambda}\,\lambda^k \quad \text{(POISSONsche \textit{Verteilung})}.$$

Beispiel Für $\lambda = 2$ liefert die POISSONsche Verteilung die folgenden Werte (Tab. 15.2) (Abb 15.10):

Die POISSONsche Verteilung läßt sich der Ableitung entsprechend dann anwenden, wenn der Erwartungswert für das Auftreten eines Ereignisses bei über alle Grenzen wachsender Wiederholungszahl konstant bleibt.

Abschließend seien noch die Bedingungen angegeben, unter denen der Grenzübergang die Binomialverteilung durch die GAUSSsche *Verteilung* (*Normalverteilung*) approximiert. Hinsichtlich der Ableitung sei auf die Literatur verwiesen [58, 62].

Tab. 15.2. **Beispiel zur POISSONschen Verteilung ($\lambda = 2$)**

k	$k!$	2^k	$\frac{2^k}{k!}$	$p_2(k) \cdot 100\%$
0	1	1	1	13,5
1	1	2	2	27,1
2	2	4	2	27,1
3	6	8	1,333	18,1
4	24	16	0,667	9,0
5	120	32	0,267	3,6
6	720	64	0,089	1,2
7	5040	128	0,025	0,3
8	40320	256	0,006	0,1
9	362880	512	0,001	—

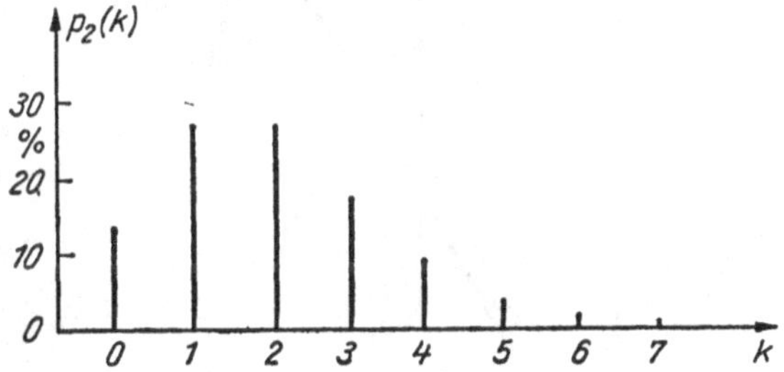

Abb. 15.10. POISSONsche Verteilung für $\lambda = 2$

Als Variable werde anstelle von k die Differenz gegen den Erwartungswert $\lambda = n \cdot p$

$$u = k - \lambda$$

eingeführt. Führt man den Grenzübergang

$$n \to \infty$$

unter den Bedingungen

$$p \neq 0 \quad \text{und} \quad p \neq 1$$

durch und beschränkt man sich dabei auf Abweichungen u, die sehr klein gegen λ bzw. $1 - \lambda$ sind,

$$u \ll \lambda ,$$

$$u \ll 1 - \lambda ,$$

so erhält man die sogenannte GAUSSsche Verteilung, auch Normalverteilung genannt:

$$\varphi(u) = \frac{1}{\sigma \sqrt{2\pi}} \cdot e^{-\frac{u^2}{2\sigma^2}} \qquad \text{mit } \sigma = \sqrt{n\,p\,q} .$$

Die zugehorige Kurve (Abb. 15 11) hat die Gestalt einer „Glocke“ mit dem Maximum bei $u = 0$ (d. h. bei $k = \lambda$, dem Erwartungswert) und Wendepunkt bei $u = \pm\sigma$.

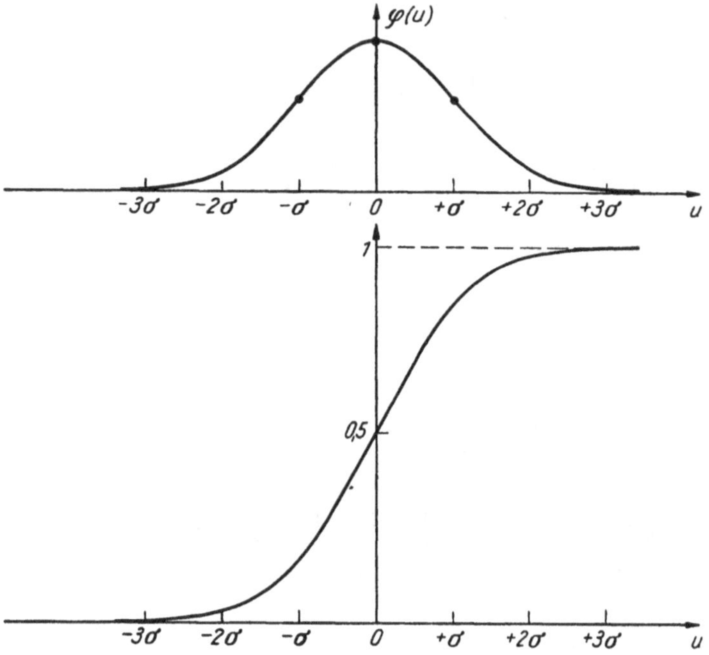

Abb. 15.11. Normalverteilung (GAUSSsche Verteilung)

$$\varphi(u) = \frac{1}{\sigma\sqrt{2\pi}} \cdot e^{-\frac{u^2}{2\sigma^2}}$$

σ^2 hat die Bedeutung der Dispersion $D\,\xi$; sie gibt die mathematische Erwartung fur das Quadrat der Abweichung der Zufallsgroße ξ von ihrem Erwartungswert $M\,\xi$:

$$D\,\xi = M\,(\xi - M\,\xi)^2 .$$

16. Erzeugung von Zufallsprozessen auf Rechenautomaten

Bei der digitalen Simulation kybernetischer Systeme tritt haufig die Notwendigkeit auf, Zufallsprozesse des realen Geschehens im Rahmen des Systemablaufs auf dem Rechenautomaten nachzuspielen. So wird beispielsweise fur das Modell einer Tankstelle das Inputereignis — es ist dies das Einlaufen eines Kraftwagens, der tanken will — als ein Zufallsereignis anzusehen sein, das in bestimmter Weise durch Angabe einer Wahrscheinlichkeitsverteilung, etwa einer Poissonschen Verteilung, charakterisiert ist. Im gleichen Beispiel wird die Laufzeit der Zapfstellen-Automatik von der Kraftstoffmenge abhängen, die der jeweilige Fahrer fordert. Hier wird eine Wahrscheinlichkeitsverteilung fur die Laufzeit anzusetzen sein, wie sie aus einer statistischen Erfassung an einer Tankstelle gewonnen werden kann. Weiter werden die unterschiedlichen Forderungen nach zusatzlichem Kundendienst (z. B. Nachfullen von Kühlwasser und Öl) durch einen Zufallsprozeß zu simulieren sein, der zu den entsprechenden speziellen Unterprogrammen fuhrt.

Wir haben hier zwei Fragen zu klaren: erstens, wie im Rahmen des determinierten Ablaufs eines Rechenautomaten ein Element des Zufalls überhaupt dargestellt und zweitens, wie dabei der speziellen Charakteristik eines bestimmten in unserer Umwelt realisierten oder realisiert gedachten Zufallsprozesses entsprochen werden kann.

Zunachst halten wir folgendes fest: Bei einem auf zufalligem Geschehen basierenden Prozeß ist a priori nicht zu sagen, wie er in einem bestimmten Fall — das ist bei einer Realisierung — verlaufen wird; es laßt sich nur eine bestimmte Menge von Moglichkeiten angeben und zu jeder Moglichkeit die Wahrscheinlichkeit des Eintretens. Bei einer Realisierung verläuft der Prozeß in einer posteriori bestimmten Form. Nur bei wiederholten Realisierungen tritt der Charakter des Zufallsprozesses in Erscheinung. Genau diese Eigenschaften mussen auch dem Simulationsmodell zukommen. Im simulierenden Programm muß die tatsachliche Menge der Moglichkeiten vorgesehen sein. Eine tatsächliche Realisierung des Programmablaufs auf dem Rechenautomaten muß dann eine dieser Möglichkeiten liefern, welche dies ist, laßt sich a priori nicht angeben. Wiederholt man aber den Ablauf des gleichen Programms hinreichend oft, so muß sich mit einer Wahrscheinlichkeit, die durch eine entsprechend große Anzahl von Wiederholungen dem Wert 1 beliebig nahe zu bringen ist, aus dem simulierten Prozeß eine Wahrscheinlichkeitsverteilung ergeben, die der Wahrscheinlichkeitsverteilung des zu simulierenden Prozesses beliebig nahe kommt.

Im allgemeinen wird man die Schwierigkeiten, die mit einer digitalen Simulation eines Zufallsprozesses mit bestimmten Eigenschaften verbunden sind, auf zwei Ebenen verteilen.

Zunachst wird man im Rahmen der Simulation einen Standard-Zufallsprozeß bereitstellen; meist wählt man dabei einen numerischen Zufallsprozeß mit einer in einem bestimmten Zahlenbereich gleichmäßigen Verteilung. Sodann wird das bei einer Realisierung (einem Programmablauf auf dem Rechenautomaten) eingetretene Ereignis — dies ist eine bestimmte Zahl aus dem Standardbereich — einer geeigneten Transformation unterworfen, um daraus ein Ereignis zu gewinnen, das dem speziellen Zufallsprozeß im Typ und bei Wiederholungen der Realisierungen auch in der Verteilung gerecht wird.

I. Erzeugung von Zufallszahlen

1. In der Pionierzeit der Rechenautomaten versuchte man physikalisch technische Zufallsprozesse heranzuziehen, um gleichmäßig verteilte und von-

einander unabhangige Zufallszahlen zu erzeugen. Bei dem elektromechanischen Rechenautomaten Mark I (1937 von Howard H. Aiken geplant, 1939 in Zusammenarbeit des Computati Laboratory der Harvard University, Cambridge, USA und der Firma IBM begonnen und 1944vollendet) Automatic Sequence Controlled Calculator ASCC benutzte man das Rauschen von Elektronenrohren. Solchen Versuchen haftet aber die Schwierigkeit an, prufen zu konnen, ob die erzeugten Zahlenfolgen dabei genügend unabhangig und gleichmaßig verteilt sind. Unbefriedigend ist daruber hinaus die Tatsache, daß bei diesen Methoden zusatzlich und in ihrer Struktur bezuglich der Automaten fremde Gerate benotigt werden.

2. Man suchte daher nach Methoden, den Rechenautomaten selbst zur Erzeugung von Zufallszahlen einzusetzen.

Zunachst erscheint es widerspruchsvoll, mit Hilfe einer Einrichtung, die einem determinierten Ablauf unterworfen ist, Zahlenfolgen von Zufallscharakter zu erzeugen Es sei darauf hingewiesen, daß nicht die Art der Erzeugung das Wesentliche ist; vielmehr kommt es darauf an, daß die Elemente der dargebotenen Zahlenfolge bestimmten Bedingungen hinsichtlich gleichmäßiger Verteilung und Regellosigkeit der Aufeinanderfolge genügen. Ob bei einer Simulation beispielsweise eine Folge von naturlichen Zahlen aus dem Bereich von 0 bis 99 mit gleichmaßiger Verteilung dadurch gewonnen wird, daß während eines Anhaltens des Automaten jeweils manuell aus einer Urne, die hundert von 0 bis 99 durchnumerierte Lose enthalt, ein Los aufs Geratewohl gezogen wird, oder ob solche zuvor manuell gewonnenen Ergebnisse in eine Liste aufgenommen wurden und wahrend der Simulation dann daraus entnommen werden, ist unwesentlich. Das Entnehmen der einzelnen Zahlen aus dieser Liste ist an sich ein determinierter Prozeß; er kann aber durchaus stellvertretend fur den vorausgegangenen primaren Erzeugungsprozeß genommen werden.

Unsere Überlegungen zwingen uns daruber hinaus zu der Einsicht, daß fur die Zwecke einer digitalen Simulation eine durch einen tatsächlichen Zufallsprozeß gewonnene Zahlenfolge sogar sehr unzweckmaßig sein kann, da sie Anlaß zu atypischen Ergebnissen werden kann. Mit der Erzeugung von Zahlenfolgen durch einen tatsachlichen Zufallsprozeß ist keineswegs gesichert, daß eine spezielle so gewonnene und in der Praxis stets endliche Folge nicht doch starke Korrelationen und (oder) Abweichungen von der Gleichverteilung aufweist. Eine Tafel von Zahlenfolgen, fur die durch Prufung mittels geeigneter mathematischer Tests Gleichverteilung und Unkorreliertheit in ausreichendem Maß gesichert sind, ist demgegenuber vorzuziehen. Dasselbe gilt auch fur numerische Verfahren, durch deren Anwendung (in determinierter Weise[1]) Zahlenfolgen konstruiert werden konnen, wenn die so konstruierten Folgen entsprechenden Tests genugen. Man spricht von Pseudo-Zufallszahlen. Der Vorteil liegt darin, daß der Benutzer sich zuvor uber die bestehenden Korrelationswerte und Perioden informieren kann und so Abschatzungen hinsichtlich ihrer Tragfahigkeit bei der vorgesehenen Anwendung durchführen kann. Einen weiteren Vorteil bietet die Moglichkeit eines identisch wiederholbaren Zufallsprozesses bei der Fehlersuche [27]

a) J. v. NEUMANN schlug eine als „Quadrat-Mitten“ bezeichnete Methode vor: Den Ausgang bildet eine d-stellige Zahl im Zahlensystem zur Basis r. Aus dem von dieser Zahl gebildeten Quadrat werden die mittleren d Stellen entnommen. Die so erhaltene d-stellige Zahl bildet den Startpunkt fur den nachsten Schritt des Verfahrens.

b) Sehr haufig werden Verfahren angewendet, die sich unter der Bezeichnung „Multiplikative Kongruenz“ zusammenfassen lassen. Sie basieren auf der Iteration nach der Formel

$$x_{x+1} \equiv k \cdot x_n \text{ (modulo } M)$$

oder nach der erweiterten Formel

$$x_{n+1} \equiv k \cdot x_n + c \text{ (modulo } M) .$$

Die Eingangszahl x_n wird mit der Konstanten k multipliziert (bei der erweiterten Formel wird noch die Konstante c addiert) und der Rest bestimmt, den dieses Resultat bei der Division durch den Modul M liefert. Der so erhaltene Rest ist dann Eingangszahl fur den nächsten Iterationsschritt.

Als Beispiel fur eine in der Praxis bewahrte Realisierung sei hier der Generator nach H. I SCOIUS angegeben:

$$x_{x+1} \equiv (2^9 + 1) \cdot x_n + c \quad \text{(modulo } 2^{48}) \\ \text{mit } c = 29741096258473$$

(benutzt wurden die 32000 funfstelligen Dualzahlen, die sich aus den 40 wesentlichen Dualstellen von 8000 aufeinander folgenden Gliedern dieser Folge ergeben).

Für Rechenautomaten mit besonders kurzen Additionszeiten empfehlen sich Iterationen, die nur Additionen verwenden:

$$x_{n+1} \equiv a_0 x_n + a_1 x_{n-1} + \cdots + a_s x_{n-s} \quad \text{(modulo } M) ,$$

wobei die Koeffizienten $a_0, a_1, \ldots, a_s$ nur die Werte 0 oder 1 annehmen konnen.

c) Neuerdings greift man auch zu Verfahren, die Folgen von Zufallszahlen durch Kombination zweier auf multiplikativer Kongruenz aufgebauter Zahlenreihen gewinnen.

d) Bei Maschinen mit genugend schnellem Speicher und gepuffertem Eingang bewahren sich durchaus auch Tabellen von geeigneten Zahlenfolgen, die auf Magnetbandern gespeichert sind. Durch Kombination mit dem unter b) genannten Verfahren laßt sich der Vorrat an bereitzustellenden Zufallszahlen leicht weiter vergroßern.

e) In der Nachrichtentechnik werden pseudo-stochastische Binärfolgen durch lineare Schieberegistergeneratoren mit maximaler Periodenlänge erzeugt.

II. Anpassung des Standard-Zufallsprozesses an einen Zufallsprozeß mit vorgeschriebener Verteilung

Um einen vorgegebenen Zufallsprozeß X mit der endlichen Menge $\mathfrak{X} = \{x_1, x_2, \ldots, x_n\}$ von moglichen Ereignissen, denen die Wahrscheinlichkeiten $p_1, p_2, \ldots, p_n$ mit $\sum_{i=1}^{n} p_i = 1$ für ihr Auftreten zukommen, mit Hilfe des Standardprozesses zu simulieren, bilden wir die Menge $\mathfrak{X}$ auf die Ereignismenge des Standardprozesses in geeigneter Weise umkehrbar eindeutig ab.

Zu diesem Zweck konstruieren wir eine Zerlegung [1]) der Ereignismenge E des Standardprozesses so in n Untermengen $U_1, U_2, \ldots, U_n$, daß für jede Untermenge U_i die Anzahl der in ihr enthaltenen Ereignisse des Standardprozesses im Rahmen der evtl. erforderlichen Abrundungen proportional zu der Wahrscheinlichkeit p_i ist. Da der Standardprozeß auf einer gleichmaßigen Verteilung aufgebaut ist, wird bei seiner Realisierung das Ereignis mit der Wahrscheinlichkeit p_i in die Untermenge U_i fallen. Um zu erreichen, daß die Ereignisse x_i $(i = 1, 2, \ldots, n)$ des zu simulierenden Prozesses $\mathfrak{X}$ mit den Wahrscheinlich-

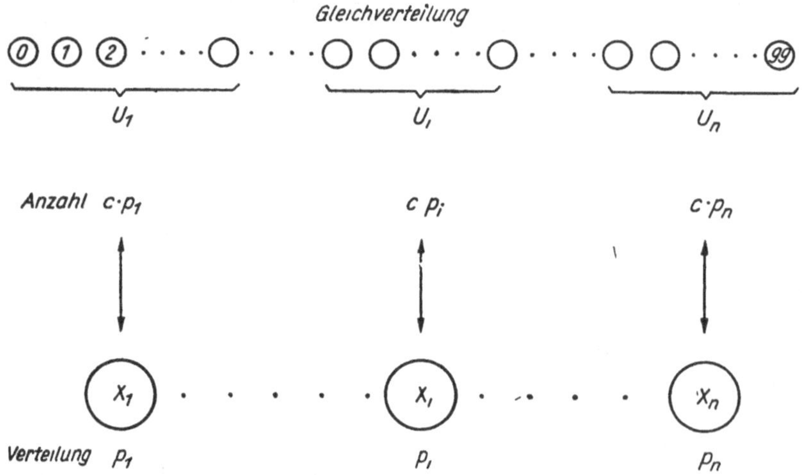

Abb. 16.1. Anpassung des Standardprozesses an einen Zufallsprozeß mit vorgeschriebener Verteilung

[1]) Der mathematische Begriff „Zerlegung" einer Menge M tragt in sich, daß 1. die dabei entstehenden Untermengen $M_1, M_2, \ldots, M_n$ paarweise fremd sind,

$$M_i \cap M_j = \emptyset \quad \text{(leere Menge)} \quad \text{fur } i \neq j\,,$$

und daß 2. die Zerlegung vollstandig ist,

$$M_1 \cup M_2 \cup \cdots \cup M_n = M\,,$$

d. h., daß jedes Element der Menge M genau einer Untermenge angehort.

keiten p_i auftreten, ist jedes x_i der entsprechenden Untermenge U_i zuzuordnen (Abb. 16 1).

Es ist zweckmaßig, bei diesen Betrachtungen von den Wahrscheinlichkeiten $p_1, p_2, \ldots, p_n$ zu der Verteilungsfunktion $F(x)$ uberzugehen. Man ordnet dazu die diskreten Ereignisse in einer beliebig gewahlten Folge $x_1, x_2, \ldots, x_n$ linear auf der Abszissenachse x an. Die Verteilungsfunktion ist sodann die monoton von 0 bis 1 ansteigende Stufenfunktion, die jeweils an den Stellen x_i um den Wert p_i springt (Abb. 16 2):

$$F(x) = \begin{cases} 0 & \text{fur} \quad x \leqq x_1 , \\ \sum\limits_{\nu=1}^{k} p_\nu & \text{fur} \quad x_k < x \leqq x_{k+1} , \qquad k = 1, 2, \ldots, n-1 , \\ 1 & \text{fur} \quad x_n < x . \end{cases}$$

Wir betrachten zur Erlauterung einige Beispiele.

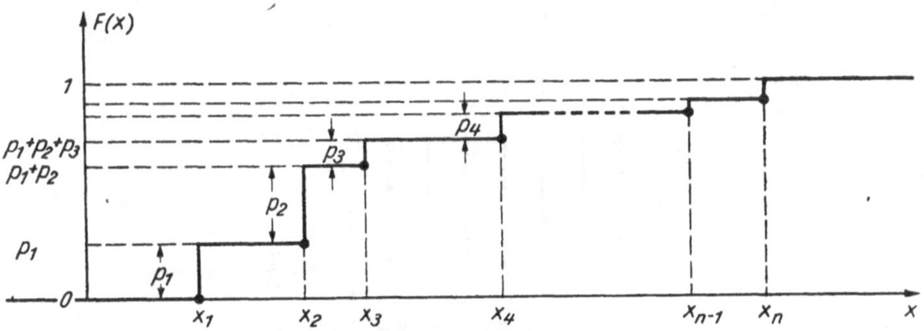

Abb. 16.2. Verteilungsfunktion $F(x)$ bei diskreten Ereignissen $x_1, x_2, \ldots, x_n$ mit den Wahrscheinlichkeiten $p_1, p_2, \ldots, p_n$

1. Beispiel. Im Rahmen eines zu simulierenden Prozesses liege eine Situation vor, bei der eines von vier moglichen Ereignissen A, B, C oder D als Fortsetzung auftritt Welche Fortsetzung tatsachlich eintritt, hangt von einem Zufallsprozeß ab. Die Wahrscheinlichkeiten fur die einzelnen Ereignisse sind

$$p_A = 45\% , \quad p_B = 25\% , \quad p_C = 20\% \quad \text{und} \quad p_D = 10\%$$

(Abb. 16.3).

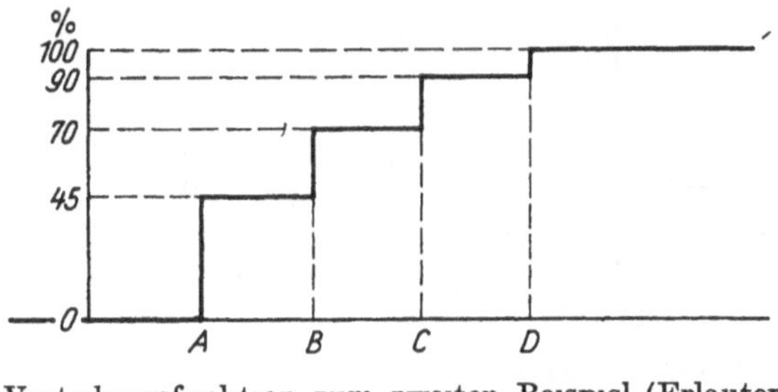

Abb. 16.3. Verteilungsfunktion zum zweiten Beispiel (Erlauterung im Text)

Die Anpassung an den Standard-Zufallsprozeß, der hier in der Erzeugung der Zahlen 1···99 besteht, geschieht gemaß den aufsummierten Wahrscheinlichkeiten wie folgt:

Fortsetzung	*A*	*B*	*C*	*D*
vom Generator	0	45	70	90
gelieferte	1	46	71	91
Zufallszahl	.	.	.	.
	.	.	.	.
	.	.	.	.
	44	69	89	99

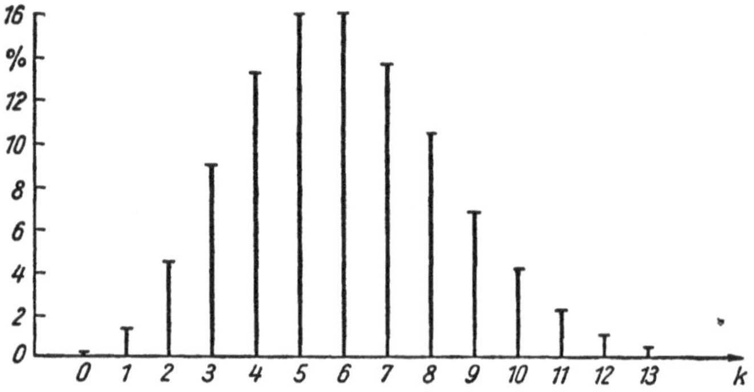

Abb. 16.4. Wahrscheinlichkeiten einer POISSONschen Verteilung

$$p_k(a) = \frac{a^k e^{-a}}{k!} \quad \text{bei } a = 6$$

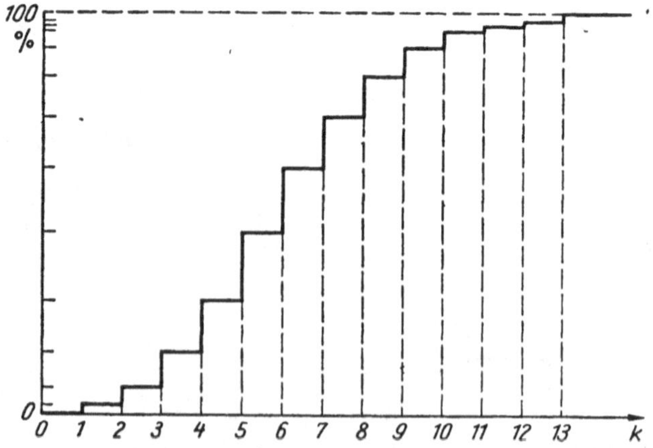

Abb. 16.5. POISSONsche Verteilung $F(x) = \sum_{\nu=0}^{k} \frac{a^\nu e^{-a}}{\nu!}$ mit $a = 6$

2. Beispiel [1]) Zur Simulation des Betriebs einer Tankstelle wird angenommen, daß die Häufigkeiten $p(k)$, mit der jeweils k Kraftfahrzeuge innerhalb einer festen Zeitspanne an der Tankstelle vorfahren, einer POISSONschen Verteilung mit dem Mittelwert $\overline{k} = a = 6$ genügen.

Die Wahrscheinlichkeiten bei einer POISSONschen Verteilung sind durch

$$p(k) = \frac{a^k e^{-a}}{k!}$$

gegeben, wobei a der Mittelwert ist. Die aus einer Tafel [63] entnommenen Werte für die Wahrscheinlichkeiten sind in der Abb. 16.4 dargestellt. Abb. 16.5 gibt die Verteilungsfunktion an. Die Anpassung wird durch die folgende Zuordnung erreicht

$k =$	1	2	3	4	5	6	7	8	9	10	11	12	13
	0	2	6	15	29	45	61	74	85	92	96	98	99
	1	3	7	16	30	46	62	75	86	93	97		
		4	.	.	.	.	.	.	.	94			
		5	.	.	.	.	.	.	.	95			
			.	.	.	.	.	.	.				
		5	14	28	44	60	73	84	91				

3. Beispiel. Bei einer Fertigung werde ein Konstruktionsmaß mit Abweichungen realisiert, die einer GAUSSschen Verteilung mit einer Streuung von $2^1/_2$ Stufen entsprechen.

Aus einer Tabelle der GAUSSschen Verteilungsfunktion

$$\varphi(x) = \frac{1}{\sqrt{2\pi}} \int_{-\infty}^{x} e^{-\frac{u^2}{2}} du$$

(Lit. z. B. [63]) sind die auf $\sigma = 1$ normierten Werte zu entnehmen. Der Streuung von $2^1/_2$ Stufen entsprechend, ist der Maßstab der Abszisse im Verhältnis $2^1/_2 : 1$ zu verkleinern.

Die entsprechenden Auszüge liefern dann die folgende Tabelle:

x	−2,6	−2,2	−1,8	−1,4	−1,0	−0,6	−0,2	+0,2	+0,6	+1,0	+1,4	+1,8	+2,2	+2,6
$\varphi(x)$	0,00	0,01	0,04	0,08	0,16	0,27	0,42	0,58	0,73	0,84	0,92	0,96	0,99	1,00

Die gewünschte Anpassung wird durch die folgende Zuordnung erreicht.

Stufe	−6	−5	−4	−3	−2	−1	0	+1	+2	+3	+4	+5	+6
vom Gene-	0	1	4	8	16	27	42	58	73	84	92	96	99
rator ge-		2	5	9	17	28	43	59	74	85	93	97	
lieferte Zu-		3	6	.	.	.	.	.	.	.	94	98	
fallszahl				.	.	.	.	.	.	.			
				.	.	.	.	.	.	.	.		
			7	15	26	41	57	72	83	91	95		

[1]) Die vorliegende Fassung des Beispiels verdanke ich einem freundlichen Hinweis von Herrn Prof. Dr. G. POTTHOFF, Dresden.

17. Matrizen

Da in den folgenden Abschnitten ausführlich von Matrizen Gebrauch gemacht wird, seien hier die wesentlichen Eigenschaften und Rechenregeln aufgeführt.

Unter einer Matrix vom Typ $n \times m$ versteht man eine geordnete Menge von $n \cdot m$ Elementen, die in einem rechteckigen Schema von n Zeilen und m Spalten angeordnet ist:

$$A = \begin{pmatrix} a_{11} & a_{12} & \dots & a_{1m} \\ a_{21} & a_{22} & \dots & a_{2m} \\ \dots & \dots & \dots & \dots \\ \dots & \dots & \dots & \dots \\ a_{n1} & a_{n2} & \dots & a_{nm} \end{pmatrix} = (a_{ij}) \quad \begin{array}{l} i = 1, 2, \dots, n \\ j = 1, 2, \dots, m \end{array}$$

Zwei Matrizen von gleichem Typ sind gleich, wenn ihre entsprechenden Elemente gleich sind:

$$\left.\begin{array}{l} A = (a_{ij}) \\ B = (b_{ij}) \end{array}\right\} \begin{array}{l} i = 1, 2, \dots, n, \\ j = 1, 2, \dots, m, \end{array}$$

$$A = B, \quad \text{wenn} \quad a_{ij} = b_{ij} \quad \text{für} \quad i = 1, 2, \dots, n \quad \text{und} \quad j = 1, 2, \dots, m.$$

Eine Matrix, deren Elemente alle Null sind, heißt Nullmatrix. Sind Zeilenanzahl und Spaltenanzahl einer Matrix gleich, so spricht man von einer quadratischen Matrix. Eine spezielle quadratische Matrix ist die Einheitsmatrix. Bei ihr haben die Diagonalglieder den Wert Eins, alle übrigen Elemente sind Null.

$$I_n = \begin{pmatrix} 1 & 0 & \dots & 0 \\ 0 & 1 & \dots & 0 \\ \dots & \dots & \dots & \dots \\ \dots & \dots & \dots & \dots \\ 0 & 0 & \dots & 1 \end{pmatrix}$$

ist die n-reihige Einheitsmatrix. Durch Vertauschen der Zeilen und Spalten einer Matrix entsteht die Transponierte. Man kennzeichnet sie durch ein hochgesetztes T. Zu $A = (a_{ij})$ gehört als Transponierte $A^T = (\hat{a}_{ij})$ mit $\hat{a}_{ij} = a_{ji}$.

Matrizen vom gleichen Typ lassen sich linear kombinieren.

Unter $C = \alpha A + \beta B$

mit

$$A = (a_{ij}) \text{ und } B = (b_{ij}) \qquad i = 1, 2, \dots, n; \quad j = 1, 2, \dots, m$$

versteht man die Matrix C, deren Elemente durch

$$c_{ij} = \alpha \cdot a_{ij} + \beta \cdot b_{ij} \qquad i = 1, 2, \dots, n; \quad j = 1, 2, \dots, m$$

gegeben sind.

Ist A eine Matrix vom Typ $l \times m$ und
B eine Matrix vom Typ $m \times n$,

so ist das Matrizenprodukt $A \cdot B$ durch die Matrix C vom Typ $l \times n$ definiert, deren Elemente sich aus

$$c_{ij} = \sum_{k=1}^{m} a_{ik} \cdot b_{kj} \qquad \text{fur} \quad \begin{array}{l} i = 1, 2, \ldots, l \\ j = 1, 2, \ldots, n \end{array}$$

ergeben (Abb. 17.1).

Im allgemeinen ist die Matrizenmultiplikation nicht kommutativ

$$A \cdot B \neq B \cdot A \,.$$

Man muß daher linksseitige und rechtsseitige Multiplikation einer Matrix mit einer Matrix unterscheiden.

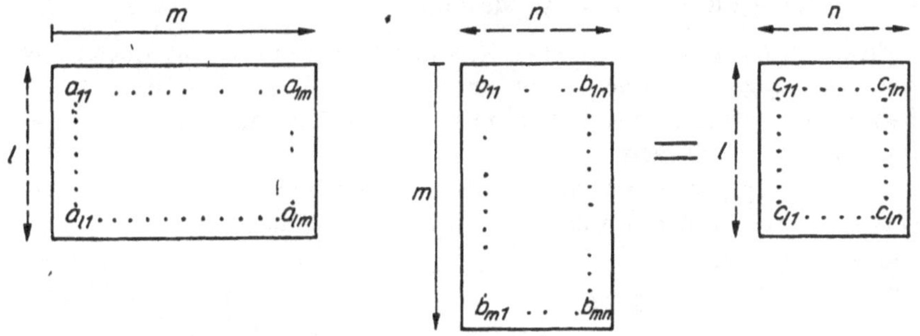

Abb. 17.1. Matrizenmultiplikation

$c_{ij} = a_{i1} b_{1j} + a_{i2} \cdot b_{2j} + \cdots + a_{im} \cdot b_{mj}$ fur $i = 1, 2, \ldots, n$, $j = 1, 2, \ldots, l$

Hinsichtlich der Transponierten gilt

$$(A \cdot B)^T = B^T \cdot A^T \,.$$

Man erkennt die Richtigkeit dieser Beziehung, wenn man von dem Element der i-ten Zeile und j-ten Spalte fur $A \cdot B$

$$\sum_k a_{ik} \cdot b_{kj}$$

ausgeht und zu dem Element gleicher Lage bei der Transponierten $(A \cdot B)^T$ übergeht. Dies ist durch

$$\sum_k a_{jk} \cdot b_{ki}$$

gegeben.

Kennzeichnen wir die Elemente von A^T und B^T durch $\hat{a}$ bzw. $\hat{b}$, so ist

$$a_{jk} = \hat{a}_{kj} \qquad \text{und} \qquad b_{ki} = \hat{b}_{ik} \,.$$

Somit geht das Element

$$\sum_k a_{jk} \cdot b_{ki}$$

über in

$$\sum_k \hat{a}_{kj} \cdot \hat{b}_{ik} = \sum_k \hat{b}_{ik} \cdot \hat{a}_{kj} \,.$$

Dies ist aber das Element, das in der i-ten Zeile und j-ten Spalte der Produktmatrix $B^T \cdot A^T$ zu stehen kommt.

Speziell gilt, wenn A vom Typ $l \times m$ ist,

$$I_l \cdot A = A \cdot I_m = A\,,$$
$$O_l \cdot A = A \cdot O_m = O_{l \times m}\,.$$

Ist die zu einer quadratischen Matrix A gehörige Determinante $|A|$ von Null verschieden — man nennt A dann eine reguläre Matrix —, so existiert eine Matrix A^{-1}, so daß

$$A^{-1} \cdot A = I$$

ist. A^{-1} heißt die zu A inverse Matrix.

Eine Möglichkeit, die inverse Matrix zu bestimmen, ist durch das folgende Verfahren gegeben: Man bildet zunächst die Unterdeterminante A_{ij}, indem man in der Determinante $|A|$ jeweils die i-te Zeile und j-te Spalte streicht und die so reduzierte Matrix mit $(-1)^{i+j}$ multipliziert. Die aus diesen Unterdeterminanten aufgebaute Matrix dividiere man durch die Determinante $|A|$. Die Transponierte stellt dann die gesuchte inverse Matrix dar.

Beispiel.

$$\text{Zu } A = \begin{pmatrix} 2 & 4 & 0 \\ 3 & 1 & 5 \\ 1 & 3 & 1 \end{pmatrix} \text{ ergeben sich als Unterdeterminanten}$$

$$\begin{array}{lll} A_{11} = -14 & A_{12} = 2 & A_{13} = 8 \\ A_{21} = -4 & A_{22} = 2 & A_{23} = -2 \\ A_{31} = 20 & A_{32} = -10 & A_{33} = -10 \end{array}$$

und als Determinante

$$|A| = -20\,.$$

Die inverse Matrix ist somit durch

$$A^{-1} = \frac{1}{20}\begin{pmatrix} 14 & 4 & -20 \\ -2 & -2 & 10 \\ -8 & 2 & 10 \end{pmatrix} = \begin{pmatrix} 0{,}7 & 0{,}2 & -1 \\ -0{,}1 & -0{,}1 & 0{,}5 \\ -0{,}4 & 0{,}1 & 0{,}5 \end{pmatrix}$$

gegeben. Tatsächlich ist

$$A^{-1} \cdot A = \begin{pmatrix} 0{,}7 & 0{,}2 & -1 \\ -0{,}1 & -0{,}1 & 0{,}5 \\ -0{,}4 & 0{,}1 & 0{,}5 \end{pmatrix} \cdot \begin{pmatrix} 2 & 4 & 0 \\ 3 & 1 & 5 \\ 1 & 3 & 1 \end{pmatrix} = \begin{pmatrix} 1 & 0 & 0 \\ 0 & 1 & 0 \\ 0 & 0 & 1 \end{pmatrix} = I_3\,.$$

Wir wollen hier noch ein anderes Verfahren zur Gewinnung der inversen Matrix darlegen, das auf der Bildung der kanonischen Staffelform einer Matrix beruht.

Matrizen stehen in engem Zusammenhang mit linearen Gleichungssystemen. Dabei entsprechen den Prozessen, die zur Auflosung eines linearen Gleichungssystems fuhren, gewisse Umformungen an der zugehorigen Matrix Lineare Abhangigkeiten zwischen Gleichungen des Systems spiegeln sich als lineare Abhangigkeiten zwischen Zeilen oder Spalten der Matrix

Die Elemente einer Zeile (bzw. Spalte) einer Matrix vom Typ $l \times m$ lassen sich als die Komponenten eines Vektors in einem m- (bzw. l-) dimensionalen Raum auffassen Sind diese Vektoren voneinander linear unabhangig, so füllen ihre Linearkombinationen den vollen m- (bzw. l-)dimensionalen Raum. Bestehen dagegen zwischen den Vektoren lineare Beziehungen, so nehmen ihre Linearkombinationen nur einen Unterraum ein. Wir wollen diesen als den Zeilen- (bzw. Spalten-)raum der Matrix bezeichnen. Die Dimension des Zeilen- (bzw. Spalten-)raums — wir sprechen von Zeilen- (bzw. Spalten-)rang — ist gleich der Anzahl der linear unabhangigen Zeilen (bzw. Spalten) der Matrix.

Der Zeilen- (Spalten-)raum einer Matrix bleibt bei den folgenden elementaren Umformungen unverandert:

1 Vertauschung zweier Zeilen (Spalten)
2 Ersatz einer Zeile (Spalte) durch ihre lineare Kombination mit einer anderen Zeile (Spalte).[1])

Dies gilt auch fur Folgen von elementaren Umformungen.

Wir zeigen nun, daß jede Folge von elementaren Umformungen durch eine Folge von linksseitigen Multiplikationen der Matrix mit geeigneten Matrizen ersetzt werden kann. Dazu genugt es zu zeigen, daß es zu jeder der beiden elementaren Umformungen eine geeignete Matrix gibt

Um eine Vertauschung der i-ten und k-ten Zeile zu erreichen, multipliziere man linksseitig die Matrix mit der aus der Einheitsmatrix durch Vertauschen der i-ten und k-ten Zeile hervorgehenden Matrix

Beispiel Vertauschung der 2 und 3. Zeile:

$$\begin{pmatrix} 1 & 0 & 0 & 0 \\ 0 & 0 & 1 & 0 \\ 0 & 1 & 0 & 0 \\ 0 & 0 & 0 & 1 \end{pmatrix} \cdot \begin{pmatrix} a_{11} & a_{12} & a_{13} \\ a_{21} & a_{22} & a_{23} \\ a_{31} & a_{32} & a_{33} \\ a_{41} & a_{42} & a_{43} \end{pmatrix} = \begin{pmatrix} a_{11} & a_{12} & a_{13} \\ a_{31} & a_{32} & a_{33} \\ a_{21} & a_{22} & a_{23} \\ a_{41} & a_{42} & a_{43} \end{pmatrix}$$

Der Umformung

$$i\text{-te Zeile} := \alpha \cdot (i\text{-te Zeile}) + \beta \cdot (k\text{-te Zeile})$$

[1]) In der Linearkombination der Zeilen Z_r und Z_s

$$\alpha\, Z_r + \beta\, Z_s$$

und dem Ersatz $Z_r := \alpha\, Z_r + \beta\, Z_s$ ist mit $\beta = 0$ auch der Fall einer Multiplikation einer Zeile mit einer Zahl

$$Z_r := \alpha\, Z_r$$

enthalten

entspricht die linksseitige Multiplikation mit der aus der Einheitsmatrix durch die folgende Änderung hervorgehenden Matrix:

In der i-ten Zeile wird die Eins an der i-ten Spalte durch α und die Null an der k-ten Spalte durch β ersetzt.

Beispiel.

$$\begin{pmatrix} 1 & 0 & 0 & 0 \\ 0 & -2 & 0 & +3 \\ 0 & 0 & 1 & 0 \\ 0 & 0 & 0 & 1 \end{pmatrix} \cdot \begin{pmatrix} a_{11} & a_{12} & a_{13} \\ a_{21} & a_{22} & a_{23} \\ a_{31} & a_{32} & a_{33} \\ a_{42} & a_{42} & a_{43} \end{pmatrix}$$

$$= \begin{pmatrix} a_{11} & a_{21} & a_{31} \\ -2 \cdot a_{21} + 3\,a_{41} & -\,2\,a_{22} + 3\,a_{42} & -\,2\,a_{23} + 3\,a_{42} \\ a_{31} & a_{32} & a_{33} \\ a_{41} & a_{42} & a_{43} \end{pmatrix}.$$

Eine Matrix steht in kanonischer Staffelform, wenn sie den folgenden Bedingungen genugt:

1. Das Leitelement[1]) jeder Zeile ist Eins.
2. Jede Spalte, die ein Leitelement trägt, enthält sonst nur Nullen.
3. Verfolgt man die Zeilen von oben nach unten, so treten die jeweiligen Leitelemente von links nach rechts auf. Zeilen, die nur Nullen enthalten, stehen zu unterst.

Jede Matrix läßt sich durch den folgenden Prozeß in eine kanonische Staffelform umformen.

Anfangsschritt:

a) Man suche die erste Spalte, die ein Leitelement enthält, und bringe gegebenenfalls durch Zeilenvertauschung dieses Element in die erste Zeile. Durch Division der Zeile durch dieses Element wird als Leitelement Eins erreicht.

b) Durch lineare Kombination dieser Zeile mit den übrigen Zeilen werden alle übrigen Elemente der zu diesem Leitelement gehörigen Spalte zu Null gemacht. Damit erfüllen Zeile und Spalte dieses Leitelements die Forderungen, die die kanonische Staffelform von ihnen fordert.

Iterationsschritt: Es folgt wieder der Prozeß a) für die reduzierte Matrix, die man erhält, indem man die Zeilen, die als Leitelement schon Eins tragen und in den zugehörigen Spalten nur Nullen enthalten, unberücksichtigt läßt. Der sich sodann anschließende Prozeß b) dagegen wird wieder an der vollen Matrix ausgeführt.

Ende: Das Verfahren ist beendet, wenn in jeder Zeile entweder nur Nullen stehen oder das Leitelement Eins ist.

[1]) Als Leitelement bezeichnet man das erste (von links nach rechts) Element einer Zeile, das von Null verschieden ist.

Beispiel. Die Matrix $\begin{pmatrix} 2 & 1 & 0 & 3 \\ 0 & 1 & 1 & 2 \\ 4 & 2 & 2 & 3 \end{pmatrix}$ ist auf kanonische Staffelform zu bringen.

1a) Vertauschung entfällt.
Division der ersten Zeile durch 2:

$$\begin{pmatrix} 1 & 1/2 & 0 & 3/2 \\ 0 & 1 & 1 & 2 \\ 4 & 2 & 2 & 3 \end{pmatrix}.$$

b) Reduktion der ersten Spalte:

$$\begin{pmatrix} 1 & 1/2 & 0 & 3/2 \\ 0 & 1 & 1 & 2 \\ 0 & 0 & 2 & -3 \end{pmatrix}.$$

2a) Vertauschung entfällt.
Division entfallt.

b) Reduktion der zweiten Spalte

$$\begin{pmatrix} 1 & 0 & -1/2 & 1/2 \\ 0 & 1 & 1 & 2 \\ 0 & 0 & 2 & -3 \end{pmatrix}.$$

3a) Vertauschung entfallt.
Division der dritten Zeile durch 2

$$\begin{pmatrix} 1 & 0 & -1/2 & 1/2 \\ 0 & 1 & 1 & 2 \\ 0 & 0 & 1 & -3/2 \end{pmatrix}.$$

b) Reduktion der dritten Spalte

$$\begin{pmatrix} 1 & 0 & 0 & -1/4 \\ 0 & 1 & 0 & 7/2 \\ 0 & 0 & 1 & -3/2 \end{pmatrix}.$$

Damit eine quadratische Matrix regular ist, ist notwendig und hinreichend, daß ihre kanonische Staffelform die Einheitsmatrix ist. Nach dem obigen Verfahren laßt sich aber jede Matrix durch eine endliche Folge von elementaren Umformungen in die kanonische Staffelform überführen. Sind $E_1, E_2, \ldots, E_r$ die Matrizen, die den einzelnen Umformungen entsprechen, so gilt für eine reguläre Matrix A

$$E_r \cdot E_{r-1} \cdot \cdots \cdot E_2 \cdot E_1 \cdot A = I .$$

Somit liegt mit

$$E_r \cdot E_{r-1} \cdot \cdots \cdot E_2 \cdot E_1 = A^{-1}$$

die inverse Matrix vor.

Beispiel. Zu $A = \begin{pmatrix} 1 & 2 & 0 \\ 2 & 2 & 1 \\ 1 & 1 & 1 \end{pmatrix}$ ist die inverse Matrix zu bestimmen.

Wir geben die Umformung in die kanonische Staffelform ohne zusatzliche Bemerkungen an:

$$\begin{pmatrix} 1 & 0 & 0 \\ -2 & 1 & 0 \\ -1 & 0 & 1 \end{pmatrix} \cdot \begin{pmatrix} 1 & 2 & 0 \\ 2 & 2 & 1 \\ 1 & 1 & 1 \end{pmatrix} = \begin{pmatrix} 1 & 2 & 0 \\ 0 & -2 & 1 \\ 0 & -1 & 1 \end{pmatrix}$$

$$\begin{pmatrix} 1 & 0 & 0 \\ 0 & -1/2 & 0 \\ 0 & 0 & 1 \end{pmatrix} \cdot \begin{pmatrix} 1 & 2 & 0 \\ 0 & -2 & 1 \\ 0 & -1 & 1 \end{pmatrix} = \begin{pmatrix} 1 & 2 & 0 \\ 0 & 1 & -1/2 \\ 0 & -1 & 1 \end{pmatrix}$$

$$\begin{pmatrix} 1 & -2 & 0 \\ 0 & 1 & 0 \\ 0 & 1 & 1 \end{pmatrix} \cdot \begin{pmatrix} 1 & 2 & 0 \\ 0 & 1 & -1/2 \\ 0 & -1 & 1 \end{pmatrix} = \begin{pmatrix} 1 & 0 & 1 \\ 0 & 1 & -1/2 \\ 0 & 0 & 1/2 \end{pmatrix}$$

$$\begin{pmatrix} 1 & 0 & 0 \\ 0 & 1 & 0 \\ 0 & 0 & 2 \end{pmatrix} \cdot \begin{pmatrix} 1 & 0 & 1 \\ 0 & 1 & -1/2 \\ 0 & 0 & 1/2 \end{pmatrix} = \begin{pmatrix} 1 & 0 & 1 \\ 0 & 1 & -1/2 \\ 0 & 0 & 1 \end{pmatrix}$$

$$\begin{pmatrix} 1 & 0 & -1 \\ 0 & 1 & 1/2 \\ 0 & 0 & 1 \end{pmatrix} \cdot \begin{pmatrix} 1 & 0 & 1 \\ 0 & 1 & -1/2 \\ 0 & 0 & 1 \end{pmatrix} = \begin{pmatrix} 1 & 0 & 0 \\ 0 & 1 & 0 \\ 0 & 0 & 1 \end{pmatrix}$$

Die Matrix A ist somit regular.
Ihre Inverse ist aus

$$\underbrace{\begin{pmatrix} 1 & 0 & -1 \\ 0 & 1 & 1/2 \\ 0 & 0 & 1 \end{pmatrix} \cdot \underbrace{\begin{pmatrix} 1 & 0 & 0 \\ 0 & 1 & 0 \\ 0 & 0 & 2 \end{pmatrix} \cdot \underbrace{\begin{pmatrix} 1 & -2 & 0 \\ 0 & 1 & 0 \\ 0 & 1 & 1 \end{pmatrix} \cdot \underbrace{\begin{pmatrix} 1 & 0 & 0 \\ 0 & -1/2 & 0 \\ 0 & 0 & 1 \end{pmatrix} \cdot \begin{pmatrix} 1 & 0 & 0 \\ -2 & 1 & 0 \\ -1 & 0 & 1 \end{pmatrix}}_{\begin{pmatrix} 1 & 0 & 0 \\ 1 & -1/2 & 0 \\ -1 & 0 & 1 \end{pmatrix}}}_{\begin{pmatrix} -1 & 1 & 0 \\ 1 & -1/2 & 0 \\ 0 & -1/2 & 0 \end{pmatrix}}}_{\begin{pmatrix} -1 & 1 & 0 \\ 1 & -1/2 & 0 \\ 0 & -1 & 2 \end{pmatrix}}}_{}$$

$$A^{-1} = \begin{pmatrix} -1 & 2 & -2 \\ 1 & -1 & 1 \\ 0 & -1 & 2 \end{pmatrix}$$ zu gewinnen.

Tatsächlich liefert

$$A^{-1} \cdot A = \begin{pmatrix} -1 & 2 & -2 \\ 1 & -1 & 1 \\ 0 & -1 & 2 \end{pmatrix} \cdot \begin{pmatrix} 1 & 2 & 0 \\ 2 & 2 & 1 \\ 1 & 1 & 1 \end{pmatrix} = \begin{pmatrix} 1 & 0 & 0 \\ 0 & 1 & 0 \\ 0 & 0 & 1 \end{pmatrix} = I .$$

$\mathfrak{A}^k$ bedeutet die Matrix, die sich durch wiederholte Matrizenmultiplikation ergibt:

$$\mathfrak{A}^k = \underbrace{\mathfrak{A} \cdot \mathfrak{A} \cdot \dots \cdot \mathfrak{A}}_{\text{steht } k\text{-mal als Faktor}}$$

Von weiteren Funktionen, deren Argumente Matrizen sind, benötigen wir noch die durch eine überall konvergierende Reihe definierte Exponentialfunktionen

$$e^{\mathfrak{A}t} = I + \mathfrak{A} \cdot t + \mathfrak{A}^2 \cdot \frac{t^2}{2!} + \mathfrak{A}^3 \cdot \frac{t^3}{3!} + \cdots .$$

Für sie gilt die Beziehung

$$\frac{d}{dt} e^{\mathfrak{A}t} = \mathfrak{A} \cdot e^{\mathfrak{A}t} .$$

Abschließend führen wir noch den Begriff der Blockmatrix ein, die als abkürzende Schreibweise gelegentlich Verwendung findet, um unübersichtliche Formen zu vermeiden.

Eine Matrixstruktur, deren Elemente selbst wieder die Bedeutung von Matrizen haben, wobei die Typen dieser Matrizen der Gesamtstruktur entsprechend an gewisse Bedingungen gebunden sind, heißt *Blockmatrix*. Es ist leicht einzusehen, daß mit Blockmatrizen nach den Rechenregeln für Matrizen gearbeitet werden kann, wobei auftretende Operationen, an denen Blöcke beteiligt sind, wiederum als Matrizenoperationen durchzuführen sind.

Beispiel. Die n-reihige Matrix

$$T = \left(\begin{array}{cccc|cccc} \multicolumn{4}{c}{\longleftarrow k \longrightarrow} & \multicolumn{4}{c}{\longleftarrow n-k \longrightarrow} \\ 1 & 0 & \dots & 0 & 0 & 0 & \dots & 0 \\ 0 & 1 & \dots & 0 & 0 & 0 & \dots & 0 \\ . & . & \dots & . & . & . & \dots & . \\ 0 & 0 & \dots & 1 & 0 & 0 & \dots & 0 \\ -q_{11} & -q_{12} & \dots & -q_{1k} & 1 & 0 & \dots & 0 \\ -q_{21} & -q_{22} & \dots & -q_{2k} & 0 & 1 & \dots & 0 \\ . & . & \dots & . & . & . & \dots & . \\ -q_{n-k,1} & -q_{n-k,2} & \dots & -q_{n-k,k} & 0 & 0 & \dots & 1 \end{array} \right) \begin{array}{l} \\ \uparrow \\ k \\ \downarrow \\ \uparrow \\ n-k \\ \downarrow \end{array}$$

zeigt eine Struktur gemäß k und $n - k$ und läßt sich übersichtlicher als Blockmatrix

$$T = \begin{pmatrix} I_k & 0_{k \times (n-k)} \\ -Q & I_{n-k} \end{pmatrix}$$

schreiben, wobei I_k und I_{n-k} die k- bzw. $(n-k)$-reihigen Einheitsmatrizen, $0_{k\times(n-k)}$ die Nullmatrix vom Typ $k\times(n-k)$ und Q eine Matrix vom Typ $(n-k)\times k$ sind.

Die Matrix T ist regular; ihre Inverse ist durch

$$T^{-1} = \begin{pmatrix} I_k & 0_{k\times(n-k)} \\ Q & I_{n-k} \end{pmatrix} \text{ gegeben.}$$

Denn

$$T^{-1}\cdot T = \begin{pmatrix} I_k & 0_{k\times(n-k)} \\ Q & I_{n-k} \end{pmatrix}\cdot\begin{pmatrix} I_k & 0_{k\times(n-k)} \\ -Q & I_{n-k} \end{pmatrix} \text{ liefert}$$

$$\begin{pmatrix} I_k\cdot I_k + 0_{k\times(n-k)}\cdot(-Q) & (I_k\cdot 0_{k\times(n-k)} + 0_{k\times(n-k)}\cdot I_{n-k} \\ Q\cdot I_k + I_{n-k}\cdot(-Q) & Q\cdot 0_{k\times(n-k)} + I_{n-k}\cdot I_{n-k} \end{pmatrix} =$$

$$\begin{pmatrix} I_k & 0_{k\times(n-k)} \\ 0_{(n-k)\times k} & I_{n-k} \end{pmatrix} = (I_n)\,.$$

18. Wahrscheinlichkeitsautomat

In den vorausgegangenen Betrachtungen haben wir uns auf Automaten mit determiniertem Verhalten beschrankt. Wir wollen jetzt eine Verallgemeinerung vornehmen, indem wir Wahrscheinlichkeiten in das System einspielen lassen. Dabei liegt eine Zielsetzung darin, ein mathematisches Modell fur zufallig gestorte Schaltwerke zu gewinnen. Anderseits interessieren diese Betrachtungen auch vom mathematischen Gesichtspunkt: Der determinierte endliche Automat und das regulare Ereignis haben sich als gleichwertige Begriffsbildungen erwiesen. Es tritt jetzt die Frage auf, ob durch die Erweiterung auf Wahrscheinlichkeitsautomaten auch Ereignisse darstellbar werden, die nicht mehr regular sind. -

Ohne Einschrankung der Allgemeinheit können wir zur Beschreibung eines determinierten Automaten mit binarem Ausgang das Moore-Modell heranziehen. In $(\mathfrak{X}, \mathfrak{Z}, \mathfrak{F}, f, z_0)$ ist $\mathfrak{X}$ das Inputalphabet, $\mathfrak{Z}$ die endliche Zustandsmenge, $\mathfrak{F} \subseteq \mathfrak{Z}$ die Teilmenge von Zustanden, bei denen der Automat mit dem Output 1 antwortet, f die Überfuhrungsfunktion und $z_0 \in \mathfrak{Z}$ der initiale Zustand.

Wir ersetzen nun die determinierte Überfuhrungsfunktion, durch die jedem Paar aus einem Inputsymbol und einem Zustand ein neuer Zustand zugeordnet wird, durch eine Wahrscheinlichkeitstafel, die fur jeden Zustand die Wahrscheinlichkeit angibt, mit der ein bestimmtes Inputsymbol das System aus dem bestehenden Zustand in diesen neuen Zustand uberfuhrt.

Definition. Unter einem Wahrscheinlichkeitsautomaten mit binarem Ausgang über dem Inputalphabet

$$\mathfrak{X} = \{x_0, x_1, \ldots, x_m\}$$

verstehen wir ein System

$$(\mathfrak{X}, \mathfrak{Z}, \mathfrak{F}, W, z_0),$$

wobei $\mathfrak{Z} = \{z_0, z_1, \ldots, z_n\}$ die endliche Menge von Zuständen ist, $\mathfrak{F} \subseteq \mathfrak{Z}$ die mit 1 markierten Zustande umfaßt und

$$W = P_0, P_1, \ldots, P_m$$

mit

$$P_k = \begin{pmatrix} p_{00}(x_k), & p_{01}(x_k), & \ldots, & p_{0n}(x_k) \\ p_{10}(x_k), & p_{11}(x_k), & \ldots, & p_{1n}(x_k) \\ \vdots & \vdots & \vdots & \vdots \\ p_{n0}(x_k), & p_{n1}(x_k), & \ldots, & p_{nn}(x_k) \end{pmatrix} \text{ für } k = (0, 1, \ldots, m)$$

die Überfuhrungs-Wahrscheinlichkeitstafel darstellt. Darin bedeutet

$$p_{ij}(x_k)$$

die Wahrscheinlichkeit, mit der durch das Inputsymbol x_k der Zustand z_i in den Zustand z_j uberfuhrt wird.

Beispiel. $\mathfrak{X} = \{0, 1\}$, $\mathfrak{Z} = \{z_0, z_1\}$, $\mathfrak{F} = z_1$

Zustand	x	0		1	
	alt \ neu	z_0	z_1	z_0	z_1
	z_0	1	0	1/2	1/2
	z_1	1/2	1/2	0	1
		P_0		P_1	

stellt einen Wahrscheinlichkeitsautomaten dar.

Wir gehen nun zu einer Inputfolge uber. Dabei interessieren die Wahrscheinlichkeiten, mit denen der Automat aus einem gegebenen Zustand durch die Inputfolge (Inputwort) in einen bestimmten Zustand uberfuhrt wird.

Es sei w ein Inputwort und

$$P_w = \begin{pmatrix} p_{00}(w), & \ldots, & p_{0n}(w) \\ p_{10}(w), & \ldots, & p_{1n}(w) \\ \vdots & \vdots & \cdot \\ p_{n0}(w), & \ldots, & p_{nn}(w) \end{pmatrix}$$

die bei diesem Inputwort resultierende Wahrscheinlichkeitsmatrix. $p_{rs}(w)$ stellt darin die Wahrscheinlichkeit fur den Übergang von z_r nach z_s bei dem Inputwort w dar. $p_{st}(x_k)$ gibt die Wahrscheinlichkeit für eine anschließend durch das Inputsymbol x_k erzeugte Überfuhrung in den Zustand z_t. Da die beiden Überführungsprozesse aus z_r nach z_s und aus z_s nach z_t unabhangig voneinander verlaufen, ergibt sich die Wahrscheinlichkeit fur die Überfuhrung aus z_r nach z_t uber z_s als Produkt der beiden Wahrscheinlichkeiten:

$$p_{r(s)t}(w\, x_k) = p_{rs}(w) \cdot p_{st}(x_k) \, .$$

Wollen wir die Wahrscheinlichkeit fur die Überfuhrung aus z_r nach z_t insgesamt erfassen, so müssen wir die Überführungen über alle möglichen Zwischenzustände z_s $(s = 0, 1, \ldots, n)$ berücksichtigen (Abb. 18.1). So erhalten wir

$$p_{rt}(w\,x_k) = \sum_{s=0}^{n} p_{rs}(w) \cdot p_{st}(x_k) \qquad \text{mit } r, t = (0, 1, \ldots, n)\,.$$

Daraus ist zu entnehmen, daß die fur die Inputfolge $w\,x_k$ gultige Matrix durch Multiplikation der für die Inputfolge w geltenden Matrix mit der dem Inputsymbol x_k entsprechenden Matrix gewonnen wird:

$$P_{w x_k} = P_w \times P_{x_k}\,.$$

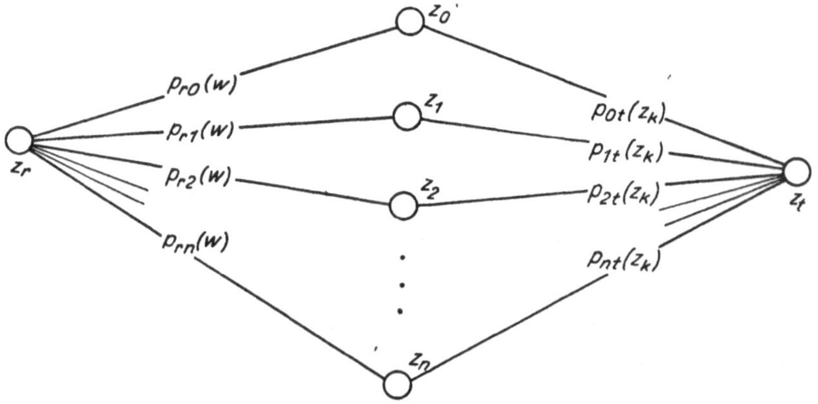

Abb. 18.1. Übergang von z_s nach z_r uber alle moglichen z_t
Inputwort w, anschließend Inputsymbol z_k

Allgemein ergibt sich somit die Wahrscheinlichkeitsmatrix fur die Inputfolge

$$w = x_{i_1}\, x_{i_2} \ldots x_{i_q}$$

durch Multiplikation der für die einzelnen Symbole geltenden Matrizen

$$P_w = P_{x_{i_1}} \times P_{x_{i_2}} \times \cdots \times P_{x_{i_q}}\,.$$

Beispiel. Für den oben eingefuhrten Wahrscheinlichkeitsautomaten erhalten wir bei der Inputfolge 1011

$$\begin{aligned} P_{1011} &= P_1 \times P_0 \times P_1 \times P_1 \\ &= \begin{pmatrix} 1/2 & 1/2 \\ 0 & 1 \end{pmatrix} \times \begin{pmatrix} 1 & 0 \\ 1/2 & 1/2 \end{pmatrix} \times \begin{pmatrix} 1/2 & 1/2 \\ 0 & 1 \end{pmatrix} \times \begin{pmatrix} 1/2 & 1/2 \\ 0 & 1 \end{pmatrix} \\ &= \begin{pmatrix} 3/4 & 1/4 \\ 1/2 & 1/2 \end{pmatrix} \times \begin{pmatrix} 1/2 & 1/2 \\ 0 & 1 \end{pmatrix} \times \begin{pmatrix} 1/2 & 1/2 \\ 0 & 1 \end{pmatrix} \\ &= \begin{pmatrix} 3/8 & 5/8 \\ 1/4 & 3/4 \end{pmatrix} \times \begin{pmatrix} 1/2 & 1/2 \\ 0 & 1 \end{pmatrix} \\ &= \begin{pmatrix} 3/16 & 13/16 \\ 1/8 & 7/8 \end{pmatrix} \quad \text{bzw. in Prozentsatzen} \quad \begin{pmatrix} 18{,}75 & 81{,}25 \\ 12{,}5 & 87{,}5 \end{pmatrix}. \end{aligned}$$

Durch die Inputfolge 1011 wird mit einer Wahrscheinlichkeit von 81,25% der initiale Zustand z_0 in den markierten Zustand z_1 überführt.

Dieses von E. F. Moore vorgeschlagene Beispiel eines Wahrscheinlichkeitsautomaten weist eine Eigentümlichkeit auf, von der wir später noch Gebrauch machen wollen.

Es sei

$$P_w = \begin{pmatrix} 1-p, & p \\ 1-q, & q \end{pmatrix}.$$

Dann gelten die folgenden Beziehungen

$$P_{w0} = P_w \times P_0 = \begin{pmatrix} 1-p, & p \\ 1-q, & q \end{pmatrix} \times \begin{pmatrix} 1 & 0 \\ 1/2 & 1/2 \end{pmatrix} = \begin{pmatrix} 1-p/2, & p/2 \\ 1-q/2, & q/2 \end{pmatrix},$$

$$P_{w1} = P_w \times P_1 = \begin{pmatrix} 1-p, & p \\ 1-q, & q \end{pmatrix} \times \begin{pmatrix} 1/2 & 1/2 \\ 0 & 1 \end{pmatrix} = \begin{pmatrix} 1/2-p/2, & 1/2+p/2 \\ 1/2-q/2, & 1/2+q/2 \end{pmatrix}.$$

Wir interessieren uns für die Übergangswahrscheinlichkeit aus dem Zustand z_0 in den markierten Zustand z_1 beim Input 0 bzw. 1. Für den zusätzlichen Input 0 entnehmen wir $p/2$, für den zusätzlichen Input 1 den Wert $1/2 + p/2$. Die angedeutete Eigentümlichkeit wird offensichtlich, wenn wir für die Niederschrift der Wahrscheinlichkeiten zum Dualsystem übergehen. Im Dualsystem bedeutet die Division von p durch 2 eine Linksverschiebung des Dualkommas um eine Stelle, wobei eine Ziffer 0 eingeschoben wird; die zusätzliche Addition von 1/2 — ihr entspricht die Addition des Dualbruchs 0,1 — ändert diese eingeschobene Ziffer in eine 1. Wir erhalten damit das folgende Ergebnis: Durch den zusätzlichen Input 0 wird in dem die Übergangswahrscheinlichkeit von z_0 nach z_1 darstellenden Dualbruch eine 0 nach dem Dualkomma eingeschoben, beim zusätzlichen Input 1 dagegen eine 1. Damit erhalten wir allgemein:

Bei der Inputfolge

$$\delta_1 \delta_2 \ldots \delta_n \qquad \text{mit} \qquad \delta_i \in \{0, 1\}$$

ergibt sich für die Übergangswahrscheinlichkeit von z_0 nach z_1 der Dualbruch

$$0, \delta_n \delta_{n-1} \ldots \delta_2 \delta_1 .$$

Dem obigen Beispiel lag die Inputfolge 1011 zugrunde. Die erhaltene Übergangswahrscheinlichkeit ergab sich zu 13/16. Im Dualsystem schreibt sich dies, der Zerlegung

$$13/16 = 1 \cdot 1/2 + 1 \cdot 1/4 + 0 \cdot 1/8 + 1 \cdot 1/16$$

entsprechend, als 0,1101 in Übereinstimmung mit dem allgemein erhaltenen Resultat.

Wir stellen die weitere Betrachtung dieses Beispiels zurück und setzen zunächst die allgemeinen Erörterungen zu Wahrscheinlichkeitsautomaten fort.

Bei einem determinierten endlichen Automaten haben wir die Menge aller Wörter über dem Inputalphabet in zwei Klassen zerlegt, nämlich in die Menge der vom Automaten akzeptierten Wörter — das sind solche Inputfolgen, die den Automaten in einen markierten Zustand überführen — und in die Menge der nicht akzeptierten Wörter. Eine entsprechende Begriffsbildung ist nun auch im Rahmen der Wahrscheinlichkeitsautomaten möglich. Dazu definieren wir die folgenden Begriffe:

Eine Inputfolge heiße von einem Wahrscheinlichkeitsautomaten bezüglich eines Schwellenwertes λ $(0 \leqq \lambda \leqq 1)$ akzeptiert, wenn die zu dieser Inputfolge gehörige Wahrscheinlichkeit für einen Übergang aus dem initialen in einen mit 1 markierten Zustand den Schwellenwert λ erreicht bzw. überschreitet. Die Gesamtheit aller durch den vorliegenden Wahrscheinlichkeitsautomaten bezüglich der Schwelle λ akzeptierten Inputfolgen werde als das durch diesen Wahrscheinlichkeitsautomaten bezüglich der Schwelle λ bestimmte Ereignis bezeichnet.

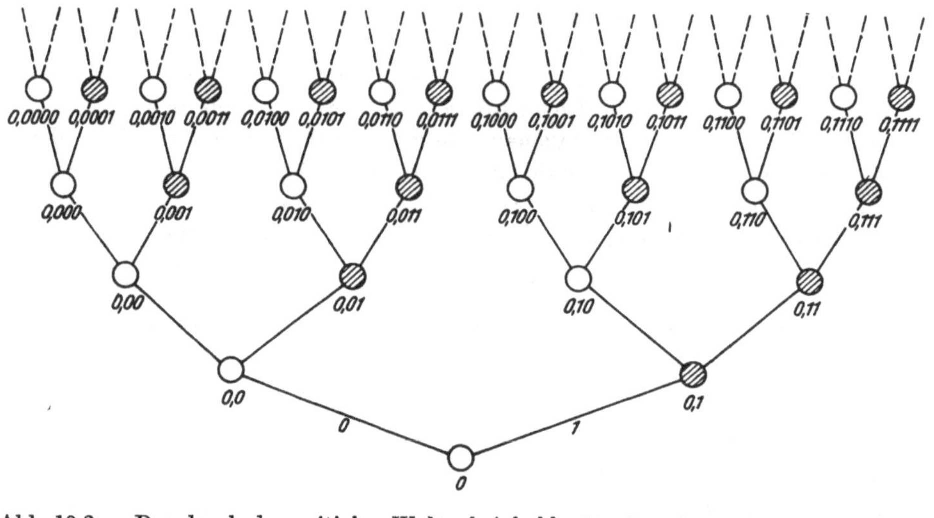

Abb. 18.2. Das durch den initialen Wahrscheinlichkeitsautomaten

$$P_0 = \begin{pmatrix} 1 & 0 \\ 1/2 & 1/2 \end{pmatrix} \qquad P_1 = \begin{pmatrix} 1/2 & 1/2 \\ 0 & 1 \end{pmatrix}$$

bezüglich des Schwellenwertes $\lambda = 0{,}1$ definierte (reguläre) Ereignis

In der Baumdarstellung der Abb. 18.2 sind an den den Inputfolgen zugehörigen Knoten die Wahrscheinlichkeiten für das Eintreten eines markierten Zustands aufgetragen. Knoten, für die diese Wahrscheinlichkeiten den Schwellenwert $\lambda = 0{,}1$ (Dualbruch!) erreichen oder überschreiten, sind besonders gekennzeichnet.

Wie man leicht erkennt, umfaßt das durch den obigen Wahrscheinlichkeitsautomaten bezuglich des Schwellenwertes $\lambda = 0{,}1$ dargestellte Ereignis alle die Teilereignisse, deren Inputwörter mit 1 enden. Es liegt das regulare Ereignis

$$\langle\langle 0\rangle\,\langle 1\rangle\rangle\, 1$$

vor. (Man mache sich klar, daß $\langle\langle 0\rangle\,\langle 1\rangle\rangle$ ein beliebiges Wort darstellt.)

Wie sich allgemein zeigen läßt, bestimmt jeder Wahrscheinlichkeitsautomat mit einem rationalen Schwellenwert ein regulares Ereignis. Wir beschränken uns beim Nachweis auf den obigen speziellen Wahrscheinlichkeitsautomaten.

1. Es sei λ durch einen endlichen Dualbruch gegeben. Der einfacheren Darstellung wegen fuhren wir die Betrachtungen an einem Zahlenbeispiel durch. Es sei

$$\lambda = 0{,}101001\,.$$

Wir bilden die sogenannten Majoranten[1]) zu λ

$$0{,}10101$$
$$0{,}1011$$
$$0{,}11\,.$$

Dann wird jedes Inputwort akzeptiert, das mit einer Wahrscheinlichkeit, die bis auf eine beliebige Fortsetzung gleich λ oder gleich einer Majorante von λ ist, zu einem markierten Zustand fuhrt. Eine beliebige Fortsetzung im Wahrscheinlichkeitswert bedeutet, daß im Input ein beliebiges Wort vorausgehen kann.

Wesentlich ist, daß der Input mit einer Folge endet, die sich ergibt, wenn man λ oder eine Majorante von λ von rechts nach links bis zum Komma liest. Da ein beliebiges Wort durch $\langle\langle 0\rangle\,\langle 1\rangle\rangle$ gegeben ist, wird von dem obigen Wahrscheinlichkeitsautomaten mit $\lambda = 0{,}101001$ das folgende regulare Ereignis dargestellt:

$$\langle\langle 0\rangle\,\langle 1\rangle\rangle\,(100101 \vee 10101 \vee 1101 \vee 11)\,.$$

2. Es sei λ rational; dann ist λ durch einen unendlichen periodischen Dualbruch darstellbar:

$$\lambda = \overline{0{,}101001}\,.$$

Der Leser überzeuge sich davon, daß in diesem Fall das regulare Ereignis durch

$$\langle\langle 0\rangle\,\langle 1\rangle\rangle\,(10101 \vee 1101 \vee 11)\,\langle 100101\rangle$$

beschrieben wird, indem er die daraus resultierenden Wahrscheinlichkeiten aufschreibt.

[1]) Ein Wort w uber $\{0, 1\}$ heißt Majorante zu dem Wort λ uber $\{0, 1\}$ genau dann, wenn

$$w \geqq \lambda$$

ist und fur das aus w durch Abstreichen der letzten Ziffer entstehende Wort w' dagegen

$$w' < \lambda$$

gilt.

3. Um nun den Fall eines beliebigen Schwellenwertes zu erfassen, fuhren wir die folgende Überlegung durch:

Es seien $\lambda_1 < \lambda_2$ zwei Schwellenwerte, die sich beliebig wenig unterscheiden. Dann gibt es einen endlichen Dualbruch λ^*, der dazwischen liegt:

$$\lambda_1 < \lambda^* < \lambda_2 .$$

Es sei

$$\lambda^* = 0, \delta_1 \delta_2 \ldots \delta_n .$$

Dann wird die Inputfolge

$$\delta_n \delta_{n-1} \ldots \delta_2 \delta_1$$

von dem obigen Automaten mit λ_1 akzeptiert, mit λ_2 dagegen nicht. Somit stellt der Automat bei unterschiedlichen Schwellenwerten auch stets unterschiedliche Ereignisse dar. Da die Schwellenwerte einen kontinuierlichen Bereich $0 \leqq \lambda \leqq 1$ umfassen, bilden auch die durch sie bestimmten Ereignisse ein Kontinuum. Ein Kontinuum ist nicht abzählbar, die Menge der regulären Ereignisse dagegen ist abzahlbar, da ihre Elemente durch endlich viele Operationen (Disjunktion, Verkettung und Iteration) darstellbar sind. Somit gibt es zum obigen Wahrscheinlichkeitsautomaten solche Schwellenwerte, daß die damit dargestellten Ereignisse nicht mehr regular sind [62,70].

Lineare Automaten IV

19. Systemalgebra

In den vorausgegangenen Abschnitten haben wir Systeme unter dem Leitgedanken physikalisch-technischer und biologischer Realisierungen als dynamische Prozesse betrachtet. Bestimmend war dabei die Vorstellung von Zustand und Zustandsänderungen, wobei Input und Output der Beobachtung direkt zugänglich waren. Nun kann man Systeme noch von einem anderen Aspekt aus beschreiben, wenn man die Frage nach ihrem Aufbau in den Vordergrund stellt. Ein System wird als Gesamtheit von Objekten betrachtet — man spricht von seinen Teilen —, und das Interesse richtet sich auf die Relationen, die zwischen den Teilen des Systems bestehen. Angestrebt wird eine Beschreibung, wie das System aus seinen Teilen aufgebaut ist, wobei diese Beschreibung für elektronische Datenverarbeitung anwendbar sein soll. Fragen dieser Art spielen eine wesentliche Rolle bei ökonomischen Systemen in Planung und Leitung der Volkswirtschaft.

Aus der Vielfältigkeit der anliegenden Probleme resultiert, daß als Beschreibungsmittel sehr unterschiedliche Operatoren in Frage kommen In vielen Fällen lassen sich diese an im allgemeinen gerichteten Graphen veranschaulichen. Um eine für die Datenverarbeitung bequeme Erfassung der dabei bestehenden Zusammenhänge zu ermöglichen, bietet sich eine algebraische Beschreibung auf der Basis von Matrizen an, die sich weitgehend einer Listentechnik bedient.

Die Abb. 19.1 zeigt als Beispiel eines Systems das Schema einer Produktionsstätte, die Vorfertigung, Lager, Endmontage und zentrale Lenkung umfaßt. Neben dem Güterfluß sind Informationsflüsse eingezeichnet, die notwendig sind, um die Produktion auch wechselnden Aufträgen anzupassen.

Die Abb. 19.2 stellt ein Beispiel für ein Informationssystem dar, an dem fünf Listen und vier Datenverarbeitungsprozesse beteiligt sind.

Ein gerichteter Graph kann auf zwei Arten zur Darstellung eines Systems herangezogen werden, je nachdem, ob man die Objekte den Knoten oder den Kanten zuordnet. Im ersten Fall repräsentieren die Kanten die bestehenden Relationen, im zweiten Fall werden hierzu die Knoten verwendet.

Jeder gerichtete Graph läßt sich algebraisch durch eine Matrix darstellen, wobei im oberen und seitlichen Eingang die Knoten auftreten. Die Felder der Matrix markieren wir durch eine 1, wenn in den dem Spalteneingang entsprechenden Knoten eine gerichtete Kante von dem dem Zeileneingang entsprechenden Knoten her einlauft. Eine solche Matrix heiße Vorgangermatrix (Abb. 19.3). (Liest man sie vom seitlichen Eingang her, so liefert sie die Nach-

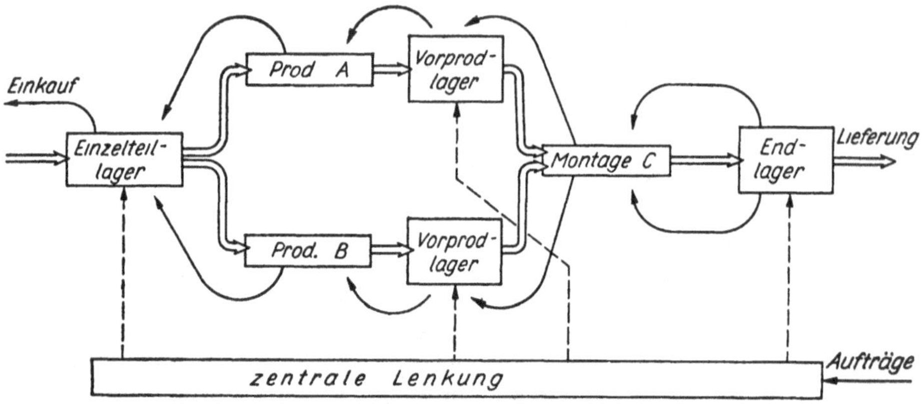

Abb. 19.1. Schema eines Produktionssystems (Material- und Informationsflusse)

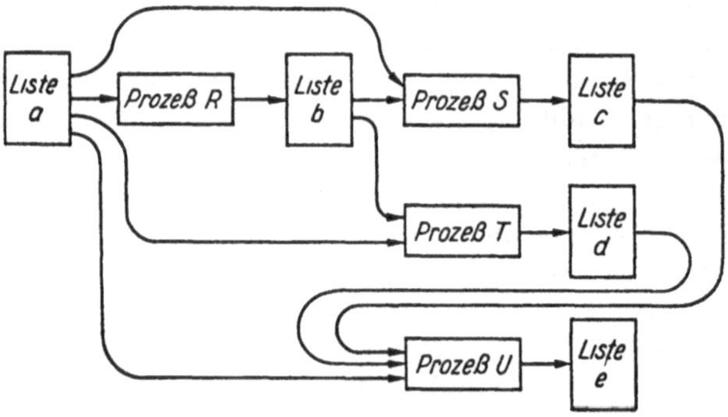

Abb. 19.2. Beispiel eines Systems der Datenverarbeitung (Listentechnik)

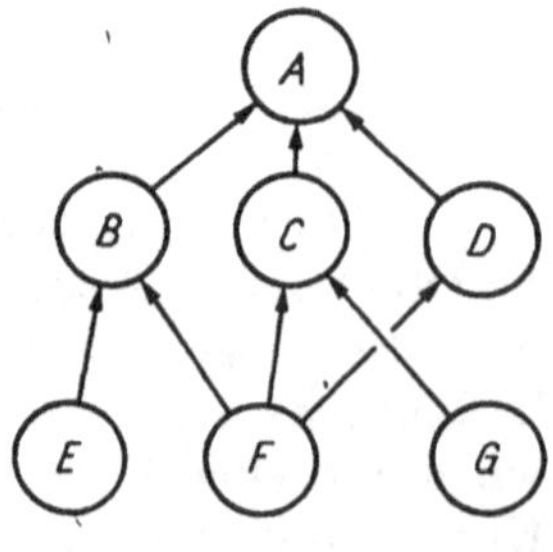

	A	B	C	D	E	F	G
A							
B	1						
C	1						
D	1						
E		1					
F		1	1	1			
G			1				

Abb. 19.3. Beispiel fur eine Vorgangermatrix zur Beschreibung eines gerichteten Graphen

folgerknoten.) Knoten mit leeren Spalten haben keinen Vorgänger, sie sind somit Anfangsknoten. Knoten mit leeren Zeilen sind Endknoten. Interpretiert man den Graph als Produktionssystem und die Knoten als Roh-, Zwischen- und Endprodukte, so erhält man durch Aufruf einer Spalte die zur Fertigung des entsprechenden Produktes nötigen Teilprodukte.

Für die Darstellung im Rahmen der elektronischen Datenverarbeitung wird man sich im allgemeinen der Listentechnik bedienen. Für das obige Beispiel ergibt sich die Liste

$$A(B, C, D)\ B(E, F)\ C(F, G)\ D(F)\,.$$

Eine Untermenge aus der Menge der Knoten läßt sich durch einen einer Spalte entsprechenden Vektor erfassen, dessen Komponenten durch das Symbol 1 die umfaßten Knoten kennzeichnen. So stellt z. B.

A	1
B	.
C	1
D	1
E	.
F	.
G	.

oder kürzer die Liste $A(1)\ C(1)\ D(1)$ die aus den Knoten A, C und D bestehende Teilmenge dar. Wir wollen von einem Auswahlvektor sprechen. Durch eine geeignete Komposition der Vorgängermatrix mit einem Auswahlvektor läßt sich die Menge der direkten Vorgänger der ausgewählten Objekte erfassen: Den mit 1 markierten Komponenten des Auswahlvektors entsprechend sind aus der Vorgängermatrix Spalten auszuwählen; diese Spalten sind sodann zeilenweise disjunktiv zu vereinigen. Wir wollen diese Matrix-Vektor-Operation durch das Operationssymbol $(\cup)$ kennzeichnen [41].

Im obigen Beispiel erhalten wir

$$\begin{pmatrix} . & . & . & . & . & . & . \\ 1 & . & . & . & . & . & . \\ 1 & . & . & . & . & . & . \\ 1 & . & . & . & . & . & . \\ . & 1 & . & . & . & . & . \\ . & 1 & 1 & 1 & . & . & . \\ . & . & 1 & . & . & . & . \end{pmatrix} (\cup) \begin{pmatrix} 1 \\ . \\ 1 \\ 1 \\ . \\ . \\ . \end{pmatrix} = \begin{pmatrix} . \\ 1 \\ 1 \\ 1 \\ . \\ . \\ . \end{pmatrix} \cup \begin{pmatrix} . \\ . \\ . \\ . \\ . \\ 1 \\ 1 \end{pmatrix} \cup \begin{pmatrix} . \\ . \\ . \\ . \\ . \\ 1 \\ . \end{pmatrix} = \begin{pmatrix} . \\ 1 \\ 1 \\ 1 \\ . \\ 1 \\ 1 \end{pmatrix}.$$

Als Menge der direkten Vorgänger ergibt sich

$$(B, C, D, F, G)\,.$$

Wir wollen nun in den gerichteten Graphen auch quantitative Angaben aufnehmen, die sich auf die Vorgängermengen beziehen, die für die Durchführung der einzelnen Prozesse pro Einheit des dabei erzeugten (Zwischen-)

Produkts benotigt werden (Abb. 19.4). Entsprechend können auch in einem Auswahlvektor quantitative Forderungen zum Ausdruck kommen. So können beispielsweise fur die Belieferung eines anderen Produktionszweiges die folgenden Forderungen vorliegen:

$$A(5)\ C(2)\ D(3)\ ,$$

d. h., es werden 5 Einheiten von A, 2 Einheiten von C und 3 von D benötigt.

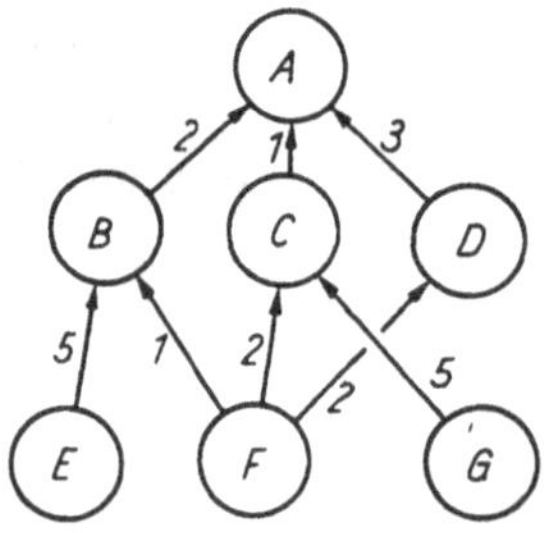

	A	B	C	D	E	F	G
A							
B	2						
C	1						
D	3						
E		5					
F		1	2	2			
G			5				

Abb. 19.4. Gerichteter Graph und Vorgangermatrix mit quantitativen Angaben

Wir interessieren uns wieder für die Vorgängermenge, wobei jetzt auch quantitative Angaben gefordert sind Wir betrachten diese Aufgabenstellung von Seiten der Listentechnik

Liste der Vorgangermatrix $\mathfrak{V}$: $A(2\,B, 1\,C, 3\,D)\ B(5\,E, 1\,F)\ C(2\,F, 5\,G)\ D(2\,F)$.
Auswahlvektor a: $A(5)\ C(2)\ D(3)$.

Wir betrachten die einzelnen fur die Durchführung der Matrix-Vektor-Operation

$$\mathfrak{V}\,(\cup)\,a$$

anfallenden Einzeloperationen.

Die beim Lesen der Vektorliste anfallenden Informationen induzieren einen Auswahlprozeß an der Vorgangerliste.

Gelesen:	ausgewahlt:
$A(5)$	$A(2\,B, 1\,C, 3\,D)$
$C(2)$	$C(2\,F, 5\,G)$
$D(3)$	$D(2\,F)$

Daran schließt sich eine Verknupfungsoperation zwischen den gelesenen und ausgewahlten Elementen an; im vorliegenden Beispiel handelt es sich um eine arithmetische Multiplikation der jeweils geforderten und benotigten Quantitaten. Aus Grunden einer sich spater anschließenden allgemeineren Betrachtung von Matrix-Vektor-Operationen werde diese Teiloperation durch das Symbol (op_1) bezeichnet.

$$A\big(5(\mathrm{op}_1)2\,B, 5(\mathrm{op}_1)\,1\,C, 5(\mathrm{op}_1)3D\big)\,C\big(2(\mathrm{op}_1)2\,F, 2(\mathrm{op}_1)5\,G\big)\,D\big(3(\mathrm{op}_1)\,2\,F.\big)$$

Im vorliegenden Fall erhalten wir nach Durchfuhrung der op_1-Operation die folgende Liste

$$A(10\,B,\,5\,C,\,15\,D)\;C(4\,F,\,10\,G)\;D(6\,F)\,.$$

Es folgt sodann eine Durchmusterung der Liste nach gleichen in den Klammern auftretenden Objekten, deren Quantitäten im speziellen Fall des vorliegenden Beispiels zu addieren sind. Wir verwenden aus den obigen Gründen hierfür das Symbol op_2. Lediglich F tritt hier zweimal auf.

$$B(10)\;C(5)\;D(15)\;F(4\;op_2\;6)\;G(10)\,.$$

Damit erhalten wir als Resultatliste

$$B(10)\;C(5)\;D(15)\;F(10)\;G(10)\,.$$

Darin sind F und G Anfangsprodukte. Will man zu der durch den Auswahlvektor bestimmten Lieferung die Mengen der dazu benotigten Anfangsprodukte insgesamt erfassen, so mußte man den erhaltenen Vektor wieder als neuen Auswahlvektor ansetzen und durch eine weitere ($\cup$) Komposition mit der Vorgangermatrix die Zweitvorganger bestimmen usw.

Einfacher wird dieses Verfahren, wenn man eine Matrix-Matrix-Operation einfuhrt, indem man die Matrix-Vektor-Operation fur die einzelnen Spaltenvektoren durchfuhrt und durch Nebeneinandersetzen der erhaltenen Resultatvektoren eine Resultatmatrix aufbaut Dabei ist es zweckmaßig, die Vorgangermatrix insofern zu erweitern, daß man in ihr Anfangsobjekte als Vorganger zu sich selbst ansetzt. In unserem Beispiel nimmt die erweiterte Vorgangermatrix die folgende Gestalt an:

$$A(2\,B,\,1\,C,\,3\,D)\;B(5\,E,\,1\,F)\;C(2\,F,\,5\,G)\;D(2\,F)\;E(1\,E)\;F(1\,F)\;G(1\,G).$$

Multipliziert man diese Matrix mit sich selbst — dies bedeutet, daß op_1 als Multiplikation und op_2 als Addition angesetzt werden —, so erhalt man als zweite Potenz dieser Matrix

$$A(10\,E,\,10\,F,\,5\,G)\;B(5\,E,\,1\,F)\;C(2\,F,\,5\,G)\;D(2\,F)\;E(1\,E)\;F(1\,F)\;G(1\,G)$$

In den Klammern treten nur noch Anfangsobjekte auf. Dies hat seinen Grund darin, daß im vorliegenden Beispiel keine Drittvorgänger existieren. Wie man sich leicht uberzeugt, bleibt diese Liste damit bei weiterer Multiplikation mit der erweiterten Vorgangerliste unverandert. Verknupft man die so erhaltene Matrix mit einem Auswahlvektor, so erhalt man quantitative Angaben uber die insgesamt benotigten Anfangsprodukte.

In unserem Beispiel fuhrt

$$A(10\,E,\,10\,F,\,5\,G)\;B(5\,E,\,1\,F)\;C(2\,F,\,5\,G)\;D(2\,F)\;E(1\,E)\;F(1\,F)\;G(1\,G)\;(\cup)\;A(5)\;C(2)\;D(3)$$

zu dem Resultatvektor

$$E(50)\;F(60)\;G(35)\,.$$

Auf der Grundlage von vier Teiloperationen, nämlich

1. Auswahl von Elementen aus einer Matrixliste bezüglich einer Vektorliste,
2. Verknüpfung mittels op_1 zu einer Zwischenliste,
3. Sortieren der Zwischenliste,
4. Verknüpfung mittels op_2 zur Resultatliste,

wurde eine sehr allgemeine Matrix-Vektor-Komposition eingeführt. Dabei treten die organiserenden Teiloperationen 1. und 3. stets in der gleichen Form auf; die beiden Verknüpfungsoperationen 2. und 4. dagegen können dem jeweiligen Zweck entsprechend frei gewählt werden. In dem behandelten Beispiel führte die spezielle Wahl von Multiplikation für op_1 und von Addition für op_2 zu der üblichen Matrix-Vektor-Multiplikation. Von den vielfältigen anderen Möglichkeiten, die im Rahmen der Analyse und Synthese von Systemen Verwendung finden können, seien hier nur zwei weitere an Hand von Beispielen aufgezeigt.

Bei Planungsnetzwerken [21], wie z. B bei PERT und CPM und zur Produktionslenkung, stellt man in dem gerichteten Graphen nicht nur die jeweiligen unmittelbaren Vorgänger dar; zusätzliche Angaben zu den Kanten charakterisieren den Zeitbedarf für die entsprechenden Prozesse. Man kann diese den Kanten zugeordneten Zahlen (Abb. 19.5) auf die Länge der vertikalen Projektion der betreffenden Kante beziehen und so die Positionen der einzelnen Knoten in gegenseitiger Beziehung in der Vertikalen festlegen. Dabei ergibt sich aber u. U. die Schwierigkeit, daß einem Knoten, der auf mehreren Pfaden als Vorgänger auftritt, je nach dem durchlaufenen Pfad unterschiedliche Positionen zuzuordnen wären In diesem Fall läßt sich durch die Einführung zusätzlicher Zeitzuschläge die Eindeutigkeit wieder erreichen. Die

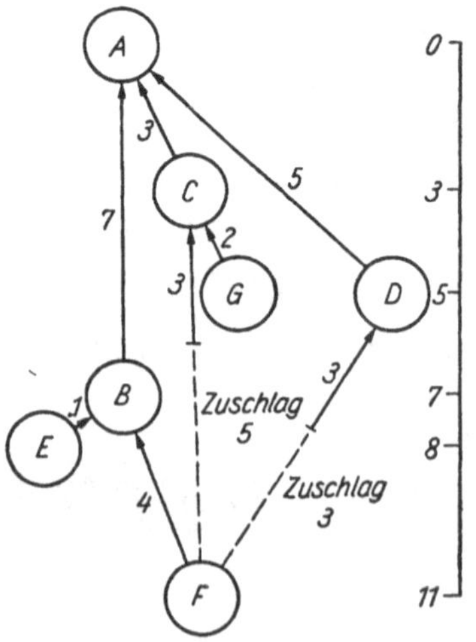

	A	B	C	D	E	F	G
A							
B	7						
C	3						
D	5						
E		1					
F		4	3	3			
G			2				

Abb. 19.5. Graph mit Positionsangaben und zugehörige Positionsmatrix

einem solchen gerichteten Graphen entsprechende Matrix werde als Positionsmatrix bezeichnet.

Ist fur ein Produkt A ein bestimmter Termin t_A gefordert, so zieht dies Mindesttermine fur den Fertigungsbeginn der unmittelbaren Vorgangerprodukte nach sich, die sich aus t_A und den Angaben der A-Spalte aus der Positionsmatrix durch Differenzenbildung ergeben.

Wir betrachten die allgemeinere Aufgabe, daß fur ein bestimmtes Sortiment die Termine gefordert sind. Das Sortiment mit seinen Terminen beschreiben wir durch einen Auswahlvektor. Wir nehmen wieder das Sortiment des vorigen Beispiels auf und setzen dabei einen einheitlichen Termin $t = 100$ fest. Der Auswahlvektor ist dann durch die Liste

$$A(100)\ C(100)\ D(100)$$

gegeben. Zur Erfassung der Termine fur die Vorgangerprodukte definieren wir die Matrix-Vektor-Komposition $(-)$, indem wir fur op_1 Subtraktion und für op_2 Minimumbildung ansetzen. Durch die letzte Vereinbarung erreichen wir, daß evtl. notwendig werdende Zeitzuschlage berucksichtigt werden. Im vorliegenden Beispiel führt

$$A(7\,B, 3\,C, 5\,D)\ B(1\,E, 4\,F)\ C(3\,F, 2\,G)\ D(3\,F)\ (-)$$
$$(-)\ A(100)\ C(100)\ D(100)$$

über

$$A\big(100(\mathrm{op}_1)\,7\,B, 100\,(\mathrm{op}_1)\,3\,C, 100\,(\mathrm{op}_1)\,5\,D\big)\ C\big(100\,(\mathrm{op}_1)\,3\,F,$$
$$100\,(\mathrm{op}_1)\,2\,G\big)\ D\big(100\,(\mathrm{op}_1)\,3\,F\big)$$

zu der Zwischenliste

$$A(93\,B, 97\,C, 95\,D)\ C(97\,F, 98\,G)\ D(97\,F)\,.$$

Durch Sortieren entsteht hieraus

$$B(93)\ C(97)\ D(95)\ F(97\ \mathrm{op}_2\ 97)\ G(98)$$

und mit Minimumbildung für op_2 die Resultatliste

$$B(93)\ C(97)\ D(95)\ F(97)\ G(98)\,.$$

Setzen wir diesen Vektor wieder als Auswahlvektor in die gleiche Matrix-Vektor-Komposition $(-)$ mit der Positionsmatrix, so erhalten wir uber

$$B(92\,E, 89\,F)\ C(94\,F, 95\,G)\ D(92\,F)$$

als Zwischenliste durch Sortieren

$$E(92)\ F\big(89\,(\mathrm{op}_2)\,94\,(\mathrm{op}_2)\,92\big)\ G(95)$$

und damit

$$E(92)\ F(89)\ G(95)\,.$$

Um zum endgultigen Resultat zu gelangen, sind damit noch die Termine zu vergleichen, die sich schon aus dem ersten Schritt fur die Anfangsprodukte ergaben Die Termine $F(97)$ $G(95)$ bringen in diesem Fall aber keine weiteren Änderungen.

Nun kann man aber die Termine für die Anfangsprodukte durch eine einmalige (—)Komposition mit dem Auswahlvektor erreichen, wenn man als Matrix die ausreichend in Komposition mit sich selbst iterierte Positionsmatrix verwendet. Zunachst erganzen wir die Positionsmatrix durch Nullen in der Hauptdiagonale, wenn die betreffende Spalte leer ist, d. h. also fur die Anfangsknoten:

$$A(7\,B, 3\,C, 5\,D)\;B(1\,E, 4\,F)\;C(3\,F, 2\,G)\;D(3\,F)\;E(0\,E)\;F(0\,F)\;G(0\,G)\,.$$

Wir setzen diese Matrix zu sich selbst mittels der Matrix-Matrix-Komposition (+), für die op_1 als Addition und op_2 als Maximumbildung gewahlt wird. Als Zwischenliste erhalt man

$$A(8\,E, 11\,F, 6\,F, 5\,G, 8\,F)\;B(1\,E, 4\,F)\;C(3\,F, 2\,G)\;D(3\,F)$$
$$E(0\,E)\;F(0\,F)\;G(0\,G)$$

und nach Sortieren und Durchfuhrung der Maximumbildung

$$A(8\,E, 11\,F, 5\,G)\;B(1\,E, 4\,F)\;C(3\,F, 2\,G)\;D(3\,F)\;E(0\,E)\;F(0\,F)$$
$$G(0\,G)\,.$$

Eine weitere Komposition dieser Matrix auf die gleiche Weise mit sich selbst (oder auch der erweiterten Positionsmatrix) fuhrt zu keiner weiteren Änderung. Das Iterationsverfahren kommt zum Stehen, sobald in den Klammern nur noch Anfangsobjekte auftreten. Die (—)Kombination des Auswahlvektors mit dieser Matrix liefert direkt die Termine fur den Herstellungsbeginn der Anfangsprodukte: Als Zwischenliste ergibt sich

$$A(92\,E, 89\,F, 95\,G)\;C(97\,F, 98\,G)\;D(97\,F)\,.$$

Nach Sortieren

$$E(92)\;F\big(89\;(op_2)\;97\;(op_2)\;97\big)\;G\big(98\;(op_2)\;95\big)$$

erhalt man als Resultat

$$E(96)\;F(89)\;G(95)\,.$$

An einem umfangreichen Informationssystem sind im allgemeinen zahlreiche Verarbeitungsprozesse beteiligt, die ihre Daten aus gespeicherten Listen entnehmen und ihre Resultate wieder in Listen niederlegen. Die Struktur eines solchen Systems kann durch einen gerichteten Graphen dargestellt werden, dessen Knoten teils den beteiligten Listen und teils den sich zwischen den Listen abspielenden Verarbeitungsprozessen entsprechen. Abb 19.2 bietet hierfur ein einfaches Beispiel.

Zur algebraischen Formalisierung fuhren wir eine sogenannte Inzidenzmatrix ein, die die Zusammenhange zwischen den beiden Klassen von Knoten darzustellen gestattet. Die Spalteneingange ordnen wir den Listen zu, die Zeileneingange den Prozessen. Fungiert eine Liste als Input fur einen Prozeß, so markieren wir das Kreuzungsfeld der entsprechenden Spalte und Zeile mit

1; eine den Output eines Prozesses aufnehmende Liste kennzeichnen wir durch —1 an der Kreuzungsstelle.

Fur das Informationssystem der Abb. 19.2 erhalten wir die folgende Inzidenzmatrix:

		Listen				
		a	*b*	*c*	*d*	*e*
Prozesse	*R*	1	—1			
	S	1	1	—1		
	T	1	1		—1	
	U	1		1	1	—1

Von entscheidender Bedeutung fur den Zeitaufwand zur Durchfuhrung des Gesamtprozesses ist die Anzahl der Durchmusterungen der einzelnen Listen. Aus der Inzidenzmatrix entnehmen wir die folgenden Zahlen:

Liste	*a*	*b*	*c*	*d*	*e*
Anzahl der Durchmusterungen	4	3	2	2	1

Wır wollen nun die Struktur dieses Informationssystems dadurch ändern, daß wir die Prozesse *R* und *S* und die Prozesse *T* und *U* vereinigen und dafur die Prozesse *V* und *W* einführen. Abb. 19.6 zeigt den geanderten Graphen.

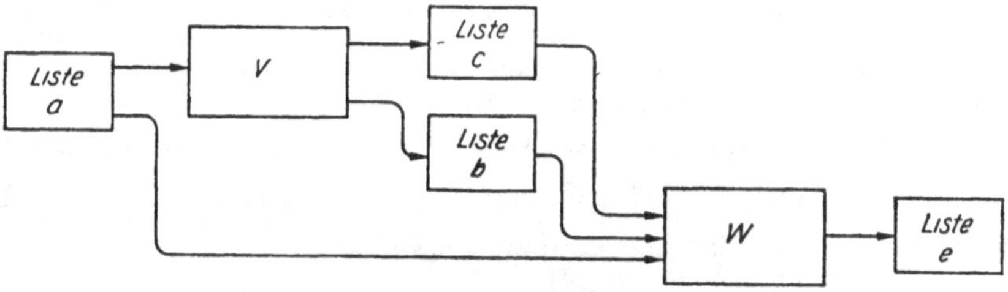

Abb. 19.6. Informationssystem aus Abb. 19 2 nach Prozeßgruppıerung
$(R, S) = V$
$(T, U) = W$

Als Inzidenzmatrix ergibt sich nach dieser Prozeßgruppierung

	a	*b*	*c*	*d*	*e*
V	1	—1	—1		
W	1	1	1		—1

Die benötigten Listendurchmusterungen haben sich durch die Prozeßgruppierung auf die folgenden Zahlen verringert:

Liste	a	b	c	d	e
Anzahl der Durchmusterungen	2	2	2	0	1

Die durch Prozeßgruppierung geanderte Inzidenzmatrix laßt sich auch algebraisch erfassen. Zu diesem Zweck stellen wir die vorgesehene Prozeßgruppierung durch eine Gruppierungsmatrix, in unserem Beispiel durch

	R	S	T	U
V	1	1		
W			1	1

dar.

Wir spezialisieren die allgemeine Matrix-Vektor-Komposition durch Multiplikation fur op_1 und durch die folgenden Rechenregeln fur op_2 und verwenden als Operationszeichen (g).

$$\begin{aligned} 0 \; op_2 \; 0 &= 0 \\ 0 \; op_2 \; 1 &= 1 \\ 1 \; op_2 \; 0 &= 1 \\ 1 \; op_2 \; 1 &= 1 \\ 0 \; op_2 \; -1 &= -1 \\ -1 \; op_2 \; 0 &= -1 \\ 1 \; op_2 \; -1 &= \sigma \\ -1 \; op_2 \; 1 &= \sigma \\ -1 \; op_2 \; -1 & \quad \text{tritt nicht auf.} \end{aligned}$$

Dabei ist $\sigma = -1$ zu setzen, wenn in der neuen Inzidenzmatrix die entsprechende Spalte 1 enthalt, sonst $\sigma = 0$.

In unserem Beispiel erhalten wir aus der transponierten Inzidenzmatrix

$$R(1a, -1b)\; S(1a, 1b, -1c)\; T(1a, 1b, -1d)\; U(1a, 1c, 1d, -1e)$$

n (g)-Komposition mit der Gruppierungsmatrix

$$V(1R, 1S)\; W(1T, 1U),$$

als Zwischenliste

$$V(1a, -1b, 1a, 1b, -1c)\; W(1a, 1b, -1d, 1a, 1c, 1d, -1e)$$

und nach Sortieren und Durchfuhrung von op_2

$$V(1a, \sigma_1 b, -1c)\; W(1a, 1b, 1c, \sigma_2 d, -1e).$$

Schließlich bestimmt sich σ_1 zu -1, da das Glied $1b$ auftritt, σ_2 ist dagegen 0 zu setzen, da ein Glied $1d$ nicht auftritt. So erhalten wir als Inzidenzmatrix nach der Gruppierung

$$V(1a, -1b, -1c)\; W(1a, 1b, 1c, -1e)$$

in Übereinstimmung mit dem Graphen aus Abb. 19.6.

20. Der lineare Automat und seine Reduktion

Wir wollen unsere Aufmerksamkeit einer Klasse von Automaten zuwenden, die eine Brücke zwischen Theorie der diskreten Automaten und der Theorie der kontinuierlichen Systeme darstellt. Dabei liegt die besondere Bedeutung dieser Automaten in der Möglichkeit, sie u. a. zur Steuerung von Rechenautomaten, zur Realisierung fehlerkorrigierbarer Codes und zur Erzeugung von Zufallszahlen zu verwenden. Von mathematischer Seite finden sie Interesse, da sie die Ergebnisse einer modernen Algebra im Zusammenhang mit endlichen Gruppen, Ringen und linearen Vektorraumen anwenden lassen.

Die Beschreibung diskreter Automaten basiert auf logischen Operationen, zur Beschreibung kontinuierlicher Systeme dagegen eignen sich arithmetische Operationen. Ein vollständiges System zur Darstellung jeder beliebigen BOOLEschen Funktion wird beispielsweise durch Konjunktion und Negation geboten. Nun läßt sich die Negation aber auch durch die Antivalenz ersetzen. Denn aus

$$a \not\equiv b = a \wedge \bar{b} \vee \bar{a} \wedge b$$

folgt

$$a \not\equiv 1 = a \wedge 0 \vee \bar{a} \wedge 1$$
$$= \bar{a}\,.$$

Im binären Fall sind den logischen Operationen Konjunktion und Antivalenz gleichwertig die arithmetischen Operationen Multiplikation und Addition modulo 2 (Symbol $\oplus$) [1])

$$\begin{array}{lcl} 0 \wedge 0 = 0 & \qquad & 0 \cdot 0 = 0 \\ 0 \wedge 1 = 0 & & 0 \cdot 1 = 0 \\ 1 \wedge 0 = 0 & & 1 \cdot 0 = 0 \\ 1 \wedge 1 = 1 & & 1 \cdot 1 = 1 \end{array}$$

$$\begin{array}{lcl} 0 \not\equiv 0 = 0 & \qquad & 0 \oplus 0 = 0 + 0 \text{ modulo } 2 = 0 \\ 0 \not\equiv 1 = 1 & & 0 \oplus 1 = 0 + 1 \text{ modulo } 2 = 1 \\ 1 \not\equiv 0 = 1 & & 1 \oplus 0 = 1 + 0 \text{ modulo } 2 = 1 \\ 1 \not\equiv 1 = 0 & & 1 \oplus 1 = 1 + 1 \text{ modulo } 2 = 0\,. \end{array}$$

Somit läßt sich jede zweiwertige BOOLEsche Funktion durch die Operationen Multiplikation und Addition im Ring der ganzen Zahlen modulo 2 darstellen.

Mathematisch liegt es nun nahe, zu einem beliebigen Modul p überzugehen und die Operationen Multiplikation und Addition im Ring der ganzen Zahlen modulo p heranzuziehen.

[1]) Das Ergebnis einer arithmetischen Operation modulo k erhält man aus dem Ergebnis der in üblicher Weise durchgeführten arithmetischen Operation, indem man den daraus durch Division durch k verbleibenden Rest bildet.

Beispiel. $5 \cdot 6$ modulo $7 = 30$ modulo $7 = (4 \cdot 7 + 2)$ modulo $7 = 2$.

Fur $p = 3$ beispielsweise erhalten wir so die Rechenregeln

+	0	1	2
0	0	1	2
1	1	2	0
2	2	0	1

·	0	1	2
0	0	0	0
1	0	1	2
2	0	2	1

Wir schranken nun die Klasse der durch diese Operationen darstellbaren Automaten durch die Forderung nach *Linearitat* ein Dies bedeutet, daß wir Multiplikation nur mit einer Konstanten zulassen, sie also nur im Sinn einer Skalierungsoperation verwenden.

Wir definieren einen *linearen Automaten* im Ring der ganzen Zahlen (0, 1, . . ., $p - 1$) modulo p durch Überfuhrungs- und Ergebnisfunktion der Form

$$\mathfrak{z}(t+1) = \mathfrak{A} \cdot \mathfrak{z}(t) + \mathfrak{B} \cdot \mathfrak{x}(t)\,,$$
$$\mathfrak{y}(t) = \mathfrak{C} \cdot \mathfrak{z}(t) + \mathfrak{D} \cdot \mathfrak{x}(t) \qquad [15].$$

Darin ist

l die Dimension des Inputvektors $\mathfrak{x}$,
m die Dimension des Outputvektors $\mathfrak{y}$ und
n die Dimension des Zustandsvektors $\mathfrak{z}$.

In ausgeschriebener Form sind diese Vektoren Spaltenmatrizen:

$$\begin{pmatrix} x_1 \\ x_2 \\ \vdots \\ x_l \end{pmatrix} \begin{pmatrix} y_1 \\ y_2 \\ \vdots \\ y_m \end{pmatrix} \begin{pmatrix} z_1 \\ z_2 \\ \vdots \\ z_n \end{pmatrix}$$

Weiter bedeuten mit Elementen aus $\{0, 1, \ldots, p - 1\}$

$\mathfrak{A} = [a_{ij}]$ eine $n \times n$-Matrix, die charakteristische Matrix des Automaten,
$\mathfrak{B} = [b_{ij}]$ eine $n \times l$-Matrix,
$\mathfrak{C} = [c_{ij}]$ eine $m \times n$-Matrix und
$\mathfrak{D} = [d_{ij}]$ eine $m \times l$-Matrix;

n heißt Ordnung des Systems.

Zur technischen Realisierung eines linearen Automaten werden drei Typen von Bauelementen benötigt:

Adder modulo 2 — Symbol $\oplus$,

Speicherelemente (meist Verzögerungselemente um eine Zeiteinheit z. B. Zelle eines Schieberegisters) — Symbol –[ ]–

und Skalierungselemente (Multiplikation mit einer Zahl c aus $\{0, 1, \ldots, p - 1\}$). — Symbol –[c]–

Besonders einfach wird die technische Realisierung im binaren Fall, da hier die Skalierung mit 1 bzw. 0 einfach einer vorhandenen bzw. fehlenden Verbindung entspricht

Beispiel eines linearen Automaten uber dem Ring (0, 1, 2) modulo 3 mit $n = 4$, $l = 1$, $m = 1$ (Abb. 20.1).

$$\mathfrak{A} = \begin{pmatrix} 2 & 0 & 1 & 1 \\ 1 & 0 & 0 & 0 \\ 1 & 1 & 2 & 0 \\ 0 & 0 & 1 & 0 \end{pmatrix} \quad \mathfrak{B} = \begin{pmatrix} 1 \\ 0 \\ 0 \\ 1 \end{pmatrix} \quad \mathfrak{C} = (0 \quad 1 \quad 0 \quad 1) \quad \mathfrak{D} = (0)\,.$$

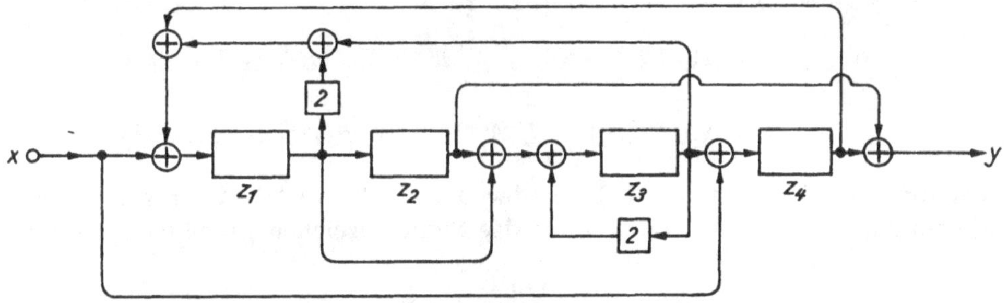

Abb. 20.1. Schaltschema eines linearen Automaten (Beispiel)

Kennzeichnen wir den Nachfolgezeitpunkt durch einen Akzent, so gilt für diesen Automaten mit dem Input x, dem Output y und den Komponenten z_1, z_2, z_3, z_4 des Zustandsvektors

$$\begin{aligned} z_1' &= 2 \cdot z_1 \qquad\qquad\quad + 1 \cdot z_3 + 1 \cdot z_4 + 1 \cdot x \\ z_2' &= 1 \cdot z_1 \\ z_3' &= 1 \cdot z_1 + 1 \cdot z_2 + 2 \cdot z_3 \\ z_4' &= \qquad\qquad\qquad\quad 1 \cdot z_3 \qquad\quad + 1 \cdot x \\ y &= \qquad\quad 1 \cdot z_2 \qquad\qquad + 1 \cdot z_4 \quad . \end{aligned}$$

Wir haben einen linearen Automaten durch seine Überfuhrungs- und Ergebnisfunktion für einen einzelnen Zeitschritt eingefuhrt und wollen jetzt zu den entsprechenden Darstellungen bei Eingabe einer Inputfolge ubergehen, wobei $\mathfrak{z}(0)$ der initiale Zustand sei. Es liege die Inputfolge

$$\mathfrak{x}(0), \mathfrak{x}(1), \mathfrak{x}(2), \ldots, \mathfrak{x}(t)$$

vor. Wir zeigen, daß der dann erreichte Endzustand des linearen Automaten durch

$$\mathfrak{z}(t+1) = \mathfrak{A}^{t+1}\,\mathfrak{z}(0) + \sum_{i=0}^{t} \mathfrak{A}^{t-i} \cdot \mathfrak{B} \cdot \mathfrak{x}(i)$$

gegeben wird.

Wir fuhren den Beweis durch vollstandige Induktion. Zunachst ist die Behauptung für $t = 0$ richtig, da sich

$$\mathfrak{z}(1) = \mathfrak{A} \cdot \mathfrak{z}(0) + \mathfrak{B} \cdot \mathfrak{x}(0)$$

direkt aus der Definition des linearen Automaten ergibt.

Wir nehmen nun an, daß die Behauptung für t schon bewiesen sei:

$$\mathfrak{z}(t+1) = \mathfrak{A}^{t+1} \cdot \mathfrak{z}(0) + \sum_{i=0}^{t} \mathfrak{A}^{t-i} \cdot \mathfrak{B} \cdot \mathfrak{x}(i)\,.$$

Dann gilt nach Definition für den folgenden Zeitpunkt

$$\begin{aligned} \mathfrak{z}(t+2) &= \mathfrak{A} \cdot \mathfrak{z}(t+1) + \mathfrak{B} \cdot \mathfrak{x}(t+1) \\ &= \mathfrak{A} \cdot \left(\mathfrak{A}^{t+1} \cdot \mathfrak{z}(0) + \sum_{i=0}^{t} \mathfrak{A}^{t-i} \cdot \mathfrak{B} \cdot \mathfrak{x}(i)\right) + \mathfrak{B} \cdot \mathfrak{x}(t+1) \\ &= \mathfrak{A}^{t+2} \cdot \mathfrak{z}(0) + \sum_{i=0}^{t} \mathfrak{A}^{t+1-i} \cdot \mathfrak{B} \cdot \mathfrak{x}(i) + \mathfrak{B} \cdot \mathfrak{x}(t+1). \end{aligned}$$

Schreibt man darin $\mathfrak{B} \cdot \mathfrak{x}(t+1)$ in der Form $\mathfrak{A}^{t+1-(t+1)} \cdot \mathfrak{B} \cdot \mathfrak{x}(t+1)$, so erkennt man, daß dieser Term unter das Summenzeichen genommen werden kann. So erhalt man

$$\mathfrak{z}(t+2) = \mathfrak{A}^{t+2} \cdot \mathfrak{z}(0) + \sum_{i=0}^{t+1} \mathfrak{A}^{t+1-i}\, \mathfrak{B} \cdot \mathfrak{x}(i)\,.$$

Dies ist aber die aus der Behauptung hervorgehende Form, wenn man dort t durch $t+1$ ersetzt. Damit ist die Behauptung bewiesen.

Die Ergebnisfunktion bei einer Inputfolge erhalten wir, indem wir in

$$\mathfrak{y}(t) = \mathfrak{C} \cdot \mathfrak{z}(t) + \mathfrak{D} \cdot \mathfrak{x}(t)$$

den durch die Inputfolge erreichten Endzustand $\mathfrak{z}(t)$ auf $\mathfrak{z}(0)$ und die Inputfolge $\mathfrak{x}(0), \ldots, \mathfrak{x}(t-1)$ beziehen:

$$\mathfrak{z}(t) = \mathfrak{A}^{t} \cdot \mathfrak{z}(0) + \sum_{i=0}^{t-1} \mathfrak{A}^{t-1-i} \cdot \mathfrak{B} \cdot \mathfrak{x}(i)\,.$$

Damit ergibt sich

$$\mathfrak{y}(t) = \mathfrak{C} \cdot \mathfrak{A}^{t} \cdot \mathfrak{z}(0) + \sum_{i=0}^{t-1} \mathfrak{C} \cdot \mathfrak{A}^{t-1-i} \cdot \mathfrak{B} \cdot \mathfrak{x}(i) + \mathfrak{D} \cdot \mathfrak{x}(t)\,.$$

Um das zweite und dritte Glied zusammen wieder als Summe bezüglich $\mathfrak{x}(i)$ von $i = 0$ bis $i = t$ schreiben zu konnen, fuhren wir

$$\mathfrak{M}(\tau) = \begin{cases} \mathfrak{D} & \text{fur } \tau = 0\,, \\ \mathfrak{C} \cdot \mathfrak{A}^{\tau-1} \cdot \mathfrak{B} & \text{sonst} \end{cases}$$

als neue Matrixfolge ein. Damit erhalten wir

$$\mathfrak{y}(t) = \mathfrak{C} \cdot \mathfrak{A}^{t} \cdot \mathfrak{z}(0) + \sum_{i=0}^{t} \mathfrak{M}(t-i) \cdot \mathfrak{x}(i)\,.$$

Die Beschränkung auf lineare Automaten führt hinsichtlich der auf Inputfolgen erweiterten Überführungs- und Ergebnisfunktion zu wesentlichen Besonderheiten: Beide Funktionen sind Summen aus je zwei Komponenten. Dabei enthält jeweils die eine Komponente den initialen Zustand, die andere die Inputfolge:

$$\mathfrak{z}(t+1) = \mathfrak{A}^{t+1} \cdot \mathfrak{z}(0) + \sum_{i=0}^{t} \mathfrak{A}^{t-i} \cdot \mathfrak{B} \cdot \mathfrak{x}(i)\,,$$

$$\mathfrak{y}(t) = \mathfrak{C} \cdot \mathfrak{A}^{t} \cdot \mathfrak{z}(0) + \sum_{i=0}^{t} \mathfrak{M}(t-i) \cdot \mathfrak{x}(i)\,.$$

Die erste Komponente in jeder der beiden Funktionen beschreibt das Verhalten des Automaten bei fehlendem Input, somit das Verhalten des entsprechenden *autonomen linearen Automaten*:

$$\mathfrak{z}(t+1) = \mathfrak{A}^{t+1} \cdot \mathfrak{z}(0)\,,$$

$$\mathfrak{y}(t) = \mathfrak{C} \cdot \mathfrak{A}^{t} \cdot \mathfrak{z}(0)\,.$$

Die zweiten Komponenten hängen nur von der Inputfolge und nicht mehr vom initialen Zustand ab.

Bei einem Experiment, das vom initialen Zustand

$$\mathfrak{z}(0) = 0\,, \qquad \text{d. h.} \quad z_1(0) = z_2(0) = \cdots = z_n(0) = 0$$

ausgeht, wird durch

$$\mathfrak{y}(t) = \sum_{i=0}^{t} \mathfrak{M}(t-i) \cdot \mathfrak{x}(i)$$

eine Input-Output-Beschreibung des Automaten gegeben. Führt man das Experiment so aus, daß nur zum initialen Zeitpunkt ein Input $\mathfrak{x}(0)$ erfolgt, danach der Automat sich selbst überlassen bleibt, so geht diese Beziehung über in

$$\mathfrak{y}(t) = \mathfrak{M}(t) \cdot \mathfrak{x}(0)\,.$$

Wählt man nun den initialen Input $\mathfrak{x}(0)$ so, daß nur eine Komponente x_k den Wert 1 erhält, daß also

$$x_j(0) = \begin{cases} 1 & \text{für } j = k \\ 0 & \text{sonst} \end{cases} \quad \text{mit} \quad j = 1, 2, \ldots, l \quad \text{und} \quad k \in \{1, 2, \ldots, l\}$$

gilt, so erhält man in der resultierenden Outputfolge $\mathfrak{y}(t)$ — dies ist eine diskrete Folge von Vektoren — die Werte der k-ten Spalte der Matrix $\mathfrak{M}(t)$ für die diskreten Zeitpunkte $t = 0, 1, 2, 3, \ldots$. Führt man schließlich l derartige Experimente mit $k = 1, 2, \ldots, l$ durch, wobei jedes wieder vom initialen Zustand $\mathfrak{z}(0) = 0$ ausgeht, so liefern die dabei resultierenden Ergebnisfunktionen insgesamt die Matrixfolge $\mathfrak{M}(t)$ für $t = 0, 1, 2, 3, \ldots$.

Die bei linearen Automaten vorliegenden Besonderheiten lassen in einfachster Weise [16] die Klassen äquivalenter Zustände und den reduzierten Automaten gewinnen.

Wir nennen zwei Zustände $\mathfrak{z}_1$ und $\mathfrak{z}_2$ output-äquivalent, wenn aus ihnen als initiale Zustände bei gleichen Inputfolgen gleiche Outputfolgen resultieren. Für jedes $t \in \{0, 1, 2, \ldots\}$ und jede $\mathfrak{x}$-Folge muß gelten

$$\mathfrak{C} \cdot \mathfrak{A}^t \cdot \mathfrak{z}_1 + \sum_{i=0}^{t} \mathfrak{M}(t-i) \cdot \mathfrak{x}(i) = \mathfrak{C} \cdot \mathfrak{A}^t \cdot \mathfrak{z}_2 + \sum_{i=0}^{t} \mathfrak{M}(t-i) \cdot \mathfrak{x}(i) .$$

Daraus resultiert die einfachere Forderung

$$\mathfrak{C} \cdot \mathfrak{A}^t \cdot \mathfrak{z}_1 = \mathfrak{C} \cdot \mathfrak{A}^t \cdot \mathfrak{z}_2 \qquad \text{für jedes } t \in \{0, 1, 2, \ldots\} .$$

Da es im Ring der ganzen Zahlen modulo p nur endlich viele verschiedene $n \times n$-Matrizen gibt, reduziert sich diese Forderung auf endlich viele Werte von t.

Wir interessieren uns zunächst für alle Zustände, die zu dem Zustand $\mathfrak{z} = 0$ äquivalent sind. Dies bedeutet, daß wir alle Vektoren $\mathfrak{z}$ zu bestimmen haben, die dem endlichen System linearer Gleichungen

$$\begin{cases} \mathfrak{C} \cdot \mathfrak{z} = 0 , \\ \mathfrak{C} \cdot \mathfrak{A} \cdot \mathfrak{z} = 0 , \\ \mathfrak{C} \cdot \mathfrak{A}^2 \cdot \mathfrak{z} = 0 , \\ \cdots\cdots\cdots \\ \mathfrak{C} \cdot \mathfrak{A}^{t^*} \cdot \mathfrak{z} = 0 \end{cases}$$

genügen, wobei sich t^* als kleinste ganze Zahl aus der Forderung bestimmt, daß $\mathfrak{C} \cdot \mathfrak{A}^{t^*+1}$ eine Linearkombination von

$$\mathfrak{C}, \mathfrak{C} \cdot \mathfrak{A}, \mathfrak{C} \cdot \mathfrak{A}^2, \ldots, \mathfrak{C} \cdot \mathfrak{A}^{t^*}$$

ist.

Aus der Linearität des Systems zur Bestimmung von $\mathfrak{z}$ resultiert, daß sich die Menge der Lösungen aus den Vektoren einer Basismatrix additiv aufbauen läßt. Die Basismatrix — sie ist vom Typ $n \times k$ — läßt sich allgemein, gegebenenfalls durch Umstellung der Komponenten, in die Form

$\begin{pmatrix} I_k \\ Q \end{pmatrix}$ bringen, wo Q eine Matrix vom Typ $(n-k) \times k$ ist.

Wir betrachten zur Erläuterung unser obiges Beispiel.

Aus

$$\mathfrak{C} = (0 \quad 1 \quad 0 \quad 1) \qquad \text{und}$$

$$\mathfrak{A} = \begin{pmatrix} 2 & 0 & 1 & 1 \\ 1 & 0 & 0 & 0 \\ 1 & 1 & 2 & 0 \\ 0 & 0 & 1 & 0 \end{pmatrix} \qquad \text{folgt modulo 3}$$

$$\mathfrak{C} \cdot \mathfrak{A} = (0 \quad 1 \quad 0 \quad 1) \cdot \begin{pmatrix} 2 & 0 & 1 & 1 \\ 1 & 0 & 0 & 0 \\ 1 & 1 & 2 & 0 \\ 0 & 0 & 1 & 0 \end{pmatrix} = (1 \quad 0 \quad 1 \quad 0) \quad \text{und}$$

weiter

$$\mathfrak{C} \cdot \mathfrak{A}^2 = (\mathfrak{C} \cdot \mathfrak{A}) \cdot \mathfrak{A} = [1\ 0\ 1\ 0] \begin{pmatrix} 2 & 0 & 1 & 1 \\ 1 & 0 & 0 & 0 \\ 1 & 1 & 2 & 0 \\ 0 & 0 & 1 & 0 \end{pmatrix} = (0\ 1\ 0\ 1) = \mathfrak{C}\,.$$

Somit ist $t^* = 1$.

Zur Bestimmung der zu $\mathfrak{z} = 0$ aquivalenten Zustande erhalten wir das System

$$(0\quad 1\quad 0\quad 1) \cdot \mathfrak{z} = 0\,,$$

$$(1\quad 0\quad 1\quad 0) \cdot \mathfrak{z} = 0\,,$$

d. h. mit

$$\mathfrak{z} = \begin{pmatrix} z_1 \\ z_2 \\ z_3 \\ z_4 \end{pmatrix}$$

$$\left.\begin{aligned} z_2 \phantom{{}+z_3} + z_4 &= 0 \\ z_1 + z_3 \phantom{{}+z_4} &= 0 \end{aligned}\right\} \text{ modulo } 3\,.$$

Als Lösungen ergeben sich

z_1	0	1	2	0	0	1	1	2	2
z_2	0	0	0	1	2	1	2	1	2
z_3	0	2	1	0	0	2	2	1	1
z_4	0	0	0	2	1	2	1	2	1

Um hieraus die Basismatrix zu gewinnen, wenden wir das im Abschnitt „Matrizen“ dargebotene Verfahren zur Umwandlung einer Matrix in die kanonische Staffelform an. Das dortige Verfahren geht von der Annahme aus, daß die Zeilen als Vektoren aufzufassen sind; im vorliegenden Fall haben dagegen die Spalten den Charakter von Vektoren. Daher ist hier zunachst die Matrix zu transponieren.

$$\text{Zu} \quad \begin{Bmatrix} 0 & 0 & 0 & 0 \\ 1 & 0 & 2 & 0 \\ 2 & 0 & 1 & 0 \\ 0 & 1 & 0 & 2 \\ 0 & 2 & 0 & 1 \\ 1 & 1 & 2 & 2 \\ 1 & 2 & 2 & 1 \\ 2 & 1 & 1 & 2 \\ 2 & 2 & 1 & 1 \end{Bmatrix} \quad \text{ergibt sich} \quad \begin{Bmatrix} 1 & 0 & 2 & 0 \\ 0 & 1 & 0 & 2 \\ 0 & 0 & 0 & 0 \\ 0 & 0 & 0 & 0 \\ 0 & 0 & 0 & 0 \\ 0 & 0 & 0 & 0 \\ 0 & 0 & 0 & 0 \\ 0 & 0 & 0 & 0 \\ 0 & 0 & 0 & 0 \end{Bmatrix} \quad \text{als kanonische Staffelform.}$$

Es existieren somit nur zwei linear unabhängige Lösungen. Die Basismatrix hat die Form

$$\begin{pmatrix} 1 & 0 \\ 0 & 1 \\ 2 & 0 \\ 0 & 2 \end{pmatrix} = \begin{pmatrix} I_2 \\ Q \end{pmatrix} \quad \text{mit} \quad Q = \begin{pmatrix} 2 & 0 \\ 0 & 2 \end{pmatrix}.$$

Wir wollen nun in dem Zustandsraum anstelle der Koordinaten $z_1, z_2, \ldots, z_n$ neue Koordinaten $z_1^*, z_2^*, \ldots, z_n^*$ so einführen, daß durch

$$z_{k+1}^* = z_{k+2}^* = \cdots = z_n^* = 0$$

die Äquivalenzklasse erfaßt wird, die die zu $\mathfrak{z}(0) = 0$ äquivalenten Zustände enthält. Mit anderen Worten, wir suchen in den Zustandsraum ein neues Koordinatensystem so einzuführen, daß beim Durchlaufen der ersten k Komponenten die einzelnen Elemente einer bestimmten Äquivalenzklasse aufgezählt werden, wenn die restlichen Komponenten festgehalten werden. Das Wertetupel dieser restlichen Komponenten bestimmt die betreffende Äquivalenzklasse. Betrachten wir in dem auf die neuen Koordinaten transformierten System nur diese restlichen Komponenten, so erhalten wir einen auf minimale Zustandszahl reduzierten Automaten.

Zunächst untersuchen wir, wie sich die einen linearen Automaten charakterisierenden Matrizen

$$\mathfrak{A}, \mathfrak{B}, \mathfrak{C} \text{ und } \mathfrak{D}$$

transformieren, wenn wir im Zustandsraum die lineare Transformation

$$\mathfrak{z}^* = \mathfrak{T} \cdot \mathfrak{z}$$

durchführen. Dabei setzen wir umkehrbare Eindeutigkeit der Transformation voraus, so daß die Matrix $\mathfrak{T}$ regulär ist und somit die Rücktransformation durch

$$\mathfrak{z} = \mathfrak{T}^{-1} \cdot \mathfrak{z}^*$$

geliefert wird. Der lineare Automat ist durch

$$\begin{cases} \mathfrak{z}' = \mathfrak{A} \cdot \mathfrak{z} + \mathfrak{B} \cdot \mathfrak{x}, \\ \mathfrak{y} = \mathfrak{C} \cdot \mathfrak{z} + \mathfrak{D} \cdot \mathfrak{x} \end{cases}$$

gegeben. Somit gilt

$$\begin{aligned} \mathfrak{z}^{*\prime} &= \mathfrak{T} \cdot \mathfrak{z}' \\ &= \mathfrak{T} \cdot \mathfrak{A} \cdot \mathfrak{z} + \mathfrak{T} \cdot \mathfrak{B} \cdot \mathfrak{x} \\ &= \mathfrak{T} \cdot \mathfrak{A} \cdot \mathfrak{T}^{-1} \cdot \mathfrak{z}^* + \mathfrak{T} \cdot \mathfrak{B} \cdot \mathfrak{x} \quad \text{und} \\ \mathfrak{y}^* &= \mathfrak{C} \cdot \mathfrak{T}^{-1} \cdot \mathfrak{z}^* + \mathfrak{D} \cdot \mathfrak{x}. \end{aligned}$$

Setzen wir den linearen Automaten im transformierten System in der Form

$$\begin{cases} \mathfrak{z}^{*\prime} = \mathfrak{A}^* \cdot \mathfrak{z}^* + \mathfrak{B}^* \cdot \mathfrak{x} \\ \mathfrak{y}^* = \mathfrak{C}^* \cdot \mathfrak{z}^* + \mathfrak{D}^* \cdot \mathfrak{x} \end{cases}$$

an, so ergeben sich die folgenden allgemeinen Transformationsregeln fur die einen linearen Automaten charakterisierenden Matrizen·

$$\begin{cases} \mathfrak{A}^* = \mathfrak{T} \cdot \mathfrak{A} \cdot \mathfrak{T}^{-1}, \\ \mathfrak{B}^* = \mathfrak{T} \cdot \mathfrak{B}, \\ \mathfrak{C}^* = \mathfrak{C} \cdot \mathfrak{T}^{-1}, \\ \mathfrak{D}^* = \mathfrak{D}. \end{cases}$$

Um die angestrebte Reduktion in der Darstellung eines vorgelegten Automaten zu erreichen, fuhren wir im Zustandsraum eine geeignete lineare Transformation durch, die wir durch eine Blockmatrix charakterisieren. Dabei ergibt sich die Struktur der Transformationsmatrix direkt aus der Struktur der Basismatrix, die wir bei der Bestimmung der zu $\mathfrak{z} = 0$ aquivalenten Zustande gewonnen haben:

$$\mathfrak{T} = \begin{pmatrix} I_k & O_{k \times (n-k)} \\ -Q & I_{n-k} \end{pmatrix}.$$

Wie wir im abschließenden Beispiel des vorigen Abschnitts „Matrizen" gezeigt haben, ist diese Matrix regular und ihre Inverse durch

$$\mathfrak{T}^{-1} = \begin{pmatrix} I_k & O_{k \times (n-k)} \\ Q & I_{n-k} \end{pmatrix}$$

gegeben. Der Struktur dieser Matrix folgend, führen wir auch bei den Zustandsvektoren Strukturen ein:

$$\mathfrak{z} = \begin{pmatrix} \mathfrak{z}_k \\ \mathfrak{z}_{n-k} \end{pmatrix} \text{ mit } \mathfrak{z}_k = \begin{pmatrix} z_1 \\ z_2 \\ \vdots \\ z_k \end{pmatrix} \text{ und } \mathfrak{z}_{n-k} = \begin{pmatrix} z_{k+1} \\ z_{k+2} \\ \vdots \\ z_n \end{pmatrix},$$

$$\mathfrak{z}^* = \begin{pmatrix} \mathfrak{z}_k^* \\ \mathfrak{z}_{n-k}^* \end{pmatrix} \text{ mit } \mathfrak{z}_k^* = \begin{pmatrix} z_1^* \\ z_2^* \\ \vdots \\ z_k^* \end{pmatrix} \text{ und } \mathfrak{z}_{n-k}^* = \begin{pmatrix} z_{k+1}^* \\ z_{k+2}^* \\ \vdots \\ z_n^* \end{pmatrix}.$$

Aus der Transformationsgleichung

$$\mathfrak{z}^* = \mathfrak{T} \cdot \mathfrak{z}$$

erhalten wir uber

$$\mathfrak{z}^* = \begin{pmatrix} \mathfrak{z}_k^* \\ \mathfrak{z}_{n-k}^* \end{pmatrix} = \begin{pmatrix} I_k & O_{k \times (n-k)} \\ -Q & I_{n-k} \end{pmatrix} \cdot \begin{pmatrix} \mathfrak{z}_k \\ \mathfrak{z}_{n-k} \end{pmatrix} = \begin{pmatrix} \mathfrak{z}_k \\ -Q \cdot \mathfrak{z}_k + \mathfrak{z}_{n-k} \end{pmatrix}$$

und somit

$$\begin{cases} \mathfrak{z}_k^* = \mathfrak{z}_k \\ \mathfrak{z}_{n-k} = -Q \cdot \mathfrak{z}_k + \mathfrak{z}_{n-k}. \end{cases}$$

In Komponentenschreibweise lautet die Transformation

$$\begin{aligned}
z_1^* &= z_1\\
z_2^* &= \qquad z_2\\
&\vdots\\
z_k^* &= \qquad\qquad z_k\\
z_{k+1}^* &= -q_{11}\cdot z_1 - q_{12}\cdot z_2 - \cdots - q_{1k}\cdot z_k + z_{k+1}\\
z_{k+2}^* &= -q_{21}\cdot z_1 - q_{22}\cdot z_2 - \cdots - q_{2k}\cdot z_k \qquad + z_{k+2}\\
&\vdots\\
z_n^* &= \underbrace{-q_{n-k,1}\cdot z_1 - q_{n-k,2}\cdot z_2 - \cdots - q_{n-k,k}\cdot z_k}_{\text{legt das Element innerhalb einer Äquivalenzklasse fest}} \quad \underbrace{\qquad + z_n}_{\text{legt die Äquivalenzklasse fest.}}
\end{aligned}$$

Um nun die transformierten charakteristischen Matrizen berechnen zu können, müssen wir auch sie als Blockmatrizen der Struktur der Blockmatrix $\mathfrak{T}$ angepaßt strukturieren. Wir erreichen dies, indem wir bei diesen Matrizen die Dimension n in k und $(n-k)$ zerlegen:

$$\mathfrak{A} = \overset{\leftarrow k \rightarrow \leftarrow n-k \rightarrow}{\begin{pmatrix} \mathfrak{A}_1, & \mathfrak{A}_2 \\ \mathfrak{A}_3, & \mathfrak{A}_4 \end{pmatrix}} \begin{matrix} \updownarrow k \\ \updownarrow n-k \end{matrix}, \qquad \mathfrak{B} = \begin{pmatrix} \mathfrak{B}_1 \\ \mathfrak{B}_2 \end{pmatrix} \begin{matrix} \updownarrow k \\ \updownarrow n-k \end{matrix}$$

$$\mathfrak{C} = \overset{\leftarrow k \rightarrow \leftarrow n-k \rightarrow}{(\ \mathfrak{C}_1, \quad \mathfrak{C}_2\ )}, \qquad \mathfrak{D}\,.$$

Damit erhalten wir

$$\begin{aligned}
\mathfrak{A}^* &= \begin{pmatrix} I_k, & O_{k\times(n-k)} \\ -Q, & I_{n-k} \end{pmatrix}\cdot\begin{pmatrix} \mathfrak{A}_1, & \mathfrak{A}_2 \\ \mathfrak{A}_3, & \mathfrak{A}_4 \end{pmatrix}\cdot\begin{pmatrix} I_k, & O_{k\times(n-k)} \\ Q, & I_{n-k} \end{pmatrix}\\
&= \begin{pmatrix} \mathfrak{A}_1, & \mathfrak{A}_2 \\ -Q\cdot\mathfrak{A}_1 + \mathfrak{A}_3, & -Q\cdot\mathfrak{A}_2 + \mathfrak{A}_4 \end{pmatrix}\cdot\begin{pmatrix} I_k, & O_{k\times(n-k)} \\ Q, & I_{n-k} \end{pmatrix}\\
&= \begin{pmatrix} \mathfrak{A}_1 + \mathfrak{A}_2\cdot Q, & \mathfrak{A}_2 \\ -Q\cdot\mathfrak{A}_1 + \mathfrak{A}_3 - Q\cdot\mathfrak{A}_2\cdot Q + \mathfrak{A}_4\cdot Q, & -Q\cdot\mathfrak{A}_2 + \mathfrak{A}_4 \end{pmatrix},\\
\mathfrak{B}^* &= \begin{pmatrix} I_k, & O_{k\times(n-k)} \\ -Q, & I_{n-k} \end{pmatrix}\cdot\begin{pmatrix} \mathfrak{B}_1 \\ \mathfrak{B}_2 \end{pmatrix}\\
&= \begin{pmatrix} \mathfrak{B}_1 \\ -Q\cdot\mathfrak{B}_1 + \mathfrak{B}_2 \end{pmatrix},\\
\mathfrak{C}^* &= (\mathfrak{C}_1, \ \mathfrak{C}_2)\begin{pmatrix} I_k, & O_{k\times(n-k)} \\ Q, & I_{n-k} \end{pmatrix}\\
&= (\mathfrak{C}_1 + \mathfrak{C}_2\cdot Q, \ \mathfrak{C}_2),\\
\mathfrak{D}^* &= \mathfrak{D}\,.
\end{aligned}$$

In Blockstruktur lauten Überfuhrungs- und Ergebnisfunktion des linearen Automaten im transformierten System

$$\begin{pmatrix} \mathfrak{z}_k^{*\prime} \\ \mathfrak{z}_{n-k}^{*\prime} \end{pmatrix} = \begin{pmatrix} \mathfrak{A}_1^*, & \mathfrak{A}_2^* \\ \mathfrak{A}_3^*, & \mathfrak{A}_4^* \end{pmatrix} \cdot \begin{pmatrix} \mathfrak{z}_k^* \\ \mathfrak{z}_{n-k}^* \end{pmatrix} + \begin{pmatrix} \mathfrak{B}_1^* \\ \mathfrak{B}_2^* \end{pmatrix} \cdot \mathfrak{x}$$

$$\mathfrak{y}^* = (\mathfrak{C}_1^*, \mathfrak{C}_2^*) \cdot \begin{pmatrix} \mathfrak{z}_k^* \\ \mathfrak{z}_{n-k}^* \end{pmatrix} + \mathfrak{D}^* \cdot \mathfrak{x} .$$

Wenn durch die gewahlte Transformation das gestellte Ziel tatsachlich erreicht worden ware, so mußte die gewonnene Darstellung des linearen Automaten so zerfallen, daß der eine Anteil neben dem Input $\mathfrak{x}$ und dem Output $\mathfrak{y}^*$ als Zustandsgroße nur $\mathfrak{z}_{n-k}^*$ enthalt. Wir betrachten von der Überführungsfunktion nur den $\mathfrak{z}_{n-k}^*$ betreffenden Teil:

$$\begin{cases} \mathfrak{z}_{n-k}^{*\prime} = \mathfrak{A}_3^* \cdot \mathfrak{z}_k^* + \mathfrak{A}_4^* \cdot \mathfrak{z}_{n-k}^* + \mathfrak{B}_2^* \cdot \mathfrak{x} , \\ \quad \mathfrak{y}^* = \mathfrak{C}_1^* \cdot \mathfrak{z}_k^* + \mathfrak{C}_2^* \cdot \mathfrak{z}_{n-k}^* + \mathfrak{D}^* \cdot \mathfrak{x} . \end{cases}$$

Wir mussen nun zeigen, daß die Glieder mit $\mathfrak{z}_k^*$ auf der rechten Seite nur formaler Natur sind, d. h., daß $\mathfrak{A}_3^* = 0$ und $\mathfrak{C}_1^* = 0$ gelten Wir fuhren den Nachweis folgendermaßen:

1. Der Bedeutung von $\begin{pmatrix} I_k \\ Q \end{pmatrix}$ als Basismatrix entsprechend, ist jede lineare Kombination der Basisvektoren

$$\begin{pmatrix} I_k \\ Q \end{pmatrix} \cdot \mathfrak{z}_k^*$$

ein Zustand aus der zu $\mathfrak{z} = 0$ gehorigen Aquivalenzklasse und erfullt daher die Gleichung

$$\mathfrak{C} \cdot \mathfrak{z} = 0 .$$

Somit gilt

$$\mathfrak{C} \cdot \begin{pmatrix} I_k \\ Q \end{pmatrix} \cdot \mathfrak{z}_k^* = (\mathfrak{C}_1, \mathfrak{C}_2) \cdot \begin{pmatrix} I_k \\ Q \end{pmatrix} \cdot \mathfrak{z}_k^*$$
$$= [\mathfrak{C}_1 + \mathfrak{C}_2 \cdot Q] \cdot \mathfrak{z}_k^* = 0$$

fur jedes $\mathfrak{z}_k^*$, d. h.

$$\mathfrak{C}_1 + \mathfrak{C}_2 \cdot Q = 0$$

und damit

$$\mathfrak{C}_1^* = 0 .$$

2. $\mathfrak{z} = 0$ und $\begin{pmatrix} I_k \\ Q \end{pmatrix} \cdot \mathfrak{z}_k^*$ gehoren fur beliebiges $\mathfrak{z}_k^*$ derselben Àquivalenzklasse an. Dann mussen auch die beiderseitigen Nachfolgezustande wieder einer gemeinsamen Àquivalenzklasse angehoren. Der Nachfolgezustand von $\mathfrak{z} = 0$ ist beim autonomen Automaten wieder $\mathfrak{z} = 0$. Somit muß auch der Nachfolge-

zustand von $\begin{pmatrix} I_k \\ Q \end{pmatrix} \cdot \mathfrak{z}_k^*$ fur jedes $\mathfrak{z}_k^*$ wieder der Äquivalenzklasse zu $\mathfrak{z} = 0$ angehoren. Der Nachfolgezustand ergibt sich aus

$$\begin{pmatrix} \mathfrak{A}_1 & \mathfrak{A}_2 \\ \mathfrak{A}_3 & \mathfrak{A}_4 \end{pmatrix} \cdot \begin{pmatrix} I_k \\ Q \end{pmatrix} \cdot \mathfrak{z}_k^* = \begin{pmatrix} \mathfrak{A}_1 + \mathfrak{A}_2 \cdot Q \\ \mathfrak{A}_3 + \mathfrak{A}_4 \cdot Q \end{pmatrix} \cdot \mathfrak{z}_k^* .$$

Damit dieser Nachfolgezustand wieder zur Äquivalenzklasse $\mathfrak{z} = 0$ gehört, muß es ein $\hat{\mathfrak{z}}_k^*$ geben, so daß

$$\begin{pmatrix} \mathfrak{A}_1 + \mathfrak{A}_2 \cdot Q \\ \mathfrak{A}_3 + \mathfrak{A}_4 \cdot Q \end{pmatrix} \cdot \mathfrak{z}_k^* = \begin{pmatrix} I \\ Q \end{pmatrix} \cdot \hat{\mathfrak{z}}_k^*$$

gilt. Die Ausrechnung liefert

$$\begin{cases} (\mathfrak{A}_1 + \mathfrak{A}_2 \cdot Q) \cdot \mathfrak{z}_k^* = \hat{\mathfrak{z}}_k^* , \\ (\mathfrak{A}_3 + \mathfrak{A}_4 \cdot Q) \cdot \mathfrak{z}_k^* = Q \cdot \hat{\mathfrak{z}}_k^* . \end{cases}$$

Eliminiert man $\hat{\mathfrak{z}}_k^*$, so erhält man

$$(\mathfrak{A}_3 + \mathfrak{A}_4 \cdot Q) \cdot \mathfrak{z}_k^* = Q \cdot (\mathfrak{A}_1 + \mathfrak{A}_2 \cdot Q) \cdot \mathfrak{z}_k^* \quad \text{fur jedes } \mathfrak{z}_k^*$$

und damit $\mathfrak{A}_3 + \mathfrak{A}_4 \cdot Q = Q \cdot \mathfrak{A}_1 + Q \cdot \mathfrak{A}_2 \cdot Q$, d. h.,

$$\mathfrak{A}_3^* = 0 .$$

Es gilt also tatsachlich

$$\begin{cases} \mathfrak{z}_{n-k}^{*\prime} = \mathfrak{A}_4^* \cdot \mathfrak{z}_{n-k}^* + \mathfrak{B}_2^* \cdot \mathfrak{x} , \\ \mathfrak{y}^* = \mathfrak{C}_2^* \cdot \mathfrak{z}_{n-k}^* + \mathfrak{D}^* \cdot \mathfrak{x} \end{cases}$$

als reduzierte Darstellung des linearen Automaten. Darin ist

$$\mathfrak{A}_4^* = \mathfrak{A}_4 - Q \cdot \mathfrak{A}_2 ,$$
$$\mathfrak{B}_2^* = \mathfrak{B}_2 - Q \cdot \mathfrak{B}_1 ,$$
$$\mathfrak{C}_2^* = \mathfrak{C}_2 ,$$
$$\mathfrak{D}^* = \mathfrak{D} .$$

Wir erläutern das erhaltene einfache Reduktionsverfahren am obigen

Beispiel.

Die gewonnene Basismatrix

$$\begin{pmatrix} I_k \\ Q \end{pmatrix} = \begin{pmatrix} 1 & 0 \\ 0 & 1 \\ 2 & 0 \\ 0 & 2 \end{pmatrix} \quad \text{liefert}$$

$k = 2$ und $Q = \begin{pmatrix} 2 & 0 \\ 0 & 2 \end{pmatrix}$.

Wir strukturieren dementsprechend die den linearen Automaten charakterisierenden Matrizen

$$\mathfrak{A} = \begin{pmatrix} 2 & 0 & 1 & 1 \\ 1 & 0 & 0 & 0 \\ 1 & 1 & 2 & 0 \\ 0 & 0 & 1 & 0 \end{pmatrix}, \quad \mathfrak{B} = \begin{pmatrix} 1 \\ 0 \\ 0 \\ 1 \end{pmatrix},$$

$$\mathfrak{C} = (0 \;\; 1 \quad 0 \;\; 1), \quad \mathfrak{D} = (0)$$

und entnehmen daraus

$$\mathfrak{A}_2 = \begin{pmatrix} 1 & 1 \\ 0 & 0 \end{pmatrix}, \quad \mathfrak{A}_4 = \begin{pmatrix} 2 & 0 \\ 1 & 0 \end{pmatrix}, \quad \mathfrak{B}_1 = \begin{pmatrix} 1 \\ 0 \end{pmatrix}, \quad \mathfrak{B}_2 = \begin{pmatrix} 0 \\ 1 \end{pmatrix},$$

$$\mathfrak{C}_2 = (0 \;\; 1), \quad \mathfrak{D} = (0).$$

Damit bilden wir modulo 3

$$\mathfrak{A}_4^* = \begin{pmatrix} 2 & 0 \\ 1 & 0 \end{pmatrix} - \begin{pmatrix} 2 & 0 \\ 0 & 2 \end{pmatrix} \cdot \begin{pmatrix} 1 & 1 \\ 0 & 0 \end{pmatrix} = \begin{pmatrix} 2 & 0 \\ 1 & 0 \end{pmatrix} - \begin{pmatrix} 2 & 2 \\ 0 & 0 \end{pmatrix} = \begin{pmatrix} 0 & 1 \\ 1 & 0 \end{pmatrix};$$

$$\mathfrak{B}_2^* = \begin{pmatrix} 0 \\ 1 \end{pmatrix} - \begin{pmatrix} 2 & 0 \\ 0 & 2 \end{pmatrix} \cdot \begin{pmatrix} 1 \\ 0 \end{pmatrix} = \begin{pmatrix} 0 \\ 1 \end{pmatrix} - \begin{pmatrix} 2 \\ 0 \end{pmatrix} = \begin{pmatrix} 1 \\ 1 \end{pmatrix},$$

$$\mathfrak{C}_2^* = (0 \;\; 1) \quad \text{und}$$

$$\mathfrak{D}^* = (0).$$

Das dynamische Verhalten des auf minimale Zustandsanzahl reduzierten linearen Automaten wird, wenn wir fur die Zustande wieder z_1 und z_2 setzen, durch die folgenden Funktionen beschrieben:

$$\begin{cases} z_1' = \quad\;\; z_2 + x, \\ z_2' = z_1 \quad\;\; + x, \\ y \;= \quad\;\; z_2. \end{cases}$$

Das entsprechende Schema zeigt die Abb. 20.2.

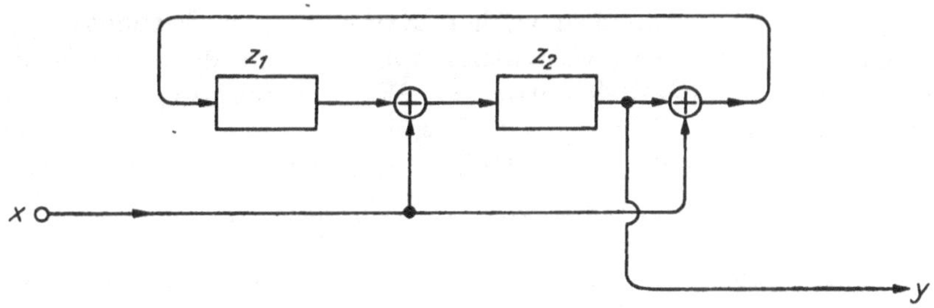

Abb. 20.2. Schaltschema des zum linearen Automaten aus Abb. 20.1 reduzierten minimalen linearen Automaten

Wir wollen nun die von einem linearen Automaten auf die endliche Inputfolge

$$\mathfrak{x}(0), \mathfrak{x}(1), \mathfrak{x}(2), \ldots, \mathfrak{x}(r)$$

erzeugte Outputfolge

$$\mathfrak{y}(0), \mathfrak{y}(1), \mathfrak{y}(2), \ldots, \mathfrak{y}(r), \ldots$$

betrachten und dabei Zusammenhange andeuten, die zwischen der Theorie der linearen Automaten und einer von Restklassenpolynomen erzeugten Algebra bestehen. Wir gehen von dem initialen Zustand

$$\mathfrak{z}(0) = 0$$

aus und erhalten mit

$$\mathfrak{M}(t) = \begin{cases} \mathfrak{D} & \text{fur } t = 0\,, \\ \mathfrak{C} \cdot \mathfrak{A}(t-1) \cdot \mathfrak{B} & \text{sonst}\,, \end{cases}$$

$$\mathfrak{y}(t) = \sum_{i=0}^{t} \mathfrak{M}(t-i) \cdot \mathfrak{x}(i)\,.$$

Detailliert geschrieben haben wir

$$\begin{aligned}
\mathfrak{y}(0) &= \mathfrak{M}(0) \cdot \mathfrak{x}(0)\,,\\
\mathfrak{y}(1) &= \mathfrak{M}(1) \cdot \mathfrak{x}(0) + \mathfrak{M}(0) \cdot \mathfrak{x}(1)\,,\\
\mathfrak{y}(2) &= \mathfrak{M}(2) \cdot \mathfrak{x}(0) + \mathfrak{M}(1) \cdot \mathfrak{x}(1) + \mathfrak{M}(0) \cdot \mathfrak{x}(2)\,,\\
&\ldots\ldots\ldots\ldots\ldots\ldots\\
\mathfrak{y}(r) &= \mathfrak{M}(r) \cdot \mathfrak{x}(0) + \mathfrak{M}(r-1) \cdot \mathfrak{x}(1) + \mathfrak{M}(r-2) \cdot \mathfrak{x}(2) + \cdots + \mathfrak{M}(0) \cdot \mathfrak{x}(r),\\
\mathfrak{y}(r+1) &= \mathfrak{M}(r+1) \cdot \mathfrak{x}(0) + \mathfrak{M}(r) \cdot \mathfrak{x}(1) + \mathfrak{M}(r-1) \cdot \mathfrak{x}(2) + \cdots + \mathfrak{M}(0) \cdot \mathfrak{x}(r+1)\,,\\
&\ldots\ldots\ldots\ldots\ldots\ldots
\end{aligned}$$

Zur Formalisierung einer Folge, deren Glieder im Zusammenhang mit einem linearen Prozeß zu aufeinanderfolgenden Zeitpunkten eines diskreten Zeitablaufs in einer bestimmten Situation auftreten, laßt sich mit Vorteil eine Codierung durch ein Polynom einer Variablen X heranziehen. Die Exponenten von X bestimmen dabei den jeweiligen Zeitpunkt, zu dem die als Koeffizienten stehenden Großen in die betreffende Situation gelangen.[1])

Die spezielle Zuordnung zwischen Exponent und Zeitpunkt liegt noch in unserer Hand. Zunachst vereinbaren wir, daß einer Abnahme im Exponenten eine Zunahme in der Zeit entspricht. Fur die Inputfolge setzen wir sodann fest, daß der Zeitpunkt, zu dem das letzte Symbol der Inputfolge in den linearen Automaten eintritt, durch eine Null im Exponenten dargestellt wird:

$$[\mathfrak{x}(0) \cdot X^r + \mathfrak{x}(1) \cdot X^{r-1} + \cdots + \mathfrak{x}(r-1) \cdot X + \mathfrak{x}(r)]\,.$$

Zuerst tritt also der Koeffizient der höchsten Potenz in den Automaten ein.

[1]) Die tiefere Bedeutung dieser Codierung als z-Transformation wird im folgenden Abschnitt klargelegt.

Stellt man die $\mathfrak{M}$-Folge durch

$$\mathfrak{M}(0) + \mathfrak{M}(1) \cdot X^{-1} + \mathfrak{M}(2) \cdot X^{-2} + \ldots$$

dar, so wird die Outputfolge, wie man sich leicht uberzeugt, durch das Produkt

$$[\mathfrak{x}(0) \cdot X^r + \mathfrak{x}(1) \cdot X^{r-1} + \mathfrak{x}(2) \cdot X^{r-2} + \cdots + \mathfrak{x}(r-1) \cdot X + \mathfrak{x}(r)]$$
$$\times [\mathfrak{M}(0) + \mathfrak{M}(1) \cdot X^{-1} + \mathfrak{M}(2) \cdot X^{-2} + \cdots]$$
$$= \mathfrak{y}(0) \cdot X^r + \mathfrak{y}(1) \cdot X^{r-1} + \cdots + \mathfrak{y}(r-1) \cdot X + \mathfrak{y}(r) + \mathfrak{y}(r+1)$$
$$\times X^{-1} + \cdots$$

mit gleicher Zeitzuordnung wie die Inputfolge dargeboten. Da es im Ring der ganzen Zahlen modulo p nur endlich viele Matrizen eines Typs gibt, werden sich im $\mathfrak{M}$-Polynom die Koeffizienten, evtl. nach einem gewissen Vorspann, periodisch wiederholen, da dies sicher fur die Folge der $\mathfrak{A}$-Potenzen zutrifft. Das $\mathfrak{M}$-Polynom wird somit die folgende Struktur aufweisen:

$$P_1(1/X) + P_2(1/X) \cdot (1 + X^{-\alpha} + X^{-2\alpha} + \cdots),$$

wobei P_1 und P_2 zwei endliche Polynome in $1/X$ sind und α die Länge der Periode angibt. Nun laßt sich

$$1 + X^{-\alpha} + X^{-2\alpha} + \cdots$$

formal als Entwicklung des Quotienten

$$\frac{X^\alpha}{X^\alpha - 1}$$

auffassen. Somit laßt sich die $\mathfrak{M}$-Folge durch den Quotienten $\frac{Z(X)}{N(X)}$ zweier endlicher Polynome darstellen.

Es sei $I(X)$ ein Inputpolynom. Dann lassen sich zu dem Paar $I(X)$ und $N(X)$ stets eindeutig zwei weitere endliche Polynome $Q(X)$ und $R(X)$ bestimmen, so daß

$$I(X) = Q(X) \cdot N(X) + R(X)$$

und der Grad von $R(X)$ kleiner als der von $N(X)$ ist. $Q(X)$ und $R(X)$ entstehen durch die Polynomdivision

$$I(X) : N(X)$$

in üblicher Weise als Quotient- und Restpolynom.

Die bei der Inputfolge $I(X)$ von dem linearen Automaten erzeugte Outputfolge ergibt sich aus

$$\frac{Z(X)}{N(X)} \cdot I(X) = \frac{Z(X)}{N(X)} \cdot [Q(X) \cdot N(X) + R(X)]$$
$$= Z(X) \cdot Q(X) + \frac{Z(X)}{N(X)} \cdot R(X).$$

Dem endlichen Polynom $Z(X) \cdot Q(X)$ entsprechen Outputbeitrage nur über eine endliche Zeitspanne. Dieser Term beschreibt einen Einlaufvorgang. Nach seiner Beendigung wird das Outputverhalten allein durch

$$\frac{Z(X)}{N(X)} \cdot R(X)$$

bestimmt. Die ursprungliche Inputfolge $I(X)$ und die durch das Restpolynom modulo $N(X)$ bestimmte Inputfolge $R(X)$ liefern nach Abklingen der Einlaufvorgange die gleiche periodische Outputfolge. $N(X)$, das somit wesentlich das Verhalten des linearen Automaten bestimmt, heißt *charakteristisches Polynom* des Automaten.

Auf der Grundlage eines Äquivalenzbegriffs fur endliche Inputfolgen, der sich auf gleiche Outputfolgen nach dem Einlaufprozeß bezieht, laßt sich der Zustandsbegriff fur lineare Automaten aus Input-Output-Experimenten einfuhren. Wir verweisen auf die spezielle Literatur [35].

Die letzten Betrachtungen seien am obigen Beispiel erläutert:

Die zuvor gewonnenen Matrizen

$$\mathfrak{A}^* = \begin{pmatrix} 0 & 1 \\ 1 & 0 \end{pmatrix}, \quad \mathfrak{B}^* = \begin{pmatrix} 1 \\ 1 \end{pmatrix}, \quad \mathfrak{C}^* = (0 \quad 1)\,, \quad \mathfrak{D}^* = (0)$$

liefern fur die $\mathfrak{M}$-Folge

$$0, 1, 1, 1, \ldots$$

und damit als Polynom

$$0 + 1 \cdot X^{-1} + 1 \cdot X^{-2} + 1 \cdot X^{-3} + \cdots = \frac{1}{X-1}\,.$$

Die Division der Inputfolge

$$\mathfrak{x}(0) \cdot X^r + \mathfrak{x}(1) \cdot X^{r-1} + \cdots + \mathfrak{x}(r)$$

durch $X - 1$ liefert

$$\mathfrak{x}(0) \cdot X^{r-1} + \big(\mathfrak{x}(0) + \mathfrak{x}(1)\big) \cdot X^{r-2} + \cdots + \big(\mathfrak{x}(0) + \mathfrak{x}(1) + \cdots + \mathfrak{x}(r-1)\big)$$

als Quotientpolynom und

$$\mathfrak{x}(0) + \mathfrak{x}(1) + \mathfrak{x}(2) + \cdots + \mathfrak{x}(r)$$

als Restpolynom modulo $X - 1$. Das Quotientpolynom laßt den Einlaufprozeß erkennen; der Automat ekkumuliert die Inputwerte. Die Inputfolge $\mathfrak{x}(0), \mathfrak{x}(1), \ldots, \mathfrak{x}(r)$ und der dem Restpolynom entsprechende Input $\big(\mathfrak{x}(0) + \mathfrak{x}(1) + \cdots + \mathfrak{x}(r)\big)$ fuhren nach Abklingen der Einlaufvorgange zu demselben weiteren Outputverhalten: Der Automat gibt, wenn man vom initialen Zustand $z_1(0) = z_2(0) = 0$ ausgeht, standig den einmal akkumulierten Wert

$$\big(\mathfrak{x}(0) + \mathfrak{x}(1) + \cdots + \mathfrak{x}(r)\big)$$

aus. Bei einem anderen initialen Zustand $\big(z_1(0), z_2(0)\big)$ uberlagert sich alternierend

$$\mathfrak{C}^* \cdot \mathfrak{z}(0) = (0 \quad 1) \cdot \begin{pmatrix} z_1(0) \\ z_2(0) \end{pmatrix} = z_2(0)$$

und

$$\mathfrak{C}^* \cdot \mathfrak{A}^* \cdot \mathfrak{z}(0) = (0 \quad 1) \begin{pmatrix} 0 & 1 \\ 1 & 0 \end{pmatrix} \cdot \begin{pmatrix} z_1(0) \\ z_2(0) \end{pmatrix} = (1 \quad 0) \cdot \begin{pmatrix} z_1(0) \\ z_2(0) \end{pmatrix} = z_1(0)\,.$$

21. Das Realisierungsproblem für lineare Automaten

Im vorigen Abschnitt wurde dargelegt, daß das Outputpolynom aus dem Inputpolynom durch Multiplikation mit einem den linearen Automaten charakterisierenden Polynomquotienten hervorgeht. Der Polynomquotient spielt somit die Rolle einer Übertragungsfunktion. Das in seinem Nenner stehende Polynom ist dabei das charakteristische Polynom des Automaten, da es allein fur das Verhalten des Automaten nach Abschluß des Einlaufvorgangs maßgebend ist. Input- und Outputpolynom sind dabei Codierungen der Input- bzw. Outputfolge durch Polynome.

Die technische Realisierung eines linearen Automaten mit diskretem Zeitablauf fordert demnach Einrichtungen, durch die ein beliebiges Polynom (das Inputpolynom) mit einem gegebenen Polynom multipliziert bzw. durch ein weiteres gegebenes Polynom dividiert wird. Als Bauelemente stehen Skalierungselemente, Adder und Speicherelemente zur Verfugung. Dabei setzen wir die Speicherelemente als Verzogerungselemente an, speziell wahlen wir dazu die Zellen eines Schieberegisters. (Die Symbolik entnehme man dem vorigen Abschnitt.)

Wird eine Folge in eine Zelle eines Schieberegisters eingeführt, so verlaßt die Folge das Element mit der Verzogerung um eine Zeiteinheit. Da wir bei der Vereinbarung uber die Codierung einer Folge durch ein Polynom festgelegt haben, daß einer Zunahme der Zeit um eine Einheit die Abnahme des Exponenten um eine Einheit entspricht, bedeutet die Funktion einer Speicherzelle Multiplikation mit X^{-1} (Abb. 21.1a).

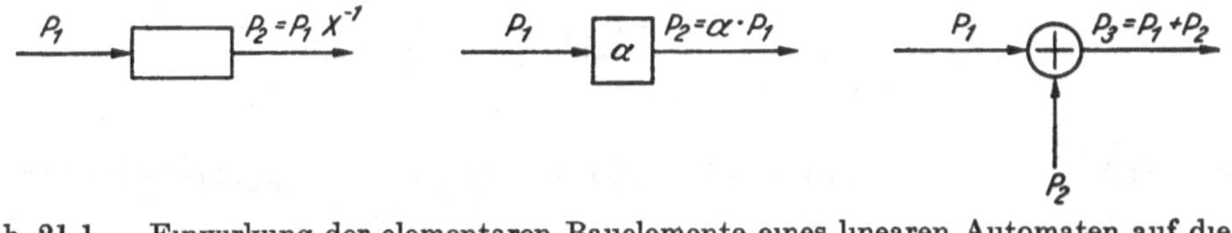

Abb. 21.1. Einwirkung der elementaren Bauelemente eines linearen Automaten auf die darstellenden Polynome

Infolge der Linearitat des Automaten konnen Polynome, die in einen Adder einlaufen und danach gemeinsam uber eine Verzogerungsstrecke geführt werden, auch zuerst getrennt uber zwei gleichlange Verzogerungsstrecken geleitet und dann erst superponiert werden (Abb. 21.2). Damit konnen wir den dynamischen Prozeß, durch den der lineare Automat zu einer Inputfolge eine Outputfolge erzeugt, durch stationare schrittweise Transformationen des anstehenden Inputpolynoms ersetzen. Die Linearitat erlaubt dabei, die Transformationen bezüglich Skalierung und Verzogerung fur jeden einzelnen Pfad vom Input durch die Schaltung bis zum Output ohne Rucksicht auf die dabei durchlaufenen Adder durchzufuhren und dann erst die einzelnen resultierenden Polynome zu addieren.

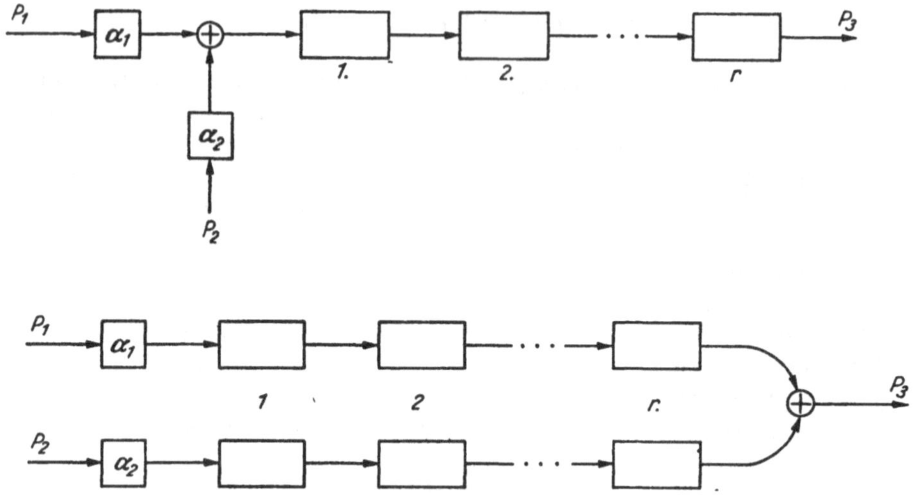

Abb. 21.2. Vertauschung von Verzogerung und Superposition
$(\alpha_1 P_1 + \alpha_2 P_2) \cdot X^{-r} = \alpha_1 P_1 X^{-r} + \alpha_2 P_2 X^{-r}$

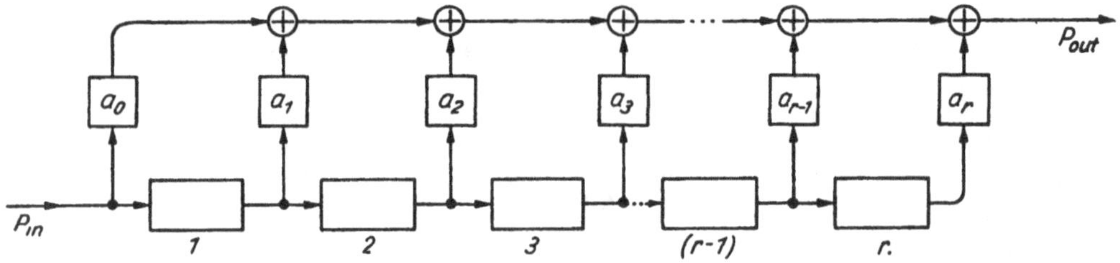

Abb. 21.3. Multiplikation eines beliebigen Polynoms mit einem gegebenen Polynom

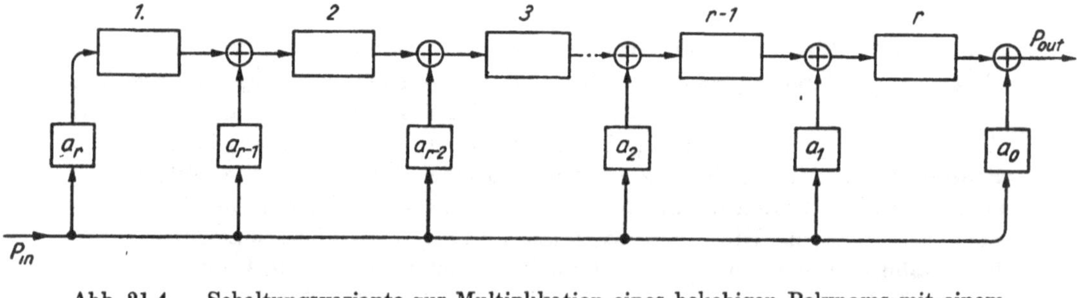

Abb. 21.4. Schaltungsvariante zur Multiplikation eines beliebigen Polynoms mit einem gegebenen Polynom

In der Schaltung aus Abb. 21.3 führen $(r + 1)$ Pfade vom Input zum Output. Ein Pfad verlauft ohne Verzogerung über a_0, ein zweiter mit einer Verzögerung über a_1 usw. Somit ergibt sich

$$P_{out} = (a_0 + a_1 X^{-1} + a_2 X^{-2} + a_3 X^{-3} + \cdots + a_{r-1} X^{-r+1} + a_r X^{-r}) \cdot P_{in} \, .$$

Eine davon abweichende Multiplikationsschaltung zeigt die Abb. 21.4. Bei ihrer Analyse sind wiederum $(r + 1)$ Pfade zu verfolgen.

Man beachte, daß eine Multiplikation des Inputpolynoms mit einem gegebenen Polynom

$$a_0 X^r + a_1 X^{r-1} + \cdots + a_{r-1} X + a_r$$

direkt nicht realisierbar ist, da infolge des irreversiblen Zeitablaufs der zu einer Verzögerung inverse Prozeß — er entspräche der Multiplikation mit X — nicht darstellbar ist. Man kann die gewünschte Resultatfolge nur um r Takte verzögert erhalten, indem man, wie oben geschehen, mit

$$(a_0 X^r + a_1 X^{r-1} + \cdots + a_{r-1} X + a_r) \cdot X^{-r} = a_0 + a_1 X^{-1} + \cdots + a_r X^{-r}$$

multipliziert.

Um zu einer Schaltung zu kommen, die ein beliebiges Polynom durch ein gegebenes dividiert, gehen wir von der Forderung

$$P_{out} = P_{in} : P_n \, ,$$

d. h. von

$$P_{in} - P_N \cdot P_{out} = 0$$

aus.

Ist P_N ein Polynom vom Grad r

$$P_N = b_0 X^r + b_1 X^{r-1} + \cdots + b_r \qquad (b_0 \neq 0) \, ,$$

so müssen wir nach der obigen Bemerkung zu

$$P_N \cdot X^{-r}$$

übergehen, um die Produktbildung realisieren zu können:

$$P_{in} \cdot X^{-r} - (P_N \cdot X^{-r}) \cdot P_{out} = 0 \, .$$

Die Lösung dieser Gleichung kann man auf ein Regelungsproblem zurückführen: P_{out} ist unter Beobachtung der Differenz

$$P_{in} X^{-r} - (P_N \cdot X^{-r}) \cdot P_{out}$$

so einzustellen, daß diese Differenz verschwindet. Um dieses Ziel automatisch zu erreichen, formen wir die Bedingung so um, daß die einzustellende Größe P_{out} selbst auf der rechten Seite auftritt und in Art einer Rückkopplung in die linke Seite eingreift. Mit $P_N \cdot X^{-r} - b_0 = b_1 X^{-1} + b_2 X^{-2} + \cdots + b_r X^{-r}$ läßt sich die obige Bedingung in der Form

$$P_{in} \cdot X^{-r} - (P_n \cdot X^{-r} - b_0) \cdot P_{out} = b_0 \cdot P_{out}$$

schreiben. Daraus resultiert die Darstellung

$$\frac{P_{in}\cdot X^{-r} - (P_n\cdot X^{-r} - b_0)\cdot P_{out}}{b_0} = P_{out}\,.$$

Diese laßt eine Realisierung beispielsweise nach Abb. 21.5 zu.

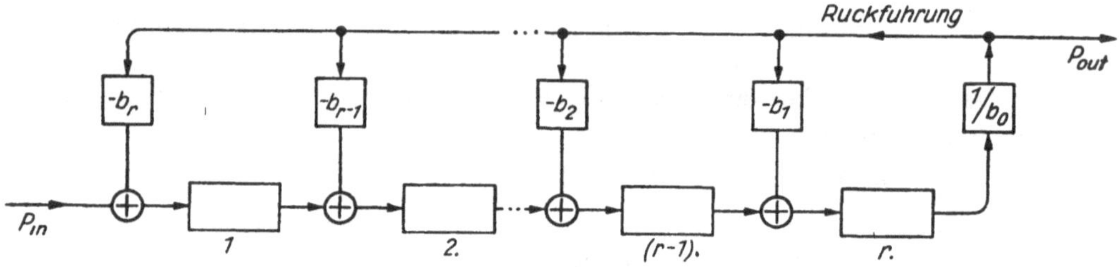

Abb. 21.5. Schaltung zur Division eines beliebigen Polynoms durch ein gegebenes Polynom

Es liegt auf der Hand, nun durch Kombination der dargelegten Schaltungen fur Multiplikation und Division auch eine Schaltung zur Multiplikation mit einem Polynomquotienten zu gewinnen. Abb. 21 6 zeigt eine derartige Möglichkeit [59].

Bei der Analyse hat man fur P_{in} $(r+1)$ Pfade und fur die Ruckfuhrung P_{out} r Pfade zu berücksichtigen.

$$[P_{in}\cdot(a_0 + a_1 X^{-1} + \cdots + a_r\cdot X^{-r}) + P_{out}\cdot(-b_1\cdot X^{-1} - b_2 X^{-2} - \cdots - b_r X^{-r})]\cdot 1/b_0 = P_{out}$$

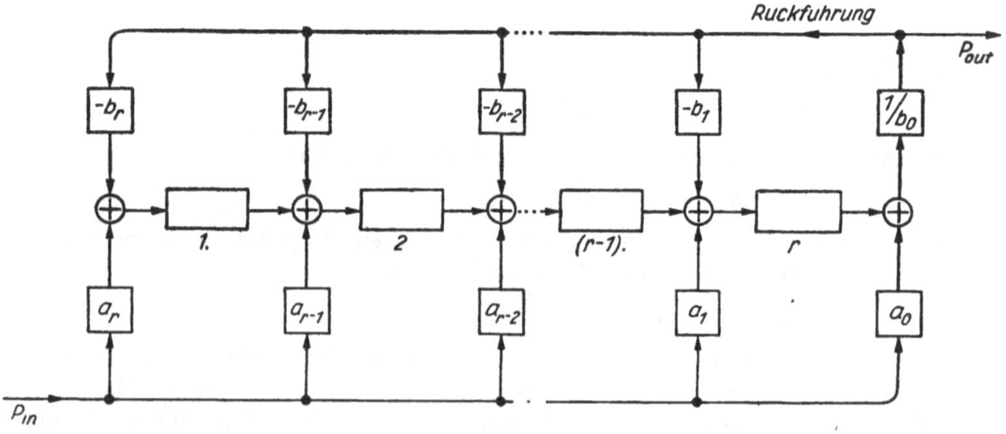

Abb. 21.6. Schaltung zur Multiplikation eines beliebigen Polynoms mit

$$\frac{a_0 X^r + a_1 X^{r-1} + \cdots + a_{r-1} X + a_r}{b_0 X^r + b_1 X^{r-1} + \cdots + b_{r-1} X + b_r}$$

liefert sodann

$$P_{\text{out}} = \frac{a_0 + a_1 X^{-1} + \cdots + a_r \cdot X^{-r}}{b_0 + b_1 X^{-1} + \cdots + b_r \cdot X^{-r}} \cdot P_{\text{in}}$$

$$= \frac{a_0 X^r + a_1 X^{r-1} + \cdots + a_{r-1} X + a_r}{b_0 X^r + b_1 X^{r-1} + \cdots + b_{r-1} X + b_r} \cdot P_{\text{in}} .$$

Zur Erläuterung dieses Verfahrens geben wir das folgende Beispiel:

An einem modulo 3 arbeitenden linearen Automaten mit eindimensionalem Input und Output wurde durch Experimente die Ergebnisfunktion auf den Einheitsimpuls bestimmt:

$$\mathfrak{M}(0) = 0 , \quad \mathfrak{M}(1) = 1 , \quad \mathfrak{M}(2) = 2 , \quad \mathfrak{M}(3) = 2 , \quad \mathfrak{M}(4) = 1$$

mit 1 2 2 1 als Periode.

Es ist ein Modell für dieses System zu schaffen.

In der eingelaufenen $\mathfrak{M}$-Folge ist leicht die Gesetzmäßigkeit $\mathfrak{M}_{j+2} = 2 \cdot \mathfrak{M}_j$ für jedes $j = 1, 2, 3, \ldots$ zu erkennen. Das $\mathfrak{M}$-Polynom läßt damit die folgende Darstellung zu:

$$(1 \cdot X^{-1} + 2 \cdot X^{-2}) \cdot (1 + 2 \cdot X^{-2} + 1 \cdot X^{-4} + 2 \cdot X^{-6} + \cdots)$$

$$= \frac{1 \cdot X^{-1} + 2 \cdot X^{-2}}{1 - 2 \cdot X^{-2}} = \frac{X + 2}{X^2 - 2} .$$

Um das allgemeine Schema einer Multiplikation mit einem Polynomquotienten aus Abb. 21.6 auf den vorliegenden Fall anwenden zu können, schreiben wir den Quotienten ausführlicher als

$$\frac{0 \cdot X^2 + 1 \cdot X + 2}{1 \cdot X^2 + 0 \cdot X - 2}$$

und entnehmen dieser Form

$$r = 2 , \quad a_0 = 0 , \quad a_1 = 1 , \quad a_2 = 2 ,$$
$$b_0 = 1 , \quad b_1 = 0 , \quad b_2 = -2 .$$

Verlegt man die beiden vor demselben Adder zu liegen kommenden Skalierungsfaktoren 2 hinter den Adder, so ergibt sich die Schaltung der Abb. 21.7.

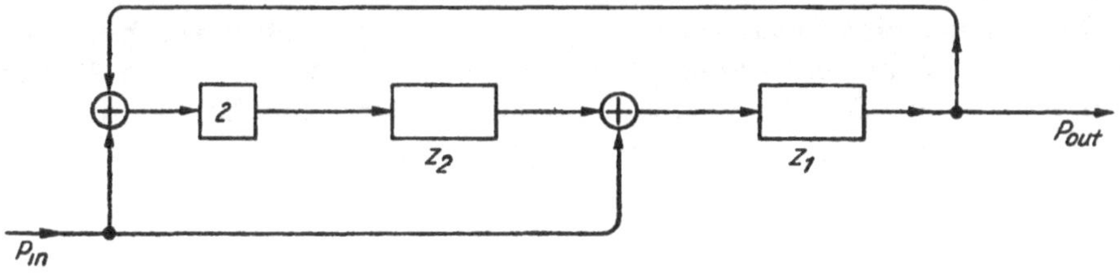

Abb. 21.7. Linearer Automat mit $0\overline{1221}$ modulo 3 als Übergangsfunktion auf den Einheitsimpuls

Das dargelegte Verfahren ist besonders fur ingenieur-technische Probleme bei eindimensionalem Input und Output geeignet. Bei mehrdimensionalem Input und Output dürfte sich dagegen das allgemeine Matrizenverfahren empfehlen.

Wir gehen von der $\mathfrak{M}$-Folge aus, wobei wir das Glied $\mathfrak{M}(0)$ absondern. Dann muß es, wenn der erzeugende lineare Automat endlich ist, eine endliche Zahl r geben, so daß sich jedes Element, beginnend mit $\mathfrak{M}(r+1)$, in einer gleichbleibenden Weise linear aus den jeweils vorausgehenden r Elementen aufbauen läßt:

$$\mathfrak{M}(r+1+j) = \alpha_1 \cdot \mathfrak{M}(1+j) + \alpha_2 \mathfrak{M}(2+j) + \cdots + \alpha_r \mathfrak{M}(r+j) \quad \text{fur jedes } j \geqq 0\,.$$

Dabei sind die Koeffizienten $\alpha_1, \alpha_2, \ldots, \alpha_r$ konstante Zahlen. Der Wert von r kann aus der Folge von Blockmatrizen

$$(\mathfrak{M}(1))\,, \quad \begin{pmatrix} \mathfrak{M}(1) & \mathfrak{M}(2) \\ \mathfrak{M}(2) & \mathfrak{M}(3) \end{pmatrix}, \quad \begin{pmatrix} \mathfrak{M}(1) & \mathfrak{M}(2) & \mathfrak{M}(3) \\ \mathfrak{M}(2) & \mathfrak{M}(3) & \mathfrak{M}(4) \\ \mathfrak{M}(3) & \mathfrak{M}(4) & \mathfrak{M}(5) \end{pmatrix}, \ldots$$

als der größte Rang¹) entnommen werden, der, einmal erreicht, bei Fortführung der Folge erhalten bleibt.

Wir nehmen nun an, daß r sowie die Tupel

$$(\mathfrak{M}_1, \mathfrak{M}_2, \ldots, \mathfrak{M}_r) \quad \text{und} \quad (\alpha_1, \alpha_2, \ldots, \alpha_r)$$

bekannt sind.

Das Realisierungsproblem besteht nun darin, vier Matrizen

$$\mathfrak{A},\ \mathfrak{B},\ \mathfrak{C} \text{ und } \mathfrak{D}$$

so zu bestimmen, daß

$$\mathfrak{D} = \mathfrak{M}(0)$$

und

$$\mathfrak{C} \cdot \mathfrak{A}^{(t-1)} \cdot \mathfrak{B} = \mathfrak{M}(t) \qquad \text{für } t = 1, 2, 3, \ldots$$

erfüllt ist.

Es läßt sich eine Realisierung mit $r \cdot m$ Zuständen sofort angeben. Das im vorigen Abschnitt entwickelte Verfahren ermoglicht sodann die Reduktion auf einen minimalen Automaten. Wir merken hier ohne Beweis an, daß alle minimalen Automaten, die zu einem gegebenen linearen Automaten aquivalent sind, zueinander isomorph sind [26].

¹) Eine Matrix hat den Rang r genau dann, wenn es unter den Unterdeterminanten vom Grad k wenigstens eine von Null verschiedene gibt, wahrend alle Unterdeterminanten vom Grad $k+1$ gleich Null sind.

Eine mögliche Realisierung ist durch die folgenden Blockmatrizen gegeben:

$$\mathfrak{A} = \begin{bmatrix} O_m & I_m & O_m & \dots & O_m \\ O_m & O_m & I_m & \dots & O_m \\ \dots & \dots & \dots & \dots & \dots \\ O_m & O_m & O_m & \dots & I_m \\ \alpha_1 I_m & \alpha_2 I_m & \alpha_3 I_m & \dots & \alpha_r I_m \end{bmatrix}, \quad \mathfrak{B} = \begin{pmatrix} \mathfrak{M}(1) \\ \mathfrak{M}(2) \\ \vdots \\ \mathfrak{M}(r) \end{pmatrix},$$

$$\mathfrak{C} = (I_m \quad O_m \quad O_m \dots O_m), \qquad \mathfrak{D} = (\mathfrak{M}(0)).$$

Die Forderungen $\mathfrak{D} = \mathfrak{M}(0)$ und $\mathfrak{C} \cdot \mathfrak{B} = \mathfrak{M}(1)$ sind offensichtlich erfüllt. Die linksseitige Multiplikation mit $\mathfrak{A}$ verschiebt in $\mathfrak{B}$ den zweiten bis r-ten Block um je eine Stelle nach oben, wobei der erste Block abgestoßen wird, und setzt an die r-te Blockstelle die mit $\alpha_0, \dots, \alpha_{r-1}$ gebildete Linearkombination der r ersten Blöcke ein, d. h. den Block $\mathfrak{M}(r+1)$:

$$\mathfrak{A} \cdot \mathfrak{B} = \begin{pmatrix} \mathfrak{M}(2) \\ \mathfrak{M}(3) \\ \vdots \\ \mathfrak{M}(r+1) \end{pmatrix}.$$

Dann gilt

$$\mathfrak{C} \cdot \mathfrak{A} \cdot \mathfrak{B} = \mathfrak{M}(2).$$

Mit jeder weiteren Multiplikation mit $\mathfrak{A}$ verschiebt sich der r-stellige Ausschnitt aus der $\mathfrak{M}$-Folge, der in $\mathfrak{A}^{(t-1)} \cdot \mathfrak{B}$ steht, um eine Stelle weiter; die Multiplikation mit $\mathfrak{C}$ entnimmt daraus jeweils das erste Element. Somit gilt allgemein

$$\mathfrak{C} \cdot \mathfrak{A}^{(t-1)} \cdot \mathfrak{B} = \mathfrak{M}(t),$$

wie gefordert.

Wir erläutern das Verfahren am obigen Beispiel. Aus der $\mathfrak{M}$-Folge

0 1 2 2 1 1 2 2 1 ... modulo 3

mit 1 2 2 1 als Periode entnehmen wir

$$\mathfrak{D} = \mathfrak{M}(0) = 0.$$

Wir bilden sodann zur Bestimmung von r die Folge

$$(1), \quad \begin{pmatrix} 1 & 2 \\ 2 & 2 \end{pmatrix}, \quad \begin{pmatrix} 1 & 2 & 2 \\ 2 & 2 & 1 \\ 2 & 1 & 1 \end{pmatrix}, \dots$$

und berechnen die entsprechenden Unterdeterminanten, wobei die Rechnungen modulo 3 auszuführen sind. Als größten Rang erhalten wir $r = 2$.

Um die Koeffizienten der linearen Abhängigkeit zu bestimmen, nehmen wir die erste Matrix vor, deren Determinante verschwindet. Wir formen sie in die kanonische Staffelform um und notieren, durch welche Operationen die $(r+1)$-te

Zeile zum Verschwinden gebracht wird. Im vorliegenden Beispiel ergibt Addition der ersten Zeile zur dritten Zeile modulo 3 Null. Somit gilt

$$\mathfrak{M}(3+j) = -\,\mathfrak{M}(1+j) \quad \text{modulo } 3$$

oder auch

$$\mathfrak{M}(3+j) = 2 \cdot \mathfrak{M}(1+j)\,.$$

Daraus entnehmen wir

$$\alpha_1 = 2\,, \quad \alpha_2 = 0\,.$$

Damit erhalten wir eine Realisierung durch

$$\mathfrak{A} = \begin{pmatrix} 0 & 1 \\ 2 & 0 \end{pmatrix}, \quad \mathfrak{B} = \begin{pmatrix} 1 \\ 2 \end{pmatrix}, \quad \mathfrak{C} = (1 \quad 0)\,, \quad \mathfrak{D} = 0\,.$$

Das lineare System ist, wenn z_1 und z_2 die Zustande sind, durch

$$\begin{cases} z_1' = \phantom{2 z_1 +{}} z_2 + x\,, \\ z_2' = 2\,z_1 \phantom{{}+z_2} + 2\,x\,, \\ y = z_1 \end{cases}$$

bestimmt.

Zur Kontrolle stellen wir, vom initialen Zustand $z_1 = z_2 = 0$ ausgehend, den Ablauf auf den Einheitsimpuls $x = 1$ fur $t = 0$ in der folgenden Tabelle zusammen:

t	z_1	z_2	x	z_1'	z_2'	y	
0	0	0	1	1	2	0	
1	1	2	0	2	2	1	↑
2	2	2	0	2	1	2	Periode
3	2	1	0	1	1	2	
4	1	1	0	1	2	1	↓
5	1	2	0				

Das erhaltene System (Abb. 21 7) liefert die gewünschte Übergangsfunktion und ist minimal.

22. Das Realisierungsproblem für lineare Systeme bei diskretem und bei kontinuierlichem Zeitablauf

Bei den Betrachtungen des vorigen Abschnitts konnten die Großen Werte aus einem Restklassensystem annehmen. Die dabei aufgezeigten Verfahren gelten fur einen beliebigen Modul. Bei den Beweisfuhrungen wurde an keiner Stelle von der Endlichkeit des Moduls Gebrauch gemacht. Wir konnen daher die gleichen Verfahren allgemein bei diskretem Zeitablauf auf ein endlich-dimensionales lineares konstantes dynamisches System

$$\begin{cases} \mathfrak{z}(t+1) = \mathfrak{A}\,\mathfrak{z}(t) + \mathfrak{B}\,\mathfrak{x}(t) \\ \mathfrak{y}(t) = \mathfrak{C}\,\mathfrak{z}(t) + \mathfrak{D}\,\mathfrak{x}(t) \end{cases} \tag{1}$$

anwenden. Dabei sind $\mathfrak{A}$, $\mathfrak{B}$, $\mathfrak{C}$ und $\mathfrak{D}$ konstante Matrizen, deren Elemente beliebige reelle Zahlen sind.

Die vektorielle Überführungsfunktion hat die Form von Differenzengleichungen, da sie die Zustände zu diskreten Zeitpunkten in Beziehung setzt.

In der klassischen Regelungstheorie legt man dagegen einen kontinuierlichen Zeitablauf zugrunde. Die Beschreibung eines endlich-dimensionalen linearen konstanten dynamischen Systems bei kontinuierlichem Zeitablauf basiert auf Differentialgleichungen:

$$\begin{cases} \dfrac{d\mathfrak{z}(t)}{dt} = \mathfrak{A}^* \, \mathfrak{z}(t) + \mathfrak{B}^* \, \mathfrak{x}(t) \,, \\ \mathfrak{y}(t) = \mathfrak{C}^* \, \mathfrak{z}(t) + \mathfrak{D}^* \, \mathfrak{x}(t) \end{cases} \tag{2}$$

mit konstanten Matrizen $\mathfrak{A}^*$, $\mathfrak{B}^*$, $\mathfrak{C}^*$ und $\mathfrak{D}^*$.

Wir wollen in diesem Abschnitt zeigen, daß das Realisierungsproblem sowohl für diskreten wie für kontinuierlichen Zeitablauf auf die gleiche mathematische Problematik führt und durch die gleichen Verfahren gelöst werden kann. Bis dahin haben wir zur Beschreibung der Systeme ihre Darstellung im Zeitbereich verwendet. Den sich im Zeitlichen abspielenden Prozessen entspricht der dynamische Ablauf. Wir wollen den Betrachtungen eine größere Breite geben und zu einer anderen Darstellung in einem transformierten Bereich übergehen, wobei durch die Herausnahme der Zeit auch der dynamische Charakter entfällt und anstelle eines Ablaufgeschehens in der Zeit zeitlose, also stationäre, Beziehungen treten.

Bei kontinuierlichem Zeitablauf läßt sich mit Hilfe der LAPLACE-Transformation anstelle der Zeit eine komplexe Größe einführen, die die Dimension einer Frequenz besitzt.

Wir geben hier die Definition der LAPLACE-Transformation sowie ihre wichtigsten Eigenschaften so weit an, daß ein Arbeiten mit diesem Kalkül möglich ist. Hinsichtlich einer mathematischen Entwicklung sei der daran interessierte Leser auf die einschlägige Literatur verwiesen [3, 12, 17].

Ist $f(t)$ eine Größe im Zeitbereich (t reell), so ist die LAPLACE-Transformierte

$$L\,\{f(t)\} = F(s) \qquad (s \text{ komplex})$$

definiert durch

$$L\,\{f(t)\} = F(s) = \int_0^\infty f(t)\, e^{-st}\, dt \,.$$

Die Rücktransformation in den Zeitbereich wird durch

$$L^{-1}\,\{F(s)\} = f(t) = \frac{1}{2\pi i} \int_{c-i\infty}^{c+i\infty} F(s)\, e^{+st}\, ds$$

gegeben.

Um für das praktische Arbeiten die Ausführung der Integrationen zu vermeiden, benutzt man Tabellen, in denen für spezielle Funktionen die Darstellungen im Original- und Bildbereich gegenübergestellt sind. Die Tab. 22.1 gibt eine Auswahl.

Tab. 22.1. **Laplace-Transformation**

Originalfunktion $f(t) = \mathfrak{L}^{-1}\{F(s)\}$ fur $t > 0$	Bildfunktion $F(s) = \mathfrak{L}\{f(t)\}$
Einheitsimpuls (Dirac-Funktion) $\delta(t)$	1
Einheitssprung 1	$\frac{1}{s}$
t	$\frac{1}{s^2}$
$\frac{t^{n-1}}{(n-1)!}$	$\frac{1}{s^n}$
e^{-at}	$\frac{1}{s+a}$
$t \cdot e^{-at}$	$\frac{1}{(s+a)^2}$
$\cos \omega t$	$\frac{s}{s^2+\omega^2}$
$\sin \omega t$	$\frac{\omega}{s^2+\omega^2}$
$e^{-at} \cos \omega t$	$\frac{s+a}{(s+a)^2+\omega^2}$
$e^{-at} \sin \omega t$	$\frac{\omega}{(s+a)^2+\omega^2}$
$A\, e^{-at} \cos(\omega t + \varphi)$ mit $A = \frac{1}{\omega}\sqrt{b^2 \omega^2 + (c - ab)^2}$, $\varphi = -\operatorname{arc\,tan} \frac{c - ab}{b\,\omega}$	$\frac{b\,s + c}{(s+a)^2+\omega^2}$

Wir führen noch die wichtigsten Eigenschaften der Laplace-Transformation auf.

1. Linearität:

$$\begin{aligned} L\{a_1 f_1(t) + a_2 f_2(t)\} &= a_1 L\{f_1(t)\} + a_2 L\{f_2(t)\} \\ &= a_1 F_1(s) + a_2 F_2(s)\,. \end{aligned}$$

2. Zeitdehnung:

$$L\{f(\alpha\, t)\} = \frac{1}{\alpha} F\left(\frac{s}{\alpha}\right) \quad (\alpha \text{ komplex})\,.$$

3. Zeitverschiebung:

$$L\,\{f\,(t-\tau) = F(s)\,e^{-s\tau} \quad \text{für } \tau \geqq 0 \text{ (Abb. 22.1).}$$

4. Differentiation:

$$L\left\{\frac{df(t)}{dt}\right\} = s \cdot F(s) - f\,(+\,0)\,.$$

5. Integration:

$$L\left\{\int_0^t f(\tau)\,d\tau\right\} = \frac{1}{s} \cdot F(s)$$

6. Grenzwert:

$$\lim_{t\to 0} f(t) = \lim_{s\to\infty} s\,F(s) \qquad \text{(wenn der Grenzwert existiert)}\,.$$

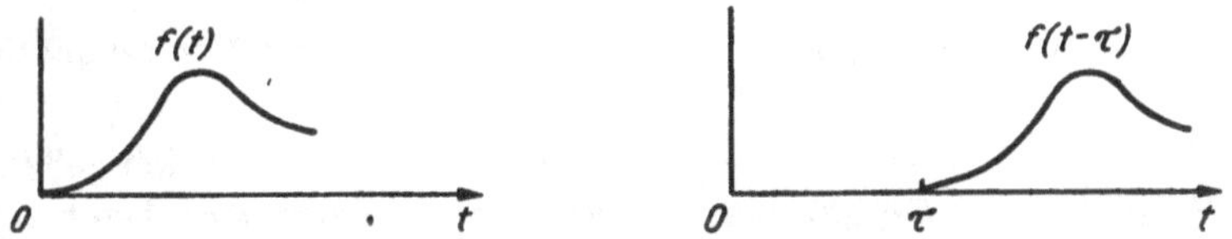

Abb. 22.1. Zur Zeitverschiebung bei der LAPLACE-Transformation

Die in der Tab. aufgeführte Funktion 1 ,,Einheitssprung“ ist für negative t-Werte Null und fur positive t-Werte Eins (Abb. 22.2). Die Bildfunktion ergibt sich leicht durch Ausführung der Integration zu $1/s$.

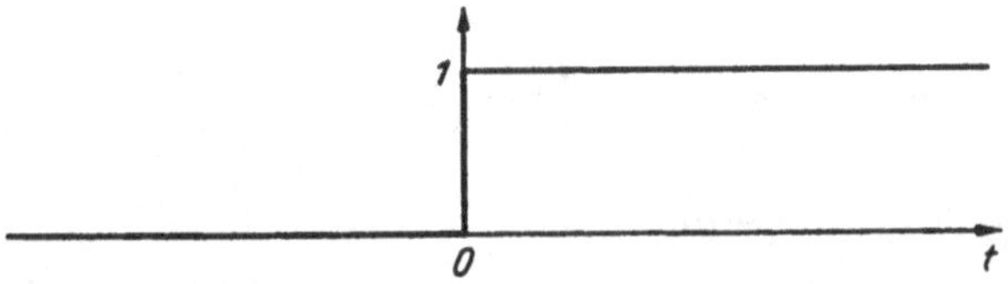

Abb. 22.2. Einheitssprung 1

Die Impulsfunktion ,,Einheitsimpuls“, auch DIRAC-Funktion genannt, ist durch

$$\delta(t) = 0 \qquad \text{fur } t \neq 0$$

und

$$\int_{+\infty}^{-\infty} \delta(t)\,dt = 1$$

definiert. Ihre LAPLACE-Transformierte ist durch Grenzubergang aus Abb. 22.3a für $b \to 0$ zu gewinnen. Der zum Zeitpunkt $t = 0$ beginnende Rechteckimpuls erreicht die Hohe $h = 1/b$ und endet zur Zeit $t = b$. Er kann durch Überlagerung eines zur Zeit $t = 0$ vor sich gehenden Sprungs um $1/b$ und eines zur Zeit $t = b$ vor sich gehenden Sprungs um $-1/b$ entstanden gedacht werden (Abb. 22.3b)

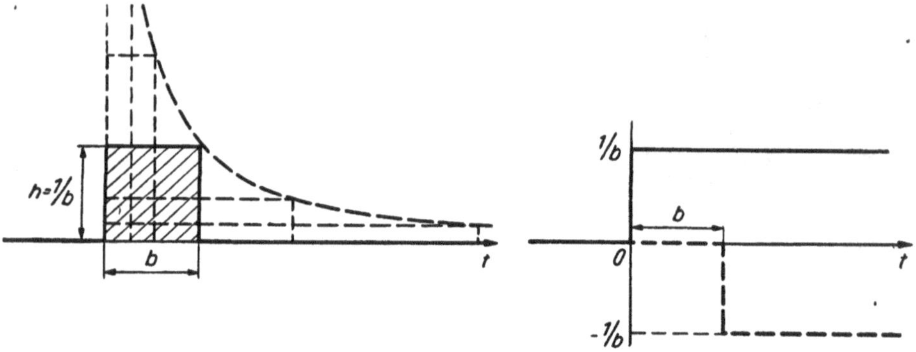

Abb. 22.3. Zur Ableitung der LAPLACE-Transformierten zur DIRAC-Funktion

Die LAPLACE-Transformierte fur den zur Zeit $t = 0$ vor sich gehenden Sprung um $1/b$ ist durch $1/b\,s$ gegeben, ein zur gleichen Zeit $t = 0$ vor sich gehender Sprung um $-1/b$ durch $-1/b\,s$. Da der zweite Sprung aber erst zur Zeit $t = b$ realisiert wird, ergibt sich fur ihn infolge der Zeitverschiebung die Bildfunktion zu $-1/b\,s \cdot e^{-bs}$. Die Superposition liefert somit

$$\frac{1}{b\,s}(1 - e^{-bs}) .$$

Durch Grenzubergang $b \to 0$ resultiert als LAPLACE-Transformierte für den Einheitsimpuls

$$\lim_{b\to 0} \frac{1}{b\,s}(1 - e^{-bs}) = \lim_{b\to 0} \frac{1}{b\,s}\left(1 - \left(1 - b\,s + \frac{b^2 s^2}{2!} - \cdots\right)\right)$$
$$= \lim_{b\to 0}\left(1 - \frac{b\,s}{2!} + \cdots\right) = 1 .$$

Man kann die Bildfunktion fur den Einheitsimpuls auch uber die Vorstellung gewinnen, daß der Einheitsimpuls aus dem Einheitssprung durch Differentiation nach der Zeit hervorgeht. Differentiation nach der Zeit laßt in der Bildfunktion den Faktor s hinzutreten. Aus der Bildfunktion des Einheitssprungs $\frac{1}{s}$ entsteht damit die Bildfunktion des Einheitsimpulses aus $s \cdot \frac{1}{s} = 1$.

Wir erläutern die Anwendung der LAPLACE-Transformation an zwei Beispielen:

1. Es ist fur die Differentialgleichung

$$\frac{dx}{dt} - 2\,x = 3$$

eine Lösung anzugeben, die fur $t = 0$ den Wert $x(0) = 1$ annimmt.

Da bei der LAPLACE-Transformation vorausgesetzt wird, daß alle Funktionen für $t < 0$ verschwinden, fassen wir die auf der rechten Seite stehende Konstante als Sprungfunktion auf und erhalten damit als Gleichung im Bildbereich

$$s \cdot L\{x\} - 1 - 2 \cdot L\{x\} = \frac{3}{s}.$$

Die Auflösung nach $L\{x\}$ liefert

$$L\{x\} = \frac{1}{s-2} + \frac{3}{s \cdot (s-2)}.$$

Für das zweite Glied der rechten Seite erhalten wir als Partialbruchzerlegung aus dem Ansatz

$$\frac{3}{s(s-2)} = \frac{a}{s} + \frac{b}{s-2}$$

$$= \frac{(a+b) \cdot s - 2a}{s(s-2)} \quad \text{mit } a + b = 0 \text{ und } -2a = 3$$

und somit $a = -\frac{3}{2}$ und $b = \frac{3}{2}$

$$\frac{3}{s(s-2)} = -\frac{3}{2s} + \frac{3}{2(s-2)}.$$

Aus

$$L\{x\} = \frac{1}{s-2} - \frac{3}{2s} + \frac{3}{2(s-2)}$$

$$= \frac{5}{2(s-2)} - \frac{3}{2s}$$

ergibt sich über die Tabelle 20.1 als Originalfunktion

$$x = \frac{5}{2} \cdot e^{2t} - \frac{3}{2}.$$

2. Das System von Differentialgleichungen

$$\frac{dx}{dt} = -y,$$

$$\frac{dy}{dt} = 2x + 2y$$

ist mit den Anfangswerten $x(0) = y(0) = 1$ zu lösen.

Im Bildbereich erhalten wir das folgende System linearer Gleichungen:

$$s\,L\{x\} - 1 = -L\{y\},$$

$$s\,L\{y\} - 1 = 2\,L\{x\} + 2\,L\{y\}.$$

Daraus ergibt sich

$$L\{y\} = \frac{s+2}{s^2 - 2s + 2} \quad \text{und} \quad L\{x\} = \frac{s-3}{s^2 - 2s + 2}.$$

Wir schreiben den Nenner in der Form $(s-1)^2+1^2$ und erhalten damit

$$L\{y\} = \frac{(s-1)+3}{(s-1)^2+1^2} = \frac{s-1}{(s-1)^2+1^2} + \frac{3}{(s-1)^2+1^2},$$

$$L\{x\} = \frac{(s-1)-2}{(s-1)^2+1^2} = \frac{s-1}{(s-1)^2+1^2} - \frac{2}{(s-1)^2+1^2}.$$

Aus der Tabelle 20.1 entnehmen wir dann

$$y = e^t(\cos t + 3\sin t),$$

$$x = e^t(\cos t - 2\sin t).$$

Mit Hilfe der LAPLACE-Transformation erhalten wir für das lineare System bei kontinuierlichem Zeitablauf als Beschreibung im Bildbereich mit $\mathfrak{z}(0)=0$

$$s\cdot L\{\mathfrak{z}(t)\} = \mathfrak{A}^*\cdot L\{\mathfrak{z}(t)\} + \mathfrak{B}^*\cdot L\{\mathfrak{x}(t)\},$$

$$L\{\mathfrak{y}(t)\} = \mathfrak{C}^*\cdot L\{\mathfrak{z}(t)\} + \mathfrak{D}^*\, L\{\mathfrak{x}(t)\}.$$

Unter Verwendung der Einheitsmatrix laßt sich die erste Gleichung in die Form

$$s\cdot I\cdot L\{\mathfrak{z}(t)\} = \mathfrak{A}^*\cdot L\{\mathfrak{z}(t)\} + \mathfrak{B}^*\cdot L\{\mathfrak{x}(t)\}$$

bringen. Daraus ergibt sich

$$(s\cdot I - \mathfrak{A}^*)\cdot L\{\mathfrak{z}(t)\} = \mathfrak{B}^*\quad L\{\mathfrak{x}(t)\}$$

und weiter durch linksseitige Multiplikation mit der zu $s\,I - \mathfrak{A}^*$ inversen Matrix

$$L\{\mathfrak{z}(t)\} = (s\cdot I - \mathfrak{A}^*)^{-1}\cdot\mathfrak{B}^*\cdot L\{\mathfrak{x}(t)\}.$$

Somit erhalten wir

$$L\{\mathfrak{y}(t)\} = [\mathfrak{C}^*\cdot(s\cdot I - \mathfrak{A}^*)^{-1}\cdot\mathfrak{B}^* + \mathfrak{D}^*]\cdot L\{\mathfrak{x}(t)\}.$$

Der in den Klammern [ ] stehende Ausdruck ist die „Übertragungsfunktion" im Bildbereich

$$U(s) = \mathfrak{C}^*(s\,I - \mathfrak{A}^*)^{-1}\cdot\mathfrak{B}^* + \mathfrak{D}^*. \tag{2a}$$

Auch durch $U(s)$ kann das lineare System bei kontinuierlichem Zeitablauf charakterisiert werden.

Wir streben im folgenden eine entsprechende Darstellung in einem transformierten Bereich auch fur diskreten Zeitablauf an. Die Transformation, durch die dieses Ziel erreicht wird, wird als z-Transformation bezeichnet [17, 76].

Die z-Transformation tritt im Zusammenhang mit Abtastsystemen auf. Dabei wird ein kontinuierlich einlaufendes Signal $f(t)$ in eine Impulsfolge $f^*(t)$ so umgewandelt, daß die Fläche der einzelnen in konstanten Zeitintervallen T aufeinanderfolgenden Impulse dem Momentanwert der Zeitfunktion im Augenblick der Impulsgabe entspricht. Geht man mit der Impulsbreite gegen Null, so bedeutet diese Modulation der Impulsfolge durch die Zeitfunktion formal eine Multiplikation der Zeitfunktion mit einer Folge von DIRAC-Funktionen, die um konstante Intervalle gegenseitig verschoben sind (Abb. 22 4):

$$f^*(t) = f(t)\cdot[\delta(t) + \delta(t-T) + \delta(t-2T) + \cdots].$$

Gehen wir zur Laplace-Transformierten uber, so erhalten wir, da

$$L\{\delta(t - k\,T)\} = e^{-k\,T\,s}$$

und

$$L\{f(t) \cdot \delta(t - k\,T)\} = f(k\,T) \cdot e^{-k\,T\,s}$$

ist,

$$L\{f^*(t)\} = \sum_{k=0}^{\infty} f(k\,T)\, e^{-k\,T\,s}\,.$$

Setzt man

$$e^{T\,s} = z\,,$$

so erhalt man in

$$Z\{f(t)\} = L\{f^*(t)\} = \sum_{k=0}^{\infty} f(k\,T)\, z^{-k}$$

eine Abbildung aus dem t-Bereich in den z-Bereich, die als z-Transformation bezeichnet wird.[1])

Es liegt auf der Hand, daß auch für die z-Transformation das Linearitätsgesetz gilt.

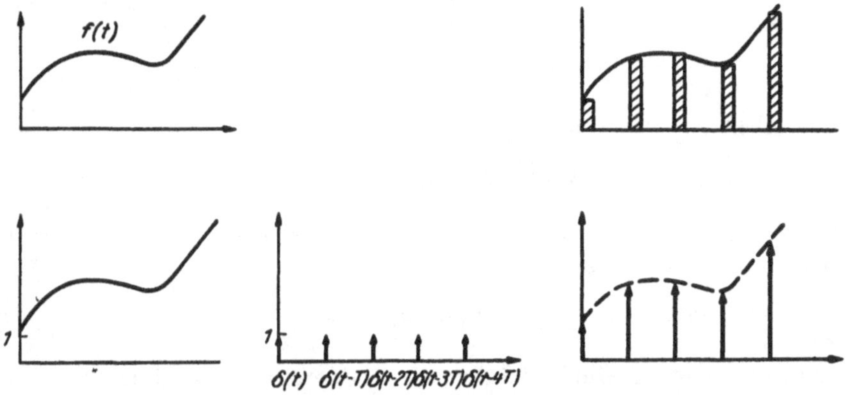

Abb. 22.4. Abtastung einer Zeitfunktion — Modulation einer Impulsfolge durch eine Zeitfunktion

Wichtig für die weiteren Betrachtungen sind noch die folgenden Eigenschaften:

Zeitverschiebung:

$$Z\{f(t + T)\} = \big(Z\{f(t)\} - f(0)\big) \cdot z\,.$$

[1]) Wir erkennen jetzt die tiefere Bedeutung der im vorigen Abschnitt verwendeten Codierung einer Folge durch ein Polynom als eine z-Transformation.

Dies folgt aus

$$\begin{aligned} Z\{f(t+T)\} &= \sum_{k=0}^{\infty} f\big((k+1)\,T\big)\cdot z^{-k} \\ &= \sum_{k=1}^{\infty} f(k\,T)\cdot z^{-k+1} \\ &= \sum_{k=0}^{\infty} f(k\,T)\cdot z^{-k+1} - f(0)\cdot z \\ &= \big(Z\{f(t)\} - f(0)\big)\cdot z\,. \end{aligned}$$

Grenzwert:

$$\lim_{t\to 0} f(t) = \lim_{z\to\infty} Z\{f(t)\}\,.$$

Dies ergibt sich sofort aus der Definition der z-Transformation.

Wir unterwerfen jetzt das System (1) mit dem initialen Zustand $\mathfrak{z}(0) = 0$ der z-Transformation[1]) und erhalten, unter Berucksichtigung der obigen Formel für die Zeitverschiebung mit $T = 1$,

$$Z\{\mathfrak{z}\,(t+1)\} = Z\{\mathfrak{z}(t)\}\cdot z = \mathfrak{A}\cdot Z\{\mathfrak{z}(t)\} + \mathfrak{B}\cdot Z\{\mathfrak{x}(t)\}$$

und damit

$$Z\{\mathfrak{z}(t)\} = (z\cdot I - \mathfrak{A})^{-1}\cdot\mathfrak{B}\cdot Z\{\mathfrak{x}(t)\}\,.$$

So erhalten wir schließlich

$$Z\{\mathfrak{y}(t)\} = [\mathfrak{C}\cdot(z\cdot I - \mathfrak{A})^{-1}\cdot\mathfrak{B} + \mathfrak{D}]\cdot Z\{\mathfrak{x}(t)\,.$$

Der Ausdruck in der Klammer [ ] hat wiederum die Bedeutung der Übertragungsfunktion im z-Bereich

$$T(z) = \mathfrak{C}\cdot(z\cdot I - \mathfrak{A})^{-1}\cdot\mathfrak{B} + \mathfrak{D}\,. \qquad (1\,\mathrm{a})$$

Bei diskretem Zeitablauf führt die Darstellung eines linearen Systems im Zeitbereich (1) direkt auf die im vorigen Abschnitt behandelte Problemstellung. Ausgehend vom initialen Zustand

$$\mathfrak{z}(0) = 0$$

erhalten wir als vektorielle Übergangsfunktion (pulse — response)

$$\mathfrak{M}(t) = \begin{cases} \mathfrak{D} & \text{fur } t = 0\,, \\ \mathfrak{C}\cdot\mathfrak{A}^{t-1}\,\mathfrak{B} & \text{fur } t = 1, 2, 3, \ldots\,. \end{cases} \qquad *$$

[1]) Verwendet man anstelle der LAPLACE-Transformation die Operatoren-Rechnung von MIKUSINSKI [5,51], so erhalt man auch fur $\mathfrak{z}(0) \neq 0$ vollstandige Übereinstimmung mit der z-Transformation.

Das lineare System ist genau dann endlich, wenn es ein k gibt, so daß die Matrix

$$\begin{pmatrix} \mathfrak{M}(1), & \mathfrak{M}(2), & \mathfrak{M}(3), & \ldots, & \mathfrak{M}(r) \\ \mathfrak{M}(2), & \mathfrak{M}(3), & \mathfrak{M}(4), & \ldots, & \mathfrak{M}(r+1) \\ \mathfrak{M}(3), & \mathfrak{M}(4), & \mathfrak{M}(5), & \ldots, & \mathfrak{M}(r+2) \\ \cdots & \cdots & \cdots & \cdots & \cdots \\ \cdots & \cdots & \cdots & \cdots & \cdots \\ \mathfrak{M}(r), & \mathfrak{M}(r+1), & \mathfrak{M}(r+2), & \ldots, & \mathfrak{M}(2r-1) \end{pmatrix}$$

für $r = k + j$ und jedes $j = 0, 1, 2, \ldots$ den gleichen Rang hat. Das kleinste k, fur das dies gilt, liefert dann zugleich diesen Rang. Das damit anfallende Problem, drei Matrizen $\mathfrak{A}$, $\mathfrak{B}$ und $\mathfrak{C}$ so zu bestimmen, daß die obigen Beziehungen (*) erfullt sind, war Gegenstand des vorigen Abschnitts.

Wir betrachten nun dasselbe System bei diskretem Zeitablauf im Bildbereich (1a):

$$T(z) = \mathfrak{C} \cdot (z \cdot I - \mathfrak{A})^{-1} \cdot \mathfrak{B} + \mathfrak{D} .$$

Da eine Realisierung nur dann möglich ist, wenn die Übertragungsfunktion in der ganzen z-Ebene bis auf isolierte singulare Punkte — dies sind die Pole der Funktion — regular und eindeutig ist, und da $T(z) - \mathfrak{D}$ fur $z = \infty$ den Wert 0 annehmen muß, konnen wir $T(z) - \mathfrak{D}$ in der Umgebung von $z = \infty$ in eine Reihe entwickeln:

$$T(z) - \mathfrak{D} = T_1 \cdot z^{-1} + T_2 \cdot z^{-2} + T_3 \cdot z^{-3} + \cdots$$
$$= \sum_{i=1}^{\infty} T_i \, z^{-i} .$$

Andererseits gilt fur die Inverse von $(z\,I - \mathfrak{A})$ die folgende Entwicklung

$$(z\,I - \mathfrak{A})^{-1} = z^{-1} \cdot \left(I - \frac{\mathfrak{A}}{z}\right)^{-1} = z^{-1} \cdot \left(I + \frac{\mathfrak{A}}{z} + \frac{\mathfrak{A}^2}{z^2} + \frac{\mathfrak{A}^3}{z^3} + \cdots\right)$$
$$= \sum_{i=1}^{\infty} \mathfrak{A}^{i-1} \cdot z^{-i} .$$

Damit erhalten wir für $T(z) - \mathfrak{D}$

$$\mathfrak{C} \cdot (z\,I - \mathfrak{A})^{-1} \cdot \mathfrak{B} = \sum_{i=1}^{\infty} \mathfrak{C}\,\mathfrak{A}^{i-1}\,\mathfrak{B} \cdot z^{-i} .$$

Der Vergleich liefert

$$T_i = \mathfrak{C} \cdot \mathfrak{A}^{i-1} \cdot \mathfrak{B} \qquad \text{für } i = 1, 2, 3, \ldots$$

Vereinbaren wir noch $T_0 = \mathfrak{D}$, so liegt für die T_i $(i = 0, 1, 2, \ldots)$ dasselbe Problem vor wie bei der Zeitdarstellung fur die $\mathfrak{M}(i)$.

Wir wenden uns jetzt dem kontinuierlichen Zeitablauf zu und gehen von der Beschreibung (2) im Zeitbereich aus:

$$\frac{d\mathfrak{z}}{dt} = \mathfrak{A}^* \cdot \mathfrak{z} + \mathfrak{B}^* \cdot \mathfrak{x} ,$$

$$\mathfrak{y} = \mathfrak{C}^* \cdot \mathfrak{z} + \mathfrak{D}^* \cdot \mathfrak{x} .$$

Wir suchen zunächst eine Lösung der homogenen Differentialgleichung

$$\frac{d\mathfrak{z}}{dt} = \mathfrak{A}^* \cdot \mathfrak{z} \,.$$

Verstehen wir unter $e^{\mathfrak{X}}$ die durch die Reihe

$$I + \mathfrak{X} + \frac{\mathfrak{X}^2}{2!} + \frac{\mathfrak{X}^3}{3!} + \cdots$$

definierte Matrizenfunktion, so gilt

$$\frac{d}{dt}(e^{\mathfrak{A}^* t}) = \mathfrak{A}^* \cdot e^{\mathfrak{A}^* t} \,.$$

Somit ist

$$\mathfrak{z}(t) = c \cdot e^{\mathfrak{A}^* t} \qquad (c = \text{Konstante})$$

die Lösung der homogenen Differentialgleichung

$$\frac{d\mathfrak{z}}{dt} = \mathfrak{A}^* \cdot \mathfrak{z} \,.$$

Um zu einer Lösung der inhomogenen Differentialgleichung

$$\frac{d\mathfrak{z}}{dt} = \mathfrak{A}^* \mathfrak{z} + \mathfrak{B}^* \mathfrak{x}$$

zu kommen, setzen wir

$$\mathfrak{z}(t) = \varphi(t) \cdot e^{\mathfrak{A}^* t}$$

an Dann liefert

$$\frac{d\mathfrak{z}(t)}{dt} = \frac{d\varphi(t)}{dt} \cdot e^{\mathfrak{A}^* t} + \varphi(t) \cdot \mathfrak{A}^* e^{\mathfrak{A}^* t}$$

zur Bestimmung von $\varphi(t)$ die Differentialgleichung

$$\frac{d\varphi(t)}{dt} e^{\mathfrak{A}^* t} + \varphi(t) \cdot \mathfrak{A}^* e^{\mathfrak{A}^* t} = \mathfrak{A}^* \cdot \varphi(t) \cdot e^{\mathfrak{A}^* t} + \mathfrak{B}^* \cdot \mathfrak{x}(t) \,,$$

d. h.

$$\frac{d\varphi(t)}{dt} = e^{-\mathfrak{A}^* t} \cdot \mathfrak{B}^* \cdot \mathfrak{x}(t)$$

und damit

$$\varphi(t) = \int_0^t e^{-\mathfrak{A}^* \tau} \cdot \mathfrak{B}^* \cdot \mathfrak{x}(\tau)\, d\tau \,.$$

Über die Integrationskonstante ist dabei so verfügt, daß $\varphi(0) = 0$ resultiert. Aus

$$\mathfrak{z}(t) = \int_0^t e^{\mathfrak{A}^*(t-\tau)} \cdot \mathfrak{B}^* \cdot \mathfrak{x}(\tau)\, d\tau$$

folgt weiter

$$\mathfrak{y}(t) = \int_0^t \mathfrak{C}^* \cdot e^{\mathfrak{A}^*(t-\tau)} \cdot \mathfrak{B}^* \cdot \mathfrak{x}(\tau)\, d\tau + \mathfrak{D}^* \cdot \mathfrak{x}(t) \,.$$

Um die vektorielle Impuls-Übergangsfunktion zu erhalten, setzen wir bei einer Folge von n Experimenten der Reihe nach jeweils für eine Inputkomponente $\delta(t)$, den Einheitsimpuls zur Zeit $t = 0$, an. Damit finden wir unter Berücksichtigung, daß $\delta(t) = 0$ fur $t \neq 0$ und $\lim_{\varepsilon \to 0} \int_{-\varepsilon}^{+\varepsilon} \delta(\tau)\, d\tau = 1$ ist, aus der Gesamtheit dieser Experimente

$$\mathfrak{W}(t) = \mathfrak{C}^* \cdot e^{\mathfrak{A}^* t} \cdot \mathfrak{B}^* + \mathfrak{D}^* \cdot \delta(t)\,.^{1)}$$

Der Term $\mathfrak{D}^* \cdot \delta(t)$ besagt, daß in $\mathfrak{W}(0)$, dem Wert $\mathfrak{C}^* \cdot \mathfrak{B}^*$ überlagert, ein Impuls von der Größe $\mathfrak{D}^*$ enthalten ist. Somit gilt

$$\begin{aligned} \mathfrak{W}(0) - \mathfrak{D}^* \cdot \delta(0) &= \mathfrak{C}^* \cdot \mathfrak{B}^*\,, \\ \mathfrak{W}(t) &= \mathfrak{C}^* \cdot \mathfrak{A}^t \cdot \mathfrak{B}^* \quad \text{für } t > 0\,. \end{aligned}$$

Entwickeln wir $\mathfrak{W}(t) - \mathfrak{D}^* \delta(t)$ in der Umgebung von $t = 0$,

$$\begin{aligned} \mathfrak{W}(t) - \mathfrak{D}^* \delta(t) &= W_1 + W_2 \cdot t + W_3 \frac{t^2}{2!} + \cdots \\ &= \sum_{i=0}^{\infty} W_{i+1} \frac{t^i}{i!}\,, \end{aligned}$$

und vergleichen dies mit

$$\mathfrak{W}(t) - \mathfrak{D}^* \delta(t) = \mathfrak{C}^* e^{\mathfrak{A}^* t} \mathfrak{B}^* = \mathfrak{C}^* \left(I + \mathfrak{A}^* \cdot t + \mathfrak{A}^{*2} \frac{t^2}{2!} + \cdots\right) \cdot \mathfrak{B}^*\,,$$

so erhalten wir mit

$$\begin{aligned} \mathfrak{C}^* \cdot \mathfrak{B}^* &= W_1\,, \\ \mathfrak{C}^* \mathfrak{A}^* \mathfrak{B}^* &= W_2\,, \\ \mathfrak{C}^* \mathfrak{A}^{*2} \mathfrak{B}^* &= W_3\,, \\ \cdots\cdots\cdots \end{aligned}$$

wieder das gleiche Problem.

Im Bildbereich gehen wir von der Übertragungsfunktion (2a) aus. Für die Entwicklung von $U(s) - \mathfrak{D}^*$ in der Umgebung von $s = \infty$ setzen wir

$$U(s) - \mathfrak{D}^* = \sum_{i=1}^{\infty} U_i \cdot s^{-i}$$

an. Andererseits erhalten wir aus (2a)

$$U(s) - \mathfrak{D}^* = \sum_{i=1}^{\infty} \mathfrak{C}^* \cdot \mathfrak{A}^{*i-1} \cdot \mathfrak{B} \cdot s^{-i}$$

und damit durch den Vergleich

$$U_i = \mathfrak{C}^* \cdot \mathfrak{A}^{*i-1} \cdot \mathfrak{B} \quad \text{für } i = 1, 2, 3, \ldots$$

Auch hier vereinbaren wir $U_0 = \mathfrak{D}^*$ und erhalten wiederum das gleiche Problem.

[1]) $\delta(t)$ ist eine skalare Funktion.

Von besonderem Interesse ist, daß auch bei kontinuierlichem Zeitablauf die Dimension des Zustandsraumes fur eine minimale Realisierung direkt als Rang einer Matrix erfaßt werden kann. Setzt man fur die von einem evtl. zur Zeit $t = 0$ vorhandenen Impuls befreite vektorielle Übertragungsfunktion $\mathfrak{W}^*$

$$\mathfrak{W}^*(t) = \mathfrak{W}(t) - \mathfrak{D}^*\,\delta(t)$$

an, so ergibt sich die Dimension des Zustandsraumes als der maximale Rang der Matrizen vom Typ $r \times r$ fur $r = 1, 2, 3, \ldots$

$$\begin{matrix} \mathfrak{W}^*(0), & \dot{\mathfrak{W}}^*(0), & \ddot{\mathfrak{W}}^*(0), \ldots \\ \dot{\mathfrak{W}}^*(0), & \ddot{\mathfrak{W}}^*(0), & \dddot{\mathfrak{W}}^*(0), \ldots \\ \ddot{\mathfrak{W}}^*(0), & \dddot{\mathfrak{W}}^*(0), & \ddddot{\mathfrak{W}}^*(0), \ldots \\ \ldots\ldots & \ldots\ldots & \ldots\ldots \\ \ldots\ldots & \ldots\ldots & \ldots\ldots \end{matrix}$$

Halten wir das Erreichte fest (Tab. 22.2):

Tab. 22.2. **Lineare Systeme**

Zeitablauf	diskret	kontinuierlich
im Zeitbereich	Differenzengleichungen (1) $\begin{cases} \mathfrak{z}(t+1) = \mathfrak{A}\,\mathfrak{z}(t) + \mathfrak{B}\,\mathfrak{x}(t) \\ \mathfrak{y}(t) = \mathfrak{C}\,\mathfrak{z}(t) + \mathfrak{D}\,\mathfrak{x}(t) \end{cases}$	Differentialgleichungen (2) $\begin{cases} \dfrac{d\mathfrak{z}(t)}{dt} = \mathfrak{A}^*\,\mathfrak{z}(t) + \mathfrak{B}^*\,\mathfrak{x}(t) \\ \mathfrak{y}(t) = \mathfrak{C}^*\,\mathfrak{z}(t) + \mathfrak{C}^*\,\mathfrak{x}(t) \end{cases}$
	Übergangsfunktion auf Einheitsimpuls	
	$\mathfrak{M}(t) = \begin{cases} \mathfrak{D} & \text{fur } t = 0 \\ \mathfrak{C}\cdot\mathfrak{A}^{(t-1)}\,\mathfrak{B} & \text{sonst} \end{cases}$	$\mathfrak{W}(t) = \mathfrak{C}^*\cdot e^{\mathfrak{A}^* t}\cdot\mathfrak{B}^* + \mathfrak{D}^*\cdot\delta(t)$ $\mathfrak{W}(t) - \mathfrak{D}^*\cdot\delta(t)$ entwickelt in der Umgebung $t = 0$ $W_1 + W_2\cdot t + W_3\cdot\dfrac{t^2}{2!} + \cdots$ $W_i = \mathfrak{C}^*\cdot\mathfrak{A}^{*(i-1)}\cdot\mathfrak{B}^*$
Transformation	z-Transformation	LAPLACE-Transformation
	Übertragungsfunktion	
im Bildbereich	(1a) $T(z) = \mathfrak{C}\cdot(z\cdot I - \mathfrak{A})^{-1} \times \mathfrak{B} + \mathfrak{D}$ $T(z) - \mathfrak{D}$ entwickelt in der Umgebung $z = \infty$ $T_1\cdot z^{-1} + T_2\cdot z^{-2} + \cdots$ $T_i = \mathfrak{C}\cdot\mathfrak{A}^{(i-1)}\cdot\mathfrak{B}$	(2a) $U(s) = \mathfrak{C}^*\cdot(s\cdot I - \mathfrak{A}^*)^{-1} \times \mathfrak{B}^* + \mathfrak{D}^*$ $U(s) - \mathfrak{D}^*$ entwickelt in der Umgebung $s = \infty$ $U_1\cdot s^{-1} + U_2\cdot s^{-2} + \cdots$ $U_i = \mathfrak{C}^*\cdot\mathfrak{A}^{*(i-1)}\cdot\mathfrak{B}^*$

Wir haben für lineare Systeme bei diskretem wie bei kontinuierlichem Zeitablauf Darstellungen im Zeitbereich und im Bildbereich gewonnen. Im Zeitbereich sind es Differenzengleichungen (1) bzw. Differentialgleichungen (2), die das System charakterisieren. Im Bildbereich bieten sich dafür vektorielle Übertragungsfunktionen (1a) bzw. (2a) an. Das Realisierungsproblem läßt sich in allen vier Fällen auf das gleiche mathematische Grundproblem zurückführen und somit mit dem gleichen Verfahren lösen. Zur Erläuterung betrachten wir das folgende Beispiel:

Von einem als linear erkannten System mit eindimensionalem Input und Output sei die Übergangsfunktion auf den Einheitsimpuls durch Experiment[1]) bestimmt worden:

$$\mathfrak{W}(0) = 0\,, \quad \dot{\mathfrak{W}}(0) = 2\,, \quad \ddot{\mathfrak{W}}(0) = 4\,, \quad \dddot{\mathfrak{W}}(0) = 12\,,$$
$$\ddddot{\mathfrak{W}}(0) = 32, \ldots$$

Zur Bestimmung des maximalen Rangs betrachten wir die folgenden Matrizen

$$(0)\,, \quad \begin{pmatrix} 0, & 2 \\ 2, & 4 \end{pmatrix}, \quad \begin{pmatrix} 0, & 2, & 4 \\ 2, & 4, & 12 \\ 4, & 12, & 32 \end{pmatrix}, \ldots .$$

Die sich dabei abzeichnende Beziehung

$$\frac{d^{n+1}\,\mathfrak{W}(0)}{dt^{n+1}} = 2\left(\frac{d^n\,\mathfrak{W}(0)}{dt^n} + \frac{d^{n-1}\,\mathfrak{W}(0)}{dt^{n-1}}\right)$$

werde als allgemein gültig angenommen. Daraus resultiert als Dimension des Zustandsraums $r = 2$. Nach dem im vorigen Abschnitt dargebotenen Verfahren setzen wir

$$\mathfrak{A}^* = \begin{pmatrix} 0 & 1 \\ 2 & 2 \end{pmatrix}, \quad \mathfrak{B}^* = \begin{pmatrix} 0 \\ 2 \end{pmatrix}, \quad \mathfrak{C}^* = (1 \quad 0) \quad \text{und} \quad \mathfrak{D} = (0)$$

an. Als Modell für das untersuchte lineare System erhalten wir somit

$$\frac{dz_1}{dt} = z_2\,,$$
$$\frac{dz_2}{dt} = 2 \cdot z_1 + 2\,z_2 + 2\,x\,,$$
$$y = z_1\,.$$

Um uns davon zu überzeugen, daß das Modell das geforderte Verhalten zeigt, bestimmen wir die Lösung für den initialen Zustand $z_1(0) = z_2(0) = 0$ bei einem Einheitsimpuls

$$x = \delta(t)$$

als Input. Damit erhalten wir im Bildbereich

$$s\,L\{z_1\} - L\{z_2\} = 0\,,$$
$$2\,L\{z_1\} - (s - 2)\,L\{z_2\} = -\,2\,,$$
$$L\{y\} = L\{z_1\}\,.$$

[1]) Da im vorliegenden Beispiel der Input eindimensional ist, genügt *ein* Experiment zur Bestimmung der vektoriellen Übergangsfunktion.

Die Auflösung ergibt

$$L\{y\} = L\{z_1\} = \frac{2}{s^2 - 2s - 2}, \quad L\{z_2\} = \frac{2s}{s^2 - 2s - 2}.$$

Die quadratische Gleichung

$$s^2 - 2s - 2 = 0$$

hat $1 + \sqrt{3}$ und $1 - \sqrt{3}$ als Lösungen. Somit gilt

$$s^2 - 2s - 2 = (s - 1 - \sqrt{3})\,(s - 1 + \sqrt{3})\,.$$

Wir führen damit die Partialbruchzerlegung für $L\{z_1\}$ und $L\{z_2\}$ durch.

$$\frac{2}{s^2 - 2s - 2} = \frac{a}{s - 1 - \sqrt{3}} + \frac{b}{s - 1 + \sqrt{3}}$$
$$= \frac{as - a + a\sqrt{3} + bs - b - b\sqrt{3}}{(s - 1 - \sqrt{3})\,(s - 1 + \sqrt{3})}$$

liefert $a = -b = \frac{1}{\sqrt{3}}$ und somit

$$L\{z_1\} = \frac{1}{\sqrt{3}\,(s - 1 - \sqrt{3})} - \frac{1}{\sqrt{3}\,(s - 1 + \sqrt{3})}.$$

Entsprechend ergibt sich

$$L\{z_2\} = \left(1 + \frac{1}{\sqrt{3}}\right)\frac{1}{s - 1 - \sqrt{3}} + \left(1 - \frac{1}{\sqrt{3}}\right)\cdot\frac{1}{s - 1 + \sqrt{3}}.$$

Aus der Tab. 20.1 entnehmen wir

$$L^{-1}\frac{1}{s + a} = e^{-at}$$

und erhalten damit

$$y = z_1 = \frac{1}{\sqrt{3}}\cdot\left(e^{(1+\sqrt{3})\cdot t} - e^{(1-\sqrt{3})\cdot t}\right),$$

$$z_2 = \left(1 + \frac{1}{\sqrt{3}}\right)e^{(1+\sqrt{3})\cdot t} + \left(1 - \frac{1}{\sqrt{3}}\right)e^{(1-\sqrt{3})\cdot t}.$$

Tatsächlich ergibt die Auswertung von y die geforderten Werte

$$\mathfrak{W}(0) = 0\,, \quad \dot{\mathfrak{W}}(0) = 2\,, \quad \ddot{\mathfrak{W}}(0) = 4, \ldots\,.$$

Optimierung, Lernstrukturen V

23. Iterative Methoden der Optimierung

Bei vielen Problemen spielt die Frage nach einer Optimierung eine wesentliche Rolle. Dabei handelt es sich darum, aus einer Menge von Varianten, die für die Ausführung eines anstehenden Prozesses möglich sind, eine solche auszuwählen, die im Sinn einer vorliegenden Bewertung optimal ist. Im allgemeinen wird die Bewertung durch einen funktionellen Zusammenhang erfaßt, in den neben anderen Problemgrößen solche Größen eingehen, durch die sich die einzelnen Varianten charakterisieren lassen. Dabei kann die Bewertungsfunktion in ihrer Form a priori vollständig bekannt sein und das Optimierungsproblem darin bestehen, gewisse Parameter der Bewertungsfunktion so zu bestimmen, daß die Bewertungsfunktion einen Extremwert annimmt, der je nach der speziellen Aufgabe ein Maximum oder ein Minimum sein kann. Es kann aber auch der Fall vorliegen — und gerade dieser wird im folgenden unser spezielles Interesse finden —, daß die Form der Bewertungsfunktion a priori nicht vollständig bekannt ist, daß das Optimierungsproblem die Festlegung eines funktionellen Zusammenhangs, etwa die Bestimmung einer Kurve, einer Wahrscheinlichkeitsverteilung usw. fordert. Wir wollen allgemein bei der Bewertungsfunktion von einem Funktional sprechen. Zusätzlich kann bei der Optimierung noch die Forderung auftreten, daß gewisse Nebenbedingungen, die durch Gleichungen oder auch Ungleichungen erfaßt sein können, berücksichtigt werden.

Wir betrachten zunächst den Fall, daß das Funktional in seiner Form a priori voll bekannt ist.

Es sei

$$\mathfrak{J}(c)$$

das Funktional, wobei wir voraussetzen, daß es differenzierbar und $c = (c_1, c_2, \ldots, c_k)$ ein vektorieller Parameter sei. Dann ist notwendige Bedingung für das Auftreten eines Extremwertes, daß der Gradient des Funktionals verschwindet:

$$\nabla \mathfrak{J}(c) = \frac{\delta \mathfrak{J}(c)}{\delta c_1}, \ldots, \frac{\delta \mathfrak{J}(c)}{\delta c_k} = 0 .$$

Nur in Ausnahmefällen wird sich dieses Gleichungssystem direkt nach dem Parameter c auflösen lassen. Von besonderer Bedeutung sind daher u. a. iterative Lösungsmethoden im Sinn einer schrittweisen Approximation durch geeignete Algorithmen. Die zentrale Idee besteht darin, die Gradientengleichung

$$\nabla \mathfrak{J}(c) = 0$$

in der Form

$$c = c - \gamma \nabla \mathfrak{J}(c)$$

anzusetzen, wobei γ ein geeigneter Skalar ist, dessen Ansatz in Abhangigkeit von der Schrittzahl wesentlich für das Konvergenzverhalten des iterativen Losungsverfahrens

$$c[n] = c[n-1] - \gamma[n] \cdot \nabla \mathfrak{J}(c[n-1]) \tag{*}$$

ist, das mit

$$c^* = \lim_{n \to \infty} c[n]$$

den optimalen Wert des Parameters liefern soll. Ist der Anfangswert $c[0]$ für den Parameter gewahlt, so verlauft das Verfahren in den weiteren Schritten determiniert. Wir sprechen daher hier von einem regulären iterativen Verfahren. Führt man das Symbol $\triangle$

$$\triangle c[n-1] = c[n] - c[n-1]$$

ein, so läßt sich der Algorithmus der regulären Iteration auch in der Form

$$\triangle c[n-1] = -\gamma[n] \cdot \nabla \mathfrak{J}(c[n-1]) \tag{**}$$

angeben. Schreibt man diese Differenzengleichungen sequentiell für die Schrittnummern 1, 2, . . . untereinander,

$$\begin{aligned}
\triangle c[0] &= -\gamma[1] \cdot \nabla \mathfrak{J}(c[0]) \\
\triangle c[1] &= -\gamma[2] \cdot \nabla \mathfrak{J}(c[1]) \\
\triangle c[2] &= -\gamma[3] \cdot \nabla \mathfrak{J}(c[2]) \\
&\cdots\cdots\cdots\cdots \\
\triangle c[n-1] &= -\gamma[n] \cdot \nabla \mathfrak{J}(c[n-1]),
\end{aligned}$$

so erhält man durch Summation wegen

$$\sum_{k=1}^{n} \triangle c[k-1] = c[n] - c[0]$$

die summarische Form

$$c[n] = c[0] - \sum_{k=1}^{n} \gamma[k] \cdot \nabla \mathfrak{J}(c[k-1]) \,. \tag{***}$$

Die obige Feststellung, daß nach Festlegung des Anfangswertes $c[0]$ das Verfahren determiniert abläuft, bedeutet, daß das dem Verfahren entsprechende automatische System ohne Input, d. h. also autonom, arbeitet (Abb. 23.1). Soll der Extremwert unter dem System von Nebenbedingungen

$$g(c) = \big(g_1(c), \ldots, g_m(c)\big)$$

erreicht werden, so geht man unter Verwendung eines vektoriellen LAGRANGEschen Faktors

$$\lambda = (\lambda_1, \; .. , \lambda_m)$$

zu dem neuen Funktional

$$\mathfrak{J}(c, \lambda) = \mathfrak{J}(c) + \lambda^T \cdot g(c)$$ (λ^T ist der transponierte Vektor (Spaltenvektor) zu λ (Zeilenvektor))

über. Der nach $(c_1, \ldots, c_k, \lambda_1, \ldots, \lambda_m)$ zu bildende Gradient liefert dann

$$\begin{cases} \nabla \mathfrak{J}(c) + \lambda^T \cdot \left(\dfrac{\delta g_\nu(c)}{\delta c_\mu}\right)_{\substack{\nu=1,2,\ldots,m \\ \mu=1,2,\ldots,k}} = 0 \,, \\ g(c) = 0 \end{cases}$$

als notwendige Bedingung fur das Auftreten eines Extremwertes von $\mathfrak{J}(c)$.

Beispiel. In einem spateren Zusammenhang spielt das Funktional

$$-\sum_{\nu=1}^{n} p_\nu \cdot \mathrm{ld}\, p_\nu$$

eine Rolle. Es stellt den mathematischen Erwartungswert an Information dar, der von einer Signalquelle geliefert wird, wenn die einzelnen Signale x_ν ($\nu = 1, 2, \ldots, n$) mit den Wahrscheinlichkeiten p_ν ausgeschickt werden. Das in seiner Form a priori bekannte Funktional hängt von dem Parameter

$$p = (p_1, \ldots, p_n)$$

ab und ist unter der Nebenbedingung

$$\sum_{\nu=1}^{n} p_\nu - 1 = 0$$

zu optimieren.

Wir gehen zu dem neuen Funktional

$$\mathfrak{J}(p, \lambda) = -\sum_{\nu=1}^{n} p_\nu \,\mathrm{ld}\, p_\nu + \lambda \sum_{\nu=1}^{n} (p_\nu - 1)$$

über und erhalten als notwendige Bedingung für das Auftreten eines Extremwertes

$$\begin{cases} -\mathrm{ld}\, p_\nu - \mathrm{ld}\, e + \lambda = 0 \,, \qquad \nu = 1, 2, \ldots, n \,, \\ \displaystyle\sum_{\nu=1}^{n} p_\nu - 1 = 0 \,. \end{cases}$$

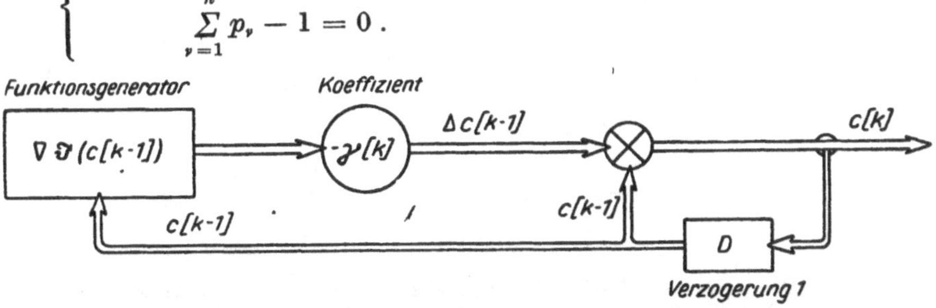

Abb. 23.1. Der autonome digitale Regelkreis zur regularen Iteration

Die hier mögliche direkte Auflösung liefert

$$\operatorname{ld} p_\nu = \lambda - \operatorname{ld} e\,, \quad \text{d. h.}$$

$$p_\nu = 2^{\lambda - \operatorname{ld} e} \quad \text{für jedes } \nu = 1, 2, \ldots, n\,.$$

Somit ergibt sich

$$p_\nu = \frac{1}{n} \quad \text{sowie } \lambda = \operatorname{ld} e - \operatorname{ld} n\,.$$

Das Ergebnis, daß eine einfache Signalquelle die höchste Entropie dann besitzt, wenn sie die einzelnen Signale mit gleichen Wahrscheinlichkeiten aussendet, werden wir an einer späteren Stelle wieder aufgreifen. Fuhren wir die Matrix

$$G(c) = \left(\frac{\delta g_\nu(c)}{\delta c_\mu}\right) \quad \begin{pmatrix} \nu = 1, 2, \ldots, k \\ \mu = 1, 2, \ldots, m \end{pmatrix}$$

ein und schreiben wir die Forderung $g(c) = 0$, die durch die partielle Differentiation des Funktionals $\mathfrak{J}(c, \lambda)$ nach λ entsteht, in der Form

$$\lambda = \lambda - \gamma_2 \cdot g(c)\,,$$

so lautet der reguläre Iterationsalgorithmus für die Optimierung unter Nebenbedingung

$$\begin{cases} c[n] = c(n-1] - \gamma_1[n] \cdot \{\nabla \mathfrak{J}(c\,[n-1]) + G\,(c\,[n-1])\,\lambda\,[n-1]\}\,, \\ \lambda[n] = \lambda\,[n-1] - \gamma_2[n] \cdot g\,(c\,[n-1])\,. \end{cases}$$

Die Abb. 23.2 zeigt den zugehorigen autonomen digitalen Regelkreis. Liegen die Nebenbedingungen dagegen in Form von Ungleichungen $g(c) \leqq 0$ vor, so

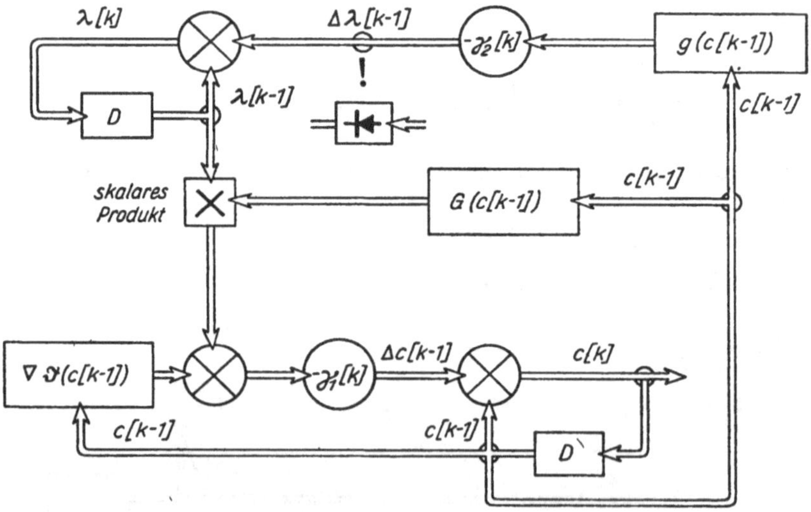

Abb. 23.2. Der autonome digitale Regelkreis zur regularen Iteration bei Vorhandensein von Nebenbedingungen (zur Marke ! s. Text)

geht man durch Einfuhrung eines nichtnegativen „Schlupfparameters“ δ zu dem vorigen Fall über:

$$g(c) + \delta = 0 .$$

Die Gradientenbildung fuhrt zu

$$\begin{cases} \nabla \mathfrak{J}(c) + G(c)\,\lambda = 0 , \\ \qquad g(c) + \delta = 0 \qquad \text{mit } \delta \geqq 0 . \end{cases}$$

Dabei soll das Glied $G(c) \cdot \lambda$ nur dann zum Tragen kommen, wenn für den Lösungswert c die Bedingung

$$g(c) = 0$$

vorliegt, d. h., wenn

$$\delta = 0$$

ist. Für ein $\delta > 0$ dagegen entfallt das Glied $G(c)\,\lambda$. Dies wird erreicht, wenn man zusätzlich noch

$$\lambda^T \cdot \delta = 0$$

fordert. Der Algorithmus nimmt dann die Form

$$\begin{cases} c[n] = c\,[n-1] - \gamma_1[n] \cdot \{\nabla \mathfrak{J}\,(c\,[n-1]) + G\,(c[n-1])\,\lambda\,[n-1]\} , \\ \lambda[n] = \max\,\{0, \lambda\,[n-1] - \gamma_2[n]\,g\,(c\,[n-1]) \end{cases}$$

an. Im entsprechenden Regelkreis erreicht man dieses unterschiedliche Verhalten in Abhangigkeit von δ durch Dioden, die an der durch ! markierten Stelle der Abb. 23.2 einzusetzen sind. Dann haben negative Werte von $g\,(c\,[n-1])$ — ihnen entsprechen positive Komponenten von δ — keinen Zugang zu der λ-Bildung.

Zu Fragen der Konvergenz der Algorithmen, die eng mit der Stabilität der entsprechenden Regelkreise zusammenhängt, sei der Leser auf die Literatur (etwa [85]) verwiesen.

Wir wenden uns nun dem Fall zu, daß das Funktional a priori nicht vollständig bekannt ist; dabei beschränken wir uns in Hinblick auf die im folgenden angestrebten Betrachtungen von Lern- und Adaptionsprozessen auf Funktionale der Form

$$\mathfrak{J}(c) = M_x\{\,Q(x, c)\} .$$

Die Bewertungsfunktion, die durch geeignete Wahl von c zu einem Extremwert gebracht werden soll, liegt als mathematische Erwartung M_x in Abhängigkeit von einer Zufallsgröße x vor, wobei die Wahrscheinlichkeitsverteilung dieser Zufallsgröße a priori nicht bekannt ist. Dagegen sei der funktionelle Zusammenhang

$$Q(x, c)$$

wohlbekannt. Die Extremwertbedingung

$$\nabla \mathfrak{J}(c) = M_x \{\nabla_c(Q(x, c))\} = 0$$

mit

$$\nabla_c Q(x, c) = \left(\frac{\delta Q(x, c)}{\delta c_1}, \ldots, \frac{\delta Q(x, c)}{\delta c_m}\right)$$

bietet, da keine Information uber die Wahrscheinlichkeitsverteilung von x vorliegt, keine Moglichkeit, die Methode der regularen Iteration anzusetzen.

Zentrale Idee der *stochastischen iterativen Methode* ist es nun, die Iteration, die sich nicht auf dem Gradienten

$$\nabla \mathfrak{J}(c)$$

aufbauen laßt, auf dem Gradienten

$$\nabla_c Q(x, c)$$

zu entwickeln. Der Algorithmus der stochastischen Iteration lautet

$$c[n] = c\,[n-1] - \gamma[n] \cdot \nabla_c\, Q\,(x[n], c\,[n-1])\,. \tag{0}$$

Der entsprechende Regelkreis ist in Abb. 23.3 gegeben.

Man beachte die folgenden wesentlichen Unterschiede gegenuber Regelkreis und Algorithmus bei der regularen Iteration. Der Regelkreis bei der regulären Iteration ist autonom, bei der stochastischen Iteration dagegen tritt die Zufalls-

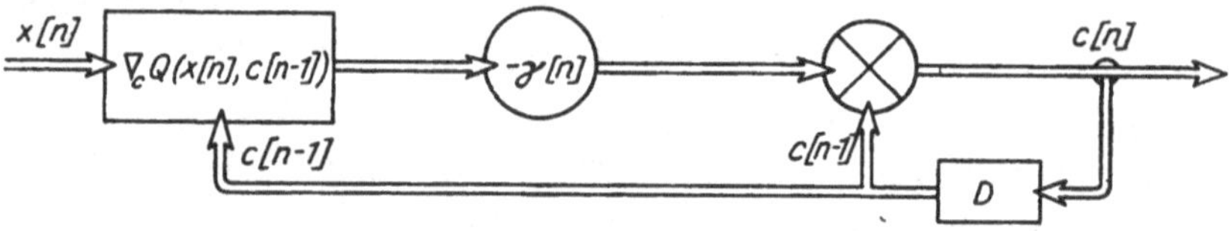

Abb. 23.3. Der digitale Regelkreis zur stochastischen Iteration

größe x als Input auf: Durch diese laufende Eingabe wird dem Verfahren in seinem Ablauf die Information zugeführt, die a priori über die Wahrscheinlichkeitsverteilung fehlt.

Für den Algorithmus der regulären Iteration verschwindet der Gradient mit Erreichen des Grenzwertes

$$c^* = \lim_{n \to \infty} c[n]\,;$$

bei der stochastischen Iteration verschwindet dagegen der Gradient $\nabla_c\, Q(x, c)$ nicht mehr identisch mit $c = c^*$. Daraus leiten sich erhohte Anforderungen an die Wahl von $\gamma[n]$ ab, um eine Konvergenz des Verfahrens zu sichern. Prinzipiell muß man zu einem stochastischen Konvergenzbegriff übergehen. Moglichkeiten zur Bildung eines derartigen Begriffs seien hier nur skizziert. Der mathematisch starker interessierte Leser sei allgemein zu den anstehenden Konvergenzfragen auf die Fachliteratur hingewiesen, die etwa uber [23.1] zugänglich ist.

Stochastische Konvergenz liegt vor, wenn fur beliebiges $\varepsilon > 0$ die Norm $||c[n] - c^*||$ der Bedingung

$$\lim_{n \to \infty} P \{||c[n] - c^*|| > \varepsilon\} = 0$$

genugt, d. h., wenn die Wahrscheinlichkeit, daß die Norm $||c[n] - c^*||$ die beliebig kleine Große ε uberschreitet, mit wachsender Schrittzahl gegen Null lauft. Fast sicher — man sagt auch mit der Wahrscheinlichkeit Eins — konvergiert $c[n]$ gegen c^*, wenn

$$P \{ \lim_{n \to \infty} ||c[n] - c^*|| = 0\} = 1 \, .$$

Man beachte, daß die stochastischen Konvergenzbegriffe keine Aussage über den speziellen Fall einer vorliegenden Realisierung ermoglichen, es liegen nur Aussagen im Sinn einer Wahrscheinlichkeit vor.

Der Algorithmus (0) der stochastischen Iteration wird auch als Adaptionsalgorithmus bezeichnet. Dabei wird der Begriff eines adaptiven Verhaltens im wesentlichen mit einer einer bestimmten Bewertung entsprechenden Optimierung identifiziert, die eine a priori bestehende Unbestimmtheit in der Verhaltensweise durch Akkumulation und Verarbeitung laufender Information wahrend des Ablaufs auszugleichen versucht.

Dem Begriff Adaption nahe verwandt ist der Begriff Lernen, wenn man darunter einen Prozeß versteht, bei dem die in einem System auf äußere Reize eintretenden Reaktionen im Ablauf des Geschehens Änderungen erfahren, die wesentlich auf den Einfluß von außen kommender, sich im Sinn einer Belohnung oder Bestrafung auswirkender Maßnahmen zurückzuführen sind. Durch eine solche Belehrung erhalt das lernende System Auskunft uber Wert bzw. Unwert der von ihm abgegebenen Reaktion. Von einem selbstlernenden System spricht man, wenn keine von außen kommende Belehrung stattfindet.

In den folgenden Abschnitten werden wir an Hand verschiedener Beispiele das Wesen von Lernstrukturen darzulegen versuchen.

24. Nullsummenspiele

Wir beschranken uns hier auf Zweipersonenspiele, fur die charakteristisch ist, daß die an ihm beteiligten Personen entgegenlaufende Interessen haben. Dabei betrachten wir spezielle Matrizenspiele, die als Nullsummenspiele bezeichnet werden: Jeder der beiden Spieler wahlt aus der Menge der fur ihn moglichen Vorgehensweise eine aus. Durch die Spielregeln ist jedem Paar gewahlter Vorgehensweisen — man spricht auch von Strategien — ein bestimmter Gewinn für den ersten Spieler zugeordnet, der zugleich Verlust fur den zweiten Spieler bedeutet. So ist die Summe aus den Gewinnen beider Spieler in jedem Fall Null.

Die Strategie, die der erste Spieler aus N moglichen auswahlt, werde durch ν gekennzeichnet, $\nu \in \{1, 2, \ldots, N\}$. Der zweite Spieler entscheide sich fur die durch μ charakterisierte Strategie aus den fur ihn möglichen M Weisen, $\mu \in \{1, 2, \ldots, M\}$. Durch die Elemente der Auszahlungsmatrix

$$\mathfrak{A} = [a_{\nu\mu}] \quad \text{mit} \quad \begin{array}{l} \nu = 1, 2, \ldots, N, \\ \mu = 1, 2, \ldots, M \end{array}$$

werde der Gewinn des ersten Spielers und damit zugleich der Verlust des zweiten angegeben.

Aus dem natürlichen Bestreben, die Gewinnaussichten möglichst günstig zu gestalten — dies bedeutet u. U. den in Kauf zu nehmenden Verlust möglichst niedrig zu halten —, unterstellt der erste Spieler dem zweiten Spieler die Tendenz, ihm, dem ersten Spieler, jeweils den niedrigst moglichen Gewinn zukommen zu lassen. Von besonderem Interesse wird für ihn zunächst die Strategie sein, die ihm den größten der Minimalgewinne, also

$$\max_{\nu} \min_{\mu}, a_{\nu\mu}$$

garantiert. Aus den entsprechenden Erwägungen heraus wird sich der zweite Spieler für die Strategie interessieren, für die

$$\min_{\mu} \max_{\nu} a_{\nu\mu}$$

gesichert wird. Dabei gilt stets

$$\max_{\nu} \min_{\mu} a_{\nu\mu} \leqq \min_{\mu} \max_{\nu} a_{\nu\mu} .$$

1. Beispiel. Mit $N = 4$ und $M = 3$ sei die Auszahlungsmatrix durch

ν \ μ	1	2	3
1	10	8 ○	10
2	11	9 ○	11 ×
3	12 ×	10 ×	9 ○
4	8	6 ×	8

gegeben.

Es ist

$$\min_{\mu} a_{\nu\mu} = \{8, 9, 9, 6\} \quad \text{mit} \max_{\nu} \min_{\mu} a_{\nu\mu} = 9$$

und

$$\max_{\nu} a_{\nu\mu} = \{12, 10, 11\} \quad \text{mit} \min_{\mu} \max_{\nu} a_{\nu\mu} = 10 .$$

Tatsächlich ist

$$\max_{\nu} \min_{\mu} a_{\nu\mu} = 9 < 10 = \min_{\mu} \max_{\nu} a_{\nu\mu} .$$

Ein besonderer Fall liegt vor, wenn das Gleichheitszeichen gilt:

$$\max_{\nu} \min_{\mu} a_{\nu\mu} = \min_{\mu} \max_{\nu} a_{\nu\mu} .$$

Geometrisch bedeutet dies die Existenz eines Sattelpunktes im $a_{\nu\mu}$-„Gebirge“ uber $\nu\,\mu$.

2. Beispiel. Die Matrix

	ν \ μ	1	μ_{opt} 2	3
	1	−2 ○	0	1
	2	2	1 ○	5 ×
ν_{opt}	3	4 ×	2 ⊗	3
	4	2	1 ○	4

besitzt einen Sattelpunkt fur $\nu = 3$, $\mu = 2$ mit $a_{32} = 2$ (Abb. 24.1).

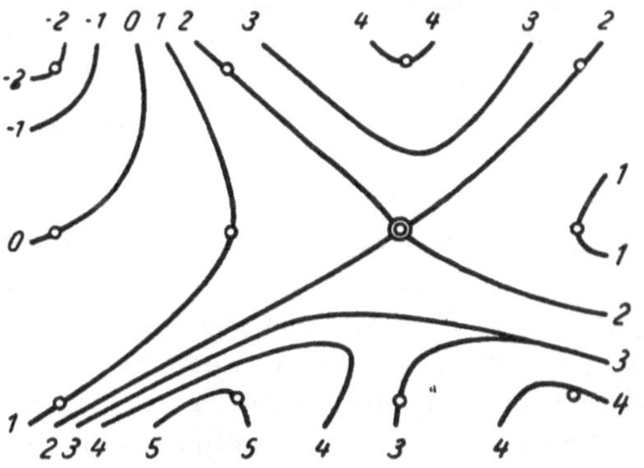

Abb. 24.1. Hohenliniendarstellung fur das durch die Matrix aus Beispiel 2 dargestellte Gebirge

Besitzt die Auszahlungsmatrix einen Sattelpunkt, so liefert dieser ein Paar optimaler Strategien:

$$a_{\nu,\,\mu_{opt}} \leqq a_{\nu_{opt},\,\mu_{opt}} \leqq a_{\nu_{opt},\,\mu}\,.$$

Jeder Spieler, der von der optimalen Strategie abweicht, stellt sich, wenn sein Gegner nach wie vor optimal wahlt, ungunstiger, als wenn auch er optimal gewählt hatte.

Wir wenden uns nun dem allgemeinen Fall zu, daß die Auszahlungsmatrix keinen Sattelpunkt besitzt (1. Beispiel). Hier läßt sich eine optimale Verhaltensweise nur durch „gemischte“ Strategien erreichen. Beide Spieler mussen, wenn sie sich optimal verhalten wollen, stochastisch vorgehen. Sie müssen ihre Wahl fur die einzelnen Spiele auf Grund einer für jeden Spieler gesondert geltenden Wahrscheinlichkeitsverteilung wahlen. Voraussagen uber das Ergebnis lassen sich jetzt nur auf der Basis sehr langer Spielfolgen wahrscheinlichkeitstheoretisch abgeben.

Sind $p = (p_1, p_2, \ldots, p_N)$ und $q = (q_1, q_2, \ldots, q_M)$ die Wahrscheinlichkeiten für die Wahl der Strategien der beiden Spieler, so ist die mathematische Erwartung fur den Gewinn des ersten Spielers durch

$$V(p, q) = \sum_{\nu=1}^{N} \sum_{\mu=1}^{M} a_{\nu\mu} \cdot p_\nu \cdot q_\mu$$

gegeben. Die Forderung einer beiderseits optimalen gemischten Strategie — sie werde durch die Verteilung p^* und q^* gegeben — bedeutet

$$V(p, q^*) \leqq V(p^*, q^*) \leqq V(p^*, q) .$$

J. VON NEUMANN [55] hat gezeigt, daß stets Verteilungen p^* und q^* existieren, so daß

$$\max_p \min_q V(p, q) = \min_q \max_p V(p, q) = V(p^*, q^*) = v$$

gilt. Der Wert $V(p^*, q^*) = v$ heißt Wert des Spiels.

Die Theorie der optimalen gemischten Strategien ist nicht einfach. Sie entzieht sich in ihrer Vollstandigkeit den vorliegenden Betrachtungen. Wir wollen aber einige Ergebnisse der Theorie, soweit sie leicht zuganglich sind, darlegen und an einem Beispiel erläutern, um so ein allgemeines Verstandnis für die anliegende Problematik gewinnen zu lassen.

Zunächst wenden wir uns nun der Frage zu, wie diese optimalen Wahrscheinlichkeitsverteilungen aus der Auszahlungsmatrix gewonnen werden konnen.

Es sei $\tilde{p}(q)$ die optimale gemischte Strategie des ersten Spielers als Antwort auf die gemischte Strategie q des zweiten Spielers und entsprechend $\tilde{q}(p)$ die optimale gemischte Strategie des zweiten Spielers auf die gemischte Strategie p des ersten Spielers. Sind p^* und q^* wieder die zusammengehörigen gemischten optimalen Strategien beider Spieler, so muß

$$p^* = \tilde{p}(q^*)$$

und

$$q^* = \tilde{q}(p^*)$$

gelten, d. h., p^* und q^* mussen Losungen des Gleichungssystems

$$\begin{cases} p = \tilde{p}(q) , \\ q = \tilde{q}(p) \end{cases}$$

sein.

Wir wollen nun die gemischten Strategien $\tilde{p}$ und $\tilde{q}$ in Beziehung zu den reinen Strategien setzen. Zu diesem Zweck fuhren wir fur den ersten bzw. zweiten Spieler die folgenden Einheitsvektoren ein:

$\vec{\alpha}_\nu$ als N-dimensionalen Vektor mit den Komponenten

$\alpha_{\nu\varkappa}$ $(\varkappa = 1, 2, \ldots, N)$, so daß

$$\alpha_{\nu\varkappa} = \begin{cases} 1 & \text{für } \varkappa = \nu , \\ 0 & \text{sonst} , \end{cases}$$

in anderer Darstellung

$$\alpha_\nu = (\overbrace{\underbrace{0, \ldots, 0, 1}_{\nu}, 0, \ldots, 0}^{N}) .$$

Dann gelten fur die Komponenten p_ν bzw. q_μ der gemischten Strategien

$$p_\nu = \sum_{\varkappa=1}^{N} p_\varkappa^T \cdot \alpha_{\nu\varkappa} = p^T \cdot \alpha_\nu = M\{\alpha_\nu\} \qquad \text{mit } \nu = 1, 2, \ldots, N$$

und

$$q_\mu = \sum_{\lambda=1}^{M} p_\lambda^T \cdot \beta_{\mu\lambda} = q^T \cdot \beta_\mu = M\{\beta\,\mu\} ,$$

wobei der obere Index T die Transposition des betreffenden Vektors, d. h. die Überfuhrung der Spaltenmatrix in eine Zeilenmatrix, bedeutet und M die mathematische Erwartung über p bzw. q angibt.

Verwenden wir das Symbol $\sim$ in gleicher Bedeutung für α_ν bzw. β_μ, wie wir es fur p und q eingefuhrt haben, also z. B. $\tilde{\alpha}_\nu(q)$ als die reine Strategie des ersten Spielers, die optimal auf die Strategie antwortet, die sich aus der Verteilung q für den zweiten Spieler ergibt, so erhalten wir als Gleichungssystem zur Bestimmung der beiderseits optimalen Strategien p^* und q^*

$$\begin{cases} p_\nu = M\{\tilde{\alpha}_\nu(q)\} , \\ q_\mu = M\{\tilde{\beta}_\mu(p)\} , \end{cases}$$

das wir auch in der Form

$$M\,(p_\nu - \{\tilde{\alpha}_\nu(q)\} = 0,$$
$$M\,(q_\mu - \{\tilde{\beta}_\mu(p)\} = 0$$

schreiben konnen. Zur Lösung dieser Aufgabe können wir auf die im vorigen Abschnitt dargelegte Methode der stochastischen Iteration zuruckgreifen. Bei geeignet gewahlten Koeffizienten $\gamma_1[n]$ und $\gamma_2[n]$ erhalten wir konvergierende Algorithmen zur iterativen Bestimmung der beiderseits optimalen gemischten Strategien:

$$p[n] = p\,[n-1] - \gamma_1[n] \cdot \{p\,[n-1] - \hat{\alpha}_\nu\,(q\,[n-1])\} ,$$
$$q[n] = q\,[n-1] - \gamma_2[n] \cdot \{q\,[n-1] - \hat{\beta}_\mu\,(p\,[n-1])\} .$$

Wir fuhren das Verfahren in seinen ersten Schritten an der Auszahlungsmatrix des obigen Beispiels vor, wobei wir

$$\gamma_1[n] = \gamma_2[n] = \frac{1}{n}$$

wahlen. Dabei setzen wir aus rechentechnischen Gründen den Algorithmus in der Form

$$p[n] = p\,[n-1] \cdot \frac{n-1}{n} + \frac{1}{n} \cdot \hat{\alpha}_\nu\,(q\,[n-1]) ,$$

$$q[n] = q\,[n-1] \cdot \frac{n-1}{n} + \frac{1}{n} \cdot \hat{\beta}_\mu\,(p\,[n-1])$$

an.[1]) Der Niederschrift (Tab. 24.1) legen wir das Schema

1.	2.	3.	4.	5.	6.	7.	8.
	$\frac{n-1}{n}\,p\,[n-1]$			$\frac{n-1}{n}\,q\,[n-1]$			
	$+\frac{1}{n}\,\hat{\alpha}\,(q\,[n-1])$	$+\,a_{\nu\mu}\,[n-1]$		$+\frac{1}{n}\,\hat{\beta}\,(p\,[n-1])$	$+\,a_{\nu\mu}\,[n-1]$		
n	$p[n]$	Σ Min $\rightarrow$	ν	$q[n]$	Σ Max $\rightarrow$	μ	$V[n]$

zugrunde.

Das Verfahren zeigt für das gewählte Beispiel nur mäßiges Konvergenzverhalten (Abb. 24.2). Zu Methoden, die das Konvergenzverhalten verbessern, sei der Leser auf die Literatur [85] verwiesen.

Das anstehende Problem, die beiderseits optimalen gemischten Strategien zu bestimmen, laßt sich als eine Extremwertaufgabe mit Nebenbedingungen auffassen. Es ist für

$$V(p,q) = \sum_{\nu=1}^{N} \sum_{\mu=1}^{M} a_{\nu\mu}\, p_\nu\, q_\mu$$

unter den Nebenbedingungen

$$\sum_{\nu=1}^{N} p_\nu - 1 = 0\,,$$

$$\sum_{\mu=1}^{M} q_\mu - 1 = 0\,,$$

$$p_\nu \geqq 0 \qquad \text{für } \nu = 1, 2, \ldots, N\,,$$

$$q_\mu \geqq 0 \qquad \text{für } \mu = 1, 2, \ldots, M$$

ein Sattelpunkt zu bestimmen.

[1]) Zur Bestimmung von $\hat{\alpha}_\nu\,(q\,[n-1])$ bilden wir

$$\sum_{\mu=1}^{M} a_{\nu\mu} \cdot q_\mu\,[n-1] \qquad \text{für } \nu = 1, 2, \ldots, N$$

und suchen das ν, zu dem der maximale Wert gehört. Mit diesem ν bilden wir den Einheitsvektor

$$\hat{\alpha}_\nu = (0, \ldots, 0, 1, 0, \ldots, 0)\,,$$

der an der ν-ten Stelle die Eins trägt. Entsprechend ist $\hat{\beta}_\mu\,(p\,[n-1])$ über μ mit dem minimalen Wert von $\sum_{\nu=1}^{M} a_{\nu\mu} \cdot p_\nu\,[n-1]$ zu gewinnen.

Da es bei der Bestimmung der Nummern der maximalen Komponenten nur auf die Verhältnisse der Komponenten ankommt, laßt sich ein verhältnismäßig einfacher Algorithmus für die Konstruktion von ν und μ finden (s. Tab. 24.1, Spalten 3, 4 und 6, 7).

Tab. 24.1. **Bestimmung der beiderseits optimalen gemischten Strategien für ein Nullsummenspiel mit der Auszahlungsmatrix aus dem ersten Beispiel**

1	0	1	0	0	11	9	11	2	0	1	0	8	9	10	6	3	9
	0	1/2	0	0					0	1/2	0						
			1/2		12	10	9			1/2		8	9	10	6		
2	0	1/2	1/2	0	23	19	20	2	0	1	0	17	18	20	12	3	9,5
	0	1/3	1/3	0					0	2/3	0						
			1/3		12	10	9			1/3		8	9	10	6		
3	0	1/3	2/3	0	35	29	29	2	0	1	0	24	27	30	18	3	9,667
	0	1/4	2/4	0					0	3/4	0						
			1/4		12	10	9			1/4		8	9	10	6		
4	0	1/4	3/4	0	47	39	38	3	0	1	0	32	36	40	24	3	9,75
	0	1/5	3/5	0					0	4/5	0						
			1/5		12	10	9				1/5	10	11	9	8		
5	0	1/5	4/5	0	59	49	47	3	0	4/5	1/5	42	47	49	32	3	9,72
	0	1/6	4/6	0					0	4/6	1/6						
			1/6		12	10	9				1/6	10	11	9	8		
6	0	1/6	5/6	0	71	59	56	3	0	4/6	2/6	52	58	58	40	3	9,667
	0	1/7	5/7	0					0	4/7	2/7						
			1/7		12	10	9				1/7	10	11	9	8		
7	0	1/7	6/7	0	83	69	65	3	0	4/7	3/7	62	69	67	48	2	9,612
	0	1/8	6/8	0					0	4/8	3/8						
		1/8			11	9	11				1/8	10	11	9	8		
8	0	2/8	6/8	0	94	78	76	3	0	4/8	4/8	72	80	76	56	2	9,625
	0	2/9	6/9	0					0	4/9	4/9						
		1/9			11	9	11				1/9	10	11	9	8		
9	0	3/9	6/9	0	105	87	87	3	0	4/9	5/9	82	91	85	64	2	9,667
	0	3/10	6/10	0					0	4/10	5/10						
		1/10			11	9	11				1/10	10	11	9	8		
10	0	4/10	6/10	0	116	96	98	2	0	4/10	6/10	92	102	94	72	2	9,72

Um auch die $(N + M)$ Ungleichungen in Gleichungsform darzustellen fuhren wir nichtnegative Schlupfparameter

$$\sigma_\nu \geqq 0\,, \qquad \nu = 1, 2, \ldots, N\,,$$
$$\tau_\mu \geqq 0\,, \qquad \mu = 1, 2, \ldots, M\,,$$

ein. Die entsprechenden Nebenbedingungen lauten dann

$$-p_\nu + \sigma_\nu = 0\,,$$
$$-q_\mu + \tau_\mu = 0\,.$$

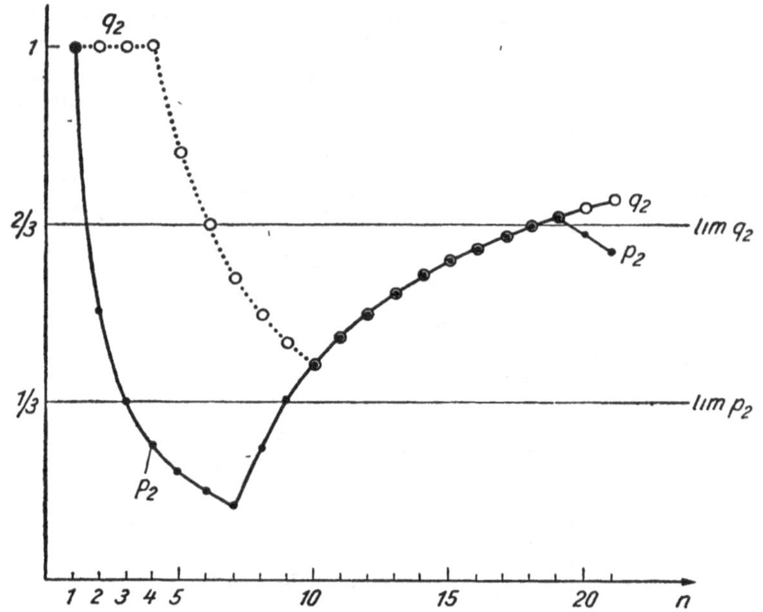

Abb. 24.2. Bestimmung der beiderseits optimalen Strategien fur ein Nullsummenspiel mit der Auszahlungsmatrix

$\nu = 1$	1	2	3	4
$\mu =$ 1	10	11	12	8
2	8	9	10	6
3	10	11	9	8

optimale Werte $p = (0, 1/3, 2/3, 0)$
$q = (0, 2/3, 1/3)$

Wir führen als LAGRANGEsche Multiplikatoren neben λ_1 und λ_2 noch π_ν ($\nu = 1, 2, \ldots, N$) und ϱ_μ ($\mu = 1, 2, \ldots, M$) ein. Sodann setzen wir

$$\mathfrak{F}(p, q, \lambda, \pi, \varrho)$$
$$= \sum_{\nu=1}^{N} \sum_{\mu=1}^{M} a_{\nu\mu} p_\nu \cdot q_\mu + \lambda_1 \sum_{\nu=1}^{N} (p_\nu - 1) + \lambda_2 \sum_{\mu=1}^{M} (q_\mu - 1)$$
$$+ \sum_{\nu=1}^{N} \pi_\nu (- p_\nu + \sigma_\nu) + \sum_{\mu=1}^{M} \varrho_\mu (- q_\mu + \tau_\mu) .$$

Als notwendige Bedingungen fur einen Extremwert erhalten wir

$$\sum_{\mu=1}^{M} a_{\nu\mu} q_\mu + \lambda_1 - \pi_\nu = 0 , \qquad \nu = 1, 2, \ldots, N . \tag{1}$$

$$\sum_{\nu=1}^{N} a_{\nu\mu} p_\nu + \lambda_2 - \varrho_\mu = 0 , \qquad \mu = 1, 2, \ldots, M . \tag{2}$$

$$-p_\nu + \sigma_\nu = 0\,. \tag{3}$$

$$-q_\mu + \tau_\mu = 0\,. \tag{4}$$

$$\sigma_\nu \cdot \pi_\nu = 0\,. \tag{5}$$

$$\tau_\mu \cdot \varrho_\mu = 0\,. \tag{6}$$

$$\sigma_\nu \geqq 0\,. \tag{7}$$

$$\tau_\mu \geqq 0\,. \tag{8}$$

$$\sum_{\nu=1}^{N} p_\nu - 1 = 0\,. \tag{9}$$

$$\sum_{\mu=1}^{M} q_\mu - 1 = 0\,. \tag{10}$$

Durch Multiplikation der Gleichungen (1) und (2) mit p_ν bzw. q_μ und anschließender Summation über ν bzw. μ erhalten wir unter Berücksichtigung von (9), (10) sowie (3), (4), (5) und (6)

$$V(p, q) + \lambda_1 = 0\,,$$

$$V(p, q) + \lambda_2 = 0\,,$$

d. h.

$$\lambda_1 = \lambda_2 = \lambda\,.$$

Da für jedes ν, für das $p_\nu \neq 0$ ist, auch $\sigma_\nu \neq 0$ gilt und somit $\pi_\nu = 0$ sein muß, ergibt sich

$$\sum_{\mu=1}^{M} a_{\nu\mu}\, q_\mu = -\lambda\,.$$

Entsprechendes gilt für jedes μ mit $q_\mu \neq 0$

$$\sum_{\nu=1}^{N} a_{\nu\mu}\, p_\nu = -\lambda\,.$$

Daraus resultiert als Ergebnis:

In allen Spalten und Zeilen der Auszahlungsmatrix, die bei optimalen Strategien eine nicht verschwindende Wahrscheinlichkeit erhalten, ergeben die mit den Wahrscheinlichkeiten gewogenen Spalten- und Zeilenwerte die gleiche Summe, nämlich den Wert des Spieles.

Wir betrachten zur Erläuterung unser Beispiel. Aus der vollständigen Kenntnis der Auszahlungsmatrix (a priori-Information) können beide Spieler entnehmen, welche Spalten bzw. Zeilen bei beiderseits optimalen Strategien nicht auftreten werden.

		$\nu =$	1	2	3	4
Aus	$\mu =$	1	10	11	12	8
		2	8	9	10	6
		3	10	11	9	8

ist zu entnehmen, daß der erste Spieler bei optimalem Vorgehen weder die erste noch die vierte Strategie wählen wird, da die Elemente der Spalte $\nu = 1$ den entsprechenden Elementen der Spalte $\nu = 2$ und die Elemente von $\nu = 4$ den entsprechenden Elementen von $\nu = 3$ in keinem Fall überlegen sind. Der zweite Spieler wird bei optimalem Vorgehen nicht die Zeile $\mu = 1$ wählen, da ihre Elemente für ihn durchweg ungünstiger sind als die entsprechenden der Zeile $\mu = 2$. Somit läßt die a priori-Information erkennen, daß bei optimalen Strategien

$$p_1 = 0\,, \qquad p_4 = 0\,, \qquad q_1 = 0$$

anzusetzen sind. Wir erhalten damit eine verbleibende Matrix

$\nu =$	2	3
$\mu =$		
2	9	10
3	11	9

Wir bilden die gewogenen Spalten- und Zeilensummen und erhalten durch Gleichsetzen die Bedingungen

$$9\,q_2 + 11\,q_3 = 10\,q_2 + 9\,q_3 = 9\,p_2 + 10\,p_3 = 11\,p_2 + 9\,p_3$$

mit $q_2 + q_3 = 1$ und $p_2 + p_3 = 1$. Als Lösungen ergeben sich

$$p_2 = 1/3\,, \quad p_3 = 2/3\,, \quad q_2 = 2/3\,, \quad q_3 = 1/3\,.$$

Damit stellt sich für alle Spalten und Zeilen, deren Wahrscheinlichkeit nicht verschwindet, der gleiche Erwartungswert ein, der zugleich den Wert des Spieles $v = 9\;\; 2/3$ angibt.

Es ist von Interesse, die Erwartungswerte für die Gesamtmatrix anzuschreiben.

$p_\nu =$	0	1/3	2/3	0	
$q_\mu =$					
0	10	11	12	8	35/3
2/3	8	9	10	6	29/3
1/3	10	11	9	8	29/3
	26/3	29/3	29/3	20/3	

Weicht der erste Spieler von der optimalen Strategie ab, indem er etwa auch die erste Spalte verwendet, so verschlechtert sich der Erwartungswert. Entsprechend verschiebt sich für den zweiten Spieler der Erwartungswert zu seinen Ungunsten, wenn er auch die erste Zeile bei seiner Strategie heranzieht. Verändert dagegen ein Spieler seine Strategie, indem er die im optimalen Fall von Null verschiedenen Wahrscheinlichkeitswerte unter sich verschiebt, so bleibt der Erwartungswert unverändert, solange der Gegenspieler weiter seine seitherige Taktik spielt. Dieser kann aber seine Taktik so ändern, daß dem Spieler, der zunächst von der optimalen Strategie abgewichen ist, Nachteil entsteht.

Es wahle beispielsweise der erste Spieler $p_2 = 0$, $p_3 = 1$. Dann wird der zweite Spieler mit $q_2 = 0$, $q_3 = 1$ antworten konnen und dadurch den Erwartungswert 9 erreichen, der fur ihn gegenuber $v = 9\,2/3$ einen Vorteil bedeutet.

Wahlt dagegen der zweite Spieler beispielsweise $q_2 = q_3 = 1/2$, so wird die beste Antwort des ersten Spielers $p_2 = 1$, $p_3 = 0$ sein Er erreicht damit den Erwartungswert 10, der fur ihn gunstiger liegt als $b = 9\,2/3$

Die obigen Ergebnisse lassen sich auch folgendermaßen interpretieren: Bei beiderseits optimalen gemischten Strategien spielt jeder Spieler stochastisch so, daß er seinem Gegner keine uber die a priori-Information hinausgehende Information zukommen laßt.

25. Darstellung BOOLEscher Funktionen durch Schwellenwertelemente

In fruheren Abschnitten haben wir dargelegt, daß sich bei diskreten Problemen Boolesche Funktionen als die geeigneten Mittel zur mathematischen Darstellung von Zuordnungen erweisen. Da in Organismen die Neuronen an der Informationsverarbeitung beteiligt sind, drangt sich die Frage auf, ob und in welcher Allgemeinheit Boolesche Funktionen durch Neuronennetze realisierbar sind. In Abstraktion tritt das entsprechende Problem fur Modellvorstellungen von Neuronen auf, so u. a. auch fur Schwellenwertelemente. Dabei wird ein Schwellenwertmodell durch eine Boolesche Funktion der Eingangswerte beschrieben, die den Wert 1 annimmt, wenn eine bestimmte Gewichtsfunktion

$$p_1 x_1 + p_2 x_2 + \cdots + p_n x_n$$

einen Schwellenwert

$$\Theta = -\,p_{n+1}$$

erreicht oder uberschreitet, wahrend sie sonst den Wert 0 hat (Abb. 25.1).

Die ersten Modellvorstellungen dieser Art zur Beschreibung von Neuronen (McCulloch und Pitts [48]) haben statischen Charakter; die Gewichte sind

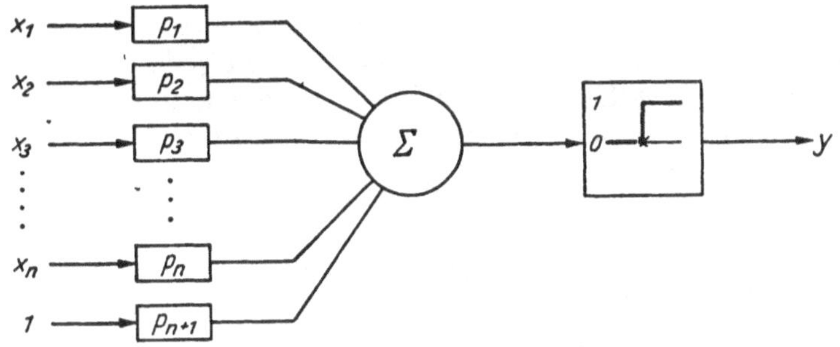

Abb. 25.1. Schema eines Schwellenwertelements.
$y = 1$, wenn $p_1 x_1 = p_2 x_2 + \cdots + p_n x_n + p_{n+1} \cdot 1 \geqq 0$,
sonst $y = 0$

zeitlich konstant. Bei spateren Modellvorstellungen [24, 81] sind die Gewichte veranderlich und werden auf Grund von Vorerfahrungen im Sinn eines Lernprozesses eingestellt; man spricht von plastischen Neuronenmodellen. Wir werden uns mit derartigen Strukturen noch zu beschaftigen haben.

Im vorliegenden Abschnitt werden wir dagegen das Problem, wie eine bestimmte Struktur erreicht werden kann, zurückstellen und nur die Frage behandeln, welche Struktur fur das angestrebte Ziel notwendig ist.

Zunachst seien hier noch einige Bemerkungen eingeflochten, die sich auf technische Realisierungen von Neuronenmodellen beziehen. Um mit ihnen Vorgange der Informationsubertragung und Informationsverarbeitung in Organismen in einfacher Weise simulieren zu können, hat man ihnen weitere Eigenschaften beigegeben, die naturliche Neuronen aufweisen. So dient eine Kombination aus Widerstand und Kondensator dazu, ein durch Eingangssignale erzeugtes Potential mit einer bestimmten Zeitkonstante wieder auf Erdpotential abklingen zu lassen. Der Multivibrator, der bei Erreichen einer bestimmten Potentialschwelle die „Zundung" des Neurons nachspielt, ist so rückgefuhrt, daß sein Eingang nach erfolgter Zundung fur eine bestimmte Zeit gesperrt bleibt. Damit wird die Refraktarzeit des natürlichen Neurons nachgebildet. Ein so vervollständigtes Neuronenmodell zeigt nun unter verschiedenen Arbeitsbedingungen unterschiedliches Verhalten. Geht man davon aus, daß zur Darstellung einer Informationsgröße in Organismen im wesentlichen die Frequenz dient, so kann ein solches Neuronenmodell bei einem Eingang je nach Arbeitsbedingung direkte Frequenzübertragung, Frequenzvervielfachung oder Frequenzreduktion aufweisen. Bei zwei Eingangen konnen unterschiedliche Verarbeitungsprozesse realisiert werden wie z. B. Bildung der Summe oder des Produkts Allgemein erweist sich dieses Bauelement von vielfaltigster Natur, es kann den Charakter eines digitalen oder eines anlogen Bausteins aufweisen. Der an diesen Fragen interessierte Leser sei auf die Literatur verwiesen [13].

Wir kehren nun zu der Frage zuruck, wie weit Boolesche Funktionen durch Schwellenwertelemente realisiert werden konnen. Wir greifen wieder auf die geometrische Vorstellung zuruck, eine n-stellige Boolesche Funktion $f(x_1, \ldots, x_n)$ an einem Hyperkubus im n-dimensionalen Raum darzustellen. Dabei seien in ublicher Weise den 2^n Belegungen des Argumententupels $(x_1, \ldots, x_n)$ die Ecken des Hyperkubus zugeordnet. Sodann werde jede Ecke der einen bzw. der anderen von zwei Klassen A und B zugewiesen, je nachdem die Boolesche Funktion fur das der Ecke entsprechende Argumententupel den Wert 1 oder 0 annimmt. Ist $P_{x_1, \ldots, x_n}$ die dem Tupel $(x_1, \ldots, x_n)$ zugeordnete Ecke des Hyperkubus, dann gilt

$$P_{x_1, \ldots, x_n} \in \begin{Bmatrix} A \\ B \end{Bmatrix}, \text{ wenn } f(x_1, \ldots, x_n) = \begin{Bmatrix} 1 \\ 0 \end{Bmatrix}.$$

Es liegt nahe, die vorliegende Klasseneinteilung geometrisch dadurch zu charakterisieren, daß man eine Hyperflache angibt, die die der einen Klasse angehorenden Ecken von den der anderen Klasse zugehorigen Ecken trennt.

Der mathematisch einfachste Fall, dem auch vom Gesichtspunkt einer Realisierung durch Schwellenwertelemente besondere Bedeutung zukommt, liegt vor, wenn die klassifizierende Hyperfläche eine Hyperebene ist. Man spricht in diesem Fall von einer linear separierbaren BOOLEschen Funktion. Es liegt auf der Hand, daß eine linear separierbare BOOLEsche Funktion durch ein Schwellenwertelement realisiert werden kann.

Nicht jede BOOLEsche Funktion ist linear separierbar. Abb. 25.2 zeigt als Beispiel die Funktion

$$f(x, y) = x \not\equiv y \qquad \text{(Antivalenz)},$$

die offensichtlich keine lineare Separierung zuläßt.

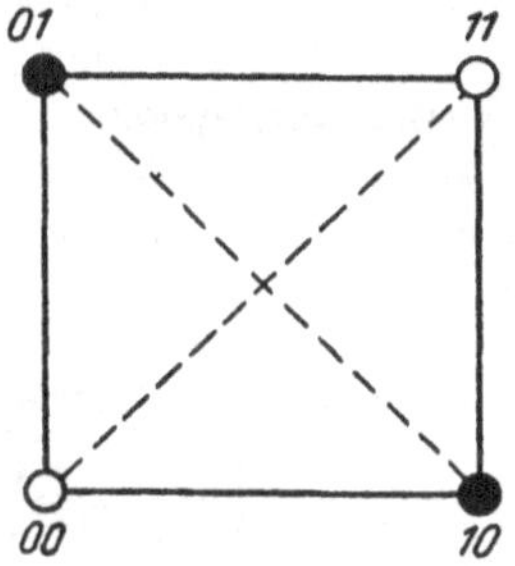

Abb. 25.2. Beispiel einer linear nicht separierbaren BOOLEschen Funktion
$f(x, y) = x \not\equiv y$
$= x\bar{y} + \bar{x}y$

Die Tatsache, daß eine linear separierbare BOOLEsche Funktion durch ein einzelnes Schwellenwertelement realisiert werden kann, läßt erwarten, daß sich durch geeignete Kombination von Schwellenwertelementen auch beliebige BOOLEsche Funktionen darstellen lassen. Wenn auch allgemein solche Netze aus Schwellenwertelementen noch kaum untersucht sind, so ist doch eine bemerkenswerte Tatsache bekannt: Schon spezielle Netze aus zwei Schichten von Elementen, wobei die zweite Schicht ein einzelnes Element trägt, genügen zur Darstellung beliebiger BOOLEscher Funktionen.

Ein Beweis hierfür läßt sich auf geometrische Weise wie folgt gewinnen [56]. Es liege eine endliche Menge von Punkten vor, die sich auf zwei Klassen verteilen. Dann lassen sich stets p parallele Hyperebenen angeben, die den Raum in $p + 1$ Teilräume so zerlegen, daß jeder Teilraum tatsächlich Punkte einer und nur einer Klasse enthält und daß keine Hyperebene entfernt werden kann, ohne daß dadurch Punkte verschiedener Klassen in einen Teilraum zu liegen kommen (Abb. 25.3). Normiert man alle Hyperebenen nach der gleichen Seite, dann ergeben sich für die Ausgänge der diese Hyperebenen realisierenden Schwellenwertelemente der ersten Schicht die Werte der Tabelle 25.1. Bildet man die alternierende Summe dieser Ausgangswerte, indem man sie in die abwechselnd mit $+1$ und -1 gewichteten Eingänge des Schwellenwertelementes

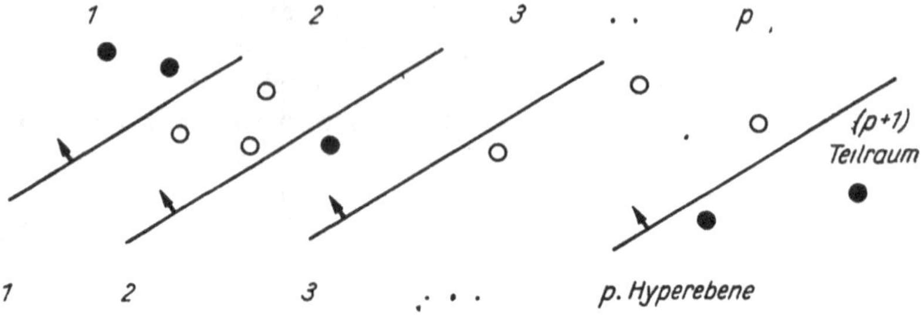

Abb. 25.3. Zweidimensionales Beispiel zur Klassifizierung einer endlichen Menge von Punkten, die zwei Klassen angehören, durch eine Schar paralleler Hyperebenen

Tab. 25.1. **Zu Abb. 25.3; Realisierung durch Schwellenwertelemente**

Nr. des Teilraums	Klasse	Ausgang in der ersten Schicht für das Schwellenwertelement der Nr.							alternierende Summe bei p	
		𝔄1.	𝔄2	𝔄3.	𝔄4	...	$p-1$	p	gerade	ungerade
1	A	+1	+1	+1	+1	...	+1	+1	0	+1
2	B	−1	+1	+1	+1	...	+1	+1	−2	−1
3	A	−1	−1	+1	+1	...	+1	+1	0	+1
4	B	−1	−1	−1	+1	...	+1	+1	−2	−1
.	...	...	...	...	...	...	...	...	...	...
.	.	...	...	...	...	...	...	...	...	.
.	...	...	...	...	...	...	...	...	..	...
$p+1$	A								0	
	oder	−1	−1	−1	−1	...	−1	−1		
	B									−1

der zweiten Schicht einlaufen läßt (Abb. 25.4), so ergibt sich für einen Punkt der Klasse A 0 oder +1, je nachdem eine gerade oder ungerade Anzahl von Hyperebenen vorliegt, und für einen Punkt der Klasse B −2 oder −1. Wählen wir für das Element der zweiten Schicht als Schwellenwert z. B. −1/2, so erfolgt eine Klassifikation im gewünschten Sinn. Durch die Schwellenwertelemente der ersten Schicht erfolgt eine Abbildung der Ecken des die Booleschen Funktion darstellenden Hyperkubus unter Übertragung der Klassenzugehörigkeit auf Ecken eines zweiten Hyperkubus, der im allgemeinen eine andere Dimensionszahl haben wird. Dabei können unter Umständen Ecken dieses zweiten Hyperkubus unbesetzt bleiben. So wird der zweite Hyperkubus als Darstellung einer im allgemeinen partiellen Booleschen Funktion aufzufassen sein. Der obige Satz, daß zwei Schichten zur Realisierung einer beliebigen Booleschen Funktion ausreichen, besagt, daß es stets eine Abbildung des ersten Hyperkubus in einen zweiten Hyperkubus so gibt, daß das Bild linear separierbar ist.

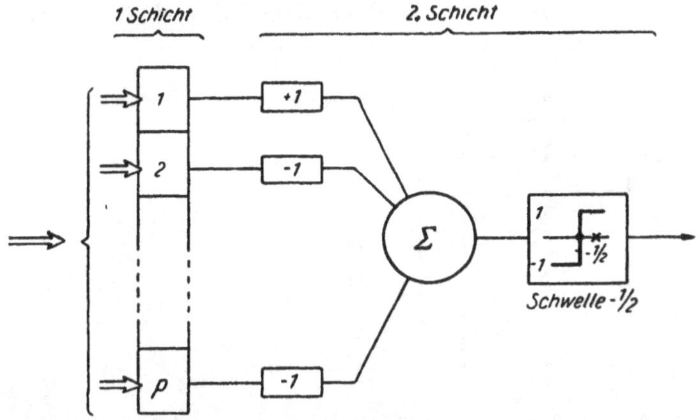

Abb. 25.4. Zweischichtiges Netz von Schwellenwertelementen. (Die erste Schicht realisiert die Hyperebene nach Abb. 26.2; p gerade)

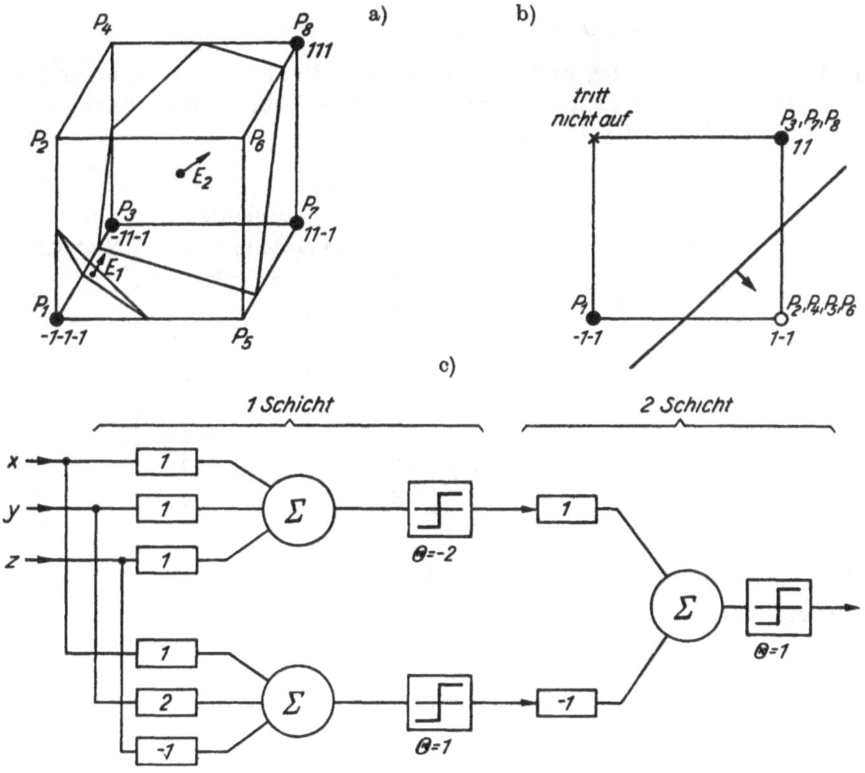

Abb. 25.5. a) Kubus zur Darstellung der gegebenen BOOLEschen Funktion .
b) Bild: Separierende Gerade $x - y - 1 = 0$
c) Zweischichtiges Netz zur Realisierung der gegebenen BOOLEschen Funktion

Wir erläutern diesen Tatbestand an dem Beispiel der durch die folgende Wertetafel gegebenen BOOLEschen Funktion

x	y	z	$f(x, y, z)$
−1	−1	−1	1
−1	−1	1	0
−1	1	−1	1
−1	1	1	0
1	−1	−1	0
1	−1	1	0
1	1	−1	1
1	1	1	1

Die Abb. 25.5 läßt erkennen, daß diese Funktion nicht linear separierbar ist. Die beiden Ebenen

$$E_1\colon\ x + y + z + 2 = 0\,,$$

$$E_2\colon\ x + 2\,y - z - 1 = 0$$

zerlegen den Raum so, daß drei Zellen von Punkten jeweils einer Klasse besetzt sind. Die Ausgänge der entsprechenden Schwellenwertelemente sind in der folgenden Tabelle dargestellt.

x	y	z	E_1	E_2	Ausgange der Schwellenwert- elemente		alternierende Summe
−1	−1	−1	−1	−3	−1	−1	0
−1	−1	1	1	−5	1	−1	2
−1	1	−1	1	1	1	1	0
−1	1	1	3	−1	1	−1	2
1	−1	−1	1	−1	1	−1	2
1	−1	1	3	−3	1	−1	2
1	1	−1	3	3	1	1	0
1	1	1	5	1	1	1	0

Realisiert man die Ebenen E_1 und E_2 durch Schwellenwertelemente, so ermoglicht die alternierende Summe die gewunschte Klassifikation.

26. Trainingsverfahren zur Separierung linear separierbarer BOOLEscher Funktionen

Eine notwendige und hinreichende Bedingung, daß eine BOOLEsche Funktion von n Variablen linear separierbar ist, ist die Forderung, daß in keinem Unterkubus (genauer: Hyperkubus mit einer Dimensionszahl kleiner n) neben einer

Hauptdiagonalen, deren Endpunkte der Klasse A gehören, auch eine Hauptdiagonale vorhanden ist, die Ecken der Klasse B verbindet.

Das Beispiel der Abb. 26 1 läßt die Notwendigkeit dieser Forderung erkennen. Hinsichtlich eines Beweises, daß diese Bedingung auch hinreichend fur die lineare Separierbarkeit ist, werde der Leser auf die Literatur [6] verwiesen.

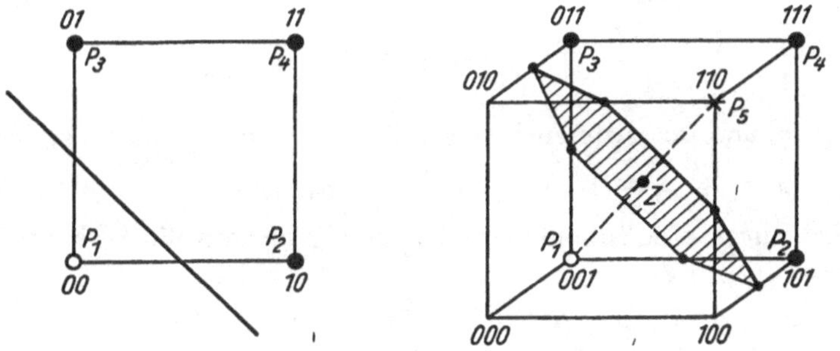

Abb. 26.1. Separierende Hyperebene bei Dimensionserweiterung. Beispiel fur $n = 2$
Lineare Separierung: $(P_1) \mid (P_2, P_3, P_4)$
Lineares Halten: (P_5, P_2, P_3, P_4)

Liegt fur eine BOOLEsche Funktion die Information über ihre lineare Separierbarkeit a priori vollstandig vor, also etwa auf Grund ihrer Wertetafel, so kann prinzipiell eine separierende Ebene durch Auflosung des 2^n Ungleichungen umfassenden Systems direkt gewonnen werden. Praktisch ware ein solches Vorgehen mit einem außerordentlich hohen Rechenaufwand verbunden. Vielfach stehen aber nur laufende Informationen zur Verfugung: Nacheinander werden die Argumententupel einzeln, meist in stochastischer Auswahl und in der Folge notigenfalls beliebig oft erneut auftretend, mit ihren Funktionswerten angeboten. Angestrebt wird dabei ein Verfahren, durch sequentielle Verarbeitung der einzelnen Informationen auf dem Wege einer sich im Ablauf verbessernden Approximation die Parameter zur Festlegung einer separierenden Hyperebene zu gewinnen. Bei einem solchen Vorgehen spricht man auch von einem Trainingsverfahren.

Wir wollen dieses Problem unter der Voraussetzung, daß eine linear separierbare BOOLEsche Funktion vorliegt, von zwei verschiedenen Gesichtspunkten aus angehen. Zunachst werden wir den in den vorigen Abschnitten beschrittenen Weg einer stochastischen Iteration wahlen, wobei wir einen Zusammenhang zwischen der Realisierung einer BOOLEschen Funktion durch ein Schwellenwertelement und der Gewinnung der beiderseits optimalen gemischten Strategie beim Nullsummenspiel aufweisen wollen. Sodann werden wir geometrische Vorstellungen zum Ausgang weiterer Betrachtungen nehmen. Um eine möglichst durchsichtige Darstellung zu ermoglichen, fuhren wir einige formale Änderungen ein.

Für die BOOLEschen Werte schreiben wir anstelle von (0, 1) die Symbole (−1, +1). Damit erreichen wir, daß das Zentrum des entsprechenden Hyperkubus — seine Kantenlänge ist jetzt 2 — mit dem Koordinatenursprung zusammenfallt. Sodann gehen wir von dem n-dimensionalen Musterraum[1]) $(x_1, \ldots, x_n)$ zu einem erweiterten Musterraum von $(n + 1)$-Dimensionen $(\mathfrak{x}_1, \ldots, \mathfrak{x}_n, \mathfrak{x}_{n+1})$ uber. Dabei ordnen wir jedem Muster $(x_1, \ldots, x_n)$ auf folgende Weise eindeutig eine Ecke des $(n + 1)$-dimensionalen Hyperkubus zu:

$$\begin{cases} \mathfrak{x}_i = x_i \\ \mathfrak{x}_{n+1} = 1 \end{cases} \quad \text{für } i = 1, 2, \ldots, n\,.$$

Eine Hyperebene im n-dimensionalen Musterraum

$$p_1 x_1 + p_2 x_2 + \cdots + p_n \cdot x_n + p_{n+1} = 0$$

— sie wird durch eine inhomogene Gleichung dargestellt — kann jetzt in der Form

$$p_1 x_1 + p_2 x_2 + \cdots + p_n \cdot x_n + p_{n+1} \cdot 1 = 0$$

aufgefaßt werden als Schnitt der durch den Koordinatenursprung des $(n + 1)$-dimensionalen Raums laufenden Hyperebene

$$p_1 \mathfrak{x}_1 + p_2 \mathfrak{x}_2 + \cdots + p_n \mathfrak{x}_n + p_{n+1} \mathfrak{x}_{n+1} = 0$$

mit der durch

$$\mathfrak{x}_{n+1} = 1$$

charakterisierten n-dimensionalen Hyperebene.

In Hinblick auf das Separierungsproblem haben wir damit folgendes erreicht: Ursprünglich war es das Ziel, die Gesamtheit der Ecken eines n-dimensionalen Hyperkubus durch eine $(n - 1)$-dimensionale Hyperebene nach Zugehörigkeit zu zwei Klassen aufzuteilen; nach der Dimensionserweiterung ist eine durch den Koordinatenursprung laufende n-dimensionale Hyperebene zu finden, die eine lineare Separierung der einen Hälfte der Ecken des $(n + 1)$-dimensionalen Hyperkubus bietet. Abb. 26.1 zeigt ein Beispiel fur $n = 2$. Wenn wir jetzt noch jede Ecke, die der Klasse B angehört, durch die Ecke ersetzen, die aus ihr durch Spiegelung am Zentrum des Hyperkubus entsteht (in Abb. 26.1 P_5), so geht die Forderung nach einem linearen Separieren bezüglich der beiden Klassen uber in die Forderung, alle zugeordneten Ecken (in Abb. 26.1 P_5, P_2, P_3, P_4) auf einer Seite einer durch das Zentrum laufenden Hyperebene zu halten. Algebraisch bedeutet dies die folgende Transformation:

$$\mathfrak{y}_i = \begin{cases} \mathfrak{x}_i \\ -\mathfrak{x}_i \end{cases}, \quad \text{wenn } \mathfrak{x}_1 \in \begin{cases} A \\ B \end{cases}.$$

Erreicht wird damit, daß anstelle klassenbedingt unterschiedlicher Unglei-

[1]) „Muster" wird hier und im folgenden als Synonym zu Argumententupel der BOOLEschen Funktion gebraucht. Damit wird das anstehende Problem als ein spezieller Fall einer Musterklassifikation oder auch Zeichenklassifikation interpretiert.

chungen eine einzige Ungleichung fur alle Muster $\mathfrak{y}_i$

$$p_1 \mathfrak{y}_1 + p_2 \mathfrak{y}_2 + \cdots + p_{n+1} \mathfrak{y}_{n+1} > 0$$

zu erfullen ist. Die Gesamtheit der linear zu separierenden Muster — fur ihre Machtigkeit m gilt $m \leqq 2^n$ [1]) — stellen wir nach Dimensionserweiterung und klassenbedingter Spiegelung in einer Matrix vom Typ $(n + 1) \times m$ zusammen:

$$\mathfrak{A} = \begin{pmatrix} \mathfrak{y}_{11}, & \mathfrak{y}_{12}, & \ldots, & \mathfrak{y}_{1n}, & \mathfrak{y}_{1(n+1)} \\ \mathfrak{y}_{21}, & \mathfrak{y}_{22}, & \ldots, & \mathfrak{y}_{2n}, & \mathfrak{y}_{2(n+1)} \\ \ldots & \ldots & \ldots & \ldots & \ldots \\ \mathfrak{y}_{m1}, & \mathfrak{y}_{m2}, & \ldots, & \mathfrak{y}_{mn}, & \mathfrak{y}_{m(n+1)} \end{pmatrix},$$

wobei $\mathfrak{y}_{i(n+1)} = 1$ anzeigt, daß ein Muster der Klasse A, $\mathfrak{y}_{i(n+1)} = -1$, daß ein Muster der Klasse B zugrunde liegt.

Wir fassen jetzt diese Matrix als Auszahlungsmatrix eines Nullsummenspiels auf. Dabei werde die gemischte Strategie des ersten Spielers durch

$$p = (p_1, \ldots, p_n, p_{n+1}) \quad \text{mit} \quad p_k \geqq 0 \ \sum_{k=1}^{n+1} p_k = 1$$

und die des zweiten Spielers durch

$$q = (q_1, \ldots, q_m) \quad \text{mit} \quad q_i \geqq 0 \ \sum_{i=1}^{m} q_i = 1$$

bezeichnet.

Nach dem Theorem von J. VON NEUMANN existieren dann stets beiderseits optimale gemischte Strategien p^* und q^*, so daß fur

$$V(p, q) = \sum_{k=1}^{n+1} \sum_{i=1}^{m} \mathfrak{y}_{ik} \, p_k \, q_i$$

die Ungleichung

$$V(p^*, q) \geqq V(p^*, q^*) = v$$

gilt. Setzen wir darin fur q die reine i-te Strategie ein, so erhalten wir

$$\mathfrak{y}_{i1} \cdot p_1^* + \mathfrak{y}_{i2} \cdot p_2^* + \cdots + \mathfrak{y}_{in} \cdot p_n^* + \mathfrak{y}_{i(n+1)} \cdot p_{n+1}^* \geqq v \, .$$

Wir betrachten jetzt den Fall, daß das Muster zur Klasse A gehort. Dann ist

$$\mathfrak{y}_{i(n+1)} = 1 \, .$$

Damit erhalten wir, wenn wir von $\mathfrak{y}$ uber $\mathfrak{x}$ zu x zuruckkehren und die Klassenzugehorigkeit durch einen oberen Index andeuten,

$$x_{i1}^A \cdot p_1^* + x_{i2}^A \cdot p_2^* + \cdots + x_{in}^A \cdot p_n^* + p_{n+1}^* \geqq v \, .$$

Liegt dagegen ein Muster der Klasse B vor, so ist

$$\mathfrak{y}_{i(n+1)} = -1 \, .$$

[1]) $m < 2^n$ gilt fur den Fall, daß die BOOLEsche Funktion nicht fur alle Belegungen festgelegt ist; man spricht auch von einer partiellen BOOLEschen Funktion.

In diesem Fall erhalten wir in der x-Schreibweise

$$-x_{i1}^B \cdot p_1^* - x_{i2}^B \cdot p_2^* - \cdots - x_{in}^B \cdot p_n^* - p_{n+1}^* \geqq v$$

und somit

$$x_{i1}^B \cdot p_1^* + x_{i2}^B \cdot p_2^* + \cdots + x_{in}^B \cdot p_n^* + p_{n+1}^* \leqq -v \quad .$$

Als notwendige und hinreichende Bedingung fur die Moglichkeit einer linearen Separierung ergibt sich daraus die Forderung, daß der Wert des Spieles nicht negativ ist. Damit eine Schwelle existiert, müssen nämlich die Ungleichungen

$$\Theta \leqq v - p_{n+1}^*$$

und

$$\Theta \geqq -v - p_{n+1}^*\,, \qquad \text{d. h.} \qquad -\Theta \leqq v + p_{n+1}^*$$

erfullt sein Durch Addition resultiert daraus die Forderung

$$0 \leqq 2\,v\,.$$

Ist aber $v \geqq 0$, dann ist durch

$$-v - p_{n+1}^* \leqq \Theta \leqq v - p_{n+1}^*$$

ein Bereich fur mögliche Schwellenwerte gegeben. Die Wahrscheinlichkeiten $p_1, \ldots, p_n$ stellen dann die Gewichte eines die vorgegebene BOOLEsche Funktion

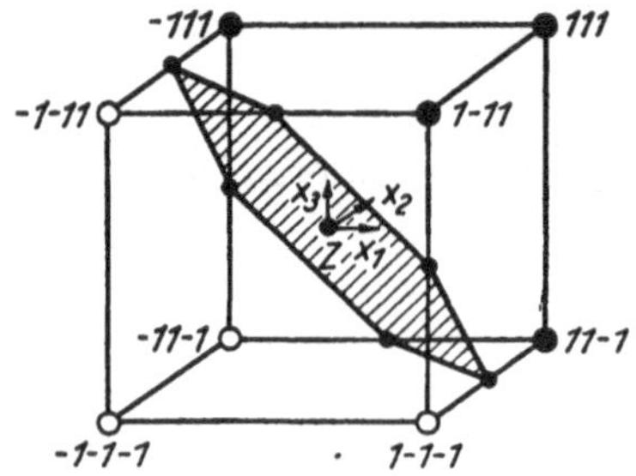

Abb. 26.2. Beispiel einer linear separierbaren BOOLEschen Funktion fur $n = 3$

realisierenden Schwellenwertelementes dar. Wir erläutern diese Betrachtungen an dem folgenden einfachen Beispiel (Abb. 26.2). Die Funktion in dieser Abbildung ist durch die Klassenzugehorigkeiten

$$\left.\begin{matrix} -1 & -1 & -1 \\ 1 & -1 & -1 \\ -1 & 1 & -1 \\ -1 & -1 & 1 \end{matrix}\right\} \text{Klasse } B\,,$$

$$\left.\begin{matrix} -1 & 1 & 1 \\ 1 & -1 & 1 \\ 1 & 1 & -1 \\ 1 & 1 & 1 \end{matrix}\right\} \text{Klasse } A$$

charakterisiert.

Wir gehen zum erweiterten Musterraum über:

$$\left.\begin{array}{rrrr} -1 & -1 & -1 & 1 \\ 1 & -1 & -1 & 1 \\ -1 & 1 & -1 & 1 \\ -1 & -1 & 1 & 1 \end{array}\right\} \text{Klasse } B\,,$$

$$\left.\begin{array}{rrrr} -1 & 1 & 1 & 1 \\ 1 & -1 & 1 & 1 \\ 1 & 1 & -1 & 1 \\ 1 & 1 & 1 & 1 \end{array}\right\} \text{Klasse } A\,,$$

Die Punkte der Klasse B spiegeln wir am Zentrum und erhalten als Auszahlungsmatrix

	p_1	p_2	p_3	0
0	1	1	1	−1
q_2	−1	1	1	−1
q_3	1	−1	1	−1
q_4	1	1	−1	−1
0	−1	1	1	1
0	1	−1	1	1
0	1	1	−1	1
0	1	1	1	1

Aus der a priori-Information ist zu entnehmen, daß für beiderseits optimale gemischte Strategien nicht in Frage kommen die Zeilen $\mu = 1, 4, 5, 6, 7, 8$ und die Spalte $\nu = 4$. Fur die verbleibende Matrix ergibt sich aus der Forderung nach gleichen gewichteten Zeilen- bzw. Spaltensummen

$$p_1 = p_2 = p_3 = 1/3\,, \qquad q_2 = q_3 = q_4 = 1/3$$

und der Wert des Spieles

$$v = 1/3\,.$$

Die Bedingung fur lineare Separierbarkeit ist somit erfüllt. Der Schwellenwert ist durch

$$-\,1/3 \leqq \Theta \leqq 1/3$$

begrenzt. Wir wählen z. B. $\Theta = 0$ und erhalten als linear separierende Ebene

$$x_1 + x_2 + x_3 = 0\,.$$

Man überzeugt sich leicht, daß diese Gleichung der in Abb. 26.2 vorliegenden Situation entspricht, indem man etwa die Schnittlinien mit den Würfelflächen bestimmt.

Die durchgefuhrten Betrachtungen lassen erkennen, daß man für eine linear separierbare BOOLEsche Funktion eine separierende Hyperebene und damit die Parameter eines die Funktion realisierenden Schwellenwertelementes mittels eines Trainingsverfahrens bestimmen kann, das auf der Methode der stochastischen Iteration beruht:

$$p[n] = p\,[n-1] - \gamma_1[n] \cdot \{p\,[n-1] - \hat{\alpha}_\nu (q\,[n-1])\}\,,$$
$$q[n] = q\,[n-1] - \gamma_2[n] \cdot \{q\,[n-1] - \hat{\beta}_\mu (p\,[n-1])\}$$
$$\text{mit} \quad \lim_{n\to\infty} V(p, q) \geqq 0\,.$$

Wir wollen, wie angekündigt, auf einem zweiten Weg, der sich auf Grund geometrischer Betrachtungen anbietet, ein weiteres Trainingsverfahren zur linearen Separierung einer linear separierbaren Booleschen Funktion darbieten und dabei auch einen Beweis für die Konvergenz des Verfahrens skizzieren.

Wir gehen von der homogenen Gleichung einer separierenden Hyperebene im erweiterten Musterraum aus:

$$p_1 \mathfrak{x}_1 + p_2 \mathfrak{x}_2 + \cdots + p_{n+1} \mathfrak{x}_{n+1} = 0\,.$$

Hierbei haben wir das Tupel $(\mathfrak{x}_1, \ldots, \mathfrak{x}_n, \mathfrak{x}_{n+1})$ als einen Punkt im erweiterten Musterraum aufgefaßt; Musterpunkte haben die spezielle Eigenschaft, daß für sie $\mathfrak{x}_{n+1} = 1$ ist. Das Tupel $(p_1, \ldots, p_n)$ hat die Bedeutung von Parametern der separierenden Hyperebene. Das Problem besteht dabei in folgendem: Vorhanden ist eine endliche Menge von Musterpunkten, die aber nur einzeln in einer beliebigen evtl. stochastisch sich ergebenden Folge — nötigenfalls beliebig oft erneut auftretend — zur Auswertung zur Verfügung gestellt werden. Ausgehend von einer Anfangslage der Hyperebene, sind deren Parameter für jeden angebotenen Musterpunkt so zu korrigieren, daß der Musterpunkt seiner Klassenzugehörigkeit entsprechend auf der zugehörigen Seite bezüglich der Hyperebene zu liegen kommt. Dabei soll dieses Verfahren einer fortgesetzten Approximation nach endlich vielen Schritten konvergieren, so daß sich für jeden weiterhin angebotenen Musterpunkt ergibt, daß er sich auf der „richtigen" Seite befindet, eine Korrektur der erreichten Hyperebene sich erübrigt und das Verfahren damit abgebrochen werden kann. Die Betrachtungen werden durchsichtiger, wenn wir die obige homogene Gleichung in dualer Weise interpretieren. Wir fassen das Tupel $(p_1, \ldots, p_{n+1})$ als Punktkoordinaten in einem $(n+1)$-dimensionalen Gewichtsraum auf. Dann gewinnt

$$p_1 \mathfrak{x}_1 + \cdots + p_{n+1} \mathfrak{x}_{n+1} = 0$$

die Bedeutung einer durch den Ursprung laufenden Hyperebene, die durch die Parameter $(\mathfrak{x}_1, \ldots, \mathfrak{x}_{n+1})$ charakterisiert ist. Das anstehende Problem nimmt dabei die folgende Fassung an: Gegeben ist eine Menge von Mustern, die jetzt die Bedeutung von Hyperebenen annehmen, die durch den Ursprung laufen. Jede dieser Hyperebenen zerlegt den $(n+1)$-dimensionalen Gewichtsraum in zwei Halbräume; je nachdem, ob ein Gewichtspunkt $(p_1, \ldots, p_{n+1})$ aus dem einen oder anderen Teilraum entnommen wird, ergibt sich ein positiver oder negativer Wert der homogenen Gleichung. So wird jeder Hyperebene ein positiver und ein negativer Halbraum zugeteilt. Der Klassenzugehörigkeit des betreffenden Musters entsprechend, wird der eine Halbraum als der „richtige" in dem Sinn zu bezeichnen sein, daß ein aus diesem Halbraum gewählter Gewichtspunkt den Wert der homogenen Gleichung mit einem solchen Vorzeichen liefert, wie es der Klassenzugehorigkeit des Musters entspricht. Durch die m Hyperebenen, die den m Mustern entsprechen, wird der Gewichtsraum in Teilraume zerlegt, wobei jedem dieser Teilraume eindeutig ein bestimmtes Vorzeichen-m-Tupel zugehort. Unter der Annahme, daß eine lineare Separierung moglich ist, wird eines dieser Vorzeichentupel wird dabei dem Klassentupel der m Muster entsprechen. Wird ein Gewichtspunkt aus diesem Teilraum gewahlt, so ergeben die Koordinaten dieses Punktes, in die einzelnen Gleichungen eingesetzt, in jedem Fall das der Klassenzugehorigkeit des betreffenden Musters entsprechende Vorzeichen. Damit erfullt der Gewichtspunkt die Forderungen der linearen Separierung. Das diesem Gewichtspunkt entsprechende Schwellenwertelement klassifiziert richtig die vorgegebene Mustermenge.

Das gesuchte Trainingsverfahren laßt sich jetzt wie folgt beschreiben: Vorhanden ist eine endliche Menge von Hyperebenen (Muster), die durch den Ursprung laufen. Dabei besitzt jede dieser Hyperebene klassenbedingt eine „richtige" Seite. Sie werden einzeln, in einer evtl. stochastischen Folge und dabei beliebig oft erneut dargeboten. Ein beliebiger Punkt (z. B. der Koordinatenursprung) wird als Anfangslage fur den Gewichtspunkt gewählt. Liegt er auf der „richtigen" Seite einer angebotenen Hyperebene, dann geht das Verfahren zum nachsten Angebot uber. Im anderen Fall hat eine Korrektur des Gewichtspunktes stattzufinden. Es liegt nahe, den fehlerhaft liegenden Punkt in Richtung der Normalen der angebotenen Hyperebene zu verschieben. Zunachst laßt die Anschauung erwarten, diese Verschiebung müsse so groß gewählt werden, daß der Gewichtspunkt tatsächlich bis auf die richtige Seite der angebotenen Hyperebene gebracht wird. Die Konvergenzuntersuchungen zeigen aber, daß es genugt, den Punkt bei jedem Angebot um einen festen Betrag in Normalenrichtung zu verschieben.

Wir wenden uns nun den mathematischen Fragen dieses Verfahrens zu.

Wie in der analytischen Geometrie gezeigt wird, bestimmen die Koeffizienten der Variablen einer Hyperebene einen Vektor, der senkrecht auf der Hyperebene steht. Im vorliegenden Fall ist somit durch

$$\mathfrak{x} = (\mathfrak{x}_1, \ldots, \mathfrak{x}_{n+1})$$

ein Vektor im Gewichtsraum bestimmt, der senkrecht zu der Hyperebene

$$p_1 \mathfrak{x}_1 + \cdots + p_{n+1} \mathfrak{x}_{n+1} = 0$$

steht. Setzen wir als Korrekturmaßnahme an

$$p_{\text{neu}} = p_{\text{alt}} + c \cdot \mathfrak{x} \, ,$$

so wird der Gewichtspunkt aus seiner derzeitigen Lage

$$p_{\text{alt}} = (p_1, \ldots, p_{n+1})$$

senkrecht zur Hyperebene in eine neue Lage verschoben. Ob eine Verschiebung durchzufuhren ist und in welchem Richtungssinn sie evtl. zu erfolgen hat, hängt von der Klassenzugehörigkeit des angebotenen Musters und der derzeitigen Lage des Gewichtspunktes ab. Ein fur die Muster beider Klassen einheitliches Vorgehen erreicht man, wenn man auch hier wieder durch Spiegelung der Muster der einen Klasse von der Forderung einer linearen Separierung zu der eines linearen einseitigen Haltens ubergeht. Dies bedeutet, daß wir auch hier wieder zu der Musterbeschreibung das $\mathfrak{y}$-System wählen.

Es liege in stochastischer Darbietung eine Folge der $\mathfrak{y}$-Tupel vor, wobei die einzelnen Tupel in dieser Folge beliebig oft erneut auftreten. Ausgehend von dem Anfangsgewicht $p = (0, \ldots, 0)$, wird für das erste dargebotene Muster festgestellt, welches Vorzeichen

$$p_1 \mathfrak{y}_1 + \cdots + p_{n+1} \mathfrak{y}_{n+1}$$

dafür liefert. Bei positivem Vorzeichen wird das nächste Muster angefordert, im anderen Fall wird der seitherige Gewichtspunkt korrigiert:

$$p_{\text{neu}} = p_{\text{alt}} + c \cdot \mathfrak{y} \qquad \text{mit } c > 0\,.$$

Wir beschränken unsere weiteren Betrachtungen auf den Spezialfall $c = 1$ und setzen somit

$$\begin{cases} p_{\text{neu}} = p_{\text{alt}} + \mathfrak{y}\,, & \text{wenn } p_{\text{alt}} \cdot \mathfrak{y} \leqq 0\,, \\ p_{\text{neu}} = p_{\text{alt}} & \text{sonst}\,. \end{cases}$$

Wir erläutern das Verfahren an unserem früheren Beispiel.

Die Mustermenge in $\mathfrak{y}$-Darstellung ist

Nr.	$\mathfrak{y}_1$	$\mathfrak{y}_2$	$\mathfrak{y}_3$	$\mathfrak{y}_4$
1	1	1	1	−1
2	−1	1	1	−1
3	1	−1	1	−1
4	1	1	−1	−1
5	−1	1	1	1
6	1	−1	1	1
7	1	1	−1	1
8	1	1	1	1

Die einzelnen Muster wurden stochastisch aufgerufen, wobei unnötige Wiederholungen entfernt wurden. Tabelle 26 1 zeigt den Ablauf des Verfahrens. Nach voller Bestatigung bricht das Verfahren ab. Es liefert als linear separierende Ebene

$$x_1 + x_2 + x_3 - 1/3 = 0\,.$$

Wir skizzieren nun einen auf geometrischen Betrachtungen beruhenden Beweis dafür, daß das beschriebene Trainingsverfahren nach endlich vielen Schritten abbricht, wenn die Boolesche Funktion linear separierbar ist [56].

Ausgang des Verfahrens ist eine stochastische unbegrenzte Folge von Elementen aus der endlichen Mustermenge, wobei jedes Muster dabei beliebig oft

Tab. 26.1. **Beispiel zum Trainingsverfahren für eine lineare Separierung der BOOLEschen Funktion aus Abb. 26.2**

angebotene Nummer	Muster $\mathfrak{y}$	Gewicht p	$\mathfrak{y} \cdot p$	Korrektur	
7	1 1 −1 1	0 0 0 0	0	ja	
7	1 1 −1 1	1 1 −1 1	4	—	
2	−1 1 1 −1	1 1 −1 1	−2	ja	
8	1 1 1 1	0 2 0 0	2	—	
1	1 1 1 −1	0 2 0 0	2	—	
2	−1 1 1 −1	0 2 0 0	2	—	
6	1 −1 1 1	0 2 0 0	−2	ja	
6	1 −1 1 1	1 1 1 1	2	—	
5	−1 1 1 1	1 1 1 1	2	—	
1	1 1 1 −1	1 1 1 1	2	—	
2	−1 1 1 −1	1 1 1 1	0	ja	
8	1 1 1 1	0 2 2 0	4	—	
4	1 1 −1 −1	0 2 2 0	0	ja	
3	1 −1 1 −1	1 3 1 −1	0	ja	
4	1 1 −1 −1	2 2 2 −2	4	—	
2	−1 1 1 −1	2 2 2 −2	4	—	
8	1 1 1 1	2 2 2 −2	4	—	
7	1 1 −1 1	2 2 2 −2	0	ja	
2	−1 1 1 −1	3 3 1 −1	2	—	
7	1 1 −1 1	3 3 1 −1	4	—	
4	1 1 −1 −1	3 3 1 −1	6	—	
3	1 −1 1 −1	3 3 1 −1	2	—	
8	1 1 1 1	3 3 1 −1	6	—	
5	−1 1 1 1	3 3 1 −1	0	ja	
4	1 1 −1 −1	2 4 2 0	4	—	
7	1 1 −1 1	2 4 2 0	4	—	
1	1 1 1 −1	2 4 2 0	8	—	
3	1 −1 1 −1	2 4 2 0	0	ja	
6	1 −1 1 1	3 3 3 −1	2	—	
3	1 −1 1 −1	3 3 3 −1	4	—	
4	1 1 −1 −1	3 3 3 −1	4	—	volle
5	−1 1 1 1	3 3 3 −1	2	—	Bestäti-
1	1 1 1 −1	3 3 3 −1	10	—	gung
8	1 1 1 1	3 3 3 −1	8	—	
2	−1 1 1 −1	3 3 3 −1	4	—	
7	1 1 −1 1	3 3 3 −1	2	—	

erneut dargeboten wird. Bei der Durchführung des Verfahrens wird für jedes angebotene Muster geprüft, ob sich der Gewichtspunkt in seiner erreichten Lage auf der „richtigen“ Seite der Musterhyperebene befindet. Nur wenn dies nicht der Fall ist, wird der Gewichtspunkt in bestimmter Weise verschoben. Da alle übrigen Elemente der Folge ohne Einfluß sind, können wir auf ihre Darbietung verzichten: Wir streichen sie aus der Folge und erhalten damit eine reduzierte Folge $\mathfrak{y}'[k]$. In unserem obigen Beispiel ergab sich als reduzierte Folge 7, 2, 6, 2, 4, 3, 7, 5, 3 Wir wollen uns nun davon überzeugen, daß die so reduzierte Folge endlich ist. Dazu zeigen wir, daß die sich dabei ergebende Folge von Gewichtspunkten die Eigenschaft hat, daß sich bei jedem Schritt der resultierende Gewichtspunkt einem geeignet gewahlten Punkt aus dem Losungsbereich mindestens um einen festen von Null verschiedenen Betrag nahert. Das Verfahren muß dann nach endlich vielen Schritten zu einer Losung kommen. Dabei ist der Losungsbereich der von den Musterhyperebenen begrenzte Teil des Gewichtsraums, dessen Punkte fur jede Ebene auf der „richtigen“ Seite liegen. Daß ein solcher Losungsbereich existiert, wird durch die Forderung, daß die vorliegende BOOLEsche Funktion linear separierbar ist, gesichert. Fur jedes angebotene Element $\mathfrak{y}'[k]$ der reduzierten Folge $k = 1, 2, \ldots$ gilt, daß fur die zu diesem Schritt vorhandene Lage des Gewichtsvektors $p[k]$

$$\mathfrak{y}'[k] \cdot p[k] \leqq 0$$

ist. Jedes angebotene Muster fordert jetzt eine Korrektur in der Lage des Gewichtspunktes

$$p\,[k+1] = p[k] + \mathfrak{y}'[k]\,.$$

Es sei nun p^* ein zunächst beliebiger Gewichtspunkt aus dem Losungsbereich an seine Lage werden wir spater noch besondere Forderungen stellen. Im k-ten Schritt hat der approximierende Gewichtspunkt die Lage $p[k]$; $|p^* - p[k]|^2$ ist sein Abstandsquadrat von dem Gewichtspunkt p^* aus dem Losungsbereich.

$$d\,[k+1] = |p^* - p[k]|^2 - |p^* - p\,[k+1]|^2$$

ist der Betrag, um den sich fur den approximierenden Gewichtspunkt im k-ten Schritt dieses Abstandsquadrat vermindert.

$$\begin{aligned} d\,[k+1] = &- 2\,p^* \cdot p[k] + p[k] \cdot p[k] + 2\,p^* \cdot p\,[k+1] \\ &- p\,[k+1] \cdot p\,[k+1] \end{aligned}$$

folgt mit

$$\begin{aligned} p\,[k+1] &= p[k] + \mathfrak{y}'[k]\,, \\ d\,[k+1] &= 2\,p^* \cdot \mathfrak{y}'[k] - 2\,p[k] \cdot \mathfrak{y}'[k] - \mathfrak{y}'[k] \cdot \mathfrak{y}'[k] \end{aligned}$$

und, da

$$p[k] \cdot \mathfrak{y}'[k] \leqq 0\,,$$

schließlich

$$d\,[k+1] \geqq 2\,p^* \cdot \mathfrak{y}'[k] - \mathfrak{y}'[k] \cdot \mathfrak{y}'[k]\,.$$

Wir verfugen jetzt in geeigneter Weise uber den Gewichtspunkt p^* aus dem Losungsbereich. Zu diesem Zweck grenzen wir einen Teilbereich aus dem Losungsbereich ab, indem wir jede den Losungsbereich begrenzende Hyperebene um den Betrag G parallel nach dem Innern des Losungsbereichs verschieben (Abb. 26 3). Der so entstehende Teilbereich ist wiederum ein konvexes Polyeder; seine Spitze liegt im Innern des Losungsbereichs. Wahlen wir

p^* nun aus dem Innern dieses Teilbereichs, so gilt für jedes $\mathfrak{y}'[k]$ aus der reduzierten Folge

$$p^* \cdot \mathfrak{y}'[k] > G \qquad \text{für jedes } k = 1, 2, \ldots .$$

Damit erhalten wir

$$d\,[k+1] > 2\,G - \mathfrak{y}'[k] \cdot \mathfrak{y}'[k] .$$

Setzen wir jetzt

$$G = \frac{\max \mathfrak{y}'[k] \cdot \mathfrak{y}'[k] + b}{2}$$

an, wobei das Maximum von $\mathfrak{y}'[k] \cdot \mathfrak{y}'[k]$ über die endliche Mustermenge ausgeführt wird und b eine positive Zahl ist, so gilt für jeden Schritt des Verfahrens

$$d\,[k+1] > b .$$

Das Trainingsverfahren muß somit unter der gemachten Voraussetzung einer linear separierbaren Booleschen Funktion bei beliebigem Anfangsgewicht $p[0]$ in endlich vielen Schritten zu einem im Lösungsbereich liegenden Gewichtspunkt führen (Abb. 26.4).

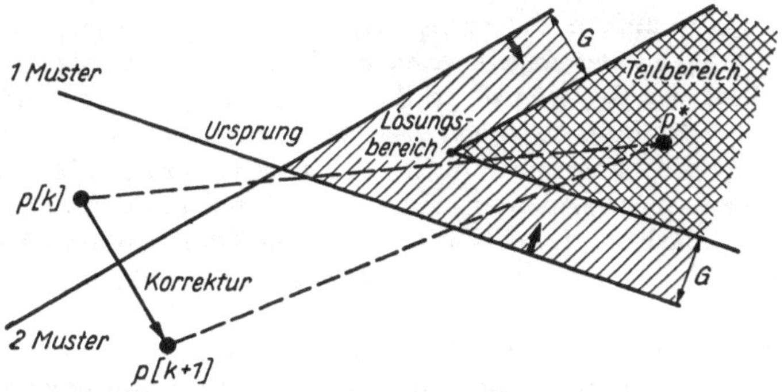

Abb. 26.3. Zum Konvergenzbeweis des Trainingsverfahrens für $n = 2$ (Erläuterungen s. im Text)

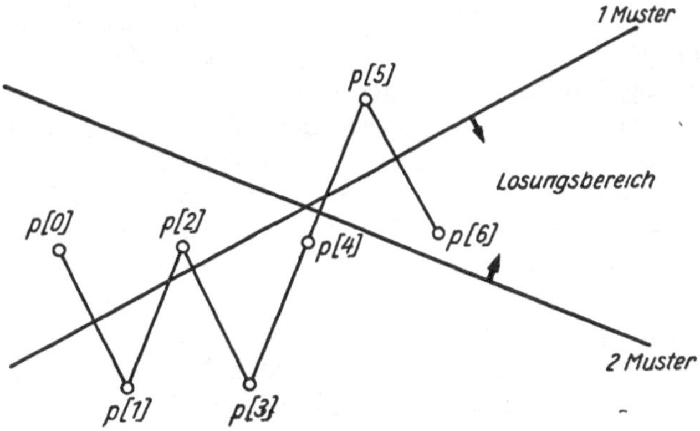

Abb. 26.4. Beispiel zum Trainingsverfahren

27. Lernstrukturen zur Zeichenerkennung

Damit der Mensch in seiner Umwelt bestehen kann, muß er die ihm über seine Sinnesorgane aus der Umwelt zukommenden Informationen mit dem Ziel verarbeiten, dadurch eine Vorausschau zu gewinnen, die es ihm ermöglicht, zweckmäßig auf die Einwirkungen der Umwelt reagieren zu können. Leitgedanke bei diesem Prozeß der Anpassung ist letzthin die ,,Tendenz zu Überleben". Um dabei rationell vorgehen zu können, ist der Mensch bestrebt, der überwältigenden Vielfalt der ihm entgegentretenden Situationen dadurch Herr zu werden, daß er Situationen, obwohl sie sich im einzelnen unterscheiden, in Situationsklassen zusammenfaßt, wenn sie durch die gleiche Reaktion in einem ausreichenden Maß bewältigt werden können.

Klassifikation, als ein Mittel zur Informationsreduktion, ist somit eine Grundaufgabe bei der Situationserkennung im weitesten Sinn. Beispiele hierfür liegen u. a. vor bei der Wetterprognose, bei der medizinischen und technischen Diagnostik, bei der Erkennung optischer und akustischer Zeichen. Wir richten in diesem Abschnitt unsere Aufmerksamkeit auf Strukturen, die geeignet sind, Zeichen erkennen zu lernen. Dabei wird während der sogenannten ,,Lernphase" eine äußere Belehrung angenommen, die Information über die Klassenzugehörigkeit des angebotenen Zeichens gibt. Ziel der Lernphase ist es, die Struktur des Systems so im Sinn einer Anpassung zu ändern, daß in einer späteren ,,Kannphase" auch Zeichen in ihrer Klassenzugehörigkeit erkannt werden, die zuvor noch nicht angeboten wurden. Mit dem Begriff ,,Zeichen", wie er hier verwendet wird, ist somit eine bestimmte Voraussetzung verknüpft. Die mathematische Beschreibung von Klassifizierungen setzt voraus, daß es ein Kriterium der Ähnlichkeit gibt, etwa eine Metrik, die auf den Mustern definiert ist

Es liegt eine Menge von Objekten vor, die einzeln angeboten werden. Als Input treten dabei Merkmaltupel auf, wir wollen auch von Mustern sprechen. Wir sagen, daß eine Menge von Mustern Zeichencharakter hat, wenn ein Beobachter — an seine Stelle kann auch ein technisches Gerät treten —, dem eine endliche und relativ kleine Teilmenge von Mustern mit Angabe der Klassenzugehörigkeit dargeboten wurde, in der Lage ist, auch die übrigen Muster im wesentlichen richtig den Klassen zuzuweisen.

Diese Definition läßt sich unter Verwendung wahrscheinlichkeitstheoretischer Begriffe auch formal mathematisch fassen; wir wollen uns hier mit der intuitiven Fassung begnügen und eine geometrische Betrachtung anschließen.

Wird ein Muster durch ein Tupel von n diskreten oder kontinuierlichen Komponenten beschrieben, so können wir in einem n-dimensionalen Raum, dem Musterraum, jedes Muster durch einen Punkt darstellen. Einer Menge von Mustern entspricht eine Punktmenge. Haben die einzelnen Muster dieser Menge den Charakter einfacher Zeichen, so bilden die entsprechenden Punkte, nötigenfalls nach geeigneter Merkmalbildung (Informationsreduktion!), im Musterraum eine kompakte Punktmenge. Dies ist Aussage der sogenannten

„Hypothese von der Kompaktheit der Zeichen“ [2]. Beweisen kann man die Richtigkeit einer solchen Hypothese nicht. Wohl aber kann man sie bekraftigen. So gibt BRAVERMANN zwei Grunde an, die es nahe legen, diese Hypothese zum Ausgang weiterer Betrachtungen zu machen. Da ist zunachst der Erfolg zu nennen, der sich bei Verfahren zur Zeichenerkennung ergibt, wenn man sie auf der Basis dieser Hypothese entwickelt. Sodann zeigen Experimente, bei denen Muster gemaß ihrer Konstruktion die Voraussetzung, kompakt zu sein, erfullen, daß Versuchspersonen, denen solche Muster vorgelegt werden, diese als Zeichen akzeptieren und im allgemeinen entsprechend richtig klassifizieren.

Dem Leser sei empfohlen, Versuche in dieser Richtung selbst durchzufuhren. Man gehe z. B. von einem 10×10 Rasterfeld aus und erzeuge auf stochastische Weise mehrere voneinander verschiedene Schwarz-Weiß-Muster möglichst von gleichem Informationsgehalt (Abb. 27.1). Jedem dieser gleichwertigen Muster

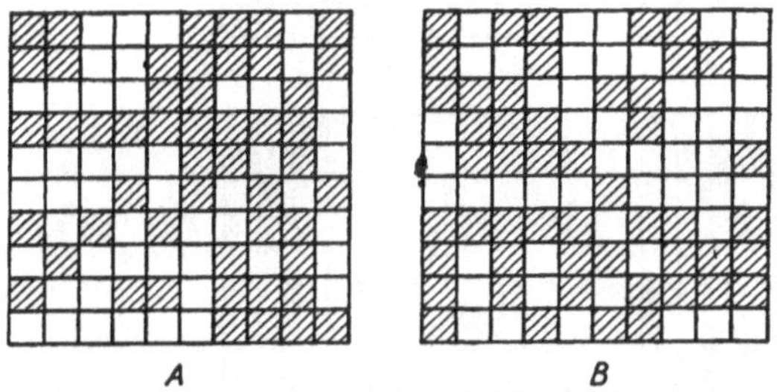

Abb. 27.1. Zwei Grundmuster mit etwa gleichem Informationsgehalt (Unterschied in 29 Rasterstellen)

entspricht, wenn man von Graustufen absieht und somit das Alles-oder-Nichts-Prinzip wählt, eine Ecke in einem Hyperkubus von 100 Dimensionen. Zu jedem dieser Grundmuster konstruiere man eine Menge von weiteren Mustern, so daß die entsprechenden Ecken mit der Ecke des Grundmusters jeweils eine kompakte Punktmenge bilden. Man erreicht dies, indem man die Schwarz-Weiß-Verteilung des Grundmusters stochastisch in relativ geringfugiger Weise, verglichen mit den zwischen den Grundmustern vorliegenden Unterschieden, variiert. Die Abb. 27.2 zeigt einige Muster, die auf diese Weise aus den Grundmustern der Abb. 27.1 entstanden sind. Der Leser versuche festzustellen, ob und gegebenenfalls wie eine Klassifizierung moglich ist.

BRAVERMANN entwickelt in [2] einen Algorithmus zur Konstruktion von stückweise (hyper-)ebenen Trennflachen, der dem wesentlichen Prinzip, das dabei zur Anwendung kommt, entsprechend als Algorithmus der zufalligen Trennebenen bezeichnet wird. Bei dem Verfahren werden die einzelnen Musterpunkte nacheinander einmalig geboten. Die einzelnen Informationen werden aber bis zum Abschluß des gesamten Verfahrens benotigt. Es liegt somit kein Trainingsverfahren im Sinn einer fortschreitenden Approximation vor.

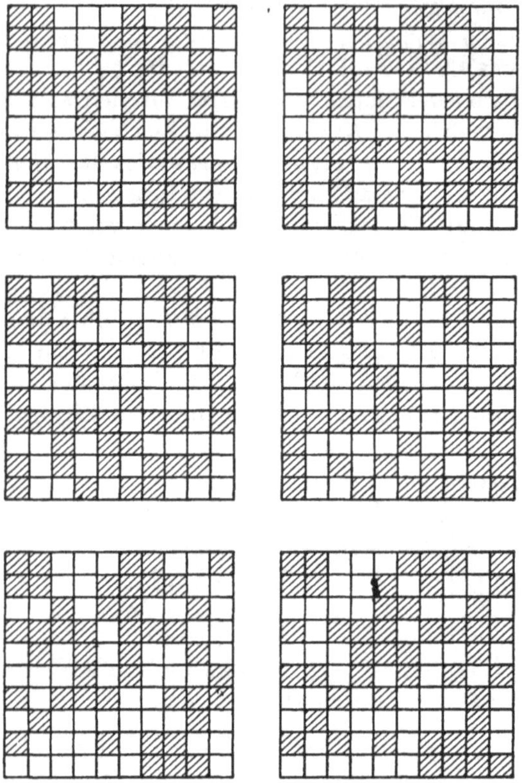

Abb 27.2 Je drei Variationen zu den beiden Grundmustern aus Abb. 27.1 (Anderungswahrscheinlichkeit 10.64)

Wir wollen das Vorgehen aus geometrischer Sicht skizzieren. Dazu nehmen wir an, das Verfahren sei schon im Gang Dann ist eine Situation entstanden, bei der der Musterraum durch eine Reihe konstruierter Hyperebenen so in Teilraume zerlegt ist, daß jeder Teilraum aus der Menge der bis dahin angebotenen Musterpunkte entweder nur Punkte einer Klasse enthalt oder leer ist (Abb. 27 3). Wird jetzt ein neuer Musterpunkt P mit seiner Klassenzugehorigkeit angeboten, so sind drei Falle moglich und dementsprechend unterschiedliche Fortsetzung notig.

1. Fall: Der neue Punkt gehort einem Teilraum an, der bis dahin leer war. Dann wird dieser Teilraum der dargebotenen Klasse zugewiesen.

2. Fall: Der neue Punkt gehort einem Teilraum an, der schon Musterpunkte einer bestimmten Klasse tragt, und das angebotene Muster gehort ebenfalls zu dieser Klasse. Dann entfallt eine besondere Maßnahme.

3. Fall: Der neue Punkt gehort einem Teilraum an, der schon Musterpunkte einer bestimmten Klasse tragt; das angebotene Muster steht klassenmaßig im

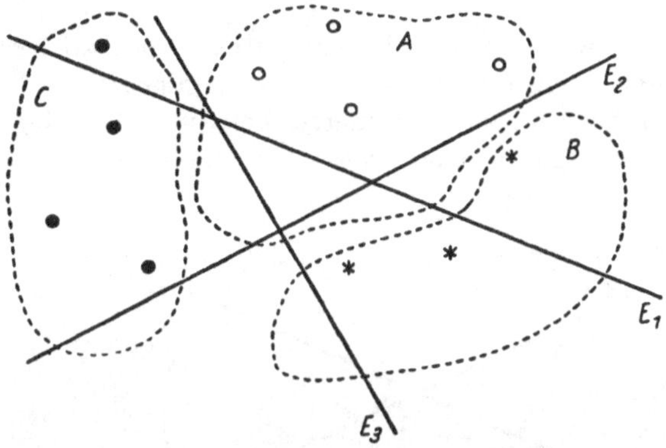

Abb. 27.3. Zweidimensionales Modellbeispiel zum Verfahren der zufalligen Trennebenen (Muster aus drei Klassen ○, *, ●)

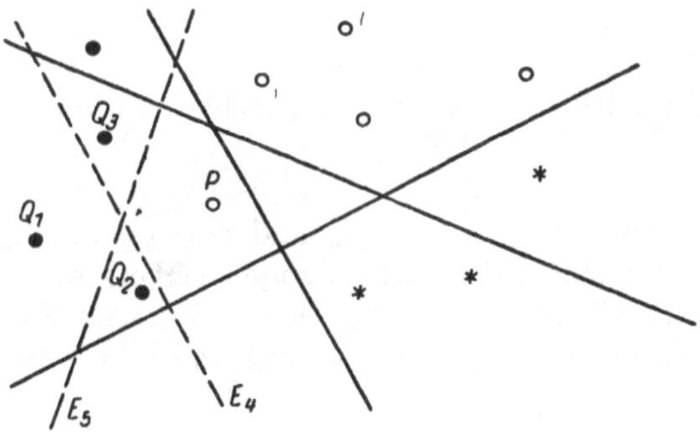

Abb. 27.4. Verfahren der zufalligen Trennebenen. Fortsetzung von Abb. 27.3. P widerspricht klassenmaßig Q_1, Q_2, Q_3. E_4 trennt P von Q_1 und Q_2, E_5 trennt P von Q_3.

Widerspruch zu allen seitherigen Musterpunkten dieses Teilraums. Durch eine auf der Basis eines Zufallsprozesses konstruierten Hyperebene wird der Teilraum so in zwei Teile zerlegt, daß der neue Musterpunkt von einem der vorherigen Musterpunkte getrennt wird. Besteht dann noch ein Widerspruch zu einem anderen Musterpunkt, so wird eine weitere Ebene zu seiner Beseitigung konstruiert. Das Verfahren wird solange wiederholt, bis kein Widerspruch mehr vorhanden ist (Abb 27 4)

Nach Darbietung und Berucksichtigung des letzten Musters werden die noch leeren Teilgebiete willkurlich unter der Tendenz, kompakte Klassengebiete zu erhalten, ebenfalls Klassen zugeordnet (Abb. 27.5). Sodann werden Hyperebenen und Hyperebenenstucke, die nicht mehr unterschiedliche Klassen trennen, als unwesentlich entfernt. Die übrig bleibenden Gebilde separieren „stuckweise linear" die dargebotenen Muster. Damit ist die „Lernphase" abgeschlossen.

In der „Kannphase" wird ein angebotenes Muster gemäß seiner Lage im Rahmen der erhaltenen Trennflachen klassenmäßig zugeordnet.

Wir haben das Verfahren hier aus geometrischer Sicht dargelegt. Ein Automat arbeitet dagegen auf algebraischer Basis Die Muster werden durch Zahlen-

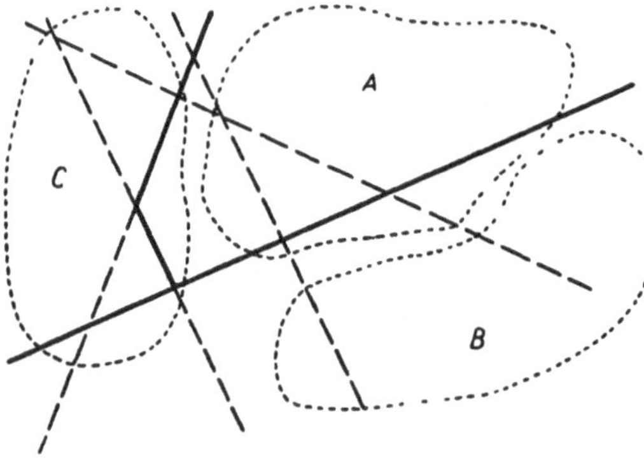

Abb. 27.5. Verfahren der zufalligen Trennebenen. Abschluß der Lernphase durch Reduktion

tupel beschrieben. Es seien $P = (y_1, \ldots, y_n)$ und $Q = (z_1, \ldots, z_n)$ zwei angebotene Muster, die unterschiedliche Klassenzugehorigkeit aufweisen. Dann wählt der Automat nach einem Prinzip zur Gewinnung von Zufallszahlen (s. Abschnitt 16) einen zufälligen n-Tupel $(\alpha_1, \ldots, \alpha_n)$ und bildet die Zahlen

$$c = y_1\alpha_1 + \cdots + y_n\alpha_n ,$$

$$d = z_1\alpha_1 + \cdots + z_n\alpha_n .$$

Es wird sodann eine Zufallszahl γ konstruiert, die zwischen c und d liegt. Der lineare Ausdruck

$$x_1\alpha_1 + \cdots + x_n\alpha_n - \gamma$$

nimmt fur $x = y$ bzw. $x = z$ verschiedene Vorzeichen an.

$$x_1\alpha_1 + \cdots + x_n\alpha_n - \gamma = 0$$

stellt somit eine zufallige Trennebene fur die Punkte P und Q dar. Bezüglich der algebraischen Reduktion der erhaltenen Ebenen werde der Leser auf die Literatur [2] verwiesen.

Wir wenden uns nun Trainingsverfahren zu, wobei wir wieder das Prinzip der stochastischen Iteration benutzen.

Es liege eine Objektmenge vor, deren Elemente jeweils einer von zwei Klassen angehoren. In diesem Fall einer Dichotomie fuhrt die Klassifikation im N-dimensionalen Musterraum auf eine Entscheidungsfunktion $y = f(x)$. Dabei sei

$$\operatorname{sign} f(x) = \begin{cases} 1, & \text{wenn } x \in A , \\ -1, & \text{wenn } x \in B . \end{cases}$$

Es sei $\hat{f}(x, c)$ eine die Entscheidungsfunktion approximierende Funktion, wobei c ein geeignet zu bestimmender vektorieller Parameter ist, so daß die mathematische Erwartung uber die stochastisch angebotenen Muster von einer geeignet gewahlten konvexen Funktion (etwa der mittleren quadratischen Abweichung) des richtigen und des approximierten Entscheidungswertes zu einem Minimum wird:

$$M(F\{y, \hat{f}(x, c)\} \to \text{Minimum}\,.$$

Die Approximation werde auf der Basis von m linear unabhangigen Entwicklungsfunktionen $\varphi_\nu(x)$ $(\nu = 1, 2, \ldots, m)$ angestrebt:

$$\hat{f}(x, c) = \sum_{\nu=1}^{m} c_\nu \cdot \varphi_\nu(x) = c^T \cdot \varphi(x)\,.$$

Als Funktional werde

$$\mathfrak{J}(c) = M\,\{F\,(y - c^T \cdot \varphi(x))\}$$

angesetzt. Nach dem Prinzip der stochastischen Iteration gewinnen wir daraus den Algorithmus

$$c[n] = c\,[n-1] + \gamma[n] \cdot F'\,(y[n] - c^T\,[n-1] \cdot \varphi(x[n])) \cdot \varphi(x[n])\,.$$

Zur Konvergenzfrage verweisen wir auch hier auf die spezielle Literatur [85]. Abb. 27.6 zeigt das Schema eines Regelkreises, dessen Funktion diesem Algorithmus entspricht

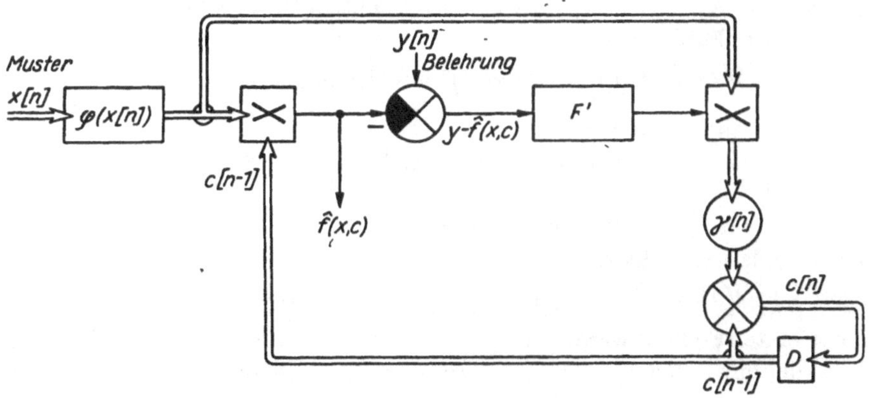

Abb. 27.6. Regelkreis mit Input x und y zur Klassifikation auf der Basis einer stochastischen Iteration

Damit ist zugleich ein Prinzip gegeben, wie technische Systeme konstruiert werden konnen, deren Parameter wahrend einer Lernphase so eingestellt werden, daß sie in der dann erreichten Kannphase Klassifikationen durchfuhren und damit Zeichen erkennen können. Als Bauelemente, die einstellbare Parameter bieten, wählen wir Schwellenwertelemente.

Um zu einem Schema zu gelangen, das weitgehend dem von F. ROSENBLATT [65] entwickelten Perceptron entspricht, setzen wir als Funktional

$$\mathfrak{J}(c) = M\left((y - \operatorname{sign} c^T \cdot \varphi(x)) \cdot c^T \cdot \varphi(x)\right) \quad \text{mit } y \in \{+1, -1\}$$

an. Bei der Bildung der partiellen Ableitungen nach den Komponenten von c beachte man, daß $y - \operatorname{sign} c^T \cdot \varphi(x)$ fur jeden der vier Falle

y	$c^T \cdot \varphi(x)$	$y - \operatorname{sign} c^T \cdot \varphi(x)$
1	>0	0
1	$\leqq 0$	2
-1	>0	-2
-1	$\leqq 0$	0

einen konstanten Wert annimmt. Somit ergibt sich

$$\nabla_c \left(y - c^T \cdot \varphi(x)\right) \cdot c^T \cdot \varphi(x) = \left(y - c^T \cdot \varphi(x)\right) \cdot \varphi(x)\,.$$

Damit erhalten wir fur die stochastische Iteration, wenn wir noch $\gamma[n] = \gamma_0$ wahlen, den Algorithmus

$$c[n] = c\,[n-1] - \gamma_0 \left(y[n] - \operatorname{sign} c^T\,[n-1] \cdot \varphi\,(x[n])\right) \cdot \varphi(x[n])\,.$$

Die Abb. 27.7 zeigt das Schema eines diesen Algorithmus realisierenden Perceptrons auf der Basis von Schwellenwertelementen. F. ROSENBLATT wahlt die Entwicklungsfunktionen statistisch aus. Ihre Anzahl ist relativ groß, schopft aber nicht alle 2^N moglichen Kombinationen der Eingangsvariablen aus. Das von B. WIDROW [79] entwickelte ADALINE (— adaptive linear neuron) benutzt als Funktional

$$\mathfrak{J}(c) = M\left(y - c^T \cdot \varphi(x)\right)^2 \text{ mit der denkbar}$$

$$\text{einfachsten Wahl} \begin{cases} \varphi_0(x) = 1 \\ \varphi_\nu(x) = y_\nu \text{ fur } \nu = 1, 2, \ldots, N\,. \end{cases}$$

Damit ist

$$\nabla_c F = -2\left(y - c^T \cdot x\right) \cdot x$$

und der adaptive Algorithmus

$$c[n] = c\,[n-1] + \gamma[n] \cdot \left(y[n] - c^T\,[n-1] \cdot x[n]\right) \cdot x[n]\,.$$

In der ersten Schicht werden lediglich die N Merkmale erfaßt. Ihre Werte laufen uber die einstellbaren Gewichte in das Schwellenwertelement der zweiten Schicht ein. Die darin gebildete Summe wird direkt dem von y gesteuerten Ruckfuhrungskreis zugefuhrt. Das die Schwelle realisierende Relais wird nur fur die Ausgabe der Klasse benotigt (Abb. 27.8). Den angefuhrten Realisierungen von Lernstrukturen haftet der Nachteil an, daß zur Einstellung der Gewichte eine relativ aufwendige Technik erforderlich ist. In dieser Sicht ist eine von K. STEINBUCH [71, 72] entwickelte und als Lernmatrix bekannte Struktur vorteilhafter. Die Lernmatrix besteht aus zwei sich kreuzenden Scharen von Leitern, wobei an den Kreuzungsstellen eine Moglichkeit zur Bildung bedingter Verknupfungen vorgesehen ist. Ob diese Verknupfungen durch Steuerung von Fer-

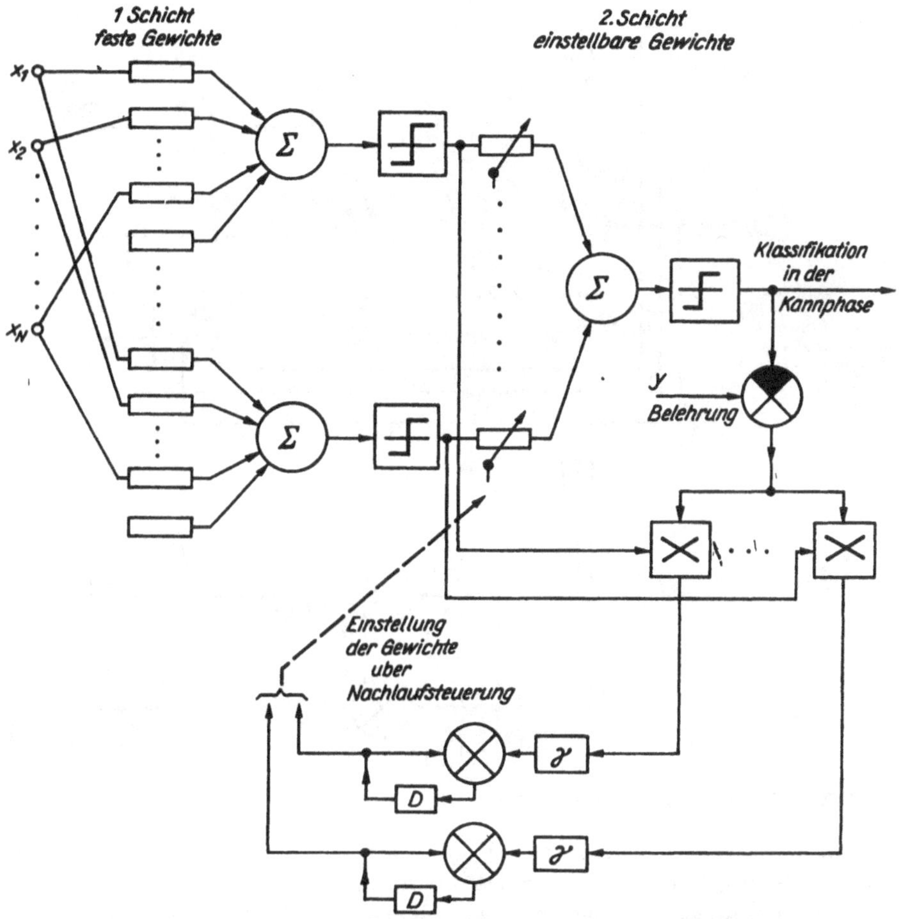

Abb. 27.7. Grundprinzip eines Perceptrons von F. ROSENBLATT

ritkernen oder auf chemischer Basis durch elektrolytische Prozesse zustande kommen, bleibe hier unberücksichtigt. Die eine Leitungsschar (in der Abb. 27.9 a die senkrecht verlaufende) dient zur Einfuhrung der Eigenschaften – in unserer seitherigen Sprechweise des das Muster evtl. nach Merkmalbildung darstellenden n-Tupels. Die zweite Leitungsschar (in der Abb. 27.9 a die horizontal verlaufende) kennzeichne die Bedeutung (in der seitherigen Sprechweise die Klassen), wobei diese im 1 aus m-Kode verschlusselt sind Bei gleichzeitiger Eingabe eines Musters und einer Klasse (also in der Lernphase) werden an den Kreuzungsstellen die bedingten Verknupfungen dem Muster entsprechend verandert. Auf diese Weise werden wahrend der Lernphase gewisse Muster als Repräsentanten der einzelnen Bedeutungsklassen in der Matrix aufgebaut und gespeichert (Abb. 27.9b).

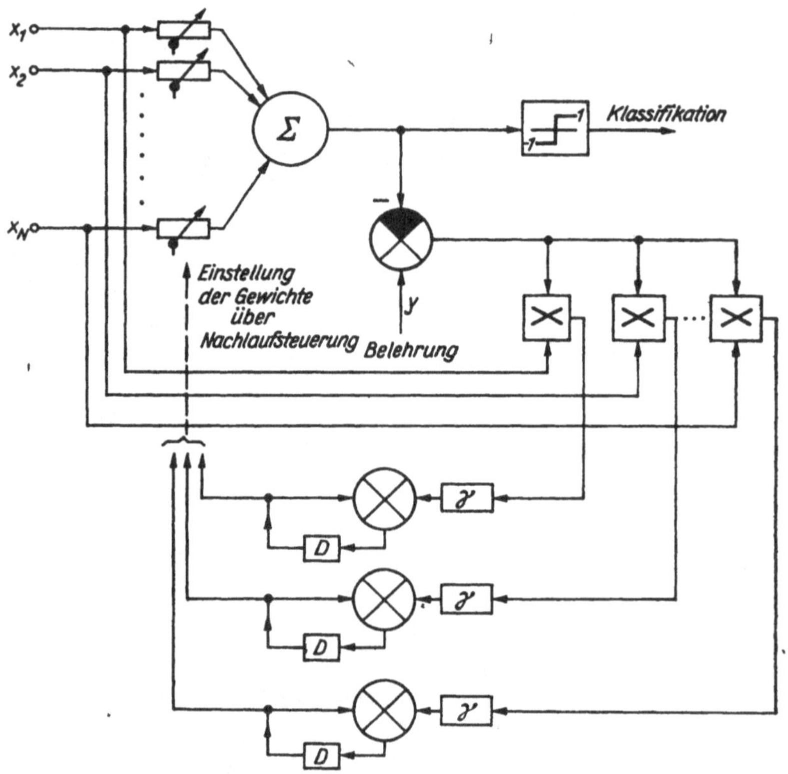

Abb. 27.8. Grundprinzip von ADALINE

Dabei muß ein Repräsentant keineswegs selbst in der Menge der für die betreffende Klasse angebotenen Muster enthalten sein.

In der Kannphase läßt sich eine so belehrte Matrix auf zweierlei Arten befragen. Bei Eingabe einer Bedeutung (Klassensymbol) liefern die in der betreffenden Bedeutungslinie liegenden zuvor aufgebauten Verknüpfungen an den Ausgängen der Musterlinien das dieser Bedeutung entsprechende Muster. Es lassen sich somit auch die Merkmaltupel ungestörter Repräsentanten erzeugen, selbst wenn diese noch nie angeboten wurden.

Wesentlicher ist die zweite Befragungsart (Abb. 27.9c): Bei Eingabe eines beliebigen Musters kommen auf allen Bedeutungslinien Summen von Erregungen zusammen, die den Koinzidenzen zwischen dem eingegebenen Muster und dem in der betreffenden Bedeutungslinie gespeicherten Muster entsprechen.

Die in einer Bedeutungslinie aufgebauten Verknüpfungen der Lernmatrix entsprechen den eingestellten Gewichten eines Schwellenwertelementes. In der Bedeutungslinie werden die gewichteten Inputwerte summiert. Insoweit realisiert jede Bedeutungslinie der Lernmatrix den vorderen Teil eines Schwellen-

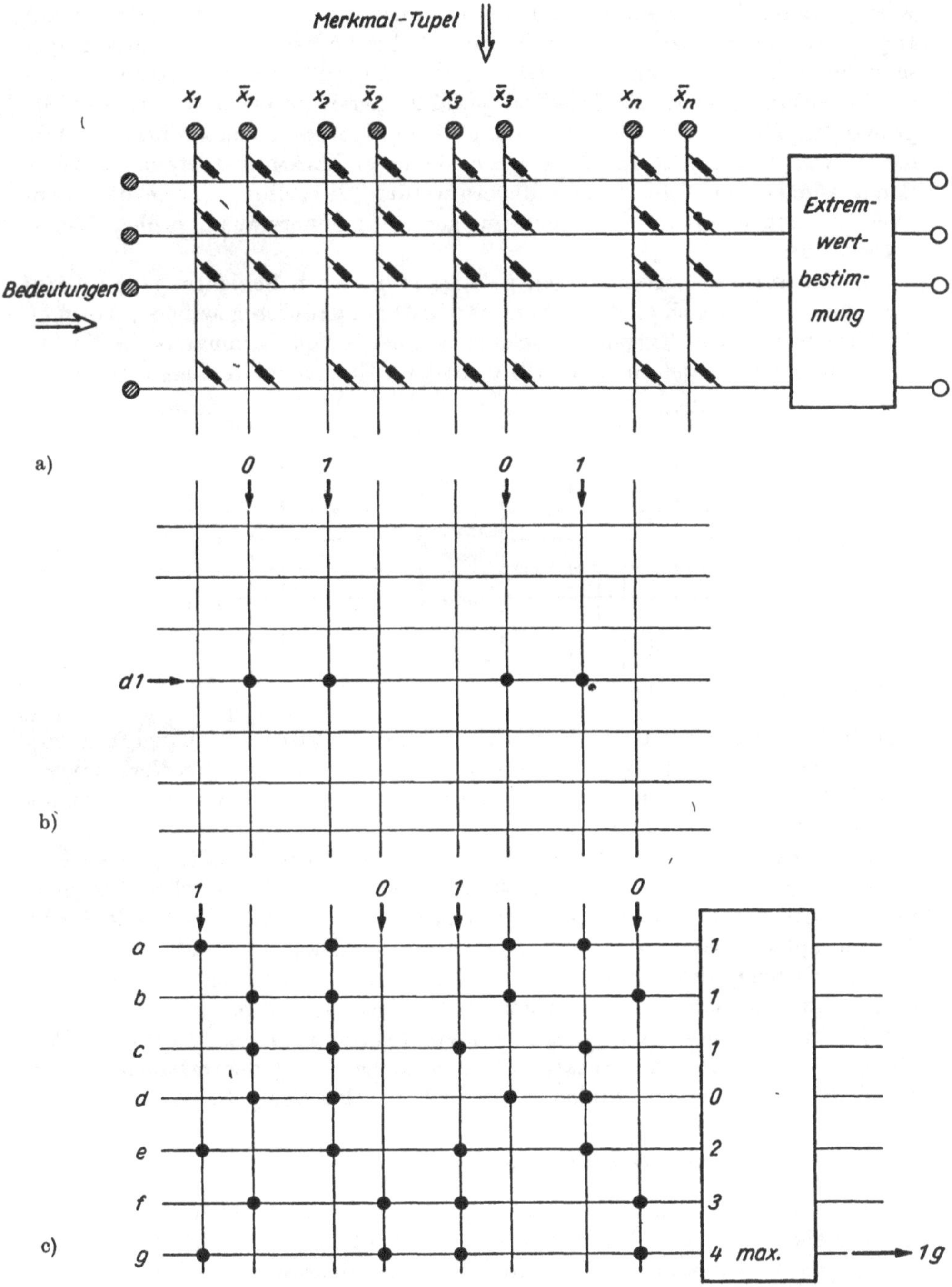

Abb. 27.9. a) Prinzip der Lernmatrix, b) Lernphase, c) Kannphase, 2. Befragungsart

wertelements. In der Lernmatrix werden aber die Summen der gewichteten Inputwerte nicht einzeln mit jeweils einer Schwelle verglichen, sondern insgesamt untereinander einer Extremwertbestimmung unterworfen. Dadurch wird als Bedeutungsoutput die Linie ausgewahlt, deren gespeichertes Muster die größte Anzahl von Koinzidenzen mit dem eingegebenen Muster besitzt, d. h. die größte Ähnlichkeit im Sinn einer kleinsten HAMMING-Distanz aufweist. Somit können auch Muster klassifiziert werden, die selbst zwar in der Lernphase nie angeboten wurden, wenn nur genügend andere aus derselben Klasse gelernt wurden.

Zu interessanten Anwendungen gelangt man durch Schichtung von Lernmatrizen. So laßt sich z. B. ein Lernmatrix-Dipol dadurch gewinnen, daß man die Outputlinien der Extremwertschaltung einer ersten Lernmatrix als Bedeutungslinien einer zweiten Matrix verwendet. Gibt man in diesen Dipol als

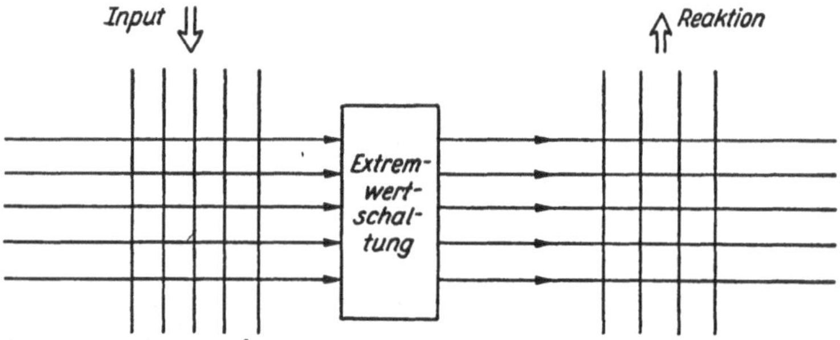

Abb. 27.10. Lernmatrix-Dipol

Signale der Außenwelt einen Merkmaltupel ein, so wird in Abhangigkeit von den in einer vorausgegangenen Lernphase eingestellten bedingten Verknüpfungen ein Tupel von Signalen auf den Eigenschaftslinien der zweiten Matrix als Reaktion auslaufen (Abb. 27.10).

Als ein Beispiel zur praktischen Anwendung von Dipolschaltungen sei hier auf einen von U. PISKE [61] gemachten Vorschlag zur technischen Diagnose und Selbstreparatur hingewiesen. Von dem zu uberwachenden System laufen in der Kannphase „Symptome" als Muster in die Matrix ein und werden hier nach dem Prinzip großter Ähnlichkeit diagnostiziert. Das Diagnosesignal kann notigenfalls einerseits zur Herausnahme des Systems aus seiner Funktion benutzt werden, anderseits geeignete Reparaturmaßnahmen im Sinn einer „Therapie" veranlassen. Ansätze für eine Behandlung der mathematischen Probleme der Lernmatrix finden sich z. B. bei U. RÖSLER [64].

28. Selbstlernende Strukturen

Die im vorigen Abschnitt betrachteten Lernstrukturen erhielten von außen her von einem „Lehrer" Informationen uber den Sollwert, so daß in der Differenz gegen die tatsachliche Systemreaktion eine Beurteilung zu gewinnen ist, wieweit diese Reaktion im Hinblick auf den Umweltreiz zulassig ist.

Wir nehmen fur ein System zwei Inputleitungen an. U sei die Menge der Inputsignale, die aus der Umwelt an das Ssytem gelangen, X die Menge der Signale, durch die die Verhaltensweise des Systems von außen, z. B. von einem Lehrer, eingestellt werden kann (Abb. 28.1).

Wenn das System bei jedem Umweltreiz durch eine zweckmäßige Einstellung der Verhaltensweise so reagiert, daß der erreichte Wert auf Grund des Umweltreizes hinsichtlich einer gewissen Bewertung erwünscht ist, spricht man von einem zielstrebigen System.

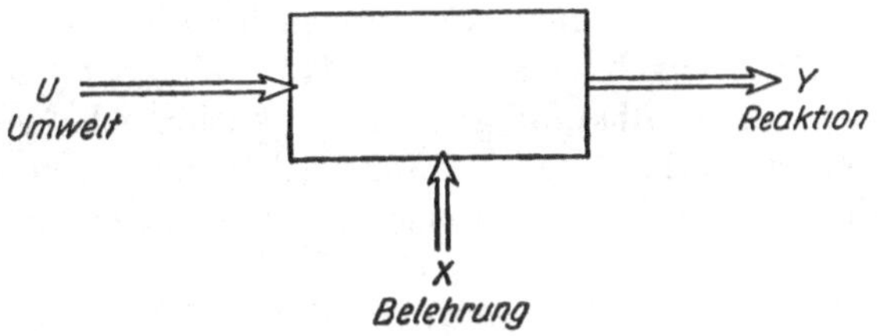

Abb. 28.1. Autonomer Lernmatrix-Dipol

Bei dieser Vorstellung wird das System durch direkte Steuerung von außen zu einer zulässigen Verhaltensweise gebracht. Von einer Lernstruktur wird man dagegen fordern, daß sie von außen nur Belehrungen über die Zulässigkeit oder Unzulässigkeit der jeweiligen Reaktion erhält; die im letzteren Fall erforderliche Änderung in der Verhaltensweise bleibt dagegen dem System überlassen, wobei diese Änderung determiniert oder auch rein stochastisch erfolgen kann.

Selbstlernend wird man ein System bezeichnen, bei dem diese Änderungen mit dem Ziel, eine zulässige Verhaltensweise zu gewinnen, ohne äußere Informationen über Zulässigkeit bzw. Unzulässigkeit vor sich gehen. Es ist zwingend, daß einem solchen System a priori Informationen zu eigen sein müssen, die eine dementsprechende Bewertung möglich machen.

Wir beschränken uns im weiteren, um unsere Betrachtungen fixieren zu können, auf Lernprozesse im Rahmen der Klassifikation, speziell der Dichotomie. Solche Informationen können sich z. B. darauf beziehen, welche Merkmale, mit denen uns die Objekte der Umwelt entgegentreten, wesentlich, welche unwesentlich sind. So wird z. B. bei einem angeschriebenen Buchstaben in den meisten Fällen die Größe und die Farbe unwesentlich für die Bedeutung, also für die Klassenzugehörigkeit, sein. Für den Merkmalraum bedeutet eine solche Festlegung letzthin die Einführung einer Metrik: Dimensionen, die unwesentlichen bzw. wenig wesentlichen Merkmalen entsprechen, werden, wenn wir etwa von einer Euklidischen Metrik ausgehen, maßstäblich eine Stauchung erfahren, andere Dimensionen, denen besonders wesentliche Merkmale zugehören, werden eine Dehnung des Maßstabs erfahren. Auf diese Weise wird die Entfernung zweier Punkte den Unterschied in den Merkmaltupeln unter Berücksichtigung der speziellen Bewertungen widerspiegeln.

Auf der Grundlage der STEINBUCHschen Lernmatrix laßt sich eine Struktur angeben, die eine Klassifikation ohne vorherige Belehrung realisiert. Um eine solche selbständige Klassifikation zu erreichen, fuhrt man in die Extremwertschaltung der Lernmatrix neben den Bedeutungslinien noch einen zusätzlichen Eingang für ein als Schwellenerregung bezeichnetes Signal von bestimmter Größe ein. Wenn das angebotene Muster mit den eingeschriebenen Mustern (zu Anfang sind dies leere Muster) so geringe Ähnlichkeit aufweist, daß keine Bedeutungslinie eine Linienerregung liefert, die die Schwellenerregung übersteigt, wird durch den Output der Extremwertschaltung eine Steuerung eingeleitet, die das angebotene Muster in die nächste noch freie Bedeutungslinie der Matrix einlernt und so eine neue Klasse eroffnet [73]. Es liegt auf der Hand, daß das Ergebnis einer solchen selbständigen Klassifikation sehr wohl von der Reihenfolge abhangen kann, in der die einzelnen Muster angeboten werden und insbesondere aber auch von der Informationsreduktion, durch die die Merkmalbildung erreicht wurde.

Im vorigen Abschnitt haben wir dargelegt, wie durch Schichtung von Lernmatrizen ein Lernmatrix-Dipol aufgebaut werden kann. Auf der Basis eines solchen Dipols läßt sich nun eine adaptierende Struktur konstruieren, die „sinnvoll" auf Außenweltsituationen reagiert. Dabei bezieht sich „sinnvoll" auf eine zugrunde gelegte Bewertung, die auf der Menge der Außenweltsituationen definiert ist. Verwendet wird dabei eine nahe liegende Erweiterung des Verknüpfungsprinzips: Vorzeichen und Größe der bei Koinzidenz an einer Kreuzungsstelle eintretenden Verknüpfungsänderung wird noch durch eine weitere Größe h gesteuert, die im Sinn von Lust bzw. Unlust Einfluß auf die Änderung nimmt (h gemäß Hedonie = Lust). Die Abb. 28.2 zeigt das Schema eines autonomen, d. h. selbständigen Lernmatrix-Dipols.

Ein Testwertgenerator schickt über die Eigenschaftslinien der zweiten Matrix eine gewisse Reaktion des Systems, die die Außenwelt beeinflußt. Die dadurch entstandene Situation tritt als Inputtupel sowohl in die erste Matrix — sie

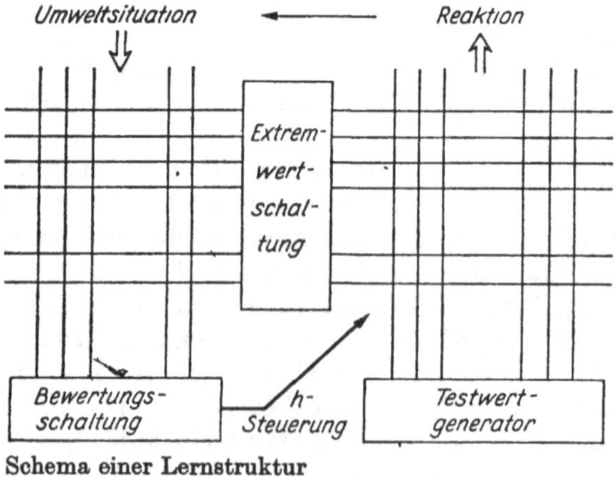

Abb. 28.2. Schema einer Lernstruktur

befindet sich in einem Kannzustand — als auch in die gewählte Bewertungsschaltung ein. Dadurch wird die Außenweltsituation einerseits gemäß einer vorausgegangenen Lernphase klassifiziert und andererseits auch bewertet Die Koinzidenz zwischen der resultierenden Bedeutungslinie und dem Testwerttupel führt, gesteuert von der Art (Lust bzw. Unlust) und der Höhe der Bewertung, zu einem Einlernvorgang in der zweiten Matrix: Eingelernt werden solche Reaktionen, die zu hochbewerteten Umweltsituationen fuhren.

In einer späteren Kannphase reagiert der Dipol sinnvoll auf Außenweltsituationen.

Wir folgen bei den weiteren Betrachtungen im wesentlichen Gedankengängen von ZYPKIN [85], die Moglichkeiten selbstlernender Strukturen darlegen. Zunachst werde eine Betrachtung auf einer intuitiven Basis gegeben. Es erscheint einleuchtend, daß sich die zu einer Klasse zugehörigen Musterpunkte besonders eng um das Zentrum dieser Klasse gruppieren. Dies bedeutet, daß die Klassenzentren als Maxima der bedingten Wahrscheinlichkeitsdichten in Erscheinung treten, daß ein angebotenes Objekt an die Stelle x zu liegen kommt, wenn bekannt ist, daß es zu einer bestimmten Klasse — etwa A — gehört:

$$p\,(x/A)\,.$$

Nun sind aber diese bedingten Wahrscheinlichkeiten nicht bekannt, so daß ihre Untersuchung auf Extremwertstellen nicht erfolgen kann. In vielen Fällen wird man aber annehmen können, daß sich die auftretenden Muster allgemein, d. h. nicht nur in bestimmter Klassenzugehörigkeit, um gewisse Punkte gruppieren, die sich dann als Zentren der einzelnen Klassen erweisen. Unter dieser Annahme zeichnet sich ein Weg ab, aus einer Untersuchung der vollen Wahrscheinlichkeitsdichte $p(x)$ auf Maxima die Klassenzentren zu gewinnen. Dies wirft die Frage auf, wie man aus der Musterdarbietung die Wahrscheinlichkeitsdichte $p(x)$ erhalten kann. Zur Approximation der Wahrscheinlichkeitsdichte $p(x)$ wählen wir N Entwicklungsfunktionen

$$\varphi_\nu(x)\,, \qquad \nu = 1, 2, \ldots, N$$

und setzen an

$$p(x) \approx \sum_{\nu=1}^{N} c_\nu\, \varphi_\nu(x)\,.$$

Als Funktional nehmen wir

$$\Im(c) = \int\limits_X \left(p(x) - \sum_{\nu=1}^{N} c_\nu\, \varphi_\nu(x)\right)^2 dx\,.$$

Für die Bedingung $\nabla_c\, \Im(c) = 0$ erhalten wir damit

$$-\,2 \int\limits_X \left(p(x) - \sum_{\nu=1}^{N} c_\nu\, \varphi_\nu(x)\right) \varphi_\mu(x)\, dx = 0 \qquad \text{für} \quad \mu = 1, 2, \ldots, N\,.$$

Schreiben wir dies in der Form

$$\int_X p(x)\,\varphi_\mu(x)\,dx - \sum_{\nu=1}^{N} c_\nu \int_X \varphi_\nu(x) \cdot \varphi_\mu(x)\,dx = 0\,,$$

so liegt es nahe, die Entwicklungsfunktionen speziell so zu wählen, daß

$$\int_X \varphi_\nu(x) \cdot \varphi_\mu(x)\,dx = \begin{cases} 1 & \text{für } \nu = \mu\,, \\ 0 & \text{sonst}\,. \end{cases}$$

Entwicklungsfunktionen, die diese Bedingungen erfüllen, heißen, in Anlehnung an die geometrische Vorstellung von aufeinander senkrecht stehenden Einheits-Vektoren, orthonormiert. Damit nimmt die Extremalbedingung die Form

$$c_\mu = \int_X p(x)\,\varphi_\mu(x)\,dx$$

oder vektoriell geschrieben

$$\begin{aligned} c &= \int_X p(x) \cdot \varphi(x)\,dx \\ &= M\,\big(\varphi(x)\big)\,dx \end{aligned}$$

an. Schreiben wir dies noch in die Form

$$M\,\big(c - \varphi(x)\big) = 0$$

um, so können wir wieder die Methode der stochastischen Iteration anwenden und gewinnen als Algorithmus zur Bestimmung des Vektors c

$$c[n] = c\,[n-1] - \gamma[n] \cdot \big(c\,[n-1] - \varphi(x[n])\big)\,.$$

Wir erläutern diese Verhältnisse an einem einfachen eindimensionalen Beispiel.

Für x liege der Bereich $0 \leqq x \leqq 10$ vor. Die zunachst unbekannte Wahrscheinlichkeitsdichte sei durch

$$p(x) = \begin{cases} \dfrac{x}{25} & \text{für } 0 \leqq x \leqq 5\,, \\[2ex] \dfrac{2}{5} - \dfrac{x}{25} & \text{für } 5 \leqq x \leqq 10 \end{cases}$$

definiert (Abb. 28.3). Als Entwicklungsfunktionen wahlen wir

$$\varphi_\nu(x) = \begin{cases} 1 & \text{für } \nu - 1 \leqq x \leqq \nu\,, \\ 0 & \text{sonst}\,, \end{cases} \qquad \nu = 1, 2, \ldots, 10\,.$$

Wie man sofort erkennt (Abb. 28.4), sind diese Funktionen orthonormiert.

Der obige Algorithmus liefert asymptotisch mit Wahrscheinlichkeit die mathematischen Erwartungen der φ_ν:

$$\begin{aligned} &c_1 = c_{10} = 1/50\,, \quad c_2 = c_9 = 3/50\,, \quad c_3 = c_8 = 5/50\,, \\ &c_4 = c_7 = 7/50\,, \quad c_5 = c_6 = 9/50\,. \end{aligned}$$

Die entsprechende Approximation der Wahrscheinlichkeitsdichte durch die Stufenfunktion

$$\frac{1}{50}\left\{\varphi_1 + 3\,\varphi_2 + 5\,\varphi_3 + 7\,\varphi_4 + 9\,\varphi_5 + 9\,\varphi_6 + 7\,\varphi_7 + 5\,\varphi_8 + 3\,\varphi_9 + \varphi_{10}\right\}$$

zeigt die Abb. 28.2.

Wir wenden uns nun dem Klassifizierungsproblem direkt zu. Dabei gehen wir von der Forderung aus, daß jedes Element vom Zentrum seiner Klasse eine kleinere Entfernung habe als von den Zentren anderer Klassen. Um zu einer Bewertung eines Klassifizierungsansatzes zu kommen, gehen wir von der Funktion

$$R = \sum_{k=1}^{M} \int_{X_k} F\left(\varphi(x) - \varphi(\alpha_k)\right) \cdot p(x)\, dx$$

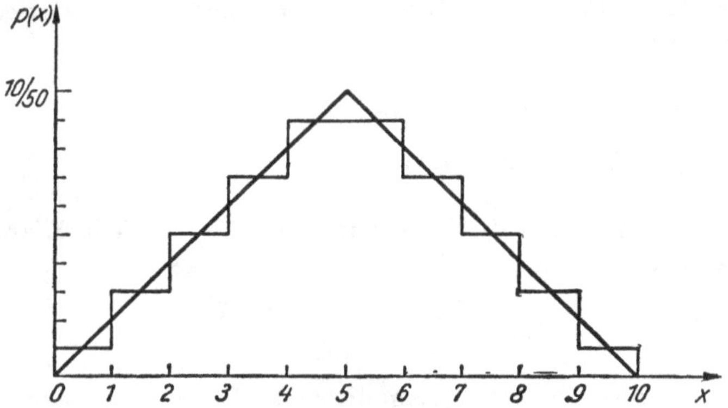

Abb. 28.3. Wahrscheinlichkeitsdichte des Beispiels im Text und ihre Approximation

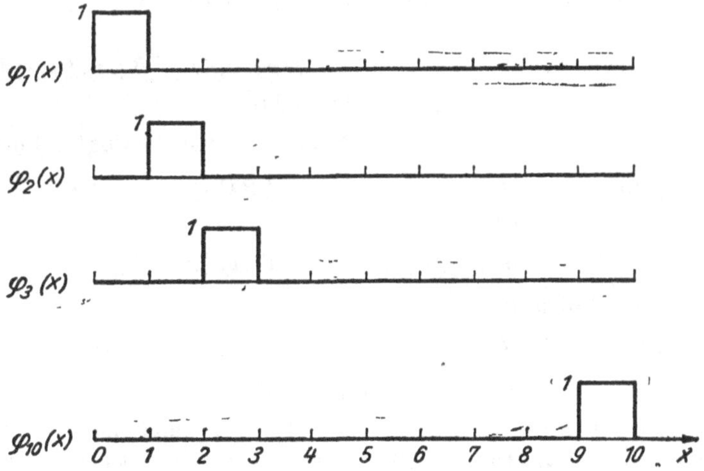

Abb. 28.4. Die orthonormierten Entwicklungsfunktionen des Beispiels im Text

aus. Darin ist F eine konvexe Funktion der Differenz $\varphi(x) - \varphi(\alpha_k)$, wobei α_k das unbekannte Zentrum der uns zunächst hinsichtlich ihres Umfangs X_k ebenfalls unbekannten Klasse. Den vektoriellen Wert der Entwicklungsfunktionen im Klassenzentrum α_k fassen wir als Parameter u_k auf

$$u_k = \varphi(\alpha_k) .$$

Das Variationsproblem nimmt damit die folgende Fassung an: Als Funktional liegt

$$R = \sum_{k=1}^{M} \int_{X_k} F\left(\varphi(x) - u_k\right) p(x)\, dx$$

vor. Zu variieren sind sowohl die Parameter u_k — sie bestimmen die Klassenzentren — als auch die Klassenzugehorigkeiten der Muster. Dabei können wir die Variation der Klassenzugehorigkeiten als eine Variation der die Klassen abgrenzenden Hyperflachen im Musterraum ansehen. Die Variation der Parameter liefert als Bedingungen

$$\frac{\partial R}{\partial u_k} = 0 \qquad \text{für } k = 1, 2, \ldots, M , \qquad \text{d. h.}$$

$$-\int_{X_k} F'\left(\varphi(x) - u_k\right) \cdot p(x)\, dx = 0 .$$

Um hier die Beschränkung der Integration auf die spezielle Klasse zu lösen, fuhren wir als charakteristische Funktion einer Klasse

$$\varepsilon_k(x, u_1, \ldots, u_M) = \begin{cases} 1 , & \text{wenn } x \in X_k , \\ 0 & \text{sonst} \end{cases}$$

ein. Damit konnen wir die Integration über alle Muster erstrecken und erhalten

$$M \left\{\varepsilon_k(x, u_1, \ldots, u_M) \cdot F'\left(\varphi(x) - u_k\right)\right\} = 0 .$$

Im Fall zweier Klassen — hier ist $\varepsilon_2 = \bar{\varepsilon}_1$ — ergibt sich daraus der folgende Algorithmus

$$u_k[n] = u_k[n-1] - \gamma_k[n] \cdot \varepsilon_k(x[n], u_1[n-1], u_2[n-1]) \times F'\left(\varphi(x[n]) - u_k[n-1]\right)$$

$$(k = 1, 2) \qquad \text{oder in bedingter Form}$$

$$\begin{cases} u_1[n] = u_1[n-1] - \gamma_1[n] \cdot F'\left(\varphi(x[n]) - u_1[n-1]\right) , \\ u_2[n] = u_2[n-1] , \end{cases}$$

$$\text{wenn } \varepsilon_1\left(x[n], u_1[n-1], u_2[n-1]\right) = 1 ,$$

$$\begin{cases} u_1[n] = u_1[n-1] , \\ u_2[n] = u_2[n-1] - \gamma_2[n] \cdot F'\left(\varphi(x[n]) - u_2[n-1]\right) , \end{cases}$$

$$\text{wenn } \varepsilon_1(x[n], u_1[n-1], u_2[n-1]) = 0 .$$

Zur Durchführung dieses Algorithmus fehlt aber zunächst die Kenntnis der charakteristischen Funktion ε_1. Diese erhalten wir über die Variation des Funktionals nach der die beiden Klassen trennenden Begrenzungsfläche. Damit diese Variation bei einer beliebigen infinitesimalen Veränderung der Begrenzungsflache verschwindet, muß der Integrand fur jeden Punkt der Begrenzungsflache fur beide Klassen den gleichen Wert annehmen.

$$F\left(\varphi(x) - u_1\right) = F\left(\varphi(x) - u_2\right)$$

fur x auf der Begrenzungsflache. Somit ist

$$F\left(\varphi(x) - u_1\right) - F\left(\varphi(x) - u_2\right) = 0$$

dıe Gleichung der Begrenzungsflache. Wır können daher anstelle von $\varepsilon_1(x, u_1, u_2)$

$$f(x, u_1, u_2) = F\left(\varphi(x) - u_1\right) - F\left(\varphi(x) - u_2\right)$$

selbst zur Steuerung des Algorithmus verwenden. Abb. 28.5 zeigt das Schema eines diesen Algorithmus realisierenden Regelkreises. Spezielle Entwürfe fur selbsttatige Klassifıkation findet der interessierte Leser u. a. auch bei A. SCHMITT [66] und A. G. ARKADJEW und E. M. BRAWERMAN [2] (s. auch [49]).

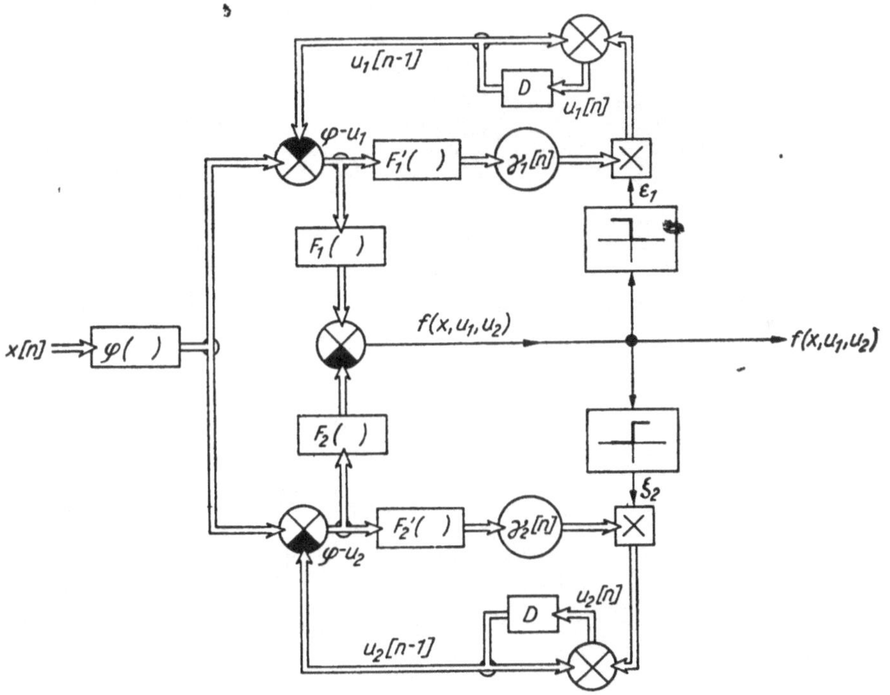

Abb. 28.5. Schema eınes Regelkreises zur automatıschen Klassifızıerung

Information, Entropie, Kanal, Nachricht VI

29. Begriff der Information und der Entropie

Die Kybernetik ist die Wissenschaft, die sich mit kybernetischen Systemen beschäftigt. Sie erforscht die gesetzmäßigen Zusammenhänge aller die Steuerung von Systemen betreffenden Phänomene. Kybernetische Systeme entstehen durch einen spezifischen Abstraktionsprozeß aus real existierenden steuerbaren Systemen im naturwissenschaftlich-technischen, biologischen und soziologischen Bereich sowie durch Verallgemeinerung der aus solchen Abstraktionen gewonnenen Systemen. Der für die Kybernetik spezifische Abstraktionsprozeß ist dadurch charakterisiert, daß die analysierten Systeme nicht auf der Basis des physikalischen Energiebegriffs sondern unter dem Aspekt des Informationsbegriffs betrachtet werden.[1])

Nun erfordert jede Steuerung die Übertragung von Informationen. Der Begriff der Information ist somit ein zentraler Begriff der Kybernetik. Wir haben uns daher im weiteren mit Prozessen der Erzeugung, der Übertragung, der Speicherung, der Verarbeitung und der Wahrnehmung von Informationen zu befassen, ebenso mit Methoden ihrer Kodierung in verschiedenen Sprachen sowie mit Einrichtungen, die ihrer Verarbeitung dienen.

In unserem täglichen Leben spielen Informationen eine wichtige Rolle; hängt doch der Erfolg unseres Handelns stark davon ab, daß wir unsere Entscheidungen auf Grund einer möglichst zutreffenden Beurteilung der jeweils vorliegenden Situation treffen, daß wir eben über die Situation gut informiert sind. Wir sind daher stark daran interessiert, geeignete Informationen zu empfangen, sei es von unseren Mitmenschen oder auch direkt aus der Beobachtung unserer Umgebung, wie schließlich auch mit fortschreitender Entwicklung auf dem Weg wissenschaftlicher Untersuchungen und Experimente. Als Glied der menschlichen Gesellschaft geben wir aber auch selbst Informationen ab, sei es durch Sprache, Mimik oder Schrift. Als ein Vorgang der Informationsspeicherung und Übertragung ist u. a. auch der Vererbungsprozeß bei Pflanzen, Tieren und Menschen anzusehen

[1]) Diese Definition entstammt einer Vorlage, die im Rahmen der Sektion Kybernetik der Deutschen Akademie der Wissenschaften zu Berlin von W. Kammerer und H. Kortum abgegeben wurde.

Als Empfänger einer Nachricht werden wir diese im allgemeinen einer Bewertung unterwerfen, wobei eine solche Bewertung von den verschiedensten Umständen beeinflußt wird: Ist es einmal der Grad unseres persönlichen Interesses an dem Inhalt der Nachricht, der uns den unterschiedlichen Wert bestimmen läßt, so spielen aber auch außerhalb unserer Person liegende Umstände ein, wie etwa die Frage nach der Zuverlässigkeit einer Nachricht, wobei diese Frage sich sowohl auf die Informationsquelle richten kann, als auch auf den Übertragungsweg, auf dem diese Information zu uns gelangt. Wir sind gewohnt, davon zu sprechen, daß uns der Besuch einer wissenschaftlichen Tagung eine große Menge von Informationen gegeben habe, daß die Durchsicht eines unbefriedigenden Versuchsberichts nur wenig Information vermittle, d. h., wir gehen mit dem Begriff der Information so um, als sei er eine meßbare Größe. Dabei werden wir aber zunachst ratlos sein, wenn man uns drängt, einen Maßstab anzugeben, nach dem wir eine Nachricht hinsichtlich ihrer Größe objektiv zu messen gedenken.

Wenn es C. E. SHANNON [69] gelungen ist, in diese uns so vielfältig entgegentretenden Erscheinungen Meßbarkeit hineinzutragen und damit dieses Gebiet einer wissenschaftlichen Bearbeitung zuganglich zu machen, so hat er dazu einen für das tägliche Leben wesentlichen Aspekt abstreichen mussen. Der Begriff der Information mußte aus der Sphäre des persönlichen Interesses des Empfängers herausgenommen werden. SHANNON betrachtete eine Information losgelöst von dem speziellen Inhalt und ohne Beziehung zu den Interessen des Empfängers lediglich als ein Mittel, die in der Beurteilung einer Situation liegende Unsicherheit durch Empfang einer Information einzuschränken, evtl. auch ganz zu beseitigen. Eine Information, die einem Flüchtling an einer Straßengabelung die Gewißheit zukommen läßt, auf welchem Weg seine Verfolger ihn erwarten, welcher Weg dagegen frei von ihnen ist, kann fur ihn einen Wert von Leben und Tod bedeuten. Die Informationstheorie billigt aber dieser Information dasselbe Maß zu wie der Mitteilung, daß eine irgendwo etwa im Spiel geworfene Münze Vorder- oder Rückseite zeige: In beiden Situationen wird die Unsicherheit einer Entscheidung, die in der Wahl aus zwei gleichmöglichen Fällen besteht, durch den Empfang der Nachricht auf die Gewißheit reduziert.

Betrachten wir ein weiteres Beispiel. Wenn wir uns von unserem persönlichen Interesse am Inhalt einer Nachricht losgelöst haben, werden wir der Mitteilung, daß während der Dienststunden an irgendeinem Schalter eines großen Postamtes ein Angestellter anzutreffen ist, ein nur geringes Maß an Informationsgehalt beimessen, der Mitteilung, daß alle Schalter unbesetzt seien, dagegen ein hohes Maß. Im ersten Fall hat die Nachricht unseren Kenntnissen uber die Verhaltnisse an dem Postamt kaum etwas Neues hinzugefügt; in dem zweiten Fall wurde uns über eine ungewohnliche Situation berichtet.

Der Grundgedanke der Informationstheorie liegt darin, die Erzeugung von Information in einer Nachrichtenquelle als einen Zufallsprozeß aufzufassen. Damit ist eine enge Verbindung der Informationstheorie mit der Wahrscheinlichkeitstheorie gegeben. Wenn wir Information als eine selbstandige Größe hinstellen, so liegt dieser Vorstellung ein Abstraktionsprozeß zugrunde. Tatsächlich tritt Information nur in Verbindung mit einem materiellen Träger oder mit Energie auf. Man spricht von toter Information, wenn sie an einen materiellen Träger gebunden in passiver Speicherung vorliegt. Beispiele hierfür bieten Schallplatte, Magnetband sowie Druck- und Schriftbild. Erst durch Energiezufuhr kann die in dieser Form gespeicherte Information wieder belebt werden: Um Druck oder Schrift lesen zu können, muß Energie in Form von Licht zugeführt werden; zum Abspielen einer Schallplatte muß elektrische Energie zum Drehen aufgewandt werden; das Lesen eines Matrixspeichers benötigt elektrische Impulse. Lebende Information ist stets an irgendwelche energetische Prozesse gebunden. Mit einem vollständigen Verlust der Energie, etwa durch Wärmeübergang, ist auch der vollständige Verlust an Information verbunden.

Wir gehen davon aus, eine Nachrichtenquelle als einen Zufallsprozeß anzusehen, und wählen dementsprechend als Modell einer Nachrichtenquelle ein auf der Basis zufälliger Entscheidungen arbeitendes System, das auf ein bestimmtes Inputereignis A mit einem Ereignis B_i aus der Menge B von möglichen Outputereignissen antwortet. Ehe die jeweilige Zufallsentscheidung im System realisiert wird, besteht für einen äußeren Beobachter eine gewisse Unsicherheit hinsichtlich des zu erwartenden Outputereignisses. Diese Unsicherheit wird beseitigt, wenn nach Realisierung der Entscheidung das eingetretene Outputereignis dem Beobachter als Information über das Geschehen zugeführt wird. Es liegt nahe, der so entstandenen Information als Größe ein Maß beizulegen, das der beseitigten Ungewißheit entspricht. Wir fassen also Information als beseitigte Unsicherheit auf. Dabei wird man eine Information um so höher einschätzen, je seltener das Ereignis ist, dessen Auftreten sie anzeigt. Wesentlich ist, daß damit die Informationsgröße als Funktion allein der Wahrscheinlichkeit für das Auftreten des betreffenden Ereignisses eingeführt wird.

Die einfachste Funktion, die Ereignisse um so höher bewertet, je seltener sie sind, ist der reziproke Wert der Wahrscheinlichkeit. In diesem Sinn würde einer Nachricht, die uns über die eingetretene Augenzahl eines geworfenen Würfels informiert, als Größe 6 zugewiesen, da die Wahrscheinlichkeit für jede Augenzahl 1/6 ist. Entsprechend wäre einer Information über eine geworfene Münze die Größe 2 zuzuordnen und der Nachricht über das Ergebnis eines gemeinsamen Wurfes eines Würfels und einer Münze die Größe 12, da sich bei voneinander unabhängigen Ereignissen die Wahrscheinlichkeiten multiplizieren, im vorliegenden Beispiel sich $\frac{1}{6} \cdot \frac{1}{2} = \frac{1}{12}$ ergibt.

Nun kann die Information über ein solches Verbundereignis — also beispielsweise die Nachricht „Kopf-5“, die über das Ergebnis beim Werfen einer Münze und eines Würfels informiert — auch in getrennter Form durch Informationen über die Teilergebnisse mitgeteilt werden — hier durch die Teilinformation „Münze zeigt Kopf“ und „Würfel zeigt 5“. Dabei wäre es wünschenswert, wenn sich die Teilinformationen additiv zur Verbundinformation zusammenfügten. In einfachster Weise werden beide Forderungen erfullt, wenn als Informationsgroße der Logarithmus der reziproken Wahrscheinlichkeit gewahlt wird:

$$\mathfrak{I}(B_i) = \log \frac{1}{p_i} = -\log p_i\,,$$

wobei p_i ($i = 1, 2, \ldots, n$) das Wahrscheinlichkeitsfeld fur das Auftreten der Ereignisse aus der Menge B darstellt. Offen ist dabei noch die Wahl der Logarithmenbasis. Die Festlegung dieser Basis bestimmt die Einheit, in der Information gemessen wird. Fur mathematische Untersuchungen sind naturliche Logarithmen am nachstliegenden. Die Basis 10 ist fur numerische Betrachtungen im allgemeinen am bequemsten. Die entsprechende Einheit heißt dit in Zusammenziehung aus dem englischen Ausdruck decimal digit. Der einfachsten Entscheidungsform zwischen zwei gleichwertigen Moglichkeiten entsprechend, wahlt man in der Informationstheorie meist 2 als Basis. Die dabei resultierende Einheit heißt bit (binary digit). Der Logarithmus zur Basis 2 werde mit ld bezeichnet. Aus

$$2^{\operatorname{ld} x} = x$$

folgt dann

$$\operatorname{ld} x \cdot \log 2 = \log x\,, \qquad \text{d. h.} \qquad \operatorname{ld} 2 = \log x \cdot \frac{1}{\log 2}\,.$$

Da $\frac{1}{\log 2} \approx 3{,}32193$ ist, ergibt sich die Umrechnung von dit in bit durch Multiplikation mit 3,32193. Es ist

$$1 \text{ dit} = 3{,}32193 \text{ bit}\,.$$

Beispiele.

Wurf einer Munze

	B_1	B_2
p_i	1/2	1/2

$$\mathfrak{I}(B_1) = \mathfrak{I}(B_2) = \operatorname{ld} 2 = 1 \text{ bit}\,.$$

Wurf eines idealen Wurfels

	B_1	B_2	B_3	B_4	B_5	B_6
p_i	1/6	1/6	1/6	1/6	1/6	1/6

$$\mathfrak{I}(B_1) = \cdots = \mathfrak{I}(B_6) = \log 6 \approx 0{,}778 \text{ dit}$$
$$\approx 0{,}778 \cdot 3{,}32193 \text{ bit} \approx 2{,}585 \text{ bit}\,.$$

Ein vom idealen Wurfel abweichendes Wahrscheinlichkeitsfeld

	B_1	B_2	B_3	B_4	B_5	B_6
p_i'	1/8	1/8	1/8	1/8	1/8	3/8

$$\mathfrak{I}(B_1) = \mathfrak{I}(B_2) = \mathfrak{I}(B_3) = \mathfrak{I}(B_4) = \mathfrak{I}(B_5) = \operatorname{ld} 8 = 3 \text{ bit}\,,$$

$$\mathfrak{I}(B_6) = \operatorname{ld} 8/3 = \operatorname{ld} 8 - \operatorname{ld} 3 = 3 - 1{,}5849 = 1{,}4151 \text{ bit}\,.$$

Der Informationsgehalt einer Nachricht ist wie diese eine stochastische Große. Um zu einer fur die Nachrichtenquelle charakteristischen Große zu kommen, liegt es nahe, die mathematische Erwartung zu bilden. SHANNON schlug 1948 [69]

$$H(B) = \sum_{i=1}^{n} p_i \mathfrak{I}(B_i) = -\sum_{i=1}^{n} p_i \operatorname{ld} p_i$$

als Entropie der Quelle vor. Er wahlte diese Bezeichnung in Analogie zu der in der Physik auftretenden gleichen Formel. Wir werden später Gelegenheit haben, daruber hinaus auch innere Zusammenhänge zwischen den Entropiebegriffen der Physik und der Informationstheorie zu erkennen.

Wie leicht zu sehen ist, liefert eine Nachricht, die mit Wahrscheinlichkeit 1 auftritt, keinen Beitrag zur Entropie. Dasselbe gilt auch fur Nachrichten, deren Wahrscheinlichkeit 0 ist. Denn es gilt $\lim_{p_i \to 0} p_i \operatorname{ld} p_i = 0$, wie sich aus

$$-\lim_{x \to 0} x \cdot \operatorname{ld} x = \lim_{z \to \infty} \frac{1}{z} \frac{\ln z}{\ln 2} = \lim_{z \to \infty} \frac{1/z}{1 \cdot \ln 2} = 0$$

ergibt. Diese Eigenschaft der Entropie, daß ein Ereignis, dessen Auftreten bzw. Nichtauftreten sicher ist, keinen Beitrag beisteuert, steht in Übereinstimmung mit der allgemeinen Vorstellung von einem Informationsmaß für eine Quelle.

Beispiele. Für den Wurf einer Münze ergibt sich als Entropie

$$H = \frac{1}{2} \operatorname{ld} 2 + \frac{1}{2} \operatorname{ld} 2 = 1 \text{ bit}$$

pro Entscheidung. Fur die Entropie beim Wurf eines idealen Würfels erhalten wir

$$H = \frac{1}{6} \operatorname{ld} 6 + \frac{1}{6} \operatorname{ld} 6 + \frac{1}{6} \operatorname{ld} 6 + \frac{1}{6} \operatorname{ld} 6 + \frac{1}{6} \operatorname{ld} 6 + \frac{1}{6} \operatorname{ld} 6 = \operatorname{ld} 6 = 2{,}585 \text{ bit}.$$

Fur das im obigen Beispiel angefuhrte Wahrscheinlichkeitsfeld, das von dem des idealen Würfels abweicht, ergibt sich

$$\begin{aligned} H = 5 \cdot \frac{1}{8} \operatorname{ld} 8 + \frac{3}{8} \operatorname{ld} \frac{8}{3} &= \operatorname{ld} 8 - \frac{3}{8} \operatorname{ld} 3 \\ &= 3 - \frac{3}{8} \cdot 1{,}5849 \\ &= 3 - 0{,}5943 = 2{,}4057 \text{ bit}. \end{aligned}$$

Dieser Wert ist kleiner als im Fall des idealen Würfels.

Allgemein stellen wir fest, daß die Entropie eine nichtnegative Größe ist. Den Wert 0 erhält sie genau dann, wenn alle Wahrscheinlichkeiten bis auf eine, die 1 ist, verschwinden. Es ist nun von Interesse festzustellen, für welche Wahrscheinlichkeitsfelder die Entropie maximalen Wert annimmt.

Wir betrachten dazu das Variationsproblem für

$$-\sum_{i=1}^{n} p_i \ln p_i$$

unter der Nebenbedingung

$$\sum_{i=1}^{n} p_i = 1 .$$

Nach der Methode des LAGRANGEschen Multiplikators setzen wir

$$F(p_1, \ldots, p_n, \lambda) = -\sum_{i=1}^{n} p_i \ln p_i - \lambda \left(\sum_{i=1}^{n} p_i - 1 \right)$$

an und bilden die partiellen Ableitungen von F nach $p_1, \ldots, p_n$ und λ. Wir erhalten

$$\frac{\partial F}{\partial p_k} = -\ln p_k - 1 - \lambda \qquad (k = 1, 2, \ldots, n) ,$$

$$\frac{\partial F}{\partial \lambda} = \sum_{i=1}^{n} p_i - 1 .$$

Als notwendige Bedingung für das Auftreten eines Extremwertes ergibt sich daraus ein System von $n + 1$ Gleichungen zur Bestimmung der Wahrscheinlichkeiten und des Multiplikators:

$$-\ln p_k - 1 - \lambda = 0 \qquad (k = 1, 2, \ldots, n) ,$$

$$\sum_{i=1}^{n} p_i - 1 = 0 .$$

Die ersten n Gleichungen zeigen, daß alle Wahrscheinlichkeiten den gleichen Wert haben müssen. Zusammen mit der letzten Gleichung ergibt sich dann

$$p_k = \frac{1}{n} \qquad \text{für } k = 1, 2, \ldots, n .$$

Für die zweiten Ableitungen erhalten wir

$$\frac{\partial^2 F}{\partial p_k^2} = -\frac{1}{p_k \ln 2} < 0 ,$$

$$\frac{\partial^2 F}{\partial p_k \partial p_j} = 0 \qquad \text{für } k \neq j .$$

Es liegt somit ein Maximum in der Entropie vor.

Eine Quelle besitzt genau dann maximale Entropie, wenn die einzelnen Nachrichten mit gleicher Wahrscheinlichkeit auftreten. Die maximale Entropie ist durch

$$H_{\max} = \operatorname{ld} n \text{ bit}$$

gegeben. Auch dieses Ergebnis fügt sich in die allgemeine Vorstellung ein: Die größte Unsicherheit liegt dann vor, wenn keine Nachricht gegenüber einer anderen bevorzugt auftritt. Das Wissen um eine bestimmte Abweichung von der Gleichverteilung dagegen bedeutet eine Vorinformation, die von der noch im Mittel zu erwartenden Information, also der Entropie, abgeht.

Abb. 29.1 zeigt den Verlauf der Entropie bei einer Quelle, die zwei Nachrichten liefern kann, in Abhängigkeit von den Wahrscheinlichkeiten.

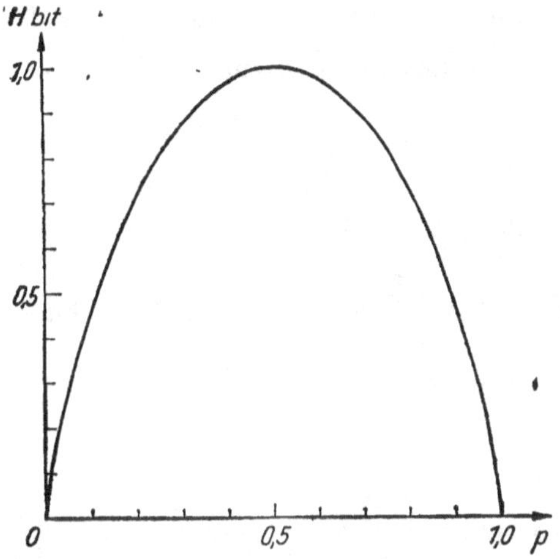

Abb. 29.1. Entropie einer Quelle bei $n = 2$ (Binarquelle)

30. Verbundene Nachrichtenquellen

Wir gehen von zwei Nachrichtenquellen aus, die durch die Wahrscheinlichkeitsfelder

$$\mathfrak{A} = \begin{pmatrix} A_1 & A_2 & \dots & A_n \\ p_1 & p_2 & \dots & p_n \end{pmatrix}, \qquad \mathfrak{B} = \begin{pmatrix} B_1 & B_2 & \dots & B_m \\ q_1 & q_2 & \dots & q_m \end{pmatrix}$$

charakterisiert sind (Abb. 30.1).

Wir betrachten nun das Ereignis, daß von der Quelle $\mathfrak{A}$ das Zeichen A_i und von der Quelle $\mathfrak{B}$ das Zeichen B_j ausgegeben wird. Gedanklich können wir aber auch annehmen, daß das Zeichenpaar (A_i, B_j) von einer einzigen Quelle stamme, die durch Verbindung der beiden Quellen $\mathfrak{A}$ und $\mathfrak{B}$ entsteht. Man spricht von einer Verbundquelle. Ihre Symbolvorrat umfaßt alle Paare aus je einem Element aus $\mathfrak{A}$ und $\mathfrak{B}$. Mengentheoretisch liegt die Produktmenge $\mathfrak{A} \times \mathfrak{B}$ vor. Die Entropie der Verbundquelle bezeichnet man als Verbundentropie oder, dem mathematischen Sprachgebrauch folgend, als Produktentropie.

Wie wir im Abschnitt 15 dargelegt haben, ist die Wahrscheinlichkeit für das gleichzeitige Auftreten der Ereignisse A_i und B_j gleich dem Produkt aus der Wahrscheinlichkeit fur das Auftreten des einen Ereignisses und der Wahrscheinlichkeit für das Auftreten des anderen Ereignisses unter der Bedingung, daß das erstere schon eingetreten ist:

$$\begin{aligned} r(A_i, B_j) &= p(A_i) \cdot q(B_j/A_i) \\ &= q(B_j) \cdot p(A_i/B_j) \end{aligned}$$

bzw. in kürzerer Notierung

$$r_{ij} = p_i \cdot q_{j/i}, \quad \text{wenn } r_{ij} = r(A_i, B_j) \quad \text{und} \quad q_{j/i} = q(B_j/A_i)$$

bedeutet. Fur die Verbundquelle erhalten wir damit als Entropie

$$\begin{aligned} H(\mathfrak{A}\times\mathfrak{B}) &= -\sum_{i=1}^{n}\sum_{j=1}^{m} r_{ij} \cdot \operatorname{ld} r_{ij} \\ &= -\sum_{i=1}^{n}\sum_{j=1}^{m} p_i\, q_{j/i} \operatorname{ld} (p_i\, q_{j/i}) \\ &= -\sum_{i=1}^{n} p_i \operatorname{ld} p_i \cdot \sum_{j=1}^{m} q_{j/i} - \sum_{i=1}^{n} p_i \sum_{j=1}^{m} q_{j/i} \operatorname{ld} q_{j/i}\,. \end{aligned}$$

Fuhrt man im ersten Glied die Summation nach j durch, so erhält man wegen

$$\sum_{j=1}^{m} q_{j/i} = 1$$

$$H(\mathfrak{A}\times\mathfrak{B}) = -\sum_{i=1}^{n} p_i \operatorname{ld} p_i - \sum_{i=1}^{n} p_i \sum_{j=1}^{m} q_{j/i} \operatorname{ld} q_{j/i}\,.$$

Das erste Glied stellt $H(\mathfrak{A})$ dar. Hält man in $q_{j/i}$ die Bedingung i fest, so liegt damit ein Wahrscheinlichkeitsfeld über j vor.

$$-\sum_{j=1}^{m} q_{j/i} \operatorname{ld} q_{j/i}$$

stellt dann die Entropie der Quelle $\mathfrak{B}$ unter der Bedingung dar, daß von der Quelle $\mathfrak{A}$ A_i gesendet wird. Wir führen dafür das Symbol $H(\mathfrak{B}/A_i)$ ein:

$$H(\mathfrak{B}/A_i) = -\sum_{j=1}^{m} q_{j/i} \operatorname{ld} q_{j/i}\,.$$

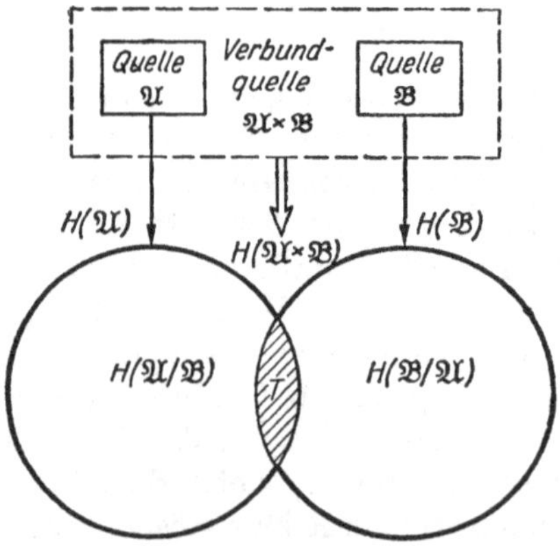

Abb. 30.1. Verbundene Nachrichtenquellen

$H(\mathfrak{B}/A_i)$ ist selbst eine Zufallsgröße über i. Es liegt nahe, die mathematische Erwartung von $H(\mathfrak{B}/A_i)$ uber i zu bilden:

$$H(\mathfrak{B}/\mathfrak{A}) = \sum_{i=1}^{n} p_i\, H(\mathfrak{B}/A_i)$$

$$= - \sum_{i=1}^{n} \sum_{j=1}^{m} p_i\, q_{j/i} \operatorname{ld} q_{j/i} \,.$$

$H(\mathfrak{B}/\mathfrak{A})$ wird als bedingte Entropie der Quelle $\mathfrak{B}$ unter der Bedingung der Quelle $\mathfrak{A}$ bezeichnet. Damit ergibt sich der folgende Zusammenhang

$$H(\mathfrak{A} \times \mathfrak{B}) = H(\mathfrak{A}) + H(\mathfrak{B}/\mathfrak{A})$$

als Additionstheorem der Entropie. Sind beide Quellen unabhangig voneinander, dann hangt die Wahrscheinlichkeit $q_{j/i}$ fur das Auftreten des Ereignisses B_j nicht mehr von dem Geschehen in $\mathfrak{A}$ ab:

$$q_{j/i} = q_j \qquad \text{fur } i = 1, 2, \ldots, n\,, \quad j = 1, 2, \ldots, m\,.$$

Damit wird aber auch die bedingte Entropie

$$H(\mathfrak{B}/\mathfrak{A}) = - \sum_{i=1}^{n} \sum_{j=1}^{m} p_i\, q_j \operatorname{ld} q_j = - \sum_{j=1}^{m} q_j \operatorname{ld} q_j = H(\mathfrak{B})$$

unabhangig von $\mathfrak{A}$.

Für einander unabhangige Quellen gilt als Additionstheorem

$$H(\mathfrak{A} \times \mathfrak{B}) = H(\mathfrak{A}) + H(\mathfrak{B}) \qquad \text{(Abb. 30.2a)}\,.$$

Wir interessieren uns im weiteren fur die folgende Frage: Gegeben seien die beiden Quellen $\mathfrak{A}$ und $\mathfrak{B}$ durch ihre Wahrscheinlichkeitsfelder p_i $(i = 1, 2, \ldots, n)$

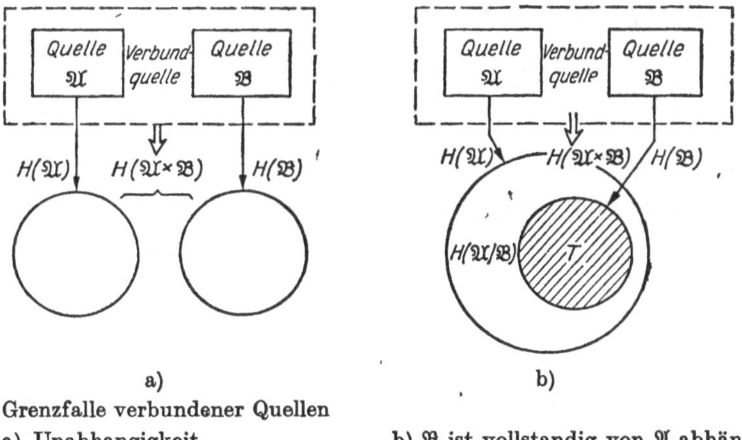

a) b)

Abb. 30.2. Grenzfalle verbundener Quellen

a) Unabhangigkeit
$H(\mathfrak{A}/\mathfrak{B}) = H(\mathfrak{B}/\mathfrak{A}) = T = 0$
$H(\mathfrak{A} \times \mathfrak{B}) = H(\mathfrak{A}) + H(\mathfrak{B})$

b) $\mathfrak{B}$ ist vollstandig von $\mathfrak{A}$ abhängig
$H(\mathfrak{B}/\mathfrak{A}) = 0$
$H(\mathfrak{B}) = T$

und $q_j (j = 1, 2, \ldots, m)$. Welchen Einfluß hat eine evtl. zwischen den Quellen bestehende Abhängigkeit auf die Entropie $H(\mathfrak{A} \times \mathfrak{B})$ bzw. $H(\mathfrak{B}/\mathfrak{A})$? Charakterisiert wird diese Abhängigkeit durch die bedingten Wahrscheinlichkeiten, somit durch

$$q(B_j/A_i) \quad \text{bzw.} \quad p(A_i/B_j)\,.$$

Wir fragen nach dem maximalen Wert von $H(\mathfrak{B}/\mathfrak{A})$ in Abhangigkeit von dem bedingten Wahrscheinlichkeitsfeld $q_{j/i}$. Dabei ist der Extremwert für

$$-\sum_i \sum_j p_i\, q_{j/i} \operatorname{ld} q_{j/i}$$

unter den Bedingungen

$$\sum_i p_i\, q_{j/i} = q_j \qquad (j = 1, 2, \ldots, m)$$

und

$$\sum_j q_{j/i} = 1 \qquad (i = 1, 2, \ldots, n)$$

zu bestimmen.

Als LAGRANGEsche Multiplikatoren setzen wir $\lambda_1, \ldots, \lambda_m$ und $\mu_1, \ldots, \mu_n$ an und erhalten als Funktional

$$L = -\sum_i \sum_j p_i\, q_{j/i} \ln q_{j/i} - \sum_j \lambda_j \Big(\sum_i p_i\, q_{j/i} - q_j\Big) - \sum_i \mu_i \Big(\sum_j q_{j/i} - 1\Big),$$

wobei wir aus Gründen der bequemeren mathematischen Behandlung natürliche Logarithmen gewahlt haben. Durch partielle Differentiation nach $q_{j/i}$ ergibt sich das Gleichungssystem

$$\frac{\partial L}{\partial q_{j/i}} = -p_i \ln q_{j/i} - p_i - \lambda_j\, p_i - \mu_i = 0 \quad \text{für } i = 1, 2, \ldots, n\,, \quad j = 1, 2, \ldots, m\,.$$

Die Auflösung nach $q_{j/i}$ liefert

$$q_{j/i} = e^{-1-\lambda_j - \frac{\mu_i}{p_i}}$$

$$= e^{-1-\lambda_j} \cdot e^{-\frac{\mu_i}{p_i}}\,.$$

Summiert man über j, so ergibt sich wegen

$$\sum_j q_{j/i} = 1\,,$$

$$e^{-\frac{\mu_i}{p_i}} \sum_j e^{-1-\lambda_j} = 1\,, \quad \text{d. h.}$$

$$e^{-\frac{\mu_i}{p_i}} = C\,.$$

Somit ist auch

$$q_{j/i} = C \cdot e^{-1-\lambda_j}$$

unabhangig von i. Aus den Nebenbedingungen

$$\Sigma\, p_i\, q_{j/i} = q_j$$

folgt dann

$$q_{j/i} = q_j$$

für alle i. Aus den zweiten partiellen Ableitungen von L ist zu entnehmen, daß der erhaltene Extremwert ein Maximum ist. Somit gilt

$$H(\mathfrak{B}/\mathfrak{A}) \leqq H(\mathfrak{B})\,.$$

Auch dieses Ergebnis fugt sich in die intuitive Vorstellung ein: Die mittlere Information (d. i. die Entropie), die man von einer Quelle erhalten kann, wird, wenn man zuvor Information von einer anderen Quelle empfängt, dadurch höchstens vermindert.

Addiert man bei der erhaltenen Ungleichung beiderseits die Entropie $H(\mathfrak{A})$, so ergibt sich wegen

$$H(\mathfrak{A}\times\mathfrak{B}) = H(\mathfrak{A}) + H(\mathfrak{B}/\mathfrak{A})$$

die weitere Ungleichung

$$H(\mathfrak{A}\times\mathfrak{B}) \leqq H(\mathfrak{A}) + H(\mathfrak{B})\,.$$

Die Verbundentropie erreicht ihren maximalen Wert nur dann, wenn beide Quellen voneinander unabhängig sind.

Wir betrachten noch den anderen Grenzfall, daß die Ereignisse der Quelle $\mathfrak{B}$ vollständig von den Ereignissen der Quelle $\mathfrak{A}$ abhängen, d. h., daß beim Auftreten von A_i eindeutig festliegt, welches B_j[1]) auftritt. Dies bedeutet, daß bei festem i alle $q_{j/i}$ bis auf eines, das den Wert 1 annimmt, verschwinden. Dann ist aber für jedes i

$$H(\mathfrak{B}/A_i) = 0$$

und weiter auch

$$H(\mathfrak{B}/\mathfrak{A}) = 0\,.$$

Die Quelle $\mathfrak{B}$ steuert keinen zusätzlichen Betrag zur Verbundentropie bei:

$$H(\mathfrak{A}\times\mathfrak{B}) = H(\mathfrak{A}) \qquad \text{(Abb. 30.2b)}\,.$$

Da im allgemeinen Fall $H(\mathfrak{B}/\mathfrak{A})$ die Entropie ist, die die Quelle $\mathfrak{B}$ noch liefert, wenn zuvor die Information von der Quelle $\mathfrak{A}$ schon vorliegt, so ergibt

$$T_{\mathfrak{A}\mathfrak{B}} = H(\mathfrak{B}) - H(\mathfrak{B}/\mathfrak{A})$$

die mittlere Information, die von der Quelle $\mathfrak{A}$ bezüglich $\mathfrak{B}$ dargeboten wird; entsprechend ist

$$T_{\mathfrak{B}\mathfrak{A}} = H(\mathfrak{A}) - H(\mathfrak{A}/\mathfrak{B})$$

[1]) Dieser Fall setzt voraus, daß $n \geqq m$ ist.

die mittlere Information, die von der Quelle $\mathfrak{B}$ bezüglich $\mathfrak{A}$ geboten wird. Aus den Beziehungen fur die Verbundentropie

$$H(\mathfrak{A}\times\mathfrak{B}) = H(\mathfrak{A}) + H(\mathfrak{B}/\mathfrak{A}),$$

$$H(\mathfrak{A}\times\mathfrak{B}) = H(\mathfrak{B}) + H(\mathfrak{A}/\mathfrak{B})$$

folgt aber

$$H(\mathfrak{A}) + H(\mathfrak{B}/\mathfrak{A}) = H(\mathfrak{B}) + H(\mathfrak{A}/\mathfrak{B})$$

und somit

$$H(\mathfrak{A}) - H(\mathfrak{A}/\mathfrak{B}) = H(\mathfrak{B}) - H(\mathfrak{B}/\mathfrak{A}).$$

Es ist also

$$T_{\mathfrak{A}\mathfrak{B}} = T_{\mathfrak{B}\mathfrak{A}} = T.$$

Man bezeichnet daher

$$T = H(\mathfrak{A}) - H(\mathfrak{A}/\mathfrak{B})$$
$$= H(\mathfrak{B}) - H(\mathfrak{B}/\mathfrak{A})$$

als die gegenseitige Entropie der beiden Quellen oder auch als *Synentropie*. Die zwar sehr gebrauchliche Bezeichnung *Transinformation* sollte vermieden werden, da es sich hier um einen Erwartungswert fur die gegenseitige Information, also um eine Entropie handelt.

Die in diesem Abschnitt durchgeführten Betrachtungen gelten fur beliebige Paare von Quellen. Als Beispiele von Informationsquellen, die man als Paare nebeneinander betrachten kann, seien angefuhrt: Gesprache in der Straßenbahn, verschiedene Tageszeitungen, eine mathematische Fachzeitschrift, Teilergebnisse zu einer Wahl aus verschiedenen Bezirken usw.

31. Die Eindeutigkeit des Ausdrucks für die Entropie

A. Feinstein [14] hat gezeigt, daß sich der eingefuhrte Ausdruck für die Entropie

$$H(p_1, \ldots, p_n) = -\sum_{i=1}^{n} p_i \operatorname{ld} p_i \text{ bit}$$

zwangsläufig ergibt, wenn man an ihn die folgenden vier Forderungen stellt:

1′. $H(p, 1-p)$ ist eine stetige Funktion von p für $0 \leqq p \leqq 1$.

2′. $H(p_1, \ldots, p_n)$ ist symmetrisch in allen Variablen.

3′. Fur $p_n = q_1 + q_2$ mit $q_1, q_2 \geqq 0$ gilt das Verfeinerungstheorem

$$H(p_1, \ldots, p_{n-1}, q_1, q_2) = H(p_1, \ldots, p_n) + p_n \cdot H\left(\frac{q_1}{p_n}, \frac{q_2}{p_n}\right).$$

4′. $H\left(\frac{1}{2}, \frac{1}{2}\right) = 1$ bit (Normierung).

Wir wollen hier einen Beweis anführen, der auf einer teilweise anderen Formulierung der Grundforderungen beruht, die stärker den intuitiven Vorstellungen gerecht wird.

1. $F(p_1, \ldots, p_n)$ ist in allen Variablen im Bereich $0 \leqq p_i \leqq 1$ $(i = 1, \ldots, n)$ stetig.

2. Die Entropie einer Quelle nimmt keinen großeren Wert an als den, der sich bei Gleichverteilung ergibt:

$$H(p_1, \ldots, p_n) \leqq H\left(\frac{1}{n}, \ldots, \frac{1}{n}\right).$$

3. Additionstheorem der Entropie

$$H(\mathfrak{A} \times \mathfrak{B}) = H(\mathfrak{A}) + H(\mathfrak{B}/\mathfrak{A}).$$

4. Die Hinzunahme eines unmöglichen Ereignisses ändert die Entropie nicht:

$$H(p_1, \ldots, p_n, 0) = H(p_1, \ldots, p_n).$$

5. $H\left(\frac{1}{2}, \frac{1}{2}\right) = 1$ bit (Normierung).

Fur die Entropie bei Gleichverteilung führen wir eine kürzere Schreibweise ein:

$$H\left(\frac{1}{n}, \ldots, \frac{1}{n}\right) = F(n).$$

Dann folgt aus 4. und 2.

$$F(n) = H\left(\frac{1}{n}, \ldots, \frac{1}{n}, 0\right) \leqq H\left(\frac{1}{n+1}, \ldots, \frac{1}{n+1}\right) = F(n+1),$$

d. h., $F(n)$ ist eine monoton wachsende Funktion von n. Wir gehen von der Quelle

$$\begin{pmatrix} B_1, \ldots, B_n \\ \frac{1}{n}, \ldots, \frac{1}{n} \end{pmatrix}$$

mit Gleichverteilung aus und betrachten eine k-fache unabhangige Wiederholung der Signalausgabe. Die so erhaltene erweiterte Quelle $B^k = \underbrace{B \times B \times \cdots \times B}_{k\text{-mal}}$ besitzt dann ebenfalls Gleichverteilung mit einem aus n^k verschiedenen n-stelligen Wörtern bestehenden Signalvorrat:

$$\begin{pmatrix} B_1^k, B_2^k, \ldots, B_{n^k}^k \\ \frac{1}{n^k}, \frac{1}{n^k}, \ldots, \frac{1}{n^k} \end{pmatrix}$$

Aus der Forderung 3 ergibt sich der Zusammenhang

$$F(n^k) = k \cdot F(n).$$

Wir zeigen nun, daß für $n = 2, 3, \ldots$

$$F(n) = \operatorname{ld} n$$

gilt. Zu diesem Zweck gehen wir davon aus, daß sich bei $n \geqq 2$ zu jeder beliebig großen ganzen positiven Zahl r stets eine ganze Zahl k so finden läßt, daß die

Bedingung

$$2^k \leqq n^r \leqq 2^{k+1}$$

erfüllt ist. Da ld n und $F(n)$ im vorliegenden Bereich monoton wachsende Funktionen von n sind, ergeben sich daraus die folgenden weiteren Ungleichungen

$$k \leqq r \cdot \operatorname{ld} n \leqq k + 1$$

und

$$F(2^k) = k \cdot F(2) \leqq F(n^r) = r \cdot F(n) \leqq F(2^{k+1}) = (k+1) \cdot F(2)$$

bzw. unter Berücksichtigung der Forderung 5 $F(2) = 1$

$$k \leqq r \cdot F(n) \leqq k + 1 \,.$$

Somit erfüllen ld n und $F(n)$ die gleichen Ungleichungen; da diese nur einen Spielraum von $\frac{1}{r}$ zulassen, muß $|F(n) - \operatorname{ld} n| \leqq \frac{1}{r}$ gelten. Nun kann aber r unabhängig von n beliebig groß gewählt werden. Durch Grenzübergang $r \to \infty$ folgt somit

$$F(n) = \operatorname{ld} n \,.$$

Um nachzuweisen, daß aus den obigen Forderungen für beliebiges p_i

$$H(p_1, \ldots, p_n) = -\sum_{i=1}^{n} p_i \operatorname{ld} p_i$$

folgt, zeigen wir zunächst, daß dies für rationale Wahrscheinlichkeiten

$$p_i = \frac{m_i}{N} \quad (i = 1, 2, \ldots, n)$$

gilt. Zu diesem Zweck betrachten wir neben dem Wahrscheinlichkeitsfeld $(p_1, \ldots, p_n)$ mit $p_i = \frac{m_i}{N}$ das gleichverteilte Feld $\mathfrak{B}\left(\frac{1}{N}, \ldots, \frac{1}{N}\right)$. Eine Entscheidung in diesem Feld $\mathfrak{B}$ können wir ersetzen durch zwei aufeinander folgende Entscheidungen: Nach einer Entscheidung A_i im Feld $\mathfrak{A}$ mit $p_i \neq 0$ nehmen wir eine weitere Entscheidung in einem von der Entscheidung in $\mathfrak{A}$ abhängigen Feld $\mathfrak{C}(q_1, \ldots, q_N)$ vor, wobei für $\mathfrak{C}$ unter der Bedingung, daß A_i vorliegt,

$$q_k = \begin{cases} \frac{1}{m^i} \text{ für } k = m_1 + m_2 + \cdots + m_{i-1} + 1 \\ \qquad \text{bis } k = m_1 + m_2 + \cdots + m_{i-1} + m_i \,, \\ 0 \quad \text{sonst} \end{cases}$$

gilt. Dann ist

$$H(\mathfrak{C}/A_i) = H\Big(0, \ldots, 0, \overbrace{\frac{1}{m_i}, \ldots, \frac{1}{m_i}}^{m_i\text{-mal}}, 0, \ldots, 0\Big)$$
$$= F(m_i) = \operatorname{ld} m_i = \operatorname{ld}(N p_i) \,.$$

Für die bedingte Entropie erhalten wir durch Bildung der mathematischen Erwartung über i

$$H(\mathfrak{C}/\mathfrak{A}) = \sum_{i=1}^{n} p_i H(\mathfrak{C}/A_i) = \sum_{i=1}^{n} p_i \operatorname{ld}(N p_i) = \operatorname{ld} N + \sum_{i=1}^{n} p_i \operatorname{ld} p_i \,.$$

Auf Grund der Forderung 3 führt dies zu

$$H(\mathfrak{B}) = H(\mathfrak{A} \times \mathfrak{C}) = H(\mathfrak{A}) + H(\mathfrak{C}/\mathfrak{A}) ,$$

so daß

$$H(\mathfrak{A}) = H(\mathfrak{B}) - H(\mathfrak{C}/\mathfrak{A})$$

folgt. Da

$$H(\mathfrak{B}) = F(N) = \mathrm{ld}\, N$$

ist, resultiert schließlich

$$H(\mathfrak{A}) = -\sum_{i=1}^{n} p_i \,\mathrm{ld}\, p_i$$

für rationale p_i. Infolge der Stetigkeitsforderung 1. gilt diese Beziehung dann aber auch fur beliebige Wahrscheinlichkeiten.

32. Kanal und Kanalkapazität

In Analogie zur Bezeichnung *Nachrichtenquelle* fur die Stelle, an der Nachrichten erzeugt werden, verwendet man den Ausdruck *Nachrichtensenke* für die Empfangsstelle. Die natürlichen Gegebenheiten bzw. die künstlichen Einrichtungen, die den Nachrichtenfluß zwischen Quelle und Senke zustande kommen lassen, faßt man in konsequenter Fortsetzung dieser bildhaften Vorstellung einer fließenden Nachricht als *Nachrichtenkanal* auf. Das mathematische Modell eines Nachrichtenkanals ohne Gedachtnis wird dementsprechend durch ein Input- und ein Output-Alphabet[1]) gegeben sowie durch eine zwischen diesen beiden Mengen bestehende Relation, die im determinierten Fall jedem Inputsymbol ein Outputsignal zuordnet, im stochastischen Fall eines „gestörten" Kanals dagegen ein Wahrscheinlichkeitsfeld über der Outputmenge. Der Übergang von einem gesendeten Signal zu einem empfangenen Signal wird durch ein bedingtes Wahrscheinlichkeitsfeld uber der Outputmenge unter der Inputbedingung beschrieben.

Die Inputmenge sei $X = \{x_1, \ldots, x_n\}$, die Outputmenge $Y = \{y_1, \ldots, y_m\}$. Die Übergangswahrscheinlichkeit

$$q(y_j/x_i)$$

gibt die Wahrscheinlichkeit für das Auftreten des Symbols y_j am Ausgang des Kanals, wenn x_i als Inputsignal am Eingang vorliegt (Abb. 32.1).

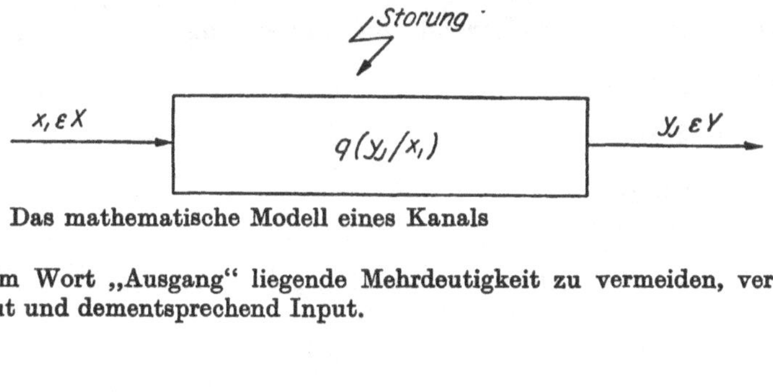

Abb. 32.1. Das mathematische Modell eines Kanals

[1]) Um die im Wort „Ausgang" liegende Mehrdeutigkeit zu vermeiden, verwendet der Autor Output und dementsprechend Input.

Abb. 32 2 zeigt das Modell einer direkten[1]) Nachrichtenubertragung.

Für den Empfanger der Nachrichten über Y, der nicht über die Existenz der Quelle $\mathfrak{A}$ und des Kanals $\mathfrak{K}$ orientiert ist, wird die Vorstellung einer diese Nachrichten aussendenden Quelle entstehen. Allgemein stellt eine Quelle mit nachgeschaltetem Kanal wieder eine Quelle dar.

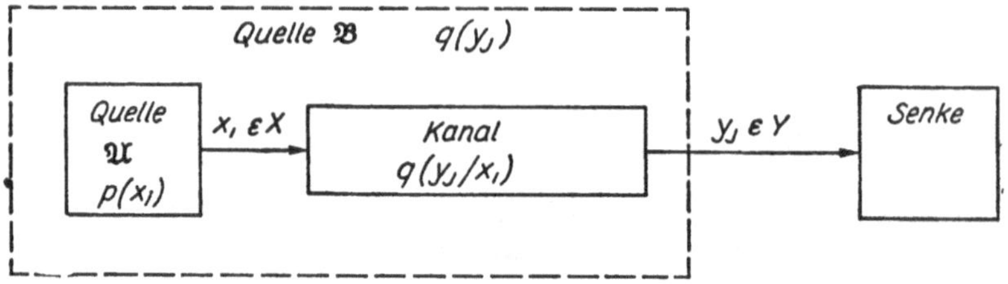

Abb. 32.2. Modell einer direkten Nachrichtenubertragung

Im Abschnitt 30 haben wir zwei verbundene Quellen betrachtet, ohne bestimmte Vorstellungen hinsichtlich des Zustandekommens einer Verbindung zwischen diesen Quellen zu fixieren. Im folgenden soll die Quelle $\mathfrak{B}$ aus der Quelle $\mathfrak{A}$ durch Nachschalten eines Kanals hervorgehen. Neben einer Person, die nur die Vorgange an der Quelle $\mathfrak{A}$ beobachtet, und dem Empfänger, der nur die Vorgange am Kanalausgang — also nur an der Quelle $\mathfrak{B}$ — beobachten kann, ziehen wir noch einen außenstehenden Beobachter hinzu, der sich uber beide Quellen informieren kann.

Die Quelle $\mathfrak{A}$ ist gegeben; ihr Beobachter stellt das Wahrscheinlichkeitsfeld $p(x_i)$ $(i = 1, \ldots, n)$ fest. Der Beobachter der Quelle $\mathfrak{B}$ ermittelt aus statistischen Beobachtungen das Feld $q(y_j)$ $(j = 1, \ldots, m)$ fur das Auftreten der Symbole aus Y. Als Empfanger wird ihm daran gelegen sein, Ruckschlüsse aus den empfangenen Symbolen auf die von $\mathfrak{A}$ ausgesendeten Symbole zu ziehen. Er interessiert sich somit fur die Rückschlußwahrscheinlichkeiten

$$p(x_i/y_j)\,,$$

d. h. fur die bedingten Wahrscheinlichkeiten, daß das Symbol x_i ausgesendet wurde, wenn das Symbol y_j empfangen wird. Der außenstehende Beobachter — fur ihn liegt die Verbundquelle $\mathfrak{A}\times\mathfrak{B}$ vor — erfaßt statistisch das verbundene Auftreten eines gesendeten und eines empfangenen Symbols und somit das Feld $r(x_i, y_j)$.

Mathematisch bestehen u. a. folgende Zusammenhänge:

1. $r(x_i, y_j) = p(x_i) \cdot q(y_j/x_i)$.
2. $q(y_j) = \sum_{i=1}^{n} r(x_i, y_j)$.
3. $p(x_i/y_j) = \dfrac{r(x_i, y_j)}{q(y_j)}$.

[1]) Direkt ist hier im Sinn „ohne dazwischenliegende Kodierung und Dekodierung“ zu verstehen.

Den drei Feldern vollstandiger Wahrscheinlichkeiten

$$p(x_i)\,,\qquad q(y_j)\qquad \text{und}\qquad r(x_i, y_j)\,,$$

die wir kürzer mit

$$p_i\,,\qquad q_j\qquad \text{und}\qquad r_{ij}$$

bezeichnen wollen, und den drei Quellen $\mathfrak{A}$, $\mathfrak{B}$ und $\mathfrak{A}\times\mathfrak{B}$ entsprechend, lassen sich drei Entropieausdrücke bilden:

Die Quellenentropie

$$H(\mathfrak{A}) = -\sum_{i=1}^{n} p_i \operatorname{ld} p_i\,,$$

die Empfangsentropie

$$H(\mathfrak{B}) = -\sum_{j=1}^{m} q_j \operatorname{ld} q_j$$

und die Verbundentropie

$$H(\mathfrak{A}\times\mathfrak{B}) = -\sum_{i=1}^{n}\sum_{j=1}^{m} r_{ij} \operatorname{ld} r_{ij}\,.$$

Aber auch zu den beiden bedingten Wahrscheinlichkeitsfeldern

$$q(y_j/x_i) = q_{j/i}\qquad \text{und}\qquad p(x_i/y_j) = p_{j/i}$$

lassen sich zwei Entropieausdrucke bilden. Hält man namlich bei einem bedingten Wahrscheinlichkeitsfeld die Bedingung fest, so liegt wieder ein vollständiges Feld hinsichtlich der anderen Große vor Es läßt sich dementsprechend zu jedem Wert der Bedingung ein Entropieausdruck angeben. Durch Bildung der mathematischen Erwartung uber alle Werte der Bedingung ergibt sich dann ein dem bedingten Wahrscheinlichkeitsfeld zugeordneter Entropieausdruck; man spricht von der bedingten Entropie. Auf diese Weise erhalten wir die sogenannte *Äquivokation*

$$H(\mathfrak{A}/\mathfrak{B}) = -\sum_{i=1}^{n}\sum_{j=1}^{m} q_j\, p_{i/j} \operatorname{ld} p_{i/j}$$

und die sogenannte *Irrelevanz*

$$H(\mathfrak{B}/\mathfrak{A}) = -\sum_{i=1}^{n}\sum_{j=1}^{m} p_i\, q_{j/i} \operatorname{ld} q_{j/i}\,.$$

Das BERGERsche *Diagramm* (Abb. 32.3) zeigt den schon in Abb. 30.1 dargestellten Zusammenhang zwischen den einzelnen Entropieausdrucken unter der Vorstellung eines von $\mathfrak{A}$ nach $\mathfrak{B}$ verlaufenden Nachrichtenflusses. Dabei ist Äquivokation $H(\mathfrak{A}/\mathfrak{B})$ der Anteil der Quellenentropie, der infolge der auf den Kanal einwirkenden Storungen in $\mathfrak{B}$ nicht auswertbar ist, und die Irrelevanz $H(\mathfrak{B}/\mathfrak{A})$ der Anteil der Empfangsentropie, der in keinem Zusammenhang mit der Quelle steht.

$$\begin{aligned} T &= H(\mathfrak{A}) - H(\mathfrak{A}/\mathfrak{B}) \\ &= H(\mathfrak{B}) - H(\mathfrak{B}/\mathfrak{A}) \end{aligned}$$

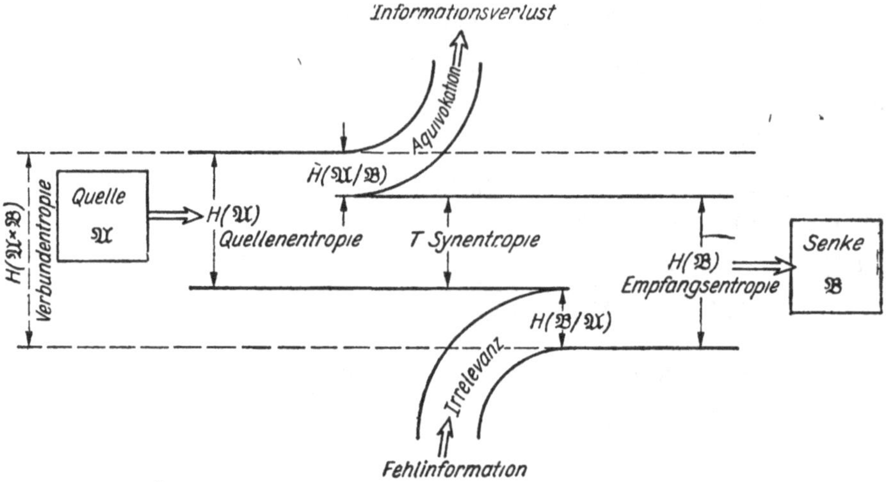

Abb. 32.3. Das BERGERsche Diagramm zum gestörten Kanal

ist der Anteil von der Quellenentropie, der zum Empfänger gelangt. Die dafür üblich gewordene Bezeichnung Transinformation ist — wie wir schon im Abschnitt 30 bemerkt haben — insofern nicht ganz zutreffend, als T als Differenz von Entropieausdrücken selbst eine Entropie ist. Von H. PILOTY wird hierfür Synentropie vorgeschlagen.

Beispiel. Eine Nachrichtenquelle sende mit gleichen Wahrscheinlichkeiten Spannungssignale von 1 Volt, 0 Volt und —1 Volt aus. Im Übertragungskanal befinde sich eine Störquelle, die unabhängig von den einlaufenden Signalen ebenfalls mit gleichen Wahrscheinlichkeiten die drei Spannungen 1 Volt, 0 Volt und —1 Volt erzeuge. Diese Störsignale mögen sich multiplikativ mit den Inputsignalen verbinden.

Die Quellenentropie ergibt sich direkt zu

$$H(X) = \log 3 = 0{,}4771 \text{ dit}\,.$$

Die folgende Zusammenstellung gibt die mit gleichen Wahrscheinlichkeiten auftretenden Kombinationen von Input-, Stör- und Outputsignalen.

Inputsignal	Störsignal	Outputsignal
1	1	1
	0	0
	−1	−1
0	1	0
	0	0
	−1	0
−1	1	−1
	0	0
	−1	1

Daraus entnehmen wir als Wahrscheinlichkeitsfeld am Output

$$q_1 = 2/9\,, \quad q_0 = 5/9\,, \quad q_{-1} = 2/9\,.$$

Fur die Verbundwahrscheinlichkeiten ergeben sich

$$\begin{aligned} r_{1,1} &= 1/9\,, & r_{1,0} &= 1/9\,, & r_{1,-1} &= 1/9\,, \\ r_{0,1} &= 0\,, & r_{0,0} &= 3/9\,, & r_{0,-1} &= 0\,, \\ r_{-1,1} &= 1/9\,, & r_{-1,0} &= 1/9\,, & r_{-1,-1} &= 1/9\,. \end{aligned}$$

Damit finden wir fur die Empfangsentropie

$$\begin{aligned} H(Y) &= 2/9 \log 9/2 + 5/9 \log 9/5 + 2/9 \log 9/2 \\ &= \log 9 - 5/9 \log 5 - 4/9 \log 2 \\ &= 0{,}4321 \text{ dit}\,. \end{aligned}$$

Weiter erhalten wir für die Verbundentropie

$$\begin{aligned} H(X \times Y) &= 6 \cdot 1/9 \log 9 + 3/9 \log 9/3 \\ &= \log 9 - 1/3 \log 3 \\ &= 0{,}7952 \text{ dit}\,. \end{aligned}$$

Damit läßt sich die Synentropie berechnen:

$$\begin{aligned} T &= H(X) + H(Y) - H(X \times Y) \\ &= 0{,}1140 \text{ dit}\,. \end{aligned}$$

Schließlich ergeben sich die bedingten Entropieausdrücke

$$\begin{aligned} H(X/Y) &= H(X) - T = 0{,}4130 \text{ dit}\,, \\ H(Y/X) &= H(Y) - T = 0{,}3182 \text{ dit}\,. \end{aligned}$$

Zusammenstellung der Ergebnisse

	dit	bit
$H(X)$	0,4771	1,58
$H(Y)$	0,4321	1,43
$H(X \times Y)$	0,7952	2,64
T	0,1140	0,37
$H(X/Y)$	0,3631	1,21
$H(Y/X)$	0,3182	1,06

Die Abbildungen 32.4 und 32.5 zeigen die Übergangs- bzw. Ruckschlußwahrscheinlichkeiten, Abb. 32.6 das BERGERsche Diagramm für den gestorten Kanal. Die Synentropie hangt von den Kanaleigenschaften — also von dem Feld $q_{j/i}$ — und von den Quelleneigenschaften — also von dem Feld p_i — ab.

Eine entsprechende Darstellung gewinnen wir aus

$$T = H(\mathfrak{B}) - H(\mathfrak{B}/\dot{\mathfrak{A}})$$
$$= -\sum_{j=1}^{m} q_j \operatorname{ld} q_j + \sum_{i=1}^{n} \sum_{j=1}^{m} p_i\, q_{j/i} \operatorname{ld} q_{j/i}\,,$$

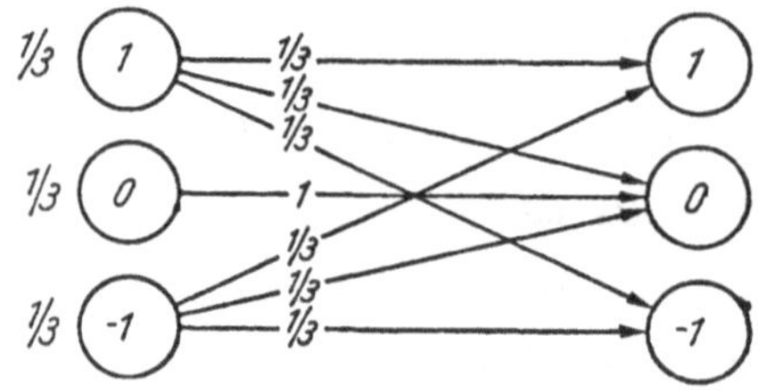

Abb. 32.4. Übergangswahrscheinlichkeiten zum Beispiel im Text

$H(Y/X) = 1/3\,(3 \cdot 1/3 \log 3 + 1 \cdot \log 1 + 3 \cdot 1/3 \log 3)$
$= 2/3 \log 3$
$= 0{,}3182$ dit

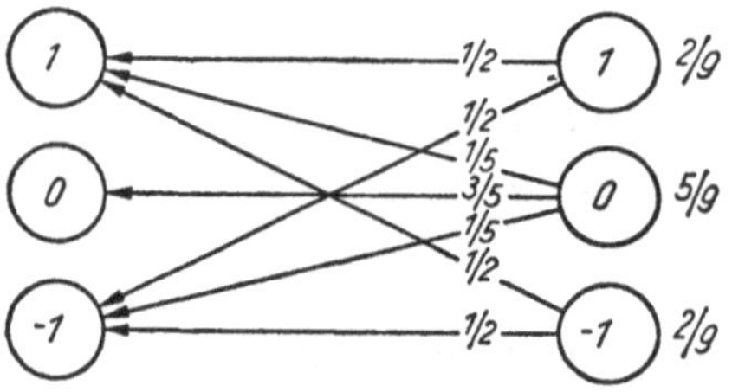

Abb. 32.5. Rückschlußwahrscheinlichkeiten zum Beispiel im Text

$H(X/Y) = 2/9\,(2 \cdot 1/2 \log 2) + 5/9\,(2 \cdot 1/5 \log 5 + 3/5 \log 5/3)$
$+ 2/9\,(2 \cdot 1/2 \log 2)$
$= 4/9 \log 2 + 5/9 \log 5 - 1/3 \log 3$
$= 0{,}3631$ dit

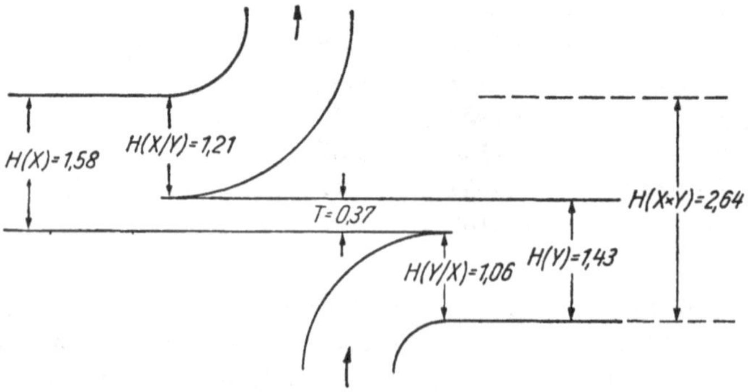

Abb. 32.6. Das BERGERsche Diagramm für den gestörten Kanal (Beispiel im Text)

indem wir

$$q_j = \sum_{i=1}^{n} r_{ij} = \sum_{i=1}^{n} p_i\, q_{j/i}$$

einsetzen, wobei wir dabei für die eine Summation den Index k schreiben:

$$T = -\sum_{i=1}^{n} \sum_{j=1}^{m} p_i\, q_{j/i}\, \mathrm{ld} \sum_{k=1}^{n} p_k\, q_{j/k} + \sum_{i=1}^{n} \sum_{j=1}^{m} p_i\, q_{j/i}\, \mathrm{ld}\, q_{j/i}\,.$$

Um daraus eine die Leistungsfahigkeit des Kanals charakterisierende Große zu gewinnen, variieren wir die Quelle so, daß die Synentropie zu einem maximalen Wert gebracht wird. Bei dieser Variation von T über p_i müssen wir die Nebenbedingungen

$$\sum_{i=1}^{n} p_i = 1$$

berucksichtigen.

Die LAGRANGEsche Multiplikationsmethode liefert als Bedingung fur das Eintreten eines Extremwertes, wenn wir wieder zu natürlichen Logarithmen übergehen,

$$\frac{\partial}{\partial p_l}\left\{-\sum_i \sum_j p_i\, q_{j/i}\left[\ln \sum_k p_k\, q_{j/k} - \ln q_{j/i}\right] - \lambda\left[\sum_i p_i - 1\right]\right\} = 0$$

$$\text{für } l = 1, 2, \ldots, n\,.$$

Die Ausführung der Differentiation ergibt

$$-\sum_j q_{j/l}\left[\ln \sum_k p_k\, q_{j/k} - \ln q_{j/l}\right] - \sum_i \sum_j p_i\, q_{j/i} \frac{q_{j/l}}{\sum_k p_k\, q_{j/k}} - \lambda = 0\,.$$

Fuhrt man im zweiten Glied die Summationen uber k und über i durch, so erhalt man, da

$$\sum_i p_i\, q_{j/i} = \sum_k p_k\, q_{j/k} = q_j$$

ist, für dieses Glied

$$-\sum_j q_{j/l} = -1 \qquad \text{fur jedes } l = 1, 2, \ldots, n\,.$$

Somit ist

$$-\sum_j q_{j/l}\left[\ln q_j - \ln q_{j/l}\right] = \text{const} \qquad \text{für } l = 1, 2, \ldots, n\,.$$

Der linksstehende Ausdruck hat die Eigenschaft, daß aus ihm durch Bildung der mathematischen Erwartung uber p_l die Synentropie gewonnen wird. Er hat somit den Charakter einer Information. Hier ware die Bezeichnung Transinformation unter der Bedingung, daß x_l gesendet wird — Symbol T_l —, angebracht:

$$T = \sum_{l=1}^{n} p_l \cdot T_l\,.$$

Die obige von J. PETERS [58] gewonnene Extremwertbedingung laßt sich wie folgt interpretieren: Die Synentropie eines Kanals nimmt genau dann ihren maximalen Wert an, wenn die Wahrscheinlichkeiten fur die davor geschaltete Quelle so gewahlt werden, daß die Transinformation für die einzelnen Quellensymbole den gleichen Wert annehmen. Diese Konstante ist dann zugleich der maximale Wert für die Synentropie und wird als Kanalweite bezeichnet.

Man beachte, daß dieses Ergebnis eine Verallgemeinerung des in Abschnitt 30 gefundenen Satzes ist, daß eine Quelle genau dann maximale Entropie besitzt, wenn sie die einzelnen Symbole mit gleichen Informationsbetragen aussendet. Dann verteilt sich die Entropie zu gleichen Informationsbeträgen auf die einzelnen Symbole. Genau das ist aber der Inhalt des PETERSschen Ergebnisses:

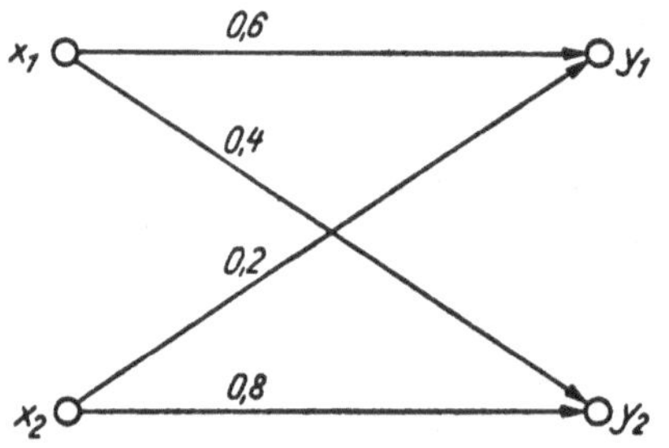

Abb. 32.7. Beispiel eines unsymmetrisch gestorten Binärkanals

Eine aus primarer Quelle und nachgeschaltetem Kanal bestehende Quelle liefert dann maximale Entropie an den Empfanger — also maximale Synentropie —, wenn sich diese gleichmäßig uber die einzelnen Quellensymbole verteilt.

Mit diesem Ergebnis ist auch ein Weg gegeben, die Kanalweite eines vorgelegten Kanals zu bestimmen. Wir zeigen das Verfahren an einem Beispiel.

Beispiel. Es liege ein gestörter Binarkanal vor (Abb. 32.7)

	j	i = 1	2
$q_{j/i}$	1	0,6	0,2
	2	0,4	0,8

$(n = m = 2)$.

Wir stellen die Transinformationen T_1 und T_2 auf und fordern ihre Gleichheit. Aus Gründen einer bequemeren numerischen Rechnung gehen wir auf Logarithmen zur Basis 10 über:

$$- 0{,}6 (\log q_1 - \log 0{,}6) - 0{,}4 (\log q_2 - \log 0{,}4)$$
$$= - 0{,}2 (\log q_1 - \log 0{,}2) - 0{,}8 (\log q_2 - \log 0{,}8) .$$

Wir bestimmen daraus q_1 und q_2 unter der Bedingung

$$q_1 + q_2 = 1$$

$$-0{,}4 \log q_1 + 0{,}4 \log (1 - q_1)$$
$$= -0{,}6 \log 0{,}6 - 0{,}4 \log 0{,}4 + 0{,}2 \log 0{,}2 + 0{,}8 \log 0{,}8\,,$$

$$\log\left(\frac{1}{q_1} - 1\right) = \frac{1}{0{,}4}(0{,}6 \log 0{,}6 + 0{,}4 \log 0{,}4 - 0{,}2 \log 0{,}2$$
$$- 0{,}8 \log 0{,}8)\,.$$

Wir werten den rechts stehenden Ausdruck aus

$$\begin{array}{l|l} \log 0{,}6 = -0{,}2218 & \cdot\ 0{,}6 = -0{,}13308 \\ \log 0{,}4 = -0{,}3979 & \cdot\ 0{,}4 = -0{,}15916 \\ \log 0{,}2 = -0{,}6990 & \cdot(-0{,}2) = +0{,}13980 \\ \log 0{,}8 = -0{,}0969 & \cdot(-0{,}8) = +0{,}07752 \\ \hline & \Sigma = -0{,}07492 \\ & -\frac{1}{0{,}4}\cdot\Sigma = +0{,}1873\,. \end{array}$$

Aus

$$\log\left(\frac{1}{q_1} - 1\right) = 0{,}1873 \quad \text{folgt}$$

$$\frac{1}{q_1} - 1 = 1{,}5393\,,$$

$$q_1 = \frac{1}{2{,}5393} = 0{,}3938;$$

$$q_2 = 0{,}6062\,.$$

Aus

$$q_1 = 0{,}6\, p_1 + 0{,}2\, p_2$$
$$= 0{,}4\, p_1 + 0{,}2$$

folgt weiter

$$p_1 = 2{,}5\,(q_1 - 0{,}2)$$

und somit

$$\begin{cases} p_1 = 0{,}4845\,, \\ p_1 = 0{,}5155\,. \end{cases}$$

Zur Kontrolle bilden wir T_1 und T_2:

$$T_1 = -0{,}6\,(\log q_1 - \log 0{,}6) - 0{,}4\,(\log q_2 - \log 0{,}4)\,,$$

$$\begin{array}{ll} \log q_1 = 0{,}5953 - 1 & \log q_2 = 0{,}7826 - 1 \\ \log 0{,}6 = 0{,}7782 - 1 & \log 0{,}4 = 0{,}6021 - 1 \\ -\quad -\quad + & -\quad -\quad + \\ \hline -0{,}1829 \mid \cdot(-0{,}6) & +0{,}1805 \mid \cdot(-0{,}4) \\ = 0{,}10974 & = -0{,}07220\,, \\ -0{,}07220 & \\ \hline T_1 = 0{,}03754; & \end{array}$$

$$T_2 = -0{,}2\,(\log q_1 - \log 0{,}2) - 0{,}8\,(\log q_2 - \log 0{,}8)\,,$$

$$\begin{array}{ll}
\log q_1 \;\; = 0{,}5953 - 1 & \log q_2 \;\; = 0{,}7826 - 1 \\
\log 0{,}2 = 0{,}3010 - 1 & \log 0{,}8 = 0{,}9031 - 1 \\
- \quad - \quad\quad + & - \quad - \quad\quad + \\
\hline
+\,0{,}2943 \;|\; \cdot(-0{,}2) & -\,0{,}1205 \;|\; \cdot(-0{,}8) \\
= -\,0{,}05886 & = +\,0{,}09640\,, \\
+\,0{,}09640 & \\
\hline
T_2 = +\,0{,}03754\,. &
\end{array}$$

$$T = T_1 = T_2 = 0{,}03754 \text{ dit,}$$
$$= 0{,}1247 \text{ bit.}$$

Die Kanalweite betragt 0,1247 bit pro Symbol. Multipliziert man die Kanalweite [bit/Symbol] mit der Übertragungsgeschwindigkeit v Symbole/Zeiteinheit, so erhält man die sogenannte *Kanalkapazität* in bit/Zeiteinheit.

33. Nachrichtenquellen mit unterschiedlichen Symbollängen und Zwischensymboleinfluß

Wir haben bisher Nachrichtenquellen nur einfachster Struktur betrachtet· Die einzelnen Symbole treten unabhangig voneinander auf; die Quelle ist durch das Wahrscheinlichkeitsfeld vollständig bestimmt.

Zur Simulation einer solchen Quelle kann ein Urnenmodell herangezogen werden, das verschiedenfarbige Kugeln enthalt, wobei die Anzahl gleichfarbiger Kugeln jeweils verhaltnisgleich der betreffenden Wahrscheinlichkeit ist und als Spielregel gilt, daß eine gezogene Kugel wieder in die Urne zuruckgelegt wird.

Beispiel. Die Quelle mit dem Wahrscheinlichkeitsfeld

$$p_1 = \frac{1}{2}\,, \quad p_2 = \frac{1}{4}\,, \quad p_3 = p_4 = \frac{1}{8}$$

besitzt die Entropie

$$H = \frac{1}{2}\,\mathrm{ld}\,2 + \frac{1}{4}\,\mathrm{ld}\,4 + \frac{1}{8}\,\mathrm{ld}\,8 + \frac{1}{8}\,\mathrm{ld}\,8$$
$$= \frac{1}{2}\cdot 1 + \frac{1}{4}\cdot 2 + \frac{1}{8}\cdot 3 + \frac{1}{8}\cdot 3$$
$$= 1\,\frac{3}{4}\text{ bit}\,.$$

Urnenmodell z. B.:

Farbe der Kugeln	rot	blau	weiß	schwarz
Anzahl der Kugeln	4	2	1	1

In allgemeiner Weise sind die Vorgänge an einer Quelle als Ergebnisse eines Zufallsprozesses anzusehen. In einfachster Weise kann ein Zufallsprozeß in der ständig fortgesetzten Wiederholung eines zufälligen Versuchs bestehen. Ein solcher Prozeß heißt stationär. Das obige Urnenmodell bietet ein Beispiel für einen stationären Prozeß. Bei einem stationären Prozeß bleibt das Wahrscheinlichkeitsfeld konstant, bei einem nichtstationären Prozeß ändert es sich mit der Zeit.

Im weiteren interessieren uns Prozesse, die durch die Gesamtheit von möglichen Zuständen und den zwischen diesen möglichen Übergängen und deren Wahrscheinlichkeiten charakterisiert sind. Hängen dabei diese Übergangswahrscheinlichkeiten nur von dem zuletzt erreichten Ergebnis ab, so spricht man von einem MARKOFFschen Prozeß erster Ordnung. Spielen auch weiter zurückliegende Ergebnisse ein, so liegt ein MARKOFFscher Prozeß entsprechend höherer Ordnung vor.

Einen MARKOFFschen Prozeß erster Ordnung können wir ebenfalls durch ein Urnenmodell simulieren. Den n Zuständen entsprechend nehmen wir n Urnen für die Übergangswahrscheinlichkeiten $q(j/i)$ $(i = 1, 2, \ldots, n)$ und eine zusätzliche Urne für die Anfangswahrscheinlichkeit $p(i)$ vor.

Beispiel. Urnenmodell für einen MARKOFFschen Prozeß erster Ordnung mit drei Zuständen

Übergangswahrscheinlichkeiten

nach	von		
	a	b	c
a	0,5	0,4	0,2
b	0,3	0,3	0,8
c	0,2	0,3	0

Anfangswahrscheinlichkeiten

$$p_a = 0{,}3\,, \quad p_b = 0{,}3\,, \quad p_c = 0{,}4\,.$$

Urnenmodell

	initiale Urne	Urne „rot“	Urne „weiß“	Urne „schwarz“
rot	3	5	4	2
weiß	3	3	3	8
schwarz	4	2	3	—

Wir wollen die Wahrscheinlichkeiten für das Auftreten der einzelnen Farben beim Ablauf des Prozesses verfolgen. Für den Anfangsschritt liegen diese Wahrscheinlichkeiten durch die Farbenstruktur der initialen Urne fest

$$p^0_{\text{rot}} = 0{,}3\,, \quad p^0_{\text{weiß}} = 0{,}3\,, \quad p^0_{\text{schwarz}} = 0{,}4\,.$$

Für den jeweils folgenden Schritt gilt die Rekursion

$$\begin{cases} p^{n+1}_{\text{rot}} = 0{,}5 \cdot p^n_{\text{rot}} + 0{,}4 \cdot p^n_{\text{weiß}} + 0{,}2 \cdot p^n_{\text{schwarz}}\,, \\ p^{n+1}_{\text{weiß}} = 0{,}3 \cdot p^n_{\text{rot}} + 0{,}3 \cdot p^n_{\text{weiß}} + 0{,}8 \cdot p^n_{\text{schwarz}}\,, \\ p^{n+1}_{\text{schwarz}} = 0{,}2 \cdot p^n_{\text{rot}} + 0{,}3 \cdot p^n_{\text{weiß}}\,. \end{cases}$$

Für die ersten Schritte liefert die Rechnung die folgenden Werte:

	p^0	p^1	p^2	p^3	...	p^∞
rot	0,3	0,35	0,405	0,3965	...	0,4
weiß	0,3	0,5	0,375	0,4100	...	0,4
schwarz	0,4	0,15	0,220	0,1935	...	0,2

Bei dem vorliegenden Beispiel existieren Grenzwahrscheinlichkeiten; man spricht auch von ergodischen Wahrscheinlichkeiten. Sie ergeben sich als Lösungen aus dem Ansatz

$$\begin{cases} p_{\text{rot}} = 0{,}5 \cdot p_{\text{rot}} + 0{,}4 \cdot p_{\text{weiß}} + 0{,}2 \cdot p_{\text{schwarz}}\,, \\ p_{\text{weiß}} = 0{,}3 \cdot p_{\text{rot}} + 0{,}3 \cdot p_{\text{weiß}} + 0{,}8 \cdot p_{\text{schwarz}}\,, \\ p_{\text{schwarz}} = 0{,}2 \cdot p_{\text{rot}} + 0{,}3 \cdot p_{\text{weiß}} \end{cases}$$

mit $p_{\text{rot}} + p_{\text{weiß}} + p_{\text{schwarz}} = 1$ zu

$$p_{\text{rot}} = 0{,}4 \qquad p_{\text{weiß}} = 0{,}4 \qquad p_{\text{schwarz}} = 0{,}2\,.$$

Setzen wir diese Werte als Anfangswerte an, so liegt ein ergodischer Prozeß vor: Die Wahrscheinlichkeiten über das Ensemble gebildet sind zu jeder Zeit gleich den Wahrscheinlichkeiten über eine Realisierung (Abb. 33.1).

Für eine Nachrichtenquelle, die durch einen MARKOFFschen Prozeß erster Ordnung modelliert wird, wird der Zustand durch das zuletzt ausgegebene Symbol x_i charakterisiert. In diesem Zustand wird die Quelle durch das

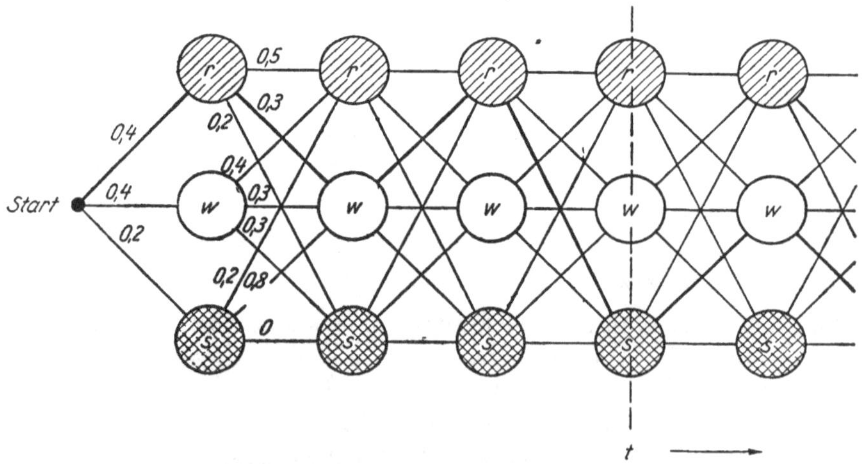

Abb. 33.1. Graph zum Beispiel im Text
Zwei „Schnitte" durch das Ensemble

1. t = const
2. eine Realisierung (stark ausgezogener Streckenzug)

Wahrscheinlichkeitsfeld $q(x_j/x_i) = q_{j/i}$ bestimmt. Als Entropie unter der Bedingung dieses Zustandes ergibt sich

$$-\sum_j q_{j/i} \operatorname{ld} q_{j/i}\,.$$

Um zu einem Entropieausdruck fur die Quelle insgesamt zu gelangen, müssen wir über die verschiedenen Zustände den Erwartungswert bilden. Damit erhalten wir als *Entropie einer* MARKOFF*schen Quelle erster Ordnung* pro Symbol

$$H_{\mathrm{Markoff}} = \sum_i \sum_j p_i\, q_{j/i} \operatorname{ld} q_{j/i}\,.$$

Beispiel. Für die obige Quelle mit

$$q_{j/i} = \begin{pmatrix} 0{,}5 & 0{,}4 & 0{,}2 \\ 0{,}3 & 0{,}3 & 0{,}8 \\ 0{,}2 & 0{,}3 & - \end{pmatrix}$$

und den ergodischen Wahrscheinlichkeiten

$$p_i = \begin{pmatrix} 0{,}4 \\ 0{,}4 \\ 0{,}2 \end{pmatrix}$$

ergibt sich

$$\begin{aligned} H_{\mathrm{Markoff}} &= -0{,}4\,\{0{,}5 \log 0{,}5 + 0{,}3 \log 0{,}3 + 0{,}2 \log 0{,}2\} \\ &\quad - 0{,}4\,\{0{,}4 \log 0{,}4 + 0{,}3 \log 0{,}3 + 0{,}3 \log 0{,}3\} \\ &\quad - 0{,}2\,\{0{,}2 \log 0{,}2 + 0{,}8 \log 0{,}8\} \\ &= -0{,}2 \log 0{,}5 - 0{,}36 \log 0{,}3 - 0{,}16 \log 0{,}4 \\ &\quad - 0{,}12 \log 0{,}2 - 0{,}16 \log 0{,}8 \\ &= 0{,}41148 \text{ dit} \\ &= 1{,}367 \text{ bit.} \end{aligned}$$

Ohne Zwischensymboleinfluß besitzt eine Quelle mit den gleichen p_i die Entropie

$$\begin{aligned} H' &= -0{,}4 \log 0{,}4 - 0{,}4 \log 0{,}4 - 0{,}2 \log 0{,}2 \\ &= 0{,}45812 \text{ dit} \\ &= 1{,}521 \text{ bit.} \end{aligned}$$

Dabei kann eine Quelle mit drei Symbolen als maximale Entropie

$$\begin{aligned} H_{\max} &= \log 3 \\ &= 0{,}4771 \text{ dit} \\ &= 0{,}551 \text{ bit} \end{aligned}$$

liefern.

Als *Redundanz* einer Quelle bezeichnet man das Verhältnis

$$R = \frac{H_{\max} - H}{H_{\max}}.$$

Im vorliegenden Fall ergibt sich mit

$$R = \frac{1{,}551 - 1{,}367}{1{,}551} \approx 0{,}12$$

eine Redundanz von 12 %.

Wir gehen jetzt zu dem allgemeineren Fall uber, daß die Quelle durch einen MARKOFFschen Prozeß hoherer Ordnung modelliert wird. Dabei reiche die sich noch auswirkende „Vorgeschichte" uber die letzten m Schritte. Wir fassen die jeweilige wirksame Vorgeschichte als erreichten Zustand Z_i der Quelle auf.

$$Z_i = (x_{i_1}, x_{i_2}, \ldots, x_{i_m}),$$

wobei x_{i_k} das k Schritte zuvor ausgesendete Symbol bedeutet. Es sei p_i die Wahrscheinlichkeit für den Zustand Z_i. Als Symbole, die die Quelle ausschicken kann, seien

$$S_1, S_2, \ldots, S_L$$

vorhanden. Dabei sei $p_{j/i}^{(s)}$ die Wahrscheinlichkeit fur den Übergang aus dem Zustand Z_i in den Zustand Z_j unter Aussendung des Symbols S_s ($s = 1, 2, \ldots, L$). Dann ist die Entropie des im Zustand Z_i befindlichen Systems

$$-\sum_j \sum_s p_{j/i}^{(s)} \operatorname{ld} p_{j/i}^{(s)}$$

und damit die mathematische Erwartung uber alle Zustande

$$H = -\sum_i \sum_j \sum_s P_i \, p_{j/i}^{(s)} \operatorname{ld} p_{j/i}^{(s)} \ \frac{\text{bit}}{\text{Symbol}}.$$

Wir wollen jetzt unsere Vorstellung von der Quelle weiter dahingehend verallgemeinern, daß wir unterschiedlich lange Symbole zulassen; dabei soll die Symbollänge evtl. auch noch von dem jeweiligen Übergang abhangen: $l_{j/i}^{(s)}$ sei

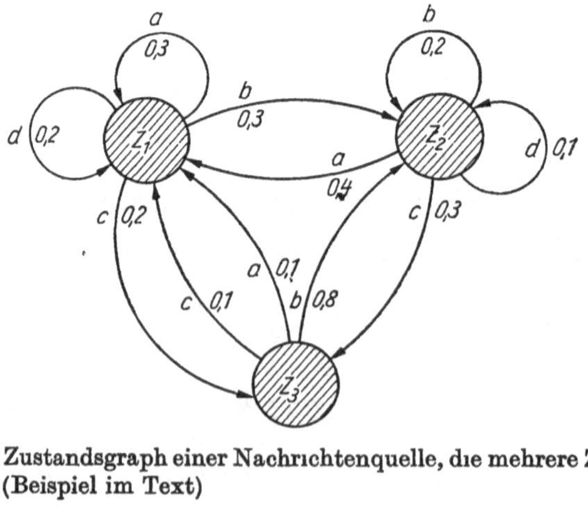

Abb. 33.2. Zustandsgraph einer Nachrichtenquelle, die mehrere Zustande annehmen kann (Beispiel im Text)

diese Symbollange in Zeiteinheiten. Als mathematische Erwartung fur die Symbollange haben wir somit

$$\sum_i \sum_j \sum_s P_i \, p_{j/i}^{(s)} \, l_{j/i}^{(s)} .$$

Damit liefert die betrachtete Quelle als Entropie

$$-\frac{\sum_i \sum_j \sum_s P_i \, p_{j/i}^{(s)} \operatorname{ld} p_{j/i}^{(s)}}{\sum_i \sum_j \sum_s P_i \, p_{j/i}^{(s)} \, l_{j/i}^{(s)}} \text{ bit/Zeiteinheit.}$$

Beispiel. Eine Nachrichtenquelle kann die vier Symbole a, b, c und d, deren Längen 1 bzw. 2, 3 und 4 Zeiteinheiten betragen, aussenden und dabei drei verschiedene Zustande z_1, z_2, z_3 (Abb. 33 2) annehmen. Es ist die Entropie dieser Quelle auf Grund der angegebenen Übergangswahrscheinlichkeiten zu bestimmen:

Übergang		unter Aussendung von				
von	nach	a	b	c	d	$p_{j/i}$
1	1	0,3			0,2	0,5
	2		0,3			0,3
	3			0,2		0,2
2	1	0,4				0,4
	2		0,2		0,1	0,3
	3			0,3		0,3
3	1	0,1		0,1		0,2
	2		0,8			0,8
	3					—

Wie man erkennt, stimmen die Übergangswahrscheinlichkeiten $p_{j/i}$ von einem Zustand in einen anderen Zustand mit den Werten aus dem früheren Beispiel uberein. Es existieren daher die dort berechneten ergodischen Wahrscheinlichkeiten

$$P_1 = 0{,}4 , \quad P_2 = 0{,}4 , \quad P_3 = 0{,}2 .$$

Wir erhalten fur die Entropie pro Symbol

$$\begin{aligned}
& -0{,}4\,(0{,}3 \log 0{,}3 + 0{,}2 \log 0{,}2 + 0{,}3 \log 0{,}3 + 0{,}2 \log 0{,}2) \\
& -0{,}4\,(0{,}4 \log 0{,}4 + 0{,}2 \log 0{,}2 + 0{,}1 \log 0{,}1 + 0{,}3 \log 0{,}3) \\
& -0{,}2\,(0{,}1 \log 0{,}1 + 0{,}1 \log 0{,}1 + 0{,}8 \log 0{,}8) \\
= & -0{,}36 \log 0{,}3 - 0{,}24 \log 0{,}2 - 0{,}16 \log 0{,}4 - 0{,}08 \log 0{,}1 \\
& -0{,}8 \log 0{,}8 \\
= & \; 0{,}36 \cdot 0{,}5229 + 0{,}24 \cdot 0{,}6990 + 0{,}16 \cdot 0{,}3979 + 0{,}08 \cdot 1 \\
& + 0{,}8 \cdot 0{,}0969 \\
= & \; 0{,}1882 + 0{,}1678 + 0{,}0637 + 0{,}0800 + 0{,}0775 \\
= & \; 0{,}5772 \text{ dit/Symbol} \\
= & \; \underline{\underline{1{,}917 \text{ bit/Symbol.}}}
\end{aligned}$$

Fur die in Zeiteinheiten gemessenen Zeichenlängen möge gelten

$$l_a = 1\,,$$
$$l_b = 1\,,$$
$$l_c = 3\,,$$
$$l_d = 4\,.$$

Die mittlere Symbollange ergibt sich aus

$$\begin{aligned} & 0{,}4\,(0{,}3 \cdot 1 + 0{,}2 \cdot 4 + 0{,}3 \cdot 2 + 0{,}2 \cdot 3) \\ & + 0{,}4\,(0{,}4 \cdot 1 + 0{,}2 \cdot 2 + 0{,}1 \cdot 4 + 0{,}3 \cdot 3) \\ & + 0{,}2\,(0{,}1 \cdot 1 + 0{,}1 \cdot 3 + 0{,}8 \cdot 2) \\ = {} & 0{,}92 + 0{,}84 + 0{,}40 \\ = {} & 2{,}16 \text{ Zeiteinheiten.} \end{aligned}$$

Damit erhalten wir für die Entropie

$$H = \frac{1{,}917}{2{,}16} = 0{,}887 \text{ bit/Zeiteinheit.}$$

34. Nachrichtenvorrat

Im Abschnitt 29 haben wir festgestellt, daß eine einfache Quelle, d. h. eine Quelle ohne Einschrankungen, maximale Entropie pro Symbol dann liefert, wenn sie die einzelnen Symbole mit gleichen Wahrscheinlichkeiten aussendet. Sind die Symbole von gleicher zeitlicher Länge, so wird dann auch die Entropie pro Zeiteinheit maximal. Statt die von der Quelle ausgeschickten Signale direkt am Ausgang der Quelle zu erfassen, wollen wir von der Vorstellung ausgehen, daß die Quelle an einen ungestorten Übertragungskanal angeschlossen sei. Dann hat die von der Quelle bei geeignetem Wahrscheinlichkeitsfeld lieferbare maximale Entropie des Systems Quelle–Kanal pro Zeiteinheit die Bedeutung der Kanalkapazität.

Für einen (ungestorten) Kanal, der einen Symbolvorrat von n verschiedenen gleichlangen Symbolen besitzt und pro Zeiteinheit ein Symbol übertragen kann, ist die Kanalkapazitat

$$\operatorname{ld} n \ \text{bit/s}\,.$$

Speziell hat der Binarkanal die Kapazitat 1 bit/s.

Unter einer T-stelligen Nachricht verstehen wir eine Symbolfolge, die der Kanal in T Zeiteinheiten übertragen kann. Die Anzahl der unterschiedlichen T-stelligen Nachrichten — wir sprechen von Nachrichtenvorrat — ist durch

$$N(T) = n^T$$

gegeben. Wir können jede dieser Nachrichten als *ein* Symbol eines auf T Takte erweiterten Kanals auffassen. Die Kapazitat dieses erweiterten Kanals ist somit

$$\operatorname{ld} n^T = T \cdot \operatorname{ld} n\,.$$

Division der Kapazitat des erweiterten Kanals durch die Taktzahl T liefert wieder die Kapazitat des einfachen Kanals.

Diese Überlegungen ermöglichen es uns nun, die Kanalkapazität auch bei ungleichlangen Symbolen und beim Vorhandensein von festen Einschränkungen zu erfassen.

Wir beginnen mit einem Beispiel.

Ein spezieller Kanal bestehe aus den drei Symbolen A, B und C, deren Langen (Symboldauer) durch

$$t_A = 2\,, \quad t_B = 3 \quad \text{und} \quad t_C = 6$$

Zeiteinheiten gegeben seien. (Als Beispiel wird in Abb. 34.1 der MORSE-Kanal betrachtet.) Wir fragen nach der Anzahl unterschiedlicher Nachrichten von der Lange T. Dabei werde als eine Nachricht von der Lange T jede Nachricht gezählt, deren Gesamtdauer T nicht überschreitet, durch Hinzufügen eines weiteren Symbols kürzester Dauer aber über die Zeit T anwachst.

Die folgende Tabelle gibt eine Aufstellung bis $T = 8$.

T	$N(T)$	Nachrichten der Länge T
0	(1)	Λ (leere Nachrichten)
1	(1)	Λ
2	1	A
3	2	A, B
4	2	AA, B
5	3	AA, AB, BA
6	5	AAA, AB, BA, BB, C
7	6	$AAA, AAB, ABA, BAA, BB, C$
8	9	$AAAA, AAB, ABA, BAA, ABB, BAB,$ BBA, AC, CA

Eine systematische Aufstellung ermöglicht der folgende Gedankengang.

Eine jede Nachricht, die unter der Zahl $N(T)$ erfaßt wird, geht durch Abstrich ihres letzten Symbols S_i in eine kurzere Nachricht, evtl. in die leere Nachricht Λ uber. Ist t_i die Lange des abgestrichenen Symbols, so wird diese kurzere Nachricht in der Zahl $N(T - t_i)$ erfaßt. Umgekehrt geht jede Nachricht, die in der Zahl $N(T - t_i)$ erfaßt ist, durch Anhängen des Symbols S_i in eine Nachricht über, die unter $N(T)$ gezahlt werden muß. Da alle Nachrichten, die unter $N(T - t_i)$ erfaßt werden, sich voneinander unterscheiden, gilt dies auch fur alle daraus durch Anhängen von S_i gewonnenen Nachrichten. Aber auch alle aus zwei verschiedenen Klassen $N(T - t_i)$ und $N(T - t_k)$ für die Klasse $N(T)$ konstruierten Nachrichten sind unterschiedlich, da sie sich sicher hinsichtlich der Lange der letzten Stelle unterscheiden und Symbole ungleicher Länge stets unterschiedliche Smybole sind. Auf diese Weise kann die Anzahl der Nachrichten von der Lange T aufgebaut werden aus der Summe der Nachrichtenanzahl von der Länge $T - t_i$, wobei über alle möglichen Symbole S_i zu summieren ist. In unserem Beispiel erhalten wir z. B. für $T = 8$ die Beziehung

$$\begin{aligned} N(8) &= N(8 - t_A) + N(8 - t_B) + N(8 - t_C) \\ &= N(6) + N(5) + N(2) \\ &= 5 \quad + 3 \quad + 1 \\ &= 9\,. \end{aligned}$$

Damit ist das Schema fur ein weiterlaufendes Aufbauverfahren in diesem Beispiel klar:

$T =$	8	9	10	11	12	13	14	15	16	17
$N(T-6)$	1	2	2	3	5	6	9	13	17	25
$N(T-3)$	3	5	6	9	13	17	25			
$N(T-2)$	5	6	9	13	17	25				
$N(T)$	9	13	17	25	usw.					

Auch der Anfang dieses Konstruktionsverfahrens liegt auf der Hand, wenn wir beachten, daß fur nichtnegative Argumente $N(T)$ mindestens der Wert 1 angenommen werden muß, um den Aufbau aus der leeren Nachricht Λ heraus zu ermoglichen.

T	0	1	2	3	4	5	6	7	8
$N(T-6)$			0	0	0	0	1	1	1
$T(N-3)$			0	1	1	1	2	2	3
$N(T-2)$			1	1	1	2	2	3	5
$N(T)$	1	1	1	2	2	3	5	6	9

Im allgemeinen Fall ergibt sich eine Gleichung von der Form

$$\begin{aligned} N(T) &= N(T - t_1) + N(T - t_2) + \cdots + N(T - t_n) \\ &= \sum_{k=1}^{n} N(T - t_k)\,. \end{aligned}$$

Durch geeignete Wahl der Zeiteinheit laßt sich mit beliebiger Annaherung erreichen, daß die t_i $(i = 1, 2, \ldots, n)$ ganzzahlige Werte annehmen. Unter Beachtung des Differenzenschemas einer Funktion $f(t)$

$$\begin{array}{cccccc} f(t) & & & & & \\ & \Delta(t) & & & & \\ f(t+1) & & \Delta^2(t) & & & \\ & \Delta(t+1) & & \Delta^3(t) & & \\ f(t+2) & & \Delta^2(t+1) & & \Delta^4(t) & \\ & \Delta(t+2) & & \Delta^3(t+1) & & \Delta^5(t) \\ f(t+3) & & \Delta^2(t+2) & & \Delta^4(t+1) & \end{array}$$

laßt sich jeder Funktionswert bei ganzzahligem Argument $t + k$ mit Hilfe der Differenzen und des Funktionswerts beim Argument t ausdrucken:

$$f(t + k) = f(t) + \binom{k}{1} \Delta(t) + \binom{k}{2} \Delta^2(t) + \cdots + \binom{k}{k} \Delta^k(t) .$$

Damit laßt sich die obige Gleichung fur $N(T)$ in eine lineare Differenzengleichung mit konstanten Koeffizienten uberfuhren. Fur ihre Auflösung lassen sich ähnliche Verfahren entwickeln, wie sie bei linearen Differentialgleichungen mit konstanten Koeffizienten Anwendung finden. Wir gehen von dem Lösungsansatz

$$N(T) = C_1 \cdot r_1^T + C_2 \cdot r_2^T + \cdots + C_n r_n^T = \sum_{i=1}^{n} C_i r_i^T$$

aus. Dann ist

$$N(T - t_k) = \sum_{i=1}^{n} C_i r_i^{T-t_k} \qquad \text{fur } k = 1, 2, \ldots, n .$$

Setzen wir diese Ausdrucke in die Gleichung für die $N(T)$ ein, so erhalten wir

$$\sum_{i=1}^{n} C_i r_i^T = \sum_{k=1}^{n} \sum_{i=1}^{n} C_i r_i^{T-t_k} .$$

Diese Forderung laßt sich in die Form

$$\sum_{i=1}^{n} C_i r_i^T (1 - r_i^{-t_1} - r_i^{-t_2} - \cdots - r_i^{-t_n}) = 0$$

bringen und ist erfüllt, wenn die r_i $(i = 1, 2, \ldots, n)$ Lösungen der charakteristischen Gleichung

$$1 - r^{-t_1} - r^{-t_2} - \cdots - r^{-t_n} = 0$$

sind. Wir setzen $\varrho = \frac{1}{r}$ und erhalten als Gleichung fur ϱ

$$\varrho^{t_1} + \varrho^{t_2} + \cdots + \varrho^{t_n} - 1 = 0 .$$

Für $\varrho = 0$ liefert die linke Seite den Wert -1, für $\varrho = 1$ den Wert $(n - 1) > 0$. Die Ableitung nach ϱ

$$t_1 \varrho^{t_1 - 1} + \cdots + t_n \varrho^{t_n - 1}$$

ist für $0 \leqq \varrho \leqq 1$ nichtnegativ. Somit gibt es zwischen 0 und 1 genau eine Lösung für ϱ. Ihr entspricht ein r mit $r > 1$ als großte reelle Lösung der charakteristischen Gleichung. Ohne Beschrankung der Allgemeinheit konnen wir die Numerierung so wählen, daß diese Losung r_1 ist. Dann wird fur hinreichend großes T in

$$N(T) = C_1 \cdot r_1^T + C_2 \cdot r_2^T + \cdots + C_n \cdot r_n^T$$

das Glied mit r_1 dominieren. Somit gilt asymptotisch

$$N(T) \sim C_1 \cdot r_1^T .$$

Damit zeigt sich, daß auch bei unterschiedlicher Symbollänge das Gesetz von einem exponentiellen Anwachsen des Nachrichtenvorrates mit der Nachrichtendauer asymptotisch bestehen bleibt. Die Basis dieses exponentiellen Wachstums bestimmt sich als größte Wurzel der obigen charakteristischen Gleichung. Im Sonderfall gleicher Symbollängen

$$t_1 = t_2 = \cdots = t_n = t$$

geht die charakteristische Gleichung über in $1 - n \cdot r^{-t} = 0$, so daß $r = n^{1/t}$ resultiert. Damit wird

$$N(T) \sim C_1 \cdot r^T = C_1 \cdot n^{T/t} .$$

Der Faktor C_1 bestimmt sich, da in dem vorliegenden Spezialfall die Beziehung nicht nur asymptotisch, sondern auch für jedes endliche T gilt, einfach durch Anpassung an den Anfangswert $N(t) = n$ zu 1.

Aus der asymptotischen Formel für den Nachrichtenvorrat erhalten wir im allgemeinen Fall für die Kanalkapazität

$$\lim_{T\to\infty} \frac{\operatorname{ld} N(T)}{T} = \lim_{T\to\infty} \frac{1}{T} (T \cdot \operatorname{ld} r + \operatorname{ld} C_1)$$

und wegen

$$\lim_{T\to\infty} \frac{\operatorname{ld} C_1}{T} = 0$$

schließlich

$$\operatorname{ld} r_1 \frac{\text{bit}}{\text{Zeiteinheit}} .$$

Beispiel. Zu dem obigen durch $t_1 = 2$, $t_2 = 3$, $t_3 = 6$ gegebenen Kanal gehört als charakteristische Gleichung

$$\varrho^6 + \varrho^3 + \varrho^2 - 1 = 0 .$$

Als Näherungswert für die zwischen 0 und 1 liegende Wurzel werde $\varrho_0 = 0{,}7$ angesetzt. Das HORNERschema

1	0	0	1	1	0	−1	0,7
	0,7	0,49	0,343	0,9401	1,35807	0,950649	
1	0,7	0,49	1,343	1,9401	1,35807	−0,049351	
	0,7	0,98	1,029	1,6604	2,52035		
1	1,4	1,47	2,372	3,6005	3,87842		

liefert als Funktionswert für

$$f(\varrho) = 1 \cdot \varrho^6 + 0 \cdot \varrho^5 + 0 \cdot \varrho^4 + 1 \cdot \varrho^2 + 0 \cdot \varrho - 1 ,$$
$$f(\varrho_0) = -0{,}049351$$

und als Ableitung

$$f'(\varrho_0) = 3{,}87842 .$$

Damit ergibt sich als verbesserter Näherungswert

$$\begin{aligned}\varrho_1 &= \varrho_0 - \frac{f(\varrho_0)}{f'(\varrho_0)} \\ &= 0{,}7 + \frac{0{,}049351}{3{,}87842} \\ &= 0{,}7 + 0{,}0127 \\ &= 0{,}7127\,.\end{aligned}$$

Die Iteration liefert

1	0	0	1	1	0	−1	0,7127
	0,7127	0,5079	0,3620	0,9707	1,4045	1,00098	
1	0,7127	0,5079	1,3620	1,9707	1,4045	+0,00098	

und unter Verwendung des vorigen Wertes für f' den nochmals verbesserten Wert $\varrho_2 = 0{,}7125$. Damit ergibt sich $r \approx 1{,}403$.

Aus der asymptotischen Formel resultiert für die Kanalkapazität

$$N(T) \sim C_1 \cdot 1{,}403^T\,,$$

$$\mathrm{ld}\,1{,}403 \approx 0{,}49\,\frac{\mathrm{bit}}{\mathrm{s}}\,.$$

Die Quotienten aufeinander folgender Werte fur $N(T)$ zeigen, wie aus der nachstehenden Tabelle zu erkennen ist, schon bei diesen relativ kleinen Werten von T ein gutes Einspielen auf den asymptotischen Wert.

T	$N(T)$	$N(T)/N(T-1)$	T	$N(T)$	$N(T)/N(T-1)$
2	1	—	13	48	1,3714
3	2	2	14	69	1,4375
4	2	1	15	96	1,3913
5	3	1,5	16	134	1,3958
6	5	1,6667	17	190	1,4179
7	6	1,2	18	265	1,3947
8	9	1,5	19	372	1,4038
9	13	1,4444	20	524	1,4086
10	17	1,3077	21	733	1,3989
11	25	1,4706	22	1033	1,4052
12	35	1,4	23	1447	1,4048

Dividiert man die Werte der Folge $N(T)$ durch r^T, so erhält man Näherungswerte für C. Für $T = 20$ findet man beispielsweise

$$\begin{aligned}C &\approx 524 : 1{,}403^{20} \\ &\approx 0{,}60\,.\end{aligned}$$

Damit ergibt sich naherungsweise als asymptotische Formel für den Nachrichtenvorrat

$$N(T) \sim 0{,}60 \cdot 1{,}403^T \,.$$

Im weiteren sollen Kanäle betrachtet werden, die ungleichlange Symbole besitzen und feste Einschränkungen in sich tragen. Ein praktisches Beispiel bietet der Telegraphie-Kanal nach MORSE. Er ist auf den in Abb. 34.1 dargestellten Symbolen aufgebaut. In der Aufeinanderfolge liegt die feste Einschrankung vor, daß auf ein Spatium (Buchstaben- oder Wortspatium) nicht direkt

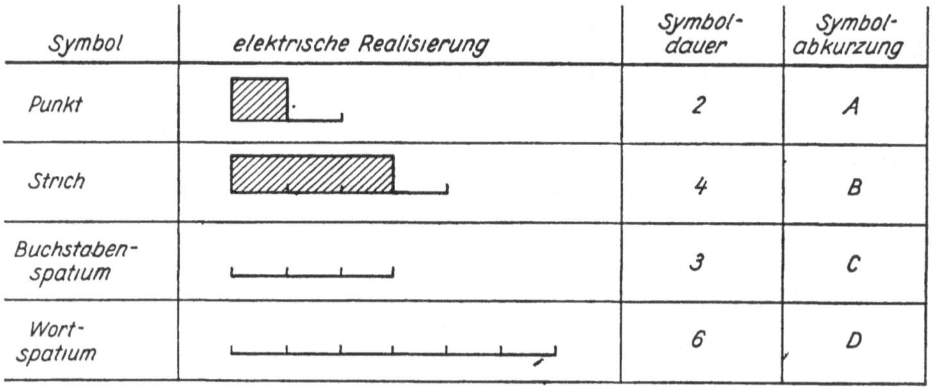

Abb. 34.1. Die Symbole des Morsekanals

wieder ein Spatium folgen darf. Diese Forderung ist nötig, da sonst die Symboleindeutigkeit verloren ginge; zwei aufeinanderfolgende Buchstabenspatien wären nicht vom Wortspatium zu unterscheiden. Die Folgemoglichkeiten für den Kanal hängen nur von der Art des letzten Symbols ab. Dabei sind zwei Zustände zu unterscheiden.

Zustand 1: Als letztes Symbol ist ,,Punkt“ oder ,,Strich“ aufgetreten. Folgemöglichkeit besteht für jedes Symbol.

Zustand 2: Als letztes Symbol ist eines der beiden Spatien aufgetreten. Es können nur ,,Punkt“ oder ,,Strich“ folgen.

Abb. 34.2 zeigt den entsprechenden Zustandsgraph.

Wir ordnen jetzt die Nachrichten nach dem Zustand, den das System durch das letzte Symbol der Nachricht angenommen hat. So bedeutet $N_1(T)$ die Anzahl aller Nachrichten, deren Langen T nicht uberschreiten, die aber durch ein weiteres mogliches Symbol schon über T gebracht wurden und die durch das letzte Symbol das System in den Zustand 1 gefuhrt haben. Es finden sich somit unter N_1 alle Nachrichten, deren letztes Symbol ,,Punkt“ oder ,,Strich“ ist. Entsprechend erfassen wir in $N_2(T)$ alle Nachrichten, die mit einem Spatium enden. Dann erhalten wir die folgenden Beziehungen:

$$\begin{cases} N_1(T) = N_1(T-2) + N_1(T-4) + N_2(T-2) + N_2(T-4)\,, \\ N_2(T) = N_1(T-3) + N_1(T-6)\,. \end{cases}$$

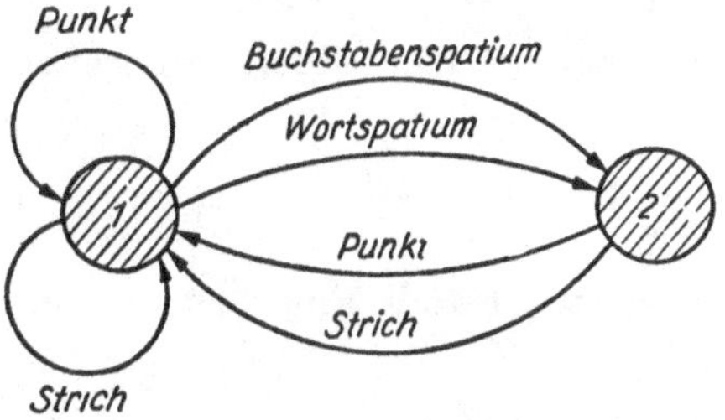

Abb. 34.2. Zustandsgraph zum Morsekanal

Hinsichtlich der Anfangswerte dieser Rekursion ist zu beachten, daß bei fehlendem Symbol die Zustände ihre Unterscheidbarkeit verlieren; bei gleichem Argument darf daher das leere Symbol nur in einer Klasse gezählt werden.

T	0	1	2	3	4	5	6	7	8	9	10
$N_1(T-4)$			0	0	1	1	1	1	2	3	4
$N_1(T-2)$			1	1	1	1	2	3	4	6	9
$N_2(T-4)$			0	0	0	0	0	1	1	1	2
$N_2(T-2)$			0	0	0	1	1	1	2	3	4
$N_1(T)$	1	1	1	1	2	3	4	6	9	13	19
$N_1(T-6)$				0	0	0	1	1	1	1	2
$N_1(T-3)$				1	1	1	1	2	3	4	6
$N_2(T)$	0	0	0	1	1	1	2	3	4	5	8
$N(T) = N_1(T) + N_2(T)$	1	1	1	2	3	4	6	9	13	18	27
Zustand 1:	*A*	*A*	*A*	*A*	*AA* *B*	*AA* *CA* *B*	*AAA* *BA* *CA* *AB*	*AAA* *CAA* *BA* *ACA* *AB* *CB*	*AAAA* *BAA* *CAA* *ABA* *ACA* *DA* *AAB* *BB* *CB*	... ...	
Zustand 2:				*C*	*C*	*AC*	*AC* *D*	*AAC* *BC* *D*	*AAC* *CAC* *BC* *AD*	... ...	

Um zu einer allgemeinen Lösung des vorliegenden Systems von Differenzengleichungen zu kommen, hätten wir

$$\begin{cases} N_1(T) = C_{11}\, r_1^T + C_{12}\, r_2^T + C_{13}\, r_3^T + C_{14}\, r_4^T\,, \\ N_2(T) = C_{21}\, r_1^T + C_{22}\, r_2^T + C_{23}\, r_3^T + C_{24}\, r_4^T \end{cases}$$

anzusetzen. Da wir aber nur die asymptotische Lösung anstreben, genugt der Ansatz

$$\begin{cases} N_1(T) \sim C_1\, r^T\,, \\ N_2(T) \sim C_2\, r^T\,, \end{cases}$$

wobei r die großte Wurzel unter r_i ist. Durch Einsetzen in die Differenzengleichungen ergibt sich

$$\begin{cases} C_1\,(r^{-4} + r^{-2} - 1) + C_2\,(r^{-4} + r^{-2}) = 0\,, \\ C_1\,(r^{-6} + r^{-3}) \qquad + C_2(-1) \qquad = 0\,. \end{cases}$$

Damit dieses System homogener Gleichungen fur C_1, C_2 verträglich ist, muß die Determinante der Koeffizienten verschwinden. Setzt man noch $\varrho = 1/r$, so ergibt sich als charakteristische Gleichung

$$\begin{vmatrix} \varrho^4 + \varrho^2 - 1 & \varrho^4 + \varrho^2 \\ \varrho^6 + \varrho^3 & -1 \end{vmatrix} = 0$$

bzw. nach Entwicklung

$$\varrho^{10} + \varrho^8 + \varrho^7 + \varrho^5 + \varrho^4 + \varrho^2 - 1 = 0\,.$$

Als Lösung findet man $r = 1/\varrho \approx 1{,}453$.

Damit läßt sich auch das Verhaltnis $C_2 : C_1$ bestimmen:

$$C_2 = C_1\,(r^{-6} + r^{-3}) \approx C_1 \cdot 0{,}4321\,.$$

So ergibt sich

$$N(T) \approx 1{,}4321 \cdot C_1 \cdot 1{,}453^T\,.$$

C_1 ließe sich dann, wie im vorigen Beispiel, durch asymptotische Anpassung der Formel an die N-Folge bestimmen. Wir verzichten darauf, da der Wert nicht in die Kanalkapazitat eingeht. Für diese erhalten wir

$$\lim_{T\to\infty} \frac{1}{T}\, \mathrm{ld}\, N(T) \approx \mathrm{ld}\, 1{,}453$$
$$\approx 0{,}538 \text{ bit/Zeiteinheit.}$$

Man kann, entsprechend dem Vorgehen bei linearen Differentialgleichungssystemen, auch aus dem Differenzengleichungssystem *eine* Differenzengleichung hoherer Ordnung gewinnen.

$$N_1(T) = N_1\,(T-2) + N_1\,(T-4) + N_2\,(T-2) + N_2\,(T-4)$$

läßt sich in der Form

$$N_1(T) = N\,(T-2) + N\,(T-4)$$

schreiben. Damit wird

$$N_2(T) = N_1(T-3) + N_1(T-6)$$
$$= N(T-5) + N(T-7) + N(T-8) + N(T-10)\,,$$

so daß schließlich

$$N(T) = N(T-2) + N(T-4) + N(T-5) + N(T-7)$$
$$+ N(T-8) + N(T-10)$$

resultiert.

Dieser Differenzengleichung entspricht ein Kanal ohne Einschrankungen mit sechs Symbolen, deren Längen durch 2, 4, 5, 7, 8 und 10 Zeiteinheiten gegeben sind.

Eine mogliche Zuordnung zum MORSE-Kanal zeigt die folgende Tabelle:

Symbole des Kanals ohne Einschränkungen	Symboldauer	mogliche Zuordnungen zum MORSE-Kanal
P	2	A
Q	4	B
R	5	CA
S	7	CB
T	8	DA
U	10	DB

Man kann sich leicht davon uberzeugen, daß jede unbegrenzte Nachricht des MORSE-Kanals auch durch den gefundenen Kanal ohne Einschränkungen geliefert werden kann und umgekehrt.

Allgemein gilt fur einen Kanal mit festen Einschrankungen die folgende Entwicklung.

Es sei $N_i(T)$ die Anzahl der möglichen Folgen der Länge T, die mit dem Zustand Z_i enden:

$$N(T) = \sum_i N_i(T)\,.$$

Weiter seien $t_{ij}^{(k)}$ die Längen der möglichen Symbole, die aus dem Zustand Z_i in den Zustand Z_j führen. Dann ist

$$N_j(T) = \sum_i \sum_k N_i(T - t_{ij}^{(k)})$$

ein simultanes System linearer Differenzengleichungen mit konstanten Koeffizienten.

Asymptotisch gilt der Lösungsansatz

$$N_j(T) \sim C_j \cdot r^T\,.$$

Eingesetzt ergibt sich das Gleichungssystem für die C_i

$$\sum_i C_i \left\{\sum_k r^{-t_{ij}^{(k)}} - \delta_{ij}\right\} = 0 \quad \text{mit} \quad \delta_{ij} = \begin{cases} 1 & \text{fur } i = j\,, \\ 0 & \text{für } i \neq j\,. \end{cases}$$

Dieses homogene Gleichungssystem hat dann und nur dann eine nichttriviale Lösung, wenn die Determinante der Koeffizienten verschwindet. Für $\varrho = \frac{1}{r}$ ergibt sich als charakteristische Gleichung

$$\begin{vmatrix} \sum\limits_k \varrho^{t_{11}^{(k)}} - 1; & \sum\limits_k \varrho^{t_{21}^{(k)}}; \ldots \\ \sum\limits_k \varrho^{t_{12}^{(k)}}; & \sum\limits_k \varrho^{t_{22}^{(k)}} - 1; \ldots \\ \ldots\ldots\ldots & \ldots\ldots\ldots \\ \ldots\ldots\ldots & \ldots\ldots\ldots \end{vmatrix} = 0 .$$

Aus der kleinsten positiven Wurzel für ϱ errechnet sich die Kanalkapazität zu $-\operatorname{ld} \varrho$ bit/Zeiteinheit.

Kodierung

VII

35. Kodierung und Dekodierung

Bei unseren früheren Betrachtungen gingen wir von einem dreiteiligem Modell eines Übertragungssystems aus, das aus Quelle, Kanal und Empfänger besteht. In vielen Fällen wird aber eine Quelle nicht unmittelbar an einen Kanal angeschlossen werden können. Allgemein bezeichnet man eine zwischen Quelle und Kanal eingeschaltete Einrichtung als Kodierer, die dann zwischen Kanal und Empfänger notwendige Einrichtung als Dekodierer. Gründe für ein solches Vorgehen können u. a. darin liegen, daß die von der Quelle ausgeschickten Signale qualitativ oder quantitativ nicht der physikalisch-technischen Natur des Kanals entsprechen, oder daß bei stetigem Quellenausgang dessen Aufteilung in Äquivalenzklassen durchzuführen ist.

Nun ist es zweckmäßig, bei den Kodierungs- und Dekodierungsprozessen zwischen Vorgängen zu unterscheiden, die nur von den Eigenschaften der Quelle und des Empfängers abhängen, und anderen Vorgängen, in die gewisse von dem Kanal abhängige Eigenschaften einspielen. Demzufolge trennen wir die erforderlichen Einrichtungen in Quellenkodierer und Quellendekodierer bzw. Kanalkodierer und Kanaldekodierer (Abb. 35.1).

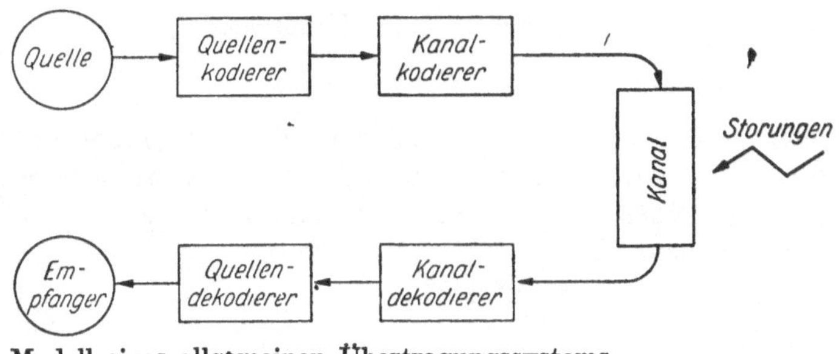

Abb. 35.1. Modell eines allgemeinen Übertragungssystems

In vielen Fällen setzt der Quellenkodierer die aus der Quelle stammenden Signale in eine Folge von Binärziffern um; Aufgabe des Quellendekodierers ist es sodann, daraus die Quellensignale in befriedigender Weise wiederherzustellen. Input des Kanalkodierers und Output des Kanaldekodierers sind damit losgelöst von der besonderen Beschaffenheit der Quelle und des Empfängers; ihre technische Konstruktion kann daher in allgemeiner Weise erfolgen.

Wir wenden uns in diesem Abschnitt dem Problem der Quellenkodierung und -dekodierung zu und betrachten einleitend ein Beispiel.

Eine einfache Quelle, d. h. eine stationare Quelle ohne Gedächtnis, habe ein aus vier gleichlangen Symbolen bestehendes Alphabet $\{A, B, C, D\}$. Die Wahrscheinlichkeiten für das Auftreten der einzelnen Symbole seien

$$p_A = 1/2\,, \quad p_B = 1/4\,, \quad p_C = 1/8\,, \quad p_D = 1/8\,.$$

Als Entropie erhalten wir

$$\begin{aligned} H &= 1/2 \operatorname{ld} 2 + 1/4 \operatorname{ld} 4 + 1/8 \operatorname{ld} 8 + 1/8 \operatorname{ld} 8 \\ &= 1/2 \cdot 1 + 1/4 \cdot 2 + 1/8 \cdot 3 + 1/8 \cdot 3 \\ &= 1\frac{3}{4} \text{ bit/Symbol.} \end{aligned}$$

Anderseits ist bei vier Symbolen

$$H_{\max} = \operatorname{ld} 4 = 2 \text{ bit/Symbol}\,.$$

Die Quelle enthält demnach als Redundanz

$$R = \frac{H_{\max} - H}{H_{\max}} = \frac{1}{8}$$

Die Nachrichten sollen uber einen Binärkanal übertragen werden. Die vier Symbole der Quelle müssen daher in Binärfolgen umgesetzt werden. Eine mögliche Kodierung ist durch die Umsetzung

A 00
B 01
C 10
D 11

gegeben. Nun besitzt der Binärkanal die Kanalweite[1])

1 bit/Symbol.

Die der Quelle entsprechende Entropie von $1\frac{3}{4}$ bit/Symbol nutzt die vom Kanal gebotene Möglichkeit, pro Doppelziffer 2 bit zu ubertragen, nicht aus. Die Anpassung der Quelle an den Kanal ist unvollkommen.

Eine andere mögliche Kodierung bietet sich mit

A 0
B 10
C 110
D 111

an. Man mache sich klar, daß jede einer Folge aus dem Alphabet $\{A, B, C, D\}$ entsprechende Dualzahl eindeutig dekodierbar ist, obgleich hier die einzelnen

[1]) Man beachte, daß zwischen Kanalweite (Dimension bit/Symbol) und Kanalkapazitat (Dimension bit/Zeiteinheit) unterschieden werden muß.

Kodeworter ungleiche Lange haben (Abb. 35.2). Wesentlich ist, daß wie beim Kode mit gleichlangen Kodewörtern der Nachrichtenanfang bekannt sein muß.

Den Symbolwahrscheinlichkeiten der Quelle entsprechend ergeben sich fur diese Kodierung als mittlere Symbollänge

$$\frac{1}{2}\cdot 1+\frac{1}{4}\cdot 2+\frac{1}{8}\cdot 3+\frac{1}{8}\cdot 3=1\frac{3}{4}$$

Binarstellen. Dieser Kodekanal ist optimal für die vorliegende Quelle.

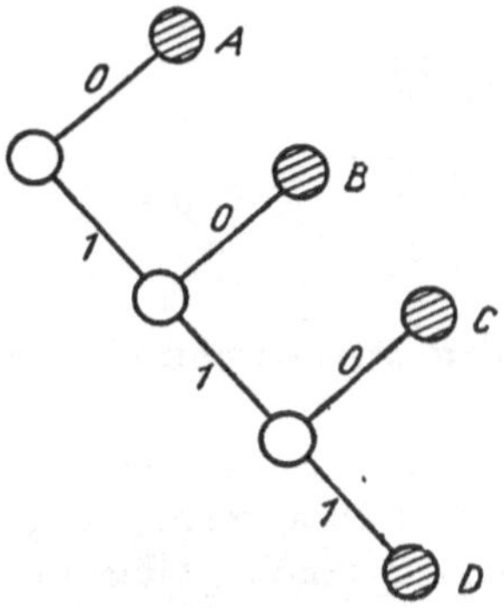

Abb. 35.2. Kodierbaum für den Kode

A	0		
B	1	0	
C	1	1	0
D	1	1	1

Wir betrachten eine typische Nachricht, d. h. eine Nachricht, in der die einzelnen Symbole mit Haufigkeiten auftreten, die den Wahrscheinlichkeiten entsprechen, z. B.:

$$A\ B\ A\ C\ D\ B\ A\ A \qquad \text{(Informationsgehalt } 8\cdot 1\tfrac{3}{4}=14\text{ bit).}$$

Umgeschlüsselt in den obigen Kode mit ungleichlangen Kodewörtern ergibt sich

$$\begin{array}{cccccccc} A & B & A & C & D & B & A & A \\ \overbrace{0} & \overbrace{10} & \overbrace{0} & \overbrace{110} & \overbrace{111} & \overbrace{10} & \overbrace{0} & \overbrace{0} \end{array} \qquad \text{(Informationsgehalt } 14\cdot 1=14\text{ bit).}$$

Eine nochmalige Umschlüsselung gemäß

00	*a*
01	*b*
10	*c*
11	*d*

ermöglicht eine siebenstellige redundanzfreie Darbietung der ursprunglichen achtstelligen Nachricht auf der Basis von wiederum vier Symbolen *a*, *b*, *c*, *d*.

$$\begin{array}{ccccccc} \underbrace{01} & \underbrace{0\ \,1}\!\!\! & \underbrace{1} & \underbrace{01} & \underbrace{11} & \underbrace{10} & \underbrace{00} \\ a & a & d & b & d & c & a \end{array}$$

Der Grund, daß die gewählte Kodierung optimal ist, liegt darin, daß infolge der gewählten Kodewörter die Symbole 0 und 1 nach Wahrscheinlichkeit gleichhäufig auftreten.

Auftreten der 0: in A B C D.
1- 1- 1- 0-mal

Erwartungswert: $E_0 = \frac{1}{2} \cdot 1 + \frac{1}{4} \cdot 1 + \frac{1}{8} \cdot 1 + \frac{1}{8} \cdot 0 = \frac{7}{8}$.

Auftreten der 1: in A B C D
0- 1- 2- 3-mal

Erwartungswert: $E_1 = \frac{1}{2} \cdot 0 + \frac{1}{4} \cdot 1 + \frac{1}{8} \cdot 2 + \frac{1}{8} \cdot 3 = \frac{7}{8}$,

$$E_0 = E_1 .$$

Nach diesem einführenden Beispiel wenden wir uns nun einer allgemeineren Betrachtung zu.

Unter einem *Kode* ist eine Menge von Wörtern über einem Alphabet zu verstehen, die eindeutig den Elementen einer Inputmenge zugeordnet sind. Dabei kann die Inputmenge eine Menge von Symbolen oder auch selbst eine Menge von Wörtern über einem Alphabet sein. Die Elemente eines Kodes heißen Kodewörter.

Kann aus jeder Folge von Kodewörtern wieder eindeutig auf die Inputfolge zurückgeschlossen werden, aus der durch den Kodierungsprozeß die vorgelegte Folge von Kodewörtern entsteht, so heißt der Kode dekodierbar.

Im allgemeinen wird die Dekodierbarkeit eines Kodes durch eines der drei folgenden Prinzipien erreicht:

1. Alle Kodewörter sind von gleicher Länge.
   Beispiel: STIBITZ-Kode zur Darstellung der Dezimalziffern (Abb. 35.3a).
2. Verwendung eines Symbols als Trennzeichen.
   Beispiel: MORSE-Kode (Abb. 35.3b).
3. Kein Kodewort ist Anfangswort eines anderen Kodeworts.
   Einen solchen Kode bezeichnet man als *irreduzibel.*

   Beispiel: 0
   1 0
   1 1 (Abb. 35.3c).

Es gibt jedoch dekodierbare Kodes, die in keine dieser drei Klassen fallen.

Beispiel. 0
0 1 (Abb. 35.3d).

Die Dekodierung erfordert hier in jedem Fall zwei Takte.

Ein Kode über einem Alphabet, das D Symbole besitzt, läßt sich durch einen gerichteten Graph in Form eines Baums darstellen; dabei wird jedem Kodewort der Knoten zugeordnet, der auf dem durch das Kodewort bestimm-

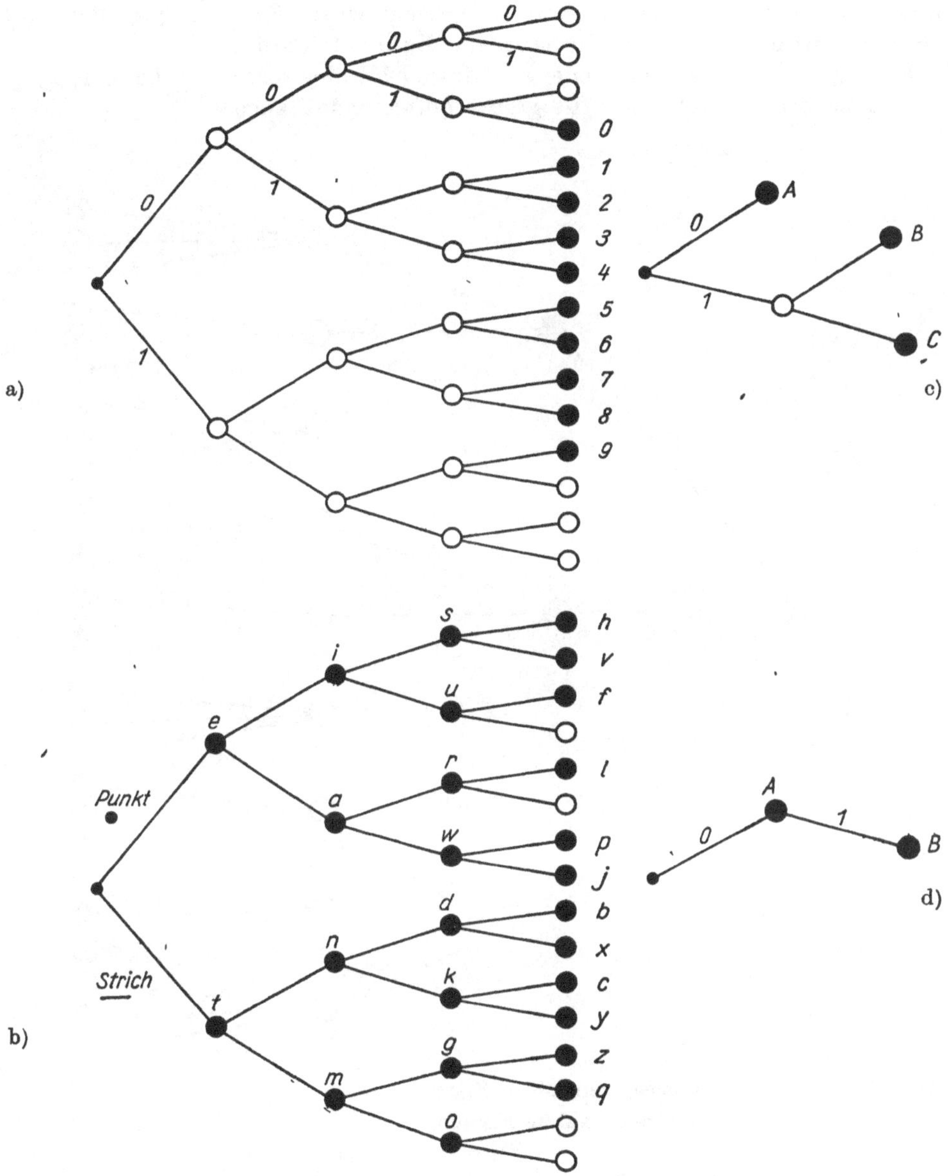

Abb. 35.3. Dekordierbare Kodes

a) STIBITZ-Kode: alle Kodeworter sind gleichlang
b) MORSE-Alphabet: Verwendung von Trennzeichen
c) Beispiel eines irreduziblen Kodes. kein Kodewort ist Anfangswort eines anderen Kodewortes
d) Beispiel eines nicht irreduziblen Kodes, der bei ungleichlangen Kodewortern und Fehlen eines Trennzeichens dekodierbar ist

ten Weg von der Wurzel des Baumes erreicht wird. Fur den speziellen Fall eines irreduziblen Kodes treten dabei nur Endknoten auf.

Es liege ein irreduzibler Kode vor, dessen n Kodeworter die Langen $s_1, s_2, \ldots, s_n$ besitzen. Dabei sei k die großte auftretende Lange

$$k = \max(s_1, s_2, \ldots, s_n)\,.$$

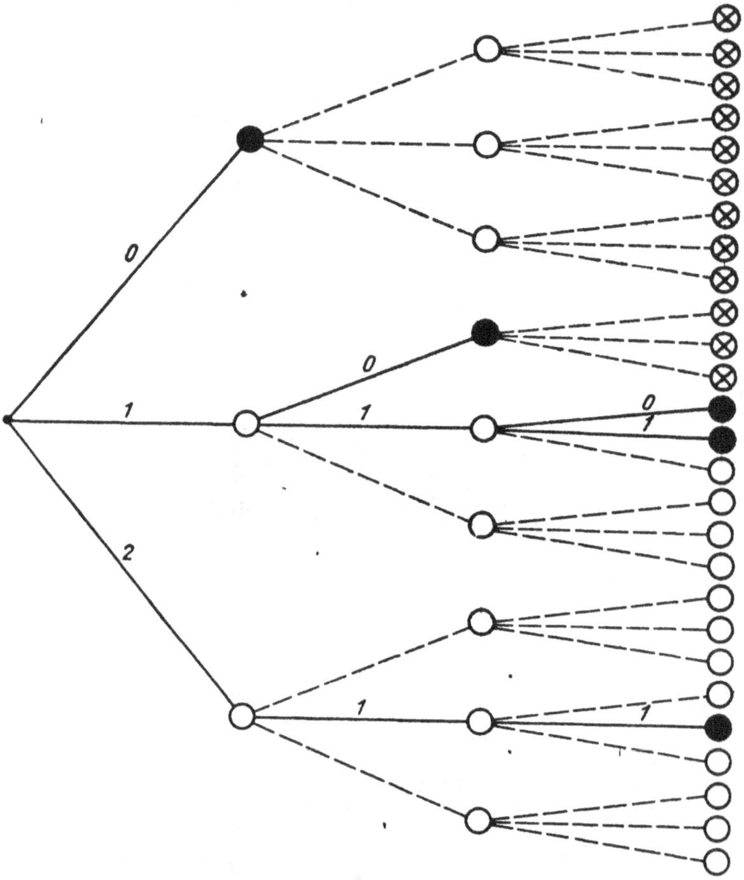

Abb. 35.4. Kodebaum eines irreduziblen Kodes
Fur den Kode ausgewahlte Knoten

Endknoten dritter Stufe: frei ○, eliminiert ⊗, ausgewahlt ●

Kode:	0		
	1	0	
	1	1	0
	1	1	1
	2	1	1

$D = 3 \quad s_1 = 1 \quad s_2 = 2 \quad s_3 = s_4 = s_5 = 3$

Wir ergänzen den zugehörigen Baum zu einem vollständigen Baum bis zur k-ten Stufe (Abb. 35.4). Der so gewonnene vollständige Baum enthalt

$$D^k \qquad \text{Knoten in der } k\text{-ten Stufe.}$$

Von dem Knoten, der dem Kodewort von der Länge s_i zugehort, führen Fortsetzungen zu D^{k-s_i} Knoten der k-ten Stufe. Summiert man über alle Kodewörter, so erhält man die Ungleichung

$$\sum_{i=1}^{n} D^{k-s_i} \leqq D^k$$

bzw. nach Division durch D^k die von L. G. Kraft [38] aufgestellte Ungleichung

$$1 \geqq \sum_{i=1}^{n} D^{-s_i}$$

Das erhaltene Ergebnis erfassen wir in dem folgenden Satz:

Für einen irreduziblen Kode, der über einem D Symbole umfassenden Alphabet gebildet ist und dessen n Kodewörter die Längen $s_1, s_2, \ldots, s_n$ besitzen, gilt die Ungleichung

$$1 \geqq \sum_{i=1}^{n} D^{-s_i}.$$

Dieser Satz laßt die folgende Umkehrung zu:

Erfüllen die natürlichen Zahlen $s_1, s_2, \ldots, s_n$ die Ungleichung

$$1 \geqq \sum_{i=1}^{n} D^{-s_i},$$

so gibt es einen irreduziblen Kode, dessen Kodeworter über einem D Symbole umfassenden Alphabet gebildet sind und die Längen $s_1, s_2, \ldots, s_n$ besitzen.

Die Richtigkeit dieser Umkehrung ergibt sich aus der stets möglichen Konstruktion des zugehorigen Baums (Abb. 35 5). Wir ordnen die gegebenen natürlichen Zahlen nach ihrer Größe

$$s_1 \leqq s_2 \leqq \cdots \leqq s_n .$$

Sodann konstruieren wir einen vollständigen Baum mit der Fortsetzungszahl D bis zur s_n-ten Stufe. Die Menge der D^{s_n} Endknoten zerlegen wir der Reihe nach in Klassen zu jeweils $D^{s_n-s_i}$ $(i = 1, 2, \ldots, n)$ Endknoten. Dann gibt es zu jeder Klasse im vollständigen Baum einen eigenen Knoten, aus dem alle Endknoten der betreffenden Klasse in Fortsetzung erreicht werden. Das einem solchen Ursprungsknoten zugehörige Wort wählen wir als Kodewort. Insgesamt erhalten wir damit einen irreduziblen Kode.

Der angefuhrte Satz und seine Umkehrung gelten sogar allgemein für dekodierbare Kodes.

Aus der Existenz eines dekodierbaren Kodes mit D und $s_1, s_2, \ldots, s_n$ folgt die Gultigkeit der Kraftschen Ungleichung für D und $s_1, s_2, \ldots, s_n$.

Aus der Gültigkeit der Kraftschen Ungleichung für D und $s_1, s_2, \ldots, s_n$ folgt die Existenz eines dekodierbaren Kodes mit D und $s_1, s_2, \ldots, s_n$.

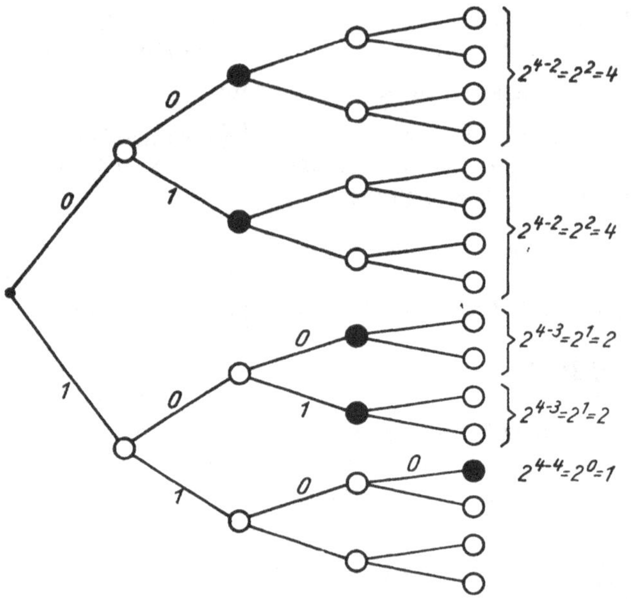

Abb. 35.5. Konstruktion eines irreduziblen Kodes mit $D = 2$

$s_1 = s_2 = 2$
$s_3 = s_4 = 3$
$s_5 \quad = 4$

$$2^{-2} + 2^{-2} + 2^{-3} + 2^{-3} + 2^{-4} = \frac{1}{4} + \frac{1}{4} + \frac{1}{8} + \frac{1}{8} + \frac{1}{16} = \frac{13}{16} < 1$$

irreduzibler Kode: 0 0
0 1
1 0 0
1 0 1
1 1 0 0

Dabei ist die Gultigkeit dieser Umkehrung evident. Nach der obigen Konstruktion existiert nämlich ein irreduzibler Kode mit den gewunschten Eigenschaften; ein irreduzibler Kode ist aber auch ein dekodierbarer Kode.

Der Beweis fur die Gültigkeit der KRAFTschen Ungleichung auch für die dekodierbaren Kodes laßt sich wie folgt führen:

Um die Gültigkeit der Ungleichung

$$1 \geqq \sum_{i=1}^{n} \left(\frac{1}{D}\right)^{s_i}$$

zu beweisen, gehen wir von dem endlichen Polynom

$$P(x) = \sum_{i=1}^{n} x^{s_i}$$

aus. Wir wollen darin Potenzen, die evtl. mit gleichen Exponenten auftreten, zusammenfassen. Es sei n_j die Anzahl der Kodewörter von der Länge j. Ist k die maximale Länge aller Kodewörter, so gilt

$$n = \sum_{j=1}^{k} n_j .$$

Das Polynom laßt sich damit auch in der Form

$$P(x) = \sum_{j=1}^{k} n_j x^j$$

schreiben.

Um zu zeigen, daß $P(x)$ fur $x = \frac{1}{D}$ nicht großer als 1 ist, weisen wir nach, daß $1 - P(x)$ für den $x = \frac{1}{D}$ enthaltenden Bereich $0 \leqq x \leqq \frac{1}{D}$ nichtnegativ ist.

Es läßt sich nun zeigen, daß der reziproke Ausdruck $\frac{1}{1 - P(x)}$ in diesem Bereich nichtnegativ ist, wenn der Kode dekodierbar ist. Entwickelt man zunächst rein formal $\frac{1}{1 - P(x)}$ in eine unendliche Potenzreihe

$$N(0) + N(1) \cdot x + N(2) \cdot x^2 + N(3) \cdot x^3 + \cdots,$$

so führt die Forderung

$$(1 - n_1 \cdot x - n_2 \cdot x^2 - \cdots - n_k \cdot x^k) \cdot \big(N(0) + N(1) \cdot x + {} + N(2) \cdot x^2 + N(3) \cdot x^3 + \cdots\big) = 1$$

zu

$$\begin{array}{llllll}
N(0) + & N(1) \cdot x + & N(2) \cdot x^2 + & N(3) \cdot x^3 + \cdots + & N(m) \cdot x^m + \cdots \\
\odot & - n_1 \cdot N(0) \cdot x & - n_1 \cdot N(1) \cdot x^2 & - n_1 \cdot N(2) \cdot x^3 - \cdots & - n_1 \cdot N(m-1) \cdot x^m - \cdots \\
\odot & \odot & - n_2 \cdot N(0) \cdot x^2 & - n_2 \cdot N(1) \cdot x^3 - \cdots & - n_2 \cdot N(m-2) \cdot x^m - \cdots \\
\odot & \odot & \odot & - n_3 \cdot N(0) \cdot x^3 - \cdots & - n_3 \cdot N(m-3) \cdot x^m - \cdots \\
 & \cdots & \cdots & \cdots & \cdots \\
 & \cdots & \cdots & \cdots & \cdots \\
 & \cdots & \cdots & \cdots & \cdots \\
\odot & \odot & \odot & \odot & \cdots - n_k \cdot N(m-k) \cdot x^m - \cdots \\
\hline
= 1 .
\end{array}$$

Setzt man an den mit $\odot$ markierten Stellen jeder Spalte von oben nach unten noch formal die Großen $N(-1)$ bzw. $N(-2), \ldots, N(-k)$ ein, wobei

$$N(-1) = N(-2) = \cdots = N(-k) = 0$$

gilt, so ergibt der Koeffizientenvergleich die folgende Rekursionsformel

$$N(m) = n_1 \cdot N(m-1) + n_2 \cdot N(m-2) + n_3 \cdot N(m-3) + \cdots + n_k \cdot N(m-k)$$

mit $N(0) = 1$.

Dies ist aber gerade die Rekursionsformel, die fur die Anzahl $N(m)$ der m-stelligen Kodeworterfolgen gilt

Aus den $N(m-j)$ $(m-j)$-stelligen Kodewörterfolgen entstehen durch Anhangen von jeweils einem der n_j j-stelligen Kodeworter $n_j \cdot N(m-j)$ unterschiedliche Kodeworterfolgen der Lange m. Die Summation uber j von 1 bis k ergibt dann alle Kodeworterfolgen der Lange m Formal erhalten wir somit

$$\frac{1}{1-P(x)} = 1 + N(1) \cdot x + N(2) \cdot x^2 + N(3) \cdot x^3 + \cdots .$$

Das formale Vorgehen erweist sich jetzt als zulassig, da die entstandene unendliche Reihe im Bereich

$$0 \leqq x < \frac{1}{D}$$

als Majorante eine absolut konvergierende unendliche geometrische Reihe besitzt: Aus der Forderung nach einer eindeutigen Dekodierbarkeit ergibt sich nämlich, daß die Anzahl der m-stelligen Kodeworterfolgen die Anzahl der auf der Basis D darstellbaren m-stelligen Zahlen nicht übersteigen darf. Somit gilt

$$N(m) \leqq D^m \qquad \text{fur jedes } m = 1, 2, .$$

Damit ist aber

$$\frac{1}{1-P(x)} = 1 + N(1) \cdot x + N(2) \cdot x^2 + \cdots \leqq 1 + N(1)\,|x| + N(2)\,|x|^2 + \cdots \leqq 1 + |D\,x| + |D\,x|^2 + \cdots .$$

Die als Majorante fungierende unendliche geometrische Reihe konvergiert fur $|D \cdot x| < 1$, d h. fur $0 \leqq |x| < \frac{1}{D}$. Da die Reihe fur $0 \leqq x < \frac{1}{D}$ monoton wachsend ist und fur $x = 0$ den Wert 1 annimmt, ist $\frac{1}{1-P(x)}$ und damit auch $1 - P(x)$ in diesem Bereich positiv Infolge der Stetigkeit eines endlichen Polynoms gilt fur $x = \frac{1}{D}$ dann

$$1 - P(x) \leqq 0, \qquad \text{d. h.}$$

$$P\left(\frac{1}{D}\right) = \sum_{i=1}^{n} D^{-s_i} \leqq 1 .$$

Wir erlautern die Aussagen der erhaltenen Satze an einigen Beispielen.

Beispiele.

1.
0
1 0
1 1 0
1 1 1
2 1 1

ist ein irreduzibler und somit dekodierbarer Kode (Abb. 35.4).

Die KRAFTsche Ungleichung mit $D = 3$, $s_1 = 1$, $s_2 = 2$, $s_3 = s_4 = s_5 = 3$ ist erfüllt: $3^{-1} + 3^{-2} + 3 \cdot 3^{-3} = \frac{5}{9} < 1$.

2
0
0 1

ist ein zwar dekodierbarer aber nicht irreduzibler Kode (Abb. 35.3d).

Die KRAFTsche Ungleichung ist erfüllt: $2^{-1} + 2^{-2} = \frac{3}{4} < 1$.

3.
0 0
0 1
1 0 0
1 0 1
1 0 0 1

ist ein nichtdekodierbarer Kode; beispielsweise läßt sich 100100 auf zwei unterschiedliche Weisen dekodieren: 100|100 oder 1001|00.

Die KRAFTsche Ungleichung ist aber mit $D = 2$, $s_1 = s_2 = 2$, $s_3 = s_4 = 3$, $s_5 = 4$ erfüllt: $2 \cdot 2^{-2} + 2 \cdot 2^{-3} + 2^{-4} = \frac{13}{16} < 1$. Somit existiert sicher ein irreduzibler also auch dekodierbarer Kode mit der gleichen Längenstruktur (Abb. 35.5), z. B.

0 0
0 1
1 0 0
1 0 1
1 1 0 0.

4. Ein Kode, für den die KRAFTsche Ungleichung nicht erfüllt ist, ist nicht dekodierbar:

0 0	1 0 0	1 0 0 0	$D = 2$	$s_1 = s_2 = s_3 = 2$
0 1	1 0 1	1 0 0 1		$s_4 = s_5 = 3$
1 1				$s_6 = s_7 = 4$

$$3 \cdot 2^{-2} + 2 \cdot 2^{-3} + 2 \cdot 2^{-4} = \frac{9}{8} > 1.$$

36. Kodierungstheorem und Kodierungsverfahren

Den Betrachtungen liege zunachst eine einfache Quelle zugrunde, die durch das Wahrscheinlichkeitsfeld w_k mit $k = 1, 2, \ldots, K$ charakterisiert werde. Weiter seien $s_1, s_2, \ldots, s_K$ die Längen der den K Signalen der Quelle zugeordneten Kodewörter, die uber einem D Symbole enthaltenden Alphabet gebildet sind. Als mittlere Kodewortlange ergibt sich dann

$$\bar{s} = \sum_{k=1}^{K} w_k \cdot s_k .$$

Dann folgt aus der Forderung nach Dekodierbarkeit, daß der Quotient aus der Quellenentropie H und der Kanalweite des Kodes eine untere Schranke für die mittlere Kodewortlange darstellt. Aus der Quellenentropie

$$H = -\sum_k w_k \ln w_k$$

und der Kanalweite $\ln D$ ergibt sich

$$H - \bar{s} \ln D = -\sum_k w_k \ln w_k - \sum_k w_k s_k \ln D$$
$$= \sum_k w_k \ln \frac{D^{-s_k}}{w_k} .$$

Da aber fur jedes positive x $\ln x \leqq x - 1$ ist, folgt weiter

$$H - \bar{s} \ln D \leqq \sum_k w_k \left(\frac{D^{-s_k}}{w_k} - 1 \right) = \sum_k D^{-s_k} - 1 .$$

Aus der Dekodierbarkeitsbedingung

$$\sum_k D^{-s_k} \leqq 1$$

resultiert dann

$$H - \bar{s} \ln D \leqq 0 , \quad \text{d h.}$$

$$\frac{H}{\ln D} \leqq \bar{s} .$$

$\frac{H}{\ln D}$ *ist die untere Schranke für die mittlere Kodewortlänge, die nicht unterschritten werden kann, wenn der Kode eindeutig dekodierbar sein soll.*

Von Shannon stammt ein Kodierungsverfahren, bei dem der Betrag, um den die dabei resultierende mittlere Kodewortlange diese untere Schranke evtl. ubersteigt, unter einer Stelle liegt. Stets lassen sich naturliche Zahlen $s_1, s_2, \ldots, s_K$ so wählen, daß

$$D^{-(s_k - 1)} > w_k \geqq D^{-s_k} \qquad \text{fur } k = 1, 2, \ldots, K$$

erfullt ist. Durch Summation der rechten Ungleichungen uber k ergibt sich wegen

$$\sum_{k=1}^{K} w_k = 1$$

$$1 \geqq \sum_{k=1}^{K} D^{-s_k}.$$

Somit gibt es zu D und $s_1, s_2, \ldots, s_K$ sicher einen irreduziblen Kode. Da der Logarithmus eine monoton wachsende Funktion ist, gilt auch die folgende Ungleichung:

$$(-s_k + 1) \ln D > \ln w_k \geqq -s_k \ln D$$

und weiter, da $\ln D$ positiv ist,

$$s_k - 1 < \frac{-\ln w_k}{\ln D} \leqq s_k .$$

Durch Multiplikation mit dem nichtnegativen w_k erhalten wir

$$w_k s_k - w_k < \frac{-w_k \ln w_k}{\ln D} \leqq w_k s_k ,$$

durch Summation über k

$$\bar{s} - 1 < \frac{H}{\ln D} \leqq \bar{s}$$

und nach leichter Umformung

$$\frac{H}{\ln D} \leqq \bar{s} < \frac{H}{\ln D} + 1 .$$

Damit ist die obige Behauptung bewiesen.

Es liegt nun nahe, die Anpassung der Quelle an den Kodekanal dadurch gegebenenfalls noch zu verbessern, daß man nicht die Quellensignale einzeln kodiert, sondern mehrstellige Nachrichtenblocke insgesamt.

Wir betrachten in diesem Sinn die auf m Schritte erweiterte Quelle und ordnen den von der Quelle ausgesendeten m-stelligen Nachrichten geeignete Kodeworter zu, die wiederum aus dem D Symbole enthaltenden Alphabet zu bilden sind. Bezeichnen wir mit H_m die Entropie der erweiterten Quelle und mit $\bar{s}^{(m)}$ die mittlere Kodewortlange, so entstehen durch die gleichen Überlegungen die Ungleichungen

$$\frac{H_m}{\mathrm{ld}\, D} \leqq \bar{s}^{(m)} < \frac{H_m}{\mathrm{ld}\, D} + 1 .$$

Fur eine stationare Quelle, die keine Zwischensymboleinflüsse besitzt, ist

$$H_m = m \cdot H .$$

Damit ergibt sich nach Division durch m

$$\frac{H}{\mathrm{ld}\, D} \leqq \frac{\bar{s}^{(m)}}{m} < \frac{H}{\mathrm{ld}\, D} + \frac{1}{m} .$$

$\frac{\bar{s}(m)}{m}$ bedeutet darin den mittleren Aufwand an Kodewortlange, den man pro Symbol der ausgesendeten Nachricht aufbringen muß Wieder tritt der Quotient aus Quellenentropie und Kanalweite als untere Schranke auf; wesentlich ist, daß der Betrag, um den die untere Schranke evtl. uberschritten wird, mit wachsendem m beliebig klein gehalten werden kann:

$$\lim_{m\to\infty} \frac{\bar{s}(m)}{m} = \frac{H}{\mathrm{ld}\, D}.$$

Durch Kodierung ausreichend langer Nachrichten kann die Quelle beliebig gunstig an den Kodekanal angepaßt werden. Allerdings wächst in entsprechendem Verhaltnis die Verzogerung bei der Dekodierung.

Diese Betrachtungen lassen sich auch auf Quellen mit Zwischensymboleinfluß ausdehnen, wobei zu beachten ist, daß der Grenzwert von $\frac{H_m}{m}$ mit wachsendem m der wahren Entropie der Quelle zustrebt.

Im vorigen Abschnitt haben wir ein Konstruktionsverfahren angefuhrt, das zu gegebenen D und $s_1, s_2, \ldots, s_K$ unter der Voraussetzung, daß die KRAFTsche Ungleichung erfullt ist, einen irreduziblen Kode gewinnen laßt. SHANNON gibt fur die gleiche Aufgabenstellung eine algebraische Methode: Die w_k werden nach fallender Große geordnet. Sodann werden die Werte

$$W_k = \sum_{i=1}^{k-1} w_i \quad \text{fur } k = 1, 2, \ldots, K$$

gebildet und als Zahlen in einem Stellenwertsystem mit der Basis D dargestellt Die ersten s_k Stellen nach dem Komma geben dann das fur S_k geltende Kodewort

Daß dieses Verfahren tatsachlich K unterschiedliche Kodeworter liefert, wobei kein Kodewort Anfangswort eines langeren Kodewortes ist, ergibt sich aus folgender Überlegung: Es ist

$$W_{k+1} = W_k + w_k.$$

Berücksichtigt man darin, daß auf Grund der Bildung der s_k

$$D^{-s_k} \leqq w_k$$

ist, so ergibt sich

$$W_{k+1} \geqq W_k + D^{-s_k}.$$

W_{k+1} unterscheidet sich von W_k somit um mindestens eine Einheit in der letzten Stelle, die bei der Bildung des zu S_k gehorigen Kodeworts berucksichtigt wird.

1. Beispiel. „Ideale" Wahrscheinlichkeiten, d. h. Wahrscheinlichkeiten, die ganzzahlige Potenzen der Basis D sind.

$D = 2$

k	1	2	3	4	
S_k	A	B	C	D	
w_k	1/2	1/4	1/8	1/8	
s_k	1	2	3	3	Kontrolle:
W_k	0,000	0,100	0,110	0,111	1,000
Kodeworter	0	10	110	111	

Dabei ergeben sich die Werte für s_k durch Einpassen der Werte für w_k in die folgende für $D = 2$ geltende Tabelle.

s_k	$D^{-(s_k-1)} >$	$w_k \geqq D^{-s_k}$
1	1	1/2
2	1/2	1/4
3	1/4	1/8
4	1/8	1/16
⋮	⋮	⋮

Die Quelle besitzt die Entropie

$$H = 1/2 \operatorname{ld} 2 + 1/4 \operatorname{ld} 4 + 2 \cdot 1/8 \operatorname{ld} 8 = 1^3/_4 \text{ bit}.$$

Die Kanalweite des Binärkodes ist 1 bit/Stelle. Die mittlere Kodewortlänge ist $1/2 \cdot 1 + 1/4 \cdot 2 + 2 \cdot 1/8 \cdot 3 = 1^3/_4$ Stellen. Die vorliegende Quelle ist optimal dem Kodekanal angepaßt: Die mittlere Kodewortlange ist gleich der durch den Quotienten aus Quellenentropie und Kanalweite gegebenen unteren Schranke:

$$\frac{H}{\operatorname{ld} D} = \frac{1^3/_4 \text{ bit}}{1 \text{ bit/Stelle}} = 1^3/_4 \text{ Stellen}.$$

2. Beispiel.

$D = 2$

k	1	2	3	
S_k	A	B	C	
w_k	3/8	3/8	1/4	
s_k	2	2	2	Kontrolle
W_k	0,000	0,011	0,110	1,000
Kodewörter	00	01	11	

(Abb. 36.1 a).

Die Quelle besitzt die Entropie

$$H = 2 \cdot 3/8 \operatorname{ld} 8/3 + 1/4 \operatorname{ld} 4 = 1{,}5610 \text{ bit}.$$

Die Kanalweite ist 1 bit/Stelle.

Daraus resultiert als untere Schranke für die mittlere Kodewortlange 1,5610 Stellen. Die bei der Blocklänge $m = 1$ erreichte mittlere Kodewortlänge ist 2 Stellen.

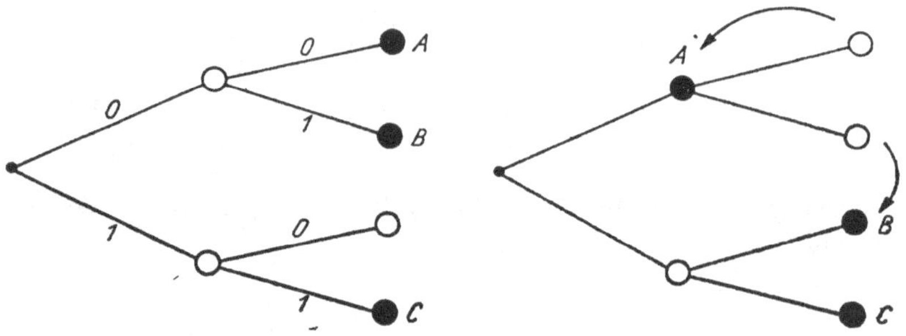

a) b)

Abb. 36.1. a) SHANNON-Kode fur $D = 2$ $w_1 = w_2 = 3/8$ $w_3 = 1/4$
mittlere Kodewortlänge = 2 Stellen
b) Verbesserter Kode
mittlere Kodewortlänge = $1^5/_8$ Stellen

Wir erweitern die Quelle auf die Blocklange $m = 2$. Der Vorrat an zweistelligen Nachrichten ist $3^2 = 9$. Da keine inneren Bindungen vorliegen, ergeben sich die Wahrscheinlichkeiten für die einzelnen Nachrichten als Produkt der Symbolwahrscheinlichkeiten.

k	1	2	3	4	5	6	7	8	9
S_k	AA	AB	BA	BB	AC	BC	CA	CB	CC
w_k	9/64	9/64	9/64	9/64	3/32	3/32	3/32	3/32	1/16
s_k	3	3	3	3	4	4	4	4	4
W_k	0,000000	0,001001	0,010010	0,011011	0,100100	0,101010	0,110000	0,110110	0,11110
	000	001	010	011	1001	1010	1100	1101	1111

(Abb. 36.2a).

Da für die vorliegende Quelle $H_2 = 2\,H$ ist, bleibt die untere Schranke der mittleren Kodewortlänge pro Quellensymbol unverandert. Erreicht wird als mittlere Kodewortlänge $4 \cdot 9/64 + 4 \cdot 3/32 + 1/16 \cdot 4 = 3^7/_{16}$ Stellen fur zwei Quellensymbole; die erreichte mittlere Kodewortlänge pro Quellensymbol beträgt demnach

1,718 Stellen.

Durch Übergang auf größere Blocklänge laßt sich die Anpassung noch weiter verbessern.

Wie aus den Abb. 36.1 und 36.2 zu ersehen ist, liefert das SHANNONsche Verfahren nicht immer optimale Kodes. Von R. M. FANO wird ein Verfahren angegeben, das den Vorteil hat, daß keine Kodebaumendknoten unbenutzt bleiben. Auch bei dem FANOschen Verfahren werden die Symbole nach fallender Größe der Wahrscheinlichkeiten angeordnet. Sodann wird eine iterierte Zerlegung in D möglichst gleichwahrscheinliche Klassen durchgeführt. Dabei kommt u. U

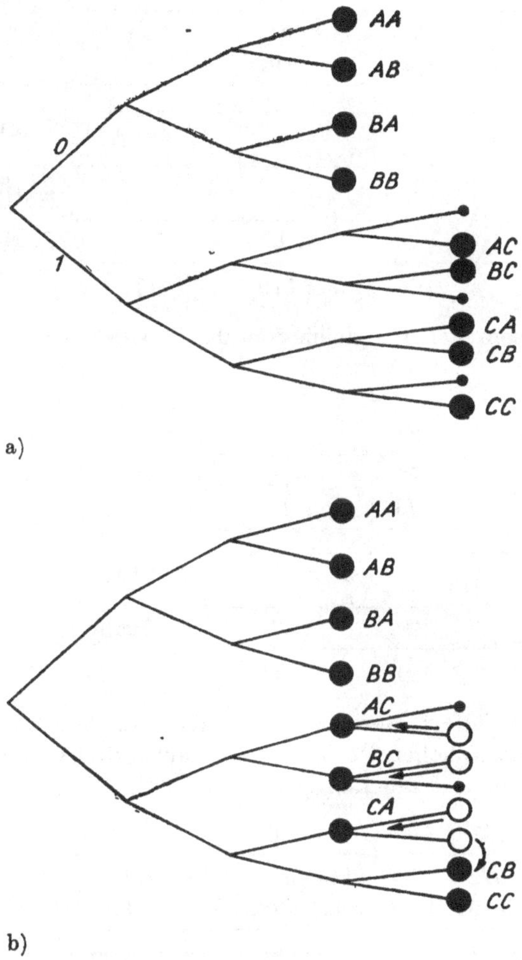

Abb. 36 2. a) SHANNON-Kode für die auf zweistellige Nachrichten erweiterte Quelle aus Abb. 36.1. Mittlere Kodewortlänge pro Quellensymbol 1,718 Stellen

b) Verbesserter Kode
Mittlere Kodewortlänge pro Quellensymbol 1,578 Stellen

eine gewisse Willkür in das Verfahren hinein. Die entstehenden Klassen werden in den einzelnen Stufen durch die D verschiedenen Symbole des Kodierungsalphabets charakterisiert. Die Dekodierbarkeit ist durch das Verfahren gesichert.

1. Beispiel. Ideale Wahrscheinlichkeiten

k	1	2	3	4	
S_k	A	B	C	D	
w_k	1/2	1/4	1/8	1/8	
Zerlegungen in Klassen	0		1		1. Stufe
		0		1	2. Stufe
			0	1	3. Stufe
Kodewörter	0	00	110	111	

Das Ergebnis ist bei diesem Beispiel gleich dem des SHANNONschen Verfahrens.

2. Beispiel.

k	1	2	3	
S_k	A	B	C	
w_k	3/8	3/8	1/4	
Zerlegungen in Klassen	0	1		1. Stufe
		0	1	2. Stufe
Kodewörter	0	10	11	

Das FANOsche Verfahren liefert hier den Kode, der beim SHANNONschen Verfahren erst nach einer zusätzlichen Verbesserung resultierte (Abb. 36.1b).

Wir erweitern die Quelle auf Blocklänge $m = 2$.

k	1	2	3	4	5	6	7	8	9	
S_k	AA	AB	BA	BB	AC	BC	CA	CB	CC	
w_k	9/64	9/64	9/64	9/64	3/32	3/32	3/32	3/32	1/16	
Zerlegungen in Klassen		0					1			1. Stufe
	0		1		0			1		2. Stufe
	0	1	0	1	0	1	0	1		3. Stufe
								0	1	4. Stufe
Kodewörter	000	001	010	011	100	101	110	1110	1111	

Auch hier erhalten wir den nach Abb. 36.2b verbesserten Kode. Die angeführten Kodierungsverfahren liefern zwar im allgemeinen befriedigende Lösungen; diese sind aber nicht unbedingt optimal. Von D. A. HUFFMAN wird dagegen ein Verfahren angegeben, das stets zu einer optimalen Kodierung in dem Sinne führt, daß keine andere Kodierung eine kleinere mittlere Kodewortlänge besitzt.

Um einen optimalen Kode zu finden, ist es nicht nötig, die Menge aller dekodierbaren Kodes zu durchmustern, die bei gegebenem Wahrscheinlichkeitsfeld w_k ($k = 1, 2, \ldots, K$) der zu kodierenden Nachrichten und bei gegebener Anzahl D von Kodierungssymbolen möglich sind. Denn zu jedem dekodierbaren Kode gibt es nach den Betrachtungen zur KRAFTschen Ungleichung stets einen irreduziblen Kode mit gleicher Längenstruktur. Es genügt somit die Durchmusterung der Menge $\mathfrak{M}'$ aller irreduziblen Kodes. Bezüglich des Kodebaumes bedeutet dies, daß nur Endknoten mit Kodewörtern zu besetzen sind.

In dieser Menge $\mathfrak{M}'$ läßt sich eine Zerlegung in Äquivalenzklassen durchführen: Kodes werden als äquivalent angesehen, wenn sie durch Vertauschung der Kodierungssymbole, durch Vertauschung gleichwahrscheinlicher Nachrichten und (oder) durch Vertauschung von Kodewörtern gleicher Länge ineinander übergeführt werden können. Am Kodebaum bedeutet das letztere eine Vertauschung von besetzten oder unbesetzten Endknoten gleicher Stufe. Dabei liefern alle Kodes, die zu *einer* Klasse gehören, gleiche mittlere Kodewortlängen. Wir können daher die Menge der zu durchmusternden Kodes weiter auf die Menge $\mathfrak{M}''$ einschränken, die zu jeder Klasse nur einen Repräsentanten enthält.

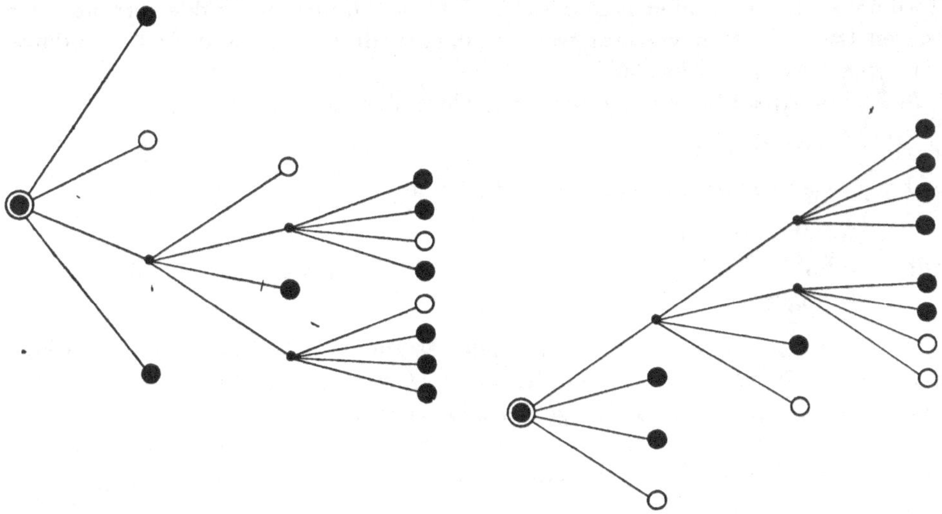

a) b)

Abb. 36.3. a) Kodebaum zu einem Kode aus $\mathfrak{M}'$
b) Repräsentant der Klasse, die den unter a) dargestellten Kode enthält
• innerer Knoten
● mit Kodewort (Nachricht) besetzter Endknoten
○ freier Endknoten

Zu diesem Zweck ergänzen wir jeweils den Kodebaum hinsichtlich der Menge der Endknoten auf Vollstandigkeit. Zeichnen wir den Kodebaum so, daß alle Knoten, die zur gleichen Stufe gehören, untereinander zu liegen kommen, so wahlen wir die Reprasentanten nach folgendem Prinzip: Durchlauft man die Knoten einer Stufe von oben nach unten, so sollen zuerst die inneren Knoten stehen — von ihnen führen Zweige zu Knoten der nachsten Stufe —, dann sollen die mit Kodewortern besetzten Endknoten folgen und danach evtl. vorhandene freie Endknoten (Abb. 36.3).

Es genugt den weiteren Betrachtungen die Menge $\mathfrak{M}''$ zugrunde zu legen. Zunachst stellen wir einige notwendige Bedingungen auf, die ein optimaler Kode aus der Menge $\mathfrak{M}''$ erfullen muß.

1. Es darf kein Nachrichtenpaar $S_j\,S_k$ existieren, für das

$$s_j > s_k \quad \text{und} \quad w_j > w_k$$

ist. Denn aus der dann bestehenden Ungleichung

$$(s_j - s_k) \cdot (w_j - w_k) > 0$$

folgt

$$s_j\,w_j + s_k\,w_k > s_k\,w_j + s_j\,w_k\,.$$

Das bedeutet, daß sich durch Vertauschung von s_j und s_k bei der Zuordnung zu S_i und S_k die mittlere Kodewortlange verkleinern ließe.

2. In dem bezuglich der Menge der Endknoten vollständigen Baum durfen freie Endknoten hochstens in der letzten Stufe auftreten. Ware namlich ein Endknoten in einer niedrigeren Stufe frei, so könnte ein Kodewort aus der letzten Stufe dorthin versetzt werden und damit die mittlere Kodewortlänge verkleinert werden (Abb. 36.4a).

3. Ist die Anzahl der besetzten Endknoten der letzten Stufe

$$g \cdot D + m\,,$$

wobei g eine nichtnegative ganze Zahl ist und

$$0 < m \leqq D$$

gilt, so muß

$$m \geqq 2$$

sein. Wäre nämlich $m = 1$, so ließe sich das zugehörige Kodewort auch schon dem entsprechenden inneren Knoten der vorhergehenden Stufe zuordnen, wodurch die mittlere Kodewortlange verkleinert wurde (Abb. 36/4b).

4. Verwandelt man einen inneren Knoten durch Elimination aller von ihm ausgehenden Zweige und Knoten in einen Endknoten, wobei man ihm die zusammengesetzte Nachricht zuordnet, deren Wahrscheinlichkeit gleich der Summe der Wahrscheinlichkeiten der eliminierten Knoten bzw. deren Nachrichten ist, so muß dem neuen Baum wieder ein optimaler Kode entsprechen. Andernfalls konnte man den neuen Baum optimieren und dann den eliminierten Teil wieder ansetzen; dadurch würde die mittlere Kodewortlänge aber verkleinert werden.

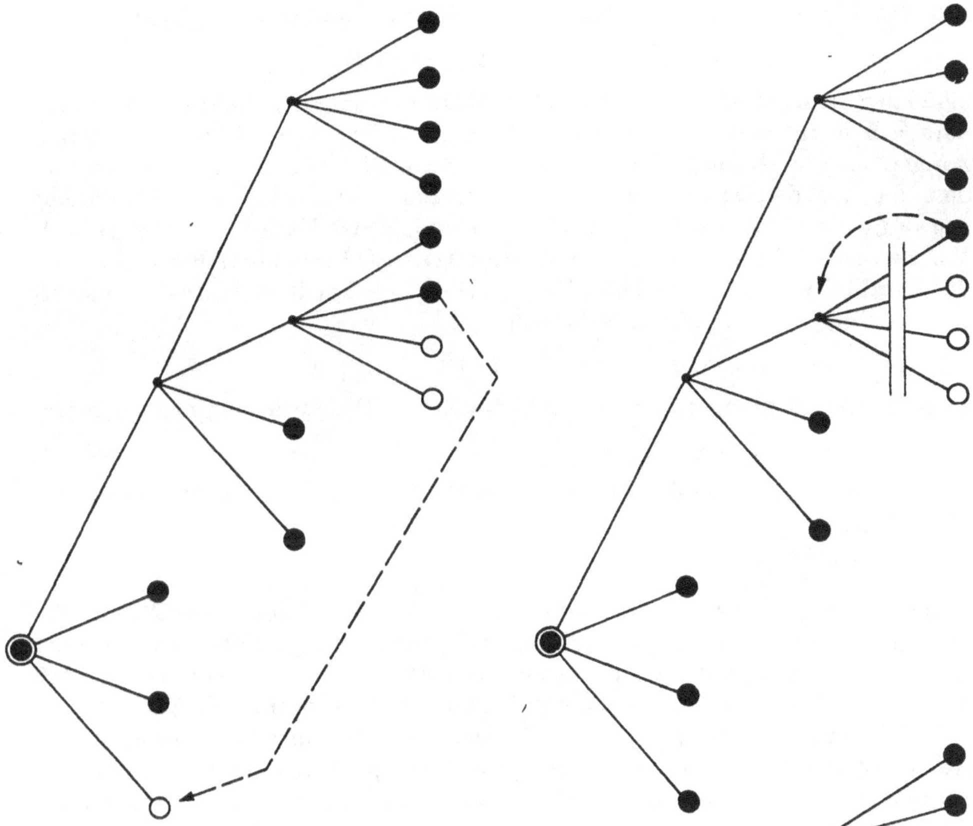

a) b)

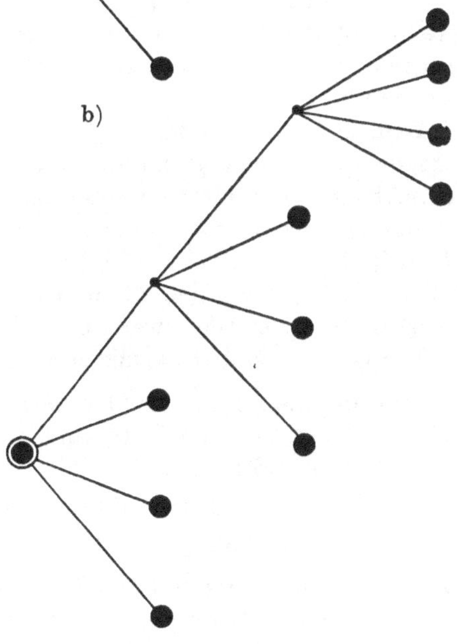

c)

Abb. 36.4. Beispiele zur Erklauterung der Bedingungen
2. und 3. fur einen optimalen Kode
$D = 4 \qquad M = 10$

a) Baum verstoßt gegen Bedingung 2. Umwandlung in b)
b) Baum verstoßt gegen Bedingung 3. Umwandlung in c)
c) optimaler Kodebaum

5. Ist M die Anzahl der zu kodierenden Nachrichten, so muß gelten

$$m \equiv M \bmod (D-1) \quad \text{mit } 2 \leqq m \leqq D .$$

Eliminiert man nämlich in der letzten Stufe das unterste Büschel — es enthält m besetzte und $D - m$ freie Endknoten — und wandelt man den zugehörigen inneren Knoten der vorhergehenden Stufe in einen Endknoten um, dem die aus den m eliminierten Nachrichten zusammengesetzte Nachricht zugeordnet wird, so verringert sich die Anzahl M der Nachrichten um $m - 1$. Von nun an erfaßt jede weitere Elimination genau D Endknoten und verkleinert die Anzahl der Nachrichten jedes Mal um $D - 1$. Schließlich bleibt der Wurzelknoten übrig. Somit gilt die Beziehung

$$M - (m-1) - g' \cdot (D-1) = 1 ,$$

wobei g' eine nichtnegative ganze Zahl bedeutet. Die Auflösung nach m liefert

$$m = M - g' \cdot (D-1) ,$$

d. h., m ergibt sich bei der Division von M durch $D - 1$ als Rest unter der Nebenbedingung

$$2 \leqq m \leqq D .$$

Wir zeigen nun, daß es ein Verfahren gibt, das im Rahmen der Menge $\mathfrak{M}''$ in allgemeinster Weise den angeführten Bedingungen genügt, stets zu einer Lösung führt und obendrein eindeutig verläuft. Damit ist nachgewiesen, daß dieses von HUFFMAN vorgeschlagene Verfahren einen optimalen Kode liefert.

Der Bedingung 1 genügt man im Rahmen von $\mathfrak{M}''$ in allgemeinster Weise, wenn man den nach fallenden (genauer: nichtsteigenden) Wahrscheinlichkeiten geordneten Nachrichten Kodewörter mit steigenden (genauer: nichtfallenden) Längen zuordnet.

Dem sich nach Bedingung 5 — sie umfaßt die Bedingung 3 — eindeutig ergebenden m genügt man, wenn man den m letzten Nachrichten der Liste gleichlange Kodewörter größter Länge zuordnet.

Der Bedingung 4 entsprechend arbeitet das Verfahren iterierend auf dem Prinzip der schrittweisen Elimination.

Der Bedingung 2 genügt man, indem man bei allen Iterationsschritten mit Ausnahme des ersten jeweils D Endknoten eliminiert.

Wir geben nun das Verfahren in algorithmischer Form (Abb. 36.5) an.

B_1. Ordne die zu kodierenden Nachrichten nach nichtsteigenden Wahrscheinlichkeiten in einer Liste an.

B_2. Bestimme die natürliche Zahl m aus

$$\begin{cases} m = M \text{ modulo } (D-1) , \\ 2 \leqq m \leqq D . \end{cases}$$

B_3. Fasse die m letzten Nachrichten der Liste zu einer neuen Nachricht zusammen, wobei dieser als Wahrscheinlichkeit die Summe der Wahrscheinlichkeiten der m danach zu eliminierenden Nachrichten zugeordnet wird.

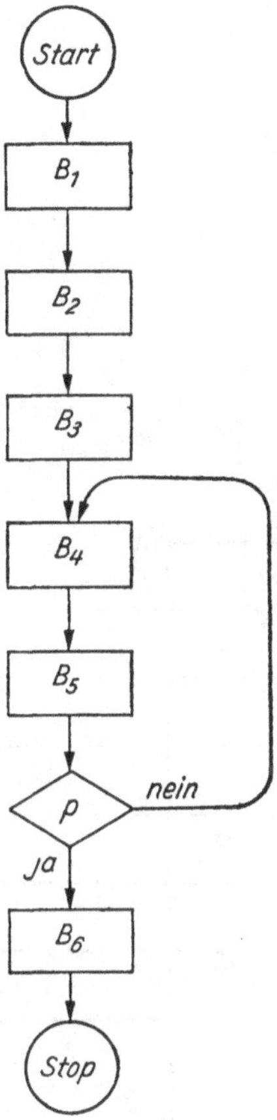

Abb. 36.5. Blockschema zum HUFFMANschen Kodierungsverfahren (Erlauterung im Text)

B_4. Ordne die Nachrichten wieder nach nichtsteigenden Wahrscheinlichkeiten in einer Liste an.

B_5. Fasse die D letzten Nachrichten der Liste zu einer neuen Nachricht zusammen, wobei dieser als Wahrscheinlichkeit die Summe der Wahrscheinlichkeiten der D danach zu eliminierenden Nachrichten zugeordnet wird.

p: Enthalt die Liste nur noch eine Nachricht?

B_6. Zeichne Linien, die die Nachrichten aufeinanderfolgender Listen dem Eliminationsverfahren entsprechend verbinden und betrachte den so erhaltenen Baum als Kodebaum.

Die beiden folgenden Abbildungen (36.6 u. 36.7) erläutern das HUFFMANsche Kodierungsverfahren am gleichen Nachrichtenensemble (s. S. 316) mit $\{0, 1\}$ bzw. $\{a, b, c, d\}$ als Kodierungsalphabet.

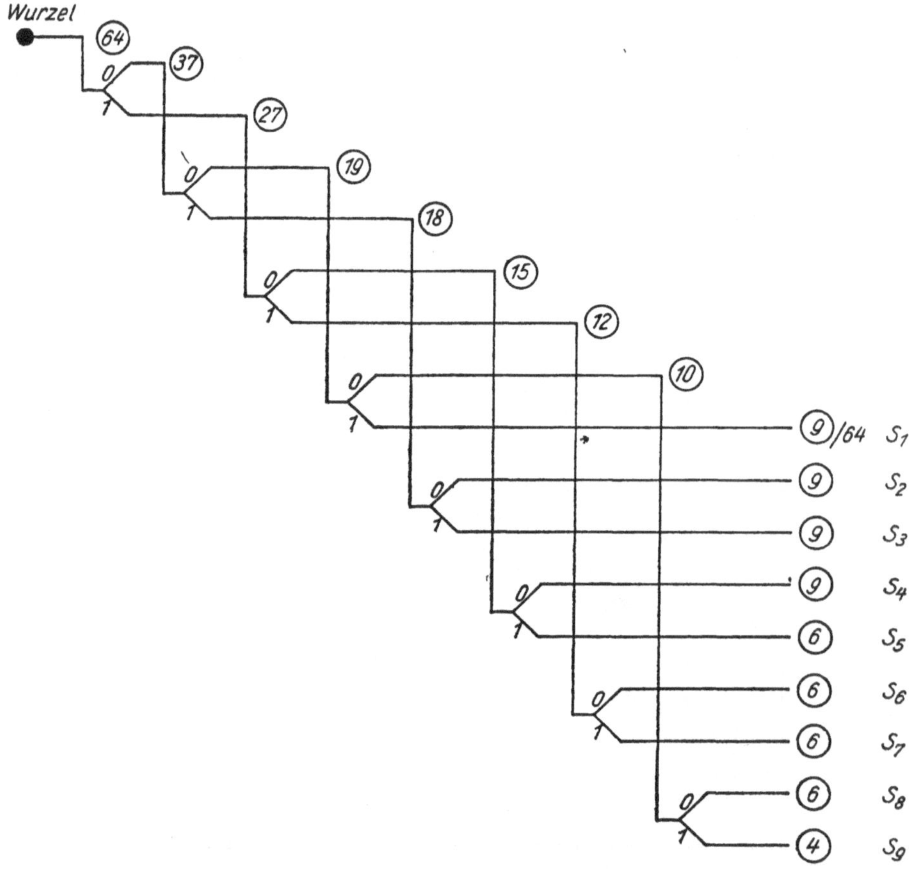

Abb. 36.6. Konstruktion des Kodebaums nach D. A. HUFFMAN fur das Nachrichten-ensemble mit

$w_1 = w_2 = w_3 = w_4 = 9/64, \quad w_5 = w_1 = w_7 = w_8 = 6/64$ und $w_9 = 4/64$

mit dem Kodierungsalphabet $\{0, 1\}$.

$D = 2 \quad M = 9$ ergibt $m = 2$

optimaler Kode·

S_1 :	0	0	1	
S_2 :	0	1	0	
S_3 :	0	1	1	
S_4 :	1	0	0	
S_5 :	1	0	1	
S_6 :	1	1	0	
S_7 :	1	1	1	
S_8 :	0	0	0	0
S_9 :	0	0	0	1

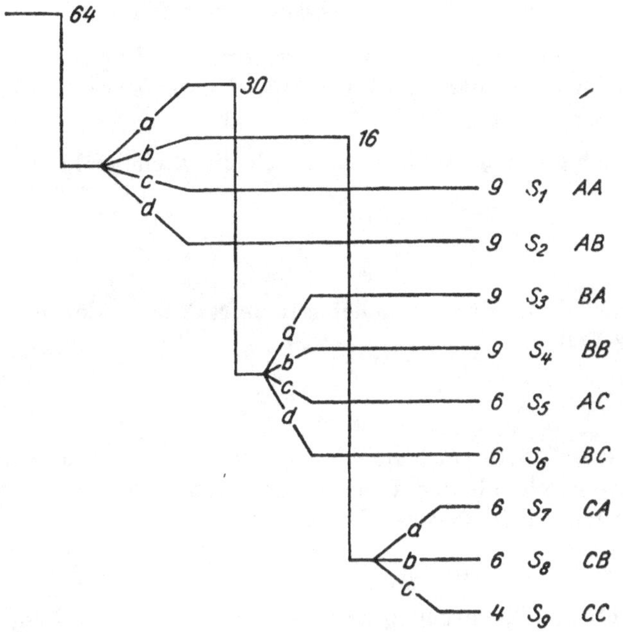

Abb. 36.7. Konstruktion des Kodebaums nach D. A. HUFFMAN fur das gleiche Nachrichtenensemble wie bei Abb. 36.6
mit dem Kodierungsalphabet $\{a, b, c, d\}$
$D = 4$ $M = 9$ ergibt $m = 3$

optimaler Kode
$S_1 : c$
$S_2 : d$
$S_3 : a\ a$
$S_4 : a\ b$
$S_5 : a\ c$
$S_6 : a\ d$
$S_7 : b\ a$
$S_8 : b\ b$
$S_9 : b\ c$

37. Das Haupttheorem der Informationstheorie

Eine Quelle, die über n Symbole S_i verfugt und diese mit den Wahrscheinlichkeiten w_i aussendet, besitzt einen Nachrichtenvorrat von n^m verschiedenen m-stelligen Nachrichten. Diese treten mit sehr unterschiedlichen Haufigkeiten auf, so daß es zweckmaßig ist, die Nachrichtenmenge in zwei Teilmengen zu zerlegen: Zu der einen Teilmenge zählen wir die hochwahrscheinlichen Nachrichten, zu der anderen die nur selten auftretenden Nachrichten. Um diese Verhältnisse mathematisch erfassen zu konnen, führen wir $z_i^{(m)}$ als die Zahl ein, die angibt, wie oft das Symbol S_i in einer bestimmten m-stelligen Nachricht auftritt. $\frac{z_i^{(m)}}{m}$ ist dann die relative Haufigkeit dieses Symbols. Im allgemeinen wird sich mit wachsender Stellenzahl die relative Häufigkeit der Wahrscheinlichkeit mehr und mehr annähern. Das starke Gesetz der großen Zahlen macht hierzu eine genauere Aussage:

Ist ε_i eine beliebig kleine Zahl, so läßt sich die Stellenzahl m stets so groß wählen, daß der Fall

$$\left|\frac{z_i^{(m)}}{m} - w_i\right| \geqq \varepsilon_i$$

„fast nie" auftritt, d. h. mit einer beliebig nahe Null liegenden Wahrscheinlichkeit, der andere Fall

$$\left|\frac{z_i^{(m)}}{m} - w_i\right| < \varepsilon_i$$

dagegen „fast immer", d. h. mit beliebig nahe Eins liegender Wahrscheinlichkeit.

Für die hochwahrscheinlichen Fälle — nur diese interessieren uns im weiteren — können wir daher ansetzen

$$z_i^{(m)} = m\,(w_i \pm \varepsilon_i)\,.$$

Nun ist eine m-stellige Nachricht genau dann hochwahrscheinlich, wenn in ihr alle Symbole hochwahrscheinlich auftreten.

Eine m-stellige Symbolfolge läßt sich als Permutation von

$$\underbrace{S_1 \ldots S_1}_{z_1^{(m)}\text{-}} \;\; \underbrace{S_2 \ldots S_2}_{z_2^{(m)}\text{-}} \ldots\ldots \underbrace{S_n \ldots S_n}_{z_n^{(m)}\text{-mal}}$$

auffassen. Die Wahrscheinlichkeit, daß das Symbol S_i $z_i^{(m)}$-mal auftritt, ist, da die einzelnen Wiederholungen unabhängig voneinander sind,

$$w_i^{z_i^{(m)}}\,.$$

Die Wahrscheinlichkeit fur die gesamte hochwahrscheinliche Nachricht ist dann durch

$$\begin{aligned}\mathfrak{W}^{(m)} &= w_1^{z_1^{(m)}} \cdot w_2^{z_2^{(m)}} \cdot \ldots \cdot w_n^{z_n^{(m)}} \\ &= \prod_{i=1}^{n} w_i^{z_i^{(m)}} \\ &= \prod_{i=1}^{n} w_i^{m(w_i \pm \varepsilon_i)}\end{aligned}$$

gegeben.

Nun ist

$$w_i = n^{\frac{\operatorname{ld} w_i}{\operatorname{ld} n}}\,,$$

wie man sich leicht uberzeugt, wenn man beiderseits ld bildet. Damit laßt sich $\mathfrak{w}^{(m)}$ in die Form

$$\prod_{i=1}^{n} n^{\frac{m \,\mathrm{ld}\, w_i \cdot (w_i \pm \varepsilon_i)}{\mathrm{ld}\, n}} = n^{\sum_{i=1}^{n} \frac{m \,\mathrm{ld}\, w_i \cdot (w_i \pm \varepsilon_i)}{\mathrm{ld}\, n}}$$

umschreiben.

Nun ist

$$\sum_i \mathrm{ld}\, w_i \cdot w_i = -H \,.$$

Setzen wir zur Abkürzung

$$\sum_i \mathrm{ld}\, w_i \cdot \varepsilon_i = \varepsilon \,,$$

so erhalten wir

$$\mathfrak{w}^{(m)} = n^{-\frac{m(H \pm \varepsilon)}{\mathrm{ld}\, n}} \,.$$

Die einzelnen hochwahrscheinlichen Nachrichten treten mit fast gleichen Wahrscheinlichkeiten auf; die ubrigen Nachrichten dagegen haben mit wachsendem m eine gegen Null gehende Wahrscheinlichkeit. Somit sind fast alle auftretenden Nachrichten hochwahrscheinlich. Ihre Wahrscheinlichkeit ist, da sie untereinander fast gleichwahrscheinlich sind, durch den reziproken Wert ihrer Anzahl gegeben. Somit gilt auch umgekehrt, daß ihre Anzahl sich als reziproker Wert ihrer Wahrscheinlichkeit ergibt: Die Anzahl der hochwahrscheinlichen m-stelligen Nachrichten betragt

$$\mathfrak{z}^{(m)} = n^{\frac{m(H \pm \varepsilon)}{\mathrm{ld}\, n}} = 2^{m(H \pm \varepsilon)} \,.$$

Die Richtigkeit der letzten Umwandlung erkennt man, wenn man beiderseits ld bildet.

Wir haben festgestellt, daß fast jede *auftretende* Nachricht eine hochwahrscheinliche Nachricht ist. Andereseits bilden die hochwahrscheinlichen Nachrichten gegenuber allen *möglichen* Nachrichten eine mit wachsendem m verschwindende Teilmenge: Der Quotient

$$\mathfrak{z}^{(m)}/n^{(m)} = n^{-m\left(1 - \frac{H \pm \varepsilon}{\mathrm{ld}\, n}\right)} = n^{-mr}$$

enthält im Exponenten die Redundanz der Quelle

$$r = \frac{\mathrm{ld}\, n - H \pm \varepsilon}{\mathrm{ld}\, n} \,;$$

für eine Quelle mit nichtverschwindender Redundanz fällt n^{-mr} exponentiell mit m sehr schnell ab.

Aus der erhaltenen Abschätzung fur die Anzahl $\mathfrak{z}^{(m)}$ der hochwahrscheinlichen Nachrichten ist leicht ein zweiter Beweis für den Kodierungshauptsatz zu gewinnen. Ordnen wir jeder hochwahrscheinlichen m-stelligen Nachricht ein Kodewort zu, und ist $\bar{s}^{(m)}$ die mittlere Länge dieser Kodewörter, so liefert die Forderung, daß die Anzahl der verschiedenen Kodeworter der mittleren Länge $\bar{s}^{(m)}$ gleich der Anzahl der hochwahrscheinlichen Nachrichten von der Lange m ist,

$$n^{\bar{s}^{(m)}} = n^{\frac{m(H \pm \varepsilon)}{\mathrm{ld}\, n}} .$$

Daraus resultiert

$$\bar{s}^{(m)} = \frac{m\,(H \pm \varepsilon)}{\mathrm{ld}\, n}, \qquad \text{d. h.}$$

$$H - \varepsilon \leqq \mathrm{ld}\, n \cdot \frac{\bar{s}^{(m)}}{m} \leqq H + \varepsilon .$$

Da $\lim\limits_{m \to \infty} \varepsilon = 0$ ist, gilt schließlich

$$\lim_{m \to \infty} \frac{\bar{s}^{(m)}}{m} = \frac{H}{\mathrm{ld}\, n} .$$

Dies ist aber die mathematische Formulierung des Kodierungshauptsatzes.

Wir wenden uns nun dem von Shannon stammenden Haupttheorem der Informationstheorie zu, wobei wir bei dem intuitiven Beweis weitgehend seinen Gedankengangen folgen.

Zunächst stellen wir fest, daß bei einem gestörten Kanal keineswegs auch eine gestörte Informationsubertragung resultieren muß. So bietet Abb. 37.1 ein Beispiel eines gestörten Kanals, bei dem eine eindeutige Dekodierung und somit eine ungestorte Übertragung moglich ist. Die von den einzelnen Inputsignalen ausgehenden Facher fuhren zu unterscheidbaren (disjunkten) Outputblocken.

Shannon benutzt dieses Prinzip der unterscheidbaren Outputblocke und zeigt, daß damit eine Kodierung moglich ist, die auch bei gestörtem Kanal eine störungsfreie Übertragung mit beliebiger Sicherheit gewährleistet.

Problemstellung: X und Y seien die Input- bzw. Outputsymbolmengen eines gestörten Kanals. Vor den Kanal sei die Quelle Q_1 gelegt, die die Symbole aus der Menge X mit den Wahrscheinlichkeiten w_i aussendet. Zu diesem Übertragungssystem gehören die Entropien $H(X)$, $H(Y)$, $H(X/Y)$, $H(Y/X)$ sowie die Synentropie

$$\begin{aligned} R &= H(X) - H(X/Y) \\ &= H(Y) - H(Y/X) . \end{aligned}$$

Eine zweite Quelle Q_2 soll so auf die Quelle Q_1 abgebildet werden, daß die von ihr ausgehenden Informationen störungsfrei auf den Kanaloutput ubertragen werden (Abb. 37.2). Dabei bedeutet Abbildung der Quelle Q_2 auf die Quelle Q_1

eine Kodierung der Nachrichten der Quelle Q_2 durch ausgewählte m-stellige Nachrichten der Quelle Q_1. Damit aber dabei die für die Quelle Q_1 charakteristischen Symbolwahrscheinlichkeiten erhalten bleiben, werden die Kodewörter aus der Menge der hochwahrscheinlichen m-stelligen Nachrichten der Quelle Q_1

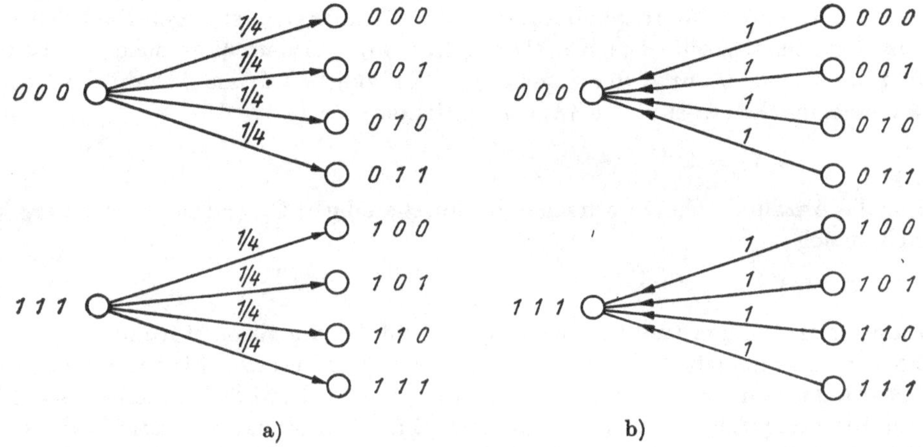

Abb. 37.1. Beispiel eines gestörten Kanals mit ungestörter Informationsübertragung
a) Übergangswahrscheinlichkeiten

$$w_{j/i} = \begin{pmatrix} 1/4 & 1/4 & 1/4 & 1/4 & 0 & 0 & 0 & 0 \\ 0 & 0 & 0 & 0 & 1/4 & 1/4 & 1/4 & 1/4 \end{pmatrix}$$

b) Rückschlußwahrscheinlichkeiten

$$w_{i/j} = \begin{pmatrix} 1 & 0 \\ 1 & 0 \\ 1 & 0 \\ 1 & 0 \\ 0 & 1 \\ 0 & 1 \\ 0 & 1 \\ 0 & 1 \end{pmatrix}$$

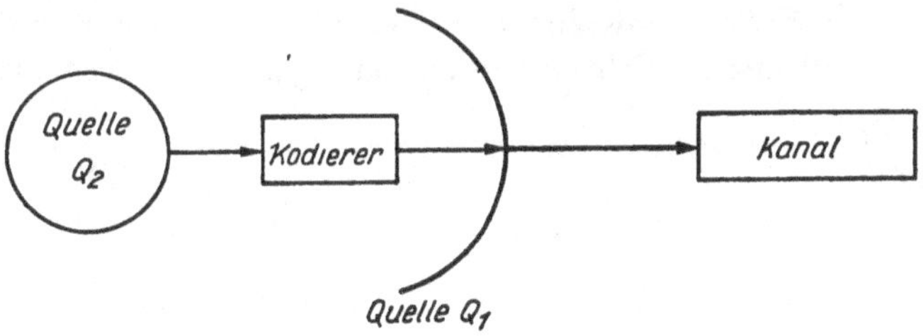

Abb. 37.2. Abbildung der Quelle Q_2 auf die Quelle Q_1:
Den Symbolen der Quelle Q_2 werden typische Nachrichten der Quelle Q_1 als Kodewörter zugeordnet. Die Entropien beider Quellen, gerechnet pro Kodierungssymbol, sind gleich.

entnommen. Auf Grund dieser Festlegung haben beide Quellen die gleiche Entropie.

Der nachfolgende Beweis zeigt, daß eine störungsfreie Übertragung genau dann möglich ist, wenn die Quelle Q_2 eine Entropie besitzt, die kleiner als die Synentropie des aus Kanal und Quelle Q_1 bestehenden Übertragungssystems ist

Wir betrachten die Anzahl der hochwahrscheinlichen m-stelligen Nachrichten. Auf der Eingangsseite des Kanals erhalten wir aus dem Wahrscheinlichkeitsfeld der Quelle Q_1 bzw. der zugehörigen Entropie $H(X)$ als Anzahl der hochwahrscheinlichen m-stelligen Inputnachrichten

$$\mathfrak{z}(X) = 2^{m(H(X) \pm \varepsilon)} .$$

Für die Anzahl der hochwahrscheinlichen m-stelligen Outputnachrichten ergibt sich analog

$$\mathfrak{z}(Y) = 2^{m(H(Y) \pm \varepsilon')} .$$

Zu jeder m-stelligen Inputnachricht gehört infolge der Kanalstörung ein ganzer Fächer von möglichen Übertragungen. Auch hier berücksichtigen wir nur die hochwahrscheinlichen Wirkungen, die aus einer hochwahrscheinlichen m-stelligen Inputnachricht resultieren können. Ihre Anzahl ist aus dem bedingten Feld der Übergangswahrscheinlichkeiten zu gewinnen. Dabei ist über die verschiedenen Inputnachrichten zu mitteln. Damit tritt die bedingte Entropie $H(Y/X)$ auf. Man erhält als mittlere Anzahl der Übergangsstrahlen in einem Fächer

$$\mathfrak{z}(Y/X) = 2^{m(H(Y/X) \pm \varepsilon'')} \qquad \text{(Abb. 37.3).}$$

Entsprechend gehört zu jeder Outputnachricht ein Rückschlußfächer. Die Anzahl der hochwahrscheinlichen Rückschlußstrahlen ergibt sich im Mittel zu

$$\mathfrak{z}(X/Y) = 2^{m(H(X/Y) \pm \varepsilon''')} .$$

Um eine Kodierung nach dem Prinzip der unterscheidbaren Input- bzw. Outputblöcke zu ermöglichen, muß die Anzahl der zu kodierenden Nachrichten so beschränkt werden, daß sich die hochwahrscheinlichen Fächer weder input- noch outputseitig überdecken. Da im Mittel ein von einer Inputnachricht ausgehender Fächer $\mathfrak{z}(Y/X)$ hochwahrscheinliche Strahlen besitzt und $\mathfrak{z}(Y)$ hochwahrscheinliche Outputnachrichten zur Verfügung stehen, lassen sich höchstens

$$\frac{\mathfrak{z}(Y)}{\mathfrak{z}(Y/X)} = 2^{m(H(Y) - H(Y/X) \pm \varepsilon' \mp \varepsilon'')}$$
$$= 2^{m(R \pm \varepsilon^*)} \qquad \text{mit } \varepsilon^* = \varepsilon' - \varepsilon''$$

Fächer disjunkt anordnen. Dies bedeutet, daß aus allen hochwahrscheinlichen m-stelligen Nachrichten höchstens

$$2^{m(R \pm \varepsilon^*)}$$

als Kodewörter Verwendung finden können.

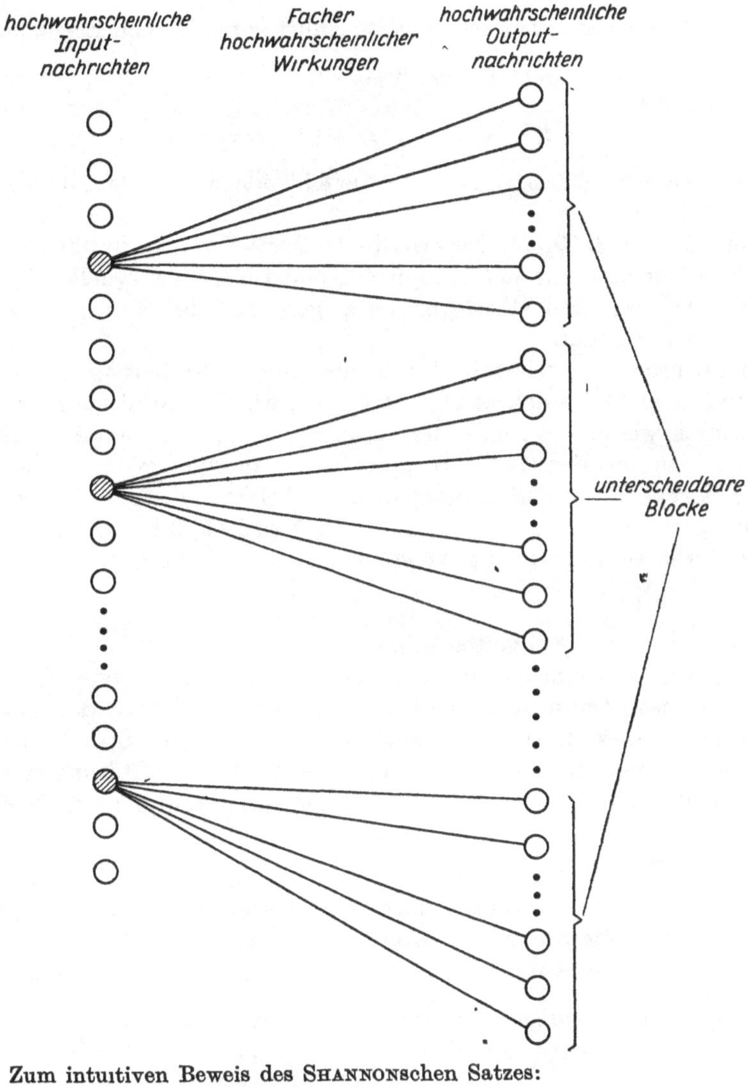

Abb. 37.3. Zum intuitiven Beweis des SHANNONschen Satzes:
Prinzip der unterscheidbaren Blocke

$\mathfrak{z}(X)$ = Anzahl der hochwahrscheinlichen Inputnachrichten $= 2^{mH(X)}$

$\mathfrak{z}(Y)$ = Anzahl der hochwahrscheinlichen Outputnachrichten $= 2^{mH(Y)}$

$\mathfrak{z}(Y/X)$ = Anzahl der hochwahrscheinlichen Wirkungen einer hochwahrscheinlichen Inputnachricht $2^{mH(Y/X)}$

Anzahl der moglichen unterscheidbaren Outputblocke = Anzahl der moglichen Kodeworter

$$= \frac{\mathfrak{z}(Y)}{\mathfrak{z}(Y/X)} = 2^{m(H/Y) - H(Y/X)} = 2^{mR}$$

Die analoge Überlegung outputseitig führt zum gleichen Ergebnis

$$\frac{\mathfrak{z}(Y)}{\mathfrak{z}(X/Y)} = 2^{m(H(X)-H(X/Y)\pm\varepsilon\mp\varepsilon''')}$$
$$= 2^{m(R\pm\varepsilon^{**})} \qquad \text{mit } \varepsilon^{**} = \varepsilon - \varepsilon''' .$$

Im weiteren vernachlassigen wir die verschiedenen ε-Großen, da sie mit $m \to \infty$ gegen Null gehen.

Damit die Quelle Q_2 mit der erhaltenen Anzahl von Kodewortern auskommt, muß ihre Entropie auf R (bezogen auf einen Takt der Quelle Q_1) beschränkt bleiben. Die weiteren Überlegungen zeigen, daß die Entropie sogar unter R gehalten werden muß.

Um zu erfassen, wie weit durch eine solche Kodierung die Übertragung fehlerfrei erreicht werden kann, betrachten wir den Kodierungsprozeß. Dabei vereinbaren wir das folgende Zuordnungsprinzip: Eine empfangene Nachricht wird als eine von der Quelle Q_2 gesendete Nachricht gedeutet, wenn ein und nur ein Strahl des zu der empfangenen Nachricht gehorigen Ruckschlußfachers auf ein Kodewort führt. Jeder andere Fall wird als Storung aufgefaßt.

Wir setzen als Entropie der Quelle Q_2, bezogen auf einen Takt der Quelle Q_1,

$$R - \delta$$

an, wobei vorerst $\delta \geqq 0$ gelten soll.

Wir betrachten eine Outputnachricht, die durch ein gesendetes Kodewort entstanden ist. Dann muß der Ruckschlußfacher einen Strahl enthalten, der zu diesem Kodewort fuhrt. Wenn noch ein weiterer Strahl dieses Fachers ebenfalls zu einem Kodewort lauft, so ist dieser Fall als Störung zu registrieren. Wir wollen die Wahrscheinlichkeit fur das Auftreten eines solchen Falles abschätzen.

Zur Abkürzung bezeichnen wir mit

i — die Anzahl der hochwahrscheinlichen Inputnachrichten,
k — die Anzahl der Kodewörter,
r — die Anzahl der Rückschlußstrahlen eines Fachers.

Nach den vorausgegangenen Betrachtungen ist

$$i = 2^{mH(X)},$$
$$k = 2^{m(R-\delta)}$$

und

$$r = 2^{mH(X/Y)}.$$

Da ein Rückschlußstrahl zu einer Inputnachricht fuhrt, die Kodewort ist, ist ein weiterer Strahl zu einer von $i - 1$ Inputnachrichten frei zu wahlen; die Wahrscheinlichkeit, daß er dabei gerade auf eines der noch unbesetzten $k - 1$ Kodewörter fuhrt, ist durch das Verhaltnis

$$\frac{k-1}{i-1}$$

gegeben. Die Wahrscheinlichkeit, daß dagegen kein Kodewort getroffen wird, ist somit

$$1 - \frac{k-1}{i-1}.$$

Schließlich ergibt sich als Wahrscheinlichkeit, daß keiner der $r - 1$ noch festzulegenden Rückschlußstrahlen ein Kodewort trifft, und damit zugleich als Wahrscheinlichkeit einer fehlerfreien Übertragung

$$p_{\text{fehlerfrei}} = \left(1 - \frac{k-1}{i-1}\right)^{r-1} \approx \left(1 - \frac{k}{i}\right)^{r}.$$

Da $\frac{k}{i} < 1$ ist, konvergiert die entsprechende Binomialreihe. Bricht man nach dem Glied erster Ordnung ab, so gilt

$$p_{\text{fehlerfrei}} \approx 1 - \frac{r\,k}{i}.$$

Setzt man darin die obigen Ausdrücke für i, k und r ein, so wird

$$\begin{aligned} p_{\text{fehlerfrei}} &\approx 1 - 2^{m(H(X/Y)+R-\delta-H(X))} \\ &\approx 1 - 2^{-m\delta}. \end{aligned}$$

Nur für $\delta > 0$ resultiert

$$\lim_{m \to \infty} p_{\text{fehlerfrei}} = 1.$$

Wählt man die Kodewörter so, daß in ihnen die Kodierungssymbole mit relativen Häufigkeiten auftreten, die gleich den für die Quelle Q_1 geltenden Wahrscheinlichkeiten sind, so hat die Quelle Q_2 dieselbe Entropie wie die Quelle Q_1. Dann gilt das folgende Ergebnis: Liegt die Entropie der Quelle Q_2 unter R, so läßt sich mit $m \to \infty$ eine fehlerfreie Übertragung erreichen.

Bei endlicher Länge der Kodewörter muß man mit dem Auftreten gewisser Fehler rechnen. Für die Fehlerwahrscheinlichkeit gilt

$$\begin{aligned} p_{\text{Fehler}} &= 1 - p_{\text{fehlerfrei}} \\ &\approx 2^{-m\delta} \end{aligned}$$

oder

$$\text{ld}\, 1/p_{\text{Fehler}} \approx m\,\delta.$$

Nun stellt $m\,\delta$ den unausgenutzten Synentropiebetrag des erweiterten Systems dar. Will man für die Übertragung eine bestimmte kleine Fehlerwahrscheinlichkeit erreichen, so muß ein entsprechend großer Synentropiebetrag des erweiterten Systems unausgenutzt bleiben. Strebt man dabei eine hohe Ausnutzung an, so muß man dies mit einer großen Nachrichtenlänge bezahlen; will man nur eine kleine Nachrichtenlänge zulassen, so muß man eine entsprechend geringe Ausnutzung in Kauf nehmen.

Die obigen Betrachtungen liefern zwei Bedingungen:
Damit der Kanal nicht „überlauft“, muß

$$H = R - \delta \quad \text{mit } \delta > 0$$

gelten. Um bei der Übertragung die Fehlerwahrscheinlichkeit p nicht übersteigen zu lassen, muß die Ungleichung

$$m\,\delta \geqq \operatorname{ld} 1/p$$

erfullt sein. Paßt man die Quelle Q_1 durch geeignete Wahl der Symbolhaufigkeiten in den Kodewortern optimal an den Kanal an, so erreicht die Synentropie ihren maximalen Wert; dieser gibt zugleich die Kanalweite an. Multipliziert man die Kanalweite mit der Übertragungsgeschwindigkeit im Kanal (Dimension — Symbol pro Zeiteinheit), so erhalt man die Kanalkapazität. Mißt man dementsprechend auch die Quellenentropie pro Zeiteinheit, so führt die Forderung, daß der Kanal nicht uberlauft, zu der Bedingung

$$\text{Quellenentropie pro Zeiteinheit} < \text{Kanalkapazität}\,.$$

Die Aussage des SHANNON*schen Hauptsatzes* laßt sich damit folgendermaßen formulieren:

Ist H die Entropie einer Quelle pro Zeiteinheit und C die Kanalkapazität, so existiert dann und nur dann eine Kodierung derart, daß die Übertragung mit beliebig kleiner Fehlerwahrscheinlichkeit geschieht, wenn $H < C$ ist.

Vielfach liegt folgende Aufgabenstellung vor Gegeben ist die Entropie einer Quelle pro Quellensymbol. Gesucht ist eine Kodierung, die eine Übertragung mit vorgeschriebener Fehlerwahrscheinlichkeit sichert, wobei der Kanal durch die Synentropie bezuglich der Kodierungsquelle charakterisiert ist.

Der SHANNONsche Hauptsatz ermoglicht dann die Bestimmung der Mindestlange fur die Kodeworter.

Bezeichnet H^* die Entropie der Quelle pro Quellensymbol, H dagegen die pro Kodierungsstelle gemessene Entropie der Quelle, so ist

$$H^* = m\,H\,.$$

Die Bedingung, daß der Kanal nicht überlauft, lautet jetzt

$$m\,(R - \delta) = H^*\,.$$

Zusammen mit der sich aus der geforderten Fehlerwahrscheinlichkeit ergebenden Bedingung

$$m\,\delta \geqq \operatorname{ld} 1/p$$

liefert sie als Auflosung nach m:

$$m \geqq \frac{H^* + \operatorname{ld} 1/p}{R}\,.$$

Beispiel. Eine Quelle sende zwei Symbole mit gleichen Wahrscheinlichkeiten aus. Sie soll an den in Abb. 37.4 dargestellten symmetrischen Binarkanal angeschlossen werden. Wie lang sind die Kodeworter mindestens zu wählen, um eine Fehlerwahrscheinlichkeit von 1% zu gewahrleisten?

Die Quelle hat als Entropie 1 bit/Quellensymbol. Der vorgesehene Kanal besitzt eine Kanalweite von 0,531 bit/Kodierungssymbol. Damit ergibt sich

$$m \geqq \frac{1 + \mathrm{ld}\,100}{0{,}531} = \frac{1 + 6{,}644}{0{,}531} = 14{,}4\,.$$

Die Kodeworter mussen mindestens 15-stellig gewahlt werden.

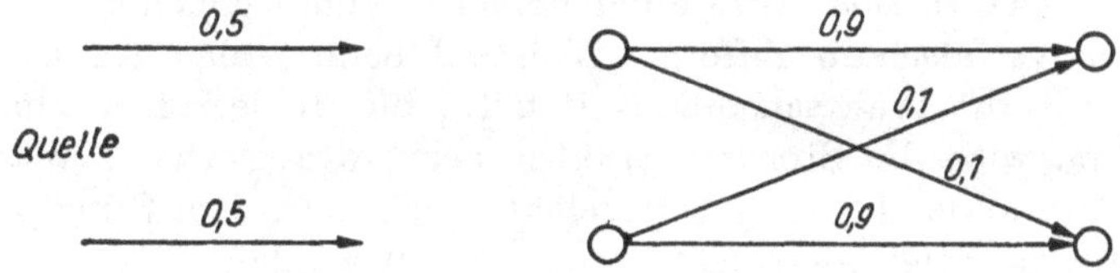

Abb. 37.4. Symmetrisch gestorter Binarkanal
$H(X) = H(Y) = 1$ bit $\quad H(X/Y) = H(Y/X) = 0{,}469$ bit
$H(X \times Y) = 1{,}469$ bit $\quad R = 0{,}531$ bit
Kanalweite 0,531 bit

38. Störungsgeschützte Kodierung durch Gruppenkodes

Der SHANNONsche Hauptsatz gibt zwar die Grenzen an, was physikalisch moglich und bei entsprechendem Aufwand technisch erreichbar ist; er gibt aber kein Verfahren, wie man das Ziel, Nachrichten in einem gestorten Kanal fehlerfrei zu ubertragen, tatsachlich erreicht.

Der Hauptsatz verheißt bei unendlicher Länge der Kodierungsblocke die Moglichkeit einer fehlerfreien Übertragung fur eine Quelle, deren Entropie H pro Zeiteinheit unter der Kanalkapazitat C bleibt. Da aber nur eine endliche Blocklange realisierbar ist, muß man eine gewisse Fehlerwahrscheinlichkeit p in Kauf nehmen. Man hat bei der Realisierung die Freiheit, den Betrag $-\mathrm{ld}\,p$, unter Beachtung der Grenzen fur die Blocklange $m \geqq 1$ und fur den unausgenutzt bleibenden Anteil der Kanalkapazitat $\delta < C$, beliebig auf die Faktoren des Produkts $m\,\delta$ zu verteilen.

Will man zu einer konstruktiven Vorschrift zur Realisierung eines geeigneten Kodes kommen, muß man die Vorstellungen uber den gestorten Kanal prazisieren. Dem ungestörten Kanal entspricht ein determinierter Vorgang, dem realen gestorten Kanal ein stochastischer Vorgang Man greift nun zu der Vorstellung eines idealisierten Kanals, in dem die wesentlichen Auswirkungen der im realen Kanal auftretenden Storungen ebenfalls vorhanden sind; dabei laßt man aber die Wahrscheinlichkeiten fur ihr Auftreten vollig beiseite: Die sich abspielenden Vorgange werden nicht mehr als ein stochastischer, sondern nur als nichtdeterminierter Prozeß aufgefaßt. Die in dem idealisierten Kanal zugelassenen Storungen sind eine mehr oder weniger willkurlich ausgewahlte Untermenge aus der Menge aller im realen Kanal auftretenden Storungen.

Grundprinzip ist nun, die Kodierung bei endlicher Blocklänge so zu konstruieren, daß die Übertragung im idealisierten Kanal vollständig — d. h. also nicht nur statistisch — gesichert ist; in Kauf nimmt man, daß infolge der Unterschiede in den Störungsstrukturen des realen und des idealisierten Kanals für den realen Kanal eine gewisse (niedrige) Fehlerwahrscheinlichkeit übrig bleibt.

Die weiteren Betrachtungen beschränken sich auf den Binärkanal. Bei ihm bedeutet ein Fehler das empfangsseitige Auftreten einer Null bei gesendeter Eins und umgekehrt. Die Anzahl der Fehler ist somit gleich der Anzahl der in einem Block verfälschten Ziffern. Während beim realen Kanal die Fehlerstruktur durch die Wahrscheinlichkeiten für die Fehlerzahlen charakterisiert werden kann, wird die Störungsstruktur beim idealisierten Kanal durch die maximale Anzahl der Fehler gekennzeichnet, die nach dem Prinzip „Alles oder Nichts" berücksichtigt oder nicht berücksichtigt werden.

Um die zur Sicherung einer Übertragung erforderliche Redundanz zu gewährleisten, werden nur ausgewählte Folgen von n Kanalsymbolen als Nachrichtenblöcke — man bezeichnet sie als *Kodewörter* — verwendet. Aus der den idealisierten Kanal charakterisierenden maximalen Fehlerzahl läßt sich zu jedem Kodewort die Menge der Wörter angeben, in die das Kodewort bei der idealisierten Übertragung überführt werden kann. Diese Menge besteht aus allen n-stelligen Wörtern, die sich vom Kodewort in höchstens soviel Stellen unterscheiden, als die maximale Fehlerzahl beträgt. Auf Grund der im empfangenen Wort enthaltenen Information trifft der Empfänger seine Entscheidung über die Art des übermittelten Wortes. Dabei kann diese Entscheidung mathematisch durch eine Dekodierungsliste definiert sein.

Tritt empfangsseitig ein Kodewort auf, so liegt es nahe, anzunehmen, daß dieses Kodewort auch gesendet wurde, und dementsprechend zu entscheiden. In allen übrigen Fällen bestehen zwei Verhaltenstendenzen für den Empfänger: Er kann sich mit der Entscheidung begnügen, daß eine fehlerhafte Übertragung vorliege, und demzufolge durch Rückmeldung eine Wiederholung des betreffenden Nachrichtenteils anfordern. Er kann aber auch eine Rekonstruktion des gesendeten Kodeworts anstreben. Welches von beiden Verfahren günstiger ist, läßt sich nur im speziellen Fall entscheiden. Das Fehlererkennungssystem erfordert die Möglichkeit einer Rückmeldung und benötigt zusätzliche Zeiten für Wiederholungen. Das Fehlerkorrektursystem benötigt dagegen einen wesentlich höheren instrumentellen Aufwand für Kodierung und Dekodierung. Ein typisches Beispiel für die Notwendigkeit eines Fehlerkorrektursystems stellt im Rahmen der elektronischen Datenverarbeitung die Sicherung eines Magnetbandspeichers auch für längere Lagerzeiten dar. Dabei kann der Rechenautomat selbst dazu benutzt werden, einen beim Lesen entdeckten korrigierbaren Fehler zu korrigieren.

Den beiden Sicherungssystemen entsprechend unterscheidet man *fehlererkennbare Kodes* (ED-Kode — error-detecting code) und *fehlerkorrigierbare Kodes* (EC-Kode — error-correcting code).

Um den hohen Aufwand zu reduzieren, der sich bei einfachem Abspeichern einer Dekodierungsliste ergibt, und auch um leichter die Eigenschaften des Kodes bestimmen zu können, ist man bestrebt in die Menge der Kodewörter eine algebraische Struktur zu legen Als Operation, auf der sich eine solche Struktur entwickeln laßt, wahlt man die Addition modulo 2 (Symbol $\oplus$); sie entspricht der technisch leicht realisierbaren Antivalenz (Symbol $\not\equiv$).

Sind $\mathfrak{a} = a_1 a_2 \ldots a_n$ und $\mathfrak{b} = b_1 b_2 \ldots b_n$ mit $a_i, b_i \in \{0, 1\}$ $(i = 1, 2, \ldots, n)$ zwei n-stellige Worter uber dem Alphabet $\{0, 1\}$, so definiert man in der Menge aller n-stelligen Worter uber $\{0, 1\}$ die Operation $+$ durch

$$\mathfrak{a} + \mathfrak{b} = c_1 c_2 \ldots c_n \quad \text{mit } c_i = a_i \oplus b_i \quad \text{fur } i = 1, 2, \ldots, n\,.$$

Man wahlt nun die Kodierung so, daß die Menge der Kodeworter bezüglich dieser Operation Gruppeneigenschaft besitzt. Dies bedeutet, daß die folgenden Forderungen erfullt sind:

1. Durch Verknupfung zweier Kodeworter mittels der eingefuhrten Operation entsteht wieder ein Kodewort.

Sind $\mathfrak{a}$ und $\mathfrak{b}$ zwei Kodeworter, so ist auch $\mathfrak{c} = \mathfrak{a} + \mathfrak{b}$ Kodewort.

2. Es gilt das assoziative Gesetz

$$(\mathfrak{a} + \mathfrak{b}) + \mathfrak{c} = \mathfrak{a} + (\mathfrak{b} + \mathfrak{c})\,.$$

3. Es existiert ein Kodewort (Symbol 0) im Sinn eines „Nullelements“, das bei Verknupfung mit einem Kodewort dieses unverandert laßt.

$$\mathfrak{a} + 0 = 0 + \mathfrak{a} = \mathfrak{a}\,.$$

4. Zu jedem Kodewort gibt es ein inverses Kodewort, so daß durch Verknupfung das Nullelement resultiert

$\mathfrak{a}^{-1}$ sei Symbol fur das zu $\mathfrak{a}$ inverse Kodewort.

$$\mathfrak{a} + \mathfrak{a}^{-1} = 0\,.$$

Man uberzeugt sich leicht davon, daß fur n-stellige Binarworter bei der gewahlten Operation die Forderungen 2.—4. erfullt sind, wobei als Nullelement 0 das n-stellige Wort 00 .. 0 fungiert und $\mathfrak{a}^{-1} = \mathfrak{a}$ gilt

Ein Kode, fur den die Menge der Kodeworter Gruppeneigenschaft besitzt, wird *Gruppenkode* genannt.

Beispiel Der folgende ^{1}EC-HAMMING-Kode ist ein Gruppenkode.

Nummer des Kodewortes	Kodewort	Nummer des Kodewortes	Kodewort
0	0000000	8	1110000
1	1101001	9	0011001
2	0101010	10	1011010
3	1000011	11	0110011
4	1001100	12	0111100
5	0100101	13	1010101
6	1100110	14	0010110
7	0001111	15	1111111

Der Leser überzeuge sich, daß die Forderung 1 erfüllt ist. Beispielsweise führt die Verknüpfung der Kodewörter Nr 7 und Nr. 10 zu dem Kodewort Nr. 13.

Nr. 7		0001111
Nr. 10	+	1011010
Nr. 13		1010101

Um zu einer einfacheren Darstellung eines Gruppenkodes zu gelangen, bestimmt man eine möglichst kleine Untermenge von Kodewörtern, eine Basis, aus denen sich alle übrigen durch lineare Kombination gewinnen lassen. Zu diesem Zweck gehe man von der Matrix aus, die man durch zeilenweise Anordnung aller Kodewörter erhält, und forme diese in die *kanonische Staffelform* um.

Diese hat folgende Gestalt:

1. Das Leitelement jeder Zeile — d. i. das erste von Null verschiedene Element einer Zeile — ist 1.
2. Jede Spalte, die ein Leitelement trägt, enthält nur noch Nullen.
3. Die Zeilen sind so von oben nach unten angeordnet, daß die Leitelemente aufeinanderfolgender Zeilen von links nach rechts auftreten; Zeilen, die nur Nullen tragen, stehen zuletzt.

Um diese Form zu erreichen, stehen folgende elementare Umwandlungen an der Binärmatrix in beliebiger Kombination zur Verfügung:

1. Vertauschung zweier Spalten (Zeilen).
2. Addition mod. 2 einer Spalte (Zeile) zu einer anderen Spalte (Zeile).

Es ist zweckmäßig durch evtl Spaltenvertauschung die Staffelform noch so umzuformen, daß zuerst die Spalten mit Leitelementen zu stehen kommen. Streicht man sodann noch alle Zeilen, die nur Nullen tragen, so verbleibt die sogenannte *Basismatrix*. Aus ihren Zeilen lassen sich alle Kodewörter durch lineare Kombination (Addition mod 2) gewinnen.

Ist i die Anzahl der Zeilen der Basismatrix, so besteht der gesamte Kode aus 2^i Kodewörtern In der Technik wird das Nullwort meist nicht als Kodewort verwendet.

Beispiel. 1EC-HAMMING-Kode $(n = 7)$

reduzierte Staffelform:

1 0 0 0 1 1 0
0 1 0 0 1 0 1
0 0 1 0 0 1 1
0 0 0 1 1 1 1
0 0 0 0 0 0 0
. . . .
. . . .
. . . .
0 0 0 0 0 0 0

Basismatrix $(i = 4)$

$$\begin{matrix} 1 & 0 & 0 & 0 & 1 & 1 & 0 \\ 0 & 1 & 0 & 0 & 1 & 0 & 1 \\ 0 & 0 & 1 & 0 & 0 & 1 & 1 \\ 0 & 0 & 0 & 1 & 1 & 1 & 1 \end{matrix}$$

Der aus der Basismatrix gewonnene Kode, zerlegt in Informations- und Kontrollwort

Informationsw.	Kontrollwort	Informationsw.	Kontrollwort
0 0 0 0	0 0 0	1 0 0 0	1 1 0
0 0 0 1	1 1 1	1 0 0 1	0 0 1
0 0 1 0	0 1 1	1 0 1 0	1 0 1
0 0 1 1	1 0 0	1 0 1 1	0 1 0
0 1 0 0	1 0 1	1 1 0 0	0 1 1
0 1 0 1	0 1 0	1 1 0 1	1 0 0
0 1 1 0	1 0 1	1 1 1 0	0 0 0
0 1 1 1	0 1 0	1 1 1 1	1 1 1

Dabei treten als i-stellige Anfangswörter alle 2^i-Dualzahlen von $00\ldots0$ bis $11\ldots1$ auf. Sie genügen schon allein zur Identifizierung des jeweiligen Kodeworts bzw. der Information, die das Kodewort vertritt. Man spricht daher auch von dem i-stelligen Informationswort. Die restlichen $n - i = k$ Stellen sind redundant; sie können aber zur Sicherung der Übertragung herangezogen werden. Das aus ihnen gebildete Wort wird daher als Kontrollwort bezeichnet.

Von der Basismatrix $B_{i\times n}$ läßt sich links die Einheitsmatrix vom Typ $i\times i$ abspalten. Die restliche Matrix vom Typ $i\times k$ charakterisiert den vorliegenden Gruppenkode. Ihre transponierte Form wird als *Kodematrix C* bezeichnet.

$$\text{Basismatrix} = B_{i\times n} = \underbrace{\left(\begin{matrix} 1 & 0 & \ldots & 0 \\ 0 & 1 & \ldots & 0 \\ \cdot & \cdot & \cdot & \cdot \\ \cdot & \cdot & \cdot & \cdot \\ \cdot & \cdot & \cdot & \cdot \\ 0 & 0 & \ldots & 1 \end{matrix}\right.}_{i} \underbrace{\left.\begin{matrix} c_{11} & c_{21} & \ldots & c_{k1} \\ c_{12} & c_{22} & \ldots & c_{k2} \\ \cdot & \cdot & \cdot & \cdot \\ \cdot & \cdot & \cdot & \cdot \\ \cdot & \cdot & \cdot & \cdot \\ c_{1i} & c_{2i} & \ldots & c_{ki} \end{matrix}\right)}_{k} \Bigg\updownarrow i, \quad n$$

$$= (I_{i\times i},\ C^T_{k\times i})\,.$$

$$\text{Kodematrix } C_{k\times i} = \begin{pmatrix} c_{11} & c_{12} & \ldots & c_{1i} \\ c_{21} & c_{22} & \ldots & c_{2i} \\ \cdot & \cdot & \cdot & \cdot \\ \cdot & \cdot & \cdot & \cdot \\ \cdot & \cdot & \cdot & \cdot \\ c_{k1} & c_{k2} & \ldots & c_{ki} \end{pmatrix}$$

Beispiel. Der obige [1]EC-HAMMING-Kode besitzt als Kodematrix

$$C_{3\times 4} = \begin{pmatrix} 1 & 1 & 0 & 1 \\ 1 & 0 & 1 & 1 \\ 0 & 1 & 1 & 1 \end{pmatrix}.$$

Es sei

$$\mathfrak{x} = x_1 x_2 \ldots x_i \qquad \text{und} \qquad \mathfrak{y} = y_1 y_2 \ldots y_k$$

das i-stellige Informations- bzw. k-stellige Kontrollwort. Das n-stellige Kodewort entsteht dann durch Aneinanderreihen der beiden Worter

$$\mathfrak{z} = x_1 x_2 \ldots x_i y_1 y_2 \ldots y_k .$$

Dieses Kodewort ist aus der Basismatrix zu gewinnen, indem die einzelnen Basiskodeworter mit $x_1, x_2, \ldots, x_i$ multipliziert und dann stellenweise mod. 2 addiert werden. Daraus ergibt sich, daß sich die einzelnen Kontrollstellen wie folgt aus den Informationsstellen berechnen lassen:

$$y_j = c_{j1} x_1 \oplus c_{j2} x_2 \oplus \cdots \oplus c_{ji} x_i \quad \text{fur} \quad j = 1, 2, \ldots, k .$$

Unter Verwendung der Kodematrix laßt sich dieses System von Kontrollgleichungen kurzer in vektorieller Form schreiben.

$$\mathfrak{y} = C^T_{k\times i} \cdot \mathfrak{x} .$$

Addiert man beiderseits $\mathfrak{y}$ stellenweise mod. 2 und fuhrt die Einheitsmatrix $I_{k\times k}$ ein, so erhalt man

$$C^T_{k\times i} \cdot \mathfrak{x} + I_{k\times k} \cdot \mathfrak{y} = 0 .$$

Verwendet man dabei das Kodewort $\mathfrak{z}$, so ergibt sich die Form $(C_{k\times i}, I_{k\times k})^T \cdot \mathfrak{z} = \mathbf{0}_k$, wobei 0_k das k-stellige Nullwort bedeutet, bzw. unter Verwendung der *Kontrollmatrix*

$$K_{k\times n} = (C_{k\times i}, I_{k\times k}) ,$$

$$K^T_{k\times n} \cdot \mathfrak{z} = 0_k$$

als notwendige Bedingung, daß $\mathfrak{z}$ Kodewort ist.

Die Abb. 38 1 veranschaulicht diese Zusammenhange.

Beispiel Fur den [1]EC-HAMMING-Kode ergibt sich als Kontrollmatrix

$$\begin{pmatrix} 1 & 1 & 0 & 1 & 1 & 0 & 0 \\ 1 & 0 & 1 & 1 & 0 & 1 & 0 \\ 0 & 1 & 1 & 1 & 0 & 0 & 1 \end{pmatrix}.$$

Spaltenwerte: 6 5 3 7 4 2 1 .

Wahlt man zur Numerierung der Stellen die von oben nach unten als Dualzahlen gelesenen Spaltenwerte, so erhält man das folgende System von Kontrollgleichungen:

$$\begin{aligned} z_4 + z_5 + z_6 + z_7 &= 0 \quad \text{I} , \\ z_2 + z_3 + z_6 + z_7 &= 0 \quad \text{II} , \\ z_1 + z_3 + z_5 + z_7 &= 0 \quad \text{III} . \end{aligned}$$

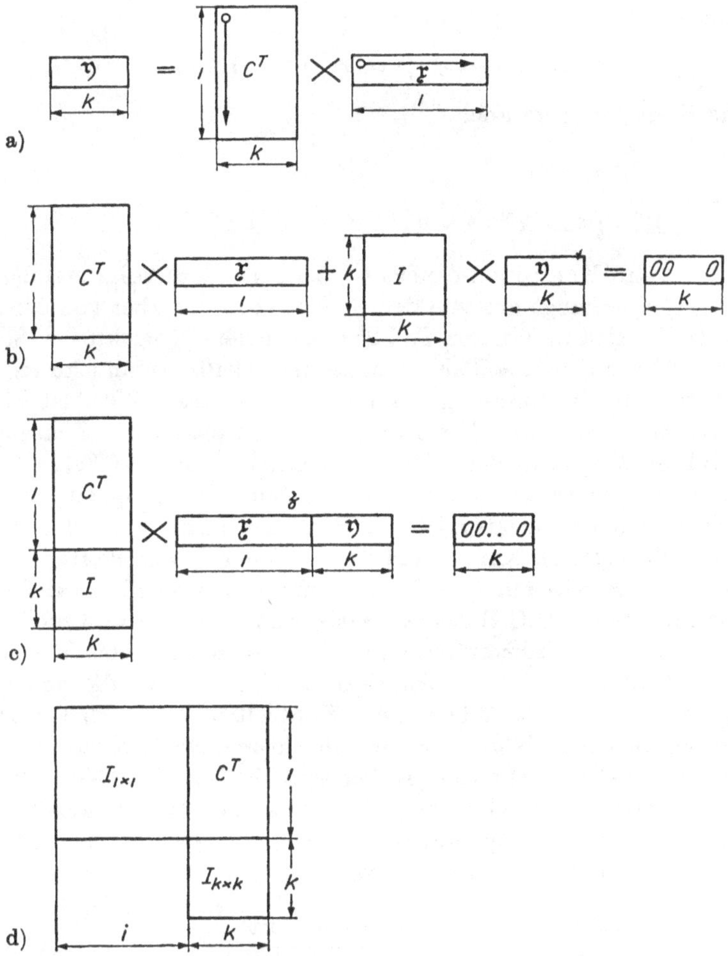

Abb. 38.1. Zusammenhange zwıschen Kodematrıx, Basısmatrıx und Kontrollmatrıx
a)
b) } Kontrollgleıchungssystem ın drei gleıchwertıgen Darstellungen
c)
d) Basismatrıx $[I_{i\times i}, C^T_{k\times i}]$
und Kontrollmatrıx $[C_{k\times i}, I_{k\times k}]$

Fur ein Kodewort $\mathfrak{z}$ liefert der Ausdruck

$$K^T \cdot \mathfrak{z}$$

das k-stellige Nullwort; für ein belıebiges Wort dagegen wırd im allgemeinen ein anderes k-stelliges Wort resultieren. Ist $\mathfrak{z}^*$ ein Wort, das durch Storung aus dem Kodewort $\mathfrak{z}$ entstanden ist, so definiert man den ,,Fehler $\mathfrak{f}$" durch

$$\mathfrak{z} + \mathfrak{f} = \mathfrak{z}^* , \quad \text{d. h.} \quad \mathfrak{f} = \mathfrak{z}^* + \mathfrak{z} .$$

Der Kontrollausdruck liefert fur $\mathfrak{z}^*$

$$K^T \cdot \mathfrak{z}^* = K^T \cdot (\mathfrak{z} + \mathfrak{f}) = K^T \cdot \mathfrak{z} + K^T \cdot \mathfrak{f} .$$

Fur das Kodewort $\mathfrak{z}$ ist aber

$$K^T \cdot \mathfrak{z} = 0_k .$$

Somit gilt

$$K^T \cdot \mathfrak{z}^* = K^T \cdot \mathfrak{f} = \mathfrak{k} .$$

Der Wert des Kontrollausdrucks — man nennt dieses k-stellige Wort auch den *Korrektor* — hangt nur von dem Fehler ab, nicht aber von dem gesendeten Kodewort. Es gibt im binaren Fall 2^k verschiedene Korrektoren. Somit können hochstens 2^k verschiedene Fehlersituationen lokalisiert und korrigiert werden. Nun ist aber die Bestimmung des Fehlers $\mathfrak{f}$ — dieses Wort ist zugleich auch das Korrekturwort — aus dem Korrektor nicht eindeutig. Zum gleichen Korrektor fuhren 2^i verschiedene Fehler, nämlich genau die Fehler, die sich um ein Kodewort gegenseitig unterscheiden. Eine Eindeutigkeit hinsichtlich der durchzufuhrenden Korrektur ist nur dann gesichert, wenn der spezielle Charakter des idealisierten Kanals und die speziellen Eigenschaften des gewahlten Gruppenkodes jeweils nur eine Fehlersituation als moglich zulaßt.

Beispiel. Beim [1]EC-HAMMING-Kode mit $n = 7$, $i = 4$ und $k = 3$ sind $2^3 = 8$ verschiedene Korrektoren moglich; es können also höchstens 8 verschiedene Fehlersituationen lokalisiert werden, wobei die fehlerfreie Übertragung mitzuzählen ist. Wie aus der Kontrollmatrix ersichtlich ist, führt ein Einzelfehler zu einem Korrektor, der gleich dem Spaltenwert der Fehlerstelle ist. Da alle Spaltenwerte verschieden sind, ist aus dem Korrektor eindeutig auf die Fehlerstelle zu schließen. Die Annahme, daß im idealisierten Kanal höchstens ein Einzelfehler auftritt, ermöglicht eine eindeutige Zuordnung zwischen Korrektor und Korrekturwort.

Korrektor	Korrekturwort
0 0 0	0 0 0 0 0 0 0
0 0 1	1 0 0 0 0 0 0
0 1 0	0 1 0 0 0 0 0
0 1 1	0 0 1 0 0 0 0
1 0 0	0 0 0 1 0 0 0
1 0 1	0 0 0 0 1 0 0
1 1 0	0 0 0 0 0 1 0
1 1 1	0 0 0 0 0 0 1

Wird beispielsweise $\mathfrak{z}^* = 1010010$ empfangen, so liefern die Kontrollgleichungen

$$\begin{aligned} 0 + 0 + 1 + 0 &= 1 , \\ 0 + 1 + \quad 1 + 0 &= 0 , \\ 1 + \quad 1 + \quad 0 + \quad 0 &= 0 . \end{aligned}$$

Der Korrektor 100 weist auf die vierte Stelle als Fehlerstelle.

$$\begin{array}{ll} \mathfrak{z}^* & = 1\ 0\ 1\ 0\ 0\ 1\ 0 \\ \mathfrak{f} & = 0\ 0\ 0\ 1\ 0\ 0\ 0 \\ \hline \mathfrak{z} & = 1\ 0\ 1\ 1\ 0\ 1\ 0 \end{array} \quad \text{gesendetes Kodewort.}$$

Der vorliegende Kode bietet daher die Moglichkeit, Einzelfehler zu korrigieren. Dies kommt in der Bezeichnung ¹EC-Kode (= singleerror-correcting code) zum Ausdruck.

Die Dekodierung wird im allgemeinen nach dem Prinzip der größten Ähnlichkeit durchgefuhrt werden. Als Maß fur den Unterschied zweier Wörter benutzt man die sogenannte HAMMING-*Distanz* D, die gleich der Anzahl der Stellen ist, in der sich die beiden Wörter unterscheiden. Algebraisch erhalt man die HAMMING-Distanz als Gewicht des Wortes, das sich durch Addition mod. 2 der beiden Wörter ergibt, wenn unter Gewicht eines Wortes die Anzahl der im Wort stehenden Einsen verstanden wird

Beispiel. Die Worter 1 1 0 1 1 0 0 und 1 0 1 1 0 1 0 unterscheiden sich in vier Stellen, ihre HAMMING-Distanz beträgt $D = 4$.

$$\begin{array}{rl} \mathfrak{a} = & 1\ 1\ 0\ 1\ 1\ 0\ 0 \\ \mathfrak{b} = & 1\ 0\ 1\ 1\ 0\ 1\ 0 \\ \hline \mathfrak{a} + \mathfrak{b} = & 0\ 1\ 1\ 0\ 1\ 1\ 0 \end{array}$$

$$D(\mathfrak{a}, \mathfrak{b}) = w(\mathfrak{a} + \mathfrak{b}) = 4\,.$$

Die HAMMING-Distanz hat metrische Eigenschaften.

1. $D(\mathfrak{a}, \mathfrak{b}) = 0$ genau dann, wenn $\mathfrak{a} = \mathfrak{b}$.
2. $D(\mathfrak{a}, \mathfrak{b}) = D(\mathfrak{b}, \mathfrak{a})$ (Symmetrie).
3. $D(\mathfrak{a}, \mathfrak{b}) \leqq D(\mathfrak{a}, \mathfrak{c}) + D(\mathfrak{c}, \mathfrak{b})$ (Dreieckseigenschaft).

Von besonderer Bedeu ung fur die hier anstehenden Fragen ist die minimale HAMMING-Distanz d eines Gruppenkodes, d. i. die kleinste HAMMING-Distanz zwischen den einzelnen Kodewortern. Da sich $D(\mathfrak{a}, \mathfrak{b})$ als Gewicht von $\mathfrak{a} + \mathfrak{b}$ erfassen laßt und da die Addition mod. 2 zweier Kodeworter wieder ein Kodewort ergibt, erhält man die minimale HAMMING-Distanz d eines Gruppenkodes im kleinsten Gewicht, das ein Kodewort, abgesehen vom Nullwort, aufweist.

Beispiel. Der obige ¹EC-HAMMING-Kode zeigt als kleinstes Gewicht eines Kodewortes 3; somit ist die minimale HAMMING-Distanz $d = 3$

Soll ein Gruppenkode fehlererkennbar sein, so muß der Kanal so idealisiert sein, daß die maximale Anzahl der Fehlerstellen nicht die minimale HAMMING-Distanz d erreicht. Ist $q < d$, so ist der Gruppenkode q-fehlererkennbar (Abb. 38.2a).

Beispiel. Der obige HAMMING-Kode besitzt die minimale HAMMING-Distanz $d = 3$. Er laßt somit bis Zweifach-Fehler erkennen. Man kann ihn auch als ²ED-Kode bezeichnen.

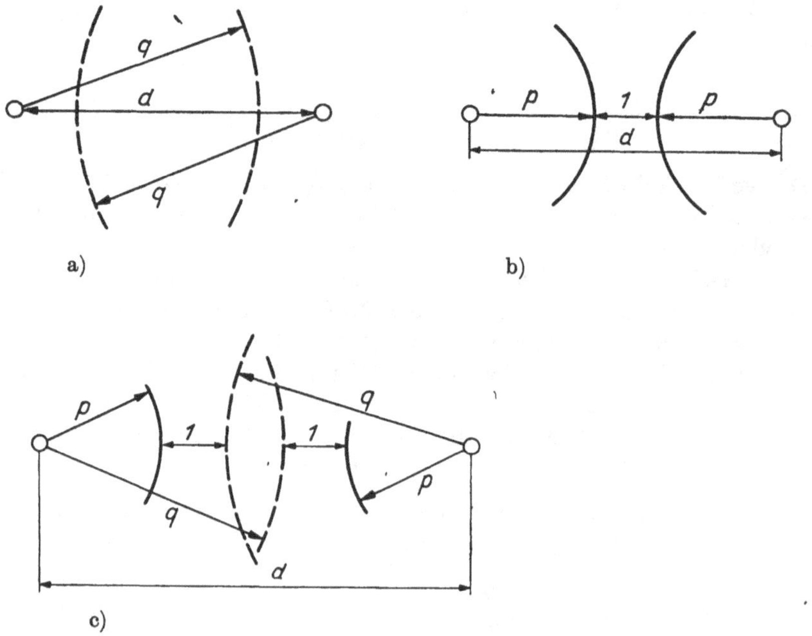

Abb. 38.2. Formal geometrische Darstellung der Bedingungen für Fehlererkennbarkeit und Fehlerkorrigierbarkeit
a) q-fehlererkennbar: $q < d$
b) p-fehlerkorrigierbar: $2p < d$
c) p-fehlerkorrigierbar
und zusätzlich
q-fehlererkennbar: $p + q < d$

Soll ein Gruppenkode p-fehlerkorrigierbar sein, so muß $2p < d$ gesichert sein. Nur dann ist gewährleistet, daß ein durch Störung aus einem Kodewort entstandenes Wort näher zu diesem Kodewort als zu jedem anderen Kodewort zu liegen kommt (Abb. 38.2b). Soll schließlich der Gruppenkode p-fehlerkorrigierbar und darüber hinaus q-fehlerkorrigierbar sein, so muß zusätzlich $p + q < d$ gesichert sein (Abb. 38.2c).

Beispiel. Der durch die Basismatrix

$$\begin{matrix} 1\,0\,0\,0 & 0\,1\,1\,1 \\ 0\,1\,0\,0 & 1\,0\,1\,1 \\ 0\,0\,1\,0 & 1\,1\,0\,1 \\ 0\,0\,0\,1 & 1\,1\,1\,0 \end{matrix}$$

bestimmte Gruppenkode besitzt die minimale HAMMING-Distanz $d = 4$, wie man leicht am vollständigen Kode feststellen kann. Er kann somit zur Erkennung bis zu Dreifachfehlern oder zur Korrektur von Einzelfehlern und zusätzlicher Erkennung von Zweifachfehlern verwendet werden.

Die Kontrollmatrix ergibt sich zu

0 1 1 1	1 0 0 0	I,
1 0 1 1	0 1 0 0	II,
1 1 0 1	0 0 1 0	III,
1 1 1 0	0 0 0 1	IV.

Kann der idealisierte Kanal höchstens Zweifachfehler aufweisen, so ist es zweckmäßig, die Kontrollgleichungen auf einer Matrix aufzubauen, die aus der vorliegenden dadurch hervorgeht, daß etwa die vierte Zeile durch die Summe aller vier Zeilen ersetzt wird.

0 1 1 1 1 0 0 0	I,
1 0 1 1 0 1 0 0	II,
1 1 0 1 0 0 1 0	III,
1 1 1 1 1 1 1 1	IV*.

Die der Zeile IV* entsprechende Kontrollgleichung bildet die Quersumme mod. 2 über alle Stellen. Sie gestattet daher bequem, den fehlerfreien Fall oder den Fall eines Zweifachfehlers einerseits von dem Fall eines Einzelfehlers anderseits zu unterscheiden.

IV*	I	II	III			
0	0	0	0	fehlerfrei		
0	0	0	1	Signal: Doppelfehler!		
.	.	.	.			
.	.	.	.			
.	.	.	.			
0	1	1	1			
1	0	0	0	0 0 0 0	0 0 0 1	Korrektur
1	0	0	1	0 0 0 0	1 0 0 0	
1	0	1	0	0 0 0 0	0 1 0 0	
1	0	1	1	0 0 1 0	0 0 0 0	
1	1	0	0	0 0 0 0	0 0 1 0	
1	1	0	1	0 1 0 0	0 0 0 0	
1	1	1	0	1 0 0 0	0 0 0 0	
1	1	1	1	0 0 0 1	0 0 0 0	

Es sei hier noch auf eine weitere Möglichkeit hingewiesen, einen Gruppenkode zu charakterisieren, die einen tieferen Einblick in die Struktur des Kodes bietet.

Da bei einer Vertauschung der Spalten in der Basismatrix der Kode in einen äquivalenten Kode überführt wird, genügt es zur Kennzeichnung anzugeben, welche Spaltentypen in der Basismatrix auftreten. Dies kommt darauf hinaus, die Verteilung der n Spalten auf die 2^t möglichen Spaltentypen zu erfassen.

Bezeichnet man die einzelnen Spaltentypen durch die Zahl, die sich ergibt, wenn man die Spalte von oben nach unten als i-stellige Dualzahl liest, so kann man den zugehorigen Gruppenkode durch einen Vektor kennzeichnen, dessen 2^i Komponenten angeben, wie oft der entsprechende Spaltentyp in der Basismatrix auftritt:

$$\mathfrak{N}_i^* = (n_0, n_1, n_2, \ldots, n_{2^i-1}) \,.$$

Dabei gibt die Komponente n_j an, wie oft der Spaltentyp j in der Basismatrix steht.

Beispiel. Ein Gruppenkode mit $n = 10$, $i = 3$ und $k = 7$ ist durch seine Basismatrix

	1	0	0	1	1	1	1	0	0	0
	0	1	0	1	1	0	0	1	1	0
	0	0	1	1	0	1	0	1	0	1
Spaltentyp j:	4	2	1	7	6	5	4	3	2	1

gegeben.

Er last sich auch durch den Vektor

$$\mathfrak{N}_3^* = (0, 2, 2, 1, 2, 1, 1, 1) \quad \text{charakterisieren.}$$

Nun laßt sich zu einem Gruppenkode noch ein weiterer Vektor $\mathfrak{W}_i^*$ mit 2^i Komponenten angeben. Faßt man das Informationswort als Dualzahl auf und ordnet man die Informationswerte in der Reihenfolge wachsender Dualzahlen, so ist der Vektor $\mathfrak{W}_i^*$ durch die in gleicher Reihenfolge angeordneten HAMMING-Gewichte der Kodeworter definiert. Dieser Vektor

$$\mathfrak{W}_i^* = (w_0, w_1, w_2, \ldots, w_{2^i-1})$$

beschreibt bis zu einem gewissen Grad die Struktur des Kodes. Zwischen den beiden Vektoren besteht, wie sich weiter unten zeigt, uber eine Matrix C_i^* vom Typ $2^i \times 2^i$ ein linearer Zusammenhang:

$$\mathfrak{W}_i^* = C_i^* \times \mathfrak{N}_i^* \,.$$

Dabei ist C_i^* rekursiv gegeben:

$$C_0^* = 0 \,,$$

$$C_{i+1}^* = \begin{pmatrix} C_i^* \,, & C_i^* \\ C_i^* \,, & \overline{C}_i^* \end{pmatrix} .$$

($\overline{C}_i^*$ ergibt sich aus C_i^* durch gegenseitiges Vertauschen von 0 und 1.)

So ist

$$C_1^* = \begin{pmatrix} 0 & 0 \\ 0 & 1 \end{pmatrix}, \qquad C_2^* = \begin{pmatrix} 0\,0 & 0\,0 \\ 0\,1 & 0\,1 \\ 0\,0 & 1\,1 \\ 0\,1 & 1\,0 \end{pmatrix} \qquad C_3^* = \begin{pmatrix} 0\,0\,0\,0 & 0\,0\,0\,0 \\ 0\,1\,0\,1 & 0\,1\,0\,1 \\ 0\,0\,1\,1 & 0\,0\,1\,1 \\ 0\,1\,1\,0 & 0\,1\,1\,0 \\ 0\,0\,0\,0 & 1\,1\,1\,1 \\ 0\,1\,0\,1 & 1\,0\,1\,0 \\ 0\,0\,1\,1 & 1\,1\,0\,0 \\ 0\,1\,1\,0 & 1\,0\,0\,1 \end{pmatrix}.$$

Beispiel. Fur den Gruppenkode des vorigen Beispiels ergibt sich aus

$$C_3^* \times \mathfrak{N}_3^* = \begin{pmatrix} 0\,0\,0\,0 & 0\,0\,0\,0 \\ 0\,1\,0\,1 & 0\,1\,0\,1 \\ 0\,0\,1\,1 & 0\,0\,1\,1 \\ 0\,1\,1\,0 & 0\,1\,1\,0 \\ 0\,0\,0\,0 & 1\,1\,1\,1 \\ 0\,1\,0\,1 & 1\,0\,1\,0 \\ 0\,0\,1\,1 & 1\,1\,0\,0 \\ 0\,1\,1\,0 & 1\,0\,0\,1 \end{pmatrix} \times (0\ 2\ 2\ 1\ 2\ 1\ 1\ 1),$$

$$\mathfrak{W}_3^* = (0\ 5\ 5\ 6\ 5\ 6\ 6\ 7).$$

Der vollständige Kode bestätigt dieses Ergebnis:

Nr.	Kodewort	Gewicht	Nr.	Kodewort	Gewicht
0	000 0000 000	0	4	100 1111 000	5
1	001 1010 101	5	5	101 0101 101	6
2	010 1100 110	5	6	110 0011 110	6
3	011 0110 011	6	7	111 1001 011	7

Um die Gültigkeit der obigen Beziehung zwischen $\mathfrak{N}_i^*$ und $\mathfrak{W}_i^*$ zu zeigen, betrachten wir den Einfluß eines Spaltentyps Nr. S auf das Kodewort Nr. K, wenn der Spaltentyp einmal verwendet wird.

Dem Spaltentyp S entspricht als Ausschnitt der Basismatrix

Zeilen-Nr.		S
$i-1$		σ_{i-1}
$i-2$		σ_{i-2}
.		.
.		.
.		.
2		σ_2
1		σ_1
0		σ_0

d. h.

$$S = \sigma_{i-1} \cdot 2^{i-1} + \sigma_{i-2} \cdot 2^{i-2} + \cdots + \sigma_2 \cdot 2^2 + \sigma_1 \cdot 2 + \sigma_0$$
$$= \sigma_{i-1}\,\sigma_{i-2} \ldots \sigma_2\,\sigma_1\,\sigma_0$$

in Dualform. Das Kodewort Nr. K mit

$$K = \varkappa_{i-1} \cdot 2^{i-1} + \varkappa_{i-2} \cdot 2^{i-2} + \cdots + \varkappa_2 \cdot 2^2 + \varkappa_1 \cdot 2 + \varkappa_0$$

erhält man durch Multiplikation der einzelnen Zeilen der Basismatrix mit den Ziffern der Dualzahl $K = \varkappa_{i-1}\,\varkappa_{i-2} \ldots \varkappa_2\,\varkappa_1\,\varkappa_0$. Somit liefert das einmalige

Auftreten des Spaltentyps S in der Basismatrix in der entsprechenden Stelle des Kodewortes als Ziffer

$$c^{(\iota)}_{KS} = \varkappa_{\iota-1} \cdot \sigma_{\iota-1} \oplus \varkappa_{\iota-2} \cdot \sigma_{\iota-2} \oplus \cdots \oplus \varkappa_2 \cdot \sigma_2 \oplus \varkappa_1 \cdot \sigma_1 \oplus \varkappa_0 \cdot \sigma_0 \,.$$

Dann ist

$$C^*_\iota = (c^{(\iota)}_{KS}) \qquad \text{mit } K, S = 0, 1, 2, \ldots, 2^\iota - 1 \,.$$

Wir gehen jetzt zur Matrix

$$C^*_{\iota+1} = (c^{(\iota+1)}_{KS}) \qquad \text{uber mit } K, S = 0, 1, 2, \ldots, 2^{\iota+1} - 1 \,.$$

In dieser Matrix betrachten wir die folgenden vier Elemente, die sich ergeben, wenn die Dualzahlen für K bzw. S sich nur in der höchsten Stelle unterscheiden:

$$\begin{cases} {}^0K = 0\, \varkappa_{\iota-1} \ldots \varkappa_0 \,, \\ {}^0S = 0\, \sigma_{\iota-1} \ldots \sigma_0 ; \end{cases} \qquad \begin{cases} {}^0K = 0\, \varkappa_{\iota-1} \ldots \varkappa_0 \,, \\ {}^1S = 1\, \sigma_{\iota-1} \ldots \sigma_0 ; \end{cases}$$

$$\begin{cases} {}^1K = 1\, \varkappa_{\iota-1} \ldots \varkappa_0 \,, \\ {}^0S = 0\, \sigma_{\iota-1} \ldots \sigma_0 ; \end{cases} \qquad \begin{cases} {}^1K = 1\, \varkappa_{\iota-1} \ldots \varkappa_0 \,, \\ {}^1S = 1\, \sigma_{\iota-1} \ldots \sigma_0 \,. \end{cases}$$

Aus dem Bildungsgesetz fur die Elemente ergibt sich

$$c^{(\iota+1)}_{{}^0K\,{}^0S} = c^{(\iota+1)}_{{}^1K\,{}^0S} = c^{(\iota+1)}_{{}^0K\,{}^1S} = c^{(\iota)}_{KS} \,,$$

$$c^{(\iota+1)}_{{}^1K\,{}^1S} = 1 \oplus c^{(\iota+1)}_{{}^0K\,{}^0S} = \bar{c}^{(\iota)}_{KS} \,,$$

wobei

$$K = \varkappa_{\iota-1} \ldots \varkappa_0 \,,$$

$$S = \sigma_{\iota-1} \ldots \sigma_0$$

ist. Damit ist aber das rekursive Bildungsgesetz für die Matrix erfaßt (Abb. 38.3).

In der Matrix C^*_ι stehen stets in der ersten Zeile und in der ersten Spalte nur Nullen; entsprechend haben die Vektoren $\mathfrak{N}^*_\iota$ und $\mathfrak{W}^*_\iota$ als erste Komponente eine Null. (Der aus lauter Nullen bestehende Spaltentyp ist bedeutungslos; das Gewicht des Nullwortes ist Null.)

Es liegt somit nahe, durch Abstreichen dieser Elemente zu einer Matrix C_ι vom Typ $(2^\iota - 1) \times (2^\iota - 1)$ und zu $(2^\iota - 1)$ Komponenten enthaltenden Vektoren $\mathfrak{N}_\iota$ und $\mathfrak{W}_\iota$ uberzugehen. Dabei bleibt der Zusammenhang erhalten

$$\mathfrak{W}_\iota = C_\iota \times \mathfrak{N}_\iota \,.$$

Das rekursive Bildungsgesetz für C_ι nimmt die folgende Form an:

$$C_1 = [1] \,,$$

$$C_{\iota+1} = \begin{bmatrix} & 0 & \\ C_\iota & \vdots & C_\iota \\ & 0 & \\ 0 \ldots 0 & 1 & 1 \ldots 1 \\ & 1 & \\ C_\iota & \vdots & \bar{C}_\iota \\ & 1 & \end{bmatrix} .$$

a)

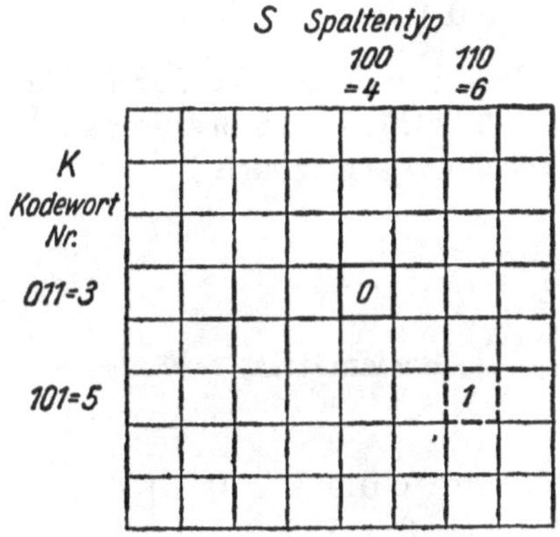

b)

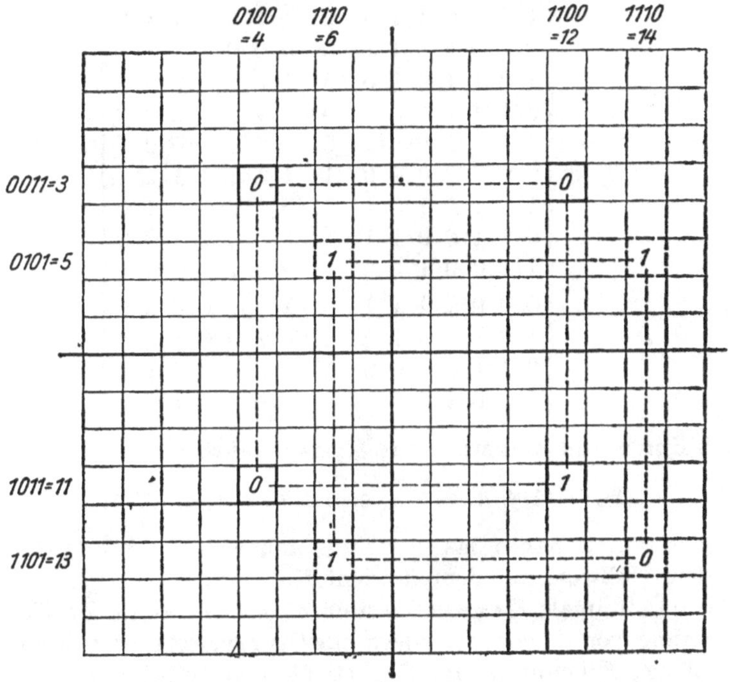

Abb. 38.3. Erlauterndes Beispiel zur Struktur der Matrix C_4^* im Vergleich zur Matrix C_3^*.

a) Matrix C_3^*

b) Matrix C_4^*

In der Tabelle stehen die Skalarprodukte der jeweiligen Eingangsvektoren (Spaltentyp und Kodewort-Nr. als Dualzahlen)

In C_3^* ist je ein typischer Tabellenwert 0 bzw. 1 dargestellt.

Beispiel. Der Vektor

$$\mathfrak{N}_4 = (1\ 1\ 0\ 1\ 0\ 0\ 1\ 1\ 0\ 0\ 1\ 0\ 1\ 1\ 0)$$

bestimmt einen Gruppenkode, dessen Basismatrix durch die jeweils einmal auftretenden Spaltentypen 1, 2, 4, 7, 8, 11, 13, 14 bestimmt ist.

Nach geeigneter Spaltenvertauschung ergibt sich

$$\begin{matrix} 1&0&0&0&0&1&1&1 \\ 0&1&0&0&1&0&1&1 \\ 0&0&1&0&1&1&0&1 \\ 0&0&0&1&1&1&1&0 \end{matrix} \qquad \text{als Basismatrix.}$$

Die Matrix

$$C_4 = \begin{pmatrix} 1&0&1&0&1&0&1&0&1&0&1&0&1&0&1 \\ 0&1&1&0&0&1&1&0&0&1&1&0&0&1&1 \\ 1&1&0&0&1&1&0&0&1&1&0&0&1&1&0 \\ 0&0&0&1&1&1&1&0&0&0&0&1&1&1&1 \\ 1&0&1&1&0&1&0&0&1&0&1&1&0&1&0 \\ 0&1&1&1&1&0&0&0&0&1&1&1&1&0&0 \\ 1&1&0&1&0&0&1&0&1&1&0&1&0&0&1 \\ 0&0&0&0&0&0&0&1&1&1&1&1&1&1&1 \\ 1&0&1&0&1&0&1&1&0&1&0&1&0&1&0 \\ 0&1&1&0&0&1&1&1&1&0&0&1&1&0&0 \\ 1&1&0&0&1&1&0&1&0&0&1&1&0&0&1 \\ 0&0&0&1&1&1&1&1&1&1&1&0&0&0&0 \\ 1&0&1&1&0&1&0&1&0&1&0&0&1&0&1 \\ 0&1&1&1&1&0&0&1&1&0&0&0&0&1&1 \\ 1&1&0&1&0&0&1&1&0&0&1&0&1&1&0 \end{pmatrix}$$

iefert durch Multiplikation mit $\mathfrak{N}_4$ den Vektor

$$\mathfrak{W}_4 = (4, 4, 4, 4, 4, 4, 4, 4, 4, 4, 4, 4, 4, 4, 8)\,.$$

Alle Kodewörter haben das Gewicht 4, außer einem, das das Gewicht 8 besitzt, und dem Nullwort mit dem Gewicht Null.

Da die minimale Hamming-Distanz $d = 4$ ist, kann der Kode maximal zur Erkennung von Dreifach-Fehlern oder zur Korrektur von Einzelfehlern und zusätzlicher Erkennung von Doppelfehlern benutzt werden.

Abschließend werde noch das folgende Syntheseproblem für Gruppenkodes gestreift.

Vorgeschrieben ist die Anzahl der Informationsstellen und die minimale Hamming-Distanz. Zur Sicherung der Informationsübertragung ist ein Gruppenkode anzugeben, wobei seine Stellenzahl möglichst niedrig zu halten ist.

$$\begin{cases} i \text{ und } d \text{ sind gegeben,} \\ n \to \text{Minimum.} \end{cases}$$

Zunächst skizzieren wir ein konstruktives Verfahren, das auf einem schrittweisen Aufbau der Kontrollmatrix beruht. Um die bei der Niederschrift notwendigen Erweiterungen nach unten laufen zu lassen, werden die Dualziffern in den Spalten so angeordnet, daß der Stellenwert von oben nach unten zunimmt. (Die Spalten sind dann von unten nach oben als Dualzahlen zu lesen!)
Man gehe von der Vorstellung aus, daß die Spalten mit der niedrigsten Dualzahl beginnend von links nach rechts wachsendem Zahlenwert entsprechend angeordnet sind. Um aus der Spaltenmenge zulässig im Rahmen der angestrebten Sicherung Kontrollspalten auszuwahlen, muß nach jedem Schritt für jede Spalte eine und nur eine der folgenden Situationen zutreffen:

a) Die Spalte ist frei.

b) Die Spalte ist besetzt, da sie als Kontrollspalte ausgewählt ist.

c) Die Spalte ist besetzt, da sie der Lokalisierung *einer* Fehlerkombination der vorhandenen Kontrollspalten dient.

d) Die Spalte ist bedingt frei, da sie der Erkennung einer oder mehrerer Fehlerkombinationen der vorhandenen Kontrollspalten dient.

Beginnend mit der Wahl der ersten Spalte als Kontrollspalte verlauft das Verfahren schrittweise wie folgt:

1. Prüfung, ob die nächste Spalte als Kontrollspalte zulässig ist, d. h. ,ob

1a) die Spalte frei ist und

1b) ihre Sicherung möglich ist, d. h , ob alle Spalten, die durch Fehlerkombinationen mit den schon vorhandenen Kontrollspalten neu in Anspruch genommen werden, frei sind, wenn die Fehlerkombination lokalisiert werden soll, bzw. frei oder bedingt frei sind, wenn die betreffende Fehlerkombination erkannt werden soll.

Ist die Spalte in diesem Sinn zulässig, folgt Punkt 2. Im anderen Fall wird zur nachsten Spalte und wieder zu Punkt 1 ubergegangen

2. Die betreffende Spalte wird als Kontrollspalte gewahlt und als besetzt markiert. Alle zu ihrer Sicherung in Anspruch zu nehmenden Spalten werden, wenn sie der Fehlerlokalisierung dienen, als besetzt, wenn sie der Fehlererkennung dienen, als bedingt frei markiert.

3. Prufung, ob damit genugend Kontrollspalten als Informationsstellen zur Verfügung stehen; wenn dies nicht der Fall ist, wird das Verfahren mit Punkt 1 und der nächsten Spalte fortgesetzt.

Beispiel. Es ist ein Gruppenkode zu bilden, der dreistellige Informationswörter so sichert, daß Doppelfehler korrigierbar sind. Die Aufgabe fuhrt auf

$i = 3$ und $d = 5$. Die folgende Abb. 38.4 bietet dazu die ersten Schritte nach dem obigen Verfahren. Die Durchführung ist in der Abb. 38.4 nur bis zum Auftreten einer ersten Informationsstelle dargestellt.

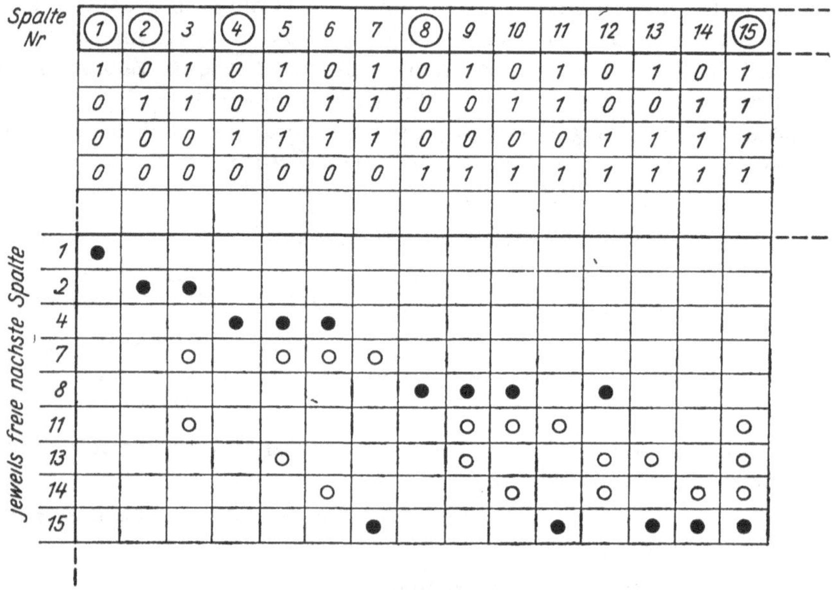

Abb. 38.4. Beispiel zur Konstruktion eines Gruppenkodes mit $i = 3$ und $d = 5$ auf der Basis einer Erweiterung der Kontrollmatrix.
● Die Ansprüche der freien Spalte sind erfüllbar
○ Die Ansprüche der freien Spalte sind nicht alle erfüllbar.

Zur Kontrollmatrix

1	2	4	8	15
1	0	0	0	1
0	1	0	0	1
0	0	1	0	1
0	0	0	1	0

gehört als Basismatrix

1 1 1 1 1 ;

der vollständige Kode besteht aus den beiden Kodewörtern

0 0 0 0 0
1 1 1 1 1 .

Diese ermöglichen über die Kontrollmatrix, die $2^4 = 16$ verschiedene Korrektoren liefern kann, die Lokalisierung und damit die Korrektur der fünf möglichen Einzelfehler und der $\binom{5}{2} = 10$ Doppelfehler; der Null-Korrektor entspricht der fehlerfreien Übertragung.

Bei Fortsetzung des Verfahrens ergeben sich als nächste Informationsstellen die Spalten 51 und 85.

Mit 15 und 51 erhalt man als Kodematrix

$$\begin{pmatrix} 1 & 1 \\ 1 & 1 \\ 1 & 0 \\ 1 & 0 \\ 0 & 1 \\ 0 & 1 \end{pmatrix} \quad \text{und somit als Basismatrix} \begin{pmatrix} 1 & 0 & & 1 & 1 & 1 & 1 & 0 & 0 \\ 0 & 1 & & 1 & 1 & 0 & 0 & 1 & 1 \end{pmatrix}.$$

Der zugehorige Gruppenkode lautet

$$\begin{matrix} 0 & 0 & 0 & 0 & 0 & 0 & 0 & 0 \\ 0 & 1 & 1 & 1 & 0 & 0 & 1 & 1 \\ 1 & 0 & 1 & 1 & 1 & 1 & 0 & 0 \\ 1 & 1 & 0 & 0 & 1 & 1 & 1 & 1 \end{matrix} \; .$$

Er besitzt die geforderte minimale HAMMING-Distanz $d = 5$. Mit 15, 51 und 85 lautet die Basismatrix

$$\begin{pmatrix} 1 & 0 & 0 & & 1 & 1 & 1 & 1 & 0 & 0 & 0 \\ 0 & 1 & 0 & & 1 & 1 & 0 & 0 & 1 & 1 & 0 \\ 0 & 0 & 1 & & 1 & 0 & 1 & 0 & 1 & 0 & 1 \end{pmatrix}.$$

Der 10-stellige Gruppenkode besteht aus den Kodewörtern

$$\begin{matrix} 0 & 0 & 0 & & 0 & 0 & 0 & 0 & 0 & 0 & 0 \\ 0 & 0 & 1 & & 1 & 0 & 1 & 0 & 1 & 0 & 1 \\ 0 & 1 & 0 & & 1 & 1 & 0 & 0 & 1 & 1 & 0 \\ 0 & 1 & 1 & & 0 & 1 & 1 & 0 & 0 & 1 & 1 \\ 1 & 0 & 0 & & 1 & 1 & 1 & 1 & 0 & 0 & 0 \\ 1 & 0 & 1 & & 0 & 1 & 0 & 1 & 1 & 0 & 1 \\ 1 & 1 & 0 & & 0 & 0 & 1 & 1 & 1 & 1 & 0 \\ 1 & 1 & 1 & & 1 & 0 & 0 & 1 & 0 & 1 & 1 \end{matrix} \; .$$

Auch er besitzt die geforderte minimale HAMMING-Distanz $d = 5$.

Mathematisch anspruchsvoller ist eine von SIGMUND BRODNER entwickelte Methode, die die Optimalitat des konstruierten Gruppenkodes hinsichtlich minimaler Stellenzahl gewährleistet. Sie geht davon aus, daß die in der Beziehung

$$\mathfrak{W}_i = C_i \times \mathfrak{N}_i$$

auftretende Matrix C_i regular ist und daher stets eine Inverse C_i^{-1} besitzt.

Setzt man $C_i^{-1} = \frac{1}{2^i-1} \cdot E_i$, so gewinnt man E_i, wie sich zeigen laßt, durch die Rekursion

$$\begin{cases} E_1 = 1\,, \\ E_{i+1} = \left(\begin{array}{ccc} & 1- & \\ E_i & \vdots & E_i \\ & 1- & \\ -1 \ldots -1 & 1 & 1 \ldots 1 \\ & 1 & \\ E_i & \vdots & -E_i \\ & 1 & \end{array}\right). \end{cases}$$

Der Vergleich mit der fur C_i geltenden Rekursion zeigt, daß E_i aus C_i dadurch hervorgeht, daß jede in C_i auftretende 0 durch -1 ersetzt wird. So ist

$$E_2 = \begin{pmatrix} 1 & -1 & 1 \\ -1 & 1 & 1 \\ 1 & 1 & -1 \end{pmatrix}, \quad E_3 = \begin{pmatrix} 1 & -1 & 1 & -1 & 1 & -1 & 1 \\ -1 & 1 & 1 & -1 & -1 & 1 & 1 \\ 1 & 1 & -1 & -1 & 1 & 1 & -1 \\ -1 & -1 & -1 & 1 & 1 & 1 & 1 \\ 1 & -1 & 1 & 1 & -1 & 1 & -1 \\ -1 & 1 & 1 & 1 & 1 & -1 & -1 \\ 1 & 1 & -1 & 1 & -1 & -1 & 1 \end{pmatrix} \text{usw.}$$

Damit läßt sich die zwischen $\mathfrak{W}_i$ und $\mathfrak{N}_i$ bestehende Beziehung nach $\mathfrak{N}_i$ auflösen:

$$\mathfrak{N}_i = \frac{1}{2^i-1} E_i \times \mathfrak{W}_i\,.$$

Ist d die geforderte minimale HAMMING-Distanz, so lassen sich die Komponenten von $\mathfrak{W}_i$ durch d und gewisse „Schlupfvariablen" $y_1, y_2, \ldots, y_{2^i-1}$ ausdrucken:

$$w_i = d + y_i \quad \text{fur } i = 1, 2, \ldots, 2^i - 1\,.$$

Das damit entstehende lineare Gleichungssystem mit den Variablen $n_1, n_2, \ldots, n_{2^i-1}, y_1, y_2, \ldots, y_{2^i-1}$, die alle als nichtnegativ gefordert werden, bildet zusammen mit der Optimalitätsforderung

$$n = \sum_{i=1}^{2^i-1} n_i \to \text{Minimum}$$

eine Aufgabenstellung der ganzzahligen linearen Optimierung. Ein einfaches Beispiel diene zur Erläuterung.

Beispiel. $i = 2$, $d = 2\delta + \varepsilon$ mit $\varepsilon \in \{0, 1\}$.

Es ergeben sich die Gleichungen

$$n_1 - \frac{y_1}{2} + \frac{y_2}{2} - \frac{y_3}{2} = \delta + \frac{\varepsilon}{2}$$

$$n_2 + \frac{y_1}{2} + \frac{y_2}{2} - \frac{y_3}{2} = \delta + \frac{\varepsilon}{2}$$

$$n_3 - \frac{y_1}{2} - \frac{y_2}{2} + \frac{y_3}{2} = \delta + \frac{\varepsilon}{2}$$

$$n - \frac{y_1}{2} - \frac{y_2}{2} - \frac{y_3}{2} = 3\,\delta + \varepsilon + \frac{\varepsilon}{2}.$$

Von der Forderung $n \to$ Min gehen wir mit $\hat{n} = -n$ zu der Forderung $\hat{n} \to$ Max über.

Das Simplex-Tableau der Ausgangslosung hat damit die folgende Gestalt:

	y_1	y_2	y_3	RS
$\hat{n}$ (Max)	$+\frac{1}{2}$	$+\frac{1}{2}$	$+\frac{1}{2}$	$-3\,\delta - 2\,\varepsilon + \frac{\varepsilon}{2}$
n_1	$-\frac{1}{2}$	$+\frac{1}{2}$	$-\frac{1}{2}$	$\delta + \frac{\varepsilon}{2}$
n_2	$+\frac{1}{2}$	$-\frac{1}{2}$	$-\frac{1}{2}$	$\delta + \frac{\varepsilon}{2}$
n_3	$-\frac{1}{2}$	$-\frac{1}{2}$	$+\frac{1}{2}$	$\delta + \frac{\varepsilon}{2}$

Da als rechte Seiten (RS) in den Gleichungen fur die Basisvariablen n_1, n_2, n_3 keine negativen Werte auftreten, liegt eine zulässige Ausgangslosung vor. Da keiner der Koeffizienten in der Zielgleichung $\hat{n}$ (Max) negativ ist, ist diese Ausgangslosung zugleich optimal. Fur $\varepsilon = 0$ liegt damit eine optimale ganzzahlige Lösung vor. Um auch fur $\varepsilon = 1$ der Forderung auf Ganzzahligkeit der Lösung zu genügen, fuhren wir eine neue Nebenbedingung ein, durch die die Ganzzahligkeit für $\hat{n}$ erzwungen wird. Zu diesem Zweck trennt man in der Gleichung

$$\hat{n} + \frac{1}{2}\,y_1 + \frac{1}{2}\,y_2 + \frac{1}{2}\,y_3 = -3\,\delta - 2\,\varepsilon + \frac{\varepsilon}{2}$$

die Brüche in den Koeffizienten von den ganzen Zahlen

$$\frac{1}{2}\,y_1 + \frac{1}{2}\,y_2 + \frac{1}{2}\,y_3 = \frac{\varepsilon}{2} + (-3\,\delta - 2\,\varepsilon - \hat{n})$$

und führt für die sich dabei ergebende Summe der ganzen Zahlen eine weitere Variable so ein, daß diese nur nichtnegative ganze Werte annehmen kann:

$$s - \frac{1}{2}\,y_1 - \frac{1}{2}\,y_2 - \frac{1}{2}\,y_3 = -\frac{\varepsilon}{2}.$$

Damit erhalten wir als erweitertes Simplex-Tableau

	y_1	y_2	y_3	RS
$\hat{n}$ (Max)	$\frac{1}{2}$	$\frac{1}{2}$	$\frac{1}{2}$	$-3\delta - 2\varepsilon + \frac{\varepsilon}{2}$
n_1	$-\frac{1}{2}$	$+\frac{1}{2}$	$-\frac{1}{2}$	$\delta + \frac{\varepsilon}{2}$
n_2	$+\frac{1}{2}$	$-\frac{1}{2}$	$-\frac{1}{2}$	$\delta + \frac{\varepsilon}{2}$
n_3	$-\frac{1}{2}$	$-\frac{1}{2}$	$+\frac{1}{2}$	$\delta + \frac{\varepsilon}{2}$
s	$-\frac{1}{2}$	$-\frac{1}{2}$	$-\frac{1}{2}$	$-\frac{\varepsilon}{2}$

Wir tauschen die Basisvariable s gegen die Nichtbasisvariable y_1 aus und erhalten als nächstes Tableau:

	s	y_2	y_3	RS
$\hat{n}$ (Max)	$+1$	0	0	$-3\delta - 2\varepsilon$
n_1	-1	$+1$	0	$\delta + \varepsilon$
n_2	$+1$	-1	-1	δ.
n_3	-1	0	$+1$	$\delta + \varepsilon$
y_1	-2	1	1	$+\varepsilon$

Damit ist die durchweg geforderte Ganzzahligkeit erreicht. Wir erhalten als optimalen Gruppenkode fur $i = 2$

bei geradem d: $n = \frac{3}{2} d\,, \quad n_1 = n_2 = n_3 = \frac{1}{2} d\,,$

bei ungeradem d: $n = \frac{3d+1}{2}\,, \quad n_1 = n_3 = \frac{d+1}{2}\,, \quad n_2 = \frac{d-1}{2}\,.$

Beispielsweise ist für $i = 2$ und $d = 5$ der optimale Gruppenkode durch die Basismatrix

1 0 1 1 1 1 1 0
0 1 0 0 1 1 1 1

gegeben. Dieser Gruppenkode ist äquivalent zu dem mit den Spalten 15 und 51 konstruierten Kode. Addiert man nämlich zur ersten Zeile der Basismatrix die zweite Zeile, so erhalt man

1 1 1 1 0 0 0 1
0 1 0 0 1 1 1 1

und nach Spaltenumordnung

$$\begin{matrix} 1\,0 & 1\,1\,1\,1\,0\,0 \\ 0\,1 & 1\,1\,0\,0\,1\,1\,. \end{matrix}$$

39. Zyklische Kodes

Besondere Bedeutung hat eine spezielle Form von Gruppenkodes gewonnen, die man als zyklische Kodes bezeichnet Sie sind dadurch gekennzeichnet, daß die Menge ihrer Kodeworter aus solchen Kodewortern erzeugt werden kann, die durch zyklische Vertauschung auseinander hervorgehen. Zu ihrer Charakterisierung genugt somit eines dieser Basiskodeworter.

Beispiel. Aus dem Wort 1 1 1 0 1 0 0 lassen sich durch zyklische Vertauschung zwei weitere von ihm und untereinander unabhängige Worter gewinnen, so daß man daraus die Matrix

$$\begin{pmatrix} 1 & 1 & 1 & 0 & 1 & 0 & 0 \\ 0 & 1 & 1 & 1 & 0 & 1 & 0 \\ 0 & 0 & 1 & 1 & 1 & 0 & 1 \end{pmatrix}$$

zur Erzeugung eines Gruppenkodes bilden kann. Wie man durch Umstellung der Spalten erkennt, liegt hier ein zum (7,3)-Hamming-Kode äquivalenter Kode vor.

Die Vorteile der zyklischen Kodes liegen darin, daß sie sich speziell zur Erkennung von gebündelt auftretenden Fehlern eignen und sich besonders leicht technisch (durch Schieberegisterschaltungen) realisieren lassen.

Bei allgemeinen Gruppenkodes lauft die technische Realisierung auf die Darstellung der Kontrollgleichungen hinaus (Abb. 39 1). Da an diesen Verknupfungen alle Stellen eines Kodewortes beteiligt sind, mussen diese Stellen gleichzeitig zur Verfugung stehen. Dies zwingt entweder zu einer Paralleldarstellung der Worte oder bei Seriendarstellung zu ihrer Bereitstellung in Registern von voller Wortlange. Gerade bei der Datenfernubertragung strebt man aus Gründen hoher Sicherheit fur die Kodierung Blocklangen von einigen Hundert bis Tausend Stellen an. Da die zyklischen Kodes zur Kodierung und Dekodierung wie auch zur Fehlererkennung bzw. Fehlerkorrektur nur Schieberegister von einer Länge benötigen, die gleich der kleineren Zahl aus der Anzahl der Informationsstellen und der Anzahl der Kontrollstellen ist, eignen sie sich hervorragend für die Sicherung der Datenubermittlung. Die Entwicklung geeigneter zyklischer Kodes wurde dadurch begunstigt, daß in der modernen Algebra ein entsprechender theoretischer Vorlauf bereit stand.

Die folgenden Betrachtungen beruhen auf Vorstellungen, die teilweise schon im Abschnitt 21 eine Rolle spielten. Aus Gründen einer direkten Zuganglichkeit soll hier jedoch auf die dortigen Überlegungen nicht zuruckgegriffen werden. Der Rahmen dieses Buches zwingt dazu, hier nur die mathematischen Fakten heranzuziehen, die zum Verstandnis unbedingt notwendig erscheinen. Der

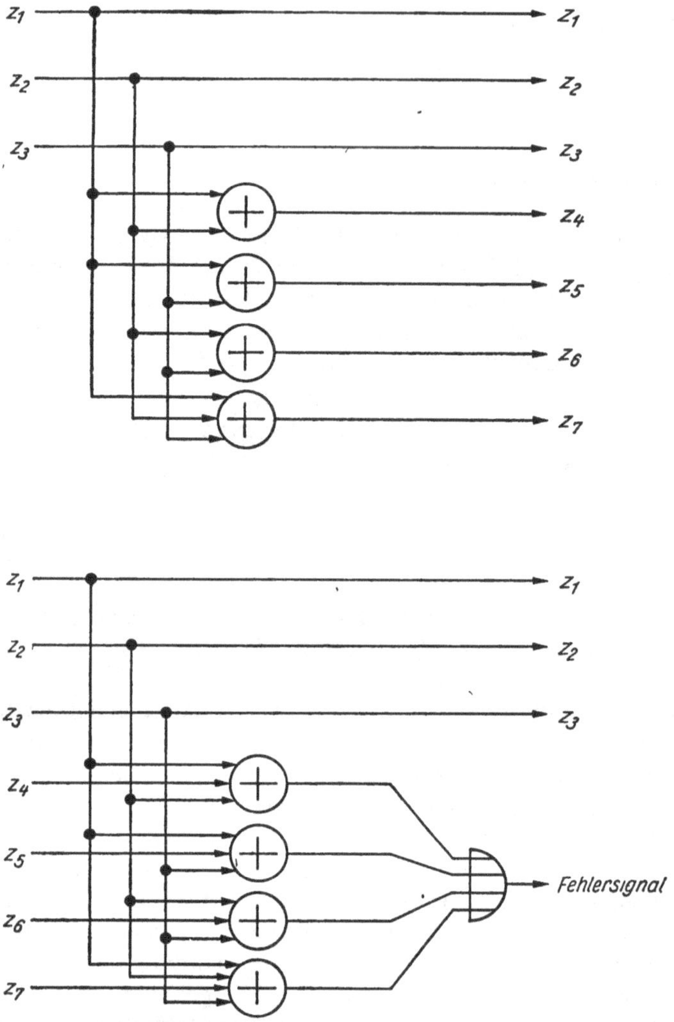

Abb. 39.1. (7, 3)-Hamming-Kodierung in Paralleldarstellung
a) Kodierungseinrichtung
b) Dekodierungseinrichtung mit Fehlererkennung

an einer Vertiefung interessierte Leser sei auf die Literatur [59] und [78] verwiesen.

Die Kodewörter seien n-stellige Worter über dem Alphabet $\{0, 1\}$:

$$A = a_0\, a_1\, a_2 \ldots a_{n-1} \quad \text{mit } a_i \in \{0, 1\} \; (i = 0, 1, \ldots, n-1)\,.$$

Um den serienmaßigen Ablauf in der Zeit zum Ausdruck zu bringen, wählen wir zur mathematischen Formalisierung die Darstellung durch das Kodepolynom

$$A(X) = a_0 + a_1\, X + a_2\, X^2 + \cdots + a_{n-1}\, X^{n-1}$$

mit der Vereinbarung, daß die Koeffizienten der höheren Potenzen eher auftreten.

Die mathematische Basis für die weiteren Betrachtungen ist eine Restklassen-Algebra fur das Rechnen mit Polynomen. Sie ist eine Übertragung der für Zahlen bekannten Restklassen-Algebra auf Polynome.

Wir definieren zwei Operationen fur das Rechnen mit Polynomen, die formal wieder als Addition und Multiplikation bezeichnet werden.

1. Zwei Polynome werden in der durch Wahl von n festgelegten Restklassen-Algebra addiert, indem die Koeffizienten gleicher Potenzen modulo 2 addiert werden.

2. Zwei Polynome werden in der durch Wahl von n festgelegten Restklassen-Algebra multipliziert, indem man zunachst nach den gewohnlichen Multiplikationsregeln unter Berucksichtigung von 1. das Produkt bildet und sodann das Restpolynom bestimmt, das sich bei Division des erhaltenen Produkts durch $X^n + 1$ [1]) ergibt.

Ist nach den gewohnlichen Multiplikationsregeln das Produkt der Polynome $A(X)$ und $B(X)$ gleich $F(X)$,

$$F(X) = A(X) \cdot B(X)\,,$$

so gilt für die Restklassen-Algebra

$$A(X) \bigcirc B(X) = R(X)\ ^{2)}\,,$$

wobei

$$F(X) = G(X) \cdot (X^n + 1) + R(X)$$

gilt und der Grad von $R(X)$ — er ist durch die höchste Potenz in $R(X)$ gegeben — kleiner n ist. $R(X)$ ist also das „Restpolynom“, das sich bei der Division von $F(X)$ durch $X^n + 1$ ergibt.

Beispiele. $(n = 3)$

$$1. \qquad A(X) = 1 + X + X^2\,,$$

$$B(X) = X + X^2 + X^3\,,$$

$$A(X) + B(X) = 1 + (1 \oplus 1) \cdot X + (1 \oplus 1) \cdot X^2 + X^3$$

$$= 1 + X^3\,.$$

[1]) Allgemein ist die Restklassen-Algebra fur Polynome modulo $X^n - 1$ zu bilden. Da wir uns hier auf das Binaralphabet hinsichtlich der Koeffizienten beschranken und modulo 2 die Subtraktion von 1 der Addition von 1 gleichkommt, gilt hier $X^n - 1 = X^n + 1$.

[2]) Nur aus didaktischen Grunden wird hier und in den folgenden Beispielen fur die Multiplikation in der Restklassen-Algebra das Symbol $\bigcirc$ verwendet. Im weiteren wird auf diese Unterscheidung verzichtet.

$$\begin{aligned}
2. \qquad A(X) &= 1 + X + X^2 , \\
C(X) &= 1 + X , \\
A(X) \cdot C(X) &= (1 + X + X^2) \cdot (1 + X) \\
&= (1 + X + X^2) + (X + X^2 + X^3) \\
&= 1 + X^3 , \\
(1 + X)^3 : (X^3 + 1) &= 1 \qquad \text{Rest } 0 .
\end{aligned}$$

Also gilt in der gewahlten Restklassenalgebra

$$\begin{aligned}
A(X) \bigcirc C(X) &= (1 + X + X^2) \bigcirc (1 + X) \\
&= 0 .
\end{aligned}$$

$$\begin{aligned}
3. \ (1 + X) \cdot (1 + X^2) &= 1 + X + X^2 + X^3 \\
&= (X^3 + 1) \cdot 1 + X + X^2 , \\
(1 + X) \bigcirc (1 + X^2) &= X + X^2 .
\end{aligned}$$

Wir definieren nun einen zyklischen Kode folgendermaßen:

Ist $g(X)$ ein Polynom vom Grad k und n die kleinste naturliche Zahl, für die $g(X)$ Teiler von $X^n + 1$ ist, so stellt die Menge der Vielfachen des Basispolynoms $g(X)$ mod. $(X^n + 1)$ die Menge der Kodepolynome dar.

Ist $A(X)$ ein beliebiges Polynom von einem Grad, der kleiner $n - k$ ist, so ist

$$g(X) \cdot A(X)$$

ein solches Polynom.

Da jedes Polynom, dessen Grad kleiner $n - k$ ist, formal als ein Polynom vom Grad $n - k - 1$ aufgefaßt werden kann und somit durch Angabe von $n - k$ Koeffizienten bestimmt wird, gibt es insgesamt 2^{n-k} unterschiedliche Polynome mit einem Grad, der kleiner $n - k$ ist; dabei ist das Nullpolynom eingeschlossen.

Somit umfaßt die Menge

$$g(X) \cdot A(X)$$

insgesamt 2^{n-k} verschiedene Kodepolynome; diesen entsprechen 2^{n-k} verschiedene Kodeworter. Wahlt man aus der Menge der Vielfachen-Polynome speziell die $n - k$ Polynome

$$1, X, X^2, \ldots, X^{n-k-1} ,$$

so ergeben sich $n - k$ verschiedene Kodepolynome

$$g(X), X\,g(X), X^2\,g(X), \ldots, X^{n-k-1}\,g(X) .$$

Die Multiplikation mit den aufeinanderfolgenden Potenzen von X fuhrt zu einer schrittweisen Erhohung der Exponenten um eine Eins und bedeutet fur die entsprechenden Kodeworter eine zyklische Vertauschung. Das dem Basispolynom $g(X)$ entsprechende Kodewort bildet mit den $n - k - 1$ weiteren daraus durch zyklische Vertauschung entstehenden Kodewörtern eine Basis zur Erzeugung des Kodes.

Beispiel. Als Basispolynom werde

$$g(X) = 1 + X + X^3$$

gewählt. Wir bestimmen das kleinste n, so daß $X^n + 1$ das Polynom $g(X)$ als Teiler enthält. Wir bauen zu diesem Zweck ein geeignetes Vielfaches von $g(X)$ auf, das gerade zu einem Polynom der Form $X^n + 1$ fuhrt.

$$\begin{array}{rcl}
1 \cdot g(X) = & & X^3 + \quad X + 1 \\
X \cdot g(X) = & & X^4 + \quad X^2 + X \\
X^2 \cdot g(X) = & & X^5 + \quad X^3 + X^2 \\
X^4 \cdot g(X) = & & X^7 + X^5 + X^4 \\
\hline
 & & X^7 + \qquad\qquad 1.
\end{array}$$

Also ist

$$(1 + X + X^2 + X^4) \cdot (1 + X + X^3) = 0 \bmod \cdot X^7 + 1 .$$

Der zu $1 + X + X^3$ als Basispolynom gehörige zyklische Kode enthält somit $2^{n-k} = 2^{7-3} = 2^4 = 16$ verschiedene Kodewörter. Aus dem Basispolynom gewinnen wir das 7-stellige Kodewort

1 1 0 1 0 0 0.

durch zyklische Vertauschung ergibt sich daraus die Matrix

$$\begin{pmatrix} 1 & 1 & 0 & 1 & 0 & 0 & 0 \\ 0 & 1 & 1 & 0 & 1 & 0 & 0 \\ 0 & 0 & 1 & 1 & 0 & 1 & 0 \\ 0 & 0 & 0 & 1 & 1 & 0 & 1 \end{pmatrix},$$

die zur Erzeugung des vollständigen Kodes als Basis dienen kann. Durch geeignete Linearkombination der Zeilen ist daraus die Basismatrix in der Form

$$\begin{pmatrix} 1 & 0 & 0 & 0 & 1 & 1 & 0 \\ 0 & 1 & 0 & 0 & 0 & 1 & 1 \\ 0 & 0 & 1 & 0 & 1 & 1 & 1 \\ 0 & 0 & 0 & 1 & 1 & 0 & 1 \end{pmatrix}$$

zu gewinnen.

Um allgemein zu zeigen, daß zu jedem Polynom

$$g(X) = a_0 + a_1 X + a_2 X^2 + \cdots + a_k X^k \quad \text{mit } a_0 = 1$$

ein n so gefunden werden kann, daß $g(X)$ Teiler von $X^n + 1$ ist, formalisieren wir das im Beispiel dargestellte Verfahren wie folgt weiter.

	10	9	8	7	6	5	4	3	2	1	0	Exponenten von X	
1:								0	0	0	1	B_0	
								1	0	1	1		$1 \cdot g(X)$
							0	1	0	1		B_1	
							1	0	1	1			$X \cdot g(X)$
						0	1	1	1			B_2	
						1	0	1	1				$X^2 \cdot g(X)$
				0	0	1	1					B_3	
				1	0	1	1						$X^4 \cdot g(X)$
X^7:	0	0	0	1								B_4.	

Den Anfang bildet die $(k + 1)$-stellige Dualzahl $B_0 = 0 \ldots 01$. Sodann wird jeweils ein p so gewahlt, daß durch Addition von $X^p \cdot g(X)$ die niedrigste Potenz annulliert wird. In den entstehenden Teilsummen werden beginnend mit der niedrigsten Eins jeweils $k + 1$ Ziffern als Dualzahl B_i aufgefaßt. Ausgehend von B_0 entsteht so die Folge $B_1, B_2, \ldots$. Da es nur 2^{k+1} verschiedene $(k + 1)$-stellige Dualzahlen gibt, muß nach endlich vielen Schritten ein B_m auftreten, das schon zuvor aufgetreten ist. Wenn dieses B_m gleich B_0 ist, wie es im vorliegenden Beispiel der Fall ist, findet das Verfahren damit sein Ende. Ist dagegen $B_m = B$ mit $l < m$ und $l \neq 0$, so kann man wie folgt weiter schließen:

Nach Konstruktion ist

$$X^s \cdot B_l(X) = 1 + A(X) \cdot g(X) .$$

$B_l(X)$ läßt sich somit weder durch $g(X)$ noch durch evtl. existierende Teiler von $g(X)$, ausgenommen 1, teilen. Anderseits liefert die Fortsetzung des Verfahrens

$$X^n \cdot B_m(X) = B_l(X) + C(X) \cdot g(X) \quad \text{mit } B_m = B_l .$$

Somit gilt

$$(X^n + 1) \cdot B_l(X) = C(X) \cdot g(X) .$$

Die linke Seite muß also durch $g(X)$ teilbar sein. Da nach der vorigen Überlegung $B_l(X)$ dafur nicht in Frage kommt, muß $X^n + 1$ durch $g(X)$ teilbar sein.

Übung. Es sei dem Leser uberlassen, das Verfahren auf $g(X) = 1 + X + X^3 + X^5 + X^7 + X^9 + X^{12}$ anzuwenden, um festzustellen, daß $g(X)$ Teiler von $X^{63} + 1$ ist. Das 63-stellige Basiskodewort

1 1 0 1 0 1 0 1 0 1 0 0 1 0 0 . . . 0

bestimmt mit $n = 63$ und $n - k = 51$ einen zyklischen (63,51)-Kode, der zu Klasse der Bose-Chaudhuri-Kodes gehort [7].

Gerade bei der Datenfernübertragung muß man mit Störungen rechnen, die über die Dauer eines Zeichens hinausgehen, so daß gebündelte Fehler entstehen. In der Erkennung solcher Fehlerbündel liegt aber gerade die Starke zyklischer

Kodes: Jedes Fehlerbündel, dessen Länge den Grad des Basispolynoms nicht übersteigt, ist erkennbar. Ein Fehler bleibt nämlich dann und nur dann unerkannt, wenn das ihm entsprechende Wort selbst ein Kodewort ist. Bei einem zyklischen Kode muß somit das dem Fehlerwort entsprechende Fehlerpolynom ohne Rest durch das Basispolynom teilbar sein. Hat das Fehlerbündel die Länge l, so besteht das Fehlerwort aus höchstens l nebeneinander stehenden Einsen. Das Fehlerpolynom muß sich dann in der Form

$$X^p \cdot f(X)$$

darstellen lassen, wobei $f(X)$ höchstens den Grad $l - 1$ besitzt. Wenn $l \leqq k$ ist, ist das Fehlerpolynom somit nicht durch das Basispolynom, das den Grad k hat, teilbar. Das Fehlerwort kann somit kein Kodewort sein; das Fehlerbündel wird daher erkannt.

Der in der Übung angeführte (63,51)-Kode bietet die Möglichkeit, Fehlerbündel bis zur Länge von 12 Stellen zu erkennen.

Um die Realisierungsmöglichkeiten für zyklische Kodes behandeln zu können, müssen wir uns zunächst Fragen der Kodierung und Dekodierung zuwenden.

Zu einem Basispolynom $g(X)$ vom Grad k und einem kleinsten n, so daß $g(X)$ Teiler von $X^n + 1$ ist, läßt sich die Zuordnung der Kodewörter des zugehörigen zyklischen Kodes zu den $(n - k)$-stelligen Informationswörtern auf zwei verschiedene Weisen erreichen. Im einen Fall gewinnt man das Kodewort zu einem Informationswort über eine Multiplikation des Informationspolynoms mit dem Basispolynom. In dem Kodewort, das dem erhaltenen Produktpolynom entspricht, sind Informations- und Kontrollstellen nicht mehr getrennt. Die Dekodierung ist nur über eine Division durch das Basispolynom zu erreichen. Im anderen Fall dagegen übernimmt man das vorgelegte Informationswort als Teilwort des Kodeworts und ergänzt es durch k links davor gesetzte Kontrollstellen so, daß das gesamte Wort Kodewort wird, d. h., daß das dem gesamten Wort entsprechende Polynom durch das Basispolynom teilbar ist. Ist P_I das Informationspolynom und P_k das Kontrollpolynom, so ist das Gesamtpolynom durch

$$P_k + X^k \cdot P_I$$

gegeben. Damit dies durch $g(X)$ teilbar ist, muß P_k gleich dem Restpolynom gewählt werden, das sich bei der Division von $X^k \cdot P_I$ durch $g(X)$ ergibt. Die Dekodierung wird durch einfaches Abstreichen der ersten k Stellen erreicht.

Beispiel. Wir betrachten den zum Basispolynom

$$g(X) = 1 + X + X^3$$

gehörigen zyklischen Kode. Es ergab sich $n = 7$ und $n - k = 4$. Als vierstellige Informationswörter fungieren die Dualzahlen von 0000 bis 1111. Wir wählen beispielsweise 0110 als Informationswort. Das zugehörige Informationspolynom lautet

$$X + X^2 .$$

Um das entsprechende Kodewort zu gewinnen, müssen wir bei der ersten Zuordnungsweise das Informationspolynom mit dem Basispolynom multiplizieren. Aus $(X + X^2) \cdot (1 + X + X^3) = X + X^3 + X^4 + X^5$ ergibt sich als Kodewort

$$0\;1\;0\;1\;1\;1\;0\,.$$

Die Dekodierung verlangt Division des zugehörigen Kodepolynoms durch das Basispolynom.

Zu dem Kodewort 1 0 0 1 0 1 1 beispielsweise liefert die Division

$$\begin{array}{lllllll}
(X^6 + & X^5 + & & + X^3 + & & & 1):(X^3 + X + 1) \\
 & & & & & & \quad = X^3 + X^2 + X + 1 \\
\underline{X^6} & & \underline{+ X^4} & \underline{+ X^3} & & & \\
 & X^5 + & X^4 + & & & & 1 \\
 & \underline{X^5} & & \underline{+ X^3} & \underline{+ X^2} & & \\
 & & X^4 + & X^3 + & X^2 + & & 1 \\
 & & \underline{X^4} & & \underline{+ X^2} & \underline{+ X} & \\
 & & & X^3 & & + X & + 1 \\
 & & & \underline{X^3} & & \underline{+ X} & \underline{+ 1} \\
 & & & & & & 0
\end{array}$$

als Informationswort 1111. Bei der anderen Zuordnungsweise ist dem Informationswort 0110 entsprechend

$$X^3 \cdot (X^2 + X) = X^5 + X^4$$

durch $g(X)$ zu dividieren.

$$\begin{array}{llllll}
(X^5 + & X^4) : & (X^3 + X + 1) = X^2 + X + 1 & & & \\
\underline{X^5} & & \underline{+ X^3} & \underline{+ X^2} & & \\
 & X^4 + & X^3 + & X^2 & & \\
 & \underline{X^4} & & \underline{+ X^2} & \underline{+ X} & \\
 & & X^3 & & + X & \\
 & & \underline{X^3} & & \underline{+ X} & \underline{+ 1} \\
 & & & & & 1\,.
\end{array}$$

Aus dem erhaltenen Restpolynom ergibt sich als Kontrollwert 100. Das zugehörige Kodewort lautet 1000110. Die Dekodierung erfolgt durch einfaches Abstreichen. Dem Kodewort 1001011 beispielsweise wird hier als Informationswort 1011 zugewiesen.

Man beachte, daß beide Verfahren die gleiche Menge als Kodeworter benutzen, namlich die Menge der Vielfachen von $g(X)$ mod. $X^n + 1$. Der Unterschied liegt allein in der Zuordnung zu den Informationswortern.

Die durchgeführten Betrachtungen lassen erkennen, daß zur Schaffung von Kodierungs- und Dekodierungseinrichtungen fur zyklische Kodes technische

Möglichkeiten zur Durchfuhrung von Polynom-Multiplikation und Polynom-Division benötigt werden. Diese Möglichkeiten bieten, wie wir in Abschnitt 21 dargelegt haben, die linearen Automaten.

Beschranken wir uns auf die bevorzugt angewendete zweite Kodierungsmethode, bei der im Kodewort eine Trennung zwischen Informationsstellen und Kontrollstellen möglich ist, so genügt allein die Polynom-Division. Für das hier interessierende binäre System zeigt die Abb. 39.2 das entsprechende

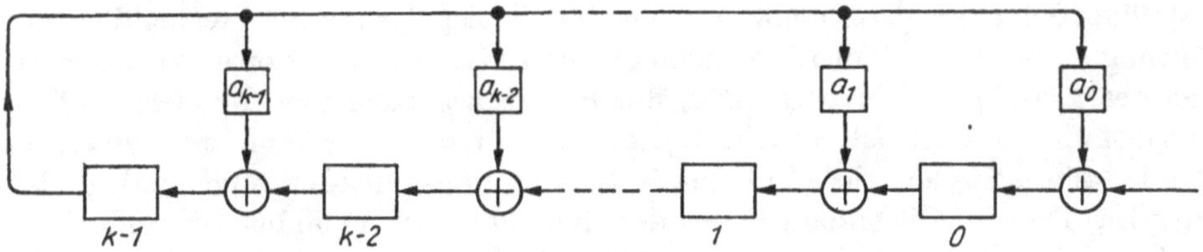

Abb. 39.2. k-stelliges Schieberegister zur Bildung des Restpolynoms, das bei Division des einlaufenden Polynoms durch das Polynom $a_0 + a_1 X + a_2 X^2 + \cdots + a_k X^k$ mit $a_k = 1$ entsteht.

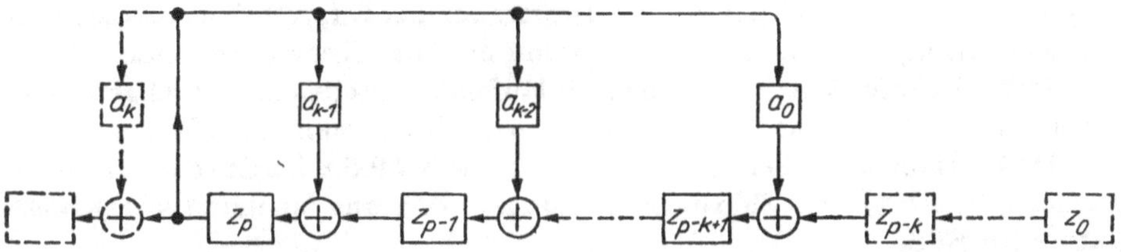

Abb. 39.3. Zur Erklarung der Wirkungsweise des Divisionsschemas in Abb. 39.2 um eine Zeile im Schieberegister formal erweitertes Schema: Die Verschiebung von z_p wird durch die Ruckfuhrung bei $z_p = 1$ annulliert, bei $z_p = 0$ sind beide gegenstandslos.

Schema zur Bestimmung des Restpolynoms, das bei der Division eines einlaufenden Polynoms durch das Basispolynom vom Grad k

$$a_0 + a_1 X + a_2 X^2 + \cdots + a_k X^k \quad \text{mit } a_k = 1$$

entsteht.

Das mit seinen hoheren Potenzen voran einlaufende Polynom vom formalen Grad $n - 1$

$$z_{n-1} X^{n-1} + z_{n-2} X^{n-2} + \cdots + z_1 X + z_0$$

tritt zunächst ohne Veränderung an den Koeffizienten in die Zellen des k-stelligen Schieberegisters ein, bis zum ersten Mal ein nichtverschwindender Koeffizient — es sei $z_p = 1$ — in die letzte Zelle gelangt ist. Der nun folgende Schritt verschiebt einerseits das Polynom weiter um eine Stelle nach links, wobei die höchste Stelle über das Registerende abgestoßen wird, und laßt anderseits die Rückfuhrung zur Wirkung kommen. Beide Vorgänge zusammen (Abb. 39.3) entsprechen einer Subtraktion — diese ist mod. 2 gleich einer Addition — des Basispolynoms. In den weiteren Schritten wiederholt sich der Vorgang jeweils dann, wenn nach der Verschiebung in der letzten Zelle eine Eins zu stehen kommt und damit wieder eine Subtraktion möglich ist. Wird das Verfahren abgebrochen, wenn der niedrigste Koeffizient z_0 in das Schieberegister eingetreten ist, so steht im Register das gesuchte Restpolynom. Damit ist der Weg zur Konstruktion einer Kodierungseinrichtung gegeben:

Man läßt das i-stellige Informationswort mit k nachfolgenden Nullen in ein k-stelliges Schieberegister einlaufen, das dem Basispolynom entsprechende Rückführungen besitzt. Außerdem schickt man das Informationswort über ein weiteres k-stelliges Schieberegister, das als Verzogerungslinie fungiert, auf die Outputlinie. Damit ist gesichert, daß nach $n = i + k$ Schritten einerseits gerade alle i Stellen des Informationswortes ausgesendet sind und andererseits im Divisions-Schieberegister das Kontrollwort gebildet ist und durch Umlegen eines Wechselschalters anschließend auf die Outputlinie gegeben werden kann (Abb. 39.4). Durch eine leichte Modifikation laßt sich das nur zur Verzögerung dienende zweite Schieberegister einsparen. Die Verzögerung des direkt auf die Outputlinie zu gebenden Informationswortes um k Takte soll den stellenmäßig richtigen Anschluß des Kontrollwortes an das Informationswort sichern. Denselben Erfolg kann man erreichen, wenn man das Kontrollwort um k Takte vorverlegt. Da die Summe aus neu einlaufenden Stellen und rückgefuhrten Stellen erst bei der Rückfuhrung wirksam wird, kann man die Addition an das Ende des Divisions-Schieberegisters verlegen. Abb. 39.5 zeigt das entsprechende allgemeine Schema, Abb. 39.6 die Kodierungseinrichtung fur einen (63,51)-Bose-Chaudhuri-Kode.

Für die Dekodierung kann man die gleiche Einrichtung verwenden, die der Kodierung dient. Man läßt das vollständige n-stellige Wort in das Divisions-Schieberegister einlaufen. Steht dann im Schieberegister das Nullwort, so ist das empfangene Wort ein Kodewort; in jedem anderen Fall liegt ein Fehler vor. Ein am Schieberegister durchgefuhrter Test auf Nullwort kann die Fehleranzeige steuern.

Will man die Empfangsanlage zur automatischen Fehlerkorrektur weiterentwickeln, so werden zusätzliche kombinatorische Schaltkreise erforderlich. Diese im allgemeinen recht aufwendigen Kreise haben die Aufgabe, aus den Koeffizienten des entstandenen Restpolynoms das entsprechende Fehlerwort zu bilden, das dann mit dem im Pufferspeicher aufbewahrten Empfangswort additiv zu vereinigen ist, um das korrigierte Wort zu erhalten (Abb. 39.7).

Eine interessante Variante, die u. U. den technischen Aufwand reduzieren läßt, beruht auf folgender Idee [59]: Die den Stand des Schieberegisters auswertende kombinatorische Schaltung wird so entworfen, daß sie genau dann eine Eins als Korrektur aussendet, wenn das Restpolynom auf einen Fehler in der höchsten Stelle hinweist, die gerade aus dem Pufferspeicher austritt. Diese Eins wird nicht nur zur Korrektur dieser Stelle in dem auszugebenden Wort verwendet, sondern zugleich in das Divisionsregister eingegeben (Abb. 39.7:

mit * markierte Leitung). Damit wird erreicht, daß sich der Stand im Register so ändert, als wäre die jetzt korrigierte Stelle schon zuvor richtig eingelaufen. Im weiteren Verlauf bestimmt nun der neue Stand, ob und wann wieder eine Stelle, die aus dem Pufferregister austritt, korrekturbedürftig ist.

Jedes Sicherungsverfahren gegen Übertragungsfehler ist ein Kompromiß zwischen hohem Fehlerschutz, verbunden mit großer Redundanz und erkauft durch kostspieligen Aufwand, und einem geringeren Schutz bei einfacherer

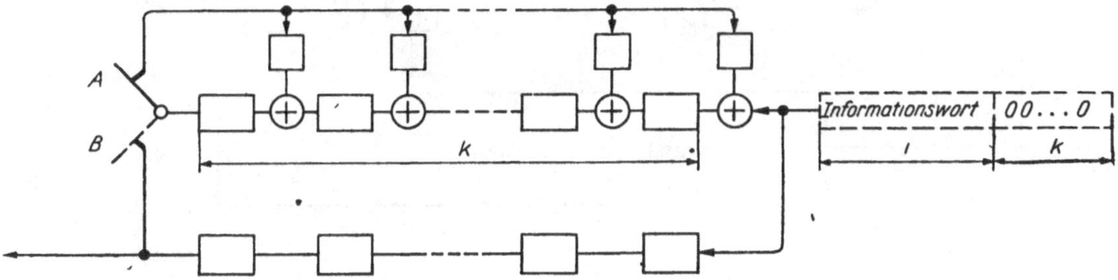

Abb. 39.4. Kodierungseinrichtung, bestehend aus k-stelligem Divisions-Schieberegister und zusätzlichem k-stelligen Verzogerungs-Schieberegister
Umlegen des Schalters aus Lage A in Lage B nach $n = i + k$ Takten.

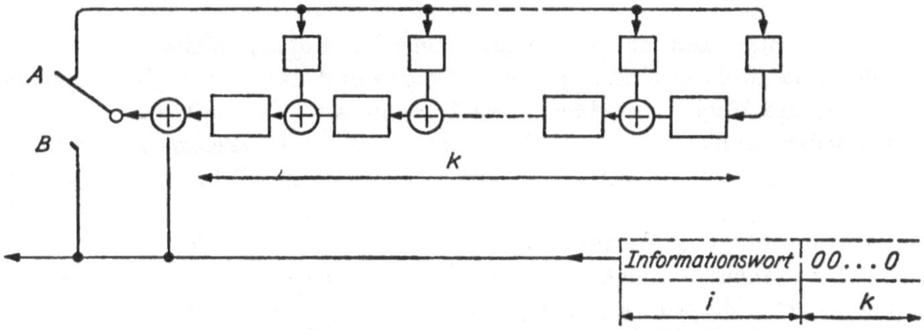

Abb. 39.5. Kodierungseinrichtung mit nur einem k-stelligen Schieberegister
Input: Informationswort mit nachfolgendem k-stelligen Nullwort
Output: Informationswort mit nachfolgendem Kontrollwort = Kodewort

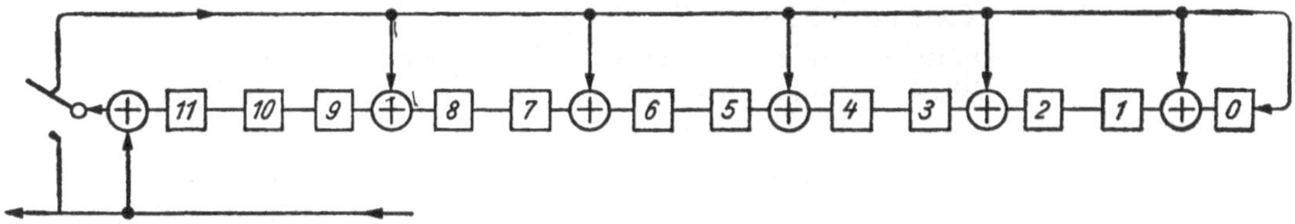

Abb. 39.6. Kodierungseinrichtung für den (63, 51)-Bose-Chaudhuri-Kode, der dem Basispolynom

$g(X) = X^{12} + X^9 + X^7 + X^5 + X^3 + X + 1$

entspricht

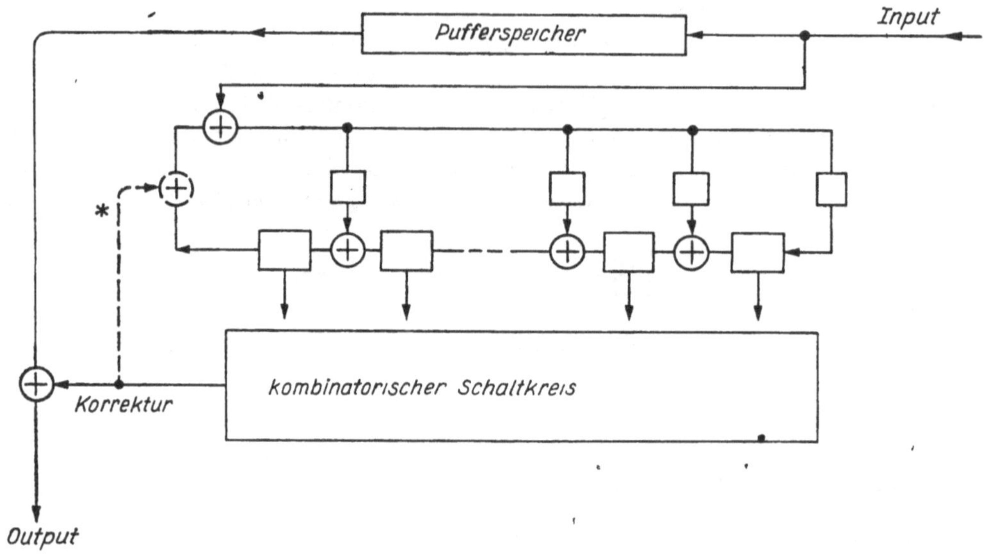

Abb. 39.7. Prinzip einer Dekodierungseinrichtung fur zyklische Kodes mit automatischer Fehlerkorrektur

Instrumentierung und bei wirtschaftlichem Datenfluß. Meist wird man sich mit fehlererkennbaren Kodierungen begnugen und durch einen bereitgestellten Rückkanal die Moglichkeit bieten, nach einem als fehlerhaft erkannten Block seine Wiederholung anfordern. Man spricht auch in diesem Fall von einer Fehlerkorrektur und bezeichnet dieses Prinzip als Fehlerkorrektur durch Blockwiederholung. Zur Unterscheidung demgegenuber nennt man einen fehlerkorrigierbaren Kode auch vorwartskorrigierenden Kode.

Da im Rahmen der elektronischen Datenverarbeitung die Datenfernübertragung zunehmend an Bedeutung gewinnt, sei hier das Prinzip und die Leistungsfahigkeit eines modernen Datenubertragungssystems an einem speziellen System skizziert [11]. Dieses System ist fur die Übertragung von Daten uber offentliche Fernsprechleitungen einschließlich Transatlantikkabel mit einer Übertragungsgeschwindigkeit von 1200 Baud[1]) vorgesehen. Verwendet wird ein zyklischer Kode mit 12 Kontrollstellen bei einer Blocklange von 256 Stellen. Dabei sind vier Stellen reserviert zur Aufnahme einer Blocknummer, die beim Absenden der Blocke in einem Viererzyklus erzeugt wird. Auf einem 75 Baud-Rückkanal informiert der Empfänger laufend den Sender über den Betriebszustand Dabei bedeutet die Dauersendung der binaren Null ,,Weitersenden"; jede Unterbrechung der Null fuhrt zur Änderung der laufenden Übertragung, wobei ein Einzelimpuls die Anforderung zur ,,Wiederholung" des zuvor gesendeten Blockes bedeutet, die Dauer-Eins dagegen ,,Warten" verlangt.

[1]) 1 Baud = 1 bit/s.

Der Sender schickt laufend die Blocke mit eingesetzter zyklischer Numerierung in die Vorwartslinie, solange der Rückkanal Nullen liefert. Der Empfänger kontrolliert die ankommenden Blocke auf ihre zyklische Numerierung und auf Fehlerfreiheit. Erfaßt er einen fehlerhaften Block, so gibt er den Anforderungsimpuls zur Wiederholung. Dieser kommt beim Sender an, während er schon den folgenden Block aussendet. Anschließend reagiert der Sender zunachst durch Ausgabe eines speziellen Synchronisierungsblocks und nimmt sodann wieder den normalen Blocksendebetrieb auf, wobei er mit dem zur Wiederholung angeforderten Block beginnt. Die zyklische Vierernumerierung ermöglicht dem Empfanger, auch Situationen zu erkennen, die durch fehlerhaft entstandene oder auch durch verlorene Anforderungen aufgetreten sind, und kann sich dementsprechend verhalten, evtl. durch Dauer-Eins den Sender zum „Warten“ veranlassen. Versuche uber das öffentliche Fernsprechnetz ergaben eine Fehlerrate von einem unentdeckten Fehler je 50 Millionen Zeichen. Die Ergebnisse waren selbst in den Fallen noch zufriedenstellend, bei denen die Leitungen infolge hoher Storungen nicht einmal fur Sprache annehmbar waren.

40. Kommunikationstheorie

Die SHANNONsche Informationstheorie behandelt den Fall der in einer Richtung stattfindenden Nachrichtenubertragung. Als wesentliche Informationsgroßen werden dabei aus den Wahrscheinlichkeitsfeldern die Quellenentropie, die Empfangsentropie, die Verbundentropie sowie die Synentropie gewonnen. Zwischen ihnen bseteht die Beziehung

$$T = H(X) + H(Y) - H(X \times Y) .$$

Vertauscht man die Wahrscheinlichkeitsfelder von Quelle und Senke, so entsteht damit physikalisch ein anderer Kanal; die Synentropie T dagegen bleibt unverandert, sie ist symmetrisch in X und Y. Von H. MARKO [44] wurde 1965 eine Erweiterung der SHANNONschen Theorie vorgeschlagen, die die zweiseitige Kommunikation zu erfassen ermoglicht. Hat in der Informationstheorie die eine Einrichtung Sendefunktion und die andere Empfangsfunktion und liegt zwischen beiden ein gerichteter Kanal, so mussen bei einer Erweiterung zur Kommunikation beide Einrichtungen sowohl als Sender wie als Empfanger fungieren (Abb. 40.1) und zwei entgegengesetzt gerichtete Kanäle die Verbindungen bilden.

Wir fassen die beiden Einrichtungen X und Y einerseits als Quellen der Symbolfolgen

$$\ldots x_n \ldots x_3\, x_2\, x_1$$

bzw.

$$\ldots y_n \ldots y_3\, y_2\, y_1$$

auf wobei wir die Vergangenheit unbegrenzt zulassen, anderseits als Empfänger der vom Partner ausgesendeten Folgen (Abb. 40.2).

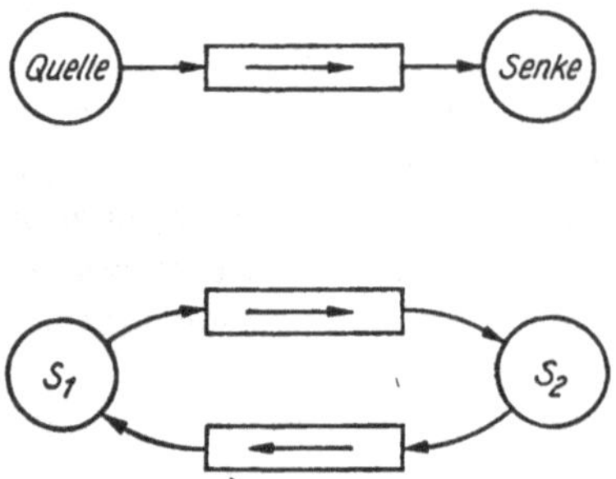

Abb. 40.1. Modell zur unilateralen und bidirektionalen Nachrichtenubertragung

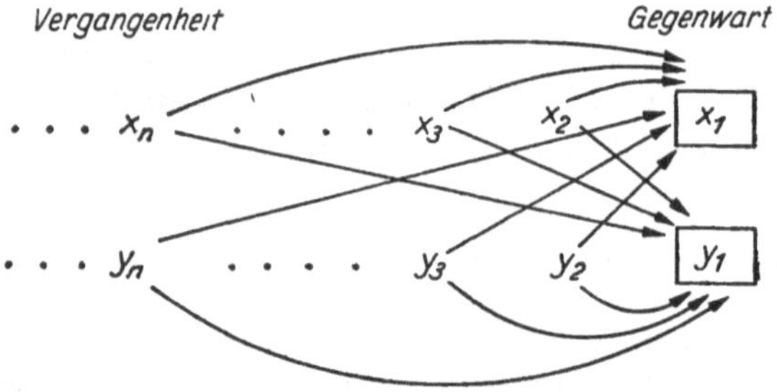

Abb. 40.2. Bidirektionale Kommunikation

Wir betrachten das Modell zu dem Zeitpunkt, daß die Quelle X das Symbol x_1, die Quelle Y y_1 aussendet. Dabei soll der Sendevorgang in beiden Einrichtungen ein stochastischer Prozeß sein, der sowohl von den in der Vergangenheit ausgesendeten als auch empfangenen Symbolen abhängt.

Die Sendesituation wird somit bei beschränkter Vergangenheit durch die bedingten Wahrscheinlichkeiten

$$p_{x_2 x_3 \ldots x_n y_2 y_3 \ldots y_n}(x_1)$$

und

$$p_{x_2 x_3 \ldots x_n y_2 y_3 \ldots y_n}(y_1)$$

gekennzeichnet. Für die beiden Quellen ergeben sich damit als Entropie

$$F(X) = -\underbrace{\sum \ldots \sum}_{X \times Y} p(x_1, x_2, \ldots, x_n; y_2, \ldots, y_n) \operatorname{ld} p_{x_2 \ldots x_n y_2 \ldots y_n}(x_1)$$

bzw.

$$F(Y) = -\underbrace{\sum \ldots \sum}_{X \times Y} p(x_2, \ldots, x_n; y_1, y_2, \ldots, y_n) \operatorname{ld} p_{x_2 \ldots x_n y_2 \ldots y_n}(y_1) .$$

Würde man die Sendefolgen jeder Quelle registrieren und daraus ohne Kenntnis einer vorliegenden Verkopplung nur unter Berücksichtigung der eigenen Vergangenheit Entropiegrößen bilden, so ergäbe sich

$$H(X) = -\underbrace{\sum \cdots \sum}_{X} p(x_1, \ldots, x_n) \operatorname{ld} p_{x_2 \ldots x_n}(x_1)$$

bzw.

$$H(Y) = -\underbrace{\sum \cdots \sum}_{Y} p(y_1, \ldots, y_n) \operatorname{ld} p_{y_2 \ldots y_n}(y_1) .$$

Ein Beobachter, der in dieser Weise vorgeht, gelangt zu einer unrichtigen Beurteilung der Unsicherheiten hinsichtlich der zu erwartenden Symbole. Da er nicht über den gegenseitigen Einfluß informiert ist, entgeht ihm, daß das Verhalten jeder Quelle durch die Vergangenheit der anderen, also von außen, teilweise determiniert ist. Er setzt die Entropiebeträge um

$$H(X) - F(X) = T(X/Y)$$

bzw.

$$H(Y) - F(Y) = T(Y/X)$$

zu hoch ein. Diese Größen haben somit die Bedeutung gerichteter Transentropien. Sie stehen mit der symmetrischen SHANNONschen Synentropie T in der Beziehung

$$T(X/Y) + T(Y/X) = T .$$

Um diesen Zusammenhang nachzuweisen, gehen wir von

$$T(X/Y) + T(Y/X) = H(X) + H(Y) - [F(X) + F(Y)]$$

aus. Weiter erhalten wir

$$F(X) + F(Y) = -\underbrace{\sum \cdots \sum}_{X \times Y} p(x_1 x_2, \ldots, x_n; y_2, \ldots, y_n) \times \operatorname{ld} p_{x_2 \ldots x_n y_2 \ldots y_n}(x_1) + p(x_2, \ldots, x_n; y_1 y_2, \ldots, y_n) \operatorname{ld} p_{x_2 \ldots x_n y_2 \ldots y_n}(y_1) .$$

Bei der Bildung der mathematischen Erwartung tritt einmal die Wahrscheinlichkeit für das Auftreten der Situation

$$x_1 x_2, \ldots, x_n y_2, \ldots, y_n ,$$

andermal dagegen

$$x_2, \ldots, x_n y_1 y_2, \ldots, y_n$$

auf. Ist p_s die Wahrscheinlichkeit fur eine gewisse Situation, die Einfluß auf die Zufallsgröße z_s hat, so ist

$$\sum_s p_s z_s$$

die mathematische Erwartung für z. Ist anderseits q ein weiterer Situationsparameter, (s, q) also charakteristisch für die Gesamtsituation, und ist die Zufallsgröße nicht von q abhängig, so liefert auch

$$\sum_q \sum_s p_{qs} z_s$$

die mathematische Erwartung für z, da wegen

$$\sum_q p_{qs} = p_s$$

auch

$$\sum_q \sum_s p_{qs} z_s = \sum_s p_s z_s$$

ist.

In dem obigen Fall sind y_1 bzw. x_1 zusätzliche Situationsparameter, von denen aber das Geschehen an der Quelle X bzw. Y nicht beeinflußt wird, da eine Kommunikation ,,ohne Vorgriff" vorausgesetzt wird. Nur die Vergangenheit kann auf die Gegenwart Einfluß haben. Eine formale Abhängigkeit von y_1 bei der Aussendung von x_1 konnte sich nur einstellen, wenn das Geschehen an beiden Quellen von der Vergangenheit einer dritten Quelle abhinge. Man kann somit in beiden Fallen die gleiche Situation entsprechend $x_1, \ldots, x_n\, y_1, \ldots, y_n$ ansetzen, wobei die Summationen über alle x und y zu erstrecken sind. Damit wird

$$F(X) + F(Y) = -\underbrace{\sum \ldots \sum}_{X \times Y} p(x_1, \ldots, x_n; y_1, \ldots, y_n)$$
$$\times \operatorname{ld} \{p_{x_2 \ldots x_n y_2 \ldots y_n}(x_1) \cdot p_{x_2 \ldots x_n y_2 \ldots y_n}(y_1)\} .$$

Da aber die Ereignisse x_1 und y_1 voneinander unabhangig sind, ist

$$p_{x_2 \ldots x_n y_2 \ldots y_n}(x_1) \cdot p_{x_2 \ldots x_n y_2 \ldots y_n}(y_1) = p_{x_2 \ldots x_n y_2 \ldots y_n}(x_1, y_1) .$$

Nun ist

$$-\underbrace{\sum \ldots \sum}_{X \times Y} p(x_1, \ldots, x_n\, y_1, \ldots, y_n) \operatorname{ld} p_{x_2 \ldots x_n y_2 \ldots y_n}(x_1, y_1)$$

aber die Verbundentropie des aus beiden Quellen bestehenden Systems. Somit ergibt sich

$$F(X) + F(Y) = H(X \times Y) .$$

Damit wird aber

$$T(X/Y) + T(Y/X) = H(X) + H(Y) - H(X \times Y)$$
$$= T .$$

Wir interpretieren nun die einzelnen bei der bidirektionalen Kommunikation auftretenden Entropiegrößen (Abb. 40.3), wobei wir die Zugehörigkeit der Großen durch die Indizes 1 und 2 kennzeichnen.

Die Verbundentropie H des gesamten Kommunikationssystems laßt sich in die beiden Anteile F_1 und F_2 zerlegen, von denen jeder als ,,freie Entropie" die in der betreffenden Quelle liegende Ungewißheit zum Ausdruck bringt. T_{12} bzw. T_{21} ist die gerichtete Transinformation, mit der jeweils die eine Quelle

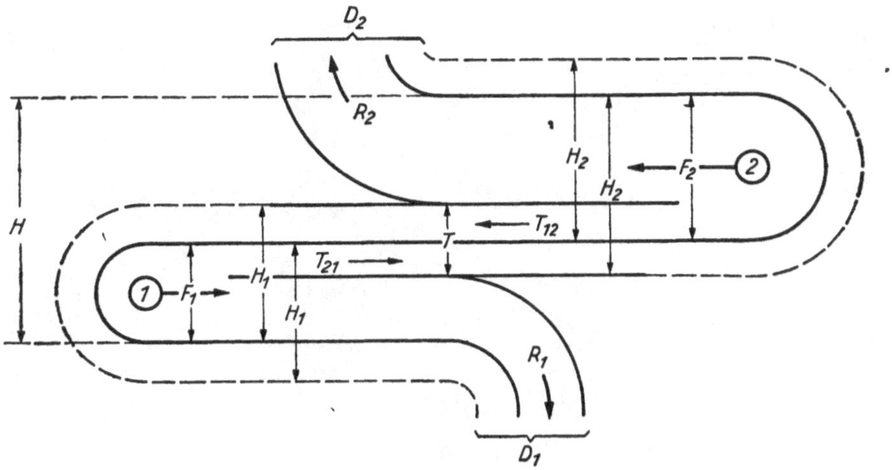

Abb. 40.3. Erweiterung des BERGERschen Diagramms auf bidirektionale Kommunikation

H	Verbundentropie		
T	Synentropie		
H_1, H_2	individuelle Entropie	R_1, R_2	Restentropie
F_1, F_2	freie Entropie	D_1, D_2	Diskrepanz

in das Geschehen der anderen eingreift. Die Summe aus freier Entropie und der empfangenen Transinformation laßt nach außen für die jeweilige Quelle eine größere Ungewißheit in Erscheinung treten. Von der freien Entropie jeder Quelle geht ein gewisser Anteil als Transentropie auf die andere Quelle über. Die Restentropie bleibt ungenutzt, der Partner hat an ihr nicht teil, sie ist für ihn Irrelevanz; für das eigene System dagegen hat sie die Bedeutung einer Äquivokation. Hinsichtlich der mathematischen Herleitung der zwischen den Größen bestehenden Relationen in Form von Ungleichungen sowie über weitergehende Betrachtungen beim Zusammenwirken weiterer Systeme muß der Leser auf die Fachliteratur verwiesen werden [45, 54].

Kontinuierliche Informationstheorie VIII

41. Verallgemeinerung des Entropiebegriffs auf kontinuierliche Signale

Das Modell einer diskreten Signalquelle in Form eines um eine Achse drehbaren Zeigers, der an jeder von n Stellen mit gleicher Wahrscheinlichkeit einrasten kann, besitzt die Entropie ld n. Mit Vergroßerung der Anzahl von Raststellen wächst die Entropie. Der gedankliche Versuch, anstelle diskreter Raststellen den vollen Umfang der Skala als kontinuierlichen Signalbereich zu nehmen, läßt die Entropie über alle Grenzen wachsen. Dieselbe Schwierigkeit tritt allgemein auf, wenn man in der Formel fur die Entropie im diskreten Fall

$$H = -\sum_{i=1}^{n} p(x_i) \operatorname{ld} p(x_i)$$

versucht, durch Übergang zu differentiellen Intervallen von der Summenformel im diskreten Fall formal zu einer Integraldarstellung im kontinuierlichen Fall überzugehen.

Um eine mathematische Darstellung im Kontinuum zu ermoglichen, bedarf es der Bereitstellung eines zweckmäßig erweiterten Wahrscheinlichkeitsbegriffs. Dieser bietet sich in Analogie zu dem bekannten Vorgehen in der Mechanik an. An die Stelle diskreter Massen tritt zur formalen Darstellung kontinuierlich verteilter Massen die Massendichte, die als Grenzwert des Quotienten aus der in einem differentiellen Volumen vorhandenen Masse und dem Volumen bei gegen Null gehendem Volumen eingeführt wird.

In der gleichen Weise läßt sich der Begriff einer Wahrscheinlichkeitsdichte einführen. Man zerlegt den gesamten Ereignisbereich in endlich viele differentielle Teilbereiche und betrachtet die Wahrscheinlichkeit dafür, daß das betreffende Ereignis in einem bestimmten Teilbereich liegt. Falls der Grenzwert für den Quotienten aus der Wahrscheinlichkeit, daß das Ereignis in einem bestimmten Teilbereich liegt, und der Größe dieses Teilbereichs für verschwindende Größe des Teilbereichs existiert, bezeichnet man ihn als *Wahrscheinlichkeitsdichte*.

Im eindimensionalen Fall zerlegt man den Bereich

$$a \leqq x \leqq b$$

in n differentielle Teilbereiche

$$x_i < x \leqq x_i + \Delta x\,,$$

die eine (vollständige und disjunkte) Zerlegung des Gesamtbereichs bilden.
Ist

$$p(x_i < x \leqq x_i + \Delta x)$$

die Wahrscheinlichkeit, daß x in den betreffenden Teilbereich zu liegen kommt, so ist

$$\lim_{\Delta x \to 0} \frac{p(x_i < x \leqq x_i + \Delta x)}{\Delta x} = P(x) ,$$

falls der Grenzwert existiert, die Wahrscheinlichkeitsdichte $P(x)$.

An die Stelle der im diskreten Fall geltenden Normierungsbedingung

$$\sum_i p(x_i) = 1$$

tritt im Kontinuum

$$\int_{-\infty}^{+\infty} P(x)\, dx = 1 .$$

Die entsprechenden Verallgemeinerungen auf mehrere Dimensionen sowie auf bedingte Wahrscheinlichkeitsdichten liegt auf der Hand.

Wir gehen nun von dem Begriff der Synentropie aus:

$$T = H(X) + H(Y) - H(X, Y) = -\sum_X \sum_Y p(x, y) \operatorname{ld} \frac{p(x) \cdot p(y)}{p(x, y)} .$$

Um den Übergang zum Kontinuum zu versuchen, schreiben wir diese Beziehung für den diskreten Fall unter Bezug auf differentielle Teilbereiche nieder:

$$T = -\sum_i \sum_k p(x_i < x \leqq x_i + \Delta x, y_k < y \leqq y_k + \Delta y)$$
$$\times \operatorname{ld} \frac{p(x_i < x \leqq x_i + \Delta x) \cdot p(y_k < y \leqq y_k + \Delta y)}{p(x_i < x \leqq x_i + \Delta x, y_k < y \leqq y_k + \Delta y)} .$$

Um beim Grenzubergang anstelle der diskreten Wahrscheinlichkeiten Wahrscheinlichkeitsdichten zu erhalten, schreiben wir dies um in

$$T = -\sum_i \sum_k \frac{p(x_i < x \leqq x_i + \Delta x, y_k < y \leqq y_k + \Delta y)}{\Delta x \cdot \Delta y}$$
$$\times \operatorname{ld} \frac{\dfrac{p(x_i < x \leqq x_i + \Delta x)}{\Delta x} \cdot \dfrac{p(y_k < y \leqq y_k + \Delta y)}{\Delta y}}{\dfrac{p(x_i < x \leqq x_i + \Delta x, y_k < y \leqq y_k + \Delta y)}{\Delta x \cdot \Delta y}} \cdot \Delta x \cdot \Delta y .$$

Der Grenzubergang liefert dann

$$T = -\int_x \int_y P(x, y) \cdot \operatorname{ld} \frac{P(x) \cdot P(y)}{P(x, y)}\, dx\, dy .$$

Es läßt sich somit der Begriff der Synentropie fur kontinuierliche Signalquellen aus dem Begriff der Synentropie fur diskrete Signalquellen durch Grenzübergang erreichen; formal treten an die Stelle der Wahrscheinlichkeiten die entsprechenden Wahrscheinlichkeitsdichten.

Versucht man in entsprechender Weise den Grenzübergang für die Entropie einer Quelle, so tritt klar die Ursache fur das Versagen dieses Vorgehens zutage:

$$\begin{aligned}H(X) &= -\sum_i p(x_i < x \leqq x_i + \Delta x)\,\mathrm{ld}\,p(x_i < x \leqq x_i + \Delta x)\\ &= -\sum_i \frac{p(x_i < x \leqq x_i + \Delta x)}{\Delta x}\cdot \mathrm{ld}\left[\frac{p(x_i < x \leqq x_i + \Delta x)}{\Delta x}\cdot \Delta x\right]\cdot \Delta x\\ &= -\sum_i \frac{p(x_i < x \leqq x_i + \Delta x)}{\Delta x}\cdot \mathrm{ld}\,\frac{p(x_i < x \leqq x_i + \Delta x)}{\Delta x}\cdot \Delta x\\ &\quad -\sum_i \frac{p(x_i < x \leqq x_i + \Delta x)}{\Delta x}\,\mathrm{ld}\,\Delta x\cdot\Delta x\,.\end{aligned}$$

Versucht man jetzt den Grenzübergang, so ergibt sich formal

$$H(X) = -\int_x P(x)\,\mathrm{ld}\,P(x)\,dx - \int_x P(x)\left(\lim_{\Delta x\to 0}\mathrm{ld}\,\Delta x\right)dx\,,$$

$\lim_{\Delta x\to 0}\mathrm{ld}\,\Delta x$ wächst aber über alle Grenzen.

Während der Grenzubergang bei der Synentropie durchgefuhrt werden kann, versagt das Vorgehen bei der Entropie. Zugleich wird aber ein Weg erkennbar, wie sich durch eine geeignete veränderte Begriffsbildung doch ein Maß schaffen läßt, mit dem sich kontinuierliche Quellen bezuglich der in ihnen liegenden Ungewißheit vergleichen lassen.

Führt man, ausgehend vom diskreten Fall, eine relative Entropie ein, die die Differenz der Entropie der zu untersuchenden Quelle gegenüber der Entropie einer in geeigneter Weise zu definierenden Standardquelle mißt, so ist der Grenzübergang ohne Schwierigkeiten moglich.

Als kontinuierliche Standardquelle wählen wir eine Quelle, bei der die Signale gleichmäßig über dem Einheitsbereich verteilt auftreten (Abb. 41.1). Fur den den Ausgang bildenden diskreten Fall bedeutet dies eine Quelle, die m Signale mit gleicher Wahrscheinlichkeit $q(x_k) = 1/m$ ($k = 1, 2, \ldots, m$) aussendet. Dabei wählen wir beim Übergang zum Kontinuum m so, daß $m\cdot\Delta x = 1$ gilt. Dann ist

$$\begin{aligned}H(X) - H_{\mathrm{Standard}}(X) = -\sum_{i=1}^{n} p(x_i < x \leqq x_i + \Delta x)\\ \times\,\mathrm{ld}\,p(x_i < x \leqq x_i + \Delta x) + \mathrm{ld}\,\frac{1}{m}\,.\end{aligned}$$

Nun läßt sich

$$\mathrm{ld}\,\frac{1}{m} = \sum_{i=1}^{n} p(x_i < x \leqq x_i + \Delta x)\cdot\mathrm{ld}\,\frac{1}{m}$$

schreiben.

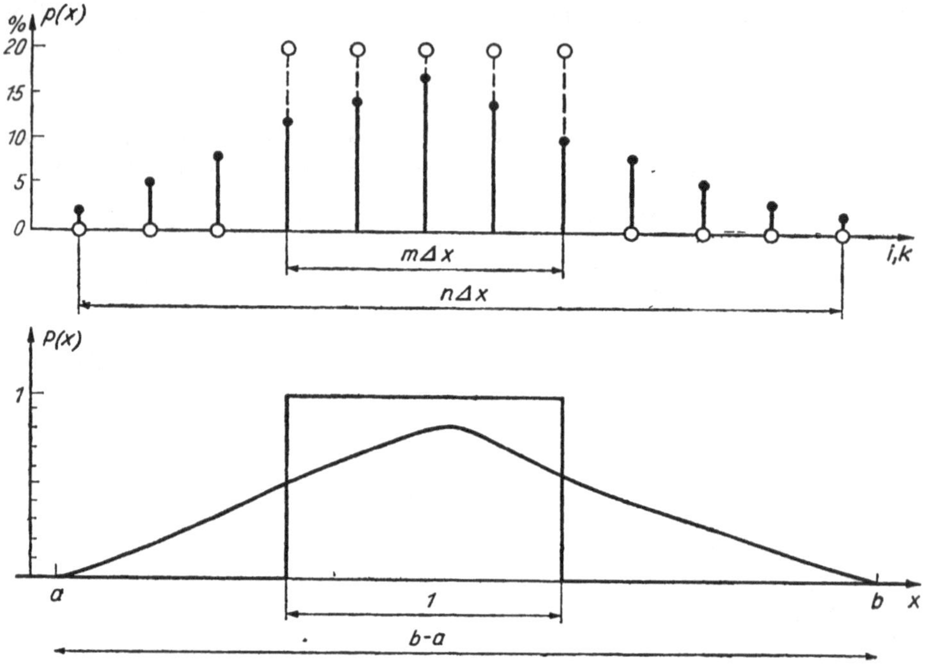

a)

b)

Abb. 41.1. Zum Begriff der relativen Entropie
a) diskrete Verteilung
b) kontinuierliche Verteilung

Damit wird

$$H(X) - H_{\text{Standard}}(X) = -\sum_{i=1}^{n} p(x_i < x \leqq x_i + \Delta x) \operatorname{ld} \frac{p(x_i < x \leqq x_i + \Delta x)}{\frac{1}{m}}$$

$$= -\sum_{i=1}^{n} \frac{p(x_i < x \leqq x_i + \Delta x)}{\Delta x} \operatorname{ld} \frac{\frac{p(x_i < x \leqq x_i + \Delta x)}{\Delta x}}{\frac{1}{m\,\Delta x}} \cdot \Delta x .$$

Jetzt läßt sich der Grenzübergang ohne Schwierigkeiten durchführen. Beachtet man, daß dabei nach obiger Verabredung $m \cdot \Delta x = 1$ erhalten bleibt, so ergibt sich als relative Entropie

$$H_{\text{relativ}}(X) = -\int_{x} P(x) \operatorname{ld} P(x)\, dx .$$

Wie man sieht, ist die relative Entropie gerade der Teilausdruck, der beim formalen Grenzübergang von $H(X)$ sich als endlich herausgestellt hatte.

Während die Entropie $H(X)$ einer diskreten Quelle stets nichtnegativ ist, kann die relative Entropie einer kontinuierlichen Quelle auch negative Werte

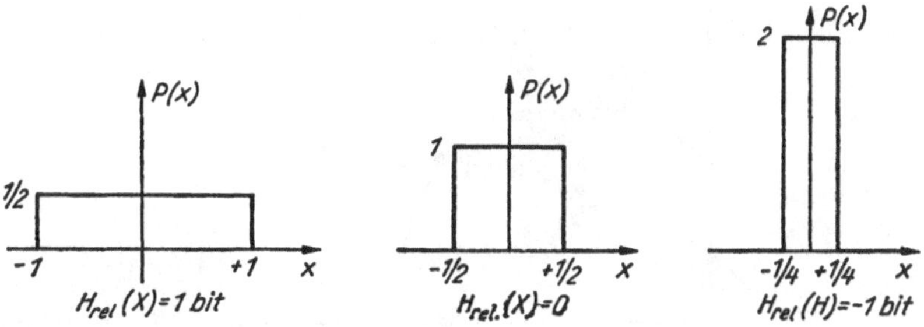

a) b) c)

Abb. 41.2. Beispiele zur relativen Entropie kontinuierlicher Quellen
a) Quelle besitzt, da Verteilung breiter „verlaufen", großere Ungewißheit: $H > 0$
b) Standardquelle als Bezug $H = 0$
c) Quelle besitzt, da Verteilung stärker „konzentriert", kleinere Ungewißheit: $H < 0$

annehmen (Abb. 41.2). Dies besagt dann, daß die in der betreffenden Quelle liegende Ungewißheit kleiner ist als die der Standardquelle.

Von Interesse ist nun das Verhalten der eingeführten Großen bei Koordinatentransformation. Dabei ist zu beachten, daß bei einer Koordinatentransformation das in einem Integral auftretende Volumenelement ebenfalls der Transformation zu unterwerfen ist. Im eindimensionalen Fall

$$\Phi = \int f(x)\, dx$$

ist bei der Transformation

$$x = \varphi(u)$$

das infinitesimale Langenelement dx durch $\frac{d\varphi(u)}{du} \cdot du$ zu ersetzen, so daß

$$\Phi = \int f(\varphi(u)) \cdot \frac{d\varphi(u)}{du} \cdot du$$

gilt.

Bei mehrfachen Integralen tritt allgemein der absolute Betrag der sogenannten Funktionaldeterminante als Faktor auf. Wir können uns für die vorliegenden Zwecke auf den zweidimensionalen Fall beschränken.

Es sei

$$\mathfrak{B} = \int\int f(x, y)\, dx\, dy$$

und

$$x = \varphi(u, v)\,,$$

$$y = \psi(u, v)$$

die durchzuführende Transformation.

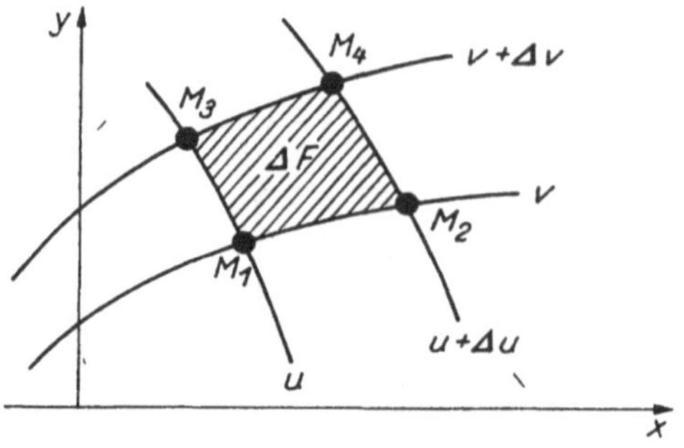

Abb. 41.3. Zur Transformation eines Flächenelementes

Wir betrachten das infinitesimale Flächenelement $M_1M_2M_3M_4$ (Abb. 41.3), das von den infinitesimal benachbarten Koordinatenlinien

$$u,\ u + \Delta u,\ v \text{ und } v + \Delta v$$

gebildet wird. Bis auf unendlich kleine Größen hoherer Ordnung ergeben sich als Koordinaten für die Eckpunkte

$$\begin{aligned}
M_1 : x_1 &= \varphi(u, v)\,, & y_1 &= \psi(u, v)\,;\\
M_2 : x_2 &= \varphi(u + \Delta u, v) & y_2 &= \psi(u + \Delta u, v)\\
&= \varphi(u, v) + \frac{\partial\varphi}{\partial u}\cdot \Delta u\,, & &= \psi(u, v) + \frac{\partial\psi}{\partial u}\cdot \Delta u\,;\\
M_3 : x_3 &= \varphi(u, v + \Delta v) & y_3 &= \psi(u, v + \Delta v)\\
&= \varphi(u, v) + \frac{\partial\varphi}{\partial v}\Delta v\,, & &= \psi(u, v) + \frac{\partial\psi}{\partial v}\Delta v\,;\\
M_4 : x_4 &= \varphi(u + \Delta u, v + \Delta v) & y_4 &= \psi(u + \Delta u, v + \Delta v)\\
&= \varphi(u, v) + \frac{\partial\varphi}{\partial u}\Delta u + \frac{\partial\varphi}{\partial v}\Delta v\,, & &= \psi(u, v) + \frac{\partial\psi}{\partial u}\Delta u + \frac{\partial\psi}{\partial v}\Delta v\,.
\end{aligned}$$

Wie man sieht, ist das infinitesimale Viereck ein Parallelogramm; denn $M_1M_2 = M_3M_4$ und $M_1M_3 = M_2M_4$. Der Flacheninhalt ist somit gleich der doppelten Fläche des Dreiecks $M_1M_2M_3$.

Aus der analytischen Geometrie ist der Dreiecksinhalt durch die Determinante

$$D = \frac{1}{2}\begin{vmatrix} 1 & 1 & 1\\ x_1 & x_2 & x_3\\ y_1 & y_2 & y_3 \end{vmatrix}$$

gegeben. Subtrahiert man von der zweiten und dritten Spalte die erste Spalte, so ergibt sich

$$D = \frac{1}{2}\begin{vmatrix} 1 & 0 & 0\\ x_1 & x_2 - x_1 & x_3 - x_1\\ y_1 & y_2 - y_1 & y_3 - y_1 \end{vmatrix} = \begin{vmatrix} x_2 - x_1 & x_3 - x_1\\ y_2 - y_1 & y_3 - y_1 \end{vmatrix},$$

Im vorliegenden Fall ergibt sich für den absoluten Betrag der Parallelogrammfläche somit

$$\Delta x \cdot \Delta y = \Delta F = \begin{vmatrix} \frac{\partial \varphi}{\partial u} \Delta u, & \frac{\partial \varphi}{\partial v} \Delta v \\ \frac{\partial \psi}{\partial u} \Delta u, & \frac{\partial \psi}{\partial v} \Delta v \end{vmatrix} = \begin{vmatrix} \frac{\partial \varphi}{\partial u}, & \frac{\partial \varphi}{\partial v} \\ \frac{\partial \psi}{\partial u}, & \frac{\partial \psi}{\partial v} \end{vmatrix} \cdot \Delta u \, \Delta v \, .$$

Das zweifache Integral

$$\Phi = \int\int f(x, y) \, dx \, dy$$

nimmt nach der Transformation die Form

$$\Phi = \int\int f(\varphi(u, v), \psi(u, v)) \, \mathfrak{J}\left(\frac{x, y}{u, v}\right) du \, dv$$

an, wobei $\mathfrak{J}\left(\frac{x, y}{u, v}\right)$ als Abkürzung für die Funktionaldeterminante

$$\begin{vmatrix} \frac{\partial \varphi(u, v)}{\partial u}, & \frac{\partial \varphi(u, v)}{\partial v} \\ \frac{\partial \psi(u, v)}{\partial u}, & \frac{\partial \psi(u, v)}{\partial v} \end{vmatrix}$$

steht.

Beispiel. Es liege eine Transformation der rechtwinkligen Koordinaten x, y in Polarkoordinaten r, α vor:

$$x = r \cdot \cos \alpha \, ,$$

$$y = r \cdot \sin \alpha \, .$$

Als Funktionaldeterminante ergibt sich

$$\mathfrak{J}\left(\frac{x, y}{r, \alpha}\right) = \begin{vmatrix} \cos \alpha \, , & -r \sin \alpha \\ \sin \alpha \, , & r \cos \alpha \end{vmatrix} = r \, (\cos^2 \alpha + \sin^2 \alpha) = r \, .$$

Das zweifache Integral, das die Fläche des Kreises mit dem Radius R bestimmt,

$$F = \int_{x^2+y^2=R^2} \int dx \, dy \, ,$$

geht bei der Transformation über in

$$F = \int_0^R \int_0^{2\pi} r \cdot dr \cdot d\alpha = \frac{r^2}{2} \alpha \Big|_0^R \Big|_0^{2\pi} = R^2 \pi \, .$$

Im Kontinuum ist die Wahrscheinlichkeitsdichte $P(x)$ an die Normierungsbedingung

$$\int P(x) \, dx = 1$$

gebunden. Geht man zu einem neuen Koordinatensystem durch die Transformation

$$x = \varphi(u)$$

über, so gilt für die Wahrscheinlichkeit $Q(u)$ im neuen System

$$\int Q(u)\,du = 1\,.$$

Anderseits geht wegen $\mathfrak{J}\left(\frac{x}{u}\right) = \frac{d\varphi(u)}{du}$ das Integral

$$\int P(x)\,dx = 1$$

bei der Transformation uber in

$$\int P(\varphi(u)) \cdot \frac{d\varphi(u)}{du} \cdot du = 1\,.$$

Der Vergleich zeigt, daß

$$Q(u) = P(\varphi(u)) \cdot \frac{d\varphi(u)}{du}$$

zu setzen ist. Entsprechend gilt fur die Wahrscheinlichkeitsdichte $P(y)$ bei der Transformation

$$y = \psi(v)\,,$$

$$Q(v) = P(\psi(v)) \cdot \frac{d\psi(v)}{dv}\,.$$

Die Verbundwahrscheinlichkeitsdichte $P(x, y)$ geht bei der gleichen Transformation

$$\begin{cases} x = \varphi(u)\,, \\ y = \psi(v)\,, \end{cases}$$

zu der als Funktionaldeterminante

$$\mathfrak{J}\left(\frac{x,\,y}{u,\,v}\right) = \begin{vmatrix} \frac{\partial\varphi(u)}{\partial u} & 0 \\ 0 & \frac{\partial\psi(v)}{\partial v} \end{vmatrix} = \frac{\partial\varphi(u)}{\partial u} \cdot \frac{\partial\psi(v)}{\partial v}$$

gehört, über in

$$Q(u, v) = P(\varphi(u), \psi(v)) \cdot \frac{\partial\varphi(u)}{\partial u} \cdot \frac{\partial\psi(v)}{\partial v}\,.$$

Damit läßt sich erfassen, wie sich die im kontinuierlichen Fall eingefuhrten Entropiegrößen bei getrennten Transformationen

$$\begin{cases} x = \varphi(u)\,, \\ y = \psi(v) \end{cases}$$

verhalten.

Ist $H(U)$ die relative Entropie im neuen System, so ergibt sich aus

$$Q(u) = P(\varphi(u)) \cdot \frac{\partial\varphi(u)}{du}$$

und mit

$$dx = \frac{d\varphi(u)}{du} \cdot du$$

$$\begin{aligned}
H(U) &= -\int Q(u) \operatorname{ld} Q(u)\, du \\
&= -\int P(\varphi(u)) \cdot \frac{d\varphi(u)}{du} \cdot \operatorname{ld} \left[P(\varphi(u)) \cdot \frac{d\varphi(u)}{du}\right] \cdot du \\
&= -\int P(x) \cdot \operatorname{ld} \left[P(x) \cdot \frac{dx}{du}\right] dx \\
&= -\int P(x) \operatorname{ld} P(x)\, dx - \int P(x) \operatorname{ld} \left(\frac{dx}{du}\right) dx \\
&= H(X) - \int P(x) \operatorname{ld} \left(\frac{dx}{du}\right) dx\,.
\end{aligned}$$

Die relative Entropie bleibt bei einer Transformation nicht unverändert; sie hängt von dem gewählten Koordinatensystem ab. Liegt beispielsweise eine Maßstabsänderung

$$u = \varrho \cdot x$$

vor, so ist

$$H(U) = H(X) + \operatorname{ld} \varrho\,.$$

Für die Synentropie anderseits erhält man aus

$$\begin{aligned}
T(U, V) &= H(U) + H(V) - H(U, V) \\
&= -\int\int Q(u, v) \operatorname{ld} \frac{Q(u) \cdot Q(v)}{Q(u, v)}\, du\, dv \\
&= -\int\int P(\varphi(u), \psi(v)) \left|\mathfrak{J}\left(\frac{x, y}{u, v}\right)\right| \\
&\quad \times \operatorname{ld} \frac{P(\varphi(u)) \left|\mathfrak{J}\left(\frac{x}{u}\right)\right| \cdot P(\psi(v)) \left|\mathfrak{J}\left(\frac{y}{v}\right)\right|}{P(\varphi(u), \psi(v)) \left|\mathfrak{J}\left(\frac{x, y}{u, v}\right)\right|}\, du\, dv\,.
\end{aligned}$$

Da bei der vorliegenden Transformation x und y getrennt in u bzw. v transformiert werden und daher

$$\mathfrak{J}\left(\frac{x, y}{u, v}\right) = \frac{d\varphi(u)}{du} \cdot \frac{d\psi(v)}{dv} = \mathfrak{J}\left(\frac{x}{u}\right) \cdot \mathfrak{J}\left(\frac{y}{v}\right)$$

gilt, ergibt sich

$$T(U, V) = -\int\int P(x, y) \operatorname{ld} \frac{P(x) \cdot P(y)}{P(x, y)} dx\, dy$$
$$= T(X, Y) .$$

Die Synentropie ist gegenüber getrennten Transformationen von x und y in u bzw. v invariant.

Auch bei kontinuierlichen Quellen kann man die Frage nach der Wahrscheinlichkeitsverteilung stellen, bei der ein maximaler Wert für die Entropie resultiert.

Es ist $P(x)$ so zu bestimmen, daß

$$-\int P(x) \ln P(x)\, dx$$

einen Extremwert annimmt, wobei die Nebenbedingung

$$\int P(x)\, dx = 1$$

berücksichtigt werden muß. Unter Verwendung eines LAGRANGEschen Multiplikators ergibt sich als Bedingung für das Auftreten eines Extremwerts

$$\ln P(x) + 1 + \lambda_0 = 0 , \qquad \text{d. h.}$$
$$P(x) = e^{-(1+\lambda_0)}$$
$$= \text{const} .$$

Ist x auf den Bereich $a \leqq x \leqq b$ beschränkt, so hat die Quelle mit gleichmäßiger Verteilung

$$P(x) = \frac{1}{b - a}$$

maximale (relative) Entropie.

Von technischer Seite ist von Interesse, eine kontinuierliche Quelle mit maximaler Entropie bei vorgegebener Leistung angeben zu können.

Hier tritt als weitere Nebenbedingung

$$\int x^2 P(x)\, dx = C^2$$

hinzu. Die Extremwertbedingung lautet dann

$$\ln P(x) + 1 + \lambda_0 + \lambda_1 x^2 = 0 .$$

Dies führt zu

$$P(x) = e^{-(1+\lambda_0)} \cdot e^{-\lambda_1 x^2}$$
$$= k_0 \cdot e^{-\lambda_1 x^2} .$$

Die beiden Konstanten k_0 und λ_1 sind so zu bestimmen, daß die beiden Nebenbedingungen erfüllt sind:

$$k_0 \int_{-\infty}^{+\infty} e^{-\lambda_1 x^2} dx = 1 , \qquad k_0 \int_{-\infty}^{+\infty} x^2 e^{-\lambda_1 x^2} dx = C^2 .$$

Aus den für $a > 0$ geltenden Integralformeln

$$\int_0^\infty e^{-a x^2}\,dx = \frac{1}{2}\sqrt{\frac{\pi}{a}}$$

und

$$\int_0^\infty x^2 e^{-a x^2}\,dx = \frac{1}{4}\sqrt{\frac{\pi}{a^3}}$$

ergeben sich

$$k_0 \cdot \sqrt{\frac{\pi}{\lambda_1}} = 1$$

und

$$\frac{k_0}{2} \cdot \sqrt{\frac{\pi}{\lambda_1^3}} = C^2 .$$

Die Auflösung nach k_0 und λ_1 liefert

$$\lambda_1 = \frac{1}{2\,C^2}$$

und

$$k_0 = \frac{1}{\sqrt{2\pi}\,C} .$$

Um bei vorgeschriebenem Mittelwert der Leistung eine Signalquelle maximaler Entropie zu erhalten, muß man die Wahrscheinlichkeitsdichte zu

$$P(x) = \frac{1}{\sqrt{2\pi}\,C} \cdot e^{-\frac{1}{2}\left(\frac{x}{C}\right)^2}$$

wählen (GAUSS*sche Verteilung*).

Abschließend sei noch die (relative) Entropie für diese Quelle bestimmt. Es ist

$$H(X) = -\int_{-\infty}^{+\infty} \frac{1}{\sqrt{2\pi}\,C} e^{-\frac{1}{2}\left(\frac{x}{C}\right)^2} \operatorname{ld}\left[\frac{1}{\sqrt{2\pi}\,C} e^{-\frac{1}{2}\left(\frac{x}{C}\right)^2}\right] dx .$$

Unter Berucksichtigung von

$$\operatorname{ld} e^z = z \operatorname{ld} e$$

ergibt sich

$$H(X) = \operatorname{ld}\left(\sqrt{2\pi}\,C\right) \cdot \int_{-\infty}^{+\infty} \frac{1}{\sqrt{2\pi}\,C} e^{-\frac{1}{2}\left(\frac{x}{C}\right)^2} dx + \frac{\operatorname{ld} e}{2\sqrt{2\pi}\,C^3} \int_{-\infty}^{+\infty} x^2 e^{-\frac{x^2}{2C^2}} dx .$$

Nun ist nach den obigen Integralformeln

$$\int_{-\infty}^{+\infty} \frac{1}{\sqrt{2\pi}\,C} e^{-\frac{x^2}{2C^2}} dx = \frac{1}{\sqrt{2\pi}\,C} \cdot \sqrt{\pi \cdot 2\,C^2} = 1$$

und

$$\int_{-\infty}^{+\infty} x^2 e^{-\frac{x^2}{2C^2}} dx = \frac{1}{2} \cdot \sqrt{\pi \cdot 8\,C^6} = \sqrt{2\pi} \cdot C^3 .$$

Damit resultiert

$$\begin{aligned} H(X) &= \mathrm{ld}\,(\sqrt{2\pi} \cdot C) + \frac{\mathrm{ld}\,e}{2} \\ &= \underline{\underline{\mathrm{ld}\,(\sqrt{2\pi e} \cdot C)}} \end{aligned}$$

für eine Signalquelle mit GAUSSscher Verteilung.

42. Darstellung kontinuierlicher Signale

Zur Darstellung kontinuierlicher Funktionen lassen sich eine Reihe mathematischer Hilfsmittel heranziehen. Im folgenden werden die wichtigsten Kenntnisse darüber zusammengestellt, wobei nur zum Teil Beweise skizziert werden. An den Anfang stellen wir einen *Satz von* DIRICHLET.

Genügt die Funktion $f(x)$ den DIRICHLET*schen Bedingungen*, d. h.:

1. $f(x)$ besitzt im Intervall von $-\pi$ bis $+\pi$ nur eine endliche Anzahl von Unstetigkeiten erster Art (an jeder Unstetigkeitsstelle existiert ein endlicher Grenzwert von links $f(x-0)$ und ein endlicher Grenzwert von rechts $f(x+0)$);
2. Das Intervall von $-\pi$ bis $+\pi$ läßt sich in endlich viele Teilintervalle zerlegen, so daß in jedem $f(x)$ monoton ist;

dann konvergiert die FOURIER-Reihe von $f(x)$ im ganzen Intervall und ihr Wert wird

1. gleich $f(x)$ an allen Stetigkeitsstellen im Innern,
2. $\frac{1}{2}\left(f(x-0) + f(x+0)\right)$ an allen Unstetigkeitsstellen,
3. $\frac{1}{2}\left(f(-\pi+0) + f(+\pi-0)\right)$ in den beiden Intervallendpunkten.

Die FOURIER-*Reihe* im Bereich $z_0 \leqq z \leqq z_0 + T$ lautet:

$$f(z) = \frac{a_0}{2} + \sum_{k=1}^{\infty} \left\{ a_k \cos\frac{2\pi k}{T} z + b_k \sin\frac{2\pi k}{T} z \right\}$$

mit

$$a_k = \frac{2}{T} \int\limits_{z_0}^{z_0+T} f(u) \cos \frac{2\pi k}{T} u \, du \qquad \text{fur } k = 0, 1, 2, \ldots,$$

$$b_k = \frac{2}{T} \int\limits_{z_0}^{z_0+T} f(u) \sin \frac{2\pi k}{T} u \, du \qquad \text{fur } k = 1, 2, \ldots$$

In manchen Fallen ist die *komplexe Form* zweckmäßiger.

$$f(z) = \sum_{k=-\infty}^{\infty} C_k \, e^{i \frac{2\pi k}{T} \cdot z}$$

mit

$$C_k = \frac{1}{T} \int\limits_{z_0}^{z_0+T} f(u) \, e^{-i \frac{2\pi k}{T} u} \, du \, .$$

Setzt man

$$\frac{2\pi k}{T} = \omega_k \quad \text{und} \quad \frac{2\pi}{T} = \Delta\omega \, ,$$

so ist

$$\omega_k = \omega_{k-1} + \Delta\omega \, .$$

Damit wird, wenn man den Bereich von $- T/2$ bis $+ T/2$ wahlt,

$$f(z) = \left\{ \frac{a_0'}{2} + \sum_{k=1}^{\infty} a_k' \cos(\omega_k z) + b_k' \sin(\omega_k z) \right\} \cdot \Delta\omega$$

mit

$$a_k' = \frac{a_k}{\Delta w} = \frac{a_k T}{2\pi} = \frac{1}{\pi} \int\limits_{-T/2}^{+T/2} f(u) \cos(\omega_k u) \, du \, ,$$

$$b_k' = \frac{1}{\pi} \int\limits_{-T/2}^{+T/2} f(u) \sin(\omega_k u) \, du \, .$$

Beim Grenzubergang $T \to \infty$ und durch Einfuhrung einer kontinuierlichen Veranderlichen ω sowie der Funktionen $a(\omega)$ und $b(\omega)$ ergibt sich das FOURIER-*Integral*

$$f(z) = \int\limits_0^{\infty} a(\omega) \cos(\omega z) \, d\omega + \int\limits_0^{\infty} b(\omega) \sin(\omega z) \, d\omega$$

mit

$$a(\omega) = \frac{1}{\pi} \int\limits_{-\infty}^{+\infty} f(u) \cos(\omega u) \, du \, ,$$

$$b(\omega) = \frac{1}{\pi} \int\limits_{-\infty}^{+\infty} f(u) \sin(\omega u) \, du \, .$$

Den Übergang zur komplexen Form erreicht man auf folgende Weise:

$$f(z) = \frac{1}{\pi} \int_0^{\infty} \left[\int_{-\infty}^{+\infty} f(u) \cos(\omega u)\, du \right] \cos(\omega z)\, d\omega$$

$$+ \frac{1}{\pi} \int_0^{\infty} \left[\int_{-\infty}^{+\infty} f(u) \sin(\omega u)\, du \right] \sin(\omega z)\, d\omega$$

$$= \int_0^{\infty} \left[\int_{-\infty}^{+\infty} f(u) \cos\left(\omega(z-u)\right) du \right] d\omega\,.$$

Da $\cos\alpha$ eine symmetrische Funktion ist, gilt weiter

$$f(z) = \frac{1}{2\pi} \int_{-\infty}^{+\infty} \left[\int_{-\infty}^{+\infty} f(u) \cos\left(\omega(z-u)\right) du \right] d\omega\,.$$

Anderseits gilt, da $\sin\alpha$ asymmetrisch ist,

$$\frac{1}{2\pi} \int_{-\infty}^{+\infty} \left[\int_{-\infty}^{+\infty} f(u) \sin\left(\omega(z-u)\right) du \right] d\omega = 0\,.$$

Somit kann man auch

$$f(z) = \frac{1}{2\pi} \int_{-\infty}^{+\infty} \left[\int_{-\infty}^{+\infty} f(u) \left\{\cos\left(\omega(z-u)\right) + i \sin\left(\omega(z-u)\right)\right\} du \right] d\omega$$

schreiben, woraus

$$f(z) = \frac{1}{2\pi} \int_{-\infty}^{+\infty} \int_{-\infty}^{+\infty} f(u)\, e^{i\omega(z-u)}\, du\, d\omega$$

resultiert. Fuhrt man anstelle der Kreisfrequenz ω die Frequenz ν ein durch

$$\omega = 2\pi\nu\,,$$

so erhält man

$$f(z) = \int_{-\infty}^{+\infty} \int_{-\infty}^{+\infty} f(u)\, e^{i 2\pi\nu(z-u)}\, du\, d\nu\,.$$

Zieht man die Doppelintegrale auseinander, so ergibt sich schließlich, wenn man für die Integrationsvariablen z und u t einführt,

$$f(t) = \int_{-\infty}^{+\infty} g(\nu)\, e^{i 2\pi\nu t}\, d\nu\,,$$

$$g(\nu) = \int_{-\infty}^{+\infty} f(t)\, e^{-i 2\pi\nu t}\, dt\,.$$

Ist $f(t)$ die *Zeitfunktion* eines Signals, so ist $g(\nu)$ die *komplexe Spektralfunktion*. Die erhaltenen Beziehungen ermoglichen den Übergang von einer Darstellungsform in die andere. Realteil und Imaginärteil von $g(\nu)$ sind durch

$$\mathfrak{R}\,(g(\nu)) = \int\limits_{-\infty}^{+\infty} f(t)\cos(2\,\pi\,\nu\,t)\,dt\,,$$

$$\mathfrak{J}\,(g(\nu)) = -\int\limits_{-\infty}^{+\infty} f(t)\sin(2\,\pi\,\nu\,t)\,dt$$

gegeben. Daraus ergibt sich der Zusammenhang

$$\mathfrak{R}\,(g(-\nu)) = \mathfrak{R}\,(g(\nu))\,,$$

$$\mathfrak{J}\,(g(-\nu)) = -\mathfrak{J}\,(g(\nu))\,,$$

d. h., $g(-\nu)$ ist konjugiert komplex zu $g(\nu)$:

$$g(-\nu) = g^*(\nu)\,.$$

Wir benutzen diesen Zusammenhang, um zu zeigen, daß sich der Energieinhalt eines kontinuierlichen Signals formal in gleicher Weise aus der Zeit wie aus der Spektralfunktion gewinnen läßt (Theorem von PLANCHEREL).

Die Energie berechnet sich im Zeitbereich zu

$$E = \int\limits_{-\infty}^{+\infty} f^2(t)\,dt\,.$$

Wir fuhren die folgenden Umformungen durch:

$$\begin{aligned} E = \int\limits_{-\infty}^{+\infty} f^2(t)\,dt &= \int\limits_{-\infty}^{+\infty}\int\limits_{-\infty}^{+\infty}\int\limits_{-\infty}^{+\infty} f(t)\,f(u)\,e^{i\,2\,\pi\,\nu\,(t-u)}\,du\,d\nu\,dt \\ &= \int d\nu \int du\,f(u)\,e^{-i\,2\,\pi\,\nu\,u} \int dt\,f(t)\,e^{i\,2\,\pi\,\nu\,t} \\ &= \int d\nu\,g(\nu)\cdot g(-\nu) \\ &= \int d\nu\,g(\nu)\cdot g^*(\nu) \\ &= \int\limits_{-\infty}^{+\infty} |g(\nu)|^2\,d\nu\,. \end{aligned}$$

Dabei ist $g(\nu)\cdot g^*(\nu) = |g(\nu)|^2$ die Norm der Spektralfunktion, sie beschreibt das Energiedichte-Spektrum.

Beispiele zur Entwicklung eines kontinuierlichen Signals in eine FOURIER-*Reihe*

1. Im Bereich $-\pi < x < +\pi$ sei $f(x)$ folgendermaßen definiert (Abb. 42.1):

$$f(x) = \begin{cases} 0\,, & -\pi < x < 0\,, \\ \pi\,, & 0 < x < +\pi\,. \end{cases}$$

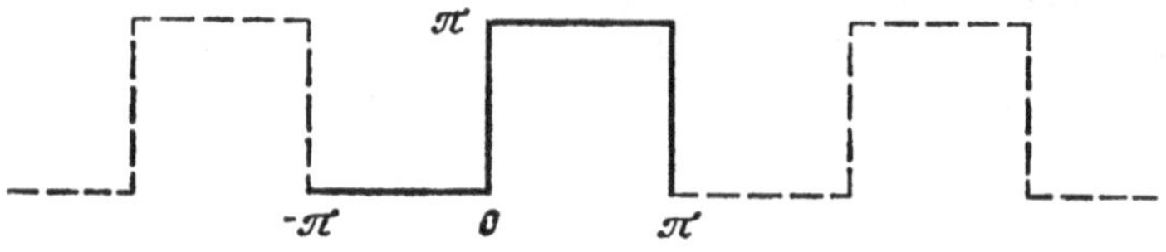

Abb. 42.1. Erstes Beispiel im Text

Damit ergeben sich

$$a_0 = \int_0^\pi dx = \pi ,$$

$$a_k = \int_0^\pi \cos k x \, dx = \frac{\sin k x}{k}\Big|_0^\pi = 0 \qquad \text{für } k = 1, 2, \ldots ,$$

$$b_k = \int_0^\pi \sin k x \, dx = -\frac{\cos k x}{k}\Big|_0^\pi = \frac{(-1)^{k+1} + 1}{k}$$

und somit $b_k = \begin{cases} 0 & \text{für gerades } k , \\ \frac{2}{k} & \text{für ungerades } k , \end{cases}$

$$f(x) = \frac{\pi}{2} + 2 \sin x + \frac{2}{3} \sin 3 x + \frac{2}{5} \sin 5 x + \frac{2}{7} \sin 7 x + \cdots .$$

2. Es sei

$$f(z) = \begin{cases} -z & \text{für } -1 < z < 0 , \\ +z & \text{für } 0 < z < 1 \end{cases} \qquad \text{(Abb. 42.2)} .$$

Es ergeben sich mit $T = 2$

$$a_0 = \int_{-1}^{0} (-z) \, dz + \int_0^1 z \, dz = 2 \cdot \int_0^1 z \, dz = z^2\Big|_0^1 = 1 ,$$

$$a_k = \int_{-1}^{0} (-z) \cos k \pi z \, dz + \int_0^1 z \cos k \pi z \, dz$$

$$= 2 \cdot \int_0^1 z \cos k \pi z \, dz = \frac{2}{(k \pi)^2} \int_0^1 (k \pi z) \cdot \cos (k \pi z) \, d(k \pi z)$$

$$= \frac{2}{(k \pi)^2} [\cos k \pi z + k \pi z \sin k \pi z]_0^1$$

$$= \frac{2}{(k \pi)^2} [(-1)^k - 1] .$$

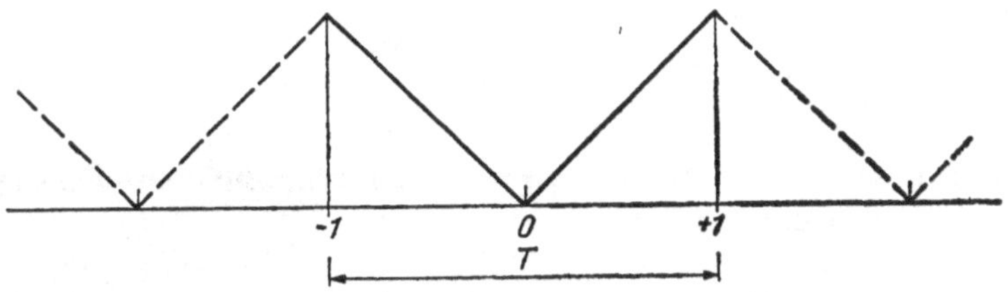

Abb. 42.2. Zweites Beispiel im Text

Somit ist

$$a_k = \begin{cases} 0 & \text{für gerades } k\,, \\ -\dfrac{4}{(k\pi)^2} & \text{für ungerades } k\,, \end{cases}$$

$$b_k = \int_{-1}^{0} (-z) \sin k\pi z \, dz + \int_{0}^{1} z \sin k\pi z = 0\,,$$

$$f(z) = \frac{1}{2} - \frac{4}{\pi^2} \left\{ \cos \pi z + \frac{1}{3^2} \cos 3\pi z + \frac{1}{5^2} \cos 5\pi z + \cdots \right\}.$$

Beispiele zur Entwicklung eines kontinuierlichen Signals in ein Fourier-*Integral.*

1. Das Signal bestehe aus einem Rechteckimpuls (Abb. 42.3):

$$f(t) = \begin{cases} h & \text{für } -\dfrac{T}{2} < t < +\dfrac{T}{2}\,, \\ 0 & \text{sonst}\,, \end{cases}$$

$$g(\nu) = \int_{-\infty}^{+\infty} f(t)\, e^{-i 2\pi\nu t}\, dt$$

$$= h \int_{-T/2}^{+T/2} e^{-i 2\pi\nu t}\, dt = \left. \frac{h\, e^{-i 2\pi\nu t}}{-i 2\pi\nu t} \right|_{-T/2}^{+T/2}$$

$$= h\, \frac{\sin \pi\nu T}{\pi\nu}\,.$$

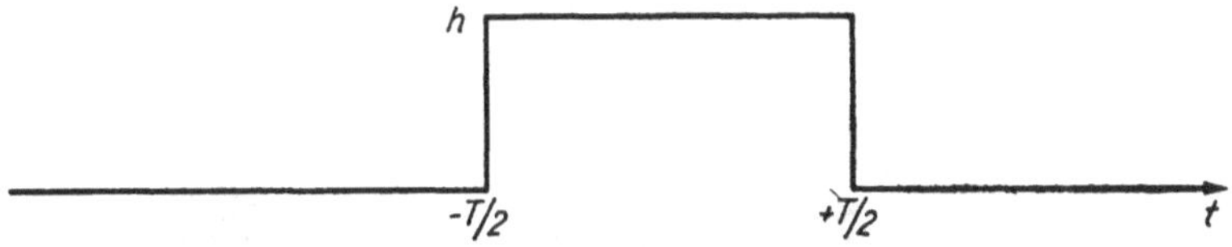

Abb. 42.3. Beispiel im Text

Für $h = 1/T$ ergibt sich

$$g(\nu) = \frac{\sin \pi \nu T}{\pi \nu T}.$$

Die Funktion wird als WHITTAKER*sche Kardinalfunktion* bezeichnet (Abb. 42.4). Ihre Nullstellen liegen bei

$$\nu = \frac{k}{T} \cdot \text{mit } k = \pm 1, \pm 2, \pm 3, \ldots .$$

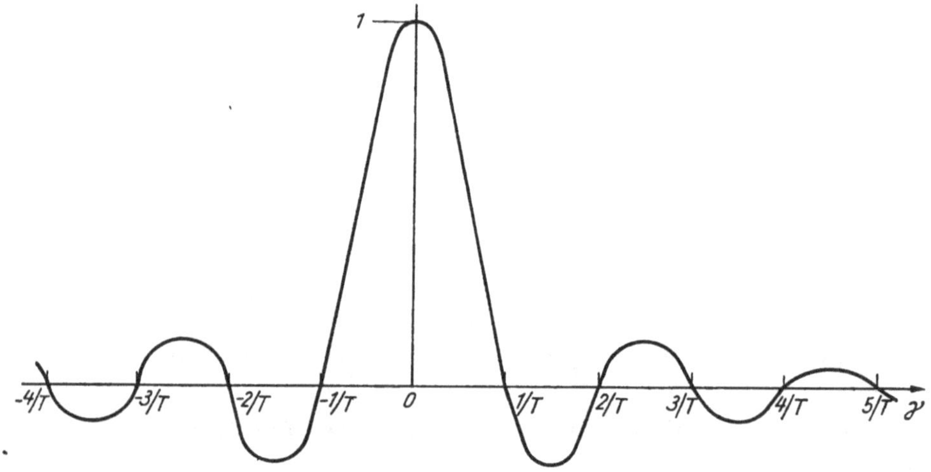

Abb. 42.4. Die WHITTAKERsche Funktion

Aus

$$\lim_{\alpha \to 0} \frac{\sin \alpha}{\alpha} = 1$$

ergibt sich 1 als Funktionswert für $\nu = 0$.

Die WHITTAKERsche Kardinalfunktion hat für das im folgenden Abschnitt zu behandelnde Abtasttheorem besondere Bedeutung.

2. Man bestimme die zur WHITTAKERschen Kardinalfunktion gehörende Spektralfunktion.

Zu $f(t) = \frac{\sin 2 \pi w t}{2 \pi w t}$ ergibt sich

$$g(\nu) = \int_{-\infty}^{+\infty} \frac{\sin 2 \pi w t}{2 \pi w t} e^{-i 2 \pi \nu t} \, dt$$

$$= \int_{-\infty}^{+\infty} \frac{\sin 2 \pi w t}{2 \pi w t} \cos 2 \pi \nu t \, dt - i \int_{-\infty}^{+\infty} \frac{\sin 2 \pi w t}{2 \pi w t} \sin 2 \pi \nu t \, dt .$$

Der Imaginärteil verschwindet, da der Integrand mit t das Vorzeichen wechselt und sich somit paarweise die Glieder für +1 und −1 aufheben. Damit wird

$$g(\nu) = \int_{-\infty}^{+\infty} \frac{\sin 2\pi w t}{2\pi w t} \cos 2\pi \nu t \, dt = 2 \int_0^{\infty} \frac{\sin 2\pi w t}{2\pi w t} \cos 2\pi \nu t \, dt$$

$$= \frac{1}{\pi w} \int_0^{\infty} \frac{\sin 2\pi w t \cdot \cos 2\pi \nu t}{t} dt .$$

Nun gilt für positive Werte von p und q

$$\int_0^{\infty} \frac{\sin p x \cdot \cos q x}{x} dx = \begin{cases} \frac{\pi}{2} \\ \frac{\pi}{4} \\ 0 \end{cases} \text{für} \begin{cases} q < p , \\ q = p , \\ q > p . \end{cases}$$

Mit $p = 2\pi w$ und $q = 2\pi\nu$ erhält man damit

$$g(\nu) = \begin{cases} \frac{1}{2w} \\ \frac{1}{4w} \\ 0 \end{cases} \text{für} \begin{cases} |\nu| < w , \\ |\nu| = w , \\ |\nu| > w \qquad \text{(Abb. 42.5)} . \end{cases}$$

Wählt man im vorigen Beispiel die Intervallbreite $T = 2w$ und die Impulshöhe $h = \frac{1}{2w}$, so erkennt man die vollständige Dualität zwischen WHITTAKERscher Kardinalfunktion und Rechteckimpuls

Von Interesse ist, wie sich die Spektralfunktion verhält, wenn die WHITTAKERsche Kardinalfunktion im Zeitbereich verschoben wird.

Zu $f(t) = \dfrac{\sin 2\pi w (t-c)}{2\pi w (t-c)}$ gehört

$$g_c(\nu) = \int_{-\infty}^{+\infty} \frac{\sin 2\pi w (t-c)}{2\pi w (t-c)} e^{-i 2\pi \nu t} dt = \int_{-\infty}^{+\infty} \frac{\sin 2\pi w \tau}{2\pi w \tau} e^{-i 2\pi \nu (\tau + c)} d\tau$$

$$= e^{-i 2\pi \nu c} \int_{-\infty}^{+\infty} \frac{\sin 2\pi w \tau}{2\pi w \tau} e^{-i 2\pi \nu \tau} d\tau$$

$$= e^{-i 2\pi \nu c} g(\nu) .$$

Daraus ist zu entnehmen, daß der Betrag unverändert bleibt

$$|g_c(\nu)| = |g(\nu)| .$$

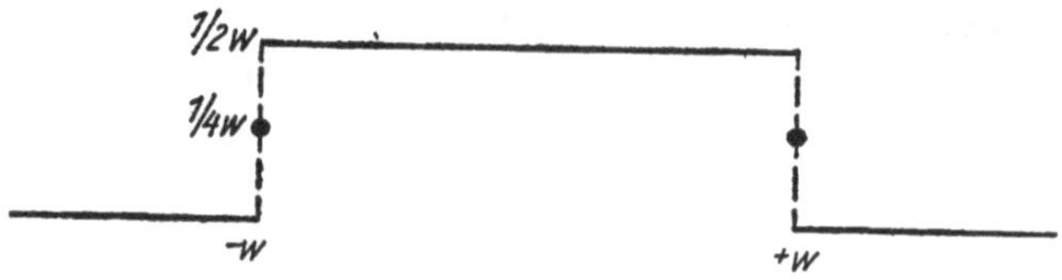

Abb. 42.5. Spektralfunktion zur WHITTAKERschen Kardinalfunktion

Dagegen tritt eine Phasenverschiebung auf:

$$\varphi_c(\nu) = -2\pi\nu c\,.$$

Die durch Superposition von WHITTAKERschen Kardinalfunktionen entstehende Signalfunktion ist somit ebenfalls frequenzbegrenzt ($\nu \leqq w$); während bei der einzelnen Kardinalfunktion die Energie gleichmäßig über die Bandbreite verteilt ist, gilt dies für die durch Superposition entstehende Funktion infolge der auftretenden Phasenverschiebungen — diese sind Funktionen von ν — nicht mehr.

Die bei der FOURIER-Reihe auftretenden Entwicklungsfunktionen E_k

$$1, \sin x, \cos x, \sin 2x, \cos 2x, \ldots, \sin nx, \cos nx, \ldots$$

erfullten die sogenannte *Orthogonalitatsbedingung*

$$\int_{-\pi}^{+\pi} E_i\, E_k\, dx = 0 \qquad \text{für } i \neq k\,.$$

Denn es gilt

$$\int_{-\pi}^{+\pi} 1 \cdot \sin nx\, dx = -\frac{1}{n}\cos nx \Big|_{-\pi}^{+\pi} = 0\,,$$

$$\int_{-\pi}^{+\pi} 1 \cdot \cos nx\, dx = \frac{1}{n}\sin nx \Big|_{-\pi}^{+\pi} = 0\,.$$

Für $m \neq n$ ist weiter

$$\int_{-\pi}^{+\pi} \sin mx \sin nx\, dx = \int_{-\pi}^{+\pi} \frac{1}{2}\left(\cos(m-n)x - \cos(m+n)x\right) dx = 0$$

und entsprechend

$$\int_{-\pi}^{+\pi} \sin mx \cos nx\, dx = \int_{-\pi}^{+\pi} \cos mx \cos nx\, dx = 0\,.$$

Anderseits ist

$$\int_{-\pi}^{+\pi} 1 \cdot dx = 2\pi\,,$$

$$\int_{-\pi}^{+\pi} \sin^2 n\,x\,dx = \frac{1}{2}\int_{-\pi}^{+\pi} (1 - \cos 2\,n\,x)\,dx = \pi\,,$$

$$\int_{-\pi}^{+\pi} \cos^2 n\,x\,dx = \frac{1}{2}\int_{-\pi}^{+\pi} (1 + \cos 2\,n\,x)\,dx = \pi\,.$$

Die Entwicklungsfunktionen E'_i

$$\frac{1}{\sqrt{2\pi}}\,,\quad \frac{1}{\sqrt{\pi}}\sin x\,,\quad \frac{1}{\sqrt{\pi}}\cos x\,,\quad \frac{1}{\sqrt{\pi}}\sin 2\,x, \ldots$$

sind normiert.

Sie bilden ein *orthonormales System*:

$$\begin{cases} \int_{-\pi}^{+\pi} E'_i\,E'_k\,dx = 0 & \text{für } i \neq k\,, \\ \int_{-\pi}^{+\pi} E'^{\,2}_i\,dx = 1\,. \end{cases}$$

Jedes im Bereich $a < x < b$ orthonormale System kann in diesem Bereich zur Entwicklung einer Funktion in eine verallgemeinerte FOURIER-Reihe Verwendung finden:

$$f(x) = \sum_{k=1}^{\infty} c_k\,E_k(x) \qquad \text{mit} \quad c_k = \int_a^b f(x)\,E_k(x)\,dx\,, \qquad k = 1, 2, \ldots$$

Es sei $\varphi(x)$ die Näherung, die man für $f(x)$ erhält, wenn man die Reihe nach n Gliedern abbricht:

$$\varphi(x) = \sum_{k=1}^{n} \int_a^b f(z)\,E_k(z)\,dz\,E_k(x)\,.$$

Der mittlere quadratische Fehler ergibt sich dann zu

$$\varepsilon_n^2 = \frac{1}{b-a}\int_a^b [f(x) - \varphi(x)]^2\,dx\,.$$

Nun ist

$$[f(x) - \varphi(x)]^2 = \left[f(x) - \sum_{k=1}^{n}\int_a^b f(z)\,E_k(z)\,E_k(x)\,dz\right]^2$$

$$= [f(x)]^2 - 2\sum_{k=1}^{n}\int_a^b f(x)\,f(z)\,E_k(z)\,E_k(x)\,dz$$

$$+ \sum_{k=1}^{n}\sum_{i=1}^{n}\int_a^b dz\int_a^b du\,f(z)\,f(u)\,E_k(z)\,E_k(x)\,E_i(u)\,E_i(x)\,.$$

Bei der Integration ergibt sich unter Berucksichtigung der Orthonormalitatsbedingungen

$$\varepsilon_n^2 = \frac{1}{b-a} \int_a^b [f(x)]^2\, dx - 2 \sum_{k=1}^n \int_a^b f(x)\, E_k(x)\, dx \int_a^b f(z)\, E_k(z)\, dz + \sum_{k=i=1}^n \int_a^b f(z)\, E_k(z)\, dz \int_a^b f(u)\, E_k(u)\, du\,,$$

d. h.

$$\varepsilon_n^2 = \frac{1}{b-a} \left\{ \int_a^b [f(x)]^2\, dx - \sum_{k=1}^n c_k^2 \right\}.$$

Ein orthonormales System heißt vollstandig, wenn ε_n mit unbegrenzt wachsendem n gegen Null geht. Die zugehörige Bedingung heißt Vollständigkeitsbedingung (PARSEVALsche Bedingung):

$$\sum_1^\infty c_k^2 = \int_a^b [f(x)]^2\, dx\,.$$

Das Ergebnis läßt eine physikalische Deutung zu: Ist $f(t)$ Zeitfunktion eines Signals, so ist

$$\int_a^b [f(t)]^2\, dt$$

die Energie des Signals von $t = a$ bis $t = b$. c_k^2 ist die Energie der „Spektrallinie" $E_k(t)$. Die Gesamtenergie ergibt sich durch Summierung über alle Spektrallinien.

Die Bedeutung der Vollständigkeitsrelation liegt in folgendem: Im Funktionsraum — d. i. der Raum, in dem jede reelle Funktion durch einen Vektor dargestellt wird — gibt es unendlich viele paarweise aufeinander senkrecht stehende Vektoren. Nun kann man sich nicht durch einfaches Abzählen einer Liste von Entwicklungsfunktionen davon überzeugen, ob man alle berücksichtigt hat. Hier hilft die Vollständigkeitsrelation.

ψ_i $i = 1, 2, \ldots$ sei eine Folge von Entwicklungsfunktionen, für die

$$\int \psi_m \psi_n\, dx = \begin{cases} 0\,, & m \neq n\,, \\ 1\,, & m = n\,, \end{cases} \quad \text{mit } m, n = 1, 2, \ldots$$

gelte. Es sei $c_k = \int \psi_k f(x)\, dx$, und die Vollständigkeitsrelation sei erfullt:

$$\sum_1^\infty c_k^2 = \int [f(x)]^2\, dx\,.$$

Nehmen wir an, es gabe trotzdem noch eine weitere Entwicklungsfunktion ψ_0, die zu allen übrigen orthogonal sei:

$$\int_a^b \psi_0 \psi_k\, dx = 0\,, \qquad k = 1, 2, \ldots$$

Faßt man die links stehenden Ausdrucke zur Bestimmung der Entwicklungskoeffizienten c_k fur die Funktion ψ_0 auf, so gelten die Beziehungen

$$c_k = \int_a^b \psi_0 \psi_k \, dx = 0 ,$$

d. h., die verallgemeinerten FOURIER-Koeffizienten von ψ_0 verschwinden alle. Dann gilt auch

$$\int_a^b [\psi_0(x)]^2 \, dx = 0 .$$

Der neue Vektor hat die Länge 0 und nicht 1. Wenn die Vollständigkeitsrelation allgemein für ein System von orthonormalen Entwicklungsfunktionen erfüllt ist, gibt es keinen zusätzlichen Koordinatenvektor: Das System ist vollständig.

43. Abtasttheorem im Zeitbereich

Das Signal $f(t)$ sei frequenzbegrenzt, $\nu = w$ sei die höchste auftretende Frequenz. Dann liefert die Darstellung von $f(t)$ durch ein FOURIER-Integral

$$\begin{aligned} f(t) &= \int_{-\infty}^{+\infty} g(\nu) \, e^{i 2 \pi \nu t} \, d\nu \\ &= \int_{-w}^{+w} g(\nu) \, e^{i 2 \pi \nu t} \, d\nu \end{aligned}$$

$g(\nu)$ hat von Null verschiedene Werte nur für

$$- w \leqq \nu \leqq + w .$$

Wir entwickeln $g(\nu)$ in eine FOURIER-Reihe

$$g(\nu) = \sum_{-\infty}^{+\infty} C_k \, e^{i \frac{2 \pi k}{2 w} \nu} \quad \text{mit } C_k = \frac{1}{2 w} \int_{-w}^{+w} g(\nu) \, e^{-i \frac{2 \pi k}{2 w} \nu} \, d\nu .$$

Sind alle C_k bekannt, dann liegen die Werte von $g(\nu)$ für jedes ν im Bereich von $- w$ bis $+ w$ vor und damit auch die Werte von $f(t)$ für jedes t.

Vergleicht man den Integralausdruck fur C_k mit dem Integralausdruck für $f(t)$, so erkennt man, daß zwischen den Werten von C_{-k} und den Werten von $f(t)$ zu den Zeitpunkten

$$t = \frac{k}{2 w} \quad \text{fur } k = 0, \pm 1, \pm 2, \ldots$$

der folgende Zusammenhang besteht:

$$C_{-k} = \frac{1}{2 w} f\left(\frac{k}{2 w}\right) .$$

Dieser Zusammenhang laßt folgende Interpretation zu:

Beschränkt man die Signalfunktion auf die Bandbreite w, so genügen die Funktionswerte zu den Zeitpunkten

$$\frac{k}{2w} \quad \text{für } k = 0, \pm 1, \pm 2, \ldots,$$

um alle C_k zu bestimmen. Damit ist aber über $g(\nu)$ auch die Signalfunktion $f(t)$ vollständig festgelegt (Abb. 43.1).

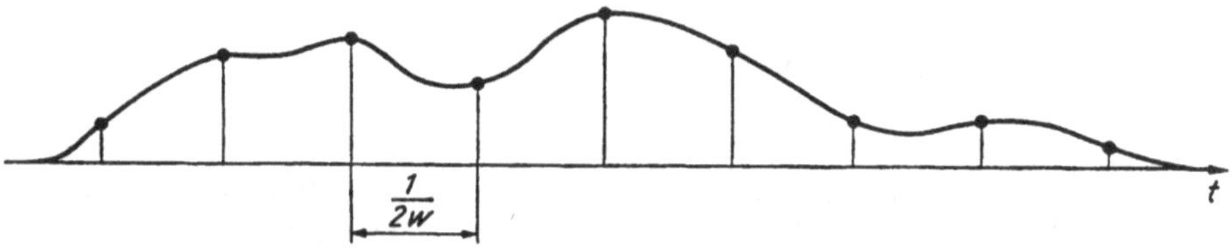

Abb. 43.1. Abtastwerte einer Signalfunktion, die die Grenzfrequenz w besitzt. NYQUIST-Intervall $\frac{1}{2w}$

Es ergibt sich insbesondere

$$f(t) = \int_{-w}^{+w} g(\nu)\, e^{2\pi i \nu t} = \int_{-w}^{+w} \sum_{-\infty}^{+\infty} \frac{1}{2w} f\left(\frac{k}{2w}\right) e^{-\frac{i k 2\pi}{2w}\nu}\, e^{2\pi i \nu t}\, d\nu$$

$$= \frac{1}{2w} \sum_{-\infty}^{+\infty} f\left(\frac{k}{2w}\right) \int_{-w}^{+w} e^{2\pi i \nu\left(t - \frac{k}{2w}\right)}\, d\nu .$$

Nun ist

$$\int_{-w}^{+w} e^{2\pi i \nu\left(t-\frac{k}{2w}\right)} d\nu = \left. \frac{e^{2\pi i \nu\left(t-\frac{k}{2w}\right)}}{2\pi i\left(t-\frac{k}{2w}\right)} \right|_{\nu=-w}^{+w}$$

$$= \frac{e^{i(2\pi w t - \pi k)} - e^{-i(2\pi w t - \pi k)}}{2\pi i\left(t-\frac{k}{2w}\right)}$$

$$= \frac{2 \sin\left[2\pi w\left(t-\frac{k}{2w}\right)\right]}{2\pi\left(t-\frac{k}{2w}\right)} .$$

Somit resultiert

$$(t) = \sum_{-\infty}^{+\infty} f\left(\frac{k}{2w}\right) \cdot \frac{\sin\left[2\pi w\left(t-\frac{k}{2w}\right)\right]}{2\pi w\left(t-\frac{k}{2w}\right)} .$$

Führt man

$$S_a\left[2\pi w\left(t-\frac{k}{2w}\right)\right]=\frac{\sin\left[2\pi w\left(t-\frac{k}{2w}\right)\right]}{2\pi w\left(t-\frac{k}{2w}\right)}$$

ein, so liegt für die Signalfunktion die Entwicklung

$$f(t)=\sum_{-\infty}^{+\infty} f\left(\frac{k}{2w}\right)\cdot S_a\left[2\pi w\left(t-\frac{k}{2w}\right)\right]$$

auf der Basis der Entwicklungsfunktionen $S_a\left[2\pi w\left(t-\frac{k}{2w}\right)\right]$ vor. Diese gehen aus der im vorigen Abschnitt eingeführten WHITTAKERschen Kardinalfunktion durch Verschiebungen um $\frac{k}{2w}$ im Zeitbereich hervor. Wie wir dort erkannt haben, nimmt die WHITTAKERsche Kardinalfunktion für $t = 0$ den Wert 1 an. Sie besitzt Nullstellen bei

$$t=\frac{k}{2w}, \qquad k=\pm 1, \pm 2, \ldots .$$

Diese Zeitpunkte liegen in gleichmäßigen Abständen von $\frac{1}{2w}$, das als NYQUIST-*Intervall* bezeichnet wird. Es sind zugleich die Zeitpunkte, zu denen die Abtastwerte (Probenwerte) $f\left(\frac{k}{2w}\right)$ gewählt werden. Dadurch, daß die einzelnen mit den jeweiligen Probewerten multiplizierten SAMPLING-Funktionen um $\frac{k}{2w}$ verschoben werden, kommen auf die Stelle mit dem Maximalwert einer Entwicklungsfunktion nur Nullstellen aller übrigen Entwicklungsfunktionen (Abb. 43.2). Damit ist gesichert, daß an den Probestellen die für die einzelnen Entwicklungsfunktionen angesetzten Werte auch nach der Superposition erhalten bleiben. Ist eine Signalfunktion streng frequenzbegrenzt, dann erstreckt sie sich zeitlich über alle Grenzen. Anderseits ist die Signalenergie praktisch nur über eine endliche Zeitdauer meßbar. Wir bezeichnen diese Dauer als effektive Signaldauer τ. Dann sind in

$2\,W\tau$

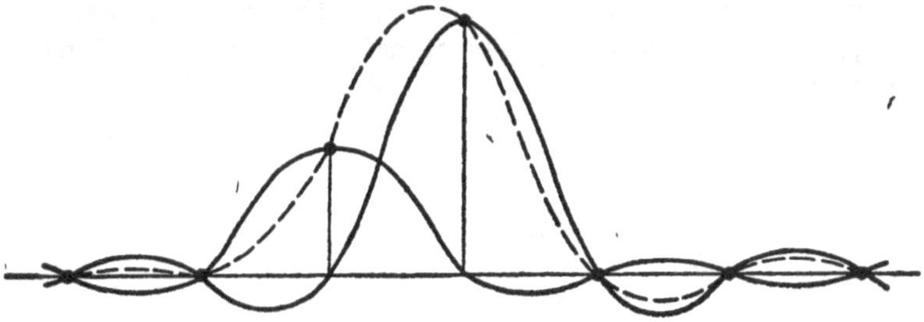

Abb. 43.2. Superposition von Abtastfunktionen

Abtastpunkten die Funktionswerte frei wählbar. Die als Entwicklungsfunktionen verwendeten S_a bilden ein orthogonales System. Es ist leicht zu bestätigen, daß die Beziehungen

$$\int_{-\infty}^{+\infty} S_a(2\pi w t - n\pi) \cdot S_a(2\pi w t - m\pi)\, dt$$

$$= \int_{-\infty}^{+\infty} \frac{\sin\left[2\pi w\left(t - \frac{n}{2w}\right)\right] \cdot \sin\left[2\pi w\left(t - \frac{m}{2w}\right)\right]}{2\pi w\left(t - \frac{n}{2w}\right) \cdot 2\pi w\left(t - \frac{m}{2w}\right)}\, dt$$

$$= \begin{cases} 0 & \text{für } n \neq m, \\ \frac{1}{2w} & \text{für } n = m \end{cases}$$

gelten.

Von Interesse ist, daß sich auch die Gesamtenergie eines frequenzbegrenzten Signals aus den Energiewerten in den Abtaststellen gewinnen läßt. Es ist nämlich

$$\int_{-\infty}^{+\infty} [f(t)]^2\, dt = \int_{-\infty}^{+\infty} \left\{\sum_{-\infty}^{+\infty} f\left(\frac{k}{2w}\right) S_a\left[2\pi w\left(t - \frac{k}{2w}\right)\right]\right\}^2 dt$$

$$= \int_{-\infty}^{+\infty} \sum_k \sum_j f\left(\frac{k}{2w}\right) \cdot f\left(\frac{j}{2w}\right) \cdot S_a\left[2\pi w\left(t - \frac{k}{2w}\right)\right] \cdot S_a\left[2\pi w\left(t - \frac{j}{2w}\right)\right] dt\,.$$

Infolge der Orthogonalität der S_a ergibt sich dann

$$\int_{-\infty}^{+\infty} [f(t)]^2\, dt = \frac{k}{2w} \sum_k \left[f\left(\frac{k}{2w}\right)\right]^2.$$

Bei den durchgeführten Betrachtungen ging das Frequenzband von der Frequenz Null aus. In praktischen Fällen dagegen erstreckt sich das Frequenzband vielfach von einer Frequenz ν_1 bis zu einer Frequenz $\nu_2 = \nu_1 + 1/T$. Im folgenden soll das Abtasttheorem auf diesen Fall erweitert werden.

Es sei $f(t)$ die Zeitdarstellung eines Signals, also eine reelle Funktion. Aus den Beziehungen

$$f(t) = \int_{-\infty}^{+\infty} g(\nu)\, e^{i 2\pi \nu t}\, d\nu\,,$$

$$g(\nu) = \int_{-\infty}^{+\infty} f(t)\, e^{-i 2\pi \nu t}\, dt$$

$$= \int_{-\infty}^{+\infty} f(t) \cos 2\pi \nu t\, dt - i \int_{-\infty}^{+\infty} f(t) \sin 2\pi \nu t\, dt$$

folgt, daß fur reelles $f(t)$ der Realanteil $\Re\, g(\nu)$ und der Imaginäranteil $\Im\, g(\nu)$ den folgenden Bedingungen genügen:

$$\Re\, g(-\nu) = \Re\, g(\nu)\,,$$

$$\Im\, g(-\nu) = -\Im\, g(\nu)\,.$$

Ist $g^*(\nu) = \Re\, g(\nu) - i\,\Im\, g(\nu)$ der konjugiert komplexe Wert von $g(\nu) = \Re\, g(\nu) + i\,\Im\, g(\nu)$, so gilt demnach

$$g(-\nu) = g^*(\nu)\,.$$

Nach Voraussetzung besitzt die Spektralfunktion $g(\nu)$ nur für $\nu_1 \leqq \nu \leqq \nu_2$ und somit auch für $-\nu_2 \leqq \nu - \leqq \nu_1$ von Null verschiedene Werte. Es gilt also die Beziehung

$$\begin{aligned} f(t) &= \int_{-\nu_2}^{-\nu_1} g(\nu)\, e^{i\,2\pi\nu t}\, d\nu + \int_{\nu_1}^{\nu_2} g(\nu)\, e^{i\,2\pi\nu t}\, d\nu \\ &= \int_{-\nu_2}^{-\nu_1} \{\Re\, g(\nu) \cos 2\pi\nu t - \Im\, g(\nu) \sin 2\pi\nu t\}\, d\nu \\ &\quad + i \int_{-\nu_2}^{-\nu_1} \{\Re\, g(\nu) \sin 2\pi\nu t + \Im\, g(\nu) \cos 2\pi\nu t\}\, d\nu \\ &\quad + \int_{\nu_1}^{\nu_2} \{\Re\, g(\nu) \cos 2\pi\nu t - \Im\, g(\nu) \sin 2\pi\nu t\}\, d\nu \\ &\quad + i \int_{\nu_1}^{\nu_2} \{\Re\, g(\nu) \sin 2\pi\nu t + \Im\, g(\nu) \cos 2\pi\nu t\}\, d\nu \\ &= 2 \int_{\nu_1}^{\nu_2} \{\Re\, g(\nu) \cos 2\pi\nu t - \Im\, g(\nu) \sin 2\pi\nu t\}\, d\nu \\ &= 2\,\Re \int_{\nu_1}^{\nu_2} g(\nu)\, e^{i\,2\pi\nu t}\, d\nu\,. \end{aligned}$$

Setzen wir

$$2 \int_{\nu_1}^{\nu_2} g(\nu)\, e^{i\,2\pi\nu t}\, d\nu = \psi(t)\,,$$

so gilt

$$f(t) = \Re\, \psi(t)\,.$$

Wir entwickeln $g(\nu)$ im Bereich $\nu_1 \leqq \nu \leqq \nu_2$ in eine FOURIER-Reihe

$$g(\nu) = \sum_{-\infty}^{+\infty} C_k\, e^{i \frac{2\pi k}{\nu_2 - \nu_1} \nu}$$

$$\text{mit } C_k = \frac{1}{\nu_2 - \nu_1} \int_{\nu_1}^{\nu_2} g(\nu)\, e^{-i \frac{2\pi k}{\nu_2 - \nu_1} \nu}\, d\nu\,.$$

Man erkennt, daß die C_k mit den Funktionswerten von $\psi(t)$ in dem Zusammenhang

$$C_{-k} = \frac{1}{2(\nu_2 - \nu_1)} \psi\left(\frac{k}{\nu_2 - \nu_1}\right)$$

stehen. Sind die Funktionswerte von $\psi(t)$ zu den Zeitpunkten

$$\frac{k}{\nu_2 - \nu_1}, \qquad k = 0, \pm 1, \pm 2, \ldots,$$

bekannt, so liegen die Werte von $g(\nu)$ im Bereich $\nu_1 \leqq \nu \leqq \nu_2$ und damit über $\psi(t)$ auch die Werte von $f(t)$ fest. Führt man noch die Funktion

$$h(t) = \mathfrak{J}\,\psi(t)$$

ein, so ist

$$\psi(t) = f(t) + i\,h(t)$$

und speziell

$$\psi\left(\frac{k}{\nu_2 - \nu_1}\right) = f\left(\frac{k}{\nu_2 - \nu_1}\right) + i\,h\left(\frac{k}{\nu_2 - \nu_1}\right).$$

Daraus resultiert, daß es genügt, die Werte der beiden Funktionen $f(t)$ und $h(t)$ an den Stellen

$$\frac{k}{\nu_2 - \nu_1} \quad \text{mit } k = 0, \pm 1, \pm 2, \ldots$$

zu kennen. Setzt man auch hier die Bandbreite mit

$$w = \nu_2 - \nu_1$$

an, so folgen diese Zeitmomente im Abstand

$$\frac{1}{w}.$$

Ist τ die effektive Signaldauer, d. i. die Zeit, während der das Signal meßbare Energie mit sich führt, so ergeben sich $w \cdot \tau$ Abtastpunkte, zu denen die Werte der beiden Funktionen $f(t)$ und $h(t)$ beliebig vorgeschrieben werden können; es liegen also auch hier $2\,w\,\tau$ Freiheitsgrade vor.

Für die Funktion $\psi(t)$ ergibt sich

$$\begin{aligned}
\psi(t) &= 2\int_{\nu_1}^{\nu_2} g(\nu)\, e^{i 2\pi\nu t}\, d\nu \\
&= 2\int_{\nu_1}^{\nu_2} \sum_{-\infty}^{+\infty} C_{-k}\, e^{-i\frac{2\pi k}{\nu_2-\nu_1}\nu}\, e^{i 2\pi\nu t}\, d\nu \\
&= \frac{1}{\nu_2 - \nu_1} \sum_{-\infty}^{+\infty} \psi\left(\frac{k}{\nu_2 - \nu_1}\right) \int_{\nu_1}^{\nu_2} e^{i 2\pi\nu\left(t - \frac{k}{\nu_2-\nu_1}\right)}\, d\nu \\
&= \frac{1}{\nu_2 - \nu_1} \sum_{-\infty}^{+\infty} \psi\left(\frac{k}{\nu_2 - \nu_1}\right) \frac{e^{i 2\pi\nu_2\left(t - \frac{k}{\nu_2-\nu_1}\right)} - e^{i 2\pi\nu_1\left(t - \frac{k}{\nu_2-\nu_1}\right)}}{i\,2\pi\left(t - \frac{k}{\nu_2 - \nu_1}\right)}.
\end{aligned}$$

Setzt man zur Abkurzung

$$\varphi_k(t) = \frac{e^{i\,2\pi\nu_2\left(t-\frac{k}{\nu_2-\nu_1}\right)} - e^{i\,2\pi\nu_1\left(t-\frac{k}{\nu_2-\nu_1}\right)}}{i\,2\pi\left(t-\frac{k}{\nu_2-\nu_1}\right)},$$

so ist

$$\psi(t) = \frac{1}{\nu_2-\nu_1}\sum_{-\infty}^{+\infty}\psi\left(\frac{k}{\nu_2-\nu_1}\right)\cdot\varphi\,k(t)\,.$$

Für $f(t) = \Re\,\psi(t)$ ergibt sich, da

$$\psi\cdot\varphi = (\Re\,\psi + i\,\Im\,\psi)\,(\Re\,\varphi + i\,\Im\,\varphi) = (\Re\,\psi\,\Re\,\varphi - \Im\,\psi\,\Im\,\varphi) + i\,(\Re\,\psi\,\Im\,\varphi + \Im\,\psi\,\Re\,\varphi)$$

ist,

$$f(t) = \frac{1}{\nu_2-\nu_1}\sum_{-\infty}^{\infty}\Re\,\psi\left(\frac{k}{\nu_2-\nu_1}\right)\cdot\Re\,\varphi_k\,(t) - \Im\,\psi\left(\frac{k}{\nu_2-\nu_1}\right)\cdot\Im\,\varphi_k(t)\,.$$

Nun ist

$$\Re\,\psi\left(\frac{k}{\nu_2-\nu_1}\right) = f\left(\frac{k}{\nu_2-\nu_1}\right),$$

$$\Im\,\psi\left(\frac{k}{\nu_2-\nu_1}\right) = h\left(\frac{k}{\nu_2-\nu_1}\right),$$

$$\Re\,\varphi_k(t) = \frac{1}{2\pi\left(t-\frac{k}{\nu_2-\nu_1}\right)} \times \left\{\sin 2\pi\,\nu_2\left(t-\frac{k}{\nu_2-\nu_1}\right) - \sin 2\pi\,\nu_1\left(t-\frac{k}{\nu_2-\nu_1}\right)\right\}$$

$$= \frac{1}{\pi\left(t-\frac{k}{\nu_2-\nu_1}\right)} \times \sin\pi\,(\nu_2-\nu_1)\left(t-\frac{k}{\nu_2-\nu_1}\right)\cdot\cos\pi\,(\nu_2+\nu_1)\cdot\left(t-\frac{k}{\nu_2-\nu_1}\right),$$

$$\Im\,\varphi\,k\,(t) = -\frac{1}{2\pi\left(t-\frac{k}{\nu_2-\nu_1}\right)} \times \left\{\cos 2\pi\,\nu_2\left(t-\frac{k}{\nu_2-\nu_1}\right) - \cos 2\pi\,\nu_1\left(t-\frac{k}{\nu_2-\nu_1}\right)\right\}$$

$$= \frac{1}{\pi\left(t-\frac{k}{\nu_2-\nu_1}\right)} \times \sin\pi\,(\nu_2-\nu_1)\left(t-\frac{k}{\nu_2-\nu_1}\right)\cdot\sin\pi\,(\nu_2-\nu_1)\left(t-\frac{k}{\nu_2-\nu_1}\right).$$

Damit erhalten wir anschließend

$$f(t) = \sum_{k=-\infty}^{+\infty} f\left(\frac{k}{\nu_2 - \nu_1}\right)$$

$$\times \frac{\sin \pi (\nu_2 - \nu_1)\left(t - \frac{k}{\nu_2 - \nu_1}\right) \cdot \cos \pi (\nu_2 - \nu_1)\left(t - \frac{k}{\nu_2 - \nu_1}\right)}{\pi (\nu_2 - \nu_1) \cdot \left(t - \frac{k}{\nu_2 - \nu_1}\right)}$$

$$+ \sum_{-\infty}^{+\infty} h\left(\frac{k}{\nu_2 - \nu_1}\right)$$

$$\times \frac{\sin \pi (\nu_2 - \nu_1)\left(t - \frac{k}{\nu_2 - \nu_1}\right) \cdot \sin \pi (\nu_2 - \nu_1)\left(t - \frac{k}{\nu_2 - \nu_1}\right)}{\pi (\nu_2 - \nu_1) \cdot \left(t - \frac{k}{\nu_2 - \nu_1}\right)}.$$

Darin ist $h(t)$ die HILBERT-Transformierte zu $f(t)$ [1]). Der an diesen Zusammenhangen weitergehend interessierte Leser sei auf die Literatur [22] verwiesen.

44. Kapazität eines kontinuierlichen Kanals

Nachdem wir im Abschnitt 43 das Abtasttheorem für kontinuierliche Signale dargelegt haben, konnen wir uns jetzt der Frage nach der Kapazitat eines kontinuierlichen Übertragungskanals zuwenden.

Die Quelle für das Nutzsignal wahlen wir so, daß sie bei vorgeschriebener mittlerer Energie E_x maximale Entropie besitzt. Nach den Ergebnissen des Abschnitts 41 muß dazu die Quelle eine GAUSSsche Verteilung aufweisen.

Wir setzen für die Wahrscheinlichkeitsdichte des Nutzsignals

$$P(x) = \frac{1}{\sqrt{2 \pi E_x}} e^{-\frac{x^2}{2 E_x}}$$

an. Auf den Kanal wirke gleichzeitig eine Storung additiv ein. Auch fur das Störsignal setzen wir eine GAUSSsche Verteilung an:

$$P(y) = \frac{1}{\sqrt{2 \pi E_y}} e^{-\frac{y^2}{2 E_y}}.$$

Dabei seien Nutz- und Störsignal voneinander unabhängig. Ein Beobachter am Ausgang des Kanals erhalt in Superposition des Nutz- und Storsignals das

[1]) $u(t)$ und $u_1(t)$ heißen HILBERT-Transformierte, wenn

$$u(t) = \frac{1}{\pi} \int_{-\infty}^{+\infty} \frac{u_1(\tau)}{t - \tau} d\tau \quad \text{und} \quad u_1(t) = -\frac{1}{\pi} \int_{-\infty}^{+\infty} \frac{u(\tau)}{t - \tau} d\tau$$

gilt.

Signal

$$z = x + y\,.$$

Wir zeigen nun auf elementare Weise[1]), daß dann z ebenfalls eine GAUSSsche Verteilung besitzt, wobei als Energie die Summe $E_x + E_y$ auftritt:

$$P(z) = \frac{1}{\sqrt{2\pi(E_x + E_y)}}\, e^{-\frac{z^2}{2(E_x+E_y)}}\,.$$

Es sei

$$P(x) = \frac{1}{\sqrt{2\pi a}}\, e^{-\frac{x^2}{2a}}\,,$$

$$P(y) = \frac{1}{\sqrt{2\pi b}}\, e^{-\frac{y^2}{2b}}$$

und

$$z = x + y\,.$$

Da x und y unabhängig voneinander sind, ist

$$P(x, y) = P(x) \cdot P(y)\,.$$

Wir führen neue Variable durch

$$z = x + y\,,$$

$$u = y$$

ein. Die für diese Transformation maßgebliche Funktionaldeterminante (s. Abschnitt 41) ergibt sich zu

$$\mathfrak{J}\begin{pmatrix} x, & y \\ z, & u \end{pmatrix} = \begin{vmatrix} 1 & -1 \\ 1 & 0 \end{vmatrix} = 1\,.$$

Somit ist

$$P(z, u) = P(u)\, P(z - u)$$

und

$$P(z) = \int_{-\infty}^{+\infty} P(u)\, P(z-u)\, du$$

$$= \int_{-\infty}^{+\infty} \frac{1}{\sqrt{2\pi a}}\, e^{-\frac{(z-u)^2}{2a}} \cdot \frac{1}{\sqrt{2\pi b}}\, e^{-\frac{u^2}{2b}}\, du$$

$$= \frac{1}{2\pi\sqrt{ab}} \int_{-\infty}^{+\infty} e^{-\frac{(z-u)^2}{2a} - \frac{u^2}{2b}}\, du\,.$$

[1]) Ein starker mathematisch ausgerichteter Beweis benutzt den Begriff der „charakteristischen Funktion“ einer Zufallsgröße. Der daran interessierte Leser sei auf die Literatur verwiesen, z. B. [63, 20].

Der Exponent laßt sich nun wie folgt umformen.

$$-\frac{(z-u)^2}{2a}-\frac{u^2}{2b}=-\frac{z^2}{2a}+\frac{2uz}{2a}-\frac{u^2(a+b)}{2ab}$$

$$=-\frac{a+b}{2ab}\left\{u^2-2uz\frac{b}{a+b}+z^2\frac{b}{a+b}\right\}$$

$$=-\frac{a+b}{2ab}\left(u-\frac{zb}{a+b}\right)^2-\frac{z^2}{2(a+b)}.$$

Setzt man darin fur $u-\frac{zb}{a+b}$ als neue Variable v ein, so erhält man

$$P(z)=\frac{1}{2\pi\sqrt{ab}}\cdot e^{-\frac{z^2}{2(a+b)}}\cdot\int_{-\infty}^{+\infty} e^{-\frac{a+b}{2ab}\cdot v^2}\,dv\,.$$

Nun ist

$$\int_{-\infty}^{+\infty} e^{-\frac{a+b}{2ab}v^2}\,dv=\sqrt{\frac{2\pi ab}{a+b}}\,.$$

Damit resultiert

$$P(z)=\frac{1}{\sqrt{2\pi(a+b)}}\,e^{-\frac{z^2}{2(a+b)}}\qquad \text{w. z. b. w.}$$

Wenn Stor- und Nutzsignal gleichzeitig laufen, bestimmt sich die Entropie auf der Empfangsseite aus

$$P(z)=\frac{1}{\sqrt{2\pi(E_x+E_y)}}\cdot e^{-\frac{z^2}{2(E_x+E_y)}}$$

zu

$$H(Z)=\operatorname{ld}\sqrt{2\pi(E_x+E_y)}\,.$$

Halt die Quelle dagegen ein bestimmtes Nutzsignal fest, so beobachtet der Empfänger die Gausssche Verteilung des Störsignals mit dem festen Nutzsignal überlagert. Die Ungewißheit liegt jetzt nur in der Verteilung des Störsignals. Legt man den Ursprung des Koordinatensystems an die Stelle des festen Nutzsignals, so ergibt sich die Entropie unter der Bedingung eines bestimmten Quellensignals

$$H\left(\frac{Z}{X}\right)=\operatorname{ld}\sqrt{2\pi E_y}\,.$$

Die Transentropie berechnet sich aus

$$T = H(Z) - H\left(\frac{Z}{X}\right)$$

zu

$$T = \mathrm{ld}\sqrt{2\pi(E_x + E_y)} - \mathrm{ld}\sqrt{2\pi E_y}$$

$$= \mathrm{ld}\sqrt{2\pi\left(1 + \frac{E_x}{E_y}\right)}$$

$$= \frac{1}{2}\,\mathrm{ld}\left(1 + \frac{E_x}{E_y}\right).$$

Dieser Wert der Transentropie bezieht sich auf eine Entscheidung der Quelle.

Gehen wir von einem Kanal aus, der keine Frequenz über w transportiert, der also die Bandbreite w besitzt, so sind nach dem Abtasttheorem in der Zeit τ nur

$$2\,w\,\tau$$

voneinander unabhängige Funktionswerte frei wählbar. Die Quelle kann somit in dieser Zeit auch nur $2\,w\,\tau$ unabhängige Entscheidungen über den Kanal übermitteln. Es kann somit in dieser Zeit nur die Entropie

$$w\,\tau\,\mathrm{ld}\left(1 + \frac{E_x}{E_y}\right)$$

von der Quelle zum Empfänger übertragen werden. Der gestörte Kanal besitzt demnach als Kapazität

$$w\,\mathrm{ld}\left(1 + \frac{E_x}{E_y}\right)$$

(E_x = Energie des Nutzsignals, E_y = Energie des Störsignals)

Diese Beziehung wurde unter der Annahme hergeleitet, daß die Störung des Kanals GAUSSsche Verteilung besitze. Nach den Ergebnissen des Abschnitts 41 liefert aber jede andere Verteilung der Störung eine kleinere Störentropie. Der für die Kapazität des gestörten Kanals gewonnene Wert gilt somit allgemein als maximal mögliche Transentropie pro Zeiteinheit.

Algorithmen IX

45. Algorithmen

Bei einer bekannten Aufgabe aus der Fragestrategie wird gefordert, mittels einer gleicharmigen Waage ohne Benutzung eines Gewichtssatzes aus einer Menge von 12 Munzen, die bis auf eine, die schwerer als die übrigen ist, gleiches Gewicht besitzen, die abweichende Munze durch möglichst wenige Wagungen zu bestimmen.

Der einzelne aus Frage und Antwort bestehende Schritt eines Fragespiels kann als Entscheidungsprozeß einer Informationsquelle angesehen werden, wobei durch die Frage die besonderen Eigenschaften der Quelle, Alphabet und Wahrscheinlichkeitsfeld, festgelegt werden und die Antwort der Aussendung eines Symbols entspricht. Um im Mittel einen moglichst hohen Informationsbetrag zu gewinnen, wird man die Frage so zu stellen haben, daß eine Quelle von möglichst großer Entropie resultiert. Da die maximale Entropie bei Gleichwahrscheinlichkeit der Symbole vorliegt, wird man anstreben, daß durch die Frage eine solche Zerlegung der Menge aller Moglichkeiten induziert wird, bei der den einzelnen Antworten gleiche Wahrscheinlichkeiten zukommen. Ist als Antwort nur „Ja" oder „Nein" zugelassen, so wird man durch die Frage bzw. die auf sie erfolgende Antwort möglichst eine Halbierung der zu betrachtenden Möglichkeiten anstreben. [1])

Bei der obigen Münzen-Aufgabe liegt die Frage in der Vorbereitung der jeweiligen Wägung, d. h. in der speziellen Wahl der auf die linke und rechte Waagschale zu legenden Münzen. Als Antwort tritt das Ergebnis der Wägung auf. Dabei sind drei verschiedene Ergebnisse möglich, die wir als Relationen zwischen der linksseitigen und rechtsseitigen Lsat durch die Symbole

$$>, =, <$$

zum Ausdruck bringen.

Informationstheoretisch entspricht der Vorgang einer Wagung der Entscheidung einer Informationsquelle, deren Alphabet drei Symbole enthalt. Das

[1]) Eine andere Taktik wird sich dagegen empfehlen, wenn nur die „Nein"-Antworten zahlen, wie es bei einem bekannten Quizspiel der Fall ist, und der Fragende daher an der Erhaltung der Fragekette interessiert ist. Hier kann die negierte Fassung einer eng begrenzten Moglichkeit von Vorteil sein, da bei Bejahung der Fragende an der Reihe bleibt, durch eine „Nein"-Antwort aber bekannt wird, daß das gesuchte Objekt in dem eng begrenzten Bereich liegt.

Wahrscheinlichkeitsfeld hangt von der speziellen Belegung der Waagschalen ab. Dabei liefert Gleichwahrscheinlichkeit die maximale Entropie ld 3 bit.

Der angestrebte Feststellungsprozeß macht mehrere Wagungen nacheinander mit u. U. geandertem Wahrscheinlichkeitsfeld notwendig. Da a priori kein Anhaltspunkt gegeben ist, welcher die schwerere Münze als solche kennzeichnet, liegt in der Aufgabe die Ungewißheit ld 12 bit. Aus

$$2 \operatorname{ld} 3 = \operatorname{ld} 9 < \operatorname{ld} 12 \qquad \text{und} \qquad 3 \operatorname{ld} 3 = \operatorname{ld} 27 > \operatorname{ld} 12$$

ist ersichtlich, daß zur Losung der gestellten Aufgabe mindestens drei Wägungen erforderlich sind.

Nun laßt sich eine erste Wagung mit dem maximalen mittleren Informationsbetrag ld 3 bit erreichen, da man die Schalenbelegung so wählen kann, daß jedes der drei moglichen Meßergebnisse gleichwahrscheinlich ist. Dies ist der Fall, wenn man die Menge der Münzen in drei Teilmengen zu je vier Munzen zerlegt. Kennzeichnet man diese Teilmengen durch A, B, C, so tritt bei den sechs verschiedenen Schalenbelegungen

$$AB, AC, BC, BA, CA, CB$$

jede der drei Relationen $>$, $=$, $<$ gleichhäufig, nämlich zweimal, auf. Wir legen fest, A und B als Belegungen für die erste Wägung zu nehmen. Das Verfahren wird nun mit der Teilmenge fortgesetzt, die das größere Gewicht ergeben hat, in der sich daher die gesuchte Münze befinden muß.

Die Belegung für die zweite Wägung wird somit durch eine bedingte Anweisung beschrieben, wobei als Bedingung das Ergebnis der ersten Wagung auftritt. Im Gesamtprozeß tritt eine Verzweigung auf. Zur zweiten Wägung werde die Teilmenge, die das größere Gewicht ergab, in zwei Teilmengen P und Q zu je zwei Münzen zerlegt. Die Schalenbelegungen

$$PQ, QP$$

liefern je einmal die Relation $>$ und $<$. Die Relation $=$ kann infolge der Vorgeschichte nicht auftreten. Die zweite Wägung entspricht somit einer Quelle mit dem Wahrscheinlichkeitsfeld

$$(1/2, 0, 1/2)$$

und der Entropie $\operatorname{ld} 2 = 1$ bit. Die Fortsetzung geschieht wieder bedingt durch das Ergebnis der zweiten Wägung, indem die schwerere der beiden Teilmengen P und Q weiter verwendet wird.

Die dritte Wagung vergleicht schließlich die beiden in der schwereren Teilmenge enthaltenen Münzen miteinander und liefert in ihrem Ergebnis die gesuchte Münze. Dabei wird wieder der mittlere Informationsbetrag $\operatorname{ld} 2 = 1$ bit geliefert.

Insgesamt ergibt sich mit

$$\operatorname{ld} 3 + \operatorname{ld} 2 + \operatorname{ld} 2 = \operatorname{ld} (3 \cdot 2 \cdot 2) = \operatorname{ld} 12$$

der erforderliche mittlere Informationsbetrag.

Werden die Symbole fur die Teilmengen zugleich in der Bedeutung von Gewichten verwendet, so läßt sich der gesuchte Ermittlungsprozeß durch das folgende Flußdiagramm beschreiben (siehe Ausschlagtafel).

Eine Beschreibung eines Verfahrens, die soweit detailliert ist, daß bei der Ausfuhrung keine Willkür in wesentlichen Punkten auftreten kann, bezeichnet man als Algorithmus.

Der usbekische Mathematiker BEN MUSA Al-CHWARIZMI gab im 9. Jahrhundert das erste arabische Buch uber Algebra heraus, in dem Regeln für die Durchfuhrung gewisser algebraischer Verfahren enthalten waren. Durch Verschmelzung mit dem griechischen Wort arithmos (= Zahl) entstand der Name Algorithmus fur solche Regeln. Ursprünglich hatte der Begriff Algorithmus nur für rein numerische Verfahren Bedeutung; im Laufe der Entwicklung wurde er allgemein auf Angaben ausgedehnt, die den Ablauf eines Prozesses exakt beschreiben.

Ein klassisches Beispiel für einen rein numerischen Algorithmus bietet der euklidische Algorithmus zur Bestimmung des größten gemeinschaftlichen Teilers zweier naturlicher Zahlen. Eine verbale Beschreibung laßt sich wie folgt geben:

A_1. Belege a und b mit den beiden gegebenen Zahlen. Gehe zu 2. über.

p_2. Prufe die Bedingung $a < b$. Ist die Bedingung erfüllt, gehe zu 3. über, sonst zu 4.

A_3. Vertausche die Belegungen von a und b. Gehe zu 4. über.

p_4. Prüfe die Bedingung $b = 0$. Ist die Bedingung erfullt, gehe zu 6. über, sonst zu 5.

A_5. Bestimme den Rest, der sich bei der Teilung von a durch b ergibt. Belege a mit dem Wert von b und b mit dem erhaltenen Rest. Gehe zu 4. über.

A_6. Beende das Verfahren: Der Wert von a ist der gesuchte großte gemeinschaftliche Teiler.

Der Algorithmus enthält die Anweisungen A_1, A_3, A_5 und A_6 und die Tests p_2 und p_4. (Diese bezeichnet man auch als logische Bedingungen.)

Um die Aufeinanderfolge der einzelnen Schritte erfassen zu konnen, wählt man oft eine Darstellung durch einen gerichteten Graphen. Dabei werden den Knoten die einzelnen Anweisungen (Operationen) und den gerichteten Kanten die Prozeßubergänge zugeordnet (Abb. 45.1). Dabei ist *ein* Knoten als Startpunkt ausgezeichnet, ein weiterer evtl. auch mehrere Knoten zeigen das Ende des Prozesses an. Im allgemeinen richtet man die Tests so aus, daß sie zu einer binären Verzweigung des Prozesses führen. Gegebenenfalls sind mehrere Binär-Tests hintereinander notig.

Die LJAPUNOWsche Operatoren-Schreibweise [42] bietet eine dem Ablauf-Graphen entsprechende algebraische Darstellung eines Algorithmus durch ein Wort uber einem Alphabet, das als Symbol die Operationen, die Prüfbedingungen sowie die mit Nummern versehenen Zeichen $\uparrow$ und $\downarrow$ enthalt.

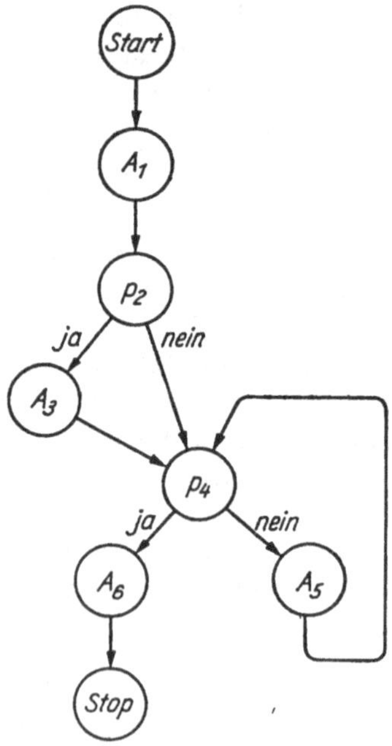

Abb. 45.1. Ablauf-Graph zum euklidischen Algorithmus (Erläuterungen im Text)

Dem euklidischen Algorithmus beispielsweise entspricht in Operatorenschreibweise die folgende Darstellung:

$$A_1\, p_2 \overset{1}{\uparrow} \overset{3}{\downarrow} \overset{4}{\downarrow} p_4 \overset{2}{\uparrow} A_5\, \omega \overset{3}{\uparrow} \overset{1}{\downarrow} A_3\, \omega \overset{4}{\uparrow} \overset{2}{\downarrow} A_6 \,.$$

Man durchläuft die Symbolreihe von links nach rechts; einen einlaufenden Pfeil $\downarrow$ beachte man dabei nicht, einen Operator bzw. eine Prüfbedingung führe man aus. Dem nach einer Prüfbedingung folgenden herausführenden Pfeil $\uparrow$ folge man, wenn die Bedingung erfüllt ist, sonst beachte man ihn nicht. Das Symbol ω hat die Bedeutung einer stets erfüllten Bedingung.[1]) Nach dem Auslaufen über einen Pfeil $\overset{n}{\uparrow}$ trete man mit dem einlaufenden Pfeil $\overset{n}{\downarrow}$, der die gleiche Nummer n trägt, wieder in die Symbolreihe ein. Das Verfahren findet sein Ende, wenn ein Operator die Stop-Anwendung enthält oder rechts kein weiteres Symbol mehr steht.

Weitere Beispiele nichtnumerischer Algorithmen findet der Leser u. a. in [32] (Fadenalgorithmus zum Labyrinthproblem, Turm von Hanoi). Damit eine Anweisung für einen Prozeßablauf als Algorithmus bezeichnet werden

[1]) In der Literatur wird die Bedingung ω unterschiedlich definiert. Die hier gewählte Festlegung entspricht der bei der Programmierung digitaler Automaten meist üblichen Vereinbarung, daß eine nichterfüllte Bedingung ignoriert wird und der Ablauf zur nächsten Befehlszeile übergeht.

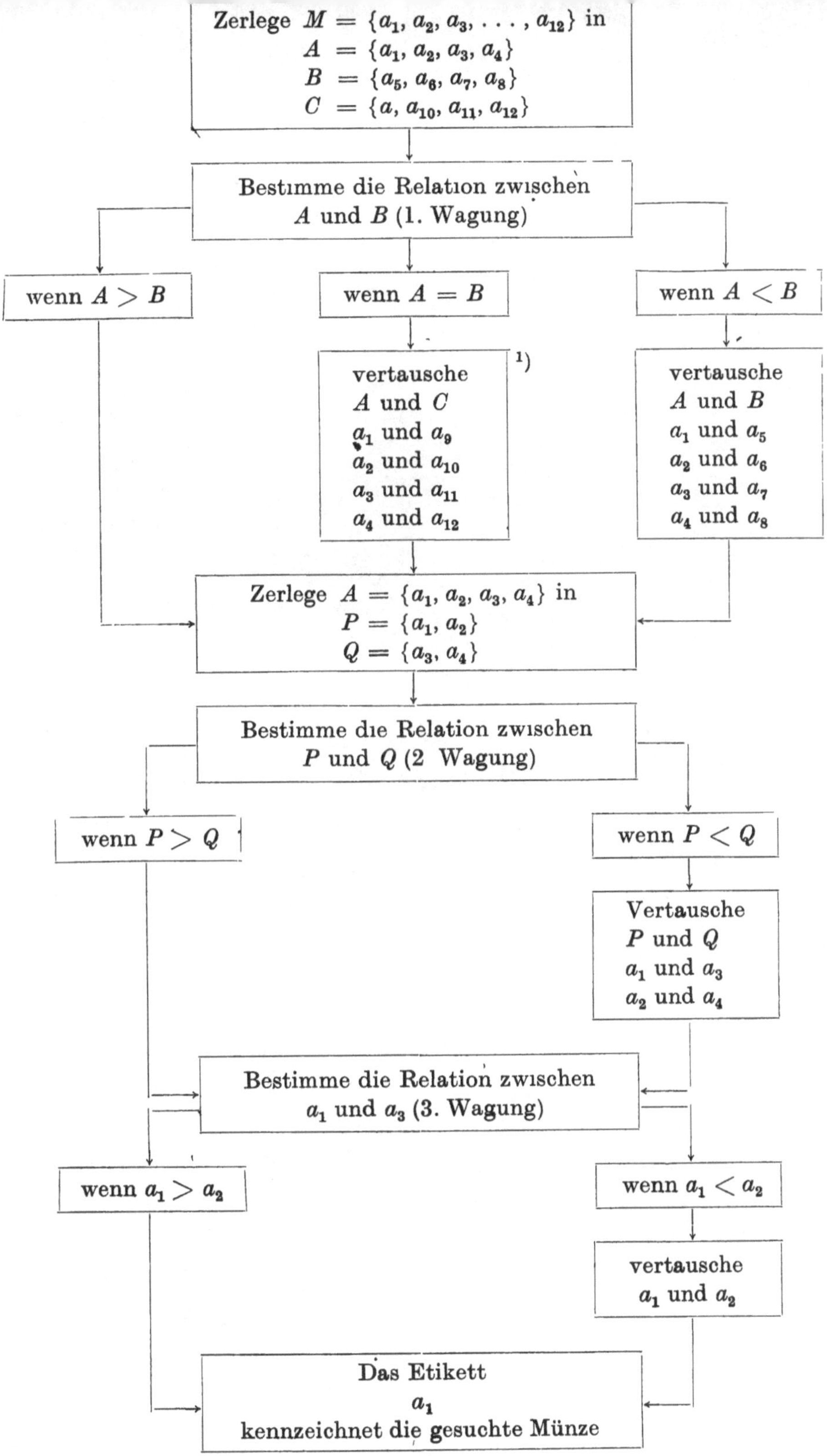

1) Vertauschung ist hier im Sinn eines Austausches der an die Munzen bzw. an die Teilmengen angebrachten Etiketten zu verstehen.

kann, müssen drei wesentliche Forderungen erfüllt sein, die man als Determiniertheit, Anwendungsbreite und Effektivität kennzeichnen kann.

1. Die Anweisung muß für jede Situation, die auf Grund der Aufgabenstellung zu irgendeinem Ablaufpunkt eintreten kann, eine eindeutige und bis in die Einzelheiten[1]) exakte Aufgabe für die Durchführung enthalten, so daß weder für die Willkür einer ausführenden Person Raum bleibt noch deren zusätzliches intelligentes Eingreifen notwendig wird.

2. Die Anweisung muß wenigstens einen Parameter enthalten, der in einem bestimmten Rahmen unterschiedliche Belegungen erhalten kann, damit das Verfahren zur Behandlung einer ganzen Klasse von Aufgaben anwendbar ist. Eine Anweisung, die nur für eine spezielle Belegung gilt, ist nicht als Algorithmus anzusprechen.

3. Die Anweisung muß den Prozeßablauf effektiv zu einem bestimmten Ergebnis führen; d. h., der Prozeß muß nach einer endlichen Anzahl von Schritten zu Ende kommen und dabei zu einer eindeutigen resultierenden Information führen.

Ein bestimmter Algorithmus beschreibt den Lösungsweg für eine abgegrenzte Klasse von Problemstellungen; dabei gelingt es in vielen Fällen, aus speziellen Algorithmen umfassendere zu bilden. Es hat Zeiten gegeben, zu denen man auf Grund der bis dahin erreichten Erfolge glaubte, erwarten zu können, letzthin zu einem universellen Algorithmus vordringen zu können, der die Lösung aller mathematischen Probleme bietet. Aus dieser Situation heraus hat z. B. Gottfried Wilhelm Leibniz (1646—1716) seine Versuche zur Aufstellung einer universellen Zeichensprache und Methode unternommen. In der Folgezeit stieß man aber immer wieder auf Probleme, die zahlreichen Lösungsversuchen trotzten. Daraus resultierte schließlich die skeptische Feststellung, ob es evtl. mathematische Problemstellungen gäbe, die prinzipiell nicht mit den Methoden der numerischen Mathematik erfolgreich behandelt werden konnten.

Ein charakteristisches Beispiel ist die als 10. Hilbertsches Problem bekannte Frage, nach einem allgemeinen Verfahren, das es ermögliche zu entscheiden, ob eine vorgelegte diophantische Gleichung mit mehr als einer Unbekannten ganzzahlige Lösungen besitzt. Wesentlich ist hier der Zusatz „allgemein", da in gewissen speziellen Fällen eine Entscheidung durchaus möglich ist.

Da sich jede Information durch geeignete Kodierung mittels Zahlen darstellen läßt, kann man jede Informationsverarbeitung durch einen Algorithmus im Sinn einer Berechnung der resultierenden Information aus der Anfangsinformation auffassen. Die Forderung nach einer Präzisierung des Algorithmenbegriffs trat damit in Form einer Frage nach der Berechenbarkeit auf. Man wird eine Funktion als berechenbar anzusehen haben, wenn es einen

[1]) Diese Angaben tragen relativen Charakter und beziehen sich auf eine gewisse zuvor vereinbarte oder auch stillschweigend vorausgesetzte Menge von Basisoperationen. Darunter können evtl. auch wieder Prozesse fallen, deren spezielle Ablaufbeschreibung im Sinn eines Unteralgorithmus offen bleibt.

Algorithmus gibt, durch dessen Abarbeitung man in endlich vielen Schritten den Funktionswert bei beliebig vorgebenem Argumententupel erhält.

1936 stellte A. Church [9] die These auf, daß die Klasse der berechenbaren Funktionen mit der Klasse der rekursiven Funktionen zu identifizieren sei. Es zeigte sich, daß die Klasse der berechenbaren Funktionen gleich der Klasse der μ-rekursiven Funktionen ist [25]. A. M. Turing [77] schlug 1937 ein anderes mathematisches Schema vor, das in einer möglichen anschaulichen Deutung als Turing-Maschine bekannt ist. Von weiteren Präzisierungen sei hier nur noch der Markowsche Normalalgorithmus erwähnt [46].

Die verschiedenen Präzisierungen gehen von sehr unterschiedlichen Vorstellungen aus. Der klassischen mathematischen Denkweise am nachsten kommt die Präzisierung auf der Basis der rekursiven Funktionen, eine besonders für Wortprobleme geeignete Fassung liegt im Normalalgorithmus vor. Den Vorstellungen der modernen Rechentechnik und Automatentheorie entspricht am besten die Präzisierung von Turing.

Das überraschende Ergebnis weiterer Untersuchungen war der Nachweis, daß die verschiedenen vorgeschlagenen Begriffsbildungen gleichwertig sind, so daß man erwarten darf, daß hier ein fundamentaler Begriff geschaffen war.

Im Rahmen der Zielsetzungen des vorliegenden Buches wird von den klassischen Algorithmenbegriffen nur die Turing-Maschine dargeboten. Zu den anderen Begriffsbildungen sei der Leser auf die Literatur verwiesen. In [42] findet er eine gedrängte Zusammenstellung der wesentlichen Begriffe und Zusammenhänge.

46. Turing-Maschine

A. M. Turing ging bei seiner Präzisierung des Algorithmenbegriffs von einer rein mathematischen Problemstellung aus. Nun läßt die dabei resultierende Modellvorstellung eine Interpretation in der Form eines autonomen Automaten zu, den man als Turing-Maschine bezeichnet. Die hier gewählte Darstellung geht von dieser Vorstellung aus.

Verkoppelt man zwei endliche abstrakte Automaten gegenseitig in der Weise, daß der Output jedes Automaten als vollständiger Input des anderen Automaten fungiert, so erhält man ein abgeschlossenes System, einen autonomen Automaten (Abb. 46.1).

Der eine Automat werde als Mealy-Typ eingeführt. Die Inputmenge sei

$$\mathfrak{A} = \{a_0, a_1, a_2, \ldots, a_N\},$$

die Zustandsmenge

$$\mathfrak{Z} = \{z_0, z_1, z_2, \ldots, z_M\}.$$

Die Outputmenge enthalte neben jedem Symbol der Inputmenge noch zusätzlich drei weitere Symbole

$$\mathfrak{Y} = \mathfrak{A} \cup \{\leftarrow, \text{stop}, \rightarrow\}.$$

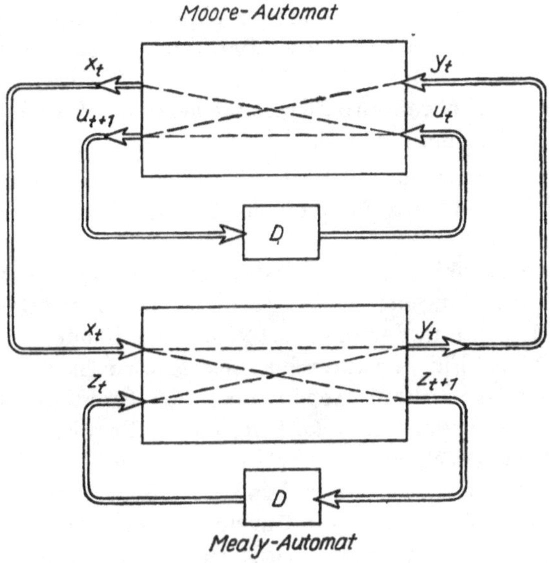

Abb. 46.1. Autonomer Automat durch Input-Output-Verkopplungen zweier abstrakter Automaten

Überführungs- und Ergebnisfunktion seien durch eine vierspaltige Tabelle mit $(N+1)\cdot(M+1)$-Zeilen gegeben.

Zeile	Zustand z_t	Input a_t	Folgezustand z_{t+1}	Output y_t
1.	z_0	a_0		
⋮	⋮	⋮		
$N+1$	z_0	a_N		
$N+2$	z_1	a_0		
⋮	⋮	⋮		
$2N+2$	z_1	a_N		
⋮	⋮	⋮		
$(N+1)M+1$	z_M	a_0		
⋮	⋮	⋮		
$(N+1)(M+1)$	z_M	a_N		

Der zweite Automat werde als MOORE-Typ betrachtet. Er basiert auf der Vorstellung eines endlichen linearen Speichers von ausreichender Kapazität, technisch etwa als beiderseitig beliebig verlängerbarer Bandspeicher interpretiert.[1]) In jeder Zelle dieses Speichers steht ein Symbol aus dem Alphabet $\mathfrak{A}$,

[1]) Geht man von der Vorstellung eines beiderseits unbegrenzten Bandes aus, so muß man für den initialen Zustand zusätzlich fordern, daß „fast alle" Zellen, d. h. alle bis auf eine endliche Anzahl, das Zeichen a_0 tragen. a_0 entspricht in diesem Fall dem leeren Zeichen.

wobei das Symbol in *einer* Zelle noch zusatzlich eine Markierung trägt. (Diese Marke simuliert die Stellung eines uber das Band zellenweise verschiebbaren kombinierten Lese-Schreib-Kopfs). Als Zustand des vorliegenden MOORE-Automaten wird das über den gesamten Speicher gelesene Wort einschließlich der Markierung, die Bandinschrift, gewahlt.

Als Output — beim Automaten des MOORE-Typs hängt dieser nur vom bestehenden Zustand ab — tritt das Symbol aus der durch die Marke gekennzeichneten Zelle auf

Der Folgezustand ergibt sich aus dem bestehenden Zustand unter der Bedingung des anstehenden Inputsymbols. Ist dies ein Zeichen aus dem Alphabet $\mathfrak{A}$, so tritt es an die Stelle des in der markierten Zelle stehenden Symbols. (In technischer Interpretation: Ein Inputsymbol aus $\mathfrak{A}$ wird in die Zelle eingeschrieben, uber der der Magnetkopf steht.) Liegt als Input das Zeichen $\leftarrow$ bzw. $\rightarrow$ vor, so wird die Marke in die linke bzw. rechte Nachbarstelle versetzt. (Der Magnetkopf wird entsprechend verschoben.) Das Inputsymbol stop laßt den Zustand unverandert; dies fuhrt dazu, daß als Output wieder das vorige Outputsignal ausgegeben wird und somit fur den MEALY-Automaten wieder dieselbe Zeile der Tabelle angesprochen wird; das damit resultierende stop bleibt unverandert fur alle Folgetakte: Der autonome Automat hat einen Endzustand erreicht.

Die folgende Tabelle zeigt Überfuhrungs- und Ergebnisfunktion des zweiten Automaten.

Zustand	Input	Folgezustand	daraus resultierender Output
$w_1\,(a_k)_l\,\underline{a_k}\,(a_k)_r\,w_2$	a_i	$w_1\,(a_k)_l\,\underline{a_i}\,(a_k)_r\,w_2$	a_i
	$\leftarrow$	$w_1\,\underline{(a_k)_l}\,a_k\,(a_k)_r\,w_2$	$(a_k)_l$
	$\rightarrow$	$w_1\,(a_k)_l\,a_k\,\underline{(a_k)_r}\,w_2$	$(a_k)_r$
	stop	$w_1\,(a_k)_l\,\underline{a_k}\,(a_k)_z\,w_2$	a_k

Darin bedeuten w_1, w_2 Worte uber $\mathfrak{A}$ evtl. auch leere Worte, $(a_k)_l$ bzw. $(a_k)_r$ das links, bzw. rechts neben der markierten Zelle stehende Symbol

Wir wollen die gewonnene Vorstellung einer TURING-Maschine in Richtung auf eine algebraische Formalisierung entwickeln. Dabei gehen wir von den drei oben eingeführten endlichen Mengen

$$\mathfrak{A} = \{a_0, a_1, \ldots, a_N\} \quad \text{mit } N \geqq 1$$

und a_0 als leerem Symbol,

$$\mathfrak{Z} = \{z_0, z_1, \ldots, z_m\} \quad \text{mit } M \geqq 0$$

und z_0 als Anfangszustand und

$$\mathfrak{Y} = \mathfrak{A} \cup \{\leftarrow, \text{stop}, \rightarrow\}$$

aus. Die Turing-Maschine werde durch ihre Tafel gegeben. Diese Tafel trägt in den $(N + 1) \cdot (M + 1)$ Zeilen bezuglich der ersten und zweiten Spalte alle Paare aus der Produktmenge $\mathfrak{Z} \times \mathfrak{A}$, bezüglich der dritten Spalte Werte aus $\mathfrak{Z}$ und bezuglich der vierten Spalte Werte aus $\mathfrak{Y}$. Dabei deuten wir die Werte aus der vierten Spalte als Operatoren. Weiter werde eine einstellige Funktion $\mathfrak{I}$ eingefuhrt, die uber alle ganzen Zahlen definiert ist und ihre Werte aus dem Alphabet $\mathfrak{A}$ entnimmt. Dabei wird gefordert, daß $\mathfrak{I}$ fur fast alle ganzen Zahlen als Wert a_0, das leere Symbol, besitzt.

$\mathfrak{I}$ heiße Bandinschrift; x sei eine ganze Zahl und werde Feldnummer genannt. Das geordnete Tripel

$$(x, \mathfrak{I}, z)$$

heiße Konfiguration K der Turing-Maschine.

Eine Konfiguration ist Anfangskonfiguration K_0, wenn $z = z_0$ ist. Eine Konfiguration ist Endkonfiguration, wenn in der dem Paar $(z, \mathfrak{I}(x))$ zugeordneten Zeile der Turing-Tafel, der Konfigurationszeile, als Element die Operation stop auftritt.

Nun läßt sich zu jeder Konfiguration K, die nicht Endkonfiguration ist, beginnend mit K_0 eine Folgekonfiguration K' zuordnen. Diese werde durch Fallunterscheidung bezuglich der in der Konfigurationszeile auftretenden Symbole definiert.

Zu

$$K = (x, \mathfrak{I}, z) \quad \text{ist}$$

$$K' = (x', \mathfrak{I}', z') \quad \text{Nachfolgekonfiguration}$$

mit

$$x' = \begin{cases} x - 1\,, & \text{wenn op} = \leftarrow\,, \\ x + 1\,, & \text{wenn op} = \rightarrow\,, \\ x & \text{sonst}\,; \end{cases}$$

$$\mathfrak{I}'(u) = \begin{cases} a_\iota & \text{fur } u = x, \text{ wenn op} = a_\iota\,, \\ \mathfrak{I}(u) & \text{sonst}\,, \end{cases}$$

$$z' = \text{Symbol aus der 4. Spalte der Konfigurationszeile.}$$

Mit diesen Vereinbarungen laßt sich der Begriff „Berechenbarkeit" wie folgt prazisieren: Eine Funktion heißt Turing-berechenbar, wenn es eine Turing-Tafel gibt, die folgendes leistet:

Ausgehend von einer Anfangskonfiguration, deren Bandinschrift das jeweilige Argumententupel der betreffenden Funktion auf sonst leerem Band charakterisiert, wird nach einer endlichen Folge von Konfigurationen eine Endkonfiguration erreicht, so daß die Bandinschrift der Endkonfiguration in einer zu der erreichten Feldnummer in fester Beziehung stehenden Anordnung eindeutige Angaben uber den Funktionswert enthalt.

Von Interesse ist noch die Frage, wie man TURING-Maschinen zusammensetzen kann, um so aus Realisierungen einfacher Funktionen zur Realisierung komplizierterer Funktionen zu gelangen. Den Ausgang bilden zwei TURING-Maschinen mit den Tafeln M_1 bzw. M_2, wobei man ohne Einschrankung der Allgemeinheit fur beide die gleichen Alphabete $\mathfrak{A}$ und $\mathfrak{Y}$ annehmen kann. Hinsichtlich der Zustandsmengen $\mathfrak{Z}_1$ und $\mathfrak{Z}_2$ laßt sich durch geeignete Umbenennung stets erreichen, daß kein Symbol, das einen Zustand der einen Maschine darstellt, zugleich Zustandssymbol der anderen Maschine ist.

Die Anfangsinformation (= initiale Bandinschrift) werde zunachst dem durch M_1 charakterisierten Prozeß unterworfen. Wenn dieser Vorgang durch Erreichen einer Endkonfiguration abgeschlossen ist, soll die erhaltene Information dem durch M_2 charakterisierten Prozeß zugefuhrt werden.

Die TURING-Tafel M für den Gesamtprozeß erhalt man durch Zusammenfassung aller Zeilen von M_1 und M_2, wobei die Konfigurationszeile, die der in Frage kommenden Endkonfiguration von M_1 entspricht,

$$(z_i^1, a_j, z_k^1, \text{stop})$$

durch

$$(z_i^1, a_j, z_0^2, a_j)$$

mit z_0^2 Anfangszustand von M_2 zu ersetzen ist.

47. Universal-Algorithmus und Grenzen der Algorithmierbarkeit

Im vorausgegangenen wurde darauf hingewiesen, daß es gelungen ist, die auf der Basis unterschiedlichster Vorstellungen vorgeschlagenen Präzisierungen zum Begriff des Algorithmus als gleichwertig nachzuweisen. Dabei bietet sich im allgemeinen die TURING-Maschine als vermittelnde Begriffsbildung an.

Wir wollen uns nun der Frage zuwenden, ob mit dem Algorithmenbegriff ein universelles Mittel zur Verfugung steht, das zur Lösung aller mathematischer Probleme dienen kann. Die Klarung wird sich in zwei Stufen darbieten. Auf der ersten Stufe wird sich die Existenz eines Universal-Algorithmus ergeben; die zweite Stufe wird zu der Erkenntnis fuhren, daß der Algorithmierbarkeit prinzipielle Grenzen gesetzt sind. In beiden Fallen werden wir als Darstellungsform von Algorithmen die TURING-Maschine wahlen. Infolge der Gleichwertigkeit der verschiedenen Präzisierungen des Algorithmenbegriffs bedeutet dies keine Einschrankung der Allgemeingultigkeit der Betrachtungen.

Die Darstellung eines Algorithmus durch eine TURING-Maschine geschieht durch Angabe der betreffenden TURING-Tafel. Dabei kommt dieser Tafel aber keine reale Bedeutung in dem Sinn zu, daß man sie etwa auswechseln könne. Sie hat vielmehr die Bedeutung einer Konstruktionsunterlage, der man durch geeignete Wahl der Bauelemente und deren Verschaltung, somit durch eine „feste Verdrahtung", zu genügen hat.

Ist eine bestimmte Turing-Maschine insofern eine spezielle Maschine, als sie durch ihre Konstruktion nur zur Durchfuhrung einer speziellen Anweisung befahigt ist, so liegt doch der Gedanke nahe, ob man nicht durch zusatzliche auf dem Band eingeschriebene Information die Durchfuhrung auch einer anderen Anweisung ermöglichen konne. Diese Überlegungen führen zu der folgenden Frage:

Kann man eine allgemeine Anweisung in Form einer endlichen Turing-Tafel aufstellen, wie man eine beliebige in geeigneter Weise auf das Band eingeschriebene spezielle Anweisung zur Verarbeitung einer ebenfalls auf dem Band stehenden Anfangsinformation anzuwenden hat, um nach Beendigung des Prozesses an wohlbestimmter Stelle des Bandes das Resultat zu finden, das sich aus der Anfangsinformation durch eine spezielle der eingeschriebenen Anweisung entsprechenden Turing-Maschine ergeben wurde?

In anderer Formulierung bedeutet dies die Frage, ob man eine Turing-Maschine angeben kann, die in der Lage ist, jede beliebige spezielle Turing-Maschine zu simulieren, wenn man auf ihr Band neben der zu verarbeitenden Anfangsinformation eine geeignete Beschreibung der zu simulierenden speziellen Turing-Maschine einschreibt.

Eine Maschine, die dies leistete, hatte den Charakter einer Universal-Maschine, obwohl sie selbst infolge ihrer ,,fest eingebauten" Turing-Tafel eine spezielle Turing-Maschine ist und daher nur *einen* Algorithmus ausfuhren kann, eben den Universal-Algorithmus.

Einen mathematisch formalisierten Beweis, daß dies tatsachlich möglich ist, bietet u. a. H. Hermes in [25]. Dabei wird die zu simulierende Turing-Maschine durch eine einzige Zahl, ihre Godel-Nummer, eindeutig festgelegt. Ein zweite Zahl kennzeichnet die zu verarbeitende Anfangsinformation, d. i. das Argumenten-Tupel der zu berechnenden Funktion. Die Universal-Turing-Maschine wird explizite durch Zusammenschalten einiger spezieller und detailliert dargestellter Turing-Maschinen konstruiert. Das Verfahren lauft auf einer hohen Abstraktionsstufe. Einen der Anschauung näher liegenden Beweis für die Moglichkeit einer gedanklichen Konstruktion einer Universal-Turing-Maschine ist in [32] angegeben. Hier seien die prinzipiellen Überlegungen nur skizziert.

Man vergegenwartige sich zunachst Bedenken, die der Existenz einer Universal-Maschine entgegenzustehen scheinen. Die zu simulierende spezielle Turing-Maschine kann beliebig kompliziert sein, insbesondere laßt sich a priori keine obere Schranke für die Anzahl der auftretenden Zustande angeben. Anderseits hatte die ,,Universal"-Maschine nur eine feste Anzahl von Zuständen und somit eine mit ihrer Konstruktion festgelegte Anzahl von Zeilen in ihrer Tafel. Damit müßten aber Schwierigkeiten auftreten, Anweisungen zu simulieren, in denen explizite Parameter der zu simulierenden Maschine auftreten, sobald diese Parameter einen gewissen Wert übersteigen. So wäre beispielsweise eine Anweisung mit der Zielsetzung ,,Verschiebe den Magnetkopf um n Zellen", wobei die Zahl n von der speziellen zu simulierenden Maschine abhangt, in Form einer ,,Geradeaus"-Steuerung nur fur ein beschranktes n simulierbar.

Die Situation andert sich grundlegend, wenn man als Form fur Anweisungen auch Steuerungen mit Ruckfuhrungen, d. h. Regelungen, zulaßt. Das dabei zur Anwendung kommende teleologische Prinzip ermoglicht beispielsweise Verschiebungen auch uber Entfernungen, fur die sich a priori, d h. bei der Universal-Maschine, keine Schranken angeben lassen, durch eine Anweisungsform, bei der Verschiebung bis zur Erreichung eines bestimmten Musters in der Bandinschrift gefordert wird. Die bedingte Form der Befehle in der Turing-Tafel kommt diesem Anliegen zustatten Dabei ist es zweckmaßig, zu einem Prinzip zu greifen, das auch A. M. Turing in seiner Originalarbeit verwendete. Nur jede zweite Zelle des Bandes wird fur die eigentlichen Informationen zur Verfugung gestellt; die dazwischen liegenden Zellen bleiben Markierungen zur Regelung vorbehalten

Man gehe von der Vorstellung aus, daß das Band durch einen markierten Nullpunkt in zwei Halbbander gegliedert ist, von denen das eine die Beschreibung der zu simulierenden Turing-Tafel tragt, das andere die Anfangsinformation. Zwischen diesen beiden Bereichen wird ein vielfacher Informationsaustausch stattzufinden haben. Dabei tritt als weitere Schwierigkeit auf, daß die Turing-Maschine keinen Operativspeicher besitzt, wie ihn das Akkumulationsregister eines Rechenautomaten darstellt, in dem eine an einer Bandstelle gelesene Information uber den Verschiebungsprozeß hinweg zur Benutzung an einer anderen Stelle aufbewahrt werden konnte. Nun kann eine solche Speicherung aber implizite erfolgen, indem nach dem Lesevorgang eine ,,Aufspaltung" des weiteren Prozeßablaufs vorgenommen wird. Für jedes mogliche Leseergebnis wird eine gesonderte Anweisungsfolge in die Universal-Tafel aufgenommen. Erst nach der sich an die Verschiebung anschließenden Anweisung zur Benutzung der speziellen Information tritt wieder eine Vereinigung der verschiedenen Anweisungsfolgen ein. Dieses Verfahren der ,,Aufspaltung" ist aber nur moglich, wenn die Anzahl der evtl. moglichen unterschiedlichen Leseergebnisse a priori bekannt ist Dies ist aber nicht in allen Situationen der Fall. Um den Übergang simulieren zu konnen, der zur Nachfolge-Anweisung fuhrt, mußte aus der gerade anstehenden Zeile der zu simulierenden Turing-Tafel die dritte Komponente als Information uber den Nachfolge-Zustand entnommen und dementsprechend auf dem Band der Anweisungsblock gesucht werden, der diese Nummer als erste Komponente seiner Zeilen tragt. Da aber die Anzahl der Zustande der zu simulierenden Maschine a priori nicht beschrankt ist, laßt sich das Aufspaltungsverfahren hier nicht anwenden Nun laßt sich diese Schwierigkeit aber durch ein strukturgeregeltes iteriertes Verfahren uberwinden, bei dem durch fortgesetzte Paarbildung zwei Strichmengen auf Gleichheit oder Ungleichheit gepruft werden.

In [32] wird durch vollstandige Induktion über die Schrittfolge der zu simulierenden Tafel gezeigt, daß die hier nur skizzierten Verfahren in jedem Fall eine Simulation ermoglichen. Jede Zeile der zu simulierenden Tafel erfordert zu ihrer Simulation die Durchführung einer festen Anzahl von Teilprozessen, und jeder dieser Teilprozesse läßt sich durch eine TURING-Tafel beschreiben, die unabhängig von den Parametern der zu simulierenden Maschine eine feste Anzahl von Zeilen besitzt. Somit läßt sich durch Zusammenfügung dieser Teiltafeln auch die Universal-Tafel a priori konstruieren.

Wir gehen jetzt zu der Frage über, ob mit dem Algorithmenbegriff ein universelles Mittel zur Verfügung steht, das zur Lösung aller mathematischer Probleme dienen kann.

Wir betrachten einstellige Funktionen im Bereich der natürlichen Zahlen. Die Menge dieser Funktionen ist nicht abzählbar. Der Beweis läßt sich indirekt mit Hilfe des Diagonalverfahrens (vgl. S. 12) führen.

Wenn die Menge der einstelligen Funktionen abzählbar wäre, müßten sich die einzelnen Funktionen eineindeutig den natürlichen Zahlen zuordnen, d. h. durchnumerieren lassen.

$$\{f_i(x)\} \qquad \text{mit } i = 0, 1, 2, 3, \ldots$$

sei die Menge der einstelligen Funktionen im Bereich der natürlichen Zahlen. Jede einzelne Funktion läßt sich durch Angabe der Werte charakterisieren, die sie an den Argumentstellen $x = 0, 1, 2, 3, \ldots$ annimmt. Tab. 47 1 zeigt eine solche Anordnung. Nach der Annahme müßten in dieser Tabelle alle einstelligen Funktionen im Bereich der natürlichen Zahlen enthalten sein. Wir zeigen, daß diese Annahme zu einem Widerspruch führt, indem wir eine wohlbestimmte einstellige Funktion angeben, die nicht in dieser Tabelle enthalten ist. Definiert man nämlich unter Bezugnahme auf diese Tabelle

$$g(x)_{\mathrm{Def}} = f_x(x) + 1$$

für alle natürlichen Zahlen x, so ist gesichert, daß sich $g(x)$ von jeder in der Tabelle stehenden Funktion unterscheidet. Greift man nämlich aus der Tabelle eine beliebige Funktion heraus, etwa die mit der Nummer k gekennzeichnete

Tab. 47.1. **Berechenbare Funktionen — Diagonalverfahren**

Nummer der Funktion	Argument							
	0	1	2	3	4	...	k	...
0	$f_0(0)$	$f_0(1)$	$f_0(2)$	$f_0(3)$	$f_0(4)$	...	$f_0(k)$	...
1	$f_1(0)$	$f_1(1)$	$f_1(2)$	$f_1(3)$	$f_1(4)$	...	$f_1(k)$	...
2	$f_2(0)$	$f_2(1)$	$f_2(2)$	$f_2(3)$	$f_2(4)$	...	$f_2(k)$	...
3	$f_3(0)$	$f_3(1)$	$f_3(2)$	$f_3(3)$	$f_3(4)$	...	$f_3(k)$	...
.	.	.	.	.	.	...	.	...
.	.	.	.	.	.	...	.	...
.	.	.	.	.	.	...	.	...
k	$f_k(0)$	$f_k(1)$	$f_k(2)$	$f_k(3)$	$f_k(4)$	...	$f_k(k)$	...
.	.	.	.	.	.	...	.	...

Funktion $f_k(x)$, so nimmt diese an der „Diagonalstelle“ $x = k$ den Wert $f_k(x)$ an. Die Funktion $g(x)$ dagegen hat auf Grund ihrer Definition fur $x = k$ den Wert

$$g(k) = f_k(k) + 1 .$$

Die beiden Funktionen

$$f_k(x) \qquad \text{und} \qquad g(x)$$

sind verschiedene Funktionen, da sie sich wenigstens an einer Argumentstelle unterscheiden. Da diese Überlegung aber für jede beliebige natürliche Zahl k gilt, gibt es keine Funktion in der Tabelle, die sich nicht von $g(x)$ unterscheidet: $g(x)$ ist nicht in der Tabelle enthalten.

Die Menge der einstelligen Funktionen im Bereich der naturlichen Zahlen ist nicht abzählbar.

Die Menge der berechenbaren Funktionen anderseits ist abzahlbar.

Als berechenbar wurde namlich eine Funktion bezeichnet, wenn es einen abbrechenden Algorithmus gibt, der diese Berechnung durchfuhrt. Ein solcher Algorithmus kann durch eine endliche TURING-Tafel beschrieben werden. Nun lassen sich alle TURING-Tafeln zunächst nach ihrer Länge und danach lexikographisch in eine Reihe anordnen. Die Menge der TURING-Tafeln ist also abzählbar; dasselbe gilt dann auch für die Menge der berechenbaren Funktionen.

Es gibt also Funktionen, die wohl bestimmt sind, die aber nicht berechenbar sind. Damit sind aber Grenzen fur die Algorithmierbarkeit aufgewiesen. Mit der Prazisierung des Begriffs Berechenbarkeit fallt auch eine Prazisierung des Begriffs Entscheidbarkeit an. Dabei hat die Aussage

„M_2 ist relativ M_1 entscheidbar“

die Bedeutung, daß es einen abbrechenden Algorithmus gibt, der festzustellen erlaubt, ob ein beliebiges Element aus der Menge M_1 Element von M_2 ist oder nicht.

Nun ist die Frage nach Entscheidbarkeit leicht auf die Frage nach Berechenbarkeit zuruckzufuhren. Man definiert zu diesem Zweck eine charakteristische Funktion

$$\varphi(x)_{\mathrm{Def}} = \begin{cases} 0, & \text{wenn } x \in M_2, \\ 1, & \text{wenn } x \notin M_2 \end{cases}$$

fur alle x aus M_1.

Die Aussage „M_2 ist relativ M_1 entscheidbar“ ist dann gleichwertig mit der Aussage „$\varphi(x)$ ist berechenbar“ und umgekehrt. Der Zusammenhang sei an einem einfachen Beispiel erlautert.

x	0	1	2	3	4	5	6	7	8	9	10	...
$\varphi(x)$	1	1	0	0	1	0	0	0	0	1	0	...

Diese Funktion ist berechenbar. Als Algorithmus fur ihre Berechnung bietet sich jedes Verfahren zur Bestimmung der Quadraturwurzel an, wenn es noch durch die Vorschrift ergänzt wird: Bricht das Verfahren mit Rest 0 ab, so setze man $\varphi(x) = 1$, sonst $\varphi(x) = 0$.

Die Menge der Quadratzahlen ist relativ der Menge der naturlichen Zahlen entscheidbar.

Das Diagonalverfahren läßt sich ohne Schwierigkeiten auch fur charakteristische Funktionen heranziehen. Dabei hat man lediglich die Konstruktionsvorschrift fur die nicht berechenbare Funktion dem auf 0 und 1 beschrankten Wertebereich entsprechend zu variieren:

$$g(x) = \overline{f_x}(x) ,$$

d. h., man wahlt die negierten Werte der Diagonalstellen. Damit ergibt sich, daß es auch nichtberechenbare charakteristische Funktionen gibt. Ihre Interpretation fuhrt zu unentscheidbaren Problemen.

Erwahnt seien in diesem Zusammenhang nur die Beweise fur die Unentscheidbarkeit der Pradikatenlogik, für die Unentscheidbarkeit und die Unvollstandigkeit der Arithmetik und, als ein Hohepunkt des mathematischen Fortschritts dieses Jahrhunderts, der Beweis fur die Unlosbarkeit des Wortproblems der Gruppentheorie durch Nowikow [57].

48 Moderne Algorithmenbegriffe im Rahmen der elektronischen Datenverarbeitung

Die klassischen Algorithmenbegriffe wurden aus theoretischen Zielsetzungen heraus geschaffen. Für praktische Belange sind sie infolge der ihnen eigenen Schwerfalligkeit ungeeignet. Sie lassen keinen Spielraum fur eine Anpassung an die Besonderheiten spezieller Aufgabenstellungen, da sowohl die Form der Darstellung von Informationen als auch die Mittel zu ihrer Verarbeitung in der Gestalt extrem elementarer Prozeßschritte fest vorgeschrieben sind. Ihre Bedeutung liegt in der durch sie moglich gewordenen Präzisierung wichtiger Begriffsbildungen hinsichtlich Algorithmen, deren Moglichkeiten und Grenzen. So ist die Universal-Turing-Maschine zwar der theoretische Prototyp des universellen Rechenautomaten; die Entwicklung programmgesteuerter Rechenautomaten wurde aber keineswegs von der Turing-Maschine oder einem anderen klassischen Algorithmenbegriff veranlaßt oder auch nur beeinflußt.

Aus den Erfahrungen im praktischen Umgang mit Rechenautomaten hat sich eine Reihe von Forderungen herausgebildet, die an einen modernen, den praktischen Belangen genugenden Algorithmenbegriff zu stellen sind.

1. Die Darstellungsform der zu verarbeitenden Informationen soll sich den Besonderheiten der speziellen Aufgabe angepaßt wahlen lassen.

2. Die Mittel zur Verarbeitung der Informationen sollen aus den Belangen der Problemstellung wahlbar sein.

3. Zur Steuerung des Ablaufs sollen auch kompliziertere logische Operationen herangezogen werden können.

4. Es sollen während des Ablaufs aus den dabei sich ergebenden Situationen heraus Anweisungen geändert oder auch neu gebildet werden können.

Eine diesen Forderungen gerecht werdende Präzisierung des Algorithmenbegriffs bieten die *Operator-Algorithmen*. Dabei wird jeweils eine Klasse von Operator-Algorithmen durch die Angabe zweier Mengen definiert, durch die Menge der Variablen mit den Bereichen, aus denen ihnen Werte zugeordnet werden können, und durch die Menge der *Operationen*, die an den Variablen ausgeführt werden können.

Die Realisierung eines Prozesses zur Verarbeitung von Informationen setzt die Möglichkeit zur Speicherung der entsprechenden Daten und Verarbeitungsvorschriften voraus. Der dafür vorgesehene Speicher wird dabei, in Zellen unterteilt, eine gewisse Struktur aufweisen. Es zeigt sich nun eine Analogie zwischen dem Begriff der Zelle und dem Begriff der Variablen aus der Mathematik: Auf der einen Seite stehen die Begriffe „Variable“, „Wert der Variablen“, den sie als Belegung aus dem zulässigen Bereich erhält, und „Variablen-Symbol“, das die betreffende Variable in der Menge aller Variablen zu identifizieren gestattet. Dem entsprechen im Rahmen der Speichertechnik „Zelle“, „Zelleninhalt“ und „Adresse“, die als Name ermöglicht, die betreffende Zelle aus der Gesamtheit der Speicherzellen aufzufinden. In diesem Sinn werden im folgenden die Begriffspaare Variable-Zelle, Wert der Variablen-Inhalt der Zelle und Variablensymbol-Adresse als synonym aufzufassen sein.

Nach der Art der Bereiche, aus denen ihnen Werte als Belegungen zugeordnet werden, treten drei Klassen von Variablen auf.

1. Variable, denen als Werte Daten im Sinn der zu verarbeitenden Information zukommen. Dies können z. B. Zahlen oder Wörter über einem Alphabet sein. Wir wollen allgemein von *Daten-Variablen* sprechen.

2. Variable, denen als Werte Elemente zugeordnet werden, die aus der zweiten, die Algorithmenklasse charakterisierenden Menge, der Menge der Operationen, gebildet werden. Wir bezeichnen sie als *Operator-Variable*.

3. Variable, die wieder mit Variablensymbolen belegt werden. Wir sprechen von *Adressen-Variablen*. Das Symbol einer Adressen-Variable hat somit die Bedeutung einer „Adresse von Adresse“.

Eine k-stellige Operation ist eine Verarbeitungsvorschrift im Sinne einer k-stelligen Funktion $F(x_1, x_2, \ldots, x_k)$. In Abweichung von der in der Mathematik üblichen Schreibweise soll diese Vorschrift durch einen nach einer bestimmten Vereinbarung abgefaßten Schriftsatz formulierbar sein, wobei k Leerstellen ⌴ zur Aufnahme der Argumente bereitgehalten werden.

Beispiele.

„Bilde das Maximum aus ⌴ und ⌴“ ist eine zweistellige Operation.

„Bestimme die Anzahl der Symbole in dem Wort ⌴“ ist eine einstellige Operation.

„Bilde das Quadrat der Zahl ⌴ und streiche darin die ⌴ ersten und ⌴ letzten Stellen“ ist eine dreistellige Operation.

Allgemein vereinbaren wir als Form einer k-stelligen elementaren Operation

$$w_0 \sqcup w_1 \sqcup w_2 \sqcup \cdots \sqcup w_k\,,$$

wobei $w_0, w_1, w_2, \ldots, w_k$ Worter uber einem bestimmten Alphabet gegebenenfalls auch leere Worter sind. Eine elementare Operation muß die Bedeutung einer Vorschrift haben, die effektiv ausfuhrbar ist, wenn in die Leerstellen Variable mit geeigneten Wertebereichen eingesetzt werden; dabei muß diese Vorschrift bei einer Belegung der Variablen eindeutig zu einem Resultat führen, das dem Wertebereich der Ergebnis-Variablen angehort.

Die Menge der elementaren Operationen einer Algorithmenklasse entspricht der Befehlsliste eines Rechenautomaten. So wie dort „bedingte“ Befehle vorliegen, die dazu dienen, den Rechenablauf in Abhängigkeit von erhaltenen Zwischenergebnissen zu steuern, muß bei Operator-Algorithmen die Menge der Operationen auch Test-Operationen enthalten, die durch Fallunterscheidung definiert werden. Wir erläutern diese Ausführungen an einem Beispiel. Eine bestimmte Klasse von Operator-Algorithmen sei durch die folgenden Angaben definiert.

1. Menge der Variablen:

   1.1 Daten-Variable

   Symbole: kleine lateinische Buchstaben, die evtl. mit Zahlen indiziert sind.

   Wertebereich: naturliche Zahlen einschließlich 0.

   1.2 Operator-Variable

   Symbole: der große lateinische Buchstabe P, der mit einer Zahl indiziert ist.

   Wertebereich: Operatoren, das sind Wertzuweisungen durch elementare Operationen oder Folgen von Wertzuweisungen.

   1.3 Adressen-Variable

   Symbole: die kleinen griechischen Buchstaben α (mit Zahl indiziert) und σ.

   Wertebereich: Variable.

2. Menge der (elementaren) Operationen:

   2.1 die einstellige Operation

   „Nachfolger von ⌴“

   definiert fur Daten-Variable; der resultierende Wert ist eine natürliche Zahl.

   Ist $\mathfrak{x}$ eine Belegung der Variablen x, dann erhalt „Nachfolger von x“ den Wert $\mathfrak{x} + 1$.

2.2 die zweistellige Test-Operation

„Test (␣, ␣)“

definiert für Daten-Variable, der resultierende Wert ist eine Operator-Variable.

Ist $\mathfrak{x}$, $\mathfrak{y}$ eine Belegung der Variablen x, y, dann ist Wert von

$$„\text{Test } (x, y)“ = \begin{cases} P_0 & \text{für } \mathfrak{x} < \mathfrak{y}\,, \\ P_1 & \text{fur } \mathfrak{x} \geqq \mathfrak{y}\,. \end{cases}$$

2.3 die nullstellige Operation

„Stop“ Sie hat stets den Wert stop und beendet den Ablauf des Algorithmus.

Die Menge der belegten Variablen bilden zusammen mit den ihnen zugewiesenen Werten den momentanen Arbeitsbereich. Wahrend der Abarbeitung eines Algorithmus ist der Arbeitsbereich dadurch Änderungen unterworfen, daß belegten Variablen neue Werte zugewiesen werden oder neue Variable erstmalig belegt werden. Die Adressen-Variable σ ist dadurch ausgezeichnet, daß sie den Ablauf steuert. Ihr Wertebereich umfaßt alle Operator-Variable einschließlich „Stop“. Erhalt σ als Wert „Stop“, so ist damit der Algorithmus beendet; sonst ist zu der Operator-Variablen uberzugehen, die als Wert von σ vorliegt. σ muß dem initialen Arbeitsbereich angehören. Mit der Abarbeitung der Operator-Variablen, die als initialer Wert von σ gekennzeichnet ist, beginnt der Ablauf. Die Abarbeitung einer Operator-Variablen besteht in der Ausführung der einzelnen Wertzuweisungen aus der Folge, die der betreffenden Operator-Variablen als Belegung zugeordnet ist. Eine solche Zuordnung hat die Form

Operator-Variable: Liste von Wertzuweisungen.

Dabei muß in jeder Folge als letztes eine Wertzuweisung für die Variable σ stehen.

Wir erläutern die Ausfuhrungen an einem speziellen Algorithmus aus der oben eingeführten Klasse von Operator-Algorithmen, der die Addition zweier natürlicher Zahlen x und y durchführt.

P_0:		$\alpha_2 \Rightarrow \sigma$;	Operator-Variable
P_1:		Stop $\Rightarrow \sigma$;	
P_2:	$x \Rightarrow z$; $q \Rightarrow p$;	$\alpha_1 \Rightarrow \sigma$;	
P_3:		Test $(p, y) \Rightarrow \sigma$;	
P_4:	Nachfolger von $z \Rightarrow z$; Nachfolger von $p \Rightarrow p$;	$\alpha_1 \Rightarrow \sigma$;	
x :	$\mathfrak{x}$;		Daten-Variable
y :	$\mathfrak{y}$;		
z :			
p :			
q :	0;		
σ :	P_2;		Adressen-Variable
α_1:	P_3;		
α_2:	P_4;		

Der initiale Arbeitsbereich umfaßt alle Variable bis auf z und p. Aus dem initialen Wert für σ ist zu entnehmen, daß die Abarbeitung mit P_2 beginnt. Dabei erhalt z den Wert $\mathfrak{x}$, p den Wert 0. Die letzte Anweisung dieser Zeile $\alpha_1 \Rightarrow \sigma$ lenkt den Ablauf zu der Operator-Variablen P_3. Der Wert von p wird mit dem Wert von y verglichen. Aus $0 < \mathfrak{y}$ ergibt sich die Fortsetzung uber P_0: $\alpha_2 \Rightarrow \sigma$; mit $\alpha_2 : P_4$; nach P_4. Damit erhalten z und p um 1 erhohte Werte. Der erreichte Wert für p wird wieder mit $\mathfrak{y}$ verglichen und die Arbeitsschleife P_3P_4 solange fortgesetzt, bis p als Zahlwert den Wert von y erreicht hat. Der dann erreichte Wert von z ist die gesuchte Summe $\mathfrak{x} + \mathfrak{y}$. Der letzte Test führt mit $p = y$ uber P_1 zum Stop.

Man beachte, daß bei dieser Darstellung eines Algorithmus eine Wertzuweisung als eine Beziehung zwischen Variablen formuliert wird, daß ihre Abarbeitung aber an den zugehörigen Werten geschieht. In der Sprechweise der Automatentechnik bedeutet dies: Formuliert wird eine Wertzuweisung zwischen Adressen von Speicherzellen, abgearbeitet dagegen an den Inhalten der betreffenden Zellen.

Eine solche starre Beschreibungsform ist zwar der Arbeitsweise eines Automaten angepaßt, dem menschlichen Intellekt dagegen ist sie wenig angemessen. So wird der Zugang zu einer bestimmten Information in manchen Fällen über eine symbolische Adresse, also über eine Variable, zweckmäßig erscheinen, bei markanten Werten dagegen wird man es bequemer finden, diese selbst anzugeben, so z. B. bei den Konstanten 0 und 1. Wieder andere Fälle werden zn einer übersichtlicheren Fassung führen, wenn man sich von der betreffenden Information weiter entfernt und den Zugriff über die Adresse von einer Adresse vor sich gehen läßt.

Eine solche freiere Vereinbarung kann u. U. fur die Niederschrift eines Algorithmus Vereinfachung mit sich bringen und die Übersicht erhöhen. So kann in dem obigen Beispiel an die Stelle der umstandlichen, aber maschinengerechten Schreibweise

$$q \Rightarrow p; \qquad \text{mit } q : 0;$$

die direkte Anweisung

$$0 \Rightarrow p$$

treten. Der Algorithmus nimmt dabei die folgende einfachere Form an

$$\begin{array}{ll} P_0: & P_4 \Rightarrow \sigma; \\ P_1: & \text{Stop} \Rightarrow \sigma; \\ P_2: x \Rightarrow z;\ 0 \Rightarrow p; & P_3 \Rightarrow \sigma; \\ P_3: & \text{Test}\,(p, y) \Rightarrow \sigma; \\ P_4: z + 1 \Rightarrow z;\ p + 1 \rightarrow p; & P_3 \Rightarrow \sigma; \end{array}$$

$x : \mathfrak{x};$
$y : \mathfrak{y};$
$z :$
$p :$
$\sigma : P_2;$

Bei Verwendung dieser erweiterten Form der Wertzuweisung treten allerdings Schwierigkeiten auf, wenn man einen derartigen Algorithmus einer automatischen Bearbeitung unterzieht: Der Automat kann nicht entscheiden, ob die Größen auf der linken Seite einer Wertzuweisung Variable oder Werte von Variablen sind. Als Ausweg bieten sich zwei Möglichkeiten an, die beide ihre Anwendung bei der Realisierung von Rechenautomaten gefunden haben: Man kann die einzelnen Großen durch geeignete Markierungen als Variable bzw. Werte von Variablen bzw. Adressen von Adressen kennzeichnen. Dabei kann man diese Marken entweder den Größen selbst beifügen oder an dem Zuweisungssymbol zum Ausdruck bringen.

Abb. 48.1. Identifizierung einer Große durch Adressen verschiedener Stufen
$^2c = {}^1b = {}^0a = a$
$^2z = {}^1y = {}^0x = x$

Algorithmenformen, die den Zugang zu den Informationen direkt oder über unterschiedliche Adressenstufen bieten, werden als Adressen-Algorithmen bezeichnet. Die Abb. 48.1 zeigt unter Anwendung des Prinzips, eine Größe durch Adressen verschiedener Stufen zu charakterisieren, mehrere Möglichkeiten zur Formulierung einer Wertzuweisung.

Soll z. B. in einer algorithmischen Anweisung der Wert x durch den Wert a ersetzt werden, so kann dies, wenn man neben dem direkten Zugriff den Zugriff über die Adresse bzw. über die Adresse von der Adresse zuläßt, auf neun verschiedene Arten zum Ausdruck gebracht werden:

$$^0a \Rightarrow {}^0x \quad {}^0a \Rightarrow {}^1y \quad {}^0a \Rightarrow {}^2z$$
$$^1b \Rightarrow {}^0x \quad {}^1b \Rightarrow {}^1y \quad {}^1b \Rightarrow {}^2z$$
$$^2c \Rightarrow {}^0x \quad {}^2c \Rightarrow {}^1y \quad {}^2c \Rightarrow {}^2z\,.$$

Die links oben angehangten Ziffern geben dabei die Adressenstufe für das betreffende Symbol an. So bedeutet ^0x den direkten Zugriff zu dem Wert x; ^1y kennzeichnet y als eine Adresse und identifiziert den Inhalt der Zelle, die y als Adresse besitzt, d. h. den Wert x. ^2z fuhrt über z als Adresse von einer Adresse und damit über y als Adresse ebenfalls auf den Wert x.

In Hinblick auf die automatische Abarbeitung eines Algorithmus ist es zweckmäßig, als Namen fur die Operator-Variablen naturliche Zahlen zu verwenden. Damit wird erreicht, daß auch die Adressen-Variablen den eingeführten Operationen unterworfen werden konnen, so daß Adressen-Änderungen im Programmablauf moglich werden

Der zweistellige Test-Operator werde nun folgendermaßen definiert:

$$\text{Test}(x, y) = \begin{cases} 0\,, & \text{wenn } x < y\,, \\ 1\,, & \text{wenn } x \geqq y\,. \end{cases}$$

In dem folgenden Beispiel sind Adressenstufen nur dann besonders notiert, wenn sie von 1 abweichen.

Beispiel.

Operator-Algorithmus mit Adressenanderungen.

Bildung des großten gemeinschaftlichen Teilers t zweier Zahlen a und b.

$0:$	
$1:$	
$2: a \Rightarrow x;\ b \Rightarrow y;$	$s + 1 \Rightarrow s;$
$3: {}^0 0 \Rightarrow p;$	$s + 1 \Rightarrow s;$
$4: {}^0 0 \Rightarrow r;$	$s + 1 \Rightarrow s;$
$5: {}^0 9 \Rightarrow 0;\ {}^0 6 \Rightarrow 1;$	${}^2\text{Test}(p, x) \Rightarrow s;$
$6: {}^0 8 \Rightarrow 0;\ {}^0 7 \Rightarrow 1;$	${}^2\text{Test}(p, {}^0 1) \Rightarrow s;$
$7: y \Rightarrow x;\quad r \Rightarrow y;$	${}^0 3 \Rightarrow s;$
$8: y \Rightarrow t;$	$\text{stop} \Rightarrow s;$
$9: p + 1 \Rightarrow p;\ r + 1 \Rightarrow r,\ {}^0 5 \Rightarrow 0;\ {}^0 4 \Rightarrow 1;$	${}^2\text{Test}(r, y) \Rightarrow s;$

a : gegeben

b : gegeben

x :

y :

t :

p :

r ·

$s : 2$

Die Operator-Variablen 0 und 1 — wir konnen jetzt auch von den Programmzeilen mit den Marken 0 und 1 sprechen, denen im Automatenspeicher gewisse Zellen zugeordnet sind — werden erst im Ablauf des Programms belegt. Dabei erhalten sie unterschiedliche Belegungen, je nachdem, welche Testung als nachste erfolgt Das Ergebnis der Testung ist zwar in jedem Fall einer der beiden Werte 0 oder 1 Da es aber durch die angehangte 2 als Adresse vor

Adresse deklariert ist, wird auf diese Weise die jeweils erforderliche Programmfortsetzung erreicht. Die Abb. 48.2 gibt eine anschauliche Darstellung des Programms.

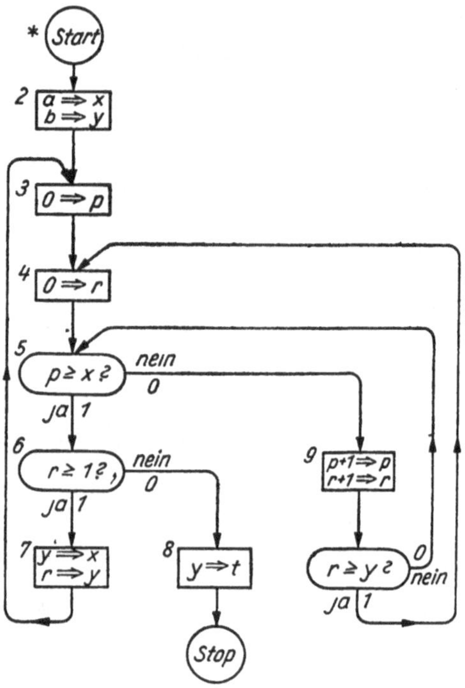

Abb. 48.2. Flußdiagramm zur Bildung des großten gemeinschaftlichen Teilers t zwischen a und b

Die Tabelle 48.1 zeigt den Programmablauf fur $a = 6$ und $b = 8$ und laßt den Zusammenhang des vorliegenden Algorithmus mit dem bekannten Divisionsverfahren zur Bestimmung des größten gemeinschaftlichen Teilers erkennen. Man beachte, daß die Bildung der jeweiligen Divisionsreste bei der elementaren Befehlsliste der vorliegenden Klasse von Operator-Algorithmen nur über Zählprozesse und Vergleiche erreicht werden kann.

Ein weiteres Beispiel zeige, wie ein Operator selbst im Prozeßablauf Änderungen unterworfen werden kann.

Es liege eine Liste von irgendwelchen Objekten vor, die uber die Adressen $x_0, x_1, x_2, \ldots$ zugänglich sind. Die Liste soll mit dem Ziel durchmustert werden, das erste Objekt zu erfassen, das eine bestimmte geforderte Eigenschaft besitzt.

Wir greifen den Punkt 2 der zu Anfang dieses Abschnitts aufgestellten Forderungen auf und passen die eingefuhrte Klasse von Operator-Algorithmen durch eine geeignete Erweiterung der Menge der Operationen der gestellten Aufgabe an. Zu diesem Zweck führen wir zwei weitere Operationen ein:

Tab. 48.1. **Bestimmung des größten gemeinschaftlichen Teilers t zwischen $a = 6$ und $b = 8$**

	a	b	x	y	p	r	$p \geqq x$	$r \geqq y$	$r \geqq 1$	t
*	6	8								
2			6	8						
3					0					
4						0				
5							nein			
9					1	1		nein		
5							nein			
9					2	2		nein		
5							nein			
9					3	3		nein		
5							nein			
9					4	4		nein		
5							nein			
9					5	5		nein		
5							nein			
9					6	6		nein		
5							ja			
6									ja	
7			8	6						
3, 4, 5					0	0	nein			
9, 5					1	1	nein	nein		
9, 5					2	2	nein	nein		
9, 5					3	3	nein	nein		
9, 5					4	4	nein	nein		
9, 5					5	5	nein	nein		
9					6	6		ja		
4, 5						0	nein			
9, 5					7	1	nein	nein		
9, 5					8	2	ja	nein		
6									ja	
7			6	2						
3, 4, 5					0	0	nein			
9, 5					1	1	nein	nein		
9					2	2		ja		
4, 5						0	nein			
9, 5					3	1	nein	nein		
9					4	2		ja		
4, 5						0	nein			
9 ,5					5	1	nein	nein		
9					6	2		ja		
4, 5						0	ja			
6									nein	
8										2

I. Stellt fest, daß die erste Zahl kleiner als die zweite ist, und vertauscht daher die Eingänge

II. Bildet den Rest r bei der Division $x:y$ und veranlaßt, da der Rest ungleich Null ist, $y \Rightarrow x$, $r \Rightarrow y$

III. Bildet wieder den Rest und stellt fest, daß dieser gleich Null ist. Daher ist y der gesuchte größte gemeinschaftliche Teiler

Die Test-Operation $E(\sqcup)$ sei definiert durch

$$E(x) = \begin{cases} 1, \\ 0, \end{cases} \text{ wenn das Objekt mit der Adresse } x \text{ die geforderte}$$

Eigenschaft $\begin{cases} \text{besitzt,} \\ \text{nicht besitzt.} \end{cases}$

Weiter sei $T(\sqcup, \sqcup)$ eine zweistellige Operation, die sich auf Operatoren anwenden lasse und den Index der angezeigten Variablen in dem Operator um eine Einheit erhoht. Damit läßt sich der Operator-Algorithmus fur die gestellte Aufgabe in der folgenden Form schreiben:

$$\begin{array}{ll}
0 & : 5; \\
1 & : 6; \\
2 & : {}^0x_0 \Rightarrow y;\ {}^2E(x_0) \Rightarrow s, \\
3 & : 2 \Rightarrow 4;\ s + 1 \Rightarrow s; \\
4 & : \\
5 & : T(4, x) \Rightarrow 4;\ {}^04 \Rightarrow s; \\
6 & : \\
\hline
x_0 & : \\
x_1 & : \\
\vdots & \\
y & : \\
s & : 3
\end{array}$$

Der mit der Zeile 3 beginnende Programmablauf belegt im ersten Schritt die Operator-Variable 4 (d. i. die Zeile 4) mit dem Wert aus der Zeile 2:

$${}^0x_0 \Rightarrow y;\ {}^2E(x_0) \Rightarrow s.$$

Der Anweisung $s + 1 \Rightarrow s$ entsprechend, wird sodann die Zeile 4 abgearbeitet. Im Ergebnis wird die Variable y mit der Adresse des ersten Objekts der Liste belegt und dieses Objekt hinsichtlich der geforderten Eigenschaft getestet. Besitzt das Objekt diese Eigenschaft nicht, so geht der Ablauf uber Zeile 0 zur Zeile 5 über. Hier wird die Belegung der Operator-Variablen 4 der Transformation $T(\sqcup, \sqcup)$ hinsichtlich der indizierten Große x unterworfen:

$$\begin{aligned} T(4, x) &= T({}^0x_0 \Rightarrow y;\ {}^2E(x_0) \Rightarrow s;\ x) \\ &= {}^0x_1 \Rightarrow y;\ {}^2E(x_1) \Rightarrow s; \end{aligned}$$

Die sich anschließende Abarbeitung der neuen Belegung von 4 speichert die Adresse des zweiten Objektes der Liste und testet es hinsichtlich der geforderten Eigenschaft. Ist diese vorhanden, dann geht der Prozeß uber Zeile 1 zur Zeile 6, die die Fortsetzung des Programms beinhaltet. Andernfalls erfolgt mit dem Sprung auf die Zeile 5 die erneute Transformation der Zeile 4 usw. Auf diese Weise wird systematisch die Liste durchmustert, bis eine Adresse auftritt, deren Objekt die geforderte Eigenschaft besitzt. Die Variable 4 trägt dann die Adresse des gefundenen Objekts. (Aus didaktischen Gründen wurde der Fall außer acht gelassen, daß die Liste kein Objekt der geforderten Eigenschaft besitzt.) Durch geeignete Kodierung der Operationen läßt sich schließlich eine vollständige Homogenisierung in der Darstellung aller Variablen und ihrer Belegungen erreichen. Dann lassen sich in allgemeiner Weise auch die einzelnen Anweisungen den Operationen unterwerfen; es ist ein „Rechnen mit Befehlen" möglich. Mit der damit erreichten Form von Operator-Algorithmen ist im wesentlichen eine Brücke zwischen der klassischen Algorithmentheorie und der modernen Programmiertechnik für digitale Automaten dargeboten. So läßt sich zeigen, daß die oben eingeführte Klasse von Operator-Algorithmen äquivalent ist mit der Klasse der μ-rekursiven Funktionen. Der Anschluß an die Programmiertechnik erfordert nur noch einige kleine formale Vereinbarungen.

Die in jedem Operator zuletzt stehende Wertzuweisung ist stets eine Belegung der Variablen s und legt die Fortsetzung des Ablaufs fest. In vielen Fällen tritt dabei die Form

$$s + 1 \Rightarrow s$$

auf. Wenn man die Vereinbarung trifft, daß normalerweise in der Ausführung jeweils der adressenmäßig nachstehende Operator folgt, wird eine besondere Anweisung im allgemeinen überflüssig. Dann ist nur bei einem „Sprung" im Programm ein besonderer Hinweis nötig. Die Befehlslisten digitaler Automaten enthalten dementsprechend „Sprungbefehle". Programmverzweigungen wurden in der oben dargelegten Form von Operator-Algorithmen über Test-Operationen auf dem Umweg über zuvor einzustellende „Weichen" — als solche fungieren die Zeilen 0 und 1 — erreicht. Eine einfachere Form ergibt sich, wenn man „bedingte Sprungbefehle" einführt, die neben einer Test-Operation die beiden in Frage kommenden Fortsetzungsadressen enthalten. Hierbei ist eine weitere formale Vereinfachung möglich, wenn man nur für die positiv ausgehende Testung die Fortsetzungsadresse benennt, im anderen Fall vereinbart, daß in normaler Weise der folgende Operator zur Ausführung kommt.

Es seien hier als Beispiele zwei Operationen im Rahmen der problemorientierten Programmiersprache ALGOL (= ALGOrithmic Language) angeführt:

if ␣ *then goto* ␣ ;

if ␣ *then* ␣ *else* ␣ ;

Von der Einführung zusätzlicher Operationen macht man in der Automaten- bzw. Programmiertechnik in zwei Richtungen Gebrauch: Einerseits nimmt man in die Befehlsliste des Automaten schon von seiner Konstruktion her eine größere Anzahl von Operationen auf, anderseits lassen sich beliebige Erweiterungen durch Bereitstellung entsprechender Unterprogramme und ihren Aufruf erreichen. Der an diesen Fragen interessierte Leser sei auf das Buch „Digitale Automaten" des Autors verwiesen, das diesen Fragen einen breiten Raum widmet [32].

Literaturverzeichnis

[1] AISERMAN, M. A. u. a.: Logik, Automaten, Algorithmen. Akademie-Verlag, Berlin 1967 (Übersetzung aus dem Russischen).

[2] ARKADJEW, A. G., E. M. BRAWERMAN: Zeichenerkennung und maschinelles Lernen. R. Oldenbourg Verlag, Munchen und Wien 1966 (Übersetzung aus dem Russischen).

[3] ATHANS, M., P. L. FALB: Optimal control. McGraw-Hill Book Company, New York (russ. Übersetzung, Moskau 1968).

[4] BAUER, F. L. u. a.: Moderne Rechenanlagen. B. G. Teubner Verlagsgesellschaft, Stuttgart 1965.

[5] BERG, L.: Einführung in die Operatorenrechnung. Deutscher Verlag der Wissenschaften, Berlin 1962.

[6] BORISOV, V. N., V. A. FEDOSEEV: Kriterien der Realisierbarkeit einer logischen Funktion durch ein Schwellenwertelement. Izvestija AN SSSR, Techn. Kibernetika, No. 3 (1965) (russ.).

[7] BOSE, R. C. and D. K. RAY-CHAUDHURI: On a class of error correcting binary group codes. Information and Control 3 (1960) 68–79; 279–290.

[8] CALDWELL, S. H.: Switching circuits and logical design. John Wiley & Sons, New York 1958 (Deutsche Übersetzung: Der logische Entwurf von Schaltkreisen. R. Oldenbourg Verlag, Munchen und Wien 1964).

[9] CHURCH, A.: An unsolvable problem of elementary number theory. Amer. J. Math. 58 (1936) 345–363.

[10] Colloquium über Schaltkreis- und Schaltwerk-Theorie Bonn 1960. Birkhauser Verlag, Basel 1961.

[11] CRIPS, D. M. und V. VASSILAS: Das Datenubertragungssystem GH 210. Elektrisches Nachrichtenwesen 43 (1968) 4, 324–329.

[12] DOETSCH, G.: Einfuhrung in Theorie und Anwendung der LAPLACE-Transformation. Birkhauser Verlag, Basel und Stuttgart 1958.

[13] ERISMANN, TH. H.: Zwischen Technik und Psychologie. Grundprobleme der Kybernetik. Springer-Verlag, Berlin–Heidelberg–New York 1968.

[14] FEINSTEIN, A.: Foundations of information theory. McGraw-Hill Book Company, New York 1958.

[15] GILL, A.: Linear sequential circuits. McGraw-Hill Book Company, New York 1966.

[16] GILL, A.: The reduced form of a linear automation, Automata Theory. Edited by E. R. Cainaniello. Academic Press, New York and London 1966.

[17] GILLE, J. C., PELEGRIN, M., und P. DECAULNE: Lehrgang der Regelungstechnik I. R. Oldenbourg Verlag, München und VEB Verlag Technik, Berlin 1960.

[18] GLUSCHKOW, W. M.: Einfuhrung in die Technische Kybernetik. Band 1 1968, Band 2 1969. Verlag Technik (Übersetzung aus dem Russischen).

[19] GLUSCHKOW, W. M.: Theorie der abstrakten Automaten. Deutscher Verlag der Wissenschaften, Berlin 1963 (Übersetzung aus dem Russischen).

[20] GNEDENKO, B. M.: Lehrbuch der Wahrscheinlichkeitsrechnung. Akademie-Verlag, Berlin 1957 (Übersetzung aus dem Russischen).

[21] Gotzke, H.: Netzplantechnik, Fachbuchverlag, Leipzig 1969.

[22] Goldman, St.: Information theory. Prentice-Hall, New York 1953.

[23] Harrison, M. A.: Introduction to switching and automata theory. McGraw-Hill Book Company, New York 1965.

[24] Hebb, D. O.: The organization of behaviour. J. Wiley & Sons, New York 1949.

[25] Hermes, H.: Aufzahlbarkeit, Entscheidbarkeit, Berechenbarkeit. Springer-Verlag, Berlin–Gottingen–Heidelberg 1961.

[26] Ho, B. L. and R. E. Kalman: Effective construction of linear state-variable models from input-output data. Regelungstechnik 14 (1966) 545–548.

[27] Hull, T. E. and A. R. Dobell· Random number generator. SIAM Review 4 (1962) 3, 230–254.

[28] Ivanenko, D. und A. Sokolow: Klassische Feldtheorie Akademie-Verlag, Berlin 1953 (Übersetzung aus dem Russischen).

[29] Jablonski, S. W., G. P. Gawrilow, W. A. Kudrjawzew: Boolesche Funktionen und Postsche Klassen. Akademie-Verlag, Berlin 1970 (Übersetzung aus dem Russischen).

[30] Jentsch, W.: Digitale Simulation kontinuierlicher Systeme. R. Oldenbourg Verlag, Munchen und Wien 1969.

[31] Judin, D. B. und E. G. Golstein. Lineare Optimierung I (1968) und II (1970). Akademie-Verlag (Übersetzung aus dem Russischen).

[32] Kammerer, W.: Digitale Automaten. Akademie-Verlag, Berlin 1969.

[33] Kalman, R. E Canonical structure of linear dynamical systems. Proc. nat. Acad. Sci. (USA) 48 (1962) 596–600.

[34] Kalman, R. E.: Irreducible realizations and degree of a rational matrix SIAM J. 13 (1965) 520–544.

[35] Kalman, R. E : On the mathematics of model building Neural Networks. Proceedings of the School on Neural Networks. Edited by E. R. Caianiello. Springer-Verlag, Berlin–Heidelberg–New York 1968.

[36] Kitz, B : Problems encountered in the programming of games and simulations. Digital Simulation in Operational Research. Hrsg. S H Hollingdale English Universities Press Ltd., London 1967.

[37] Kobrinski, N. E. und B. A. Trachtenbrot Einfuhrung in die Theorie endlicher Automaten. Akademie-Verlag, Berlin 1967 (Übersetzung aus dem Russischen).

[38] Kraft, L. G : A device for quantizing, grouping and coding amplitude modulated pulses. M. S. Thesis. Electrical Engineering Dept., MIT 1949.

[39] Kroebel, W.: In. Fortschritte der Kybernetik. Bericht uber die Tagung Kiel 1965 der Deutschen Arbeitsgemeinschaft Kybernetik. R. Oldenbourg Verlag, Munchen und Wien 1967.

[40] Kuros, A. G.: Vorlesungen uber allgemeine Algebra. B. G Teubner Verlagsgesellschaft, Leipzig 1964 (Übersetzung aus dem Russischen).

[41] Langefors Borje: Theoretical analysis of information systems. Akademisk Forlag/ Universitetsforlaget, Lund-Kopenhagen–Oslo 1966.

[42] Ljapunow, A. A.: Über logische Programm-Schemata. Probleme der Kybernetik, Bd. 1, 1958 (russ)
Deutsche Übersetzung: Akademie-Verlag, Berlin 1962.

[43] Malzew, A. I.. Algorithmen und rekursive Funktionen. Izd. „Nauka", Moskau 1965 (russ.)

[44] Marko, H · Die Theorie der bidirektionalen Kommunikation und ihre Anwendung auf die Nachrichtenubermittlung zwischen Menschen. Kybernetik 3 (1966), 3, 128 bis 136.

[45] Marko, H und E. Neuburger: Über gerichtete Großen in der Informationstheorie. Archiv der elektr. Übertragung 21 (1967) 2, 61–69.

[46] Markow, A. A.: Theorie der Algorithmen. Trudy mat. inst. Steklowa 42 (1954) (russ.).

[47] Markuschewitsch, A. I.: Rekursive Folgen. Deutscher Verlag der Wissenschaften, Berlin 1968 (Übersetzung aus dem Russischen).

[48] McCulloch, W. S., W. Pitts. A logical calculus of the ideas immanent in nervous activity. Bull. Math. Biophys. **5** (1943) 115–133.

[49] Menzel, W.: Theorie der Lernsysteme. Springer-Verlag, Berlin–Heidelberg–New York 1970.

[50] Mesarovic, M. D.: Systems theory and biology — View of a theoretician. Systems theory and biology. Proceedings of the III Systems Symposium at Case Institute of Technology. Springer-Verlag, Berlin–Heidelberg–New York 1968.

[51] Mikusinski, I.: Operatorenrechnung. Deutscher Verlag der Wissenschaften, Berlin 1957.

[52] Muller-Merbach: Operations Research. Verlag Franz Vahlen, Berlin–Frankfurt/M. 1969.

[53] Moore, E. F.: Gedanken-experiments on sequential machines. Automata studies. Annals of math. studies 34. Princeton 1956.

[54] Neunburger, E.: Beschreibung der gegenseitigen Abhangigkeit von Signalfolgen durch gerichtete Informationsgroßen. Nachrichtentechnische Fachberichte **33**, 49–59.

[55] Neumann, J. v. and O. Morgenstern: Theory of games and economic behavior. Princeton 1944.
Deutsche Übersetzung. Spieltheorie und wirtschaftliches Verhalten. Physica-Verlag, Wurzburg 1961.

[56] Nilsson, Nils, J.: Learning machines. McGraw-Hill Book Company, New York–London 1965.

[57] Nowikow, P. S.: Algorithmische Unlosbarkeit des Wortproblems in der Gruppentheorie. Trudy mat. inst. Steklowa **44** (1955) Izd. AN SSSR (russ.).

[58] Peters, J.: Einfuhrung in die allgemeine Informationstheorie. Springer-Verlag, Berlin–Heidelberg–New York 1967.

[59] Peterson, W. W.: Prufbare und korrigierbare Codes. R. Oldenbourg-Verlag, Munchen und Wien 1967.

[60] Phister, M Jr.: Logical design of digital computers. John Wiley & Sons, New York 1958

[61] Piske, U.: Erhohung der Betriebssicherheit von Anlagen durch Verwendung von Lernmatrizen. Wiss Zeit Hochschule f. Architektur u. Bauwesen Weimar **11** (1964) 1, 106–111.

[62] Rabin, M. O.: Lectures on classical and probalistic automata Automata Theory. Edited by E R Caianiello. Academic Press, New York and London 1966

[63] Renyi, A.: Wahrscheinlichkeitsrechnung. Deutscher Verlag der Wissenschaften, Berlin 1962.

[64] Rosler, U.: Das Verhalten der binaren Lernmatrix beim Angebot gestorter Eigenschaftssatze. EIK **3** (1967) 5, 259–274.

[65] Rosenblatt, F.: The perceptron, a probalistic model for information storage and organization in the brain. Psych. Rev. **65** (1958) 386–408.

[66] Schmitt, A.: Lernprozesse aufgrund von bedingter Wahrscheinlichkeit. Universitat Saarbrucken 1963 Staatsexamensarbeit.

[67] Schulte, D.: Kombinatorische und sequentielle Netzwerke. R. Oldenbourg Verlag, Munchen und Wien 1967.

[68] Sedlacek, J.: Einfuhrung in die Graphentheorie. B. G. Teubner Verlagsgesellschaft, Leipzig 1968.

[69] Shannon, C. E.: A mathematical theory of communication. Bell Systems Techn. J. **27** (1948) 379–423; 623–656.

[70] Starke, P. H.: Abstrakte Automaten. Deutscher Verlag der Wissenschaften, Berlin 1969.

[71] STEINBUCH, K.: Automat und Mensch. 3. Auflage. Springer-Verlag, Berlin–Gottingen–Heidelberg 1965.

[72] STEINBUCH, K.: Lernmatrix. Kybernetik **1** (1961) 36–45.

[73] STEINBUCH, K.: Modellentwürfe fur Erkennen und Problemlosen. Nova Acta Leopoldina **33** (1968) 184, 143–167.

[74] STEINBUCH, K. (Hrsg.): Taschenbuch der Nachrichtenverarbeitung. 2. Auflagé. Springer-Verlag, Berlin–Heidelberg–New York 1967.

[75] TOCHER, K. D.: The art of simulation. English Universities Press Ltd., London 1963.

[76] TOU, J. T.: Digital and sampled-data control systems. McGraw-Hill Book Company Inc., New York–Toronto–London 1959. Russ. Übersetzung: Inzd. Mashinostrojenije, Moskau 1964.

[77] TURING, A. M.: On computable numbers, with an application to the Entscheidungsproblem. Proc. London Math. Soc. (2) 42 (1936–37) 220–265.

[78] VOSSIEK, K.: Fehlererkennbare Kodes fur die Datenfernubertragung. Informationsheft des Instituts fur Post- und Fernmeldewesen, Berlin 1964.

[79] WIDROW, B.: Adaptive sampled-data systems — a statistical theory of adaption. IRE WESCON Convention Rec. **3** (1959) Part 4, 74–85.

[80] WIENER, N.: Cybernetics. John Wiley & Sons, New York 1948.
Deutsche Übersetzung: Kybernetik, Regelung und Nachrichtenubertragung im Lebewesen und in der Maschine. Dusseldorf–Wien 1963.

[81] WILLIS, D. G.: Plastic neurons as memory elements. Information processing. Proceedings of the International Conference on Information Processing, UNESCO, Paris 1959. UNESCO · Paris, R. Oldenbourg · Munchen, Butterworths · London 1960.

[82] WOLF, F., A. SCHMITT: Modelle lernender Automaten. Verlag Fried. Vieweg & Sohn, Braunschweig 1966.

[83] WOLGIN, L. N.: Über das Problem der Optimalitat in der theoretischen Kybernetik. Sowjetskoje radio, Móskau 1968 (russ).

[84] WOOLDRIDGE, D. E.: Mechanik der Gehirnvorgange. R. Oldenbourg, Munchen und Wien 1967.

[85] ZYPKIN, JA. S : Adaption und Lernen in kybernetischen Systemen. VEB Verlag Technik, Berlin 1970 (Übersetzung aus dem Russischen)

Sachverzeichnis

Kolibri 360 GmbH
Ferdinand-Jühlke-Straße 7
99095 Erfurt, Deutschland
produktsicherheit@kolibri360.de